电机工程经典书系

永磁同步电机
无位置传感器控制

［英］诸自强
吴溪蒙
著

［英］诸自强
吴溪蒙　沈建新　詹瀚林　戴卫力
龚黎明　刘嘉明　许培林　杨　雷　编译
双　波　刘天翼

机械工业出版社

本书系统地总结了永磁同步电机无位置传感器控制技术的基本原理和最新进展，重点介绍了近30年来该领域全球和作者及其研究团队的研究成果，详细讨论了该领域的许多前沿问题和挑战及其解决方案，并提供了大量的工程应用成功实例。

本书由永磁同步电机无位置传感器控制技术领域的国际著名专家诸自强教授等编写。主要内容包括：永磁同步电机的基本原理和无刷交、直流驱动控制；单三相、双三相、开绕组电机；基于现代控制理论的无位置传感器方法，包括模型参考自适应、滑模观测器、扩展卡尔曼滤波器及模型预测控制；非凸极电机的磁链法和反电动势法，以及凸极电机的有效磁链法和扩展反电动势法；在不同坐标参考系下，根据电流或电压响应的脉振与旋转高频正弦和方波信号注入方法，以及注入信号的幅值和频率选择；基于检测反电动势波形过零点或3次谐波的无位置传感器控制技术；转子初始位置检测；转子极性判断；基频和高频模型中的寄生效应对位置估计的影响及其补偿方案，包括交叉耦合磁饱和、负载效应、电机凸极特性和多重凸极性、逆变器非线性、参数不匹配、参数不对称、信号处理误差等。

对于从事电机及其驱动控制的研究人员，以及从事电动汽车、风力发电机、家用电器和工业自动化的研究人员来说，本书是一本不可多得的佳作。针对永磁同步电机无位置传感器控制技术领域的基本原理、实例、挑战及其实际解决方案，本书是目前最全面、最系统、最深入浅出的一本参考书。

北京市版权局著作权合同登记　图字：01-2024-0570号。

图书在版编目（CIP）数据

永磁同步电机无位置传感器控制 /（英）诸自强，吴溪蒙著；（英）诸自强等编译. -- 北京：机械工业出版社，2024. 10（2025. 3重印）. --（电机工程经典书系）. -- ISBN 978-7-111-76760-2

Ⅰ. TM351

中国国家版本馆CIP数据核字第2024U9C499号

机械工业出版社（北京市百万庄大街22号　邮政编码100037）

策划编辑：李小平　　责任编辑：李小平

责任校对：张爱妮　陈　越　　封面设计：马精明

责任印制：任维东

北京华联印刷有限公司印刷

2025年3月第1版第2次印刷

184mm×260mm · 22.75印张 · 2插页 · 533千字

标准书号：ISBN 978-7-111-76760-2

定价：199.00元

电话服务　　网络服务

客服电话：010-88361066　　机　工　官　网：www. cmpbook. com

010-88379833　　机　工　官　博：weibo. com/cmp1952

010-68326294　　金　书　网：www. golden-book. com

封底无防伪标均为盗版　　机工教育服务网：www. cmpedu. com

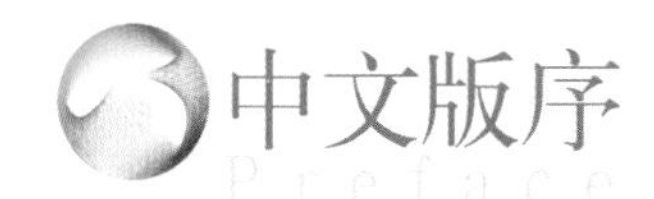

日月如梭、时光飞逝，距离我从浙江大学毕业开始从事电机和控制研究已经42年，距离我1987年出版的第一本书《电机噪声的分析和控制》已经37年。我在英国一个被中国学生叫作谢村的山区也已经待了36年，一直从事永磁电机和控制研究。10多年以前，我想系统地写一些书，把我们的研究成果和经验总结一下，奉献给大家。但2009年和2010年西门子和美的分别邀请我帮他们筹建研发中心，我觉得帮企业创建研发中心比写书更有意义，因为当时我的人生经历里缺少在企业工作的经验，所以就把写书的事耽搁了。西门子和美的两个研发中心已经运行10多年了，且非常成功，在全球都有了一定的影响力，成为谢菲尔德大学2021年向英国政府递交的具有重大影响力的两个成功案例（UK REF2021 Impact Case），也成为我人生中最自豪的经历。我们不单单研发了许多创新的永磁电机和控制新技术，同时把这些新技术应用在西门子海洋风电和美的的几乎所有产品里。借此机会，感谢西门子和美的这两个伟大的企业，让我学习到很多。

2023年，在吴溪蒙的协助下，总算把25年来和15位博士生在永磁同步电机无位置传感器控制这个领域的研发成果总结成书，由Wiley出版。机械工业出版社李小平编辑在第一时间与我联系，向Wiley购买了版权，并请我组织中文翻译。目前我有50多位学生在中国工作，其中8位读博时从事永磁同步电机无位置传感器控制研究。我立即与这8位学生联系，并得到了他们非常热烈的响应，所以才有了这本书的中文版。翻译的章节具体分工如下：吴溪蒙（2020届博士/2020—2023博士后，第1、8、9、12章和所有图）、沈建新（2003届博士，第3、11章）、龚黎明（2012届博士，第5、8章）、刘嘉明（2013届博士，第11章）、许培林（2017届博士，第6章）、詹瀚林（2017届博士，第7章、附录）、杨雷（2020届博士，第10、11章）、双波（2021届博士，第4章）、刘天翼（2022届博士，第2、3章），以及戴卫力（2014—2015年访问学者，第5章）。另外冯智缤（2024级博士生）也参与了第12章的部分工作；校对和新材料补充由我和吴溪蒙完成。这里，我想特别说明的是，他们不但是本书的中文翻译者，也是最原始的作者，更是研究的贡献者。没有他们的贡献，不可能有这本书。

借用苏格拉底的一句话："我只知道自己很无知"。因为无知，所以好奇；因为好奇，所以学习；学习的过程就是"知行合一致良知"。

诸自强

英国皇家工程院院士

英国谢菲尔德大学顶级教授

谢菲尔德西门子风电研发中心创建主任

美的上海电机与驱动控制研发中心创建主任

2024年2月

原著前言

Preface

永磁同步电机驱动系统，包括永磁无刷交流和无刷直流驱动，具有高效率和高转矩密度等优点。高性能的永磁无刷交流或直流驱动系统都需要精确的转子位置信息，通常由转子位置传感器得到，譬如旋转变压器、编码器或者霍尔传感器。不过，这些传感器不但增加了系统的尺寸和成本，同时降低了可靠性，特别是在恶劣的环境里。因此，一般希望能用基于软件算法的无转子位置传感器技术来代替物理的转子位置传感器。

本书系统深入地描述了永磁同步电机的各种无位置传感器控制技术，介绍了全球最新的研究成果和谢菲尔德大学研发的许多新技术。本书的内容覆盖面非常广泛（读者可以参见图 1.22)，既包括了基本原理，又包括了前沿技术，同时给出了各种技术挑战和实际解决方案。

30 多年前，永磁同步电机无位置传感器控制的应用还非常有限，并且主要用无刷直流驱动器来驱动风扇之类的产品。但最近 10 多年间，该领域发展非常迅速，现在已经有很多商业化的产品采用各种无位置传感器控制技术，应用的领域包括风力发电机、汽车空调压缩机、冷却水泵和油泵、电动助力自行车、无人机、通用变频器，家用电器（包括空调和冰箱压缩机与风扇、洗衣机、洗碗机、热循环泵、吸尘器等)，以及电气化交通和航空应用的容错驱动系统。尽管已经有许多成功的商业应用，不少领域采用无位置传感器控制仍有许多挑战，譬如一些需要大负载快速启动的应用场合。随着技术的不断进步，无位置传感器控制会得到更广泛的应用，为一系列工业和家用的商业需求提供更可靠、更经济、更有效的解决方案。

1998 年以来，我一直和我的博士生一起持续从事永磁同步电机的无位置传感器控制研究。借此机会，我要感谢其中已经毕业的 15 位博士在这方面的贡献，包括 J. Ede、沈建新、石岩峰、刘勇、李逸、龚黎明、刘嘉明、林子期、A. H. Almarhoon、许培林、詹瀚林、吴溪蒙、杨雷、双波和刘天翼，以及在读的 3 位博士生陈阳、王朋和冯智缤。这里，我特别感谢吴溪蒙，他目前是谢菲尔德大学的博士后，也是本书的共同作者，他在无位置传感器控制，特别是转子初始位置检测方面，做出了杰出的贡献。

我要感谢永磁同步电机无位置传感器控制的先驱们所做出的开拓性贡献，包括美国威斯康星-麦迪逊大学 Robert D. Lorenz 教授、韩国首尔大学 Seung-Ki Sul 教授、西班牙奥维耶多大学 Fernando Briz 教授和 David Reigosa 教授，以及 Nobuyuki Matsui 教授、陈志谦博士、Shigeo Morimoto 教授、Ion Boldea 教授和 Kaushik Rajashekara 教授等。

同时，我要特别感谢我们研究项目的资助者，特别是英国政府-英国工程和自然科学研究委员会“繁荣合作计划”(“海上风电新合作”，项目号：EP/R004900/1)，以及在风电、家电、自动化和电动汽车等永磁同步电机无位置传感器控制应用领域工业界的资助者和合作者，包括西门子、美的、日产和丰田。

我和本书的共同作者吴溪蒙博士期待本书能对工业界的工程师和研发人员，以及大学的教授、博士后、博士生和其他学生有所帮助。

诸自强（Z. Q. Zhu）

英国皇家工程院院士

美国 IEEE 会士、英国 IET 会士

2023 年 4 月于英国谢菲尔德

原著作者

Author

诸自强教授

1977 年考入浙江大学电机系，1982 年获学士学位，1984 年获硕士学位，并留校任助教及讲师。1988 年赴英国谢菲尔德大学电子电力系学习，1991 年获谢菲尔德大学博士学位。先后担任谢菲尔德大学英国文化委员会资助访问学者（1988—1989 年）、博士后（1989—1992 年）、高级研究科学家（1992—2000 年）、教授（2000 年—）。现任谢菲尔德大学顶级教授（2014 年—），英国皇家工程院/西门子特聘教授（2014 年—），谢菲尔德大学电机与驱动研究团队负责人（2008 年—），谢菲尔德西门子风电研发中心创建主任（2009 年—）、美的上海和谢菲尔德电机和驱动控制研发中心创建主任（2010 年—），谢菲尔德中国中车电气传动技术研究中心创建主任（2014 年—），谢菲尔德中国新能源汽车国创中心电驱动技术研究中心创建主任（2022 年—）。

诸自强教授是英国皇家工程院院士、美国 IEEE 会士、英国 IET 会士、中国电机工程学会会士、中国电工技术学会会士和 IET EPA 学报主编。荣获 2024 全球能源奖（Global Energy Prize）、2021 IEEE 尼古拉·特斯拉奖和 2019 IEEE 工业应用学会杰出成就奖，并获 38 项最佳论文奖（包括 7 项 IEEE/IET 学报最佳论文奖）。获得 200 多项发明专利，发表 1500 多篇学术论文，其中 600 多篇发表在 IEEE/IET 学报。主要从事新型永磁电机和先进控制关键技术的基础和应用研究，包括电气化交通（电动汽车、高铁、多电飞机）、海上风力发电、家用电器和自动化系统。

吴溪蒙博士

2011 年获合肥工业大学电气工程及其自动化学士学位，2016 年和 2020 年分别获英国谢菲尔德大学电气工程硕士和博士学位。2020—2023 年为谢菲尔德大学博士后，现在丹麦西门子歌美飒可再生能源有限公司工作，主要从事永磁同步电机控制。

符　号	描　述	单　位
A_{ac}	注入交流电流指令的幅值	A
$A_{d,2f}$, $A_{q,2f}$	估计 dq 轴二次谐波反电动势的幅值	V
A_{mp}	3 次谐波磁链的幅值	Wb
Amp_i_{Ah}, Amp_i_{Bh}, Amp_i_{Ch}	三相高频电流的幅值	A
B	黏性阻尼系数	N·s/m
B_3	3 次谐波激励磁通密度的幅值	T
D	占空比	
$E_A(s)$, $E_B(s)$, $E_C(s)$	拉普拉斯变换后的三相反电动势	V
e_A, e_B, e_C	三相反电动势	V
e_{A5}, e_{B5}, e_{C5}	三相反电动势的 5 次谐波	V
e_{A7}, e_{B7}, e_{C7}	三相反电动势的 7 次谐波	V
$E_{a,d}$, $E_{a,q}$	有效磁链模型的 dq 轴反电动势	V
e_c	电流模型的反电动势	V
$\hat{E}_d$, $\hat{E}_q$	估计 dq 轴反电动势	V
$\hat{E}_{d0}$, $\hat{E}_{q0}$	估计 dq 轴反电动势的直流分量	V
$\hat{E}_{d,2f}$, $\hat{E}_{q,2f}$	估计 dq 轴反电动势的 2 次谐波	V
E_{ex}	扩展反电动势	V
$\hat{E}_{ex,d}$, $\hat{E}_{ex,q}$	估计 dq 轴扩展反电动势	V
E_{ex_imp}	改进的扩展反电动势	V
E_{ex1}	双三相永磁同步电机的等效扩展反电动势	V
$e_{ex,\alpha}$, $e_{ex,\beta}$	$\alpha\beta$ 轴扩展反电动势	V
e_H, e_L, e_O	上桥臂、下桥臂和悬浮绕组反电动势	V
E_m	相反电动势峰值	V
E_{m3}	3 次谐波反电动势的幅值	V
e_α, e_β	$\alpha\beta$ 轴反电动势	V
e_0	零序反电动势	V
$\hat{e}_0$	估计的零序反电动势	V
E_3	3 次谐波反电动势幅值	V
e_{3_set1}, e_{3_set2}	双三相永磁同步电机两套绕组的 3 次谐波反电动势	V

（续）

符　　号	描　　述	单　　位
e_{3_set1}，e_{9_set1}，e_{15_set1}	双三相永磁同步电机第一套绕组的 3 次、9 次、15 次谐波反电动势	V
e_{3_set2}，e_{9_set2}，e_{15_set2}	双三相永磁同步电机第二套绕组的 3 次、9 次、15 次谐波反电动势	V
e_9	9 次谐波反电动势	V
e_{15}	15 次谐波反电动势	V
f_e	转子电频率	Hz
f_h	注入高频电压信号的频率	Hz
f（$\Delta\theta$）	位置误差信号	
I^*	额外注入电流信号的幅值	A
$I_A(s)$，$I_B(s)$，$I_C(s)$	拉普拉斯变换后的三相电流	A
i_A，i_B，i_C	三相定子电流	A
I_A^P，I_B^P，I_C^P	三相主电流响应峰值	A
I_A^S，I_B^S，I_C^S	三相次电流响应峰值	A
i_{ABCh}	三相高频电流响应	A
I_{AD_error}	电流测量误差引起的扰动电流矢量	A
I_d，I_q	dq 轴电流的幅值	A
i_d，i_q	dq 轴电流	A
$\hat{i}_d$，$\hat{i}_q$	估计 dq 轴电流	A
i_{dc}	直流母线电流	A
i_{dc}^*	直流母线电流参考值	A
$\hat{i}_{d,ac}$，$\hat{i}_{q,ac}$	估计 dq 轴交流电流分量	A
$i_{d,CM}$，$i_{q,CM}$	电流模型的 dq 轴电流	A
$\hat{i}_{d,dc}$，$\hat{i}_{q,dc}$	估计 dq 轴直流电流分量	A
i_{df}，i_{qf}	基波 dq 轴电流	A
$\hat{I}_{dh}$，$\hat{I}_{qh}$	估计 dq 轴高频电流的幅值	A
i_{dh}，i_{qh}	dq 轴高频电流	A
$\hat{i}_{dh}$，$\hat{i}_{qh}$	估计 dq 轴高频电流	A
i_{dh}^v，i_{qh}^v	虚拟 dq 轴高频电流	A
i_{dq}^*	dq 轴电流参考值	A
i_{dq}^p	预测 dq 轴电流	A
ΔI_{error}	实际电流与采样电流之间的误差	A
$i_{(Extra)}^*$	额外注入的电流信号	A
i_H，i_L，i_O	上桥臂、下桥臂和悬浮绕组电流	A
I_m	相电流峰值	A

（续）

符 号	描 述	单 位
$I_{\max}$	最大电流响应峰值	A
I_{mean}	平均电流响应峰值	A
I_n	负序电流响应幅值	A
i_n	负序电流响应	A
$\hat{i}_n$	估计的负序电流响应	A
I_n^{SQ}	方波注入下的负序电流响应幅值	A
$\hat{i}_{nd}$，$\hat{i}_{nq}$	估计 dq 轴负序电流响应	A
I_{neg_α}，I_{neg_β}	负序高频电流的 $\alpha\beta$ 轴分量	A
I_p	正序电流响应的幅值	A
i_p	正序电流响应	A
I_p^{SQ}	方波注入下的正序电流响应幅值	A
I_{pos_α}，I_{pos_β}	正序高频电流的 $\alpha\beta$ 轴分量	A
I_{q_MAX}	最大 q 轴电流	A
I_{qu}	模数转换器的量化电流	A
I_{real}	实际电流	A
I_{record}	采样电流	A
I_s	定子电流幅值	A
i_s	定子电流	A
ΔI_{th}	电流阈值	A
i_{X}，i_{Y}，i_{Z}	双三相永磁同步电机第二套绕组的相电流	A
$i_{\mathrm{X}f}$	任意相的基波电流	A
$i_{\mathrm{X}h}$	任意相的高频电流	A
i_{z1z2}	z_1z_2 子空间中的定子电流	A
i_α，i_β	$\alpha\beta$ 轴电流	A
$\hat{i}_\alpha$，$\hat{i}_\beta$	估计的 $\alpha\beta$ 轴电流	A
Δi_α，Δi_β	$\alpha\beta$ 轴电流的估计误差	A
$I_{\alpha\beta h}$	$\alpha\beta$ 轴高频电流的幅值	A
$i_{\alpha\beta h}$	$\alpha\beta$ 轴高频电流	A
$i_{\alpha\beta h}^{*}$	正序电流响应补偿后的 $\alpha\beta$ 轴高频电流	A
$i_{\alpha\beta h}^{**}$	正序电流响应补偿前的 $\alpha\beta$ 轴高频电流	A
I_0	三相电流响应的直流分量幅值	A
i_0	零序电流	A
I_2	三相电流响应的 2 次谐波分量幅值	A
i_{2nd}	高频电流响应中的次级正序谐波分量	A
J	转动惯量	$\mathrm{kg \cdot m^2}$

（续）

符　　号	描　　述	单　位
k_c	交叉耦合电感的补偿系数	mH/A
K_i	比例积分控制器的积分增益	
$K_{\Delta L_q}$	q 轴电感偏差系数	rad/A
$K_{\Delta L_{q1}}$	第一套绕组 q 轴自感偏差系数	rad/A
$K_{\Delta M_{q21}}$	两套绕组 q 轴互感的偏差系数	rad/A
K_p	比例积分控制器的比例增益	
k_{p3}，k_{d3}，k_{s3}	线圈节距系数、分布系数和斜槽或斜极系数	
K_R	电阻分压器等效增益	
k_r	交叉耦合误差角的补偿系数	rad/A
$K_{\Delta R_s}$，$K_{\Delta L_Q}$	电阻和 q 轴等效电感的偏差系数	rad/A
k_{w3}	3 次谐波的绕组系数	
K_ω	过零点反电动势包络线的斜率	V
L	无刷直流电机的相自感	mH
ΔL	不对称电感	mH
L_{AA}，L_{BB}，L_{CC}	三相自感	mH
ΔL_{AB}，ΔL_{BC}，ΔL_{CA}	无刷直流电机的三相电感不对称误差	mH
L_c	自感正弦分量的 2 次谐波幅值	mH
L_D，L_Q	双三相永磁同步电机的 dq 轴等效电感	mH
L_d，L_q	dq 轴自感	mH
$\tilde{L}_d$，$\tilde{L}_q$	dq 轴自感标称值	mH
ΔL_d，ΔL_q	dq 轴自感的偏差值	mH
L_{dh}，L_{qh}	dq 轴增量自感	mH
L_{dq}，L_{qd}	dq 轴交叉耦合电感	mH
L_{dqh}，L_{qdh}	dq 轴交叉耦合增量电感	mH
L_{d1}，L_{d2}，L_{q1}，L_{q2}	两套绕组的 dq 轴自感	mH
L_{eq}	等效电感	mH
$L_{\Delta h}$	电感 h 次空间谐波幅值	mH
L_{lm}	边界电感	mH
L_{ls}	漏自感	mH
L_{MAX}，L_{MIN}	最大和最小电感	mH
L_n	负序电感	mH
L_p	正序电感	mH
L_{qds}	近似交叉耦合电感	mH
L_{sa}	dq 轴增量电感的平均值	mH

（续）

符号	描述	单位
L_{sd}	dq 轴增量电感的差值	mH
L_{sj}，L_{sk}	j 次和 k 次自感	mH
L_{s0}	自感平均值	mH
L_{s2}	自感 2 次谐波分量幅值	mH
L_{XX}，L_{YY}，L_{ZZ}	双三相永磁同步电机第二套绕组的三相自感	mH
$L_{\alpha\alpha}$，$L_{\beta\beta}$	$\alpha\beta$ 轴自感	mH
L_0	零序电感	mH
M	无刷直流电机的相互感	mH
M_{AB}，M_{BA}，M_{AC}，M_{CA}，M_{BC}，M_{CB}	三相互感	mH
M_c	互感正弦分量的 2 次谐波幅值	mH
M_{d12}，M_{d21}，M_{q12}，M_{q21}	两套绕组间的 dq 轴互感	mH
ΔM_{q21}，ΔM_{q12}	两套绕组 q 轴电感的差值	mH
M_{sj}，M_{sk}	j 次和 k 次互感	mH
M_{s0}	互感平均值	mH
M_{s2}	互感 2 次谐波	mH
M_{XY}，M_{YX}，M_{YZ}，M_{ZY}，M_{ZX}，M_{XZ}	双三相永磁同步电机中第二套绕组的三相互感	mH
$M_{\alpha\beta}$，$M_{\beta\alpha}$	$\alpha\beta$ 轴互感	mH
N_s	采样点数	
$P(k)$	扩展卡尔曼滤波器的协方差矩阵	
P	极对数	
p	导数运算符	
$Q(k)$，$R(k)$	扩展卡尔曼滤波器过程噪声和测量噪声的协方差	
R	无刷直流电机的相电阻	Ω
ΔR_A，ΔR_B，ΔR_C	不对称电阻分量	Ω
ΔR_{ave}	不对称电阻导致的直流偏置	Ω
R_d，R_q	d 轴和 q 轴电阻	Ω
R_{dc}	直流母线电阻	Ω
R_{dq}	dq 轴互电阻	Ω
R_{eq}	等效电阻	Ω
R_N	辅助电阻网络的电阻	Ω
R_s	相电阻	Ω
$\widetilde{R}_s$	相电阻的额定值	Ω
$\overline{R}_s$	三相电阻的平衡部分电阻	Ω
ΔR_s	相电阻偏差值	Ω
R_{Xh}	逆变器任意相的等效高频电阻	Ω

（续）

符　　号	描　　述	单　　位
R_1，R_2	电阻分压器低压侧和高压侧电阻的标称值	Ω
R_1'，R_2'	电阻分压器低压侧和高压侧电阻的实际值	Ω
S	滑模面	
$\mathrm{S_A}$，$\mathrm{S_B}$，$\mathrm{S_C}$	电压源逆变器三组桥臂的开关状态	
t	时间	s
ΔT	注入方波电压信号的周期	s
Δt	时间步长	s
T_c	低通滤波器的时间常数	s
t_d	两个过零点之间每半周期的间隔时间	s
t_{dd}	功率器件关断延时	s
t_{dt}	死区时间	s
t_{du}	功率器件开通延时	s
T_{inj}	额外注入电流信号的周期	s
T_{i1}，T_{i2}	第一次和第二次注入的高频电压信号的周期	s
T_L	负载转矩	N·m
T_{m_BLAC}	BLAC 电机的电磁转矩	N·m
T_{m_BLDC}	BLDC 电机的电磁转矩	N·m
T_{opt}	最优脉冲电压持续时间	s
T_P	脉冲电压持续时间	s
t_{period}	基波周期	s
T_{P_MAX}，T_{P_MIN}	脉冲电压的最大和最小持续时间	s
t_r	周期内非电压注入时间	s
T_s	采样周期时间	s
$t_\varphi[n]$	换向过程中的第 n 次延时	s
$t_\theta[n]$	第 n 个过零点时间间隔	s
T_0	零电压矢量的持续时间	s
T_1	电压矢量 1 的持续时间	s
T_2	电压矢量 2 的持续时间	s
t_{23}，t_{34}，t_{45}，t_{25}，t_{52}，t_{56}，t_{61}，t_{12}	扇区切换的周期	s
u_{VA}，u_{VB}，u_{VC}	三相垂直误差校正的共模偏置	V
u_1，u_2，u_3，u_4，u_5，u_6	过零阈值	V
ΔV	端电压的平均误差	V
v_{A}，v_{B}，v_{C}	三相定子电压	V
Δv_{AB}，Δv_{BC}，Δv_{CA}	三相水平电压偏移	V
V_{AD}	最大采样电压	V

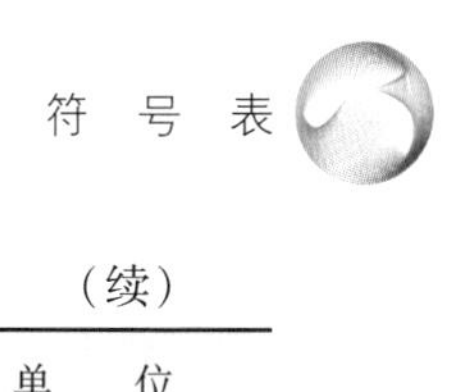

（续）

符　　号	描　　述	单　　位
$V_{\mathrm{AG}}(s)$，$V_{\mathrm{BG}}(s)$，$V_{\mathrm{CG}}(s)$	拉普拉斯变换后的三相端电压	V
v_{AG}，v_{BG}，v_{CG}	相端与接地之间的电压	V
$v_{\mathrm{A}h}$，$v_{\mathrm{B}h}$，$v_{\mathrm{C}h}$	注入的三相高频电压	V
v_{AN}，v_{BN}，v_{CN}	三相坐标系中永磁电机的相电压	V
v'_{BG}	采样的 B 相端电压	V
V_c	等效电压源的幅值	V
v_d，v_q	dq 轴电压	V
$\hat{v}_d$，$\hat{v}_q$	估计 dq 轴电压	V
V_{dc}	直流母线电压	V
ΔV_{dc}	直流母线电压波动	V
$\hat{v}_{d\_ff}$	估计 d 轴前馈电压	V
v_{dh}，v_{qh}	dq 轴高频电压	V
$\hat{v}_{dh}$，$\hat{v}_{qh}$	估计 dq 轴高频电压	V
v^v_{dh}，v^v_{qh}	虚拟 dq 轴高频电压	V
v_{dh1}，v_{dh2}	第一和第二组注入的高频电压信号	V
$\hat{v}_{d,VM}$，$\hat{v}_{q,VM}$	电压模型的电压	V
Δv_f	基波扰动电压	V
$\boldsymbol{v}_f^*$	基波电压指令	V
V_h	注入的高频电压幅值	V
$\Delta V_{\mathrm{H}}(s)$	拉普拉斯变换后参数不对称引起的电压偏移	V
Δv_{H}	水平电压偏移	V
Δv_h	高频扰动电压	V
$\boldsymbol{v}_{hf}^*$	高频电压信号指令	V
v_{HG}，v_{LG}	上桥臂和下桥臂绕组端电压	V
Δv_{HL}	参数不对称导致的电压误差	V
V_{h1}，V_{h2}	第一和第二组注入的高频电压信号幅值	V
$v(k)$	测量噪声	V
v_{N}	中性点电压	V
$V_{\mathrm{NG}}(s)$	拉普拉斯变换后的零序电压	V
V_{N1N2}	双三相永磁同步电机的零序高频电压幅值	V
v_{N1N2}	双三相永磁同步电机的零序高频电压	V
V_P	电压脉冲幅值	V
V_{P_MAX}，V_{P_MIN}	电压脉冲的最大和最小幅值	V
V_{RL}	绕组电阻和电感上的电压降	V
V_s^*	电压参考值的幅值	V

（续）

符　号	描　述	单　位
$\boldsymbol{v}_s^*$	电压矢量参考值	V
v_{SM}	网络中性点和电容中点之间的电压	V
$\hat{v}_{\mathrm{SM}}$	测量的虚拟 3 次谐波电压的上包络	V
v_{SN}	网络中性点和电机中性点间测量的 3 次谐波电压	V
$v_{\mathrm{SN\_cos}}$	零序高频电压余弦分量	V
$v_{\mathrm{SN\_sin}}$	零序高频电压正弦分量	V
$v_{\mathrm{SN}\_unified}$	一致化的 3 次谐波电压	V
v_{S1N1}，v_{S2N2}	测量的两套三相绕组的 3 次谐波电压	V
Δv_{V}	垂直电压偏移	V
Δv_{VA}，Δv_{VB}，Δv_{VC}	三相垂直电压偏移	V
$v_{\mathrm{X}h}$，$v_{\mathrm{Y}h}$，$v_{\mathrm{Z}h}$	双三相永磁同步电机第二套绕组注入的三相高频电压	V
v_{XN}，v_{YN}，v_{ZN}	第二套绕组的相电压	V
Δv_{XO}	任意相的端电压误差	V
Δv_{XY}	参数不对称导致的电压偏移	V
v_{z1z2}	z_1z_2 子空间定子电压	V
v_α，v_β	$\alpha\beta$ 轴电压	V
$v_{\alpha h}$，$v_{\beta h}$	$\alpha\beta$ 轴高频电压	V
v_0	零序电压	V
$\boldsymbol{v}_{0,7}$	零电压矢量	V
$\boldsymbol{v}_{1,\cdots,6}$	有效电压矢量	V
$\hat{v}_{2d}$，$\hat{v}_{2q}$	$d_2\ q_2$ 轴电压	V
v_{2nd}	次级正序谐波高频零序电压响应	V
$w(k)$	过程噪声	V
W_s	一个离散傅里叶变换窗口内的采样点数	
$x(k)$	状态变量	
Z_{H}，Z_{L}	上桥臂和下桥臂绕组阻抗	Ω
z_α，z_β	$\alpha\beta$ 轴切换函数	V
$\mathcal{L}^{-1}$	拉普拉斯反变换	
Λ	PWM 开关函数	
Φ	线性化系统的指数矩阵	
δ_L	电感不对称下的相角	rad
$\delta_{\Delta L_Q}$	注入电流后由 q 轴电感不匹配造成的位置偏差	rad
$\delta_{\Delta R_s}$	注入电流后由电阻不匹配造成的位置偏差	rad
ε	控制器的输入误差	
$\varepsilon_{d\Delta L}$	电感不对称导致的 d 轴电压误差	V

（续）

符号	描述	单位
$\varepsilon_{d\Delta R}$	电阻不对称导致的 d 轴电压误差	V
$\varepsilon_{d2,\Delta\psi}$	磁链不对称导致的 d 轴电压误差	V
$\varepsilon_{q\Delta L}$	电感不对称导致的 q 轴电压误差	V
$\varepsilon_{q\Delta R}$	电阻不对称导致的 q 轴电压误差	V
$\varepsilon_{q2,\Delta\psi}$	磁链不对称导致的 q 轴电压误差	V
ε_s	量化误差	A
ε_T	转矩控制器误差	N·m
$\varepsilon_{\mathrm{VA}}$，$\varepsilon_{\mathrm{VB}}$，$\varepsilon_{\mathrm{VC}}$	三相垂直误差修正角	rad
ε_ψ	磁链控制器误差	Wb
η	电流变化率	A/s
η_{m1}^{on}，η_{m1}^{off}	模式 1 中导通与截止周期中的电流变化率	A/s
η_{m2}^{on}，η_{m2}^{off}	模式 2 中导通与截止周期中的电流变化率	A/s
θ	电压指令角度	rad
$\Delta\theta$	位置误差	rad
$\Delta\hat{\theta}$	位置估计误差	rad
$\Delta\theta_{AD}$	模/数转换导致的位置估计误差	rad
θ_{bound}	边界角	rad
θ_c	交叉耦合电感补偿角度	rad
$\Delta\theta_{\mathrm{HA}}$，$\Delta\theta_{\mathrm{HB}}$，$\Delta\theta_{\mathrm{HC}}$	水平电压偏移导致的三相位置偏移	rad
$\Delta\theta_{\Delta L_d}$	d 轴电感偏差引起的位置估计误差	rad
$\Delta\theta_{\Delta L_q}$	q 轴电感偏差引起的位置估计误差	rad
θ_m	交叉饱和角	rad
θ_{middle}	中间角	rad
$\Delta\theta_{par}$	参数不匹配引起的估计位置误差	rad
$\Delta\theta_{par1}$，$\Delta\theta_{par2}$	1，2 套绕组参数偏差导致的位置误差	rad
$\Delta\theta_{par1}^{inj}$，$\Delta\theta_{par2}^{inj}$	两套绕组额外电流信号注入后的位置估计误差	rad
$\Delta\theta_{p\_L}$	电感不对称引起的高频信号注入估计误差	rad
θ_r	电转子位置	rad
$\hat{\theta}_r$	估计的电转子位置	rad
θ_r^v	虚拟转子位置	rad
$\hat{\theta}_{r\_fo}$	基于基波模型的估计转子位置	rad
$\hat{\theta}_{r\_hf}$	高频信号注入法的估计转子位置	rad
$\Delta\theta_{\Delta R_s}$	相电阻不匹配导致的位置估计误差	rad
$\hat{\theta}_{r0}$	位置观测器的初始估计位置	rad
$\hat{\theta}_{r1}$，$\hat{\theta}_{r2}$	估计的两套三相绕组的电转子位置	rad

（续）

符　号	描　述	单　位
$\hat{\theta}_{r1(new)}$，$\hat{\theta}_{r2(new)}$	在两套绕组中注入额外电流信号后的估计位置	rad
θ_{s1}	相自感中交叉耦合分量的角度	rad
θ_{s2}	相间互感中交叉耦合分量的角度	rad
θ_{s3}	由交叉饱和效应导致的零序高频电压相移	rad
$\Delta\theta_{VA}$，$\Delta\theta_{VB}$，$\Delta\theta_{VC}$	由垂直电压偏移导致的三相角度偏移	rad
θ_{xy}	从扇区 x 到扇区 y 的过零点间隔	rad
$\hat{\theta}_{xy}$	测量的从扇区 x 到扇区 y 的过零点间隔	rad
θ_0	最后一个过零点的估计转子位置	rad
θ_{12}，θ_{23}，θ_{34}，θ_{45}，θ_{56}，θ_{61}，θ_{25}，θ_{52}	扇区之间的标称过零点间隔角度	rad
$\Delta\theta_{12}$	两组三相绕组之间的偏移角度	rad
$\hat{\theta}_{12}$，$\hat{\theta}_{23}$，$\hat{\theta}_{34}$，$\hat{\theta}_{45}$，$\hat{\theta}_{56}$，$\hat{\theta}_{61}$，$\hat{\theta}_{25}$，$\hat{\theta}_{52}$	两个扇区之间的过零点间隔角度	rad
λ	q 轴电流的交叉耦合补偿系数	
λ_{comp}	逆变器非线性的补偿系数	rad
μ	峰值滤波器和自适应陷波器的带宽	rad/s
ξ	锁相环的阻尼比	
σ	容差率	
τ_e	电气时间常数	s
τ_{e_MAX}，τ_{e_MIN}	最大和最小电气时间常数	s
τ_{eN}	标称电气时间常数	s
φ_{Ah}，φ_{Bh}，φ_{Ch}	三相高频电流的相位	rad
φ_d	信号处理延迟引起的相移	rad
$\varphi_{d,2f}$，$\varphi_{q,2f}$	估计的 dq 轴的反电动势的 2 次谐波的相移	rad
φ_{m1}	续流角度	rad
φ_{m1}^{sup}	最大续流角度	rad
φ_{m1}，φ_{m2}	测量的续流角度	rad
φ_{12}	两组注入高频信号之间的相移	rad
ψ_A，ψ_B，ψ_C	三相定子磁链	Wb
ψ_a	有效磁链幅值	Wb
$\vec{\psi}_a$	有效磁链矢量	Wb
$\Delta\psi_A$，$\Delta\psi_B$，$\Delta\psi_C$	不对称的磁链分量	Wb
$\Delta\psi_{ave}$	磁链不对称而产生的直流偏置	Wb
ψ_d，ψ_q	dq 轴磁链	Wb
$\hat{\psi}_d$，$\hat{\psi}_q$	估计 dq 轴磁链	Wb

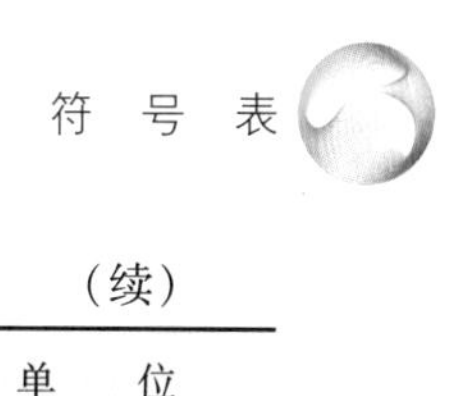

（续）

符 号	描 述	单 位
ψ_m	永磁磁链	Wb
$\psi_{m\alpha}$，$\psi_{m\beta}$	$\alpha\beta$ 轴永磁磁链	Wb
ψ_{m3}	3 次谐波磁链的幅值	Wb
ψ_{SN}	3 次谐波磁链	Wb
ψ_{z1z2}	z_1z_2 坐标系中的定子磁通	Wb
ψ_α，ψ_β	$\alpha\beta$ 轴磁链	Wb
$\psi_\alpha(0)$，$\psi_\beta(0)$	$\alpha\beta$ 轴磁链的初始值	Wb
ψ_0	零序磁链	Wb
ψ_{3_set1}，ψ_{3_set2}	两套三相绕组中的 3 次谐波磁链	Wb
$\Delta\omega$	速度估计误差	rad/s
ω_{ac}	注入的交流电流指令的频率	rad/s
ω_{base}	转子基速	rad/s
ω_c	截止频率	rad/s
ω_{comp}	速度补偿	rad/s
ω_{cor}	速度校正	rad/s
$\hat{\omega}_d$	经过低通滤波器滤波的速度	rad/s
ω_f	低通滤波器截止频率	rad/s
ω_h	注入的高频电压频率	rad/s
$\omega_{h,ANF}$	自适应陷波器中心频率	rad/s
ω_{high}	高速边界	rad/s
$\hat{\omega}_{hybrid}$	混合速度估计	rad/s
ω_{low}	低速边界	rad/s
ω_m	机械转子速度	rad/s
ω_n	锁相环固有频率	rad/s
ω_{pu}	标幺转子速度	rad/s
ω_r	电转子速度	rad/s
ω_r^*	电转子速度指令	rad/s
$\hat{\omega}_r$	估计的电转子速度	rad/s
$\hat{\omega}_{ra}$	估计的平均转子速度	rad/s
$\hat{\omega}_r^{ac}$	估计转子速度的交流分量	rad/s
$\hat{\omega}_{r1}$，$\hat{\omega}_{r2}$	估计的两套三相绕组的电转子速度	rad/s
$\hat{\omega}_v$	基于电机模型的估计速度	rad/s

缩写 Abbreviation

缩写	英文全称	中文全称
AC	Alternating Current	交流
AD	Analogue to Digital	模拟量到数字量
ADC	Analogue to Digital Converter	模数转换器
AF	Active Flux	有效磁链
ANF	Adaptive Notch Filter	自适应陷波滤波器
BDS	Boundary Detection Strategy	边界选择策略
BLAC	Brushless AC	无刷交流
BLDC	Brushless DC	无刷直流
BPF	Band Pass Filter	带通滤波器
CCS-MPC	Continuous-Control-Set Model Predictive Control	连续控制集模型预测控制
CM	Current Model	电流模型
CMV	Common Mode Voltage	共模电压
CPU	Central Processing Unit	中央处理器
DC	Direct Current	直流
DEA	Differential Evolution Algorithm	差分进化算法
DFT	Discrete Fourier Transform	离散傅里叶变换
DQZ	Direct-Quadrature-Zero	直接正交零点
DSP	Digital Signal Processor	数字信号处理器
DTC	Direct Torque Control	直接转矩控制
DTP-PMSM	Dual Three-Phase Permanent Magnet Synchronous Machine	双三相永磁同步电机
EEMF	Extended Electromotive Force	扩展电动势
EKF	Extended Kalman Filter	扩展卡尔曼滤波器
EMF	Electromotive Force	电动势
FCS-MPC	Finite-Control-Set Model Predictive Control	有限控制集模型预测控制
FE	Finite Element	有限元
FEA	Finite Element Analysis	有限元分析
FO	Flux-Linkage Observer	磁链观测器
FOC	Field Oriented Control	磁场定向控制
HF	High Frequency	高频
HPF	High Pass Filter	高通滤波器
INFORM	Indirect Flux Detection By Online Reactance Measurement	基于在线电抗测量的直接磁链检测
IPM	Interior PM	内置式永磁体
IPMSM	Interior Permanent Magnet Synchronous Machine	内置式永磁同步电机

（续）

缩　写	英文全称	中文全称
LDF	Lower-Diode Freewheeling	下桥臂二极管续流
LFP	Low Pass Filter	低通滤波器
LMS	Least-Mean-Square	最小均方根
LUT	Look-Up Table	查找表
MMF	Magneto-Motive Force	磁动势
MPC	Model Predictive Control	模型预测控制
MRAS	Model Reference Adaptive System	模型参考自适应系统
MTPA	Maximum Torque Per Ampere	最大转矩每电流控制
OW-PMSM	Open-Winding Permanent Magnet Synchronous Machine	开绕组永磁同步电机
PI	Proportional Integral	比例积分
PLL	Phase-Locked Loop	锁相环
PM	Permanent Magnet	永磁体
PMSM	Permanent Magnet Synchronous Machine	永磁同步电机
PO	Position Observer	位置观测器
PWM	Pulse Width Modulation	脉冲宽度调制
QSG	Quadrature Signal Generator	正交信号发生器
RSA	Reliable Selection Area	可靠选择区域
RVD	Resistance Voltage Divider	分压电阻
SMO	Sliding Mode Observer	滑模观测器
SNR	Signal to Noise Ratio	信噪比
SOA	Safe Operating Area	安全运行区域
SOGI	Second-Order Generalized Integrator	二阶广义积分器
SPM	Surface-mounted PM	表贴式永磁体
SPMSM	Surface-mounted Permanent Magnet Synchronous Machine	表贴式永磁同步电机
SSOA	Sensorless Safe Operation Area	无位置传感器控制安全工作区
STP-PMSM	Single Three-Phase Permanent Magnet Synchronous Machine	单三相永磁同步电机
SVPWM	Space Vector Pulse Width Modulation	空间矢量脉冲宽度调制
THD	Total Harmonic Distortion	总谐波畸变率
UDF	Upper-Diode Freewheeling	上桥臂二极管续流
VC	Vector Control	矢量控制
VM	Voltage Model	电压模型
VSD	Vector Space Decomposition	矢量空间解耦
VSI	Voltage Source Inverter	电压源逆变器
ZCD	Zero-Crossing Detection	过零点检测
ZCP	Zero-Crossing Point	过零点
ZSC	Zero Sequence Current	零序电流
ZSV	Zero Sequence Voltage	零序电压
ZVC	Zero Vector Current	零矢量电流
ZVCD	Zero Vector Current Derivative	零矢量电流微分

目录

Contents

第1章 概　述

1.1 引言

本章将介绍永磁同步电机（Permanent Magnet Synchronous Machine，PMSM），即永磁无刷交流电机（Brushless AC Machine，BLACM）和永磁无刷直流电机（Brushless DC Machine，BLDCM）。本章包括了 BLACM 和 BLDCM 驱动系统的基本原理及其数学模型与相关控制技术，需要注意的是：在文献中 PMSM 通常仅指永磁 BLAC 电机。在本书中，为方便起见将同时使用永磁 BLACM 和 PMSM 的术语，而“BLACM 驱动系统”将仅与“BLDCM 驱动系统”放在一起进行讨论。此外，本书中使用的“永磁电机”特指永磁无刷电机。本章将简要介绍永磁电机的多种无位置传感器控制技术及其分类与应用；最后，将向读者说明本书的结构组成。

1.2 永磁电机

在过去几十年间，永磁材料、电力电子器件和微处理器技术方面的突飞猛进对永磁无刷电机的发展起到了至关重要的作用。永磁无刷电机具有一系列优点，包括高效率、高转矩密度、高功率密度、易于维护和出色的控制性能，因此已被广泛应用于电动汽车、可再生能源系统、机器人、工业自动化、家用电器、航空航天等领域。随着研究和开发的不断深入，永磁无刷电机的性能将会继续提高，不断成为工业与商业应用中更具吸引力的选择。

1.2.1 拓扑结构

过去几十年中，人们对旋转永磁同步电机和直线永磁同步电机的多种拓扑结构进行了大量研究。本书将主要讨论旋转永磁同步电机，可按图 1.1 进行分类[1]。

如图 1.1 所示，从气隙磁场的类型来看，永磁电机可分为径向磁通永磁电机、轴向磁通永磁电机、横向磁通永磁电机和混合磁通永磁电机。与径向磁通永磁电机相比，轴向磁通和横向磁通永磁电机具有更高的转矩密度和功率密度[2-5]，然而复杂的制造工艺限制了它们的应用。就定子绕组结构而言，永磁电机主要可分为两类：图 1.2a 所示的非重叠式集中绕组

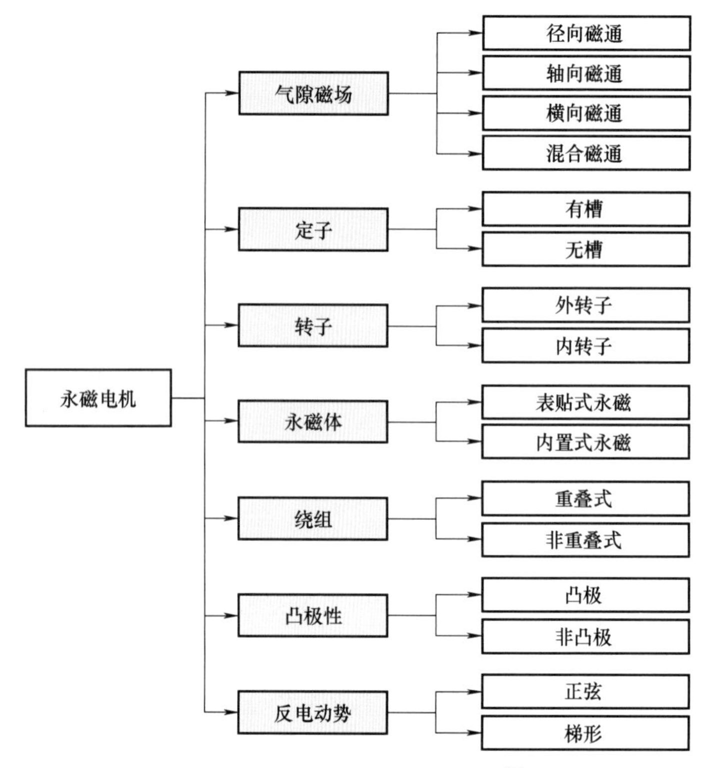

图 1.1　永磁电机拓扑结构分类[1]

的分数槽电机和图 1.2b 所示的重叠式分布绕组的整数槽电机。与分布式绕组相比，集中式绕组具有端部绕组更短、槽满率更高的优点，从而减少了电机的总体积、总质量和铜损[1,6,7]，因此整体效率和转矩密度都得到了提高。然而，与整数槽永磁电机相比，分数槽永磁电机的定子磁动势（Magneto-Motive Force，MMF）谐波含量较高，可能导致永磁体的涡流损耗增加、局部磁饱和、噪声和振动等问题[8]。

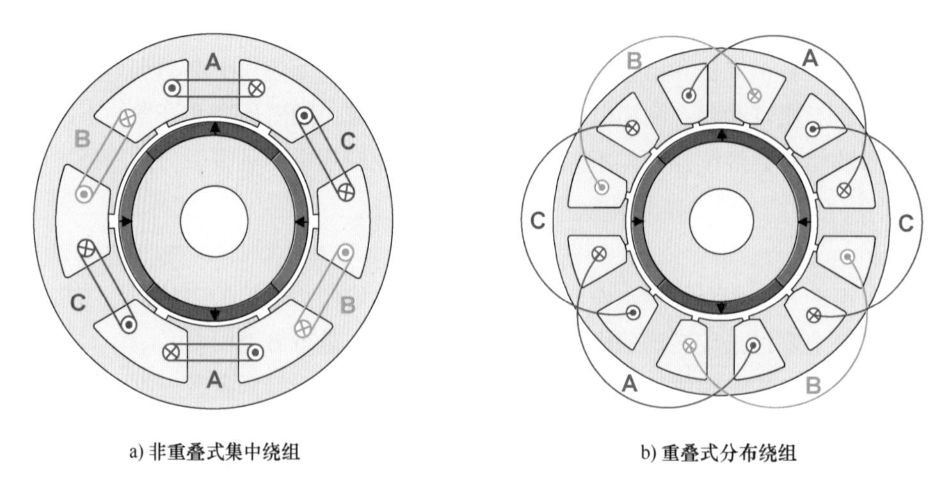

a) 非重叠式集中绕组　　b) 重叠式分布绕组

图 1.2　永磁电机的不同绕组结构

另一方面，永磁电机的转子结构主要分为表贴式永磁（Surface-Mounted PM，SPM）电机和内置式永磁（Interior PM，IPM）电机。

如图1.3a所示，SPM电机得到广泛应用，因为其具有结构简单、制造成本低的优势；此外，永磁体的形状易于优化，在气隙中能够产生更接近正弦分布的磁通密度。然而由于直接暴露在电枢磁场中，永磁体存在不可逆的退磁风险[1]，一般来说，表贴式永磁体应由不锈钢护套或玻璃/碳纤维固定。同时还有另一种特殊的SPM电机拓扑结构，即表面嵌入式永磁电机，如图1.3b所示，永磁体嵌入转子铁心中，相邻永磁体由铁心隔开。与SPM电机相比，表面嵌入式永磁电机由于在永磁体之间采用了高磁导率的铁心材料，转子具有一定的凸极性。因此，它可以利用磁阻转矩来提高转矩密度和/或减少永磁体的用量。

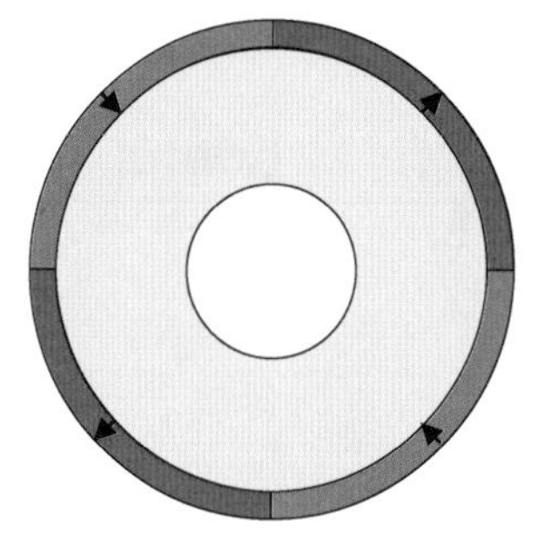

a) 表贴式永磁体

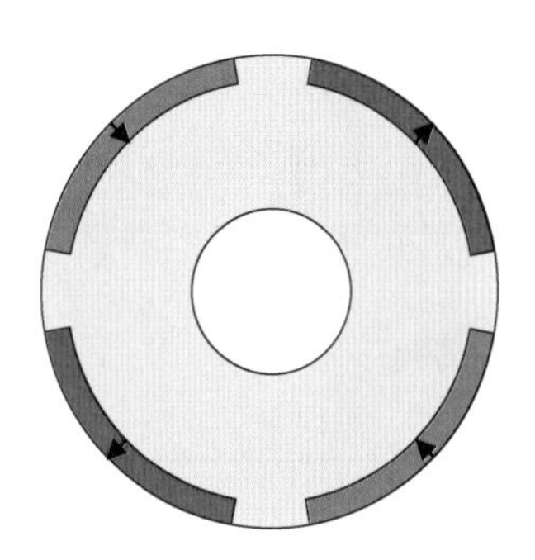

b) 表面嵌入式永磁体

图1.3 表贴式永磁体转子结构

相比之下，将永磁体置于转子铁心内部的IPM结构（见图1.4）具有转子凸极性显著、弱磁能力强、永磁体退磁风险低等优点。根据转子永磁体结构，IPM电机可分为单层IPM转子，如图1.4a，b所示的Ⅰ型和Ⅴ型；双层IPM转子，如图1.4c～e所示的双Ⅰ型、Δ型和双Ⅴ型；以及图1.4f所示的辐条式转子等。

图1.4a中的Ⅰ型IPM转子结构简单，并具有凸极性。此外，单层Ⅴ型IPM转子（见图1.4b）增大了永磁体的横截面积，增强了聚磁效果，从而提高了输出转矩。对于图1.4c～e所示的双层永磁结构，即双Ⅰ型、Δ型和双Ⅴ型IPM转子，转子的凸极性和磁阻转矩得到进一步提高，但制造工艺变得更加复杂。此外，在辐条型IPM转子（见图1.4f）中，如果采用较高的极数，聚磁效应会很显著，但由于轴附近存在额外的磁桥，因此漏磁通较高，应采用非磁性轴，而且轴附近的叠片通常需要气隙磁通屏障。

1.2.2 驱动系统

如图1.5所示，永磁无刷驱动系统通常由控制器、逆变器和永磁电机组成。电流可通过三相电流、两相电流和直流母线电流进行测量，转子速度和位置的测量需要借助位置传感器或本书介绍的无位置传感器技术，同时还需一个电压传感器用于测量直流母线电压。这些反馈信号被送到控制器，由控制器生成逆变器所需的开关信号，以实现最终的控制目标。

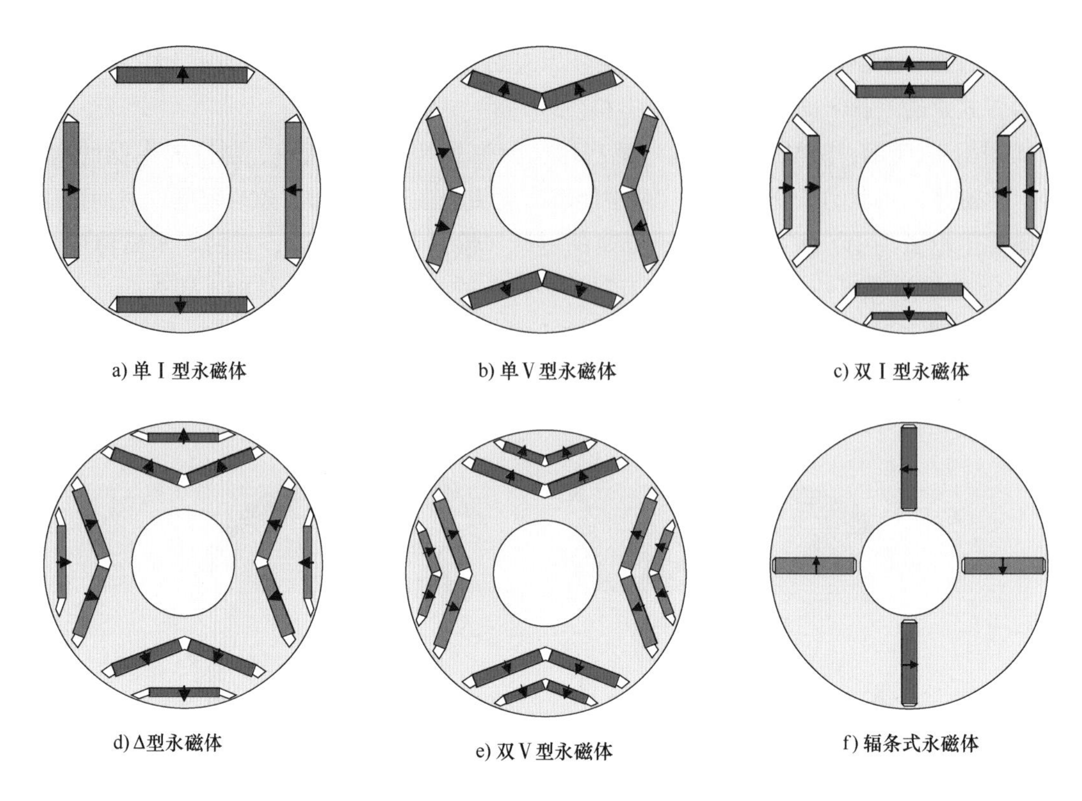

图 1.4　内置式永磁体转子结构

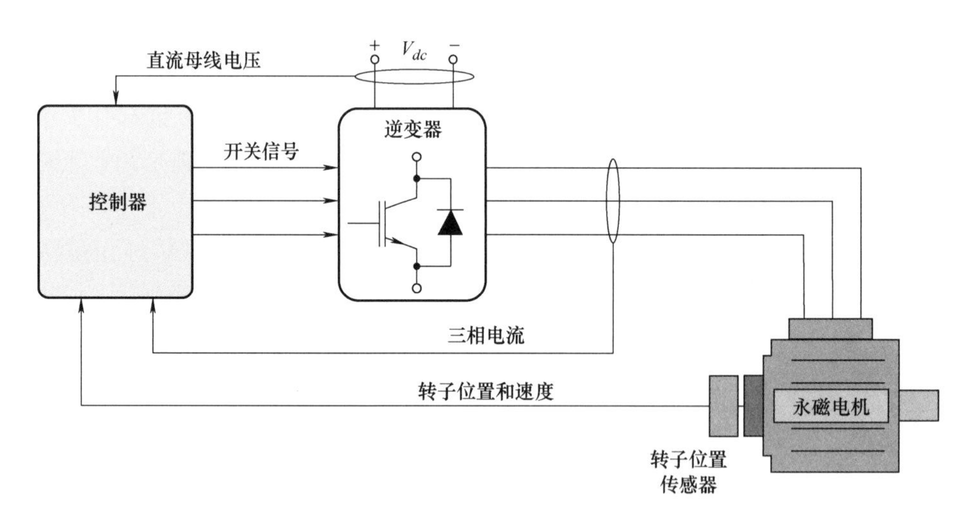

图 1.5　三相 PMSM 驱动系统框图

图 1.6 所示的三相电压源型逆变器（Voltage Source Inverter，VSI）通常用于三相永磁无刷驱动系统，如图所示，VSI 由六个功率半导体开关器件组成，通常是 IGBT（绝缘栅双极型晶体管）或 MOSFET（金属氧化物半导体场效应晶体管）。这六个开关组成一个三相桥，每一相桥臂由上下两个开关组成；每相桥臂的中点连接到永磁电机定子绕组端；三相桥臂与直流电压源相连，同时直流母线电容用于平滑直流母线电压。

在转子旋转时，定子绕组中会产生反电动势（back Electromotive Force，back-EMF）。如图1.7所示，永磁电机可根据反电动势波形分为正弦波和梯形波（理想情况下为方波）。根据逆变器开关状态选择的方式，控制策略可分为BLDC和BLAC运行模式。如图1.7所示，在BLDC模式运行时，逆变器应产生方波电流，而在BLAC模式运行时，逆变器则需产生正弦波电流。

虽然BLAC和BLDC驱动系统使用相同的VSI，但它们的开关方案不同。具体来说，BLAC驱动系统采用空间矢量脉宽调制（Space Vector Pulse-Width Modulation，SVPWM）控制的三相导通来产生正弦波电流，而BLDC驱动系统则采用六步法控制的两相导通来产生方波电流。下文将具体介绍BLAC和BLDC驱动系统的开关策略。

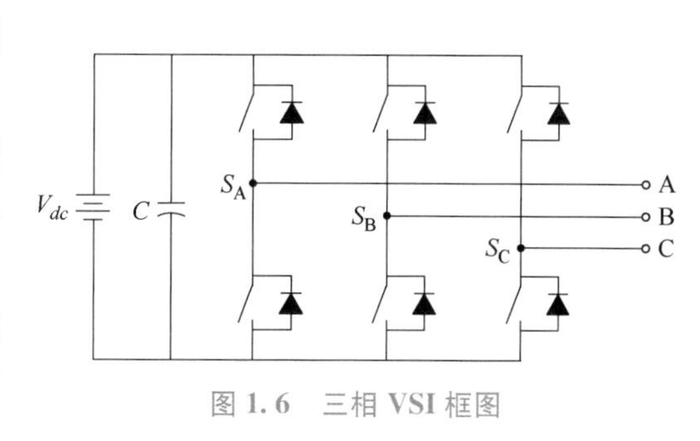

图1.6 三相VSI框图

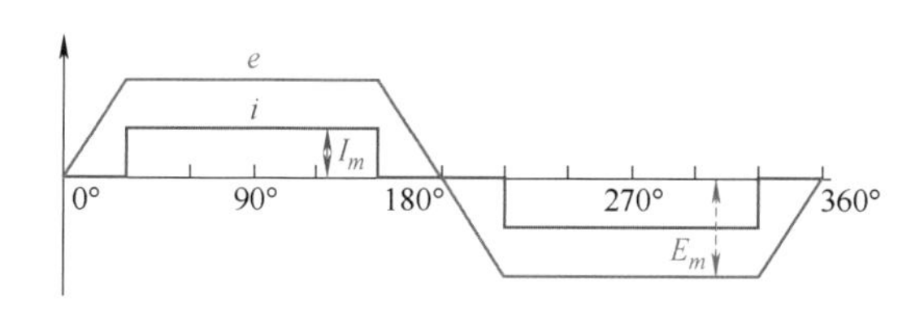

a) 梯形波反电动势与方波相电流

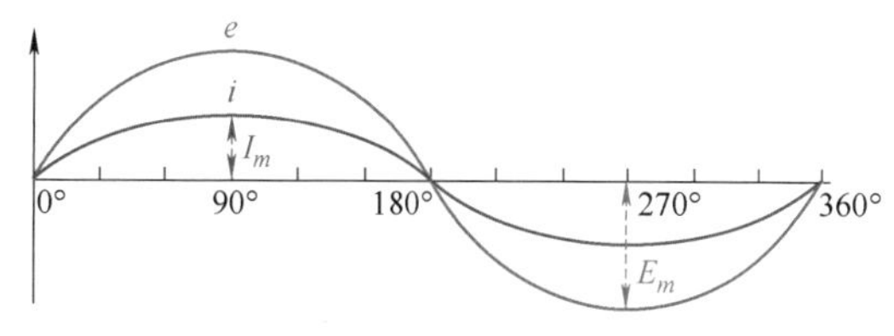

b) 正弦波反电动势与正弦波相电流

图1.7 BLDC和BLAC驱动系统的反电动势及电流波形

1.3 永磁无刷交流电机（永磁同步电机）驱动的基本原理

本节将介绍BLAC驱动系统[9]的数学模型和控制策略，以便于读者对永磁电机驱动系统的工作原理有一个基本的了解。1.4节将介绍BLDC驱动系统[10]的数学模型和控制策略，1.5节将对BLAC和BLDC驱动系统进行比较。

1.3.1 数学模型

三相PMSM可以在不同的坐标系中建立数学模型，包括ABC三相坐标系、静止坐标系和同步旋转坐标系（将在本节后面介绍）。为简化建模，首先需要进行以下假设：

- 定子绕组在空间上对称分布，从而产生正弦电枢反应磁动势。
- 转子上的永磁体在定子绕组中感应产生的电动势为正弦。
- 三相绕组为星形联结，无中性点引出。
- 忽略电机铁心的损耗和饱和效应。
- 忽略温度和负载引起的参数变化。

1.3.1.1 ABC 三相坐标系

首先，在 ABC 三相坐标系中，永磁同步电机的电压方程为

$$\begin{bmatrix} v_{\mathrm{A}} \\ v_{\mathrm{B}} \\ v_{\mathrm{C}} \end{bmatrix} = \begin{bmatrix} R_s & 0 & 0 \\ 0 & R_s & 0 \\ 0 & 0 & R_s \end{bmatrix} \cdot \begin{bmatrix} i_{\mathrm{A}} \\ i_{\mathrm{B}} \\ i_{\mathrm{C}} \end{bmatrix} + p \begin{bmatrix} \psi_{\mathrm{A}} \\ \psi_{\mathrm{B}} \\ \psi_{\mathrm{C}} \end{bmatrix} \tag{1.1}$$

式中，v_{A}，v_{B}，v_{C} 为三相电压；i_{A}，i_{B}，i_{C} 为三相电流；ψ_{A}，ψ_{B}，ψ_{C} 为三相定子磁链；R_s 为相电阻；p 为微分算子，即 $p=\mathrm{d}/\mathrm{d}t$。

三相定子磁链可表示为

$$\begin{bmatrix} \psi_{\mathrm{A}} \\ \psi_{\mathrm{B}} \\ \psi_{\mathrm{C}} \end{bmatrix} = \begin{bmatrix} L_{\mathrm{AA}} & M_{\mathrm{AB}} & M_{\mathrm{AC}} \\ M_{\mathrm{BA}} & L_{\mathrm{BB}} & M_{\mathrm{BC}} \\ M_{\mathrm{CA}} & M_{\mathrm{CB}} & L_{\mathrm{CC}} \end{bmatrix} \cdot \begin{bmatrix} i_{\mathrm{A}} \\ i_{\mathrm{B}} \\ i_{\mathrm{C}} \end{bmatrix} + \psi_m \begin{bmatrix} \cos\theta_r \\ \cos(\theta_r - 2\pi/3) \\ \cos(\theta_r + 2\pi/3) \end{bmatrix} \tag{1.2}$$

式中，L_{AA}，L_{BB}，L_{CC}为三相绕组的自感；M_{AB}，M_{BA}，M_{AC}，M_{CA}，M_{BC}，M_{CB}为三相绕组的互感；ψ_m 为永磁磁链；θ_r 为电角度。

电感矩阵可以表示为

$$\begin{cases} L_{\mathrm{AA}} = L_{s0} - L_{s2}\cos 2\theta_r \\ L_{\mathrm{BB}} = L_{s0} - L_{s2}\cos 2(\theta_r - 2\pi/3) \\ L_{\mathrm{CC}} = L_{s0} - L_{s2}\cos 2(\theta_r + 2\pi/3) \end{cases} \tag{1.3}$$

式中，L_{s0}和 L_{s2}分别为自感的直流分量和 2 次谐波分量的幅值。

$$\begin{cases} M_{\mathrm{AB}} = M_{\mathrm{BA}} = M_{s0} - M_{s2}\cos 2(\theta_r + 2\pi/3) \\ M_{\mathrm{BC}} = M_{\mathrm{CB}} = M_{s0} - M_{s2}\cos 2\theta_r \\ M_{\mathrm{CA}} = M_{\mathrm{AC}} = M_{s0} - M_{s2}\cos 2(\theta_r - 2\pi/3) \end{cases} \tag{1.4}$$

式中，M_{s0}和 M_{s2}分别为互感的直流分量和 2 次谐波分量的幅值，并且非凸极电机没有 2 次谐波分量，即 $L_{s2}=M_{s2}=0$。

从式（1.1）~式（1.4）可以看出，ABC 三相坐标系下的电机数学模型与转子位置是耦合的，这会极大地增加控制的复杂程度。因此，将电机数学模型转换为静止坐标系和同步旋转坐标系是一个更好的选择。

1.3.1.2 静止坐标系

通过 Clarke 变换，可以将电机的数学模型从 ABC 三相坐标系变换到静止坐标系，其变换公式为

$$\boldsymbol{T}_{\mathrm{ABC}-\alpha\beta 0} = \frac{2}{3}\begin{bmatrix} 1 & -\frac{1}{2} & -\frac{1}{2} \\ 0 & \frac{\sqrt{3}}{2} & -\frac{\sqrt{3}}{2} \\ \frac{1}{2} & \frac{1}{2} & \frac{1}{2} \end{bmatrix}, \quad \boldsymbol{T}_{\alpha\beta 0-\mathrm{ABC}} = \begin{bmatrix} 1 & 0 & 1 \\ -\frac{1}{2} & \frac{\sqrt{3}}{2} & 1 \\ -\frac{1}{2} & -\frac{\sqrt{3}}{2} & 1 \end{bmatrix}, \tag{1.5}$$

ABC 三相坐标系与静止坐标系之间的关系如图 1.8 所示。

假设三相绕组为星形联结，无中性点引出，则三相电流之和为零，即零序分量为零。变换后，静止坐标系下的电压方程和磁链方程分别为

$$\begin{bmatrix} v_\alpha \\ v_\beta \end{bmatrix} = \begin{bmatrix} R_s & 0 \\ 0 & R_s \end{bmatrix} \cdot \begin{bmatrix} i_\alpha \\ i_\beta \end{bmatrix} + p\begin{bmatrix} \psi_\alpha \\ \psi_\beta \end{bmatrix} \tag{1.6}$$

$$\begin{bmatrix} \psi_\alpha \\ \psi_\beta \end{bmatrix} = \begin{bmatrix} L_{\alpha\alpha} & M_{\alpha\beta} \\ M_{\beta\alpha} & L_{\beta\beta} \end{bmatrix} \cdot \begin{bmatrix} i_\alpha \\ i_\beta \end{bmatrix} + \psi_{\mathrm{m}}\begin{bmatrix} \cos\theta_r \\ \sin\theta_r \end{bmatrix} \tag{1.7}$$

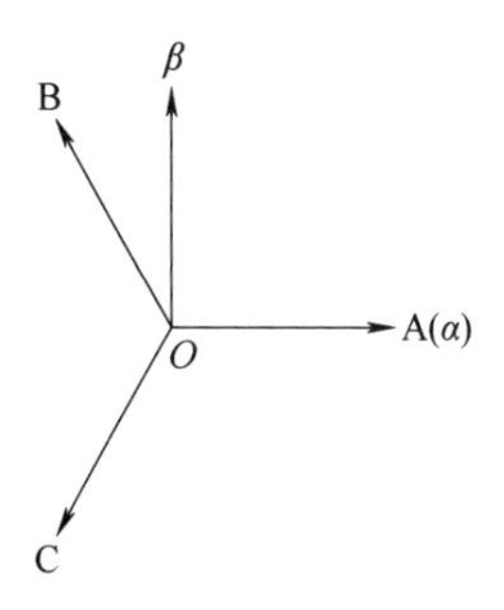

图 1.8　ABC 三相坐标系与静止坐标系之间的关系

式中，v_α，v_β，i_α，i_β，ψ_α 和 ψ_β 分别是静止参考系中的 $\alpha\beta$ 轴电压、电流和磁链；$L_{\alpha\alpha}$，$L_{\beta\beta}$，$M_{\alpha\beta}$ 和 $M_{\beta\alpha}$ 分别是静止坐标系中的自感和互感。

$\alpha\beta$ 轴电感可表示为

$$\begin{cases} L_{\alpha\alpha} = \dfrac{L_d+L_q}{2} + \dfrac{L_d-L_q}{2}\cos2\theta_r \\ L_{\beta\beta} = \dfrac{L_d+L_q}{2} - \dfrac{L_d-L_q}{2}\cos2\theta_r \\ M_{\alpha\beta} = M_{\beta\alpha} = \dfrac{L_d-L_q}{2}\cos2\theta_r \end{cases} \tag{1.8}$$

式中，L_d 和 L_q 分别为 d 轴和 q 轴电感。

如果电机是非凸极的，即 SPM，则电感的关系为

$$L_d = L_q = L_s \tag{1.9}$$

1.3.1.3　同步旋转坐标系

电机模型可以通过 Park 变换从静止坐标系转换到同步旋转坐标系，其变换公式为

$$\boldsymbol{T}_{\alpha\beta0\text{-}dq0} = \begin{bmatrix} \cos\theta_r & \sin\theta_r & 0 \\ -\sin\theta_r & \cos\theta_r & 0 \\ 0 & 0 & 1 \end{bmatrix} \tag{1.10}$$

$$\boldsymbol{T}_{dq0\text{-}\alpha\beta0} = \begin{bmatrix} \cos\theta_r & -\sin\theta_r & 0 \\ \sin\theta_r & \cos\theta_r & 0 \\ 0 & 0 & 1 \end{bmatrix} \tag{1.11}$$

另外，也可以使用 DQZ 变换将电机模型从 ABC 三相坐标系直接变换到同步旋转坐标系，DQZ 变换是 Clarke 变换和 Park 变换的乘积。DQZ 变换矩阵的计算公式为

$$\boldsymbol{T}_{\mathrm{ABC}\text{-}dq0} = \boldsymbol{T}_{\mathrm{ABC}\text{-}\alpha\beta0} \cdot \boldsymbol{T}_{\alpha\beta0\text{-}dq0} = \frac{2}{3}\begin{bmatrix} \cos\theta_r & \cos(\theta_r-2\pi/3) & \cos(\theta_r+2\pi/3) \\ -\sin\theta_r & -\sin(\theta_r-2\pi/3) & -\sin(\theta_r+2\pi/3) \\ \dfrac{1}{2} & \dfrac{1}{2} & \dfrac{1}{2} \end{bmatrix} \tag{1.12}$$

$$\boldsymbol{T}_{dq0\text{-}\mathrm{ABC}}=\boldsymbol{T}_{dq0\text{-}\alpha\beta0}\cdot\boldsymbol{T}_{\alpha\beta0\text{-}\mathrm{ABC}}=\begin{bmatrix}\cos\theta_r & -\sin\theta_r & 1\\ \cos(\theta_r-2\pi/3) & -\sin(\theta_r-2\pi/3) & 1\\ \cos(\theta_r+2\pi/3) & -\sin(\theta_r+2\pi/3) & 1\end{bmatrix} \tag{1.13}$$

此外，ABC 三相坐标系、静止坐标系和同步旋转坐标系之间的关系如图 1.9 所示。

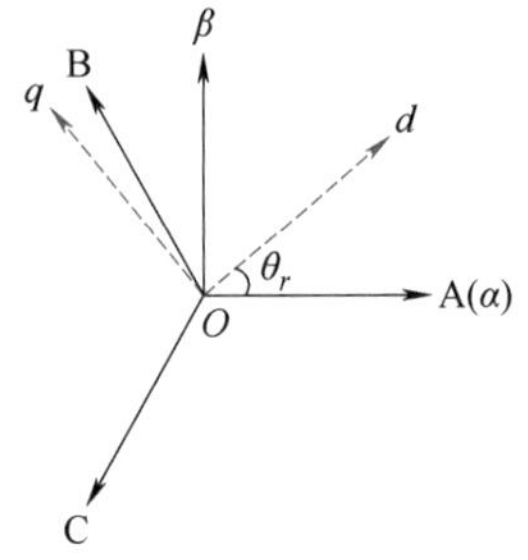

图 1.9　ABC 三相坐标系、静止坐标系和同步旋转坐标系之间的关系

经过变换后，通过忽略零序分量，同步旋转坐标系中的电压方程和磁链方程分别为

$$\begin{bmatrix}v_d\\ v_q\end{bmatrix}=\begin{bmatrix}R_s & 0\\ 0 & R_s\end{bmatrix}\cdot\begin{bmatrix}i_d\\ i_q\end{bmatrix}+p\begin{bmatrix}\psi_d\\ \psi_q\end{bmatrix}+\omega_r\begin{bmatrix}-\psi_q\\ \psi_d\end{bmatrix} \tag{1.14}$$

以及

$$\begin{bmatrix}\psi_d\\ \psi_q\end{bmatrix}=\begin{bmatrix}L_d & 0\\ 0 & L_q\end{bmatrix}\cdot\begin{bmatrix}i_d\\ i_q\end{bmatrix}+\psi_m\begin{bmatrix}1\\ 0\end{bmatrix} \tag{1.15}$$

式中，v_d，v_q，i_d，i_q，ψ_d 和 ψ_q 分别为同步旋转坐标系下的 dq 轴电压、电流和磁链；ω_r 为电角速度。

1.3.2　控制策略

如图 1.10 所示，理想的永磁 BLAC 电机的三相反电动势为正弦。基于此，将三相电流控制为正弦波，并与反电动势同相位或超前于反电动势，从而获得最大的输出转矩。为了实现三相正弦波电流，通常采用 SVPWM 来控制 VSI 产生电机所需的定子电压。定子电压的参考值可通过控制策略获得，包括磁场定向控制（Field-Oriented Control，FOC）、直接转矩控制（Direct Torque Control，DTC）和模型预测控制（Model Predictive Control，MPC）。

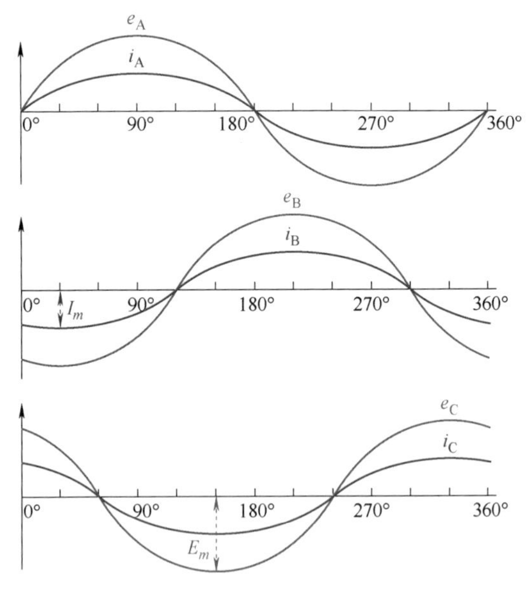

图 1.10　BLAC 驱动系统的正弦反电动势波形与正弦相电流

1.3.2.1　空间矢量脉宽调制

SVPWM 经常被应用于 BLAC 驱动系统，控制 VSI 输出电压，从而实现所需的速度和转矩驱动电机[11-13]。

如图 1.6 所示，S_A，S_B，S_C 表示 VSI 三个桥臂的开关状态。为避免短路，每条桥臂中的上下开关为互补模式，且在实际应用中需要加入死区时间。如图 1.11 所示，VSI 总共有八个开关状态，包括永磁电机在内的等效电路则如图 1.12 所示。根据等效电路，可得出所有开关状态下的三相电压，见表 1-1。

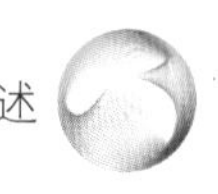

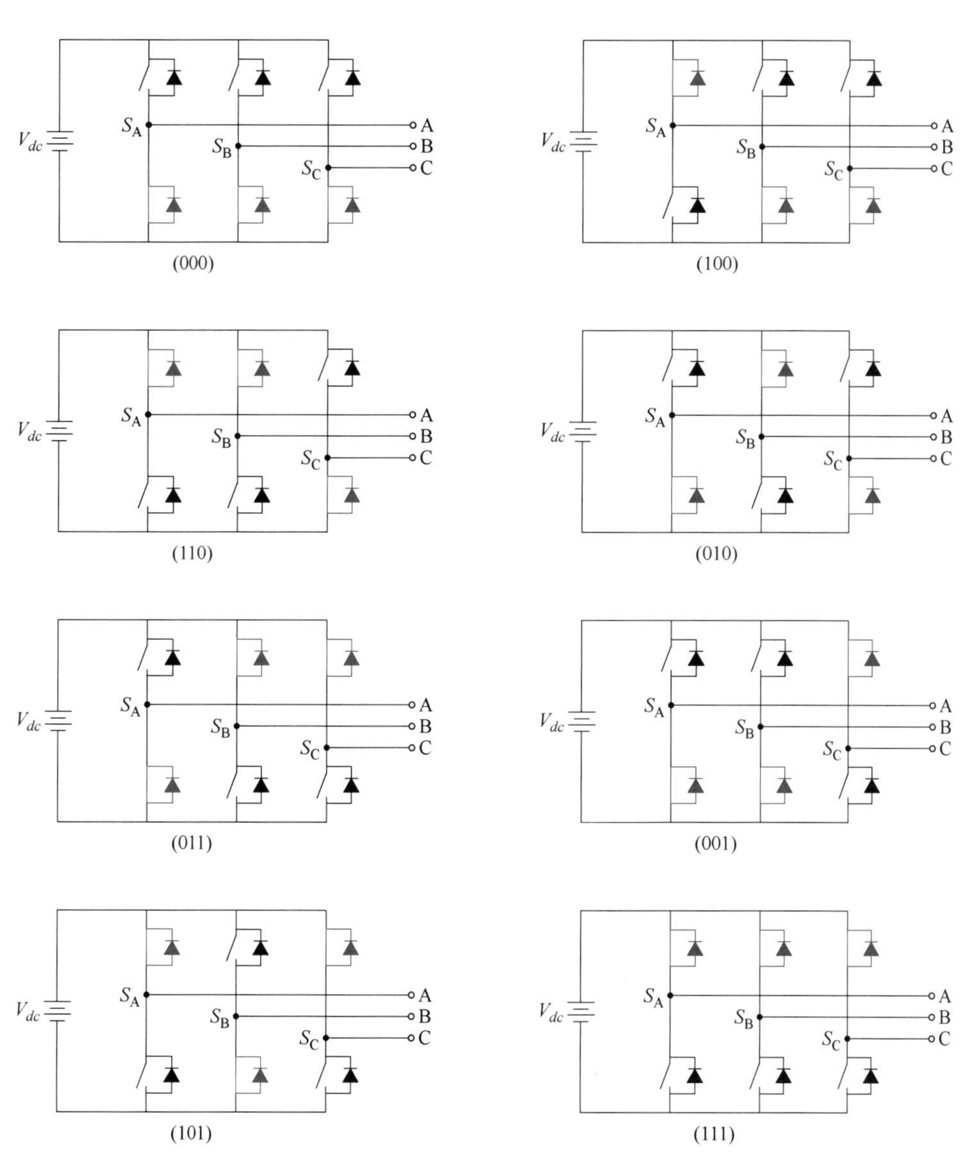

图 1.11 不同开关状态下的 VSI 框图

表 1-1 VSI 的开关状态及相应的相电压

开关状态 (S_A S_B S_C)	000	100	110	010	011	001	101	111
v_{AN}	0	$\frac{2}{3}V_{dc}$	$\frac{1}{3}V_{dc}$	$-\frac{1}{3}V_{dc}$	$-\frac{2}{3}V_{dc}$	$-\frac{1}{3}V_{dc}$	$\frac{1}{3}V_{dc}$	0
v_{BN}	0	$-\frac{1}{3}V_{dc}$	$\frac{1}{3}V_{dc}$	$\frac{2}{3}V_{dc}$	$\frac{1}{3}V_{dc}$	$-\frac{1}{3}V_{dc}$	$-\frac{2}{3}V_{dc}$	0
v_{CN}	0	$-\frac{1}{3}V_{dc}$	$-\frac{2}{3}V_{dc}$	$-\frac{1}{3}V_{dc}$	$\frac{1}{3}V_{dc}$	$\frac{2}{3}V_{dc}$	$\frac{1}{3}V_{dc}$	0

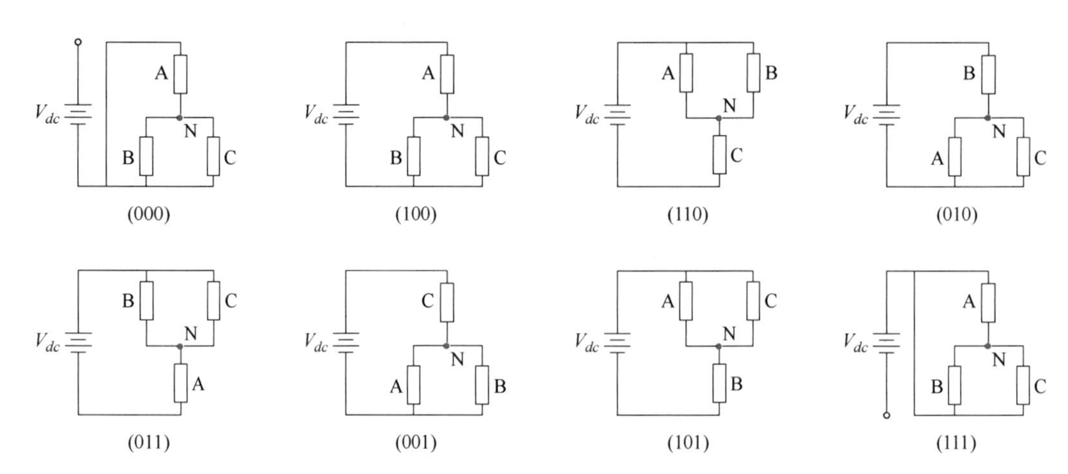

图 1.12　不同开关状态下的等效电路

基于旋转空间矢量的概念[14]，VSI 的三相电压可以构成一个等效电压矢量，即

$$\boldsymbol{v}_s = v_{AN} + v_{BN} e^{j\frac{2}{3}\pi} + v_{CN} e^{j\frac{4}{3}\pi} \tag{1.16}$$

式中，v_{AN}，v_{BN}，v_{CN} 为永磁电机在 ABC 三相坐标系中的相电压。

式（1.16）中的电压矢量在静止坐标系中也可表示为

$$\boldsymbol{v}_s = v_{AN} + v_{BN} e^{j\frac{2}{3}\pi} + v_{CN} e^{j\frac{4}{3}\pi} = v_\alpha + jv_\beta \tag{1.17}$$

VSI 的开关状态中共有八个基本电压矢量，其中包括六个非零矢量即$\boldsymbol{v}_{1,\cdots,6}$，和两个零矢量即$\boldsymbol{v}_{0,7}$。表 1-2 汇总了不同开关状态下的八个基本电压矢量。

表 1-2　VSI 的开关状态及电压矢量

开关状态（$S_A\ S_B\ S_C$）	000	100	110	010	011	001	101	111
电压矢量	$\boldsymbol{v}_0$	$\boldsymbol{v}_1$	$\boldsymbol{v}_2$	$\boldsymbol{v}_3$	$\boldsymbol{v}_4$	$\boldsymbol{v}_5$	$\boldsymbol{v}_6$	$\boldsymbol{v}_7$
数值	0	$\frac{2}{3}V_{dc}e^{j0}$	$\frac{2}{3}V_{dc}e^{j\frac{1}{3}\pi}$	$\frac{2}{3}V_{dc}e^{j\frac{2}{3}\pi}$	$\frac{2}{3}V_{dc}e^{j\pi}$	$\frac{2}{3}V_{dc}e^{j\frac{4}{3}\pi}$	$\frac{2}{3}V_{dc}e^{j\frac{5}{3}\pi}$	0

如图 1.13 所示，在静止坐标系中，非零电压矢量形成一个幅值为 $2V_{dc}/3$ 的六边形，整个区域被电压矢量划分为六个扇形。

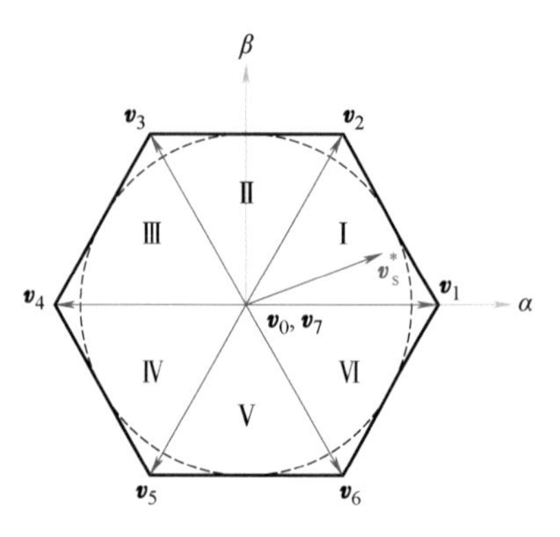

图 1.13　电压矢量

利用八个基本电压矢量，VSI 可以在一个采样周期内通过合成两个相邻的非零矢量和一个零矢量来生成一个任意的旋转电压矢量。例如，如图 1.13 所示，给出扇区Ⅰ的参考电压矢量，合成时使用两个非零矢量$\boldsymbol{v}_1$，$\boldsymbol{v}_2$ 和零矢量$\boldsymbol{v}_0$。根据作用的时间，电压矢量的合成可表示为

$$\boldsymbol{v}_s^* T_s = \boldsymbol{v}_1 T_1 + \boldsymbol{v}_2 T_2 + \boldsymbol{v}_0 T_0 \tag{1.18}$$

$$T_s = T_1 + T_2 + T_0 \tag{1.19}$$

式中，T_1，T_2 和 T_0 分别为电压矢量$\boldsymbol{v}_1$，$\boldsymbol{v}_2$ 和$\boldsymbol{v}_0$ 的作用时间。

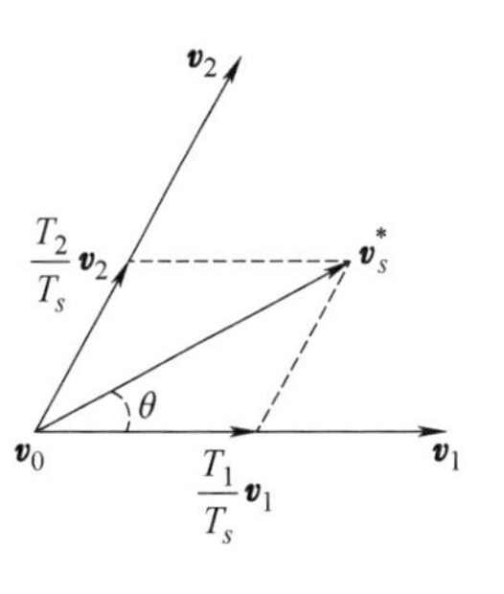

图 1.14 扇区 I 的定子电压参考值矢量

图 1.14 举例说明了其合成过程。

每个矢量的作用时间可推导为

$$\begin{cases} T_1 = \dfrac{\sqrt{3}\,V_s^*}{V_{dc}} T_s \sin\left(\dfrac{\pi}{3} - \theta\right) \\ T_2 = \dfrac{\sqrt{3}\,V_s^*}{V_{dc}} T_s \sin(\theta) \qquad , \quad 0 \leqslant \theta \leqslant \dfrac{\pi}{3} \\ T_0 = T_s - T_1 - T_2 \end{cases} \tag{1.20}$$

式中，V_s^* 为定子电压参考值的幅值；θ 为定子电压参考值的角度。

对于其他扇区，电压矢量的作用时间可以进行类似推导。

在获得电压矢量的持续时间后，下一步需要确定开关顺序。其中，文献［11］提出的 SVPWM 最优开关序列是一种常见的方法。图 1.15 是在扇区 Ⅰ 内时所用开关序列的一个示例，为减少开关损耗，从一个开关状态到下一个开关状态的转换仅通过一个开关动作来完成。因此在一个开关周期的中间应用的是零矢量$\boldsymbol{v}_7$，而不是零矢量$\boldsymbol{v}_0$。此外，如图 1.15 所示，零矢量的分配是为了产生对称的 PWM，可以有效降低输出电压的谐波分量。

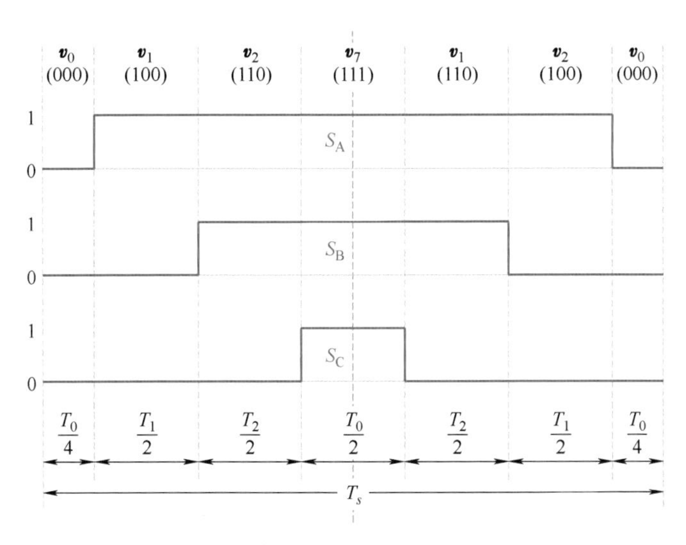

图 1.15 扇区 I 的 SVPWM 开关序列

当参考电压矢量位于六边形的内切圆内时，SVPWM 算法生成的旋转电压矢量的轨迹可以是六边形内的一个圆，如图 1.13 所示。这就确保了输出三相电压的基波分量是幅值和频率恒定的正弦波。但是，如果参考电压矢量在六边形内切圆之外，则需要使用过调制方案[11,13]来产生所需的输出电压。

1.3.2.2 磁场定向控制

FOC 或称矢量控制（Vector Control，VC），最初于 20 世纪 70 年代初被提出[15,16]。通过

FOC，可将三相交流（AC）电机作为直流（DC）电机进行控制。如 1.3.1.3 节所述，基于坐标变换，三相正弦电流被转换为两个正交的直流分量：其中一个控制磁链，而另一个控制转矩。通过使用 FOC，PMSM（BLAC）驱动系统能拥有出色的控制性能，可以实现全转速范围运行，即使在零转速时也能保证理想的转矩控制。此外，FOC 还具有良好的动态性能和控制精度。

用于 PMSM 速度控制的 FOC 框图如图 1.16 所示。q 轴电流与转矩相关，d 轴电流与磁链相关，两者可独立进行调节[17]。如图 1.16 所示，根据电流控制器输出的定子电压参考值，通过 SVPWM 进行调制，最终逆变器输出电压作用于电机。

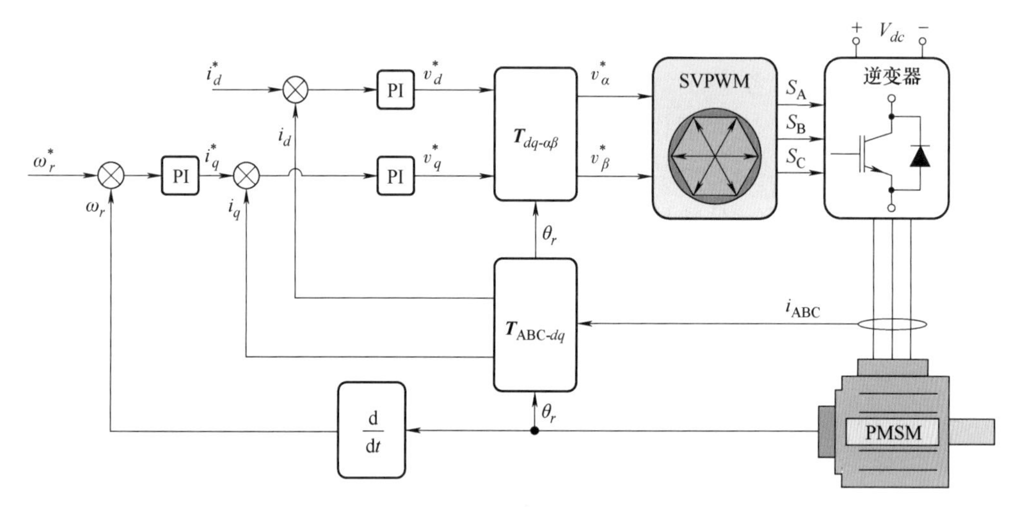

图 1.16　FOC 框图

1.3.2.3　直接转矩控制

DTC 结构简单、动态响应出色，对转子参数具有良好的鲁棒性。DTC 最早针对感应电机提出[18-21]，目前已扩展到其他电机，如 PMSM[22]。DTC 的基本原理：首先根据定子电流和电压估算磁链和电磁转矩；然后，如图 1.17 所示，在基于开关表的传统 DTC 策略中通常采用滞环控制器来调节电磁转矩和定子磁链。表 1-3 给出了 DTC 的开关表，其中 ε_T 和 ε_ψ 分别为滞环控制器输出的转矩和磁链控制误差。表 1-3 列出了不同转子位置下 ε_T 和 ε_ψ 的电压矢量，以及相应的逆变器开关状态。

表 1-3　DTC 开关表

ε_T	ε_ψ	转子位置					
		330°~30°	30°~90°	90°~150°	150°~210°	210°~270°	270°~330°
1	1	v_2（110）	v_3（010）	v_4（011）	v_5（001）	v_6（101）	v_1（100）
	0	v_6（101）	v_1（100）	v_2（110）	v_3（010）	v_4（011）	v_5（001）
0	1	v_3（010）	v_4（011）	v_5（001）	v_6（101）	v_1（100）	v_2（110）
	0	v_5（001）	v_6（101）	v_1（100）	v_2（110）	v_3（010）	v_4（011）

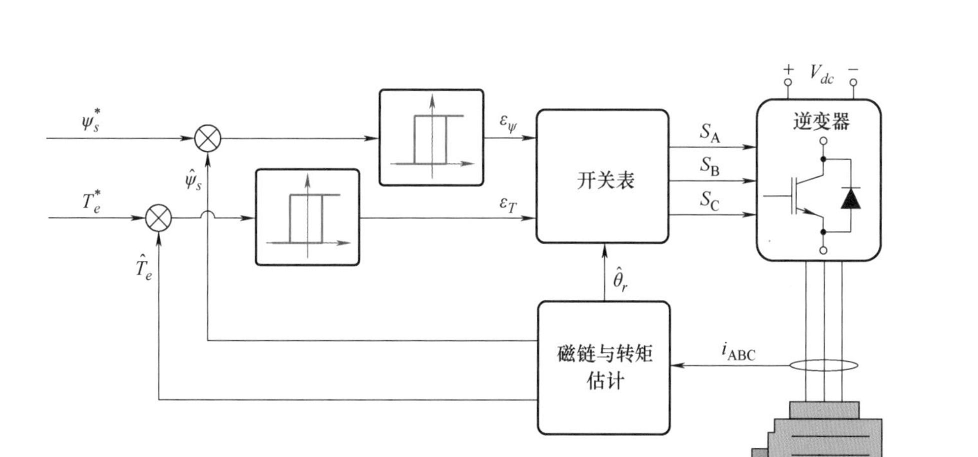

图 1.17 直接转矩控制框图

与FOC相比，DTC无需进行坐标变换和特定的调制策略。因此，动态转矩的控制性能得到了显著提高。然而，在数字控制器中，由于时间延迟和固定采样频率，转矩和定子磁链控制器的响应可能会超过预先设定的误差阈值，从而可能导致较大的转矩和定子磁链纹波。为了减少纹波，可以在DTC中使用SVPWM[23-25]，以及采用固定的开关频率。

1.3.2.4 模型预测控制

随着微处理器性能和运算速度的迅速发展，MPC在PMSM驱动系统中的应用受到人们越来越多的关注[26-29]，主要包括模型预测电流控制、模型预测转矩控制和模型预测速度控制[29]。其中，PMSM模型预测电流控制如图1.18所示。

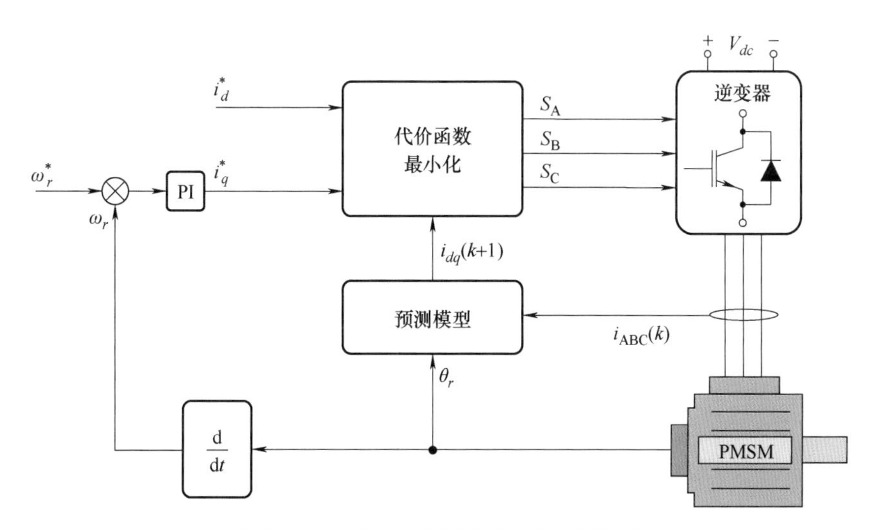

图 1.18 PMSM模型预测电流控制框图

对于模型预测电流控制，首先，基于电机的数学模型和k时刻的采样电流，即$i_{dq}(k)$，以不同的逆变器开关状态迭代来预测在$k+1$时刻的采样电流，即$i_{dq}(k+1)$。据1.3节中的电

机数学模型，电流的预测模型可表示为

$$\begin{bmatrix} i_d^p(k+1) \\ i_q^p(k+1) \end{bmatrix} = \begin{bmatrix} 1-\dfrac{T_s}{L_s}R_s & \omega_r T_s \\ -\omega_r T_s & 1-\dfrac{T_s}{L_s}R_s \end{bmatrix} \begin{bmatrix} i_d(k) \\ i_q(k) \end{bmatrix} + \begin{bmatrix} \dfrac{T_s}{L_s} & 0 \\ 0 & \dfrac{T_s}{L_s} \end{bmatrix} \begin{bmatrix} v_d(k) \\ v_q(k) \end{bmatrix} + \begin{bmatrix} 0 \\ -\dfrac{T_s}{L_s}\omega_r \psi_m \end{bmatrix} \tag{1.21}$$

式中，T_s 为采样周期。

下一步通过构造一个代价函数，即式（1.22），来计算参考电流和预测电流之间的误差，令误差最小的电压矢量为最优的开关状态，被用于下一个开关周期。

$$g = \left| i_d^* - i_d^p(k+1) \right| + \left| i_q^* - i_q^p(k+1) \right| \tag{1.22}$$

MPC 利用预测值来确定开关状态，避免了使用 PWM，具有很好的动态性能。然而 MPC 的主要问题是因模型不确定性导致的电流控制误差，需要进行额外的补偿来解决。同时，寻优的过程可能会需要大量计算，比较复杂、繁琐，并耗时。

1.4 永磁无刷直流电机驱动的基本原理

1.4.1 数学模型

与 BLAC 驱动系统一样，为简化建模，BLDC 驱动系统也采用相同的假设。因此，BLDC 三相定子电压方程可表示为

$$\begin{bmatrix} v_A \\ v_B \\ v_C \end{bmatrix} = \begin{bmatrix} R_s & 0 & 0 \\ 0 & R_s & 0 \\ 0 & 0 & R_s \end{bmatrix} \cdot \begin{bmatrix} i_A \\ i_B \\ i_C \end{bmatrix} + p \begin{bmatrix} L_{AA} & M_{AB} & M_{AC} \\ M_{BA} & L_{BB} & M_{BC} \\ M_{CA} & M_{CB} & L_{CC} \end{bmatrix} \cdot \begin{bmatrix} i_A \\ i_B \\ i_C \end{bmatrix} + \begin{bmatrix} e_A \\ e_B \\ e_C \end{bmatrix} \tag{1.23}$$

式中，e_A，e_B，e_C 为三相反电动势。

对于 BLDC 电机（通常采用表贴式永磁体），假设电感不随转子位置变化而变化，且三相对称，则自感和互感可表示为

$$\begin{cases} L_{AA} = L_{BB} = L_{CC} = L \\ M_{AB} = M_{BA} = M_{BC} = M_{CB} = M_{AC} = M_{CA} = M \end{cases} \tag{1.24}$$

因此，式（1.23）可修改为

$$\begin{bmatrix} v_A \\ v_B \\ v_C \end{bmatrix} = \begin{bmatrix} R_s & 0 & 0 \\ 0 & R_s & 0 \\ 0 & 0 & R_s \end{bmatrix} \cdot \begin{bmatrix} i_A \\ i_B \\ i_C \end{bmatrix} + \begin{bmatrix} L & M & M \\ M & L & M \\ M & M & L \end{bmatrix} \cdot p \begin{bmatrix} i_A \\ i_B \\ i_C \end{bmatrix} + \begin{bmatrix} e_A \\ e_B \\ e_C \end{bmatrix} \tag{1.25}$$

考虑三相电流平衡，式（1.25）可以进一步简化为

$$\begin{bmatrix} v_A \\ v_B \\ v_C \end{bmatrix} = \begin{bmatrix} R_s & 0 & 0 \\ 0 & R_s & 0 \\ 0 & 0 & R_s \end{bmatrix} \cdot \begin{bmatrix} i_A \\ i_B \\ i_C \end{bmatrix} + \begin{bmatrix} L-M & 0 & 0 \\ 0 & L-M & 0 \\ 0 & 0 & L-M \end{bmatrix} \cdot p \begin{bmatrix} i_A \\ i_B \\ i_C \end{bmatrix} + \begin{bmatrix} e_A \\ e_B \\ e_C \end{bmatrix} \tag{1.26}$$

理想情况下，三相反电动势呈梯形，如图 1.7 所示。

1.4.2　控制策略

在 BLDC 运行模式下，相电流应与反电动势保持同相位，使得定子磁链与转子磁链之间的夹角保持在 60°~120°的范围内，从而最大化转矩输出。一般情况下，BLDC 运行模式下采用两相 120°导通六步控制，如图 1.19 所示。可以看出，相电流在同相反电动势波形过零点 30°之后导通。

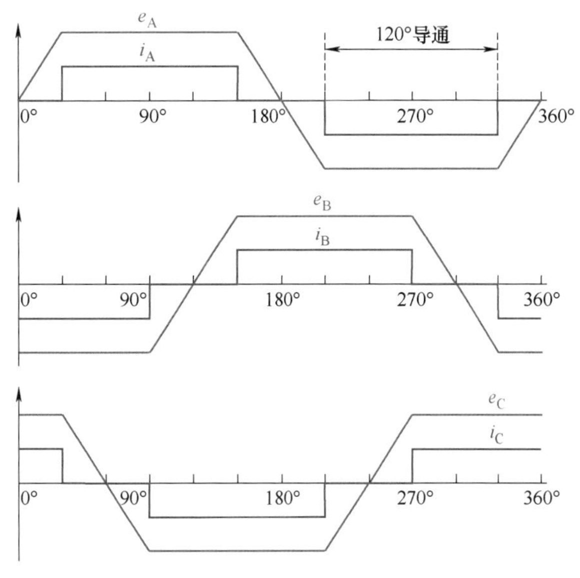

图 1.19　120°导通六步控制策略示意图

如图 1.19 所示，在两相 120°导通六步控制中，一个基波周期被分为六个扇区。在每个扇区中，三相中的两相导通，第三相悬浮。每个相位导通 120°，然后关断 60°。在 60°的悬浮状态下，可以测量其反电动势，从而检测转子位置。

图 1.20 为 120°导通六步控制的 BLDC 运行框图，其中 ω_r 为电机转速，i_{dc}为直流母线电流。上标“＊”表示参考值。

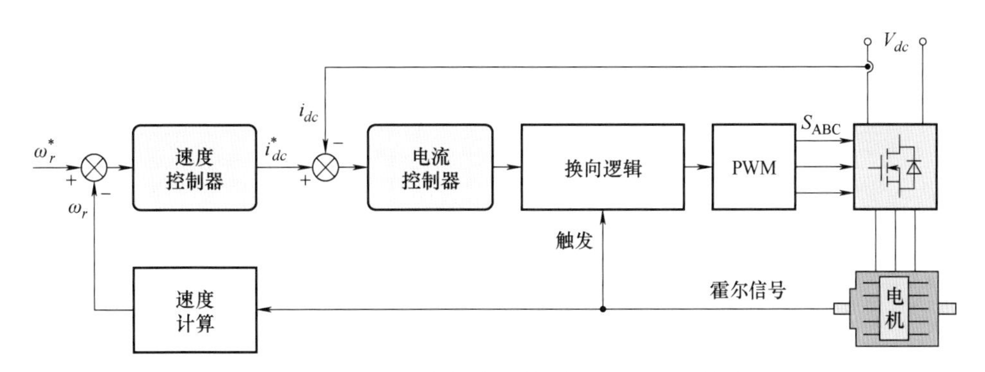

图 1.20　基于 120°导通六步控制的 BLDC 运行框图

如表 1-4 所示，根据转子位置可以定义六个扇区，扇区决定了三相的导通模式，即为图 1.20 中的换向逻辑。

标准的 120°导通六步控制系统包括两个控制环路，即用于速度控制的外环控制环路和用于电流控制的内环控制环路，这两个控制环路级联连接。测量和估计的机械和电气变量将反馈到每个控制环路中，速度控制器的输出是电流控制器的参考输入 i_{dc}^*。通过调整 PWM 占空比（输出电压），反馈电流 i_{dc}可跟踪参考输入 i_{dc}^*，反馈速度 ω_r 可跟踪参考输入 ω_r^*，这就是一个典型的 120°导通六步控制策略。由于电气变量（电阻和电感）的时间常数远低于机械变量的时间常数，因此内环比外环快得多，电流控制器和速度控制器之间不会相互干扰，可以独立设计和调整参数。

表 1-4 扇区和导通模式的定义

扇区	转子位置/(°)	正导通相	负导通相	悬浮相
Ⅰ	30~90	A	B	C
Ⅱ	90~150	A	C	B
Ⅲ	150~210	B	C	A
Ⅳ	210~270	B	A	C
Ⅴ	270~330	C	A	B
Ⅵ	330~30	C	B	A

在电流控制环路中，由于只有两相电流，定子电流可直接在直流母线上进行测量，因此在低成本的应用中，通常使用直流母线电流信号。对于速度控制环，电机速度和转子位置可通过位置传感器获得。如图 1.20 所示，对于有传感器的 BLDC 驱动系统，换向通常由霍尔传感器来进行触发，电机速度可通过霍尔传感器随后两次切换之间的作用时间计算得出。有关无位置传感器 BLDC 驱动系统，请参阅第 10 章和第 11 章。

1.5 永磁无刷直流电机与永磁无刷交流电机驱动的比较

表 1-5 对 BLDC 和 BLAC 运行模式进行了简要比较。

表 1-5 BLDC 和 BLAC 运行模式的比较[30]

	BLDC 运行模式	BLAC 运行模式
控制变量	方波电流	正弦波电流
位置传感器分辨率要求	低	高
电磁转矩纹波	高或中①	低
转速和/或位置控制	粗糙	精确
逆变器开关损耗②	低	高
电流谐波	高	低
控制复杂度	简单	复杂
弱磁能力[31]③	低	高

① 理想的方波反电动势波形在实际电机中很难实现。
② 在 BLDC 运行模式中，取决于 PWM 的使用方式，在一个周期内，将会有一个或两个电力电子器件会产生开关损耗。在 BLAC 运行模式中，所有六个器件在任何周期都会产生开关损耗。
③ 假设同一电机分别以 BLDC 和 BLAC 模式运行。

在实际应用中，反电动势可能与理想波形有很大差异。此外，选择 BLDC 还是 BLAC 运行模式也取决于具体应用，应考虑各种因素，如实现复杂性、系统成本、性能需求等。无论反电动势波形如何，永磁无刷电机都可以在 BLDC 或 BLAC 模式下运行。

1.5.1 方波反电动势电机

理想情况下，具有方波反电动势的电机应该在 BLDC 模式下运行。例如图 1.7a 所示，当相电流和反电动势都是理想波形，即反电动势为梯形波、平顶宽度为 120°电角度，同时电流为方波，那么 BLDC 电机的电磁转矩没有纹波，即可以表示为

$$T_{m\_BLDC}=\frac{2E_mI_m}{\omega_m} \tag{1.27}$$

式中，ω_m 为机械角速度。

相电流和反电动势都含有丰富的谐波，见表 1-6。相同阶次的电流和反电动势谐波之间的相互作用将产生有效电磁转矩，也如表 1-6 所示。

表 1-6 理想 BLDC 驱动系统中反电动势和相电流谐波及相同阶次谐波产生的电磁转矩[30]

谐波阶次 (ν)	反电动势谐波幅值 ($E_{m\nu}/E_m$) (%)	相电流谐波幅值 ($I_{m\nu}/I_m$) (%)	同阶次谐波生成的转矩 ($T_{m\nu}/T_m$) (%)
1	121.6	110.3	100.6
3	27.0	0	0
5	4.9	-22.1	-0.8
7	-2.5	-15.8	0.3
⋮	⋮	⋮	⋮

通过表 1-6 可以看出：

1）相电流中没有 3 次谐波，但高阶谐波很显著。

2）相反电动势中最显著的谐波是 3 次谐波，而高次谐波相对较小。不过，3 次谐波反电动势对电磁转矩没有贡献。因此，反电动势中只有基波分量占主导地位。

3）有效电磁转矩主要由基波反电动势和基波电流之间的相互作用产生。高阶谐波产生的有效电磁转矩很小。

在实际应用中，方波反电动势电机也可以在 BLAC 模式下运行。其性能比较见表 1-7。

表 1-7 方波反电动势电机在 BLDC 和 BLAC 模式下的电流和转矩比较[30]

120°梯形波反电动势幅值		E_m		
BLDC 模式	方波相电流幅值	I_m		
	电磁转矩	$2E_mI_m/\Omega$		
BLAC 模式	正弦波相电流幅值	$1.096I_m$	I_m	$1.155I_m$
	电磁转矩	$2E_mI_m/\omega_m$	$1.825E_mI_m/\omega_m$	$2.107E_mI_m/\omega_m$
	条件	与 BLDC 模式下的转矩一致	与 BLDC 模式下的电流峰值一致	与 BLDC 模式下的电流方均根一致

1.5.2 正弦波反电动势电机

理想情况下，正弦波反电动势电机应以 BLAC 模式运行。当相电流和反电动势都为理想的正弦波形时，如图 1.7b 所示，电磁转矩将是无纹波的，可表示为

$$T_{m\_BLAC}=\frac{3E_mI_m}{2\omega_m} \tag{1.28}$$

不过，在实际应用中，由于相电流中没有 3 次谐波，而高次谐波通常较低，因此也可以在 BLDC 模式下运行。因此，电流的基波分量占主导地位。在这种情况下，性能比较见表 1-8。

表 1-8 正弦波反电动势电机在 BLAC 和 BLDC 模式下的电流和转矩比较[30]

正弦波反电动势幅值		E_m		
BLAC 模式	正弦波相电流幅值	I_m		
	电磁转矩	$1.5E_mI_m/\omega_m$		
BLDC 模式	方波电流幅值	$0.907I_m$	I_m	$0.866I_m$
	电磁转矩	$1.5E_mI_m/\omega_m$	$1.654E_mI_m/\omega_m$	$1.432E_mI_m/\omega_m$
	条件	与 BLAC 模式下的转矩一致	与 BLAC 模式下的电流峰值一致	与 BLAC 模式下的电流方均根一致

需要注意的是，若方波反电动势电机以 BLAC 模式运行，或正弦波反电动势电机以 BLDC 模式运行，或电机反电动势波形既不是纯正弦波，也不是纯方波，或具有 120°平顶的梯形波，则会产生转矩纹波。在某些电机中，相反电动势波形不是正弦波，因为它包含零序谐波，如 3 次谐波。然而，线反电动势波形可以是正弦波，因为不存在零序谐波。这种电机仍非常适合 BLAC 模式运行。

1.6 无位置传感器控制技术及其应用

高性能永磁电机驱动系统需要转子位置信息。转子位置信息通常通过转子位置传感器进行测量而获得，例如旋转变压器、编码器、霍尔传感器等。然而，使用传感器会增大系统的体积，尤其是在恶劣环境下，将会降低系统的可靠性。所以，一直以来，使用基于软件的无位置传感器技术取代位置传感器是一种比较理想的选择[32]。

1.6.1 分类

无位置传感器控制方法有很多种，基于 BLAC 和 BLDC 驱动系统的无位置传感器控制技术的简要分类如图 1.21 所示。

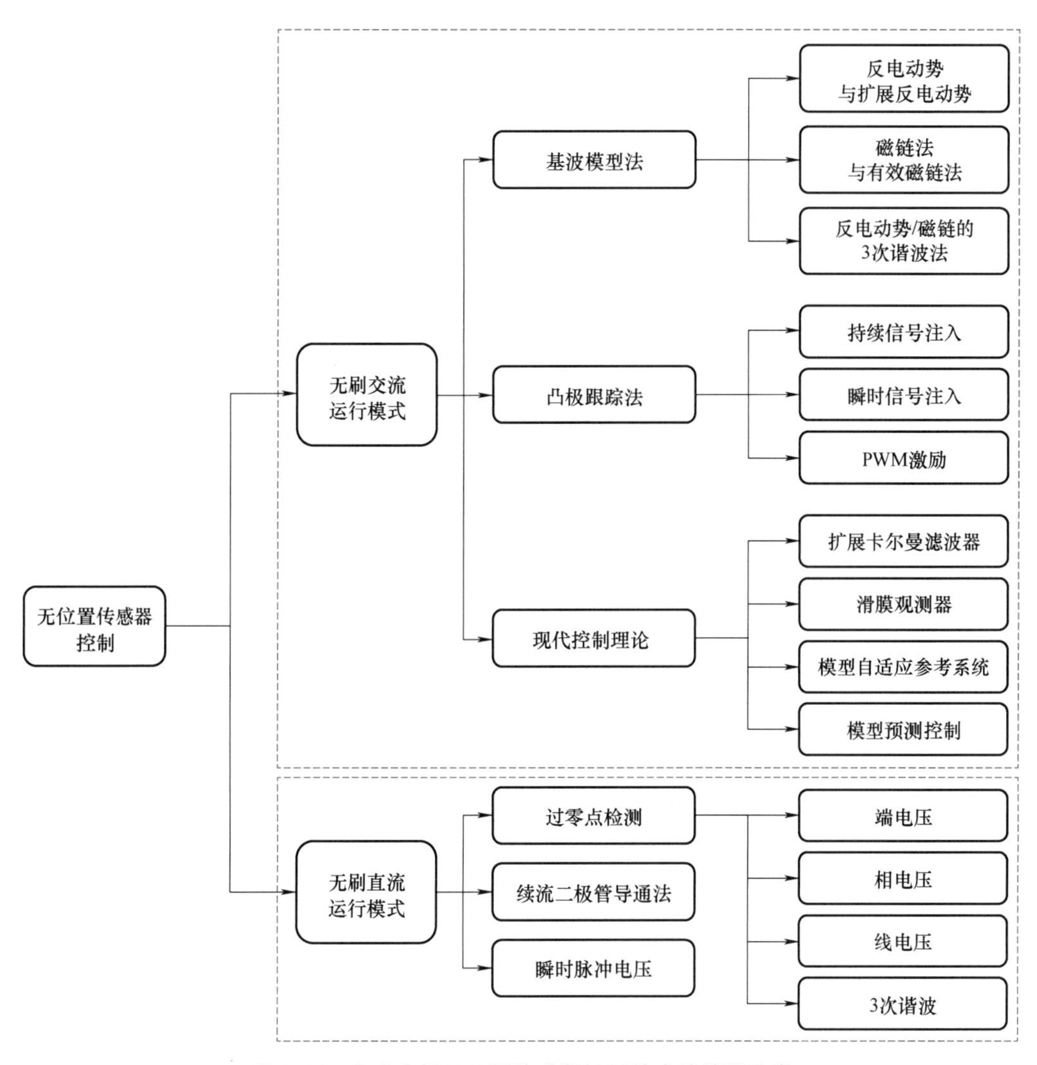

图 1.21 永磁电机无位置传感器控制技术的简要分类

在 BLAC 模式下，基波模型法是利用反电动势或磁链，这种方法需要准确的电机参数和可观测的电机模型，它们更适合应用于中高速范围内。对于 SPM 电机，可利用反电动势法和磁链法；而对于 IPM 电机，则需要利用扩展反电动势法和有效磁链法实现无位置传感器控制。除基波分量外，反电动势和磁链的 3 次谐波也可用于位置估计。另一种方法则是对于基于转子凸极性，永磁电机的凸极性与转子速度无关。通过不同的信号注入方法，这种方法可用于零速和低速范围。此外，扩展卡尔曼滤波器（Extended Kalman Filter，EKF）、滑模观测器（Sliding Mode Observer，SMO）和模型参考自适应系统（Model Reference Adaptive System，MRAS）等现代控制理论也可应用于传统的无位置传感器技术，从而提高位置估计性能。

在 BLDC 模式下，基于过零点（Zero-Crossing Point，ZCP）检测的方法被广泛采用，由于这种方法依赖于反电动势幅值大小，因此仅在中高速运行时具有良好的性能。如图 1.21

所示，反电动势可以通过多种方式测量。此外，续流二极管导通法是间接检测 ZCP 的另一种方法。要检测零转速时的转子位置，可采用基于脉冲电压注入的方法。

1.6.2 应用

一般来说，对于起动转矩要求较低的应用，无位置传感器控制技术已被证明非常有效。近年来，这些技术已在各种应用中成功实现商业化，包括风扇、泵、吸尘器、干手机、吹风机以及最近的风力发电机。尽管如此，对于需要大转矩频繁起停的应用（如工业驱动器和电动汽车），对无位置传感器技术来说仍是一项挑战。

不过，利用高频信号注入进行启动的无位置传感器控制在洗衣机上的应用已经取得了成功，在这类应用中，对短启动周期的要求不高。研究人员正在继续研究这项技术在电动汽车上的应用潜力，目前正在开展广泛的研究活动。预计在未来 5~10 年内，随着技术的进步，无传感器控制将越来越多地用于电动汽车和航空航天应用中的高容错驱动系统中。

尽管无位置传感器控制技术目前还存在一些局限性，但与依赖传感器的传统方法相比，无位置传感器技术具有诸多优势：例如，无位置传感器控制可以通过消除对传感器的需求来降低成本和系统复杂性；同时还可以通过减少系统中的故障点来提高可靠性。随着技术的不断发展和完善，无位置传感器控制技术将会得到更广泛的应用，为各种工业和商业需求提供可靠、经济、高效的解决方案。

1.7 本书范围

本书将介绍永磁电机驱动系统的基本原理和最新无位置传感器控制技术，包括永磁 BLAC 和 BLDC 驱动系统、单三相、双三相和开绕组永磁电机。本书所包括的范围如图 1.22 所示。

对于永磁 BLAC 驱动系统，本书第 2 章介绍了基波模型法，包括磁链观测器、有效磁链观测器、反电动势和扩展反电动势。第 3 章则介绍了基波模型法应用时的实际问题和相应的解决方案，例如积分漂移和滤波器相位延迟、反电动势和电流谐波、交叉饱和、参数不匹配与参数不对称等。对于基于转子凸极的方法，第 4 章则根据注入信号的类型（如旋转、脉振和方波信号等），与估计位置所利用的相应电流或电压反馈，详细介绍了在不同坐标系下的高频信号注入法。在第 5 章中，将充分讨论基于转子凸极方法的常见问题，包括各种寄生效应和解决方案，如交叉饱和、多重凸极、参数不对称、逆变器非线性、信号延迟、电机设计和负载效应等；同时对于注入的高频信号，将系统地介绍选择注入信号的幅值和频率的方法；此外基于转子凸极性，第 6 章将介绍如何利用零序电压进行位置估计。除了单三相永磁电机外，第 7 章还将详细介绍用于双三相电机和开绕组电机的无位置传感器控制技术。第 8 章和第 9 章将分别介绍转子极性判断和转子初始位置辨识的相关技术。

对于 BLDC 驱动系统，第 10 章将介绍基于基波反电动势过零点检测的无位置传感器控制技术，而第 11 章将介绍基于 3 次谐波反电动势的相关技术，同时该技术也适用于 BLAC 驱动系统。

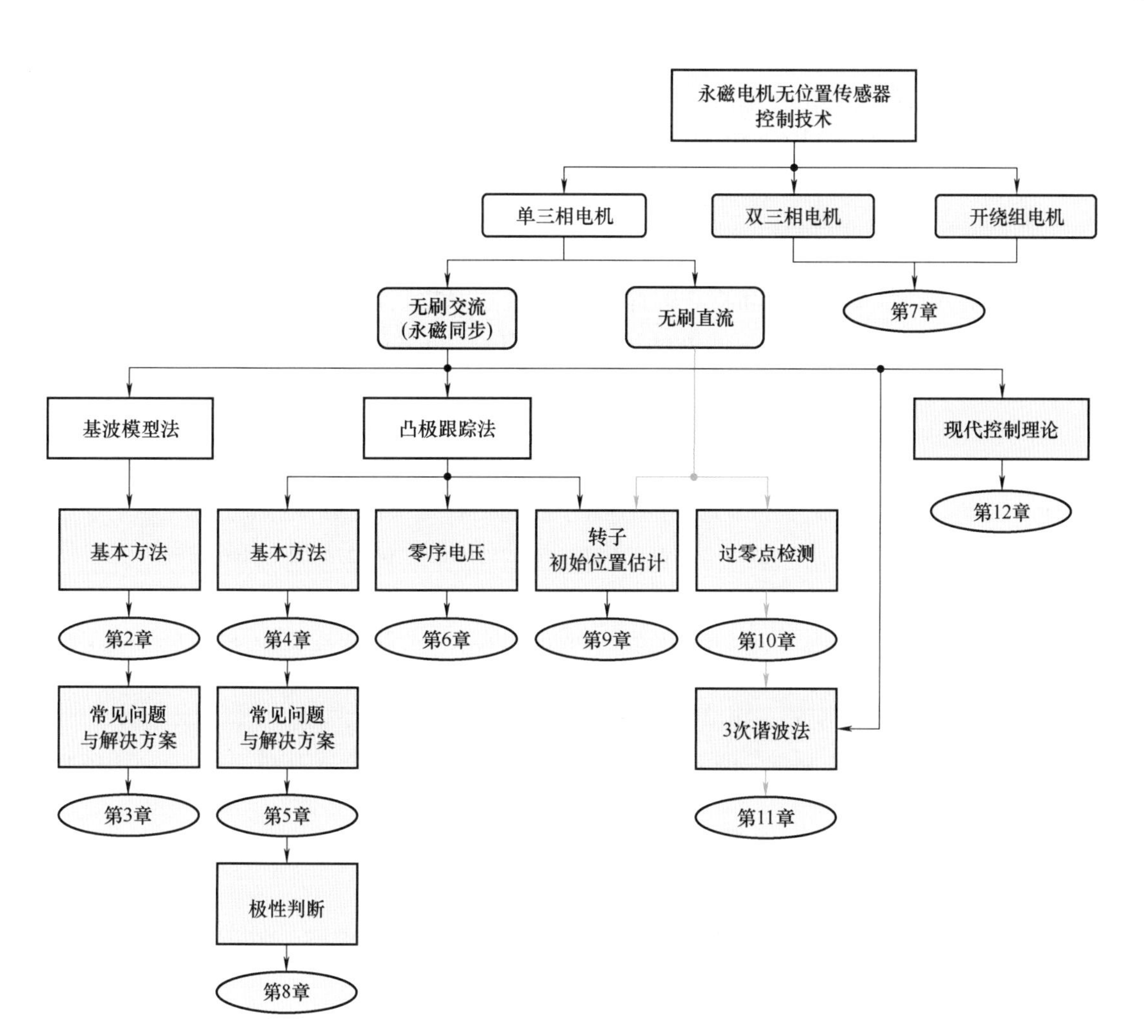

图 1.22 本书的结构组成

最后，在第 12 章中，本书还将重点介绍一些基于现代控制理论的无位置传感器控制技术，包括 MRAS、SMO、EKF 和 MPC。

参考文献

[1] Z. Q. Zhu and D. Howe, "Electrical machines and drives for electric, hybrid, and fuel cell vehicles," *Proc. IEEE*, vol. 95, no. 4, Apr. 2007, pp. 746-765.

[2] J. R. Hendershot and T. J. E. Miller, *Design of brushless permanent-magnet motors*. Oxford, UK: Magna Physics and Oxford Science Publications, 1994.

[3] J. F. Gieras, R. Wang, and M. J. Kamper, *Axial Flux Permanent Magnet Brushless Machines*. Dordrecht, Netherlands: Springer, 2014.

[4] H. Weh and H. May, "Achievable force densities for permanent magnet excited machines in new configurations," *Proc. Int. Conf. on Electric. Mach. Drives*, 1986, pp. 1107-1111.

[5] H. Weh and J. Jiang, "Calculation and design consideration for synchronous machines with transverse flux configuration," *Archiv fur Elektrotechnik*, vol. 71, pp. 187-198, 1988.

[6] D. Ishak, Z. Q. Zhu, and D. Howe, "Comparison of PM brushless motors, having either all teeth or alternate teeth wound," *IEEE Trans. Energy Convers.*, vol. 21, no. 1, pp. 95-106, Mar. 2006.

[7] A. M. EL-Refaie, "Fractional-slot concentrated-windings synchronous permanent magnet machines: Opportunities and challenges," *IEEE Trans. Ind. Electron.*, vol. 57, no. 1, pp. 107-121, Jan. 2010.

[8] G. Dajaku, W. Xie, and D. Gerling, "Reduction of low space harmonics for the fractional slot concentrated windings using a novel stator design," *IEEE Trans. Magn.*, vol. 50, no. 5, pp. 1-12, May 2014.

[9] P. Pillay and R. Krishnan, "Modeling, simulation, and analysis of permanent-magnet motor drives. I. The permanent-magnet synchronous motor drive," *IEEE Trans. Ind. Appl.*, vol. 25, no. 2, pp. 265-273, Mar. 1989.

[10] P. Pillay and R. Krishnan, "Modeling, simulation, and analysis of permanent-magnet motor drives. Ⅱ. The brushless dc motor drive," *IEEE Trans. Ind. Appl.*, vol. 25, no. 2, pp. 274-279, Mar. 1989.

[11] H. W. van der Broeck, H. -C. Skudelny, and G. V. Stanke, "Analysis and realization of a pulse width modulator based on voltage space vectors," *IEEE Trans. Ind. Appl.*, vol. 24, no. 1, pp. 142-150, Jan. 1988.

[12] O. Ogasawara, H. Akagi, and A. Nabae, "A novel PWM scheme of voltage source inverters based on space vector theory," *EPE Eur. Conf. Power Electron, Appl.*, Aachen, Germany, 1989, pp. 1197-1202.

[13] J. Holtz, "Pulsewidth modulation-a survey," *IEEE Trans. Ind. Electron.*, vol. 39, no. 5, pp. 410-420, Oct. 1992.

[14] K. P. Kovacs and I. Racz, *Transiente Vorgange in Wechselstrom-maschinen*, Bd. Ⅰ and Ⅱ. Budapest, Hungary: Verlag d. Ungar. Akad. d. Wissensch., 1959.

[15] F. Blaschke, "The principle of field orientation as applied to the new transvector closed loop control system for rotating field machines," *Siemens Rev.*, vol. 34, pp. 217-220, 1972.

[16] K. H. Bayer, H. Waldmann, and M. Weibelzahl, "Field-oriented closed-loop control of a synchronous machine with the new transvector control system," *Siemens Rev.*, vol. 39, pp. 220-223, 1972.

[17] P. Vas, *Sensorless Vector And Direct Torque Control*. Oxford, UK: Oxford Univ. Press, 2003.

[18] I. Takahashi, and T. Noguchi, "A new quick-response and high efficiency control strategy of an induction-motor," *IEEE Trans. Ind. Appl.*, vol. 22, no. 5, pp. 820-827, 1986.

[19] I. Takahashi and Y. Ohmori, "High-performance direct torque control of an induction motor," *IEEE Trans. Ind. Appl.*, vol. 25, no. 2, pp. 257-264, Mar. 1989.

[20] M. Depenbrock, "Direct self-control (DSC) of inverter-fed induction machine," *IEEE Trans. Power Electron.*, vol. 3, no. 4, pp. 420-429, 1988.

[21] U. Baader, M. Depenbrock, and G. Gierse, "Direct self control (DSC) of inverter-fed induction machine: a basis for speed control without speed measurement," *IEEE Trans. Ind. Appl.*, vol. 28, no. 3, pp. 581-588, May 1992.

[22] L. Zhong, M. F. Rahman, W. Y. Hu, and K. W. Lim, "Analysis of direct torque control in permanent magnet synchronous motor drives," *IEEE Trans. Power Electron.*, vol. 12, no. 3, pp. 528-536, 1997.

[23] T. G. Habetler, F. Profumo, M. Pastorelli, and L. M. Tolbert, "Direct torque control of induction machines using space vector modulation," *IEEE Trans. Ind. Appl.*, vol. 28, no. 5, pp. 1045-1053, Oct. 1992.

[24] G. S. Buja and M. P. Kazmierkowski, "Direct torque control of PWM inverter-fed AC motors—a survey," *IEEE Trans. Ind. Electron.*, vol. 51, no. 4, pp. 744-757, Aug. 2004.

[25] L. Tang, L. Zhong, M. F. Rahman, and Y. Hu, "A novel direct torque controlled interior permanent magnet synchronous machine drive with low ripple in flux and torque and fixed switching frequency," *IEEE Trans. Power Electron.*, vol. 19, no. 2, pp. 346-354, Mar. 2004.

[26] J. Rodriguez *et al.*, "Predictive current control of a voltage source inverter," *IEEE Trans. Ind. Electron.*, vol. 54, no. 1, pp. 495-503, Feb. 2007.

[27] S. Kouro, P. Cortes, R. Vargas, U. Ammann and J. Rodriguez, "Model Predictive control—a simple and powerful method to control power converters," *IEEE Trans. Ind. Electron.*, vol. 56, no. 6, pp. 1826-1838, June 2009.

[28] J. Rodriguez *et al.*, "Latest Advances of Model predictive control in electrical drives—part Ⅰ: basic concepts and advanced strategies," *IEEE Trans. Power Electron.*, vol. 37, no. 4, pp. 3927-3942, April 2022.

[29] J. Rodriguez *et al.*, "Latest advances of model predictive control in electrical drives—part Ⅱ: applications and benchmarking with classical control methods," *IEEE Trans. Power Electron.*, vol. 37, no. 5, pp. 5047-5061, May 2022.

[30] J. X. Shen, "Sensorless control of permanent magnet brushless drives," Ph. D. thesis, University of Sheffield, 2003.

[31] Y. F. Shi, Z. Q. Zhu, and D. Howe, "Torque-speed characteristics of interior-magnet machines in brushless ac and dc modes, with particular reference to their flux-weakening performance," *CES/IEEE 5th Int. Power Elect. Motion Control Conf.*, Aug. 2006, vol. 3, pp. 1-5.

[32] K. Rajashekara, A. Kawamura, and K. Matsuse, *Sensorless control of AC motors*. IEEE Press, 1996.

第2章　基于基波模型的无位置传感器控制

2.1　引言

基于基波模型的无位置传感器控制方法是根据永磁电机的数学模型来估算反电动势或磁链。图2.1总结了不同类型的基于基波模型的无位置传感器控制技术，其中一些方法将在本章中介绍。

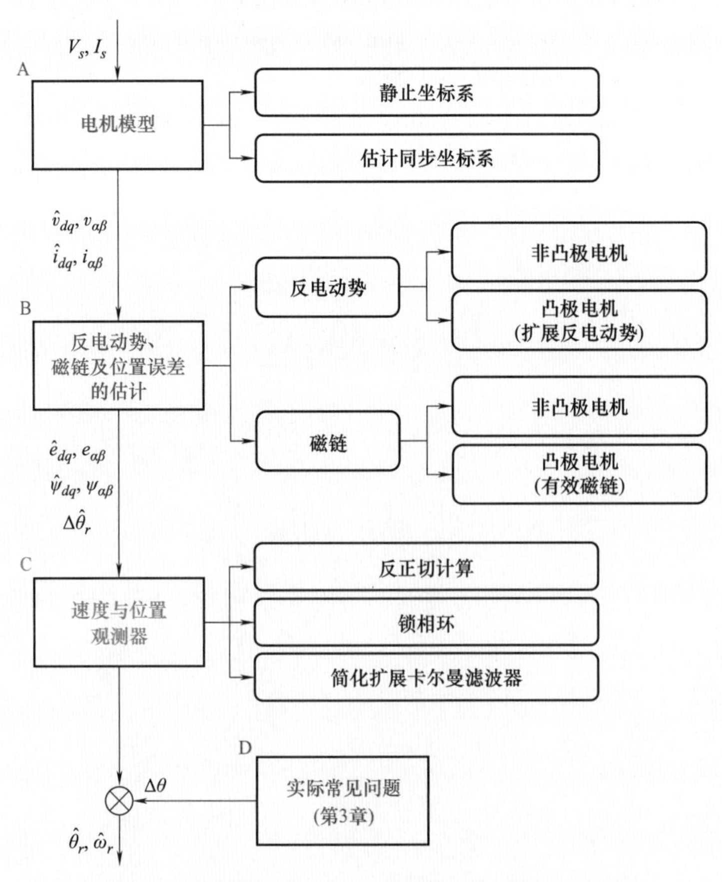

图2.1　基于基波模型的无位置传感器控制技术分类

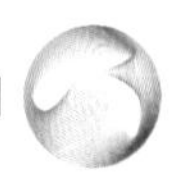

如图 2.1 所示，本章将基于基波模型的无位置传感器控制技术分为 A、B、C 和 D 四个部分。在 A 部分中，无位置传感器控制技术被分为两类，即基于静止坐标系方案和基于同步旋转坐标系方案。无位置传感器控制技术的大部分研究集中在 B 部分，这些研究更多地关注于通过不同的方法来估算反电动势、磁链或位置误差。同时，B 部分中也包括了针对非凸极永磁同步电机（SPMSM）和凸极永磁同步电机（IPMSM）的无位置传感器控制基本方法。如图 C 部分所示，在估算反电动势、磁链或位置误差之后，需应用观测器得到位置和速度信息。D 部分中介绍了一些实际的应用问题，例如交叉耦合电感、反电动势和电流谐波、参数不匹配和参数不对称等。这些问题的解决方法将在下一章中介绍。

2.2　磁链法

基于磁链估算的无位置传感器控制方法已经在行业内被广泛地应用，其基本思想较为简单，即先利用磁链估计方法来估算永磁体产生的磁链，然后再根据磁链来估计永磁同步电机的转子位置。针对 SPMSM[1,2] 和 IPMSM[3]，这些方法在不同的坐标系下已经进行了充分的研究和开发，本节内对其进行介绍。

2.2.1　用于非凸极永磁同步电机的磁链法

在静止坐标系下，SPMSM 的定子磁链可以表示为

$$\begin{cases}\begin{bmatrix}\psi_\alpha\\ \psi_\beta\end{bmatrix}=\begin{bmatrix}L_\alpha & 0\\ 0 & L_\beta\end{bmatrix}\begin{bmatrix}i_\alpha\\ i_\beta\end{bmatrix}+\begin{bmatrix}\psi_{m\alpha}\\ \psi_{m\beta}\end{bmatrix}\\ \begin{bmatrix}\psi_{m\alpha}\\ \psi_{m\beta}\end{bmatrix}=\psi_m\begin{bmatrix}\cos\theta_r\\ \sin\theta_r\end{bmatrix}\end{cases}\tag{2.1}$$

式中，ψ_α 和 ψ_β 是 $\alpha\beta$ 轴定子磁链；$\psi_{m\alpha}$ 和 $\psi_{m\beta}$ 是 $\alpha\beta$ 轴永磁磁链；ψ_m 是永磁磁链幅值；θ_r 是转子位置；i_α 和 i_β 是 $\alpha\beta$ 轴定子电流；L_α 和 L_β 是 SPMSM 的相电感，且 $L_\alpha=L_\beta=L_s$。

磁链可以通过相量图来表示，如图 2.2 所示，对应的方程为式（2.1）。

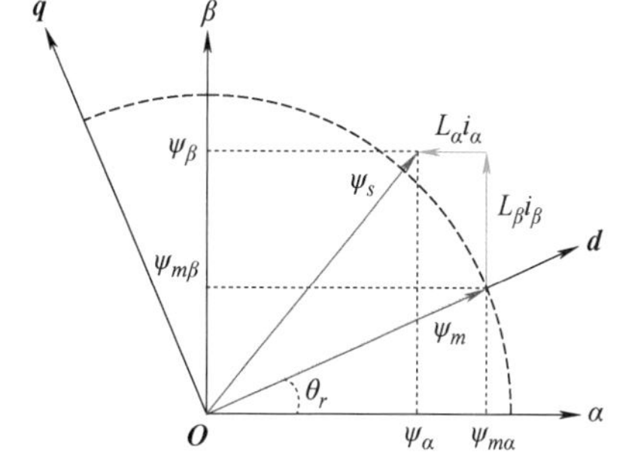

图 2.2　永磁同步电机的磁链相量图

然后，可以通过以下公式计算转子位置：

$$\theta_r=\arctan\left(\frac{\psi_\beta-L_s i_\beta}{\psi_\alpha-L_s i_\alpha}\right)=\arctan\left(\frac{\psi_{m\beta}}{\psi_{m\alpha}}\right)\tag{2.2}$$

$\alpha\beta$ 轴定子磁链可以通过反电动势电压积分计算得到，即

$$\begin{cases}\psi_\alpha=\int(v_\alpha-i_\alpha R_s)\,\mathrm{d}t\\ \psi_\beta=\int(v_\beta-i_\beta R_s)\,\mathrm{d}t\end{cases}\tag{2.3}$$

式中，R_s 是相电阻。

基于 SPMSM-Ⅰ样机（参数见附录 B），使用磁链法进行位置估计的仿真结果如图 2.3~图 2.6 所示。在图 2.3 和图 2.4 中，展示了空载和满载下的稳态位置估计性能，转子速度控制在 400r/min。图 2.5 和图 2.6 展示了动态控制性能，包括阶跃负载试验（从空载到满载）和阶跃速度试验（300r/min→400r/min→500r/min）。结果表明，此方案具有良好的稳态和动态位置估计性能。

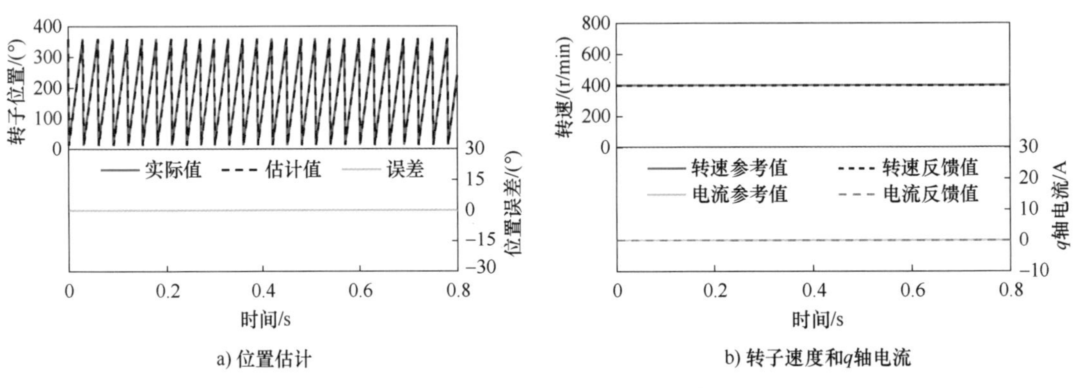

a) 位置估计　　b) 转子速度和q轴电流

图 2.3　空载下磁链法的稳态位置估计

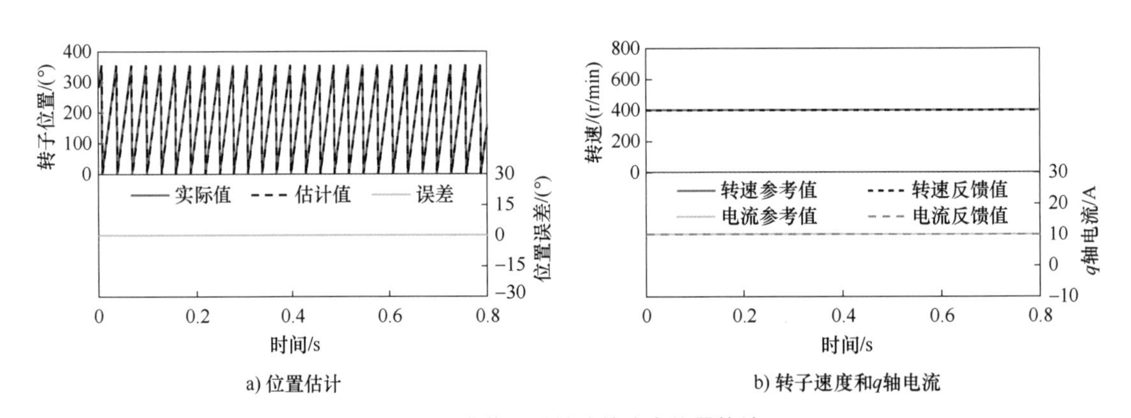

a) 位置估计　　b) 转子速度和q轴电流

图 2.4　满载下磁链法的稳态位置估计

然而，在现实应用中，纯积分的实现必须考虑一些实际问题[4]，比如初值问题和漂移问题，这些问题将在第 3 章中详细讨论。

2.2.2　用于凸极永磁同步电机的有效磁链法

在 2.2.1 节中介绍的磁链观测器是针对 SPMSM 的。然而，对于 IPMSM，$\alpha\beta$ 坐标系下两个相电感与转子位置耦合，这使得永磁磁链的计算获取变得更加困难。对于凸极电机，其 $\alpha\beta$ 轴上的定子磁链 ψ_α 和 ψ_β 可以表示为

$$\begin{bmatrix}\psi_\alpha\\\psi_\beta\end{bmatrix}=\begin{bmatrix}L_{sa}+L_{sd}\cos(2\theta_r) & L_{sa}\sin(2\theta_r)\\L_{sa}\sin(2\theta_r) & L_{sa}-L_{sd}\cos(2\theta_r)\end{bmatrix}\begin{bmatrix}i_\alpha\\i_\beta\end{bmatrix}+\psi_m\begin{bmatrix}\cos\theta_r\\\sin\theta_r\end{bmatrix}\tag{2.4}$$

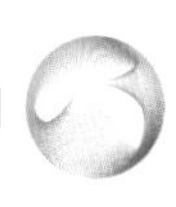

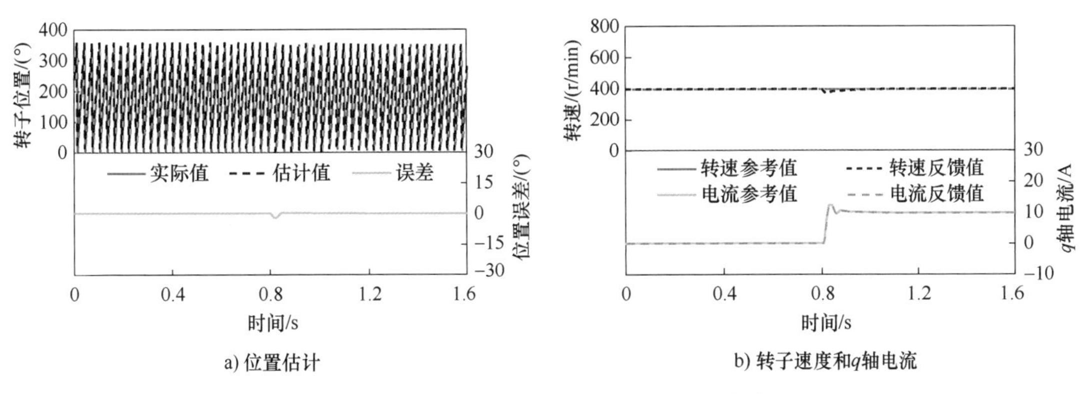

a) 位置估计　　b) 转子速度和q轴电流

图 2.5　阶跃负载下磁链法的动态位置估计

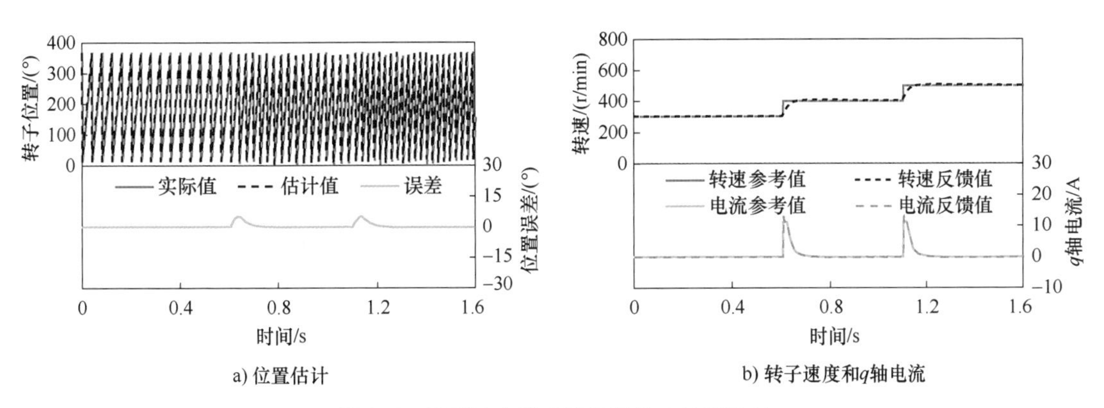

a) 位置估计　　b) 转子速度和q轴电流

图 2.6　阶跃速度下磁链法的动态位置估计

式中，$L_{sa}=(L_d+L_q)/2$ 和 $L_{sd}=(L_q-L_d)/2$。

可以看到，通过式（2.4）直接计算转子位置是非常困难的。为了简化位置估算过程，文献［3］提出了有效磁链 ψ_a 的概念，如图 2.7 所示，因为有效磁链的位置与永磁磁链相同，因此转子位置的估计可以转变为对有效磁链位置的估计。文献［3］将所有凸极电机统一为虚拟的非凸极电机，从而简化了位置估算。图 2.7 中，$I_s=\sqrt{i_d^2+i_q^2}$。

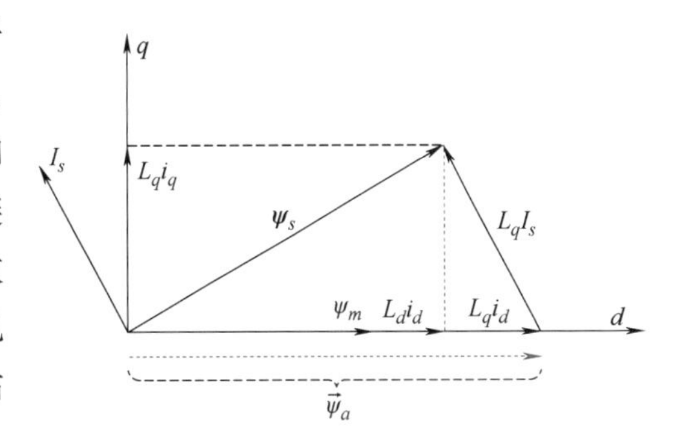

图 2.7　有效磁链的矢量示意图

有效磁链可以表示为

$$\psi_a=\psi_m+(L_d-L_q)i_d \tag{2.5}$$

然后，在静止坐标系下的定子磁链可以表示为

$$\begin{bmatrix}\psi_\alpha\\ \psi_\beta\end{bmatrix}-\begin{bmatrix}L_q & 0\\ 0 & L_q\end{bmatrix}\begin{bmatrix}i_\alpha\\ i_\beta\end{bmatrix}+\psi_a\begin{bmatrix}\cos\theta_r\\ \sin\theta_r\end{bmatrix} \tag{2.6}$$

则转子位置可以通过下式计算得到

$$\theta_r = \arctan\left(\frac{\psi_\beta - L_q i_\beta}{\psi_\alpha - L_q i_\alpha}\right) \tag{2.7}$$

有效磁链的概念同样可以应用在同步旋转坐标系中。

首先，由同步旋转坐标系的磁链方程，有

$$\begin{bmatrix}\psi_d \\ \psi_q\end{bmatrix} = \begin{bmatrix}L_q & 0 \\ 0 & L_q\end{bmatrix}\begin{bmatrix}i_d \\ i_q\end{bmatrix} + \begin{bmatrix}\psi_a \\ 0\end{bmatrix} \tag{2.8}$$

由于在实际无位置传感器控制系统中转子位置是未知的，因此在静止坐标系的磁链需要变换到估计的同步旋转坐标系下，如下式所示：

$$\begin{bmatrix}\hat{\psi}_d \\ \hat{\psi}_q\end{bmatrix} = \begin{bmatrix}L_q & 0 \\ 0 & L_q\end{bmatrix}\begin{bmatrix}\hat{i}_d \\ \hat{i}_q\end{bmatrix} + \psi_a\begin{bmatrix}\cos\Delta\theta \\ \sin\Delta\theta\end{bmatrix} \tag{2.9}$$

由式（2.9），通过观测器，可以将 q 轴磁链 $\hat{\psi}_q$ 控制为 0，以得到转子位置。

类似地，基于 IPMSM-Ⅰ样机（参数见附录 B），针对有效磁链的方法也进行了仿真验证，在仿真中，转子速度控制在 400r/min。结果如图 2.8~图 2.11 所示。图 2.8 和图 2.9 展示了该方法在空载和满载下的稳态位置估计性能。图 2.10 和图 2.11 展示了动态状态下的位置估计，包括阶跃负载试验（从空载到满载）和阶跃速度试验（300r/min→400r/min→500r/min）。总体而言，该方案具有优秀的位置估计性能。

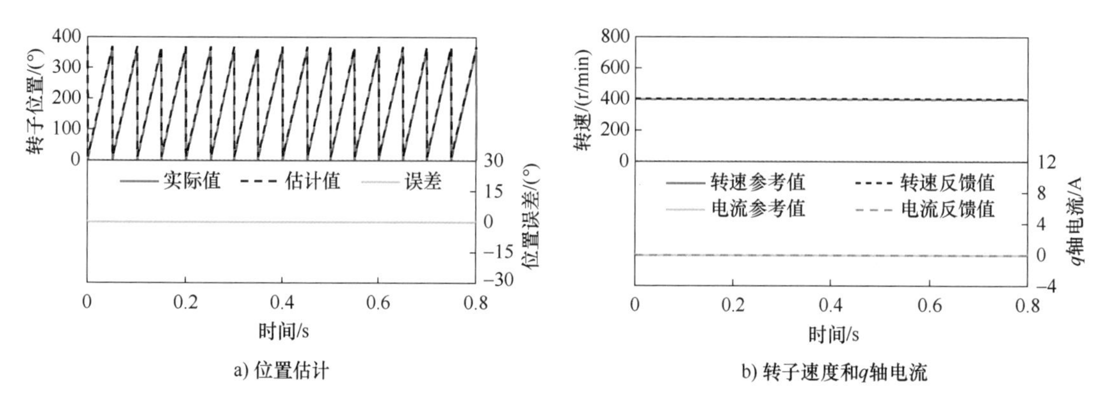

图 2.8　空载下有效磁链法的稳态位置估计

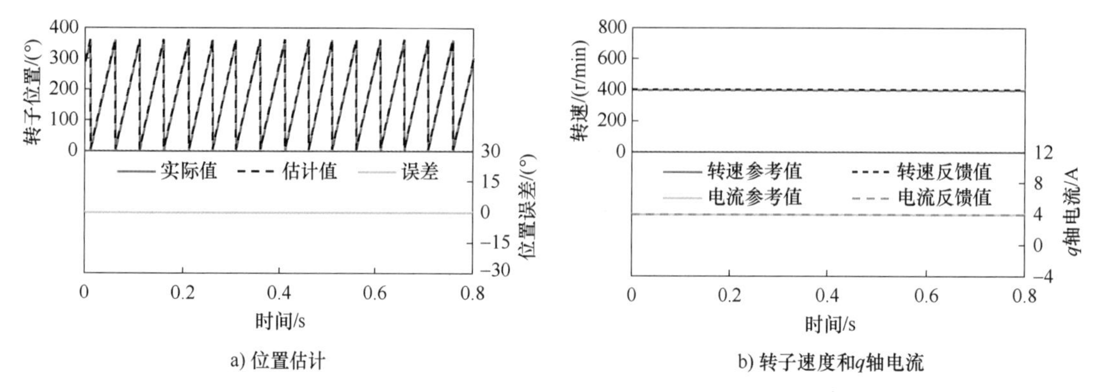

图 2.9　满载下有效磁链法的稳态位置估计

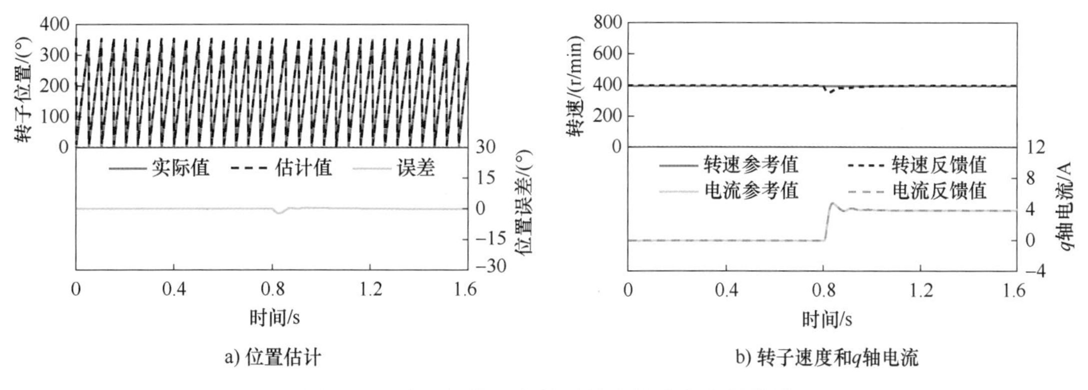

图 2.10　阶跃负载下有效磁链法的动态位置估计

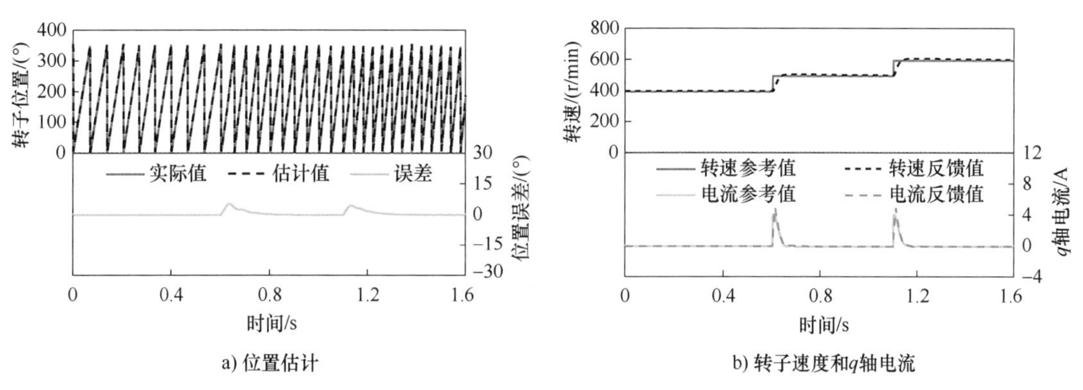

图 2.11　阶跃速度下有效磁链法的动态位置估计

2.3　反电动势法

当电机转子运动时，转子磁场的变化会在电机定子绕组中产生电动势，即反电动势（back-EMF），且反电动势与转子速度成正比。然而，在电机运行过程中，反电动势通常很难直接测量，但基于电机基波模型，可以通过定子电压和电流来估算反电动势。在静止坐标系中，反电动势可以通过以下公式进行计算：

$$\begin{bmatrix} e_\alpha \\ e_\beta \end{bmatrix} = \begin{bmatrix} v_\alpha \\ v_\beta \end{bmatrix} - \begin{bmatrix} R_s + pL_\alpha & 0 \\ 0 & R_s + pL_\beta \end{bmatrix} \begin{bmatrix} i_\alpha \\ i_\beta \end{bmatrix} = \omega_r \psi_m \begin{bmatrix} -\sin\theta_r \\ \cos\theta_r \end{bmatrix} \tag{2.10}$$

基于反电动势的位置估计有很多不同的方法，文献［5］中提出了一种间接的位置估计方法，即先将式（2.10）中的反电动势由静止坐标系变换到估计的同步旋转坐标系，然后再进行后续的计算。在文献［6，7］中，提出了扩展反电动势的概念。利用这个概念，凸极电机可以被等效为非凸极电机，从而简化反电动势的估计。本节将进一步介绍这些经典的方法。

2.3.1　用于非凸极永磁同步电机的反电动势法

在同步旋转坐标系下 SPMSM 的电压方程可以表示为

$$\begin{bmatrix} v_d \\ v_q \end{bmatrix} = \begin{bmatrix} R_s+pL_s & -\omega_r L_s \\ \omega_r L_s & R_s+pL_s \end{bmatrix} \begin{bmatrix} i_d \\ i_q \end{bmatrix} + \begin{bmatrix} 0 \\ \omega_r \psi_m \end{bmatrix} \tag{2.11}$$

由于实际转子位置未知，电压和电流应该在估计的同步旋转坐标系[5]中表示，如图2.12所示。其中，$\hat{\theta}_r$ 是估计的转子位置，$\Delta\theta$ 是实际转子位置和估计转子位置之间的误差，即 $\Delta\theta=\theta_r-\hat{\theta}_r$。在估计的同步旋转坐标系中，电压方程可以通过坐标变换从式（2.11）中获得，如下所示：

$$\begin{cases} \begin{bmatrix} \hat{v}_d \\ \hat{v}_q \end{bmatrix} = \begin{bmatrix} R_s+pL_s & -\omega_r L_s \\ \omega_r L_s & R_s+pL_s \end{bmatrix} \begin{bmatrix} \hat{i}_d \\ \hat{i}_q \end{bmatrix} + \begin{bmatrix} \hat{E}_d \\ \hat{E}_q \end{bmatrix} \\ \begin{bmatrix} \hat{E}_d \\ \hat{E}_q \end{bmatrix} = \omega_r \psi_m \begin{bmatrix} -\sin\Delta\theta \\ \cos\Delta\theta \end{bmatrix} \end{cases} \tag{2.12}$$

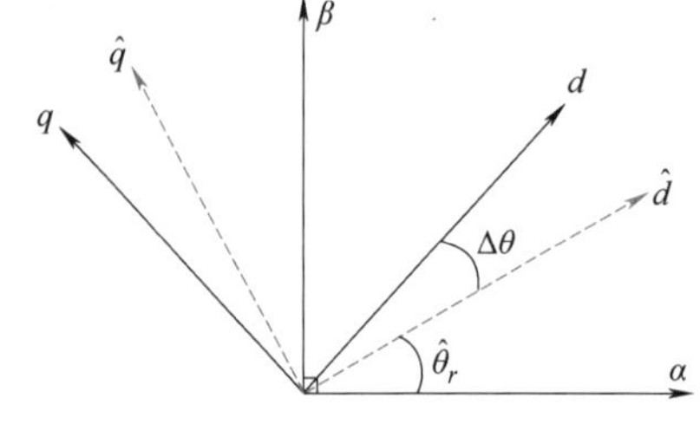

图 2.12　实际与估计的同步旋转坐标系的关系

式中，带‘^’的变量代表其在估计的同步旋转坐标系下，然后可以通过其推导出估计的位置误差 $\Delta\hat{\theta}$，如下所示：

$$\Delta\hat{\theta} = \arctan\left(-\frac{\hat{E}_d}{\hat{E}_q}\right) \approx -\frac{\hat{E}_d}{\hat{E}_q} \tag{2.13}$$

从式（2.12）可以看出，在得到 $\Delta\hat{\theta}$ 之后，利用锁相环（PLL）等位置观测器即可以通过将 $\Delta\hat{\theta}$ 控制为零来估算转子位置，如图2.13所示。

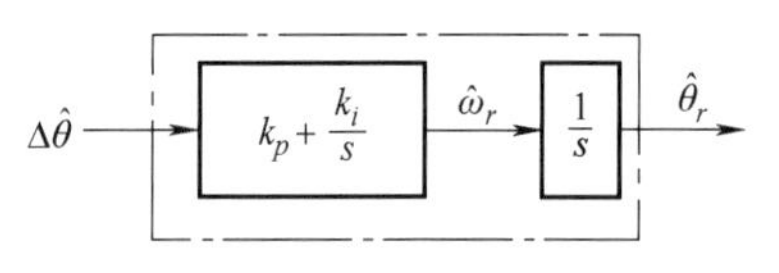

图 2.13　用于估计转子位置的 PLL 观测器

当使用这一类的方法时，估计的位置 $\hat{\theta}_r$ 会不断地进行动态调整，直到 $\Delta\hat{\theta}$ 被控制为零[5]。位置观测器的详细内容将在2.5节中进行讨论。

基于样机 SPMSM-Ⅰ（参数见附录 B），使用反电动势法进行位置估计的仿真结果如图2.14~图2.17所示（在仿真中，转子速度控制在400r/min）。首先，图2.14和图2.15展示了空载和满载下的稳态位置估计性能。在图2.16和图2.17中，展示了动态状态下的位置估计性能，包括阶跃负载试验（从空载到满载）和阶跃速度试验（300r/min→400r/min→500r/min）。结果表明，不论在稳态还是动态状态下，该方法都能较好地估计转子位置。

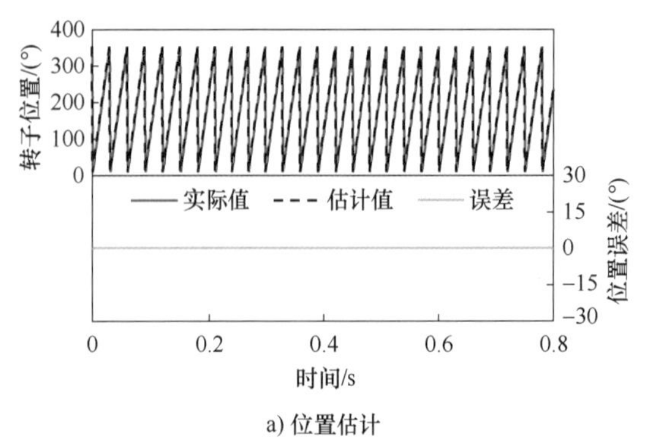

a) 位置估计

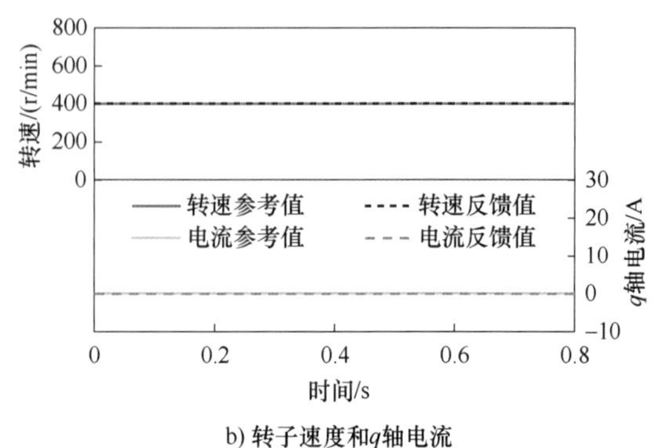

b) 转子速度和q轴电流

图 2.14　空载下反电动势法的稳态位置估计

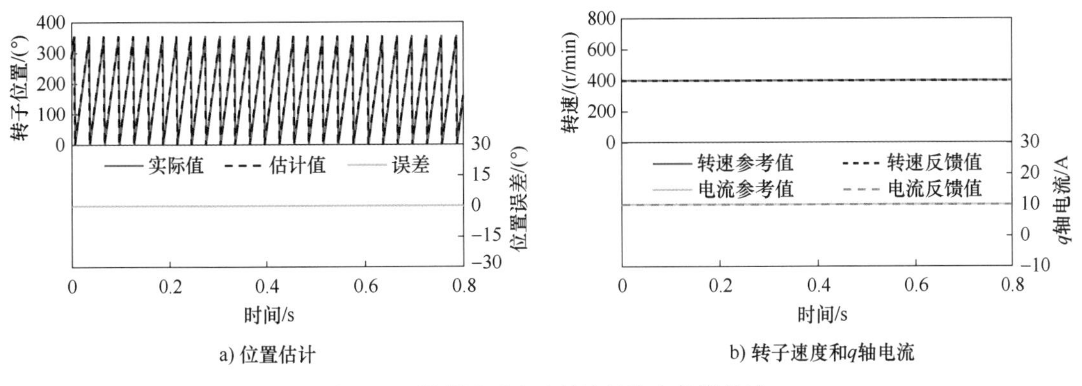

a) 位置估计　　b) 转子速度和q轴电流

图 2.15　满载下反电动势法的稳态位置估计

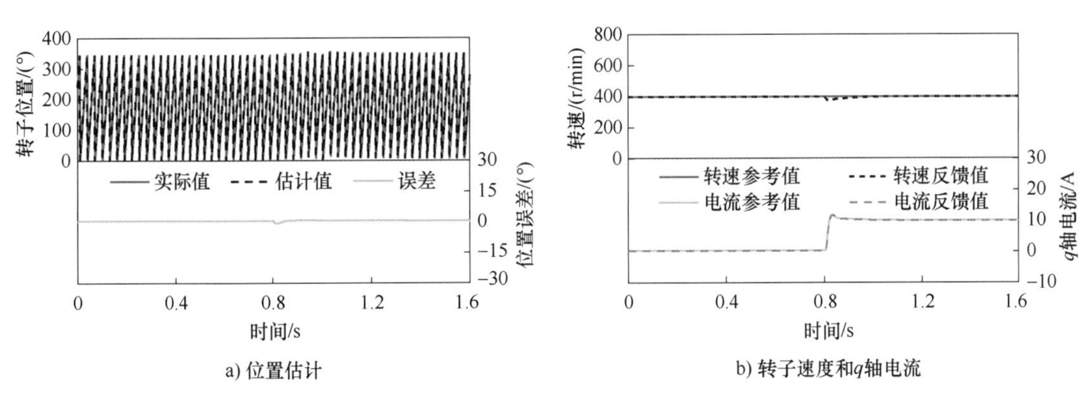

a) 位置估计　　b) 转子速度和q轴电流

图 2.16　阶跃负载下反电动势法的动态位置估计

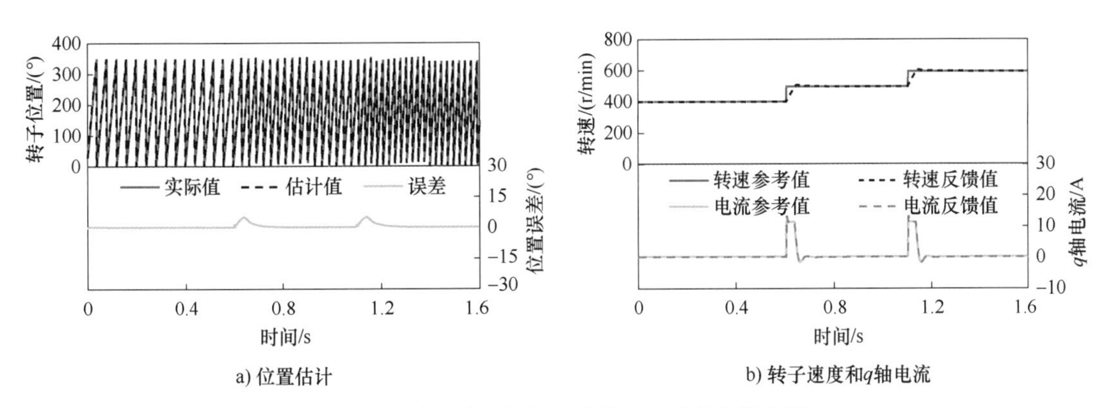

a) 位置估计　　b) 转子速度和q轴电流

图 2.17　阶跃速度下反电动势法的动态位置估计

2.3.2　用于凸极永磁同步电机的扩展反电动势法

文献［6，7］中提出了扩展反电动势的概念。与有效磁链的概念类似，通过使用扩展反电动势概念，可以将凸极电机视为非凸极电机，从而简化了 IPMSM 无位置传感器控制算法的应用和实现。

2.3.2.1 同步旋转坐标系

2.3.1节中的无位置传感器控制方法仅适用于非凸极永磁同步电机。对于凸极永磁同步电机，dq轴参考坐标系下的电压方程可以表示为

$$\begin{bmatrix} v_d \\ v_q \end{bmatrix} = \begin{bmatrix} R_s+pL_d & -\omega_r L_q \\ \omega_r L_d & R_s+pL_q \end{bmatrix} \begin{bmatrix} i_d \\ i_q \end{bmatrix} + \begin{bmatrix} 0 \\ \omega_r \psi_m \end{bmatrix} \tag{2.14}$$

式中，L_d和L_q是dq轴的视在电感。

由于dq轴电感矩阵的不对称性，因此无法直接在估计的dq轴坐标系中提取反电动势。为了解决这个问题，文献［6］提出了针对凸极电机的扩展反电动势概念，如下所示：

$$\begin{bmatrix} v_d \\ v_q \end{bmatrix} = \begin{bmatrix} R_s+pL_d & -\omega_r L_q \\ \omega_r L_q & R_s+pL_d \end{bmatrix} \begin{bmatrix} i_d \\ i_q \end{bmatrix} + \begin{bmatrix} 0 \\ E_{ex} \end{bmatrix} \tag{2.15}$$

$$E_{ex} = \omega_r \psi_m + (L_d - L_q)(\omega_r i_d - p i_q) \tag{2.16}$$

式中，E_{ex}是扩展反电动势的幅值。

式（2.15）是由式（2.14）通过简单的数学变换得到，其基本原理就是在不改变数学模型的前提下，让电感矩阵变得对称。然后将式（2.15）变换到估计的同步旋转坐标系，即可以推导出在该坐标系基于扩展反电动势的电压模型公式，如下所示：

$$\begin{bmatrix} \hat{v}_d \\ \hat{v}_q \end{bmatrix} = \begin{bmatrix} R_s+pL_d & -\omega_r L_q \\ \omega_r L_q & R_s+pL_d \end{bmatrix} \begin{bmatrix} \hat{i}_d \\ \hat{i}_q \end{bmatrix} + \begin{bmatrix} \hat{E}_{ex,d} \\ \hat{E}_{ex,q} \end{bmatrix} \tag{2.17}$$

$$\begin{bmatrix} \hat{E}_{ex,d} \\ \hat{E}_{ex,q} \end{bmatrix} = E_{ex} \begin{bmatrix} -\sin\Delta\theta \\ \cos\Delta\theta \end{bmatrix} + \Delta\omega L_d \begin{bmatrix} \hat{i}_q \\ -\hat{i}_d \end{bmatrix} \tag{2.18}$$

式中，$\Delta\omega$是估计速度和实际速度之间的误差，通常可以假设为零。

而估计的位置误差则可以表示为

$$\Delta\hat{\theta} = \arctan\left(-\frac{\hat{E}_{ex,d}}{\hat{E}_{ex,q}}\right) \approx -\frac{\hat{E}_{ex,d}}{\hat{E}_{ex,q}} \tag{2.19}$$

随后，如图2.18所示，应用位置观测器来调整估计的转子位置，通过最小化估计的位置误差$\Delta\hat{\theta}$，将估计坐标系与实际坐标系对齐得到准确的位置估计结果。

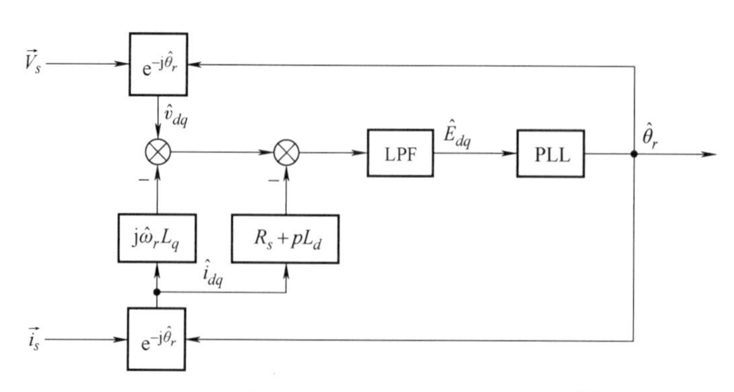

图2.18　基于扩展反电动势的位置观测器[6]

同样地，基于样机 IPMSM-Ⅰ（参数见附录 B），进行了扩展反电动势方法的仿真验证，在仿真中，转子速度设置为400r/min。如图2.19和图2.20所示，在空载和满载条件下，该方法都可以精确地估计转子位置。图2.21和图2.22展示了该方法的动态性能，其中图2.21展现的是阶跃负载试验（从空载到满载），图2.22展示的是阶跃速度试验（300r/min→400r/min→500r/min）。从这些仿真结果可以看出，在动态过程中，估计的位置可以快速收敛到实际位置，证明该方法具有很好的动态性能。

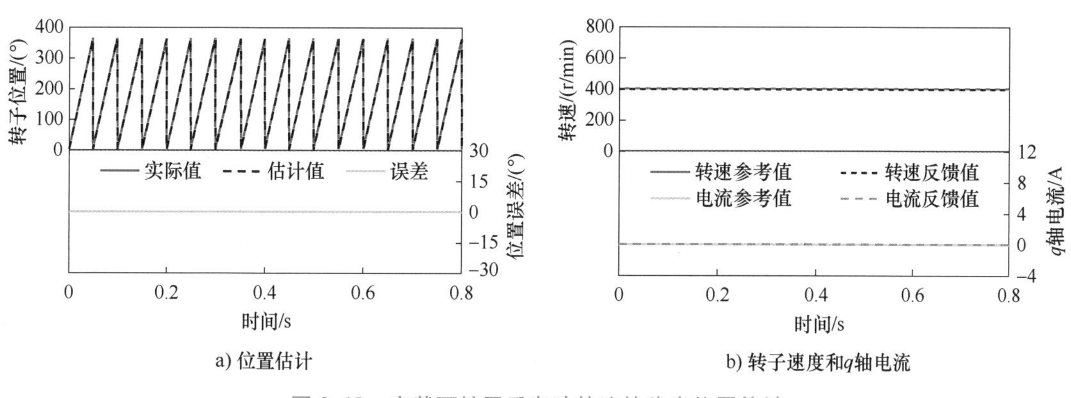

图2.19 空载下扩展反电动势法的稳态位置估计

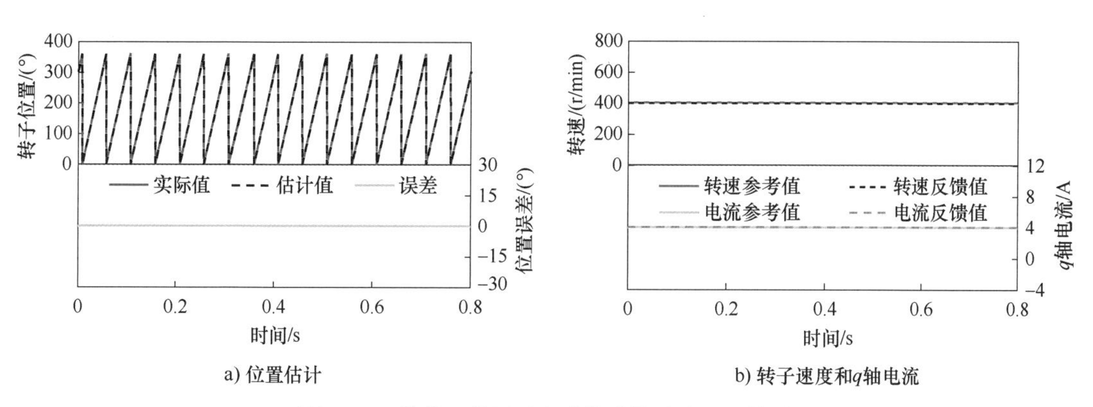

图2.20 满载下扩展反电动势法的稳态位置估计

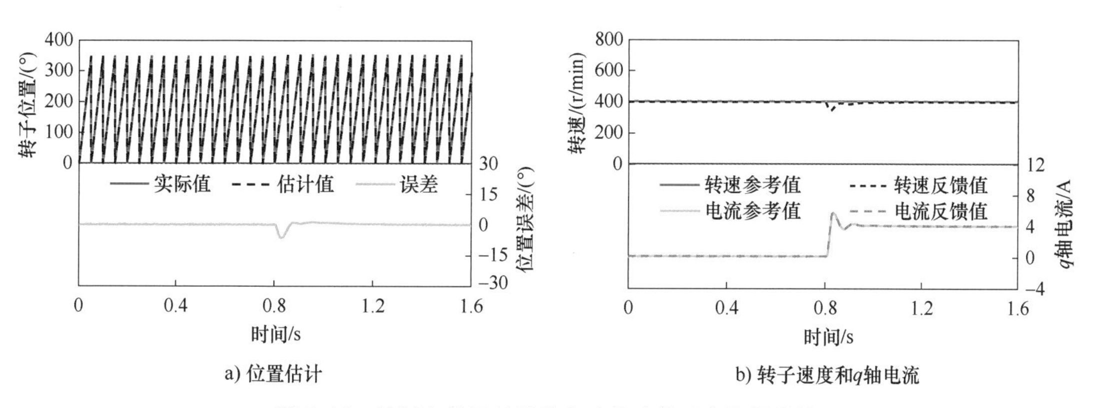

图2.21 阶跃负载下扩展反电动势法的动态位置估计

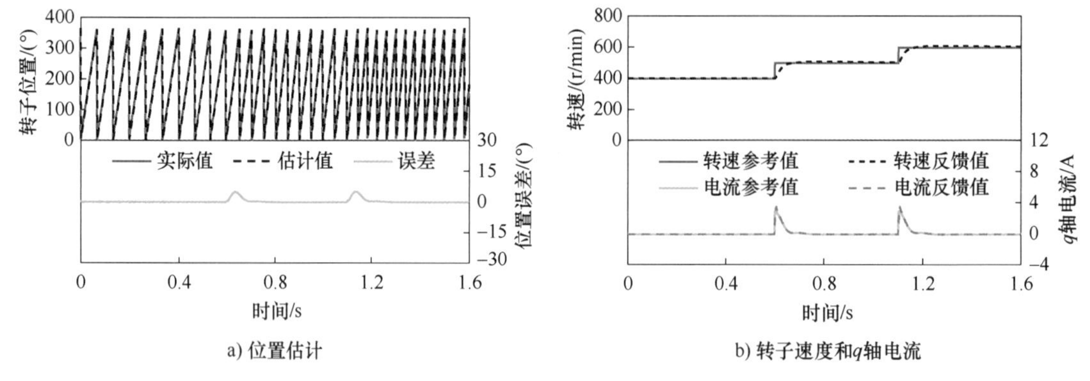

图 2.22　阶跃速度下扩展反电动势法的动态位置估计

2.3.2.2　静止坐标系

扩展反电动势方法也可以在静止坐标系中实现[7]，其数学模型表示为

$$\begin{bmatrix} v_\alpha \\ v_\beta \end{bmatrix} = \begin{bmatrix} R_s+pL_d & -\omega_r(L_q-L_d) \\ \omega_r(L_q-L_d) & R_s+pL_d \end{bmatrix} \begin{bmatrix} i_\alpha \\ i_\beta \end{bmatrix} + \begin{bmatrix} e_{ex,\alpha} \\ e_{ex,\beta} \end{bmatrix} \tag{2.20}$$

$$\begin{bmatrix} e_{ex,\alpha} \\ e_{ex,\beta} \end{bmatrix} = E_{ex} \begin{bmatrix} -\sin\theta_r \\ \cos\theta_r \end{bmatrix} \tag{2.21}$$

然后，可以通过以下方式直接计算获得转子位置为

$$\theta_r = \arctan\left(-\frac{e_{ex,\alpha}}{e_{ex,\beta}}\right) \tag{2.22}$$

另一种选择是利用锁相环（PLL）来估计转子位置，这种方法通常可以降低由反正切计算所带来的噪声问题。锁相环的详细内容将在 2.5 节中讨论。

2.4　方法比较

反电动势法和磁链法都是基于电机基波模型的位置估计方法。不论哪种方法，都可以在静止坐标系（即 $\alpha\beta$ 坐标系）和同步旋转坐标系（即 dq 坐标系）中表示。本节将对反电动势法和磁链法进行分析比较。

2.4.1　反电动势法和磁链法

在前面的章节中，介绍了基于反电动势和磁链的无位置传感器控制方法。表 2-1 将对这两类方法进行比较和总结。

与基于反电动势的方法相比，基于磁链的无位置传感器控制方法对噪声的鲁棒性更高。因为磁链法中的积分计算类似于低通滤波器，可以过滤噪声；而微分计算可能会为反电动势法引入噪声。然而，磁链法的积分计算也会引入延迟，并导致动态性能的降低。此外，由于永磁磁链与转子速度无关，使得磁链法在低速范围内的表现可能比反电动势法更好。然而，由于磁链必须通过反电动势的积分获得，因此可能对其在低速时的性能有一定的限制。

表 2-1　基于反电动势和磁链的无位置传感器控制方法比较

	反电动势法	磁链法
一般表达式	$e_x = v_x - R_s i_x - L_y \frac{\mathrm{d}i_x}{\mathrm{d}t}$	$\psi_x = \int (v_x - R_s i_x)\mathrm{d}t - L_y i_x$
速度相关性	相关	无关
计算方式	微分	积分
所需电机参数	电阻，电感	电阻，电感
对噪声的鲁棒性	低	高
动态性能	高	低

注：表中 x，y 表示对应的坐标系，即 α，β，d，q。

2.4.2　扩展反电动势法和有效磁链法

如前文所述，扩展反电动势法[7]和有效磁链法[3]类似，它们将凸极电机转化为非凸极电机，极大地简化了凸极电机的位置估计过程，并使得 PMSM 在中高速下具有统一无位置传感器理论模型。然而，这两类方法也有一些不同之处，比如有效磁链概念是指交流电机的电磁转矩公式中产生转矩的磁链[3]，而扩展反电动势概念则并没有明确的物理含义。两类方法的详细比较见表 2-2。

表 2-2　基于扩展反电动势和有效磁链的无位置传感器控制方法比较

	扩展反电动势（下标 ex）	有效磁链（下标 a）
定义	$E_{ex} = \omega_r \psi_m + (L_d - L_q)(\omega_r i_d - p i_q)$	$\psi_a = \psi_m + (L_d - L_q) i_d$
dq 坐标系电压	$\begin{bmatrix} v_d \\ v_q \end{bmatrix} = \begin{bmatrix} R_s + pL_d & -\omega_r L_q \\ \omega_r L_q & R_s + pL_d \end{bmatrix} \begin{bmatrix} i_d \\ i_q \end{bmatrix} + \begin{bmatrix} E_{ex,d} \\ E_{ex,q} \end{bmatrix}$	$\begin{bmatrix} v_d \\ v_q \end{bmatrix} = \begin{bmatrix} R_s + pL_q & -\omega_r L_q \\ \omega_r L_q & R_s + pL_q \end{bmatrix} \begin{bmatrix} i_d \\ i_q \end{bmatrix} + \begin{bmatrix} E_{a,d} \\ E_{a,q} \end{bmatrix}$
dq 坐标系反电动势	$\begin{bmatrix} E_{ex,d} \\ E_{ex,q} \end{bmatrix} = \begin{bmatrix} 0 \\ E_{ex} \end{bmatrix}$ （d 轴反电动势为 0）	$\begin{bmatrix} E_{a,d} \\ E_{a,q} \end{bmatrix} = \begin{bmatrix} (L_d - L_q) p i_d \\ \omega_r \psi_m + (L_d - L_q)\omega_r i_d \end{bmatrix}$ （d 轴反电动势不为 0）

扩展反电动势和有效磁链的主要区别在于，扩展反电动势矢量与 q 轴对齐（见图 2.23a），而基于有效磁链模型的反电动势在 d 轴上有一个额外的反电动势分量 $(L_d - L_q)pi_d$，如图 2.23b 所示。

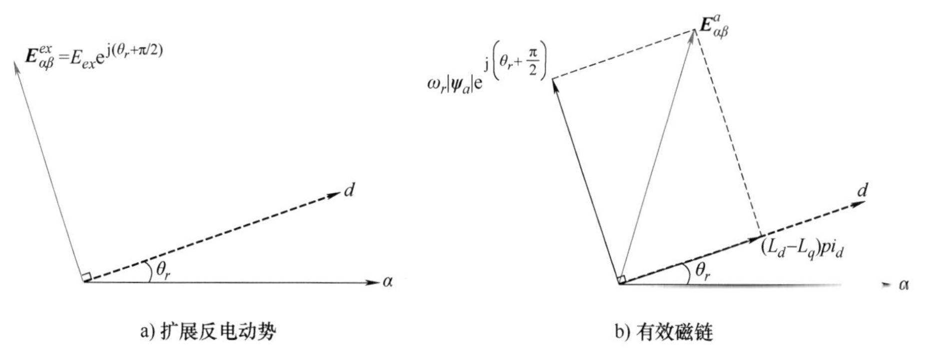

图 2.23　扩展反电动势和有效磁链法的矢量图

2.5 位置观测器

在前面的章节中，在获取反电动势和磁链之后，需要使用位置观测器来估计转子位置。在本节中，介绍了几种常用的位置估计方法。

2.5.1 反正切函数法

最简单的方法是使用反正切函数进行直接计算，表达式如下：

$$\theta_r=-\arctan\left(\frac{e_\alpha}{e_\beta}\right),\quad \theta_r=\arctan\left(\frac{\psi_{m\beta}}{\psi_{m\alpha}}\right) \tag{2.23}$$

这种方法具有快速的动态响应特性。然而由于噪声信号的存在，当反电动势或磁链穿过零点时，反正切函数计算可能会产生较大的估计误差，所以通常反正切算法需要搭配低通滤波器使用，但这也会给估计带来相位滞后的问题[8]。

2.5.2 锁相环

通常可以使用锁相环[9]（PLL）来替换式（2.23），如图 2.24 所示。静态坐标系中的反电动势和磁链信号可以作为 PLL 的输入。

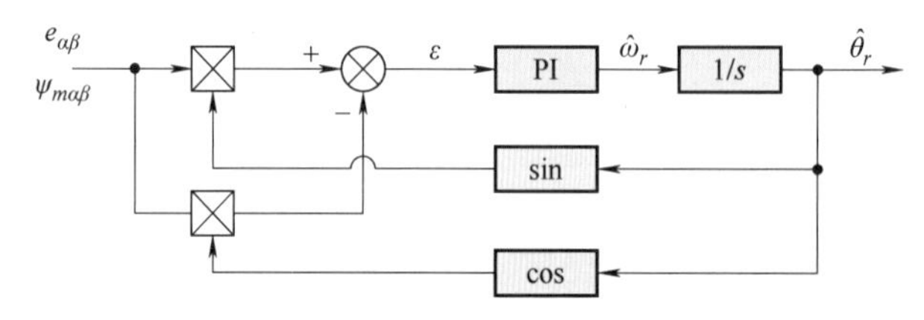

图 2.24 锁相环控制框图

基于反电动势无位置传感器控制方法为例，锁相环的输入误差 ε 可以表示为

$$\varepsilon=-e_\alpha\cos\hat{\theta}_r-e_\beta\sin\hat{\theta}_r\approx k(\theta_r-\hat{\theta}_r) \tag{2.24}$$

式中，$k=\omega_r\psi_m$。

从式（2.24）可以看出，反电动势的幅值随着转子速度变化而变化，即 $k=\omega_r\psi_m$。为了固定锁相环的极点，锁相环的误差信号 ε 应当进行归一化处理[9]，即

$$\varepsilon_n=\frac{\varepsilon}{\sqrt{e_\alpha^2+e_\beta^2}} \tag{2.25}$$

然后，估计的位置可以表示为

$$\hat{\theta}_r=\frac{1}{s}\left(K_p+\frac{K_i}{s}\right)\varepsilon_n \tag{2.26}$$

式中，K_p 和 K_i 是锁相环中 PI（比例积分）控制器的系数。

此外，锁相环的闭环传递函数可以表示为

$$H(s)=\frac{2\xi\omega_n s+\omega_n^2}{s^2+2\xi\omega_n s+\omega_n^2} \tag{2.27}$$

$$\omega_n=\sqrt{K_i},\quad \xi=\frac{K_p}{2}\sqrt{\frac{1}{K_i}} \tag{2.28}$$

式中，ω_n 是自然频率，可作为锁相环的带宽；ξ 是阻尼比[6]。

较高的阻尼比可以减小超调，但可能同时会牺牲一定的动态性能。锁相环的参数可以根据经典控制理论进行初步设计，再在实际测试中进行调整。

此外，在估算的同步旋转坐标系中进行无位置传感器控制时，估计的位置误差表示为

$$\Delta\hat{\theta}\approx-\frac{\hat{E}_d}{\hat{E}_q} \tag{2.29}$$

基于式（2.28），可以使用图 2.25 所示的锁相环位置观测器来估计转子速度和位置[6]。

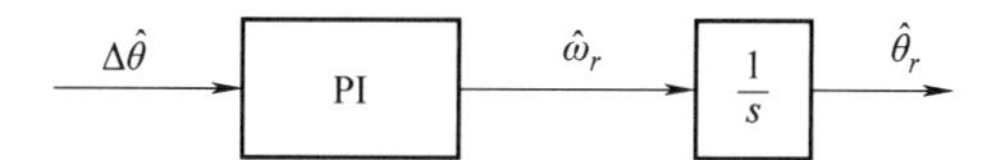

图 2.25　基于锁相环的位置观测器框图

2.5.3　简化扩展卡尔曼滤波器

在文献［10］中，提出了一种简化的扩展卡尔曼滤波器（EKF）算法，这种方法原本用于从旋转变压器的嘈杂输出中提取有效位置信息。这里将该方法扩展到无位置传感器控制领域以估计转子位置[11]。

首先，离散非线性动态系统可以表示为状态空间形式

$$\boldsymbol{x}(k+1)=f(\boldsymbol{x}(k),k)+g(u(k),k)+w(k) \tag{2.30}$$

$$y(k)=h(\boldsymbol{x}(k),k)+v(k) \tag{2.31}$$

式中，$u(k)$ 和 $y(k)$ 分别是输入和输出信号；$w(k)$ 和 $v(k)$ 分别是过程噪声和测量噪声；$\boldsymbol{x}(k)$ 是状态矢量，并可以通过扩展卡尔曼滤波器进行估计，表示为

$$\hat{x}(k+1)=f(\hat{x}(k),k)+g(u(k),k)+K_k[y(k)-h(\hat{x}(k),k)] \tag{2.32}$$

卡尔曼增益 K_k 是通过 Riccati 差分方程确定的。但是，这种方法需要相对复杂的矩阵计算，因此需要耗费大量的计算时间。在无位置传感器 PMSM 控制中，EKF 的输出变量可以选择为式（2.32）中的永磁磁链或式（2.33）中的反电动势。本节以永磁磁链为例进行进一步的推导分析。

$$\begin{bmatrix} y_1(k) \\ y_2(k) \end{bmatrix}=\begin{bmatrix} \psi_{m\beta} \\ \psi_{m\alpha} \end{bmatrix} \tag{2.33}$$

$$\begin{bmatrix} y_1(k) \\ y_2(k) \end{bmatrix}-\begin{bmatrix} e_\beta \\ e_\alpha \end{bmatrix} \tag{2.34}$$

选择状态变量为转子速度 ω_r、位置 θ_r 和噪声的双重积分 w'。由于 $\psi_{m\beta}$ 和 $\psi_{m\alpha}$ 是定子磁链矢量

位置的正弦和余弦项，为了简化模型，特别是卡尔曼增益的计算，在式（2.23）中的输出变量以归一化形式表示为

$$\begin{bmatrix} y_1(k) \\ y_2(k) \end{bmatrix} = \begin{bmatrix} \cos\theta(k) \\ \sin\theta(k) \end{bmatrix} + \begin{bmatrix} v_1(k) \\ v_2(k) \end{bmatrix} \tag{2.35}$$

因此，对于状态矢量 $\boldsymbol{x} = [\theta_r, \omega_r, w']^{\mathrm{T}}$ 和输入 $u(k) = 0$，状态空间模型式（2.29）和式（2.30）可以表示为

$$\boldsymbol{x}(k+1) = \boldsymbol{F}\boldsymbol{x}(k) + w(k) \tag{2.36}$$

$$y(k) = \boldsymbol{h}\left(\boldsymbol{x}(k)\right) + v(k) \tag{2.37}$$

$$\boldsymbol{F} = \begin{bmatrix} 1 & T_s & 0 \\ 0 & 1 & 1 \\ 0 & 0 & 1 \end{bmatrix}, \quad \boldsymbol{h}\left(\boldsymbol{x}(k)\right) = \begin{bmatrix} \cos\theta(k) \\ \sin\theta(k) \end{bmatrix} \tag{2.38}$$

式中，T_s 是采样时间。

至此，卡尔曼滤波器增益可以得到简化，表示为

$$\boldsymbol{K} = \begin{bmatrix} 0 & k_1 \\ 0 & k_2 \\ 0 & k_3 \end{bmatrix} \cdot \begin{bmatrix} \cos\hat{\theta}_r & \sin\hat{\theta}_r \\ -\sin\hat{\theta}_r & \cos\hat{\theta}_r \end{bmatrix} \tag{2.39}$$

式中，k_1、k_2 和 k_3 是调节参数，可以通过预先仿真计算得到。

从上面的内容可以得出，转子速度和位置可以通过以下方程进行估计：

$$\boldsymbol{\varepsilon}(k) = y_2(k)\cos\hat{\theta}_r(k) - y_1(k)\sin\hat{\theta}_r(k) \tag{2.40}$$

$$\hat{\theta}_r(k+1) = [\hat{\theta}_r(k) + T_s\hat{\omega}_r(k) + k_1\boldsymbol{\varepsilon}(k)] \tag{2.41}$$

$$\hat{\omega}_r(k+1) = \hat{\omega}_r(k) + w'(k) + k_2\boldsymbol{\varepsilon}(k) \tag{2.42}$$

$$w'(k+1) = w'(k) + k_3\boldsymbol{\varepsilon}(k) \tag{2.43}$$

式中，$\hat{\theta}_r$ 和 $\hat{\omega}_r$ 分别是估计的位置和速度。

图 2.26 展示了用于 PMSM 无位置传感器控制系统的简化扩展卡尔曼滤波器的框图。

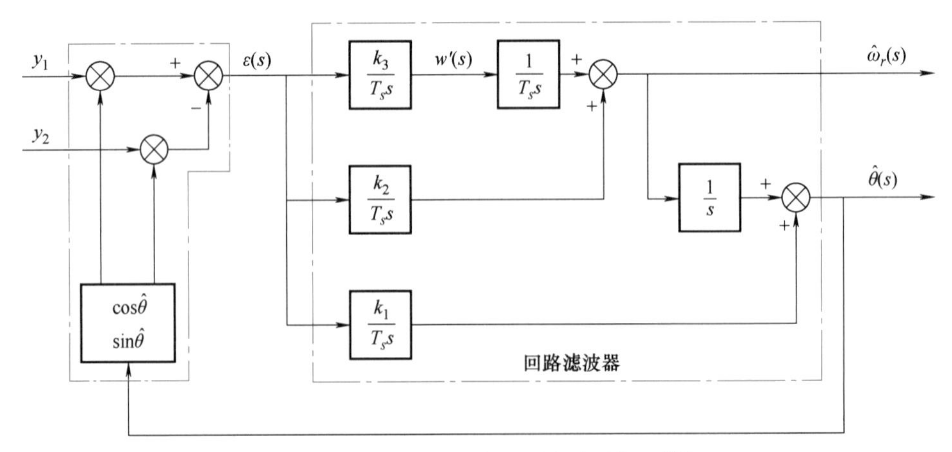

图 2.26　简化的扩展卡尔曼滤波器框图[11]

与传统的基于反正切的方法相比，简化的扩展卡尔曼滤波器在稳态位置估计性能方面更好。由于这种方法对噪声不敏感，因此其估计精度受到谐波误差的影响较小[12]。

2.5.4　仿真结果

基于样机 SPMSM-Ⅰ（参数见附录 B），针对前文介绍的不同的位置观测方法的仿真结果如图 2.27~图 2.29 所示，在仿真中，转子速度在全载下控制在 300r/min。基于理想的永

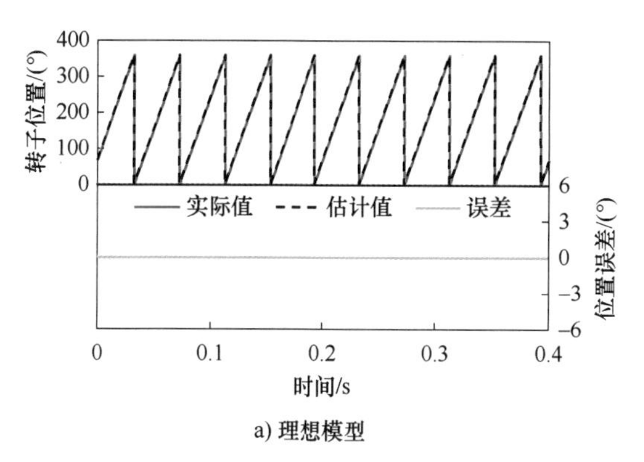

a) 理想模型

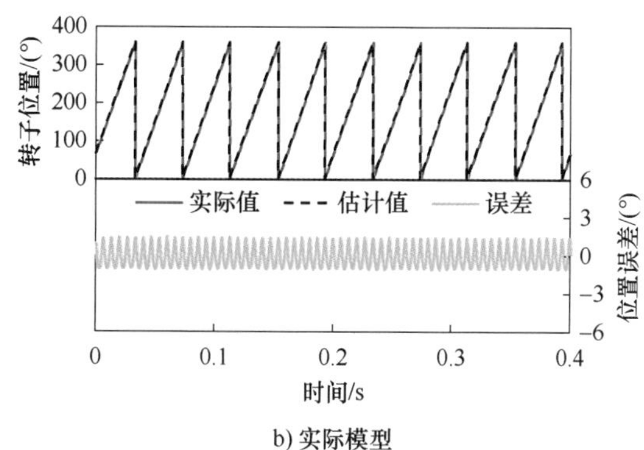

b) 实际模型

图 2.27　基于反正切方法的位置估计

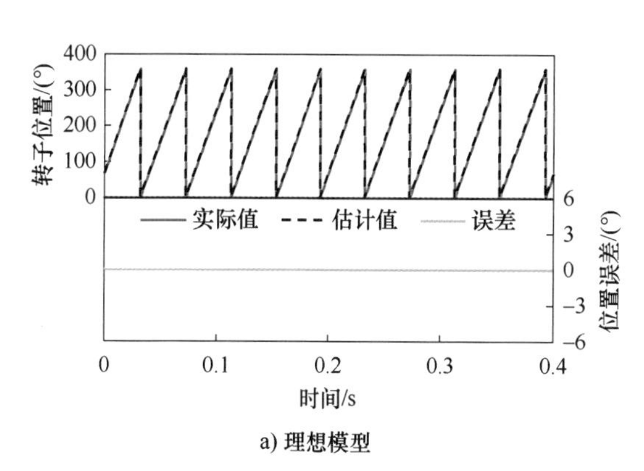

a) 理想模型

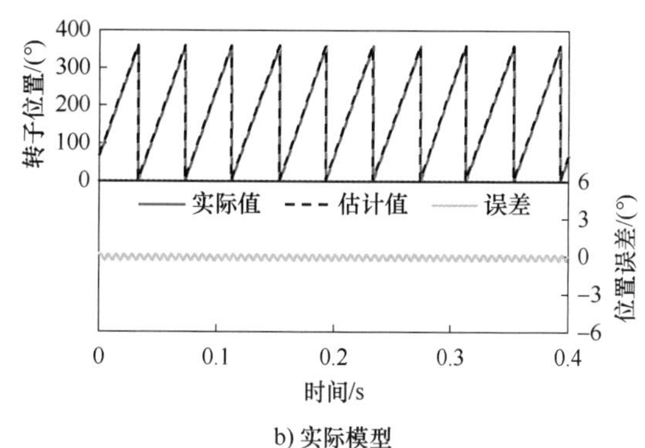

b) 实际模型

图 2.28　基于锁相环方法的位置估计

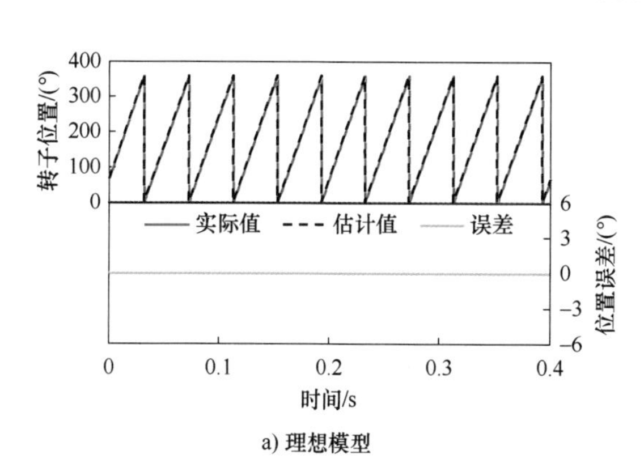

a) 理想模型

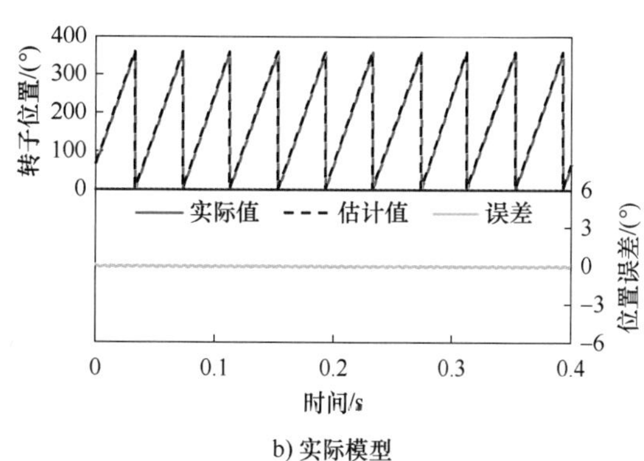

b) 实际模型

图 2.29　基于简化扩展卡尔曼滤波器方法的位置估计

磁电机模型和带有高频谐波噪声的实际永磁电机模型，仿真中分别对于三种观测方法进行对比。首先，可以看出所有方法在理想模型下都可以完美地工作。但对于实际模型的仿真情况，如图2.27所示，使用反正切方法的位置观测存在三种方法中最大的谐波误差。与2.5.2节所分析一致，锁相环可以通过调整其控制参数来实现更好的谐波抑制性能，如图2.28所示。对于图2.29所示的简化拓展卡尔曼滤波器方法，它则具有所有方法中最小的谐波误差。

2.6 总结

本章介绍了基于基波模型的无位置传感器控制方法，包括磁链法和反电动势法，并对适用于凸极和非凸极PMSM的无位置传感器控制方法都进行了介绍。此外，本章还对不同的位置观测方法进行了仿真比较。需要注意的是，本章介绍的方法大多数都基于理想条件。但在实际应用中，会出现一些非理想的情况，例如积分漂移、滤波器延迟、电感交叉饱和效应、反电动势和电流谐波、参数不匹配、参数不对称等。因此，下一章将讨论这些实际应用中常见问题及相应的解决方案。

参考文献

[1] R. Wu and G. R. Slemon, "A permanent magnet motor drive without a shaft sensor," *IEEE Trans. Ind. Appl.*, vol. 27, no. 5, pp. 1005-1011, Sep. 1991.

[2] J. Hu and B. Wu, "New integration algorithms for estimating motor flux over a wide speed range," *IEEE Trans. Power Electron.*, vol. 13, no. 5, pp. 969-977, Sep. 1998.

[3] I. Boldea, M. C. Paicu, and G. Andreescu, "Active flux concept for motion-sensorless unified ac drives," *IEEE Trans. Power Electron.*, vol. 23, no. 5, pp. 2612-2618, Sep. 2008.

[4] J. X. Shen, Z. Q. Zhu, and D. Howe, "Improved speed estimation in sensorless PM brushless ac drives," *IEEE Trans. Ind. Appl.*, vol. 38, no. 4, pp. 1072-1080, Jul. 2002.

[5] N. Matsui, "Sensorless PM brushless dc motor drives," *IEEE Trans. Ind. Electron.*, vol. 43, no. 2, pp. 300-308, Apr. 1996.

[6] S. Morimoto, K. Kawamoto, M. Sanada, and Y. Takeda, "Sensorless control strategy for salient-pole PMSM based on extended EMF in rotating reference frame," *IEEE Trans. Ind. Appl.*, vol. 38, no. 4, pp. 1054-1061, Jul. 2002.

[7] Z. Chen, M. Tomita, S. Doki, and S. Okuma, "An extended electromotive force model for sensorless control of interior permanent-magnet synchronous motors," *IEEE Trans. Ind. Electron.*, vol. 50, no. 2, pp. 288-295, Apr. 2003.

[8] H. Kim, M. C. Harke, and R. D. Lorenz, "Sensorless control of interior permanent-magnet machine drives with zero-phase lag position estimation," *IEEE Trans. Ind. Appl.*, vol. 39, no. 6, pp. 1726-1733, Nov. 2003.

[9] G. Wang, R. Yang, and D. Xu, "DSP-based control of sensorless IPMSM drives for wide-speed-range opera-

tion," *IEEE Trans. Ind. Electron.*, vol. 60, no. 2, pp. 720-727, Feb. 2013.

[10] L. Harnefors, "Speed estimation from noisy resolver signals," in *1996 6th Int. Conf. Power Electron. Variable Speed Drives* (*Conf. Publ. No. 429*), Sep. 1996, pp. 279-282.

[11] Y. Liu, Z. Q. Zhu, Y. F. Shi, and D. Howe, "Sensorless direct torque control of a permanent magnet brushless ac drive via an extended Kalman filter," in *2nd Int. Con. Power Electron.*, *Mach. Drives* (*PEMD 2004*)., vol. 1, Mar. 2004, pp. 303-307.

[12] A. H. Almarhoon and Z. Q. Zhu, "Influence of back-EMF and current harmonics on position estimation accuracy of permanent magnet synchronous machine," in *2014 17th Int. Conf. Elec. Mach. Syst.* (*ICEMS*), Oct. 2014, pp. 2728-2733.

第3章 基于基波模型的无位置传感器控制——常见问题与解决方案

3.1 引言

第2章介绍了基于基波模型无位置传感器控制的各种方法，然而第2章中所介绍的无位置传感器控制方法主要基于理想的电机模型和驱动系统。在实际应用中，通常存在一些影响基波模型无位置传感器控制方法的非理想因素。因此在本章中，将分析讨论一些常见的实际问题，并提供相应的解决方案。

永磁电机驱动中存在的一些常见问题如下：

- 积分初值和漂移问题
- 滤波器相位延迟问题
- 反电动势及电流谐波
- 交叉饱和
- 参数不匹配
- 参数不对称
- 低速位置估计

3.2 积分和滤波

第2章中介绍了基于磁链的无位置传感器控制方法。为了获得磁链，需要对估计的反电动势进行积分。然而，在实际应用中，采用纯积分的磁链估计方法存在几个需要考虑的问题，例如积分的初值和漂移问题。本节将介绍分析这些问题并提供相应的解决方案。

3.2.1 初值

纯积分的初值问题较好理解，因为只有当在正弦波信号的正峰值或负峰值开始积分时，

输出才是余弦波信号，否则将可能在输出中出现恒定的直流偏置。同时，积分器输入的瞬态变化也会引入直流偏置[1]。图 3.1 是该现象的实验结果，如图所示，如果在估计磁链中存在一个偏移量，则会导致在后续的位置估计中出现 1 倍频误差[3]。

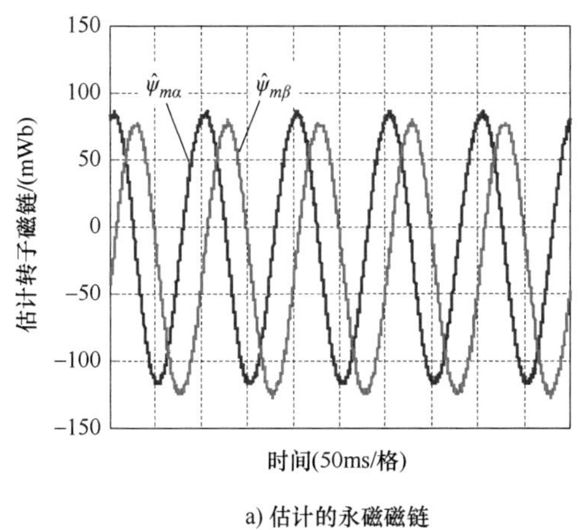

a) 估计的永磁磁链

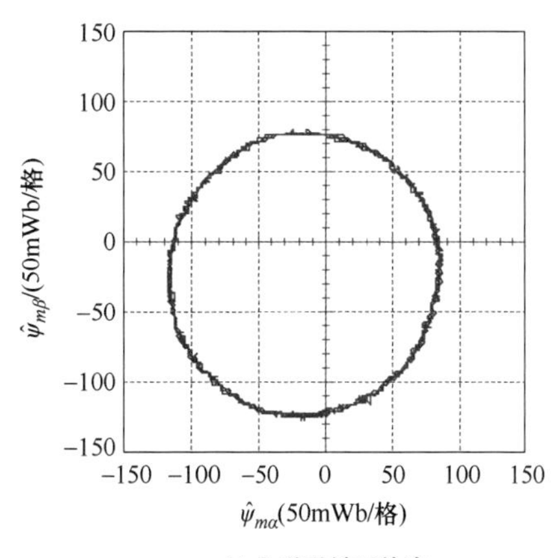

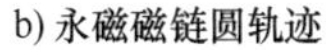

b) 永磁磁链圆轨迹

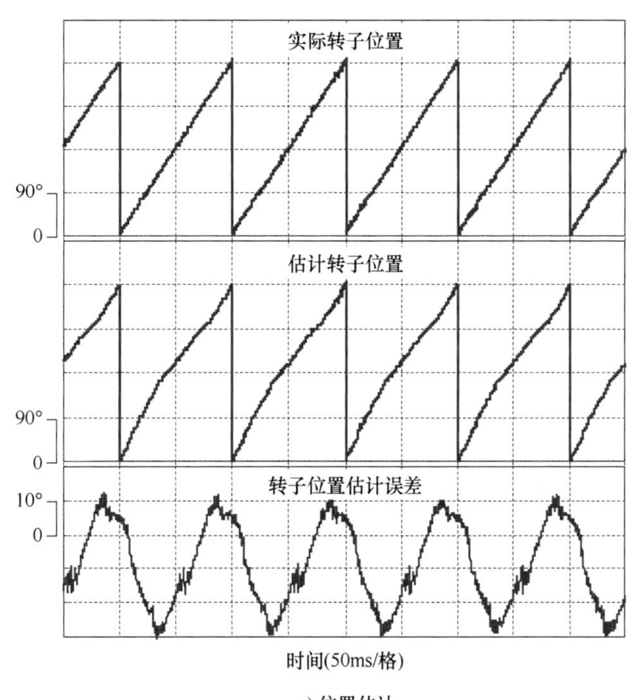

c) 位置估计

图 3.1　不考虑积分初值的磁链观测器的实验波形[2]

因此，定子磁链的计算应包括磁链初始值 $\psi_\alpha(0)$ 和 $\psi_\beta(0)$，即

$$
\begin{cases}
\psi_\alpha = \int (v_\alpha - i_\alpha R_s)\,\mathrm{d}t + \psi_\alpha(0) \\
\psi_\beta = \int (v_\beta - i_\beta R_s)\,\mathrm{d}t + \psi_\beta(0)
\end{cases}
\tag{3.1}
$$

当绕组中没有电流时，总磁链与永磁体磁链相同，则 $\psi_\alpha(0)$ 和 $\psi_\beta(0)$ 可以表示为

$$\begin{cases}\psi_\alpha(0)=\psi_{m\alpha}(0)\\ \psi_\beta(0)=\psi_{m\beta}(0)\end{cases} \tag{3.2}$$

因此，如果在磁链观测器开始工作之前将转子对准到某个位置，则 $\psi_\alpha(0)$ 和 $\psi_\beta(0)$ 是可以预先得到的。当使用正确的初值时，测量的永磁体磁链如图 3.2 所示。与图 3.1 相比，图 3.2 显而易见不再存在偏置和位置误差。

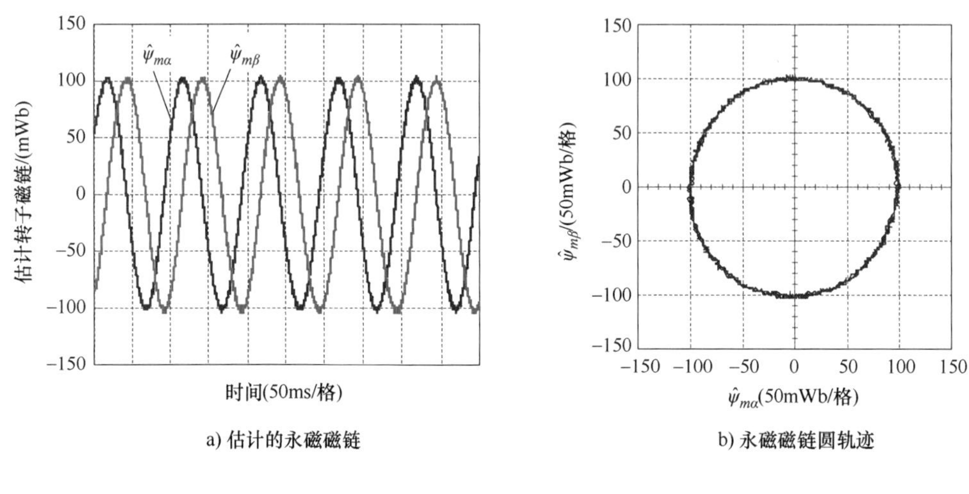

a) 估计的永磁磁链

b) 永磁磁链圆轨迹

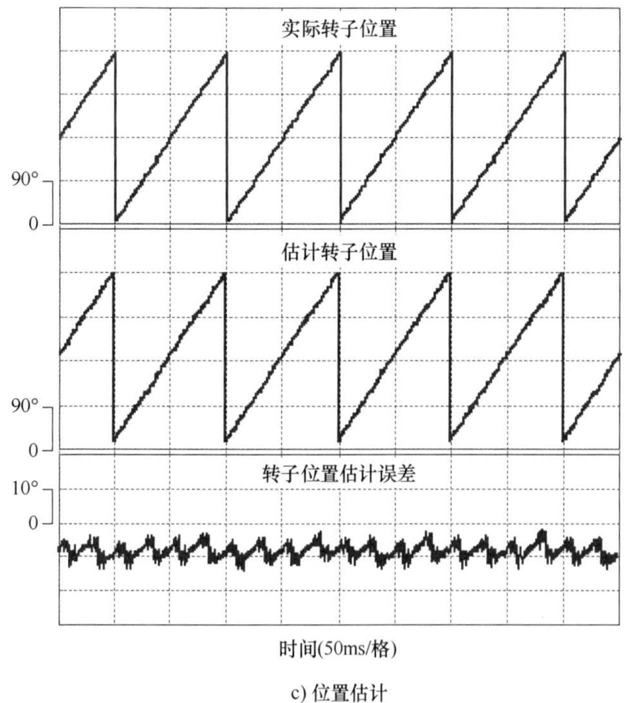

c) 位置估计

图 3.2　考虑积分初值的磁链观测器的实验波形[2]

3.2.2　漂移

观测的永磁体磁链矢量轨迹如图3.3a所示。可以看出，虽然它的轨迹几乎是圆形的，但是轨迹所处的圆心在不断地随时间漂移。这个问题的原因就是由于使用了纯积分后，电流采样值中的任何直流偏置或误差都会被纯积分不断放大，直至达到饱和[3,4]。

为了解决这些问题，文献［5］中将高通滤波器（High Pass Filter，HPF）应用于将要被积分的变量。高通滤波器的传递函数为 $s/(s+\omega_c)$，而纯积分器的传递函数为 $1/s$，因此总的传递函数变为 $1/(s+\omega_c)$，相当于将积分器替换为低通滤波器（Low Pass Filter，LPF），其中 ω_c 是截止频率。由此可得，在 s 域中，式（3.1）可以被转换为式（3.3），而在时域中则可以表示为式（3.4）。

$$\begin{cases}\psi_\alpha(s)=\dfrac{1}{s+\omega_c}(v_\alpha-i_\alpha R_s)+\psi_\alpha(0)\\[2ex]\psi_\beta(s)=\dfrac{1}{s+\omega_c}(v_\beta-i_\beta R_s)+\psi_\beta(0)\end{cases}\tag{3.3}$$

$$\begin{cases}\psi_\alpha=\int[-\omega_c\psi_\alpha+(v_\alpha-i_\alpha R_s)]\mathrm{d}t+\psi_\alpha(0)\\ \psi_\beta=\int[-\omega_c\psi_\beta+(v_\beta-i_\beta R_s)]\mathrm{d}t+\psi_\beta(0)\end{cases}\tag{3.4}$$

使用修改后的反电动势电压积分方法，测量的永磁体磁链矢量轨迹如图3.3b所示。所有轨迹都是圆形的，彼此重叠且不再存在漂移现象。在图3.3b中，呈现了三个不同时间捕获的轨迹图，第一次和第二次捕获之间的时间间隔约为20min，而第二次和第三次捕获之间的间隔约为1h。显然，实验结果证明了圆形轨迹始终保持稳定。

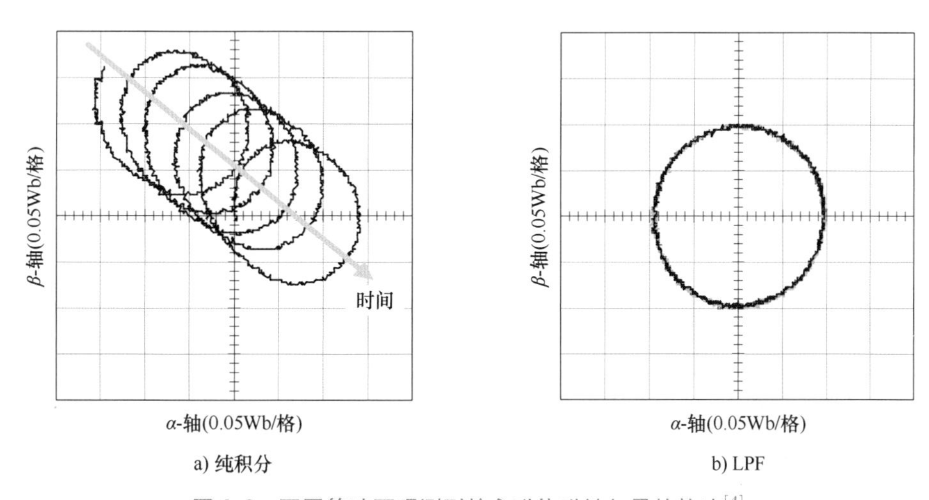

图3.3　不同策略下观测到的永磁体磁链矢量的轨迹[4]

3.2.3　延迟

尽管低通滤波器可以有效解决积分漂移问题，但在位置估计过程中会引起不可避免的相位延迟[1]。在文献［2］中，应用了带有延迟补偿的磁链观测器，改进后的磁链观测器的框图如图 3.4 所示。

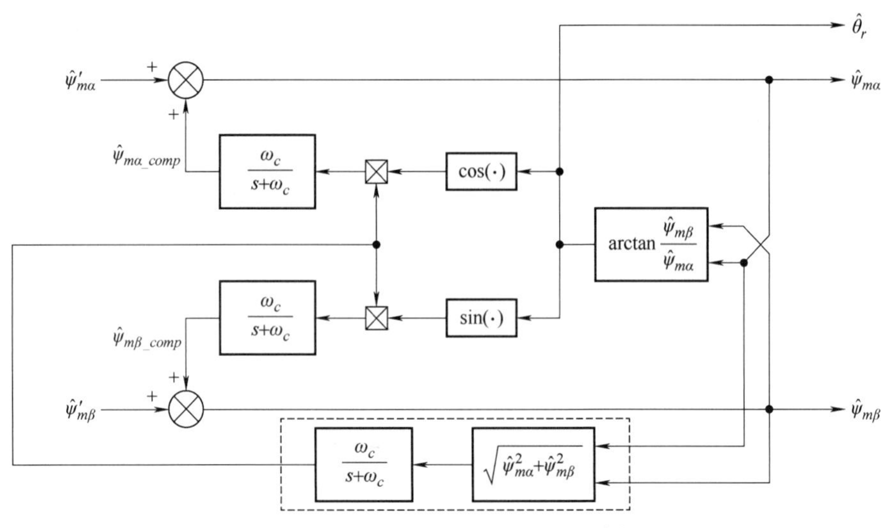

图 3.4　改进后的磁链观测器框图[2]

其中，$\hat{\psi}'_{m\alpha}$和$\hat{\psi}'_{m\beta}$是由式（3.4）中基于低通滤波器的磁链观测器的输出。通过补偿，改进后的积分方案可以实现比低通滤波器更好的性能，同时也可以避免与纯积分器相关的问题。基于样机 SPMSM-Ⅱ（参数见附录 B）进行实验验证，实验结果如图 3.5 所示，证明了带有延迟补偿的改进的磁链观测器的效果。显然，由低通滤波器延迟所引起的稳态位置估计误差可通过补偿得到有效降低。

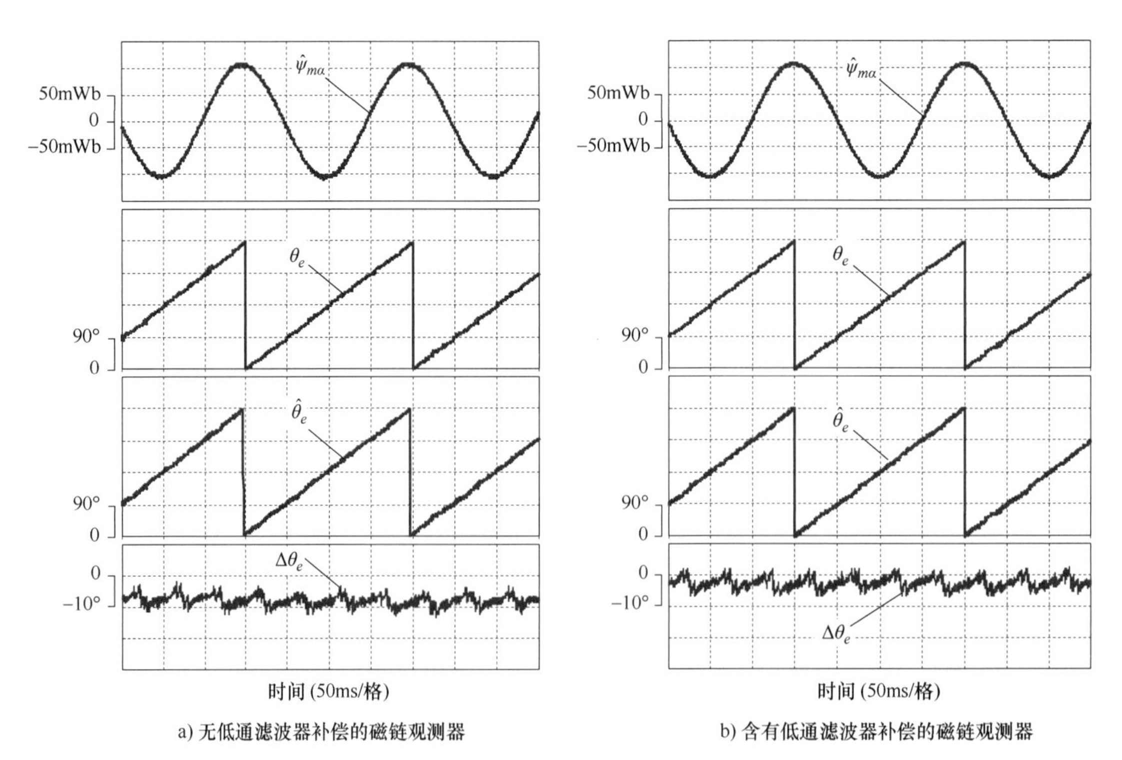

图 3.5　不同磁链观测器位置估计性能的实验测试结果[2]

3.3　反电动势及电流谐波

在无位置传感器控制系统中，通常需要考虑电压和电流谐波对位置估计精度的影响。这些谐波成分会导致转子位置估计的不准确，进而造成控制性能的显著降低。因此，在本节中，基于两种不同的无位置传感器控制方法，即带有低通滤波器的传统磁链观测器（FO）[4]和简化扩展卡尔曼滤波器的磁链观测器[6]，分析了谐波对位置估计精度的影响。同时，为了实际比较和评估反电动势谐波和电流谐波对转子位置估计精度的影响，对两种控制方法也都完成了实验测试。

3.3.1　反电动势谐波的影响

首先，基于样机 SPMSM-Ⅰ（参数见附录 B），测量的相反电动势波形和频谱如图 3.6a 和图 3.6b 所示。从频谱中可以观察到，相反电动势波形中含有显著的第 3、5 和 7 次谐波，而其中最需要关注的是第 5 和第 7 次谐波分量。

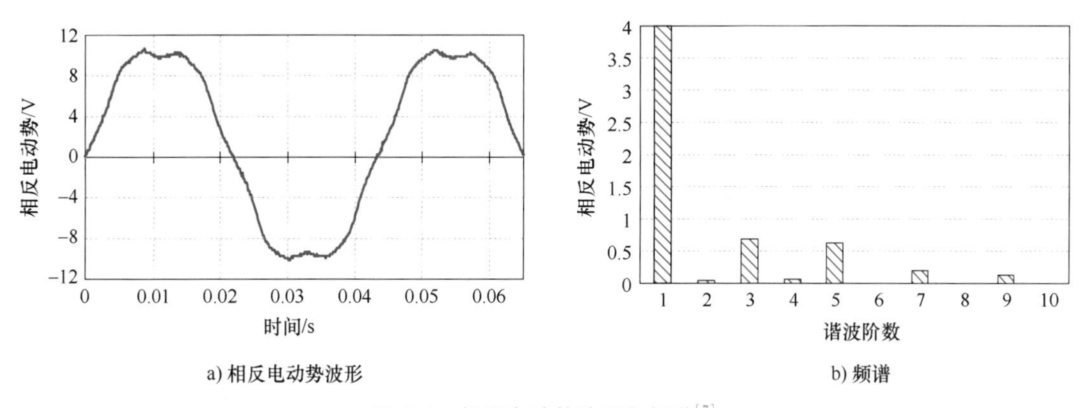

a) 相反电动势波形　　b) 频谱

图 3.6　相反电动势波形和频谱[7]

首先应用基于带有低通滤波器的传统磁链观测器的无位置传感器控制方法来评估其位置估计性能，如图 3.7a 所示，由于反电动势谐波成分的存在，位置估计误差中出现了 6 倍频波动。随后，图 3.7b 中展示了利用简化扩展卡尔曼滤波器的无位置传感器控制方法的位置估计性能。由实验结果可以看出，与带有低通滤波器的传统磁链观测器方法相比，基于简化扩展卡尔曼滤波器方案的位置估计误差波动相对较小。这是由于简化扩展卡尔曼滤波器技术方案通常对噪声的敏感程度较低，所以反电动势谐波对该方法位置估计精度的影响较小。

3.3.2　电流谐波的影响

一般来说，引起定子电流谐波（$k=6n\pm1$，其中 $n=1,3,5,\cdots$）的主要原因如下[7]：

1）电机结构：永磁体可以产生非正弦的气隙磁通密度分布，而带来气隙磁通密度谐波的因素有很多，比如磁极的形状、槽形、转子凸极性和磁饱和等。

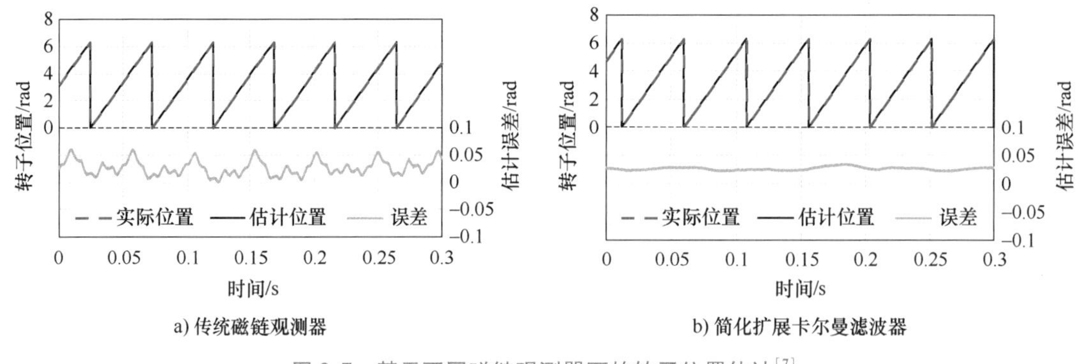

a) 传统磁链观测器　　b) 简化扩展卡尔曼滤波器

图 3.7　基于不同磁链观测器下的转子位置估计[7]

2）逆变器的非线性：电机输入电压包含阶数为 $k=6n\pm1$（其中 $n=1,3,5,\cdots$）的谐波，逆变器的非线性会引起额外的定子电流谐波（主要是静止坐标系中的第 5 和第 7 次谐波以及同步旋转坐标系中的第 6 次谐波）。

为了验证电流谐波对位置估计精度的影响，将相电流中第 5、7 次谐波分量的幅值分别增加到基波幅值的约 5%，然后向 d 轴和 q 轴参考电压中注入该谐波成分。图 3.8a 和 b 分别显示了增加谐波成分幅值前后的 A 相电流。为了评估电流谐波对位置估计精度的影响，图 3.9 显示了基于带有低通滤波器的传统磁链观测器和基于简化扩展卡尔曼滤波器的无位置

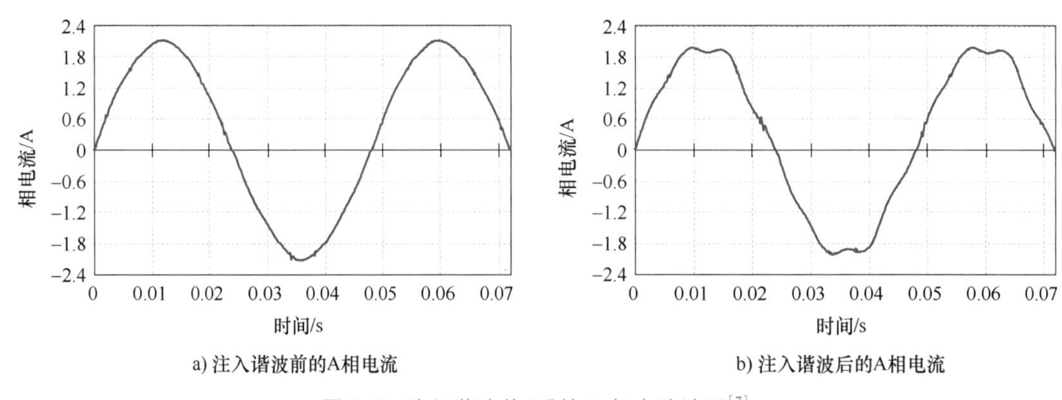

a) 注入谐波前的A相电流　　b) 注入谐波后的A相电流

图 3.8　注入谐波前/后的 A 相电流波形[7]

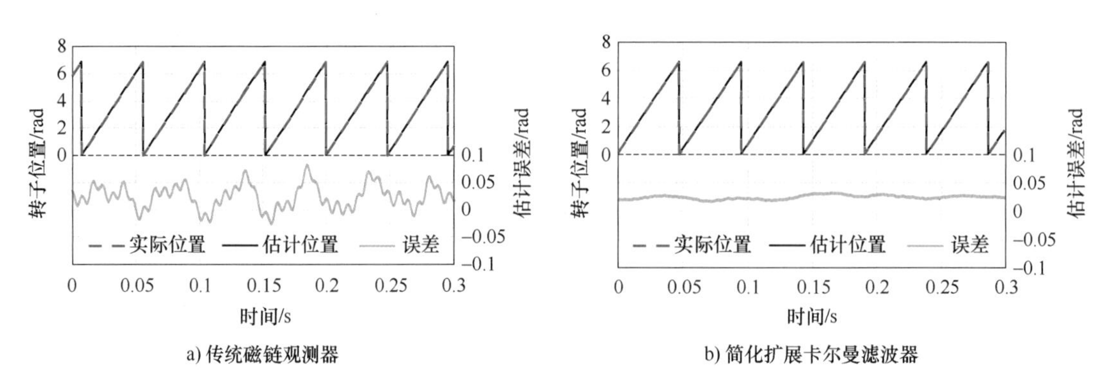

a) 传统磁链观测器　　b) 简化扩展卡尔曼滤波器

图 3.9　基于不同磁链观测器下的转子位置估计[7]

传感器控制技术的位置估计性能比较。可以看出，与带有低通滤波器的传统磁链观测器方法相比，简化扩展卡尔曼滤波器在位置估计中具有更小的谐波扰动。

3.4　交叉饱和

本节分析扩展反电动势无位置传感器控制方法中由交叉耦合磁饱和引起的位置估计误差。交叉饱和效应，即视在互感，可以从 dq 轴磁链有限元结果中预测和建模（或者直接由实测得到）。预测值可以用于电机数学模型中，以改善扩展反电动势无位置传感器控制性能。当在电机数学模型中考虑了交叉饱和和视在互感后，反电动势无位置传感器控制的性能可以得到显著改善。

3.4.1　对位置估计的影响

文献［8-10］中描述了电机负载会带来在 d 轴和 q 轴之间的交叉饱和现象。文献［9，10］证明了交叉饱和会导致在扩展反电动势无位置传感器控制方法中产生转子位置估计误差。基于样机 IPMSM-Ⅰ（参数见附录 B），在不同的 dq 轴电流条件下，通过有限元分析得到了 d 轴磁链和 q 轴磁链，如图 3.10 所示。

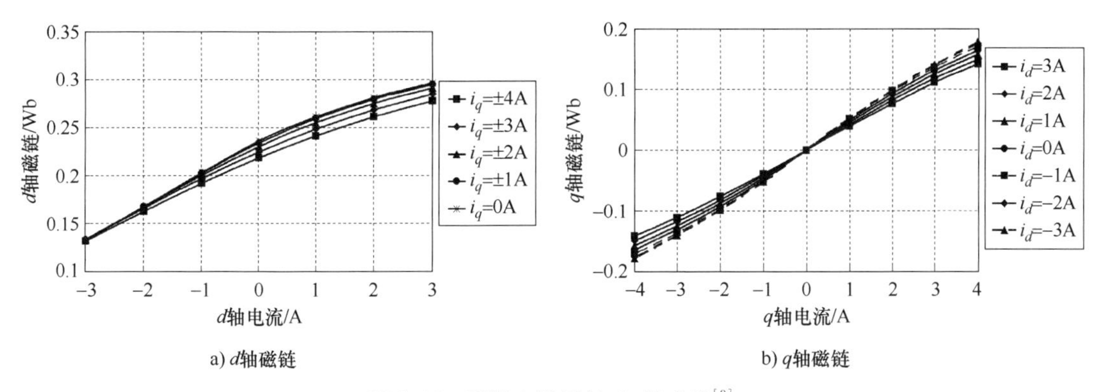

图 3.10　不同电流下的 dq 轴磁链[9]

从图 3.10 可以看出，dq 轴磁链取决于 dq 轴电流，并且可以表示为

$$\begin{cases}\psi_q(i_d,i_q)=\psi_{q0}+L_qi_q+L_{qd}i_d, & \psi_{q0}=\psi_q(0,0)=0\\ \psi_d(i_d,i_q)=\psi_{d0}+L_di_d+L_{dq}i_q, & \psi_{d0}=\psi_d(0,0)\end{cases} \tag{3.5}$$

视在自感和视在互感可以计算为

$$\begin{cases}L_d=\dfrac{\psi_d(i_d,0)-\psi_d(0,0)}{i_d}, & L_q=\dfrac{\psi_q(0,i_q)-\psi_q(0,0)}{i_q}\\ L_{dq}=\dfrac{\psi_d(i_d,i_q)-\psi_d(i_d,0)}{i_q}, & L_{qd}=\dfrac{\psi_q(i_d,i_q)-\psi_q(0,i_q)}{i_d}\end{cases} \tag{3.6}$$

接下来，可以通过有限元计算 dq 轴视在自感和视在互感，如图 3.11 所示。显然，由于磁饱

和，L_d，L_q，L_{dq}和L_{qd}都随着i_d和i_q而变化。

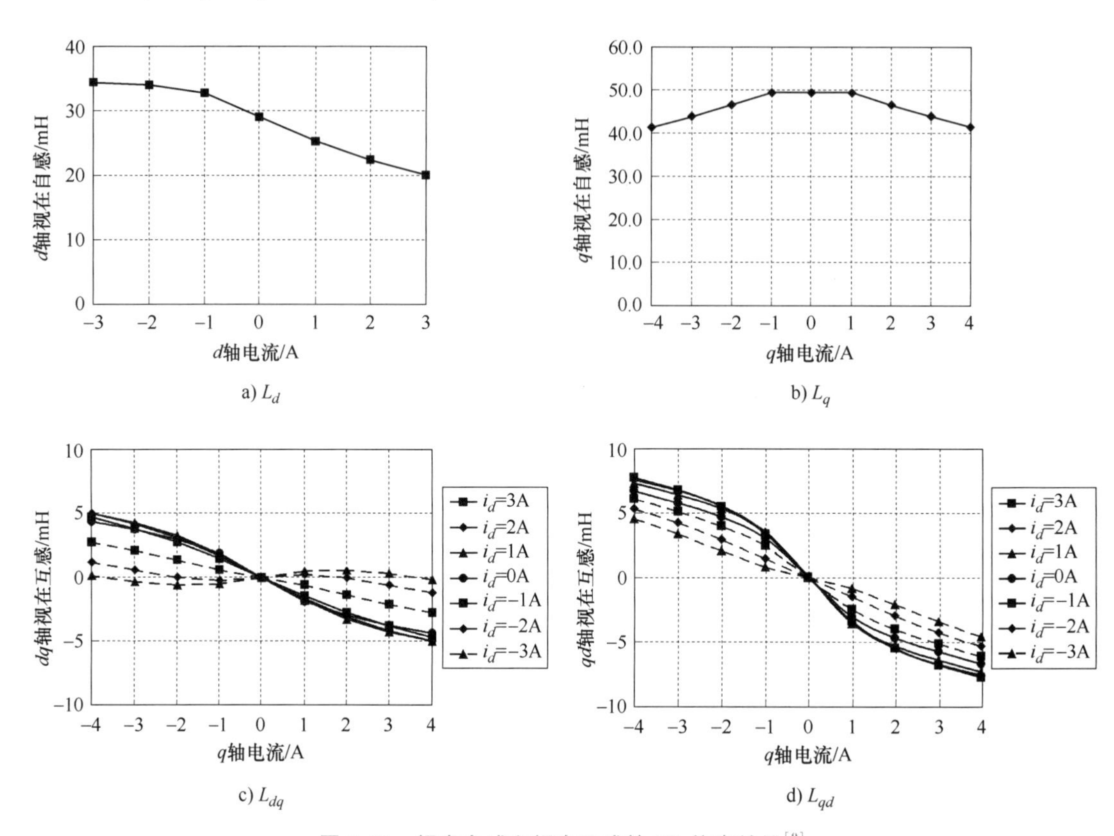

图 3.11　视在自感和视在互感的 FE 仿真结果[9]

然后，基于传统的扩展反电动势模型，由交叉饱和引起的位置估计误差可以推导为

$$\Delta\theta=\frac{\Delta L_q\hat{i}_q+L_{qd}\hat{i}_d}{(E_{ex,q}/\omega_r)} \tag{3.7}$$

可以看出，位置估计误差主要由L_q和L_{qd}导致。对于q轴电感的参数偏差，可以按文献［11］中的方法进行简单补偿

$$L_q(i_q)=L_q(0)+\frac{L_q(i_q)-L_q(0)}{i_q}|i_q| \tag{3.8}$$

其中，$L_q(i_q)$和$L_q(0)$可以从有限元仿真或实验中获得。

如果q轴电感上的磁饱和可以通过式（3.8）得到很好的补偿，则由于dq轴交叉耦合引起的位置误差可以由下式给出[9]：

$$\Delta\theta=\frac{L_{qd}\hat{i}_d}{(E_{ex,q}/\omega_r)} \tag{3.9}$$

由以上分析可知，对于传统的扩展反电动势无位置传感器控制方法，如果没有考虑交叉耦合电感，就会在位置估计中出现误差。因此，下一节介绍了考虑交叉饱和后的扩展反电动势无位置传感器控制方法[9]。

3.4.2　考虑交叉饱和的无位置传感器控制

当需要考虑互感 L_{dq} 和 L_{qd} 时，首先将互感考虑到电机数学模型中，以改进扩展反电动势无位置传感器控制方法[9]，如下所示：

$$\begin{bmatrix} v_d \\ v_q \end{bmatrix} = \begin{bmatrix} R_s+pL_d-\omega_r L_{qd} & -\omega_r L_q+pL_{dq} \\ \omega_r L_d+pL_{qd} & R_s+pL_q+\omega_r L_{dq} \end{bmatrix} \begin{bmatrix} i_d \\ i_q \end{bmatrix} + \begin{bmatrix} 0 \\ \omega_r \psi_m \end{bmatrix} \tag{3.10}$$

与传统的扩展反电动势无位置传感器控制方法类似，上式的电抗矩阵首先需要被转换为对称矩阵

$$\begin{cases} \begin{bmatrix} v_d \\ v_q \end{bmatrix} = \begin{bmatrix} R_s+pL_d-\omega_r L_{qd} & -\omega_r L_q+pL_{dq} \\ \omega_r L_q-pL_{dq} & R_s+pL_d+\omega_r L_{qd} \end{bmatrix} \begin{bmatrix} i_d \\ i_q \end{bmatrix} + \begin{bmatrix} 0 \\ E_{ex\_imp} \end{bmatrix} \\ E_{ex\_imp} = \omega_r \psi_m + (\omega_r L_d - \omega_r L_q + pL_{qd} + pL_{dq}) i_d + (pL_q - pL_d + \omega_r L_{dq} + \omega_r L_{qd}) i_q \end{cases} \tag{3.11}$$

电压方程式（3.11）是基于实际转子位置的，在无位置传感器控制方法中，它需要被变换到估计的同步旋转坐标系，如下所示：

$$\begin{bmatrix} \hat{v}_d \\ \hat{v}_q \end{bmatrix} = \begin{bmatrix} R_s+pL_d-\hat{\omega}_r L_{qd} & -\hat{\omega}_r L_q+pL_{dq} \\ \hat{\omega}_r L_q-pL_{dq} & R_s+pL_d-\hat{\omega}_r L_{qd} \end{bmatrix} \begin{bmatrix} \hat{i}_d \\ \hat{i}_q \end{bmatrix} + E_{ex\_imp} \begin{bmatrix} -\sin(\Delta\theta) \\ \cos(\Delta\theta) \end{bmatrix} + (\hat{\omega}_r - \omega_r) \begin{bmatrix} L_q \hat{i}_q + L_{qd} \hat{i}_d \\ -L_q \hat{i}_d + L_{qd} \hat{i}_q \end{bmatrix} \tag{3.12}$$

在式（3.12）中，由于互感通常远小于自感，并且电流微分项在稳态或低加速运行中通常远小于电流值。因此，可在式（3.12）中忽略 pL_{dq} 项。另外，由于估计的速度误差（$\hat{\omega}_r-\omega_r$）与估计的位置误差相比，可以更快速地校正，因此该项也可以忽略。所以，估计的转子位置坐标系中的电压方程可以被简化为

$$\begin{bmatrix} \hat{v}_d \\ \hat{v}_q \end{bmatrix} = \begin{bmatrix} R_s+pL_d-\hat{\omega}_r L_{qd} & -\hat{\omega}_r L_q \\ \hat{\omega}_r L_q & R_s+pL_d-\hat{\omega}_r L_{qd} \end{bmatrix} \begin{bmatrix} \hat{i}_d \\ \hat{i}_q \end{bmatrix} + E_{ex\_imp} \begin{bmatrix} -\sin(\Delta\theta) \\ \cos(\Delta\theta) \end{bmatrix} \tag{3.13}$$

根据上述简化的电压方程，可以计算出估计转子位置的误差，如下所示：

$$\begin{cases} \hat{E}_{ex\_imp\_d} = \hat{v}_d - (R_s+pL_d-\hat{\omega}_r L_{qd}) \hat{i}_d + \hat{\omega}_r L_q \hat{i}_q \\ \hat{E}_{ex\_imp\_q} = \hat{v}_q - (R_s+pL_d-\hat{\omega}_r L_{qd}) \hat{i}_q - \hat{\omega}_r L_q \hat{i}_d \end{cases}$$

$$\Delta\hat{\theta} \approx (-\hat{E}_{ex\_imp\_d}/\hat{E}_{ex\_imp\_q}) \tag{3.14}$$

然后，可以使用 $\Delta\hat{\theta}$ 的值来校正估计的转子位置和速度。与第2章中的传统扩展反电动势无位置传感器控制方法相比，式（3.14）考虑了交叉饱和效应的影响，进而提高了估计精度。

L_{qd}的值可以通过测量获得或者有限元软件仿真得到。由于 L_{qd}随 i_d 和 i_q 的变化可能是一个复杂的函数，在低成本应用中难以实现，因此可以使用一个简单的近似函数 L_{qds}来表示 L_{qd} 随 i_d 和 i_q 的变化，即

$$L_{qds} = \begin{cases} 0, & \hat{i}_d \leqslant 0 \\ k_c \hat{i}_q, & \hat{i}_d > 0 \end{cases} \tag{3.15}$$

式中，k_c 是补偿因子。

另外，由于忽略 dq 轴交叉饱和效应而导致的估计转子位置误差也可以通过间接补偿来解决。首先假设 L_{qd} 为零，然后根据测量误差来补偿所得到的转子位置误差。为简化起见，可以近似为

$$\theta_c=\begin{cases}0, & \hat{i}_d\leqslant 0\\ k_r\hat{i}_d\hat{i}_q, & \hat{i}_d>0\end{cases}\tag{3.16}$$

式中，θ_c 是转子位置补偿的值；k_r 是补偿因子。

在这种情况下，则不需要关于 L_{qd} 的信息。

基于样机 IPMSM-Ⅰ（参数见附录 B），本节比较了传统和改进的扩展反电动势无位置传感器控制方法的性能。对于传统方法，电感给定为 $L_q=43\text{mH}$ 和 $L_{qd}=0\text{mH}$。然后，针对传统方法同时测试了考虑 q 轴电感变化的工况，其中 $L_q=(51-2|i_q|)\text{mH}$，$L_{qd}=0\text{mH}$。对于改进方法，比较了两种补偿方案。首先是在模型中考虑交叉耦合电感的改进方案，根据式（3.15）对交叉耦合电感进行补偿，其中 $k_c=-0.002$。然后是基于位置误差补偿的改进方案，其中 $k_r\approx 0.9$。

结果如图 3.12 所示。当将 q 轴视在电感 L_q 视为常数且在模型中忽略 L_{qd} 时，图 3.12a 中的最大估计误差较大，如在 $i_q=4\text{A}$ 时为 16.6°。当考虑 L_q 中的磁饱和效应时，图 3.12b 中的转子位置估计精度略有改善，在 $i_q=4\text{A}$ 时为 15.5°。通过考虑 L_{qd}，图 3.12c 中估计的转子位置的最大误差显著降低至 6.2°。仍然存在的位置误差通常是由于有限元预测的 dq 轴电感的

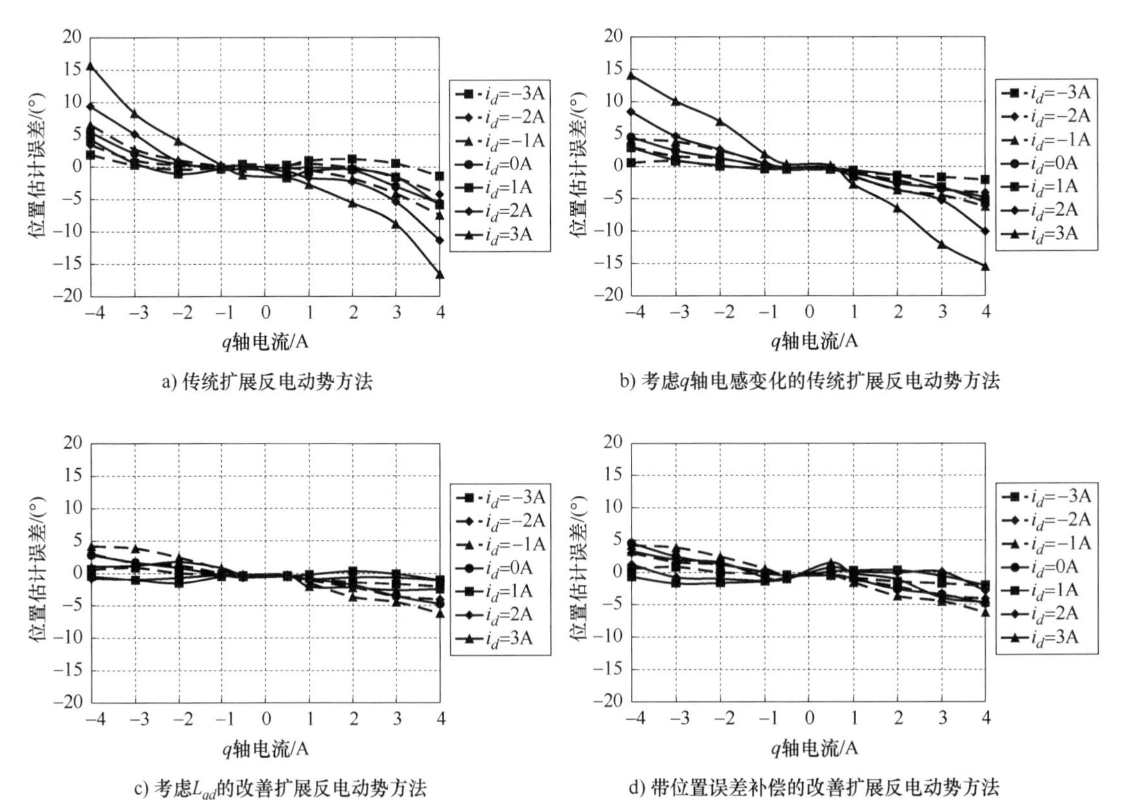

a) 传统扩展反电动势方法

b) 考虑 q 轴电感变化的传统扩展反电动势方法

c) 考虑 L_{qd} 的改善扩展反电动势方法

d) 带位置误差补偿的改善扩展反电动势方法

图 3.12　基于扩展反电动势无位置传感器控制方法的估计位置误差[9]

不准确，以及 R_s、L_q 和 L_{qd} 的近似所致。对于图 3.12d 中显示的基于位置误差补偿的改进方案，误差结果与图 3.12c 基本相同。

3.5　参数不匹配

在实际应用中，获取电机的准确参数值通常是十分具有挑战性的，因为实际电机参数会随着温度、饱和效应、负载条件等变化而变化。对于传统的基于基波模型的无位置传感器控制方法，通常在反电动势或磁链观测器中只使用电机参数的标称值。因此，当实际参数变化时，会导致参数不匹配的问题，即观测器中设置的电机参数与实际的电机参数不匹配，这不仅会导致位置估计误差，还可能会降低位置观测器和整个控制系统的性能[12]。

在本节中，将基于扩展反电动势方法研究参数不匹配对转子位置估计的影响。更具体地说，这些参数包括相电阻、d 轴电感和 q 轴电感。交叉耦合电感 L_{qd} 补偿在前面的部分已经讨论过，因此这里不再赘述。参数标称值（$\widetilde{R}_s$，$\widetilde{L}_d$，$\widetilde{L}_q$）和实际值（R_s，L_d，L_q）之间的关系定义为

$$\begin{cases} R_s = \widetilde{R}_s + \Delta R_s \\ L_d = \widetilde{L}_d + \Delta L_d \\ L_q = \widetilde{L}_q + \Delta L_q \end{cases} \tag{3.17}$$

其中，参数标称值指的是位置观测器中使用的参数，带有“Δ”的参数表示偏差。值得一提的是，这里不需要考虑永磁体磁链 ψ_m，因为当应用基于扩展反电动势的无位置传感器控制方法时，不需要使用该参数[12]。

3.5.1　对位置估计的影响

在本节中，将分析由于参数不匹配引起的位置估计误差。首先，分析基于第 2 章中介绍的扩展反电动势无位置传感器控制方法，该方法估计的位置误差可以得到如下：

$$\Delta\hat{\theta} = -\frac{\hat{E}_{ex,d}}{\hat{E}_{ex,q}} = \frac{\hat{v}_d - R_s\hat{i}_d - pL_d\hat{i}_d + \omega_r L_q \hat{i}_q}{\hat{v}_q - R_s\hat{i}_q - pL_d\hat{i}_q - \omega_r L_q \hat{i}_d} \tag{3.18}$$

考虑到在稳态或低加速度运行中，电流通常较稳定，因此 pL_d 可以忽略，式（3.18）可以简化为

$$\Delta\hat{\theta} = \frac{\hat{v}_d - R_s\hat{i}_d + \omega_r L_q \hat{i}_q}{\hat{v}_q - R_s\hat{i}_q - \omega_r L_q \hat{i}_d} \tag{3.19}$$

将式（3.17）代入式（3.19）中，可以得到由于参数不匹配导致的位置估计误差为

$$\begin{cases} \Delta\theta_{\Delta R_s} = \arctan\left(\dfrac{\Delta R_s \hat{i}_d}{E_{ex} + \Delta R_s \hat{i}_q}\right) \\ \Delta\theta_{\Delta L_d} = 0 \\ \Delta\theta_{\Delta L_q} = \arctan\left(\dfrac{-\Delta L_q \hat{i}_q}{E_{ex}/\hat{\omega}_r + \Delta L_q \hat{i}_d}\right) \end{cases} \tag{3.20}$$

式中，$\Delta\theta_{\Delta R_s}$，$\Delta\theta_{\Delta L_d}$和$\Delta\theta_{\Delta L_q}$分别表示相电阻、$d$轴电感和$q$轴电感不匹配引起的位置估计误差。

从式（3.20）中可以发现，只有当R_s和L_q存在不匹配时，才会导致稳态转子位置估计误差（直流偏置），而L_d不匹配则不会带来稳态位置误差。同时，这些位置误差也与电流和速度工况有关。

图3.13显示了基于样机SPMSM-Ⅲ（参数见附录B）由ΔR_s、ΔL_q和ΔL_d引起的转子位置误差的实验结果。电机控制在20r/min，且当一个轴的电流变化时，另一个轴的电流被控制为零。对于电阻不匹配，如图3.13a所示，在给定的I_d值下，误差与ΔR_s成正比，而在图3.13b中，观察到ΔR_s几乎没有由于不同I_q值变化而引入任何位置误差。然后，对于q轴电感不匹配，如图3.13c所示，在给定的I_q值下，误差与ΔL_q成正比；而在图3.13d中，当L_q不匹配时，不同的I_d对位置估计精度几乎没有影响。

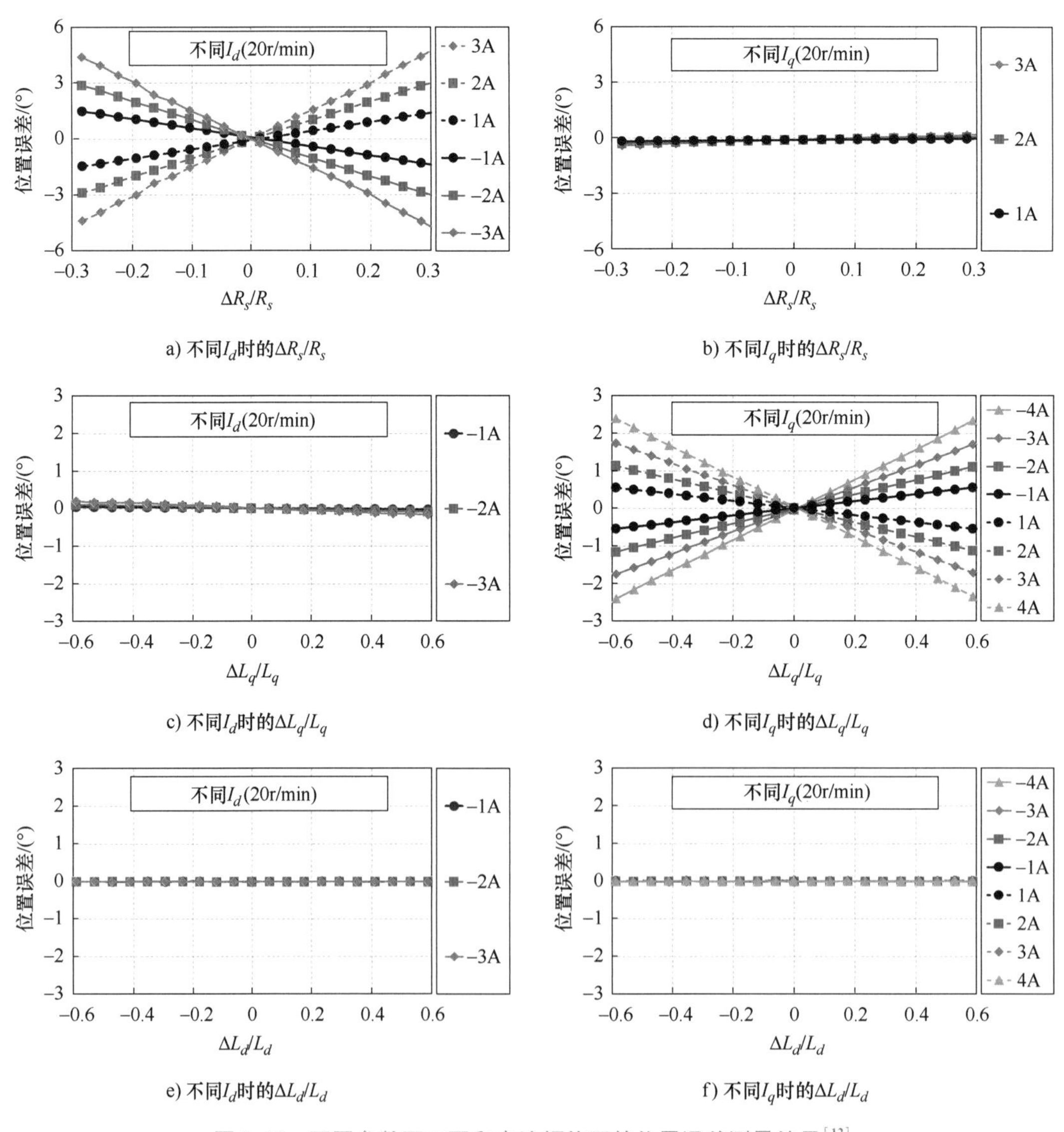

a) 不同I_d时的$\Delta R_s/R_s$　　b) 不同I_q时的$\Delta R_s/R_s$

c) 不同I_d时的$\Delta L_q/L_q$　　d) 不同I_q时的$\Delta L_q/L_q$

e) 不同I_d时的$\Delta L_d/L_d$　　f) 不同I_q时的$\Delta L_d/L_d$

图3.13　不同参数不匹配和电流幅值下的位置误差测量结果[12]

从另一个角度来看，对于给定的 ΔR_s（或 ΔL_q），误差与 d 轴（或 q 轴）电流成正比。然而，如果没有参数不匹配，则 dq 轴电流幅值的变化对于位置误差几乎没有影响。此外，由图 3.13e 和 f 可以发现，ΔL_d 不影响位置估计。基于拓展反电动势无位置传感器控制方案，结合式（3.20），可以将这些特征归结为一种位置误差机制：R_s 和 L_q 的参数不匹配会带来转子位置估计误差，而此误差的大小可根据 I_d 的变化而变化（对于 ΔR_s），也可根据 I_q 的变化而变化（对于 ΔL_q）。此外，ΔR_s 带来的影响几乎不与 I_q 的变化所耦合，而 ΔL_q 带来的影响也几乎不与 I_d 的变化所耦合。

另一方面，从式（3.20）和图 3.14a 中可以看出，由 ΔR_s 引起的位置误差随着速度的增加而减小，而从式（3.20）和图 3.14b 中则得到，由 ΔL_q 引起的误差与速度变化无关。当然，如果没有参数不匹配，位置误差为零，此时速度不会对位置误差产生影响。

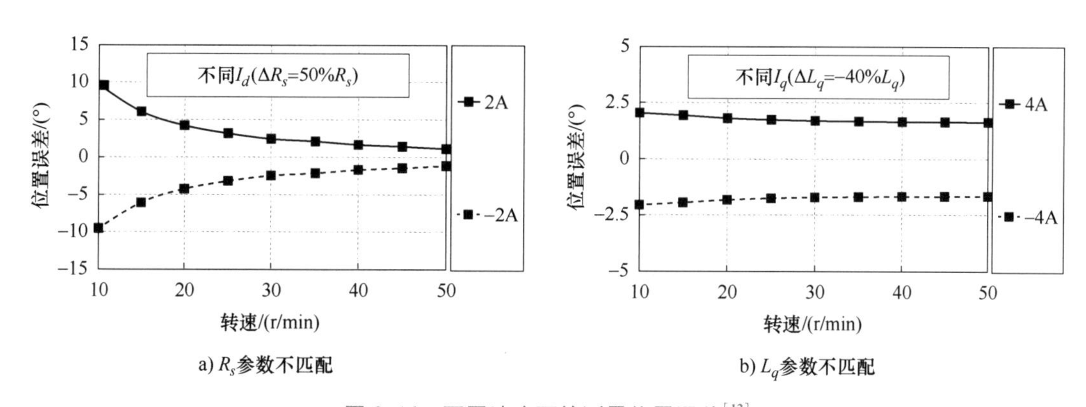

a) R_s参数不匹配　　b) L_q参数不匹配

图 3.14　不同速度下的测量位置误差[12]

此外，可以通过在 dq 轴上施加电流脉冲来测试位置估计的动态性能。图 3.15a、b 和 c 分别是在考虑 L_d、R_s 和 L_q 不匹配情况下，q 轴电流脉冲（空载到半载）引起的位置误差结果。可以看出，在 I_q 脉冲下，位置估计性能对 L_q 不匹配更为敏感。在图 3.15c 中，准确的 L_q 可以使电流突变对位置估计动态性能的影响最小。在图 3.15d 中，当使用 d 轴电流脉冲测试动态性能时，发现当使用准确的 R_s 时，可以使电流突变对位置估计动态性能的影响最小。因此，参数准确性既对稳态下的位置估计很重要，也对瞬态下的位置估计同样重要。

3.5.2　参数不匹配下的位置校正方法

由以上分析可知，相电阻和 q 轴电感的不匹配会导致位置估计误差，该误差通常可以表示为

$$\Delta\theta_{par}=\Delta\theta_{\Delta L_q}+\Delta\theta_{\Delta R_s}\approx K_{\Delta L_q}\hat{i}_q+K_{\Delta R_s}\hat{i}_d \tag{3.21}$$

式中，$K_{\Delta R_s}$和 $K_{\Delta L_q}$是参数不匹配系数，被定义为

$$K_{\Delta R_s}=\frac{\Delta R_s}{E_{ex}+\Delta R_s\hat{i}_q},\quad K_{\Delta L_q}=-\frac{\Delta L_q}{E_{ex}/\hat{\omega}_r+\Delta L_q\hat{i}_d} \tag{3.22}$$

式（3.21）中的位置误差由两部分组成，其中一部分与 ΔR_s 相关，而另一部分与 ΔL_q

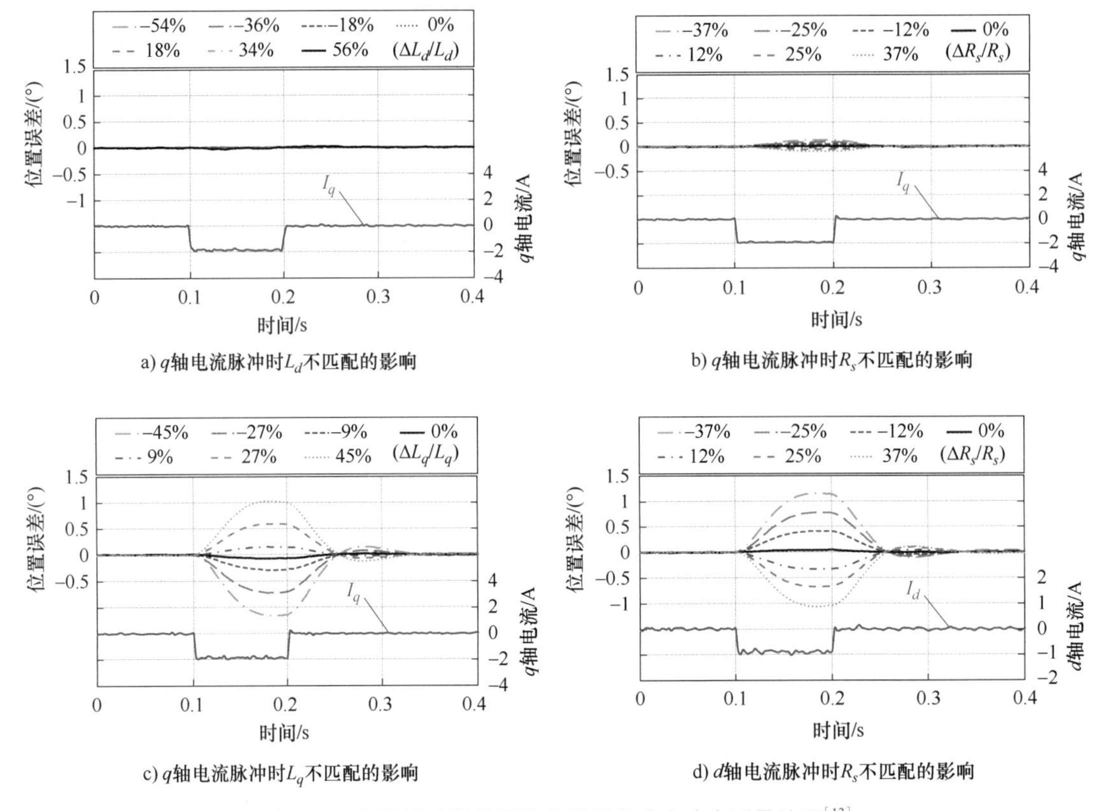

图 3.15 电流脉冲激励下的位置误差动态响应测量结果[12]

相关。所以，如果可以独立地校正每个不匹配参数，就可以消除由参数不匹配带来的位置误差。处理参数不匹配问题时，传统方法是通过参数辨识技术来获得准确的参数。但在这类方法中，所有的电机参数都需要基于 PMSM 的数学模型进行辨识，这可能会导致错误收敛和欠秩问题[13]。然而，如果利用之前分析的参数不匹配与位置误差相关机理（见式（3.22）），则可以发现只有两个电机参数与位置误差有关，并且它们可以相对独立地进行校正。所以在本节中，基于该原理，介绍了一种位置误差校正方法[12]。

根据式（3.22）可以看出，如果没有参数不匹配，则位置误差将不会对电流的变化做出响应，而当参数不匹配情况存在时，位置误差将与电流变化趋势相同。因此，如果将频率为 ω_{ac}、幅值为 A_{ac} 的正弦电流信号（见式（3.23））叠加到 d 或 q 轴电流指令上，位置误差也应该以与叠加电流信号相同的频率变化，除非参数不匹配情况不存在。

$$i_{ac}^{*}=A_{ac}\sin\omega_{ac}t \tag{3.23}$$

3.5.2.1 针对 q 轴电感不匹配的 q 轴注入法

通过将正弦电流信号叠加到 q 轴电流指令 i_q^* 上，可以对 L_q 进行校正，此时估计的 q 轴电流可以表示为

$$\hat{i}_q=\hat{i}_{q,dc}+\hat{i}_{q,ac} \tag{3.24}$$

式中，下标“dc”或“ac”分别表示直流或交流分量；$\hat{i}_{q,ac}$ 定义为交流电流注入后，相应的

q 轴交流电流分量。

通过电流闭环控制，其频率与电流指令保持一致。因此，在注入额外正弦电流信号时，式（3.21）可以重写为式（3.25）

$$\begin{aligned}\Delta\theta_{\Delta L_q,ac} &\approx K_{\Delta L_q}(\hat{i}_{q,dc}+\hat{i}_{q,ac})+\frac{\Delta R_s}{E_{ex}+\Delta R_s(\hat{i}_{q,dc}+\hat{i}_{q,ac})}\hat{i}_{d,dc}\\ &=K_{\Delta L_q}\hat{i}_{q,dc}+K_{\Delta L_q}\hat{i}_{q,ac}+K_{\Delta R_s}\hat{i}_{d,dc}+K_{\Delta R_s,ac}\hat{i}_{d,dc}\\ &=\Delta\theta_{par}+K_{\Delta L_q}\hat{i}_{q,ac}+K_{\Delta R_s,ac}\hat{i}_{d,dc}\end{aligned} \tag{3.25}$$

式中

$$\begin{cases}K_{\Delta R_s}=\dfrac{\Delta R_s}{E_{ex}+\Delta R_s\hat{i}_q}\\ K_{\Delta R_s,ac}=\dfrac{\Delta R_s{}^2\hat{i}_{q,ac}}{(E_{ex}+\Delta R_s\hat{i}_{q,dc}+\Delta R_s\hat{i}_{q,ac})(E_{ex}+\Delta R_s\hat{i}_{q,dc})}\end{cases} \tag{3.26}$$

在式（3.26）中，由于正弦电流信号的注入，位置误差中出现了两个额外的交流分量 $K_{\Delta L_q}\hat{i}_{q,ac}$ 和 $K_{\Delta R_s,ac}\hat{i}_{d,dc}$，其中 $K_{\Delta L_q}\hat{i}_{q,ac}$ 的幅值 $|K_{\Delta L_q}\hat{i}_{q,ac}|=K_{\Delta L_q}A'_{q,ac}(A'_{q,ac}=|\hat{i}_{q,ac}|)$ 与 L_q 不匹配程度（ΔL_q）密切相关，而 $|K_{\Delta R_s,ac}\hat{i}_{d,dc}|$ 则与 ΔL_q 无关。更具体地来说，如果 ΔL_q 减小（$K_{\Delta L_q}$ 减小），则 $K_{\Delta L_q}A'_{q,ac}$ 的幅值应该随即减小，而 $|K_{\Delta R_s,ac}\hat{i}_{d,dc}|$ 的幅值则会保持不变。此外，如果 L_q 准确，则 $K_{\Delta L_q}A'_{q,ac}$ 应为零。因此，对于给定的注入电流信号，可以在交流分量的幅值最小时确定准确的 L_q，且此时可以独立地实现 L_q 的校正，而不用考虑 R_s 偏差对位置估计的影响。当 L_q 校正准确之后，则可以消除对应的位置误差 $\Delta\theta_{\Delta L_q}$。

3.5.2.2　针对电阻不匹配的 d 轴注入法

与 L_q 的校正类似，为了校正 R_s，可以将正弦电流信号叠加到 d 轴电流指令上，对应的 d 轴电流可以表示为

$$\hat{i}_d=\hat{i}_{d,dc}+\hat{i}_{d,ac} \tag{3.27}$$

因此，将式（3.27）代入式（3.21）中，可以得到

$$\begin{aligned}\Delta\theta_{\Delta R_s,ac} &\approx K_{\Delta L_q}\hat{i}_{q,dc}+K_{\Delta L_q,ac}\hat{i}_{q,dc}+K_{\Delta R_s}\hat{i}_{d,dc}+K_{\Delta R_s}\hat{i}_{d,ac}\\ &=\Delta\theta_{par}+K_{\Delta R_s}\hat{i}_{d,ac}+K_{\Delta L_q,ac}\hat{i}_{q,dc}\end{aligned} \tag{3.28}$$

式中

$$K_{\Delta L_q,ac}=\frac{\Delta L_q^2\hat{i}_{d,ac}}{(E_{ex}/\hat{\omega}_r+\Delta L_q\hat{i}_{d,dc}+\Delta L_q\hat{i}_{d,ac})(E_{ex}/\hat{\omega}_r+\Delta L_q\hat{i}_{d,dc})} \tag{3.29}$$

类似地，在式（3.29）中，由于 d 轴电流交流信号的注入，出现了两个额外的项 $K_{\Delta R_s}\hat{i}_{d,ac}$ 和 $K_{\Delta L_q,ac}\hat{i}_{q,dc}$，其中只有 $K_{\Delta R_s}\hat{i}_{d,ac}$ 的大小与相电阻不匹配相关。因此，通过校正相电阻参数，位置误差中的交流分量的幅值也可以最小化。

3.5.2.3　注入幅值计算

从上述分析可以看出，位置误差中的交流分量的幅值是与参数不匹配相关的最重要信息。因此，需要通过提取交流分量来校正参数。在实际应用中，虽然无法直接得到位置误差

$\Delta\theta_{par}$，但是可以在估计速度信号 $\hat{\omega}_r$ 中提取出交流分量，因为 $\hat{\omega}_r$ 是估计位置的导数。然后，通过峰值滤波器（peaking filter）可以提取出包含在 $\hat{\omega}_r$ 中的交流分量 $\hat{\omega}_r^{ac}$。峰值滤波器的传递函数表示为

$$G(s)=\frac{\mu s}{s^2+\mu s+\omega_{ac}^2} \tag{3.30}$$

式中，μ 是峰值滤波器的带宽。

随着 μ 的增加，滤波器响应速度更快，但滤波性能也相应变差。然后，通过基于二阶广义积分器（Second-Order Generalized Integrator，SOGI）的正交信号生成算法，就能计算出交流分量 $\hat{\omega}_r^{ac}$ 的幅值 $|\hat{\omega}_r^{ac}|$。幅值计算和正交信号生成算法的结构框图分别如图 3.16a 和 b 所示。幅值计算实验结果如图 3.17 所示（注入交流频率为 25Hz）。

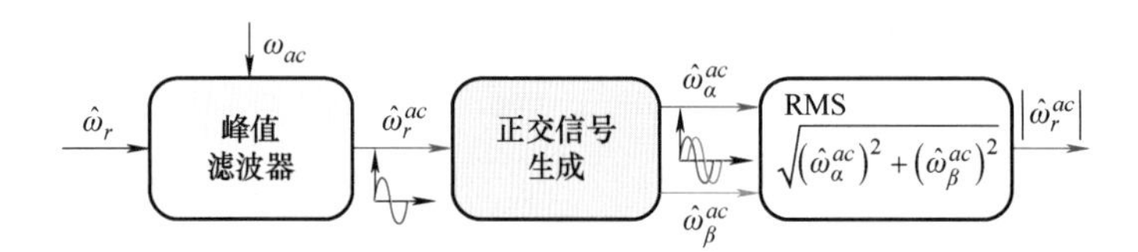

a) 交流信号幅值计算

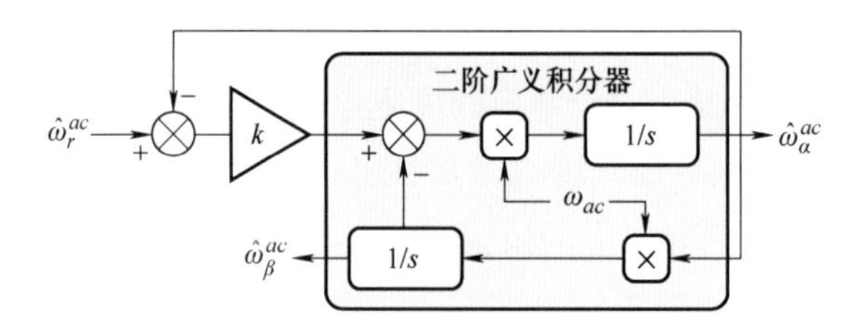

b) 正交信号生成算法

图 3.16 通用结构[12]

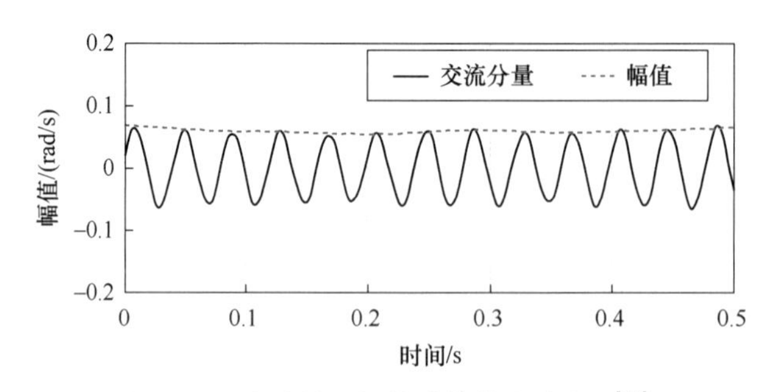

图 3.17 交流信号幅值计算的实验结果[12]

3.5.2.4 基于 LMS 算法的位置误差校正策略

如前文所述，$|\hat{\omega}_r^{ac}|$与参数不匹配存在密切关系。为了得到准确的参数值，可以通过调整位置观测器参数来获取$|\hat{\omega}_r^{ac}|$的最小值。这里引入最小均方（LMS）算法，该算法的结构如图 3.18 所示。

该算法可以在离散时间域中运行，n 表示第 n 个采样点。输出信号 $O(n)$ 可以表示为输入信号 $x(n)$ 和权重因子 $w(n)$ 的乘积

$$O(n)=x(n)w(n) \tag{3.31}$$

误差 $err(n)$ 定义为输出信号 $O(n)$ 与期望响应 $D(n)$ 之间的差异

$$err(n)=D(n)-O(n) \tag{3.32}$$

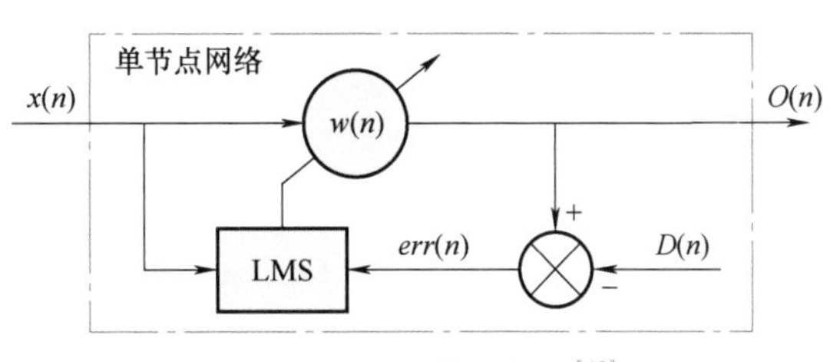

图 3.18　LMS 算法框图[12]

该算法的目标是找到一个合适的权重因子 $w(n)$，以得到最小的均方误差 $err(n)$。因此，无位置传感器观测器的参数（例如 L_q 或 R_s）可以被视为权重因子，而 $|\hat{\omega}_r^{ac}|$ 视为算法的输入信号。以 L_q 校正为例，可以将 $O(n)$ 重写为

$$O(n)=x(n)w(n)=|\hat{\omega}_r^{ac}|(n)L_q(n) \tag{3.33}$$

为了最小化 $|\hat{\omega}_r^{ac}|$，期望响应 $D(n)$ 可以设为零，然后根据式（3.32）可以表示为

$$err(n)=D(n)-O(n)=0-|\hat{\omega}_r^{ac}|(n)L_q(n) \tag{3.34}$$

在式（3.34）中，当 $L_q(n)$ 取适当值时，$|\hat{\omega}_r^{ac}|(n)$ 将在 $|err(n)|$ 最小时最小化。定义 LMS 算法的目标函数为平方误差的一半，即

$$J(n)=\frac{1}{2}[err(n)]^2=\frac{1}{2}[-|\hat{\omega}_r^{ac}|(n)L_q(n)]^2 \tag{3.35}$$

权重因子 L_q 可以通过梯度下降法来训练，以最小化目标函数。目标函数 $J(n)$ 关于 $L_q(n)$ 的梯度可以表示为

$$\nabla J(n)=\frac{\partial J(n)}{\partial L_q(n)}=-err(n)|\hat{\omega}_r^{ac}|(n) \tag{3.36}$$

同时权重因子 $L_q(n)$ 的更新规则可以表示为

$$L_q(n+1)=L_q(n)+\xi[-\nabla J(n)] \tag{3.37}$$

式中，ξ 是训练系数，是一个决定收敛速度的正系数。

ξ 越大，则收敛速度越快。在式（3.37）中，由于需要减小目标函数 $J(n)$ 的值，权重因子的更新方向应与梯度 $\nabla J(n)$ 的方向相反。因此，根据式（3.34）、式（3.36）和式（3.37），参数 L_q 可以更新为

$$L_q(n+1)=L_q(n)-\xi[|\hat{\omega}_r^{ac}|(n)]^2L_q(n) \tag{3.38}$$

因此，借助 LMS 算法，可以自适应地在线训练出 $L_q(n)$ 的准确值，同时可校正由电感不匹配带来的位置误差。电阻不匹配校正的过程与电感基本相同，唯一的区别是应将正弦电流信号叠加到 d 轴电流参考值上，而不是 q 轴。

在式（3.38）中，假设 $L_q(n)>L_q(n+1)$，因此参数是在减小的方向上进行训练。然而，在实际应用中，位置观测器中的参数初始值在校正前与实际值的关系通常可能是不确定的，即参数初始值可能比实际值小也可能比实际值大，因此校正方向（减小或增加）需要通过方向判断策略来解决。

初始方向判断策略基于以下准则：当自适应参数按给定方向调整时，若目标函数$|\hat{\omega}_r^{ac}|$减小，则表明参数正在朝向准确值进行训练。反之，如果$|\hat{\omega}_r^{ac}|$增加，则表明参数正在远离准确值，此时调整方向则必须被反转。以第一个周期（$n=1$）为例，调整规则定义为

$$L_q(1)=L_q(0)-\Delta L_{\text{step}}(0),\quad (\Delta L_{\text{step}}(0)>0) \tag{3.39}$$

式中，$L_q(0)=\widetilde{L}_q$表示观测器中初始设置的q轴电感值；$L_q(1)$是第一次训练后的值，且$\Delta L_{\text{step}}(0)=\xi\,[\,|\hat{\omega}_r^{ac}|(0)\,]^2 L_q(0)$。

在第一次训练周期之后，可以使用以下逻辑判断确定训练方向为

$$\begin{cases}\text{若}\,|\hat{\omega}_r^{ac}|_{L_q(0)}>|\hat{\omega}_r^{ac}|_{L_q(1)}\Rightarrow\text{正确方向}\\ \text{或}\,|\hat{\omega}_r^{ac}|_{L_q(0)}<|\hat{\omega}_r^{ac}|_{L_q(1)}\Rightarrow\text{错误方向}\end{cases} \tag{3.40}$$

式中，$|\hat{\omega}_r^{ac}|_{L_q(0)}$和$|\hat{\omega}_r^{ac}|_{L_q(1)}$分别对应了当$L_q$设置为$L_q(0)$和$L_q(1)$时的速度交流波动幅值。

上述过程可以重复一次或多次以确认校正方向判断是否正确。此外，在实际应用中，通常可以应用多种手段来确保方向判断的准确性。例如，可以将调整步长设置得较大，以减小噪声和意外扰动的影响，或者使用$|\hat{\omega}_r^{ac}|$的移动平均值来提高方向判断的准确性。借助这些方法，就能保证正确的判断方向。

3.5.2.5 实验结果

为了验证以上提出的位置误差校正技术，基于样机 SPMSM-Ⅲ（参数见附录 B）进行了实验验证。需要提到的是，由于该技术需要反馈电流能较好跟踪与注入信号相同频率的电流参考值变化，因此注入电流信号的频率必须低于电流控制环路的带宽。此外，为了避免在系统中引入额外的振荡，频率应该高于外环带宽，无论外环是速度环、转矩环还是功率环。

对于第 2 章中的扩展反电动势位置观测器，估计位置误差$\Delta\hat{\theta}$是从估计的反电动势中计算得到，然后再通过观测器获得估计的速度和位置。

叠加到q轴电流指令上的正弦电流信号，信号的幅值通常须较小，以避免引入过多转矩波动。例如在本实验测试中，选择了幅值为 0.2A、频率为 25Hz 的正弦电流信号。由于所选样机的转动惯量较大，选择此注入信号测试后，实际转速几乎不会变化。另一方面，对于可能对q轴电流注入做出响应的低转动惯量系统，可以通过调整注入电流信号的幅值和频率，使其对系统的影响最小化。例如，可以让所选注入频率避开系统的机械共振频率等。也可以通过较短时间的电流注入，以避免速度或转矩谐波与校正过程之间可能存在的相互干扰。因为算法只使用速度响应的相对变化量进行参数校正，只需保证精度，注入幅值无需过大。此外，为避免未知的意外影响，校正的过程最好在相对稳定的速度和负载状态下进行。

图 3.19 所示为无位置传感器控制系统的参数校正方法的总体框图。根据不同的参数不匹配情况，信号注入控制器选择不同的轴系注入信号，所以对L_q和R_s不匹配的校正可以单独进行，也可以串联进行。

首先，借助基于扩展反电动势的无位置传感器观测器，可以获得估计的位置和速度。观测器中的电机参数可以预先设置为电机标称值。当校正过程开始时，在正弦电流信号被注入

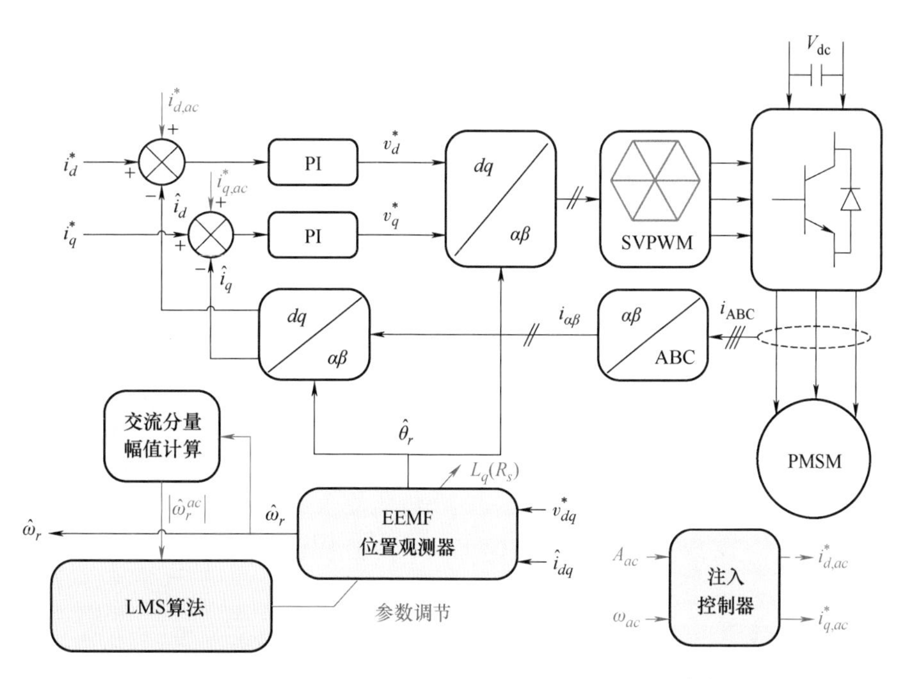

图 3.19 参数不匹配时位置校正方法的整体框图[12]

到控制系统中后（q 轴或 d 轴电流），如参数不匹配存在，即可在估计的速度中观测到响应的交流分量，然后可以通过计算中获得对应注入频率的幅值。最后，LMS 算法就可以自适应地训练出更准确的参数。借助更新后的参数，就可以校正由于参数不匹配引起的估计位置误差。

图 3.20 显示了在半载条件下，对于不同的 q 轴电感不匹配比率（$\Delta L_q/L_q$），提取的交流分量 $\hat{\omega}_r^{ac}$ 和幅值 $|\hat{\omega}_r^{ac}|$ 的变化情况。正弦电流信号（0.2A，25Hz）注入在 q 轴上。从图 3.20 可以看出，$\hat{\omega}_r^{ac}$ 的最小点对应于实际的 L_q 值，随着电感不匹配程度的降低，$\hat{\omega}_r^{ac}$ 也随之降低。

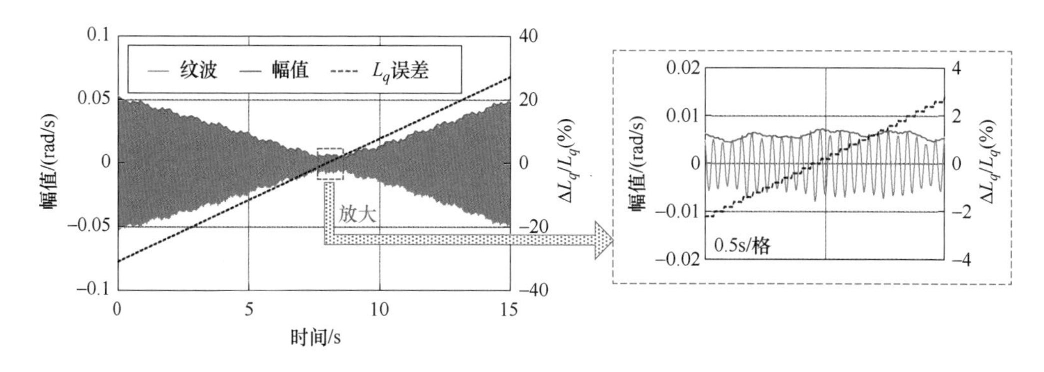

图 3.20 q 轴电流注入时根据 L_q 变化的幅值 $|\hat{\omega}_r^{ac}|$ 和提取的 $\hat{\omega}_r^{ac}$（50%负载，40r/min）[12]

此外，在图 3.21 中，在转速为 40r/min 时，分别评估了负载变化对 L_q 和 R_s 不匹配时交流分量 $\hat{\omega}_r^{ac}$ 的影响。从图 3.21 可以看出，负载变化对 $\hat{\omega}_r^{ac}$ 值的影响非常小。

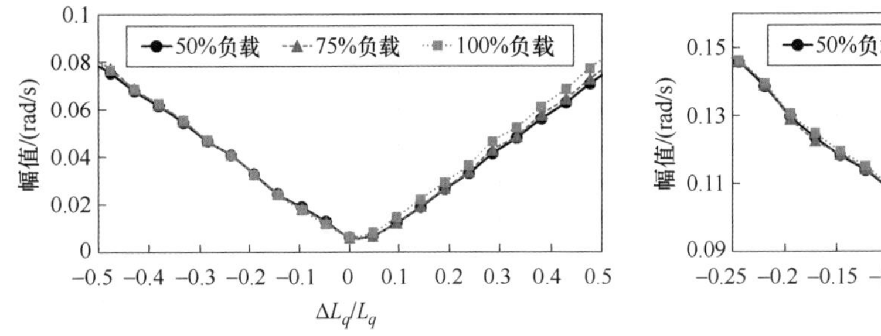

a) q轴电流注入时$|\hat{\omega}_r^{ac}|$对L_q不匹配比例变化(I_d=0A)

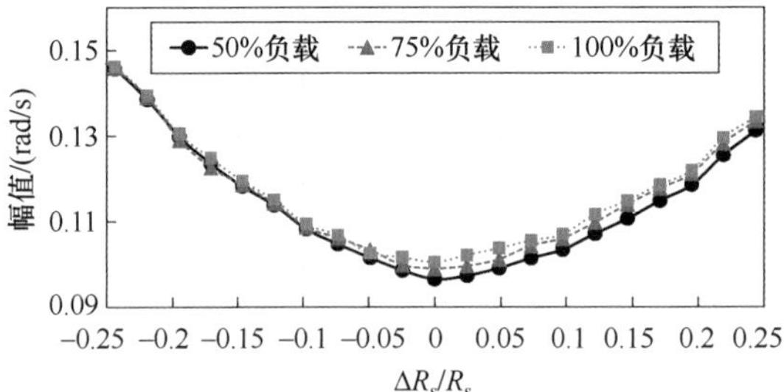

b) d轴电流注入时$|\hat{\omega}_r^{ac}|$对R_s不匹配比例变化(I_d=−2A)

图 3.21　不同负载条件下$|\hat{\omega}_r^{ac}|$对参数不匹配比例变化的测量结果（转速 40r/min）[12]

然而，在不同转速下，如图 3.22 所示，由于$K_{\Delta L_q}$与速度无关，而$K_{\Delta R_s}$与速度成反比关系，如式（3.22）所示，因此当电阻不匹配时由电流注入带来的$|\hat{\omega}_r^{ac}|$随着速度的增加而减少。由此可知，对本方法来说，在电机低速工况下校正电阻比在高速时更为有效。

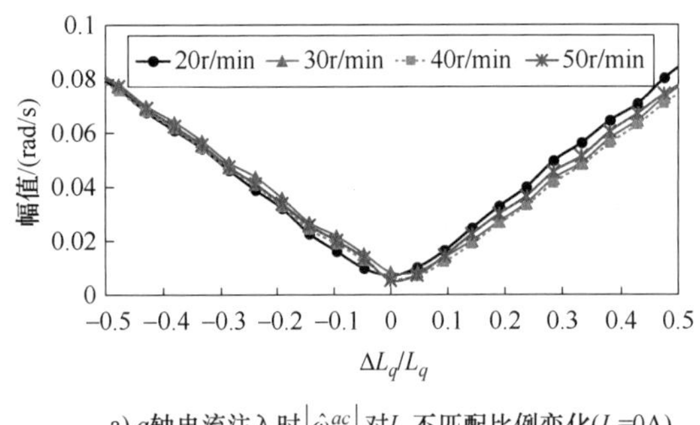

a) q轴电流注入时$|\hat{\omega}_r^{ac}|$对L_q不匹配比例变化(I_d=0A)

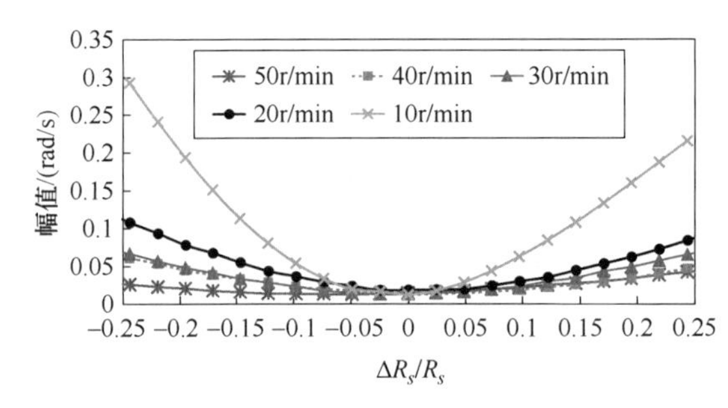

b) d轴电流注入时$|\hat{\omega}_r^{ac}|$对R_s不匹配比例变化(I_d=−2A)

图 3.22　不同转速下参数不匹配比例变化时的$|\hat{\omega}_r^{ac}|$测量结果（50%负载）[12]

在图 3.23a 中，对于L_q不匹配的情况，将交流电流信号注入到d轴而非q轴，以观察其影响。可以看出，L_q的变化对$|\hat{\omega}_r^{ac}|$的影响很小。同样，图 3.23b 表明，当电流信号注入到q轴而非d轴时，电阻变化也对$|\hat{\omega}_r^{ac}|$的影响很小。这些结果证实了由不匹配的L_q和R_s引起的位置误差可以解耦，并且可以独立地进行校正。

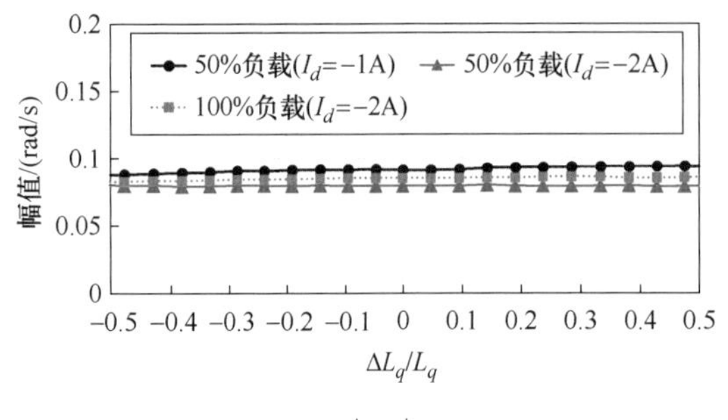

a) d轴电流注入时$|\hat{\omega}_r^{ac}|$对L_q不匹配比例变化

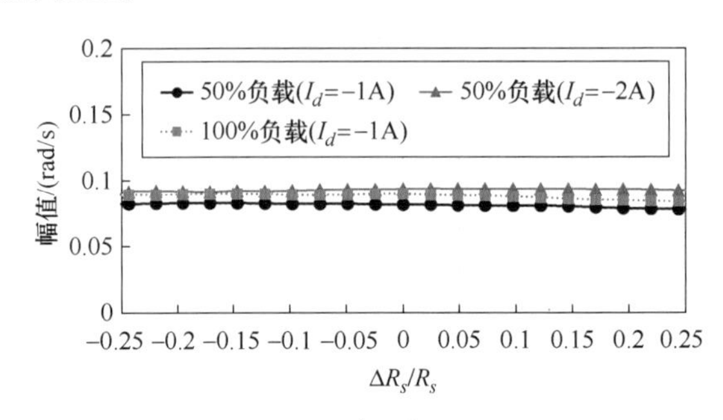

b) q轴电流注入时$|\hat{\omega}_r^{ac}|$对R_s不匹配比例变化

图 3.23　不同负载条件下参数不匹配比例变化时的$|\hat{\omega}_r^{ac}|$测量结果（40r/min）[12]

通过应用 LMS 算法，可以得到 L_q 和 R_s 参数不匹配时的校正结果，分别如图 3.24 和图 3.25 所示，图中包括反馈电流、实际位置误差和所校正的参数变化的波形。在图 3.24a 中，电机运行速度为 40r/min；在图 3.24b 中，设置速度为 60r/min，初始 L_q 值设置为 35mH，并且交流电流信号注入到 q 轴。启用 LMS 算法后，L_q 被训练为接近实际值，约为 20.5mH，然后可以消除由 L_q 不匹配引起的位置误差。

类似地，对 R_s 不匹配时的位置校正如图 3.25 所示。在图 3.25a 中，测试电机以 10r/min 旋转；而在图 3.25b 中，速度设置为 40r/min。对于两种工况，电阻初始值都设置为 3Ω，通过该位置误差校正技术，不匹配的电阻 R_s 可以被校正到接近实际值 4.2Ω，以消除由电阻不匹配带来的位置误差。从式（3.20）可知，当 $\hat{i}_d=0$ 时，理论上由电阻不匹配带来的位置误差不存在。因此，测试中给定的 d 轴电流的幅值（见图 3.25）仅用于验证目的，因为只有当 $\hat{i}_d \neq 0$ 时，才可以在测试期间看到位置误差和校正过程。当然，对于在 $\hat{i}_d=0$ 控制策略下的 SPMSM 的位置校正，可以选择在 R_s 需要校正时再注入额外的正弦电流信号。需要注意的是，对于相同的 R_s 不匹配情况，速度较低时的位置误差要比速度较高时大得多，如图 3.25 所示，这是因为由 R_s 不匹配引起的位置误差随着速度的增加而减少。

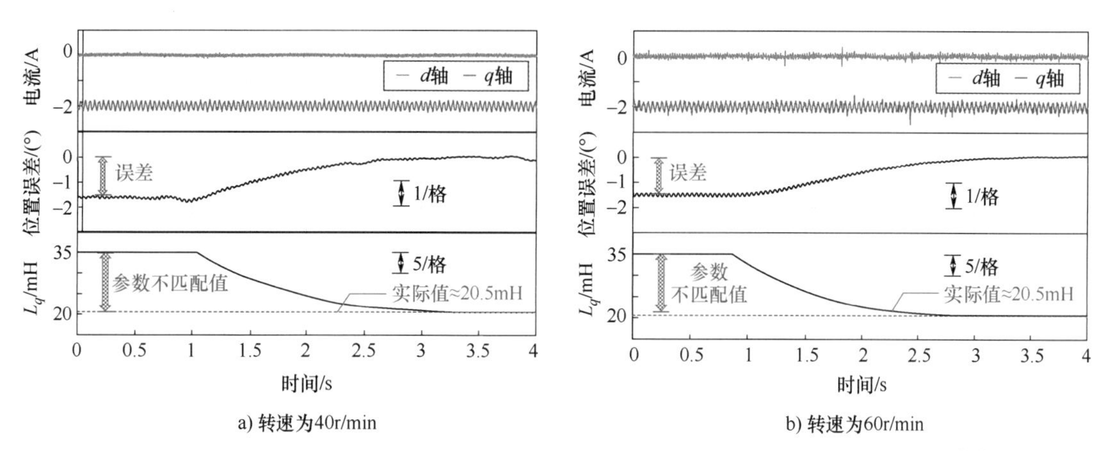

a) 转速为40r/min　　b) 转速为60r/min

图 3.24　q 轴电流信号注入时，对 L_q 参数不匹配的位置误差校正结果（50%负载）[12]

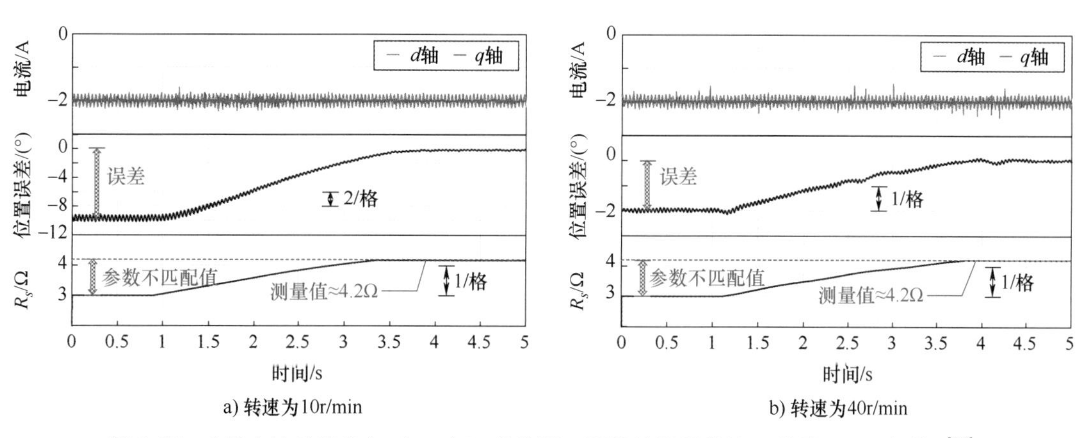

a) 转速为10r/min　　b) 转速为40r/min

图 3.25　d 轴电流信号注入时，对 R_s 参数不匹配的位置误差校正结果（50%负载）[12]

3.6 参数不对称

在基于基波模型的各种无位置传感器控制方法中，绝大多数方法都需要假设电机参数是对称的。然而，在实际应用中，电机的参数通常可能是不平衡或不对称的，这些不对称包括三相的电阻不对称[14,15]，电感不对称[16,17]，以及反电动势不对称[17,18]。更具体地来说，电缆的长短不一、逆变器或定子绕组的相间差异都可能带来电阻不对称[14]。电感不对称可能来自制造误差、转子偏心、绕组故障等[16]。而反电动势不对称，则可能由转子偏心、绕组故障或特定的电机拓扑结构等[17,18]因素引起。如果在不考虑参数不对称的情况下使用传统的无位置传感器控制方法，不平衡的参数将在基于基波模型的无位置传感器位置估计中导致 2 倍频（$2f$）的位置扰动[15,17]。因此，在本节中，将会分析阐述参数不对称对基于基波模型的无位置传感器控制中位置估计的影响。

3.6.1 不对称数学建模

3.6.1.1 电阻不对称

三相电阻不对称的电机数学模型可以表示为[15]

$$R_{\mathrm{ABC}}=\begin{bmatrix}\overline{R}_s+\Delta R_{\mathrm{A}} & 0 & 0\\ 0 & \overline{R}_s+\Delta R_{\mathrm{B}} & 0\\ 0 & 0 & \overline{R}_s+\Delta R_{\mathrm{C}}\end{bmatrix} \tag{3.41}$$

式中，ΔR_{A}，ΔR_{B}，ΔR_{C} 是各相不对称相电阻，这里假设都为正值；而 $\overline{R}_s$ 表示相电阻的对称部分。

如变换到同步旋转坐标系，电阻矩阵可以表示为

$$R_{dq}=\begin{bmatrix}R_d & R_{dq}\\ R_{dq} & R_q\end{bmatrix} \tag{3.42}$$

$$\begin{cases}R_d=\overline{R}_s+\dfrac{\Delta R_{\mathrm{A}}+\Delta R_{\mathrm{B}}+\Delta R_{\mathrm{C}}}{3}+\dfrac{1}{3}\left[R_{\mathrm{A}}\cos(2\theta_r)+R_{\mathrm{B}}\cos\left(2\theta_r-\dfrac{4\pi}{3}\right)+R_{\mathrm{C}}\cos\left(2\theta_r+\dfrac{4\pi}{3}\right)\right]\\ R_q=\overline{R}_s+\dfrac{\Delta R_{\mathrm{A}}+\Delta R_{\mathrm{B}}+\Delta R_{\mathrm{C}}}{3}-\dfrac{1}{3}\left[R_{\mathrm{A}}\cos(2\theta_r)+R_{\mathrm{B}}\cos\left(2\theta_r-\dfrac{4\pi}{3}\right)+R_{\mathrm{C}}\cos\left(2\theta_r+\dfrac{4\pi}{3}\right)\right]\\ R_{dq}=\dfrac{\sin(2\theta_r)}{6}(-2R_{\mathrm{A}}+R_{\mathrm{B}}+R_{\mathrm{C}})-\dfrac{\sqrt{3}\cos(2\theta_r)}{6}(R_{\mathrm{B}}-R_{\mathrm{C}})\end{cases} \tag{3.43}$$

然后，电压方程可以表示为

$$\begin{bmatrix}v_d\\ v_q\end{bmatrix}=\begin{bmatrix}\overline{R}_s+pL_d & -\omega_r L_q\\ \omega_r L_q & \overline{R}_s+pL_d\end{bmatrix}\cdot\begin{bmatrix}i_d\\ i_q\end{bmatrix}+\begin{bmatrix}0\\ \omega_r\psi_m\end{bmatrix}+\begin{bmatrix}\varepsilon_{d\Delta R}\\ \varepsilon_{q\Delta R}\end{bmatrix} \tag{3.44}$$

$$\begin{bmatrix}\varepsilon_{d\Delta R}\\ \varepsilon_{q\Delta R}\end{bmatrix}=\begin{bmatrix}\Delta R_d & R_{dq}\\ R_{qd} & \Delta R_q\end{bmatrix}\begin{bmatrix}i_d\\ i_q\end{bmatrix} \tag{3.45}$$

其中

$$\begin{cases}\Delta R_d=\Delta R_{\text{ave}}+\dfrac{1}{3}\left[R_{\text{A}}\cos(2\theta_r)+R_{\text{B}}\cos\left(2\theta_r-\dfrac{4\pi}{3}\right)+R_{\text{C}}\cos\left(2\theta_r+\dfrac{4\pi}{3}\right)\right]\\ \Delta R_q=\Delta R_{\text{ave}}-\dfrac{1}{3}\left[R_{\text{A}}\cos(2\theta_r)+R_{\text{B}}\cos\left(2\theta_r-\dfrac{4\pi}{3}\right)+R_{\text{C}}\cos\left(2\theta_r+\dfrac{4\pi}{3}\right)\right]\\ \Delta R_{\text{ave}}=\dfrac{\Delta R_{\text{A}}+\Delta R_{\text{B}}+\Delta R_{\text{C}}}{3}\end{cases} \tag{3.46}$$

因此，可以注意到三相不对称电阻将在电压模型中引入两个额外的分量：一个是电阻不匹配的 ΔR_{ave}分量，另外一个是 $2f$ 扰动分量。

3.6.1.2 电感不对称

首先，为了简化问题，假设只有一相的自感不对称，则电感矩阵可以表示为

$$L_{\text{ABC}}=\begin{bmatrix}L_{\text{AA}} & M_{\text{AB}} & M_{\text{AC}}\\ M_{\text{BA}} & L_{\text{BB}} & M_{\text{BC}}\\ M_{\text{CA}} & M_{\text{CB}} & L_{\text{CC}}\end{bmatrix}+\begin{bmatrix}\Delta L & 0 & 0\\ 0 & 0 & 0\\ 0 & 0 & 0\end{bmatrix} \tag{3.47}$$

式中，ΔL 表示自感的不对称部分。

通过坐标变换，dq 轴上的电感可以表示为

$$L_{dq}=\begin{bmatrix}L_d+\dfrac{\Delta L}{3}[1+\cos(2\theta_r)] & -\dfrac{\Delta L}{3}\sin(2\theta_r)\\ -\dfrac{\Delta L}{3}\sin(2\theta_r) & L_q+\dfrac{\Delta L}{3}[1-\cos(2\theta_r)]\end{bmatrix} \tag{3.48}$$

基于式（3.48），得到电压模型[17]如下：

$$\begin{bmatrix}v_d\\ v_q\end{bmatrix}=\begin{bmatrix}R_s+pL_d & -\omega_r L_q\\ \omega_r L_d & R_s+pL_q\end{bmatrix}\cdot\begin{bmatrix}i_d\\ i_q\end{bmatrix}+\begin{bmatrix}0\\ \omega_r\psi_m\end{bmatrix}+\begin{bmatrix}\varepsilon_{d\Delta L}\\ \varepsilon_{q\Delta L}\end{bmatrix} \tag{3.49}$$

$$\begin{aligned}\begin{bmatrix}\varepsilon_{d\Delta L}\\ \varepsilon_{q\Delta L}\end{bmatrix}=&\underbrace{\frac{\Delta L}{3}\begin{bmatrix}1 & 0\\ 0 & 1\end{bmatrix}\cdot p\begin{bmatrix}i_d\\ i_q\end{bmatrix}+\frac{\omega_r\Delta L}{3}\begin{bmatrix}0 & -1\\ 1 & 0\end{bmatrix}\cdot\begin{bmatrix}i_d\\ i_q\end{bmatrix}}_{\text{电感不对称}}+\\ &\underbrace{\frac{\Delta L}{3}\begin{bmatrix}\cos2\theta_r & -\sin2\theta_r\\ -\sin2\theta_r & -\cos2\theta_r\end{bmatrix}\cdot p\begin{bmatrix}i_d\\ i_q\end{bmatrix}+\frac{\omega_r\Delta L}{3}\begin{bmatrix}-\sin2\theta_r & -\cos2\theta_r\\ -\cos2\theta_r & \sin2\theta_r\end{bmatrix}\cdot\begin{bmatrix}i_d\\ i_q\end{bmatrix}}_{\text{2倍频扰动}}\end{aligned} \tag{3.50}$$

显然，从式（3.49）和式（3.50）可知，电感的不对称也在电压模型中引入了两个额外的分量：一个是电感不匹配分量，另一个是 $2f$ 扰动分量。

3.6.1.3 反电动势不对称

对于反电动势不平衡情况，三相反电动势幅值可能是不相同的。在三相参考坐标系中，三相反电动势可以表示为

$$\begin{bmatrix} e_A \\ e_B \\ e_C \end{bmatrix} = -\omega_r \begin{bmatrix} (\psi_m+\Delta\psi_A)\sin\theta_r \\ (\psi_m+\Delta\psi_B)\sin\left(\theta_r-\dfrac{2\pi}{3}\right) \\ (\psi_m+\Delta\psi_C)\sin\left(\theta_r+\dfrac{2\pi}{3}\right) \end{bmatrix} \tag{3.51}$$

式中，$\Delta\psi_A$、$\Delta\psi_B$ 和 $\Delta\psi_C$ 分别表示磁链的不对称分量。

通过变换式（3.51）到同步旋转坐标系，可以得到电压模型[17]为

$$\begin{bmatrix} v_d \\ v_q \end{bmatrix} = \begin{bmatrix} R_s+pL_d & -\omega_r L_q \\ \omega_r L_d & R_s+pL_q \end{bmatrix} \cdot \begin{bmatrix} i_d \\ i_q \end{bmatrix} + \begin{bmatrix} 0 \\ \omega_r\psi_m \end{bmatrix} + \begin{bmatrix} \varepsilon_{d2,\Delta\psi} \\ \varepsilon_{q2,\Delta\psi} \end{bmatrix} \tag{3.52}$$

$$\begin{bmatrix} \varepsilon_{d2,\Delta\psi} \\ \varepsilon_{q2,\Delta\psi} \end{bmatrix} = \begin{bmatrix} 0 \\ \omega_r\Delta\psi_{ave} \end{bmatrix} - \frac{\omega_r}{3} \begin{bmatrix} \Delta\psi_A\sin2\theta_r - \Delta\psi_B\sin\left(2\theta_r-\dfrac{2\pi}{3}\right) - \Delta\psi_C\sin\left(2\theta_r+\dfrac{2\pi}{3}\right) \\ \Delta\psi_A\cos2\theta_r - \Delta\psi_B\cos\left(2\theta_r-\dfrac{2\pi}{3}\right) - \Delta\psi_C\cos\left(2\theta_r+\dfrac{2\pi}{3}\right) \end{bmatrix} \tag{3.53}$$

$$\Delta\psi_{ave} = \frac{\Delta\psi_C+\Delta\psi_B+\Delta\psi_C}{3} \tag{3.54}$$

同样地，反电动势不对称在电压模型中引入了永磁体磁链不匹配分量 $\Delta\psi_{ave}$ 和 $2f$ 扰动分量。

3.6.2 对位置估计的影响

根据 3.6.1 节推导的数学模型，发现参数不对称会在电压模型中引入参数不匹配分量和 $2f$ 扰动分量。参数不匹配分量可以通过 3.5 节讨论的校正方法进行补偿。本节将主要考虑 $2f$ 扰动分量的处理。

首先对具有参数不对称的 dq 轴估计反电动势进行数学建模[15]为

$$\begin{cases} \hat{E}_d = \hat{E}_{d0} + \hat{E}_{d,2f} = \hat{E}_{d0} + A_{d,2f}\sin(2\theta_r+\varphi_{d,2f}) \\ \hat{E}_q = \hat{E}_{q0} + \hat{E}_{q,2f} = \hat{E}_{q0} + A_{q,2f}\sin(2\theta_r+\varphi_{q,2f}) \end{cases} \tag{3.55}$$

式中，$\hat{E}_{d0}$ 和 $\hat{E}_{q0}$ 是直流分量；$\hat{E}_{d,2f}$ 和 $\hat{E}_{q,2f}$ 表示 $2f$ 分量；$A_{d,2f}$ 和 $A_{q,2f}$ 分别是 d 轴和 q 轴上 $2f$ 分量的幅值；而 $\varphi_{d,2f}$ 和 $\varphi_{q,2f}$ 分别是 d 轴和 q 轴上 $2f$ 分量的相位。

如第 2 章中所介绍的，d 轴估计反电动势会被位置观测器控制到零以跟踪转子位置。根据式（3.55），由于参数的不对称，将出现 $2f$ 位置估计误差。前面提到，位置观测器可以用于提取转子位置，例如锁相环。锁相环是一种实用且简单的相位和频率估计方法，而且其由于对噪声和扰动的不敏感性得到了广泛的应用[19]。然而，为了满足动态性能，锁相环的带宽被调整得相对较大，因此通过锁相环而有效消除式（3.55）中的 2 倍频（$2f$）可能会比较困难。但是，一些滤波技术则可以应用在估计的反电动势中以消除这种 $2f$ 扰动，例如：自适应陷波滤波器（Adaptive Notch Filter，ANF）[17,20]、基于自适应线性神经元网络（Adaline）滤波器[21,22]，同步参考坐标系滤波器[16]等。

3.6.3 谐波的抑制策略

在本节中，可以通过设计一个自适应陷波滤波器（ANF），滤除由参数不对称引起的 $2f$

扰动[17]。ANF 的设计框图如图 3.26 所示，且 ANF 的传递函数为

$$G(s)=\frac{s^2+\omega_{h,\mathrm{ANF}}^2}{s^2+\mu s+\omega_{h,\mathrm{ANF}}^2} \tag{3.56}$$

式中，$\omega_{h,\mathrm{ANF}}$是滤波器中心频率，即为要抑制的谐波频率；μ 是 ANF 的带宽，是唯一需要调整的参数，该参数应该谨慎选择，因为随着 μ 变大，动态响应更快，但稳态误差也会变大。

ANF 的频率响应如图 3.27 所示。基于 ANF，可以对在第 2 章中介绍的传统反电动势估计方法进行修改以滤除 2f 谐波。修改后的反电动势估计方法的总体框图如图 3.28 所示。

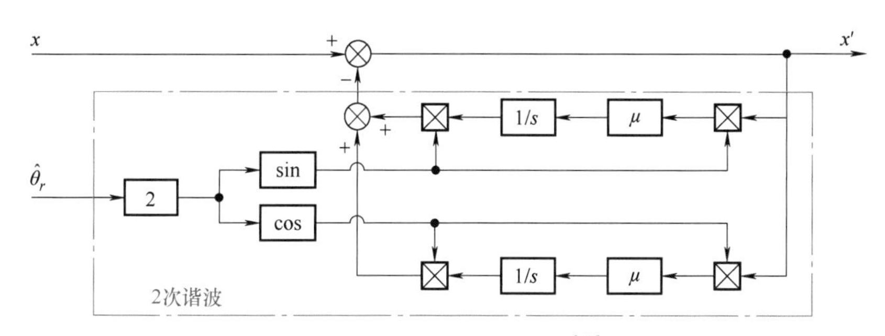

图 3.26　ANF 的设计框图[17]

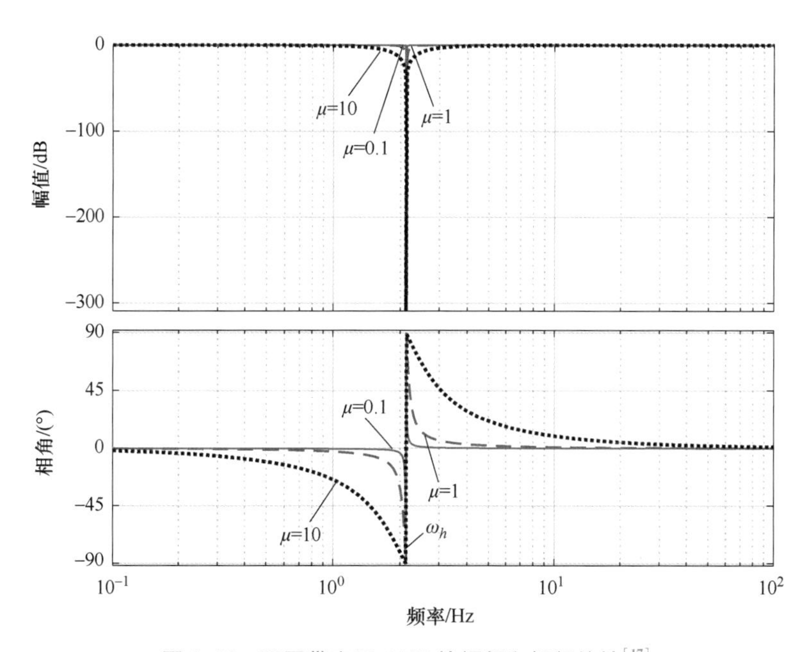

图 3.27　不同带宽下 ANF 的幅频和相频特性[17]

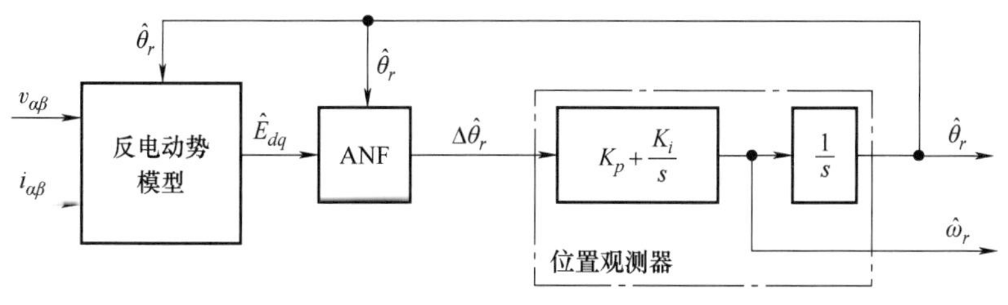

图 3.28　具有 ANF 的反电动势位置观测器框图[17]

为了进一步说明参数不对称的影响并测试 ANF 对谐波抑制的效果，基于仿真系统（SPMSM-Ⅲ，见附录 B）搭建了参数不对称模型并应用了具有 ANF 的反电动势估计方法。在仿真中，d 轴和 q 轴电流均控制在-4A，转子速度控制在 30r/min。首先，在 A 相接入额外的 2Ω 电阻以模拟相电阻不对称情况，其位置误差和补偿性能如图 3.29 所示。由于存在电阻不对称，位置估计中出现了明显的 2 倍频误差。同时，在电阻不对称时，位置估计中也出现了直流偏置误差。这些现象与式（3.44）~式（3.46）中的分析相吻合。可以明显看到，通过使用 ANF，可以显著抑制 2 倍频位置误差。对于电感和反电动势不对称的情况，也同样可以得到类似的结果，如图 3.30 所示。为模拟电感不对称的情况，仿真中在 A 相自感中添加了额外的 10mH 电感。位置误差的频谱表明，在位置估计中存在 $2f$ 和直流偏置误差，

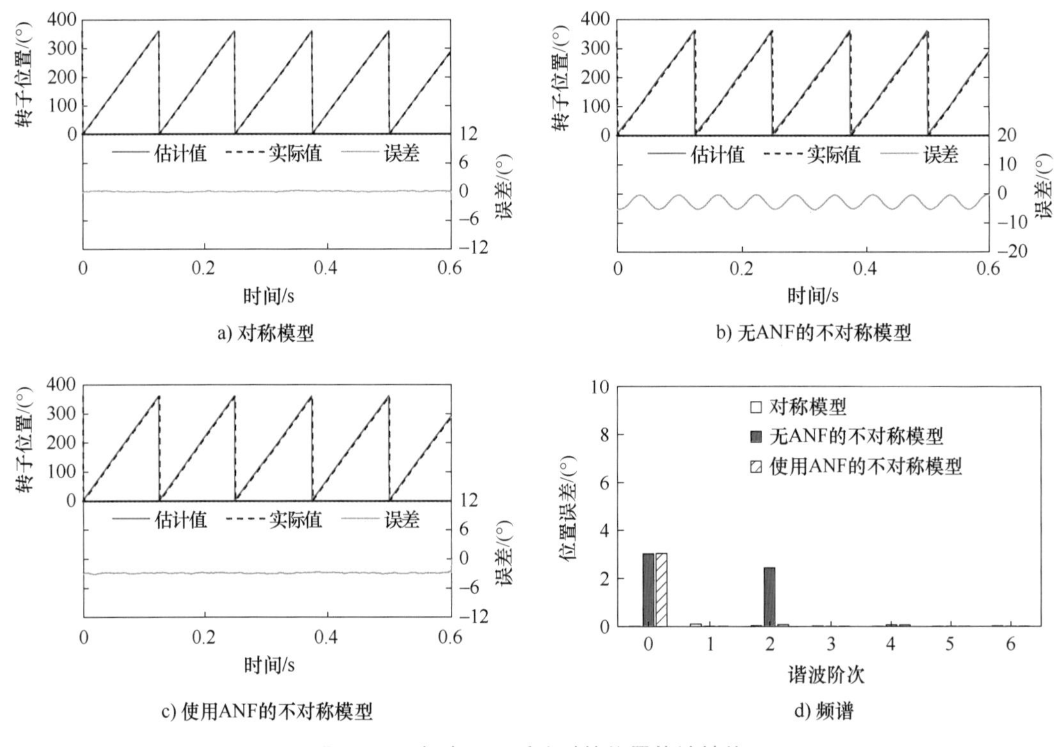

图 3.29　相电阻不对称时的位置估计性能

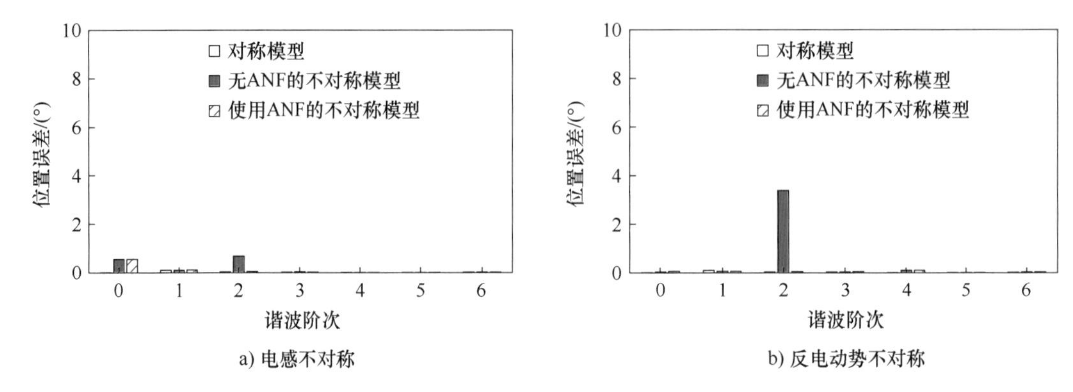

图 3.30　参数不对称时的位置估计误差频谱

这与式（3.49）和式（3.50）中的情况相同。反电动势不对称可以通过在 A 相中添加额外的 0.3Wb 磁链来模拟，而结果只在位置估计中引入了 2*f* 扰动，与式（3.52）~式（3.54）的分析吻合。需要注意的是，在应用 ANF 后，对于所有不对称情况，2*f* 误差都可以得到有效抑制。

需要指出的是，在本节中，只讨论了一相不对称的情况。当三相不对称时，和一相不对称时的情况相同，会在位置估计中引入 2*f* 扰动，可以用同样的方法来消除 2*f* 扰动。

3.7　适用于低速位置估计的电压和电流模型

第 2 章中介绍的基于基波模型的无位置传感器控制方法在零速和低速时性能恶化，可靠性变差并且对参数变化、逆变器非线性等不理想因素更为敏感。因此，本节将介绍几种基于电压模型、电流模型、简化模型以及混合模型的方法，进而改善低速无位置传感器控制的性能。

3.7.1　基于反电动势模型的无位置传感器控制

由于反电动势和转速成正比，在低速时反电动势的值会变小，因此反电动势的估计方法对无位置传感器控制的低速性能影响极大。在各种基于反电动势的方法中，基于电压模型和电流模型是两种最经典的方法[1]。和电压模型相比，电流模型具有更好的低速性能。本节首先介绍这两种方法，然后介绍文献［24］中一种简化的基波模型，这种方法极大地简化了低速时的电机模型，因此降低了位置估计对参数误差和电压误差的敏感性，进而提升了无位置传感器控制的低速性能。最后通过实验验证了这种简化模型的低速性能。

3.7.1.1　基于电压模型的方法

以表贴式永磁同步电机为例，在估计同步坐标系下的电压方程可表示为

$$\begin{bmatrix}\hat{u}_d\\ \hat{u}_q\end{bmatrix}=\begin{bmatrix}R_s+pL_s & -\omega_r L_s\\ \omega_r L_s & R_s+pL_s\end{bmatrix}\begin{bmatrix}\hat{i}_d\\ \hat{i}_q\end{bmatrix}+\omega_r\psi_m\begin{bmatrix}-\sin\Delta\theta\\ \cos\Delta\theta\end{bmatrix} \tag{3.57}$$

式中，$\hat{u}_d$，$\hat{u}_q$，$\hat{i}_d$，$\hat{i}_q$ 分别为估计同步坐标系下的定子电压和电流；ω_r 为转子电角频率；R_s 为相电阻；L_s 为同步电感；ψ_m 为永磁体磁链；p 为微分算子，即 $p=\mathrm{d}/\mathrm{d}t$。

假设估计的同步轴系和实际轴系重合，式（3.57）可重写为电压模型的形式

$$\begin{bmatrix}\hat{u}_{d,VM}\\ \hat{u}_{q,VM}\end{bmatrix}=\begin{bmatrix}R_s+pL_s & -\omega_r L_s\\ \omega_r L_s & R_s+pL_s\end{bmatrix}\begin{bmatrix}\hat{i}_d\\ \hat{i}_q\end{bmatrix}+\begin{bmatrix}0\\ \omega_r\psi_m\end{bmatrix} \tag{3.58}$$

式中，$\hat{u}_{d,VM}$和 $\hat{u}_{q,VM}$为电压模型的定子电压。

然后根据式（3.58）可得到假定的速度前馈项为

$$\hat{\omega}_{r\_ff}=\frac{\hat{u}_q-(R_s\hat{i}_q+L_sp\hat{i}_q)}{L_s\hat{i}_d+\psi_m} \tag{3.59}$$

根据式（3.57）和式（3.58）中的电压差值可估计出反电动势为

$$\Delta\hat{u}_d=\hat{u}_{d,VM}-\hat{u}_d=\omega_r\psi_m\sin\Delta\theta \tag{3.60}$$

文献［1］仅估计 d 轴反电动势，反电动势通过一个 PI 型观测器进一步得到速度和位置估计。基于电压模型的方法框图如图 3.31 所示，其中 K 是估计增益。这种方法和第 2 章介绍的传统的反电动势方法是等效的，因为这种方法是基于电压模型，所以低速区的位置估计性能受制于逆变器非线性和参数误差。

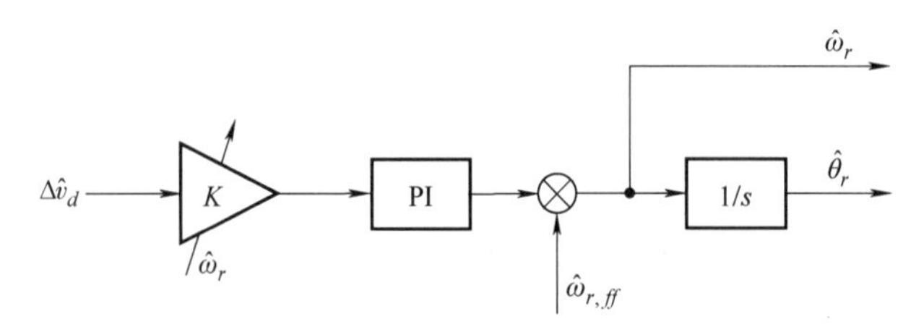

图 3.31　基于电压模型的方法框图[1]

3.7.1.2　基于电流模型的方法

除了电压模型，文献［23］提出了一种电流模型。式（3.57）可改写为电流模型

$$p\begin{bmatrix}\hat{i}_d\\ \hat{i}_q\end{bmatrix}=\frac{1}{L_s}\begin{bmatrix}-R_s & \omega_rL_s\\ -\omega_rL_s & -R_s\end{bmatrix}\begin{bmatrix}\hat{i}_d\\ \hat{i}_q\end{bmatrix}+\frac{1}{L_s}\begin{bmatrix}u_d\\ u_q\end{bmatrix}-\frac{1}{L_s}\begin{bmatrix}\hat{E}_d\\ \hat{E}_q\end{bmatrix} \tag{3.61}$$

进一步可离散化为

$$\begin{bmatrix}\hat{i}_d(k)\\ \hat{i}_q(k)\end{bmatrix}=\begin{bmatrix}\hat{i}_d(k-1)\\ \hat{i}_q(k-1)\end{bmatrix}+\frac{T_s}{L_s}\left\{\begin{bmatrix}-R_s & \omega_rL_s\\ -\omega_rL_s & -R_s\end{bmatrix}\begin{bmatrix}\hat{i}_d(k-1)\\ \hat{i}_q(k-1)\end{bmatrix}+\begin{bmatrix}\hat{u}_d(k-1)\\ \hat{u}_q(k-1)\end{bmatrix}-\begin{bmatrix}\hat{E}_d\\ \hat{E}_q\end{bmatrix}\right\} \tag{3.62}$$

式中，k 表示采样时刻。

当估计轴系和实际轴系重合时，式（3.63）估计的电流模型可表示为

$$\begin{bmatrix}\hat{i}_{d,CM}(k)\\ \hat{i}_{q,CM}(k)\end{bmatrix}=\begin{bmatrix}\hat{i}_d(k-1)\\ \hat{i}_q(k-1)\end{bmatrix}+\frac{T_s}{L_s}\left\{\begin{bmatrix}-R_s & \omega_rL_s\\ -\omega_rL_s & -R_s\end{bmatrix}\begin{bmatrix}\hat{i}_d(k-1)\\ \hat{i}_q(k-1)\end{bmatrix}+\begin{bmatrix}\hat{u}_d(k-1)\\ \hat{u}_q(k-1)\end{bmatrix}-\begin{bmatrix}0\\ e_c\end{bmatrix}\right\} \tag{3.63}$$

式中，$i_{d,CM}$，$i_{q,CM}$为电流模型的电流；e_c 为电流模型的反电动势。

和电压模型类似，式（3.62）和式（3.63）中估计电流和实际电流的差值中包含转子位置信息，反电动势误差可表示为

$$\begin{bmatrix}\Delta\hat{i}_d\\ \Delta\hat{i}_q\end{bmatrix}=\begin{bmatrix}\hat{i}_d\\ \hat{i}_q\end{bmatrix}-\begin{bmatrix}\hat{i}_{d,CM}\\ \hat{i}_{q,CM}\end{bmatrix}\approx\frac{T_s}{L_s}\begin{bmatrix}-\hat{E}_d\\ e_c-\hat{E}_q\end{bmatrix} \tag{3.64}$$

式中

$$\begin{bmatrix}\hat{E}_d\\ \hat{E}_q\end{bmatrix}=\omega_r\psi_m\begin{bmatrix}-\sin(\Delta\theta)\\ \cos(\Delta\theta)\end{bmatrix} \tag{3.65}$$

$\Delta\hat{i}_d$ 和 $\Delta\hat{i}_q$ 作为速度和位置观测器的输入，如图 3.32 所示，其中 K_e 和 K_θ 定义为估计增益，K_θ 根据估计转速 $\hat{\omega}_r$ 变化进行调节。

因为这类方法是基于电流模型，反电动势间接地从电流差值而不是电压差值得到，因此位置估计对电压误差变得不敏感，相比于电压模型，能够运行的速度下限更低。

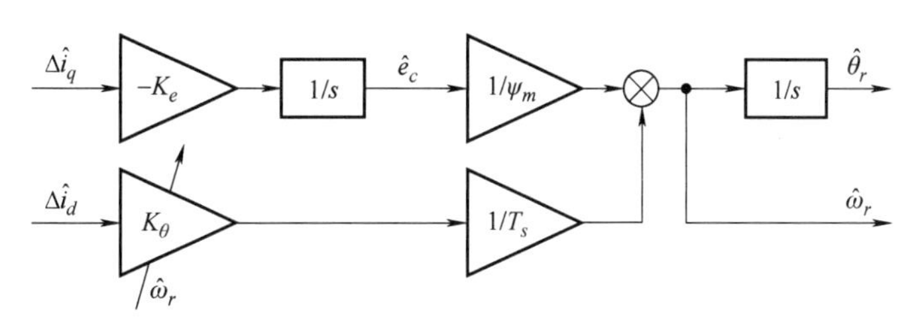

图 3.32　基于电流模型的方法框图[1]

3.7.1.3　基于简化模型的方法

针对无位置传感器控制低速运行，文献［23］提出了一种简化的基波模型。

首先，在估计同步坐标系下 d 轴电压可表示为

$$\hat{u}_d = R_s\hat{i}_d + L_s\frac{\mathrm{d}\hat{i}_d}{\mathrm{d}t} - \omega_r L_s\hat{i}_q + \hat{E}_d \tag{3.66}$$

式中，$\hat{E}_d = -\omega_r\psi_m\sin\Delta\theta$。

忽略动态项，式（3.66）变为

$$\hat{u}_d = R_s\hat{i}_d - \omega_r L_s\hat{i}_q + \hat{E}_d \tag{3.67}$$

d 轴电压指令设置为

$$\hat{u}_d = -\omega_r L_s\hat{i}_q \tag{3.68}$$

考虑到转速较低，$\omega_r L_s$ 的值足够小，进而 d 轴电压指令可近似表示为

$$\hat{u}_d \approx 0 \tag{3.69}$$

在此条件下，式（3.67）可简化为

$$\hat{i}_d = \frac{\omega_r\psi_m}{R_s}\sin\Delta\theta \tag{3.70}$$

由于式（3.70）中位置误差 $\Delta\theta$ 直接正比于 d 轴电流，估计的 d 轴电流可直接作为位置观测器的输入，如图 3.33 所示，其中 K 是估计增益。观测器将使得位置误差 $\Delta\theta$ 收敛到 0，进而使估计的参考轴系和实际轴系重合。可以看到，经过简化，在低速下这种位置估计方法不再需要电压信息和电机参数，实现更简单、鲁棒性也更好。

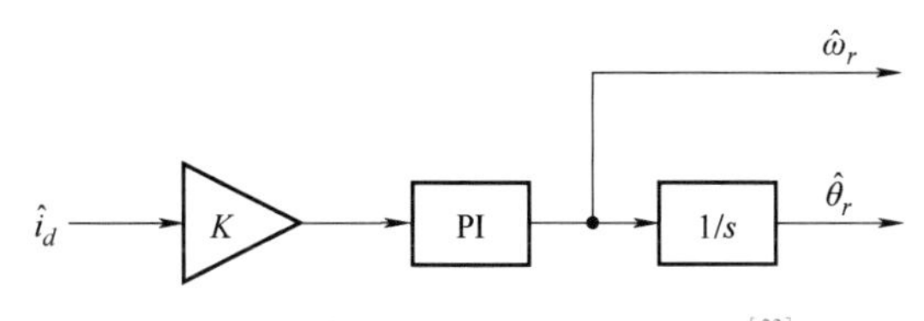

图 3.33　基于简化模型的方法框图[23]

基于样机 SPMSM-Ⅱ（参数见附录 B），简化模型的低速无位置传感器控制性能的实验结果如下所示。在实验中，电机设置为满载状态，转速设置为 25r/min。如图 3.34 所示，基于简化模型的方法在低速时表现出较好的性能。但是，当该方法切换为传统的基于电压模型的方法时，系统发散，如图 3.35 所示。

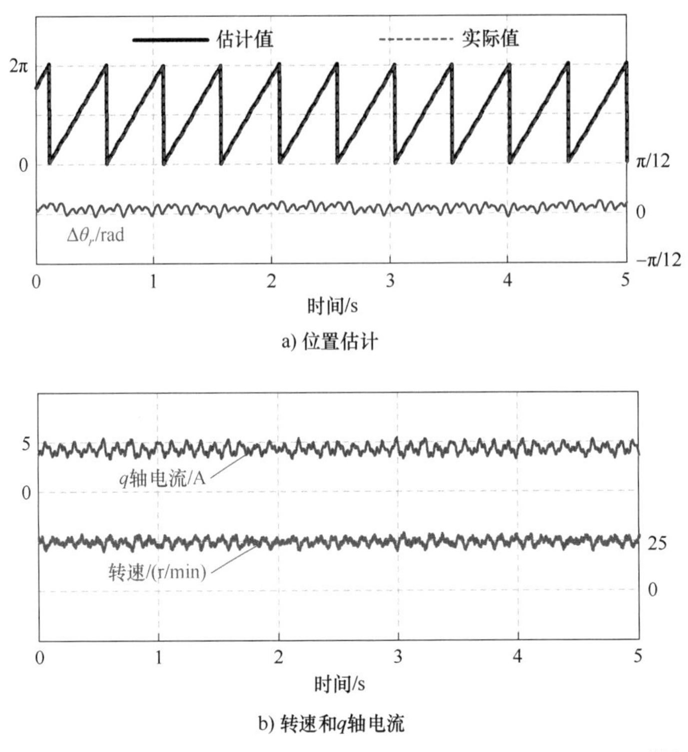

图 3.34　基于简化模型的低速估计性能（满载、转速 25r/min）[23]

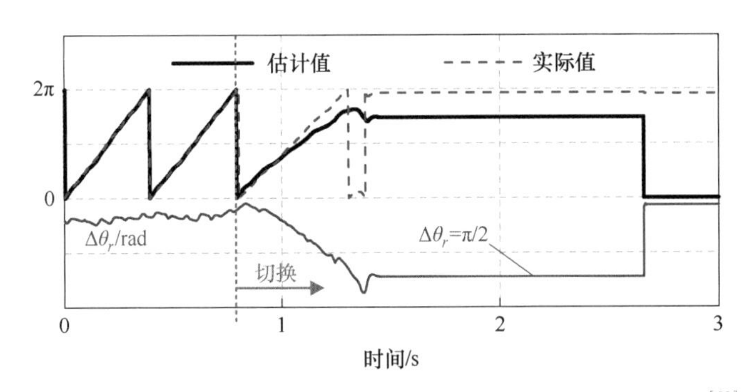

图 3.35　简化模型切换为传统模型时的无位置传感器运行波形[23]

3.7.2　基于磁链的无位置传感器控制

定子磁链可通过两种典型的方法得到：①基于电压的模型，在 $\alpha\beta$ 轴对反电动势积分；②基于电流的模型，需要把 dq 轴定子磁链转化为 $\alpha\beta$ 轴定子磁链。为了进一步改善低速性能，可将电流模型用于校正电压模型，组成一个混合磁链观测器。本节将介绍以上这三种方法。

3.7.2.1　电压磁链模型

$\alpha\beta$ 轴定子磁链可通过对反电动势积分得到

$$\begin{cases}\psi_{\alpha,VM}=\int(u_\alpha-i_\alpha R_s)\,\mathrm{d}t\\ \psi_{\beta,VM}=\int(u_\beta-i_\beta R_s)\,\mathrm{d}t\end{cases}\tag{3.71}$$

进而可得到估计位置为

$$\hat{\theta}_r=\arctan\left(\frac{\psi_{\beta,VM}-L_s i_\beta}{\psi_{\alpha,VM}-L_s i_\alpha}\right)=\arctan\left(\frac{\psi_{m\beta}}{\psi_{m\alpha}}\right)\tag{3.72}$$

基于电压模型的方法框图如图3.36所示。

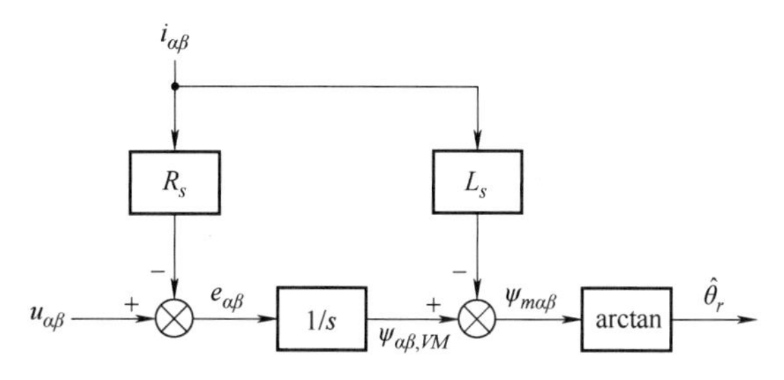

图3.36　基于电压模型的方法框图

3.7.2.2　电流磁链模型

$\alpha\beta$轴定子磁链也可通过电流计算得到。首先，通过电机参数和电流计算得到dq轴定子磁链为

$$\begin{cases}\psi_d=\psi_m+L_s\hat{i}_d\\ \psi_q=L_s\hat{i}_q\end{cases}\tag{3.73}$$

然后通过反Park变换得到$\alpha\beta$轴定子磁链为

$$\begin{bmatrix}\psi_{\alpha,CM}\\ \psi_{\beta,CM}\end{bmatrix}=\begin{bmatrix}\cos\hat{\theta}_r & -\sin\hat{\theta}_r\\ \sin\hat{\theta}_r & \cos\hat{\theta}_r\end{bmatrix}\begin{bmatrix}\psi_d\\ \psi_q\end{bmatrix}\tag{3.74}$$

和电压模型一样，通过反正切计算得到估计位置。基于电流模型的方法框图如图3.37所示。

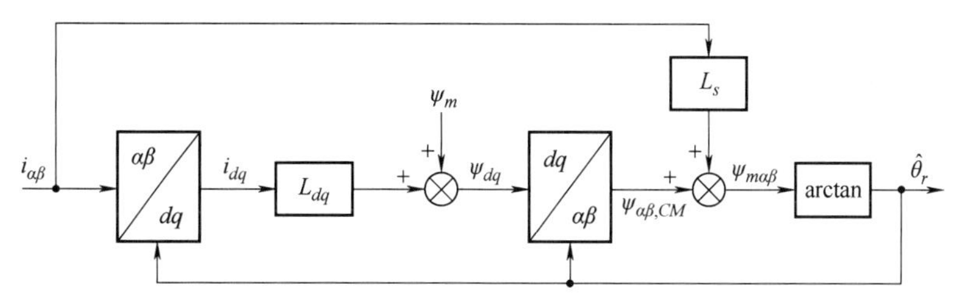

图3.37　基于电流模型的方法框图

3.7.2.3　混合电压和电流磁链模型

在实际运行中，由于包含纯积分环节，电压模型存在积分初值和直流偏置的问题。另一方面，电流模型在计算dq轴定子磁链时需要用到位置信息，可能会导致系统不稳定。文献

[25] 采用了一种基于混合模型的磁链观测器，和只采用电压模型的传统方法不同，电流模型也同时用到，混合磁链模型观测器如图 3.38 所示。

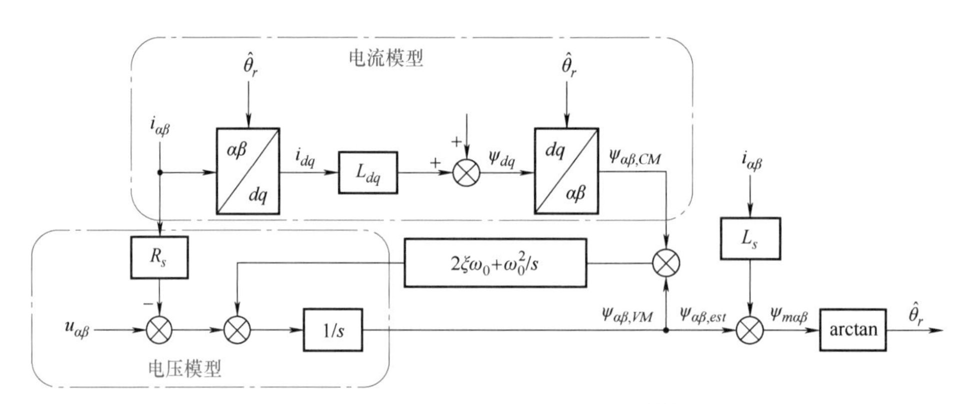

图 3.38 混合磁链模型观测器框图[25]

图 3.38 中，ξ 和 ω_0 分别为反馈环节中校正控制器的阻尼系数和穿越频率。混合磁链模型的传递函数可表示为

$$\begin{bmatrix}\psi_{\alpha,est}\\ \psi_{\beta,est}\end{bmatrix}=\frac{s^2}{s^2+2\xi\omega_0 s+\omega_0^2}\begin{bmatrix}\psi_{\alpha,VM}\\ \psi_{\beta,VM}\end{bmatrix}+\frac{2\xi\omega_0 s+\omega_0^2}{s^2+2\xi\omega_0 s+\omega_0^2}\begin{bmatrix}\psi_{\alpha,CM}\\ \psi_{\beta,CM}\end{bmatrix} \tag{3.75}$$

可以看出，传递函数等号右侧第一部分等价于一个高通滤波器，第二部分可看作一个低通滤波器。因此在高速区电压模型占主导地位，在低速区电流模型占主导地位，运行的速度范围被拓宽。

加入电流模型后，这种方法相当于把电压模型估计的磁链和磁链的铭牌值进行比较，两者的差值通过闭环反馈来校正积分偏置[24]和逆变器非线性[25]带来的电压误差。因此，相比于仅采用基于电压模型的磁链估计方法，这种方法的低速性能更好。

3.8 总结

在本章中，分析并描述了基于基波模型的无位置传感器控制方法中的一些常见问题和对应的解决方案。首先，对于反电动势谐波和电流谐波，它们主要可能会在位置估计中引入 6 倍频误差。其次，交叉饱和电感将导致位置估计中的直流偏置误差，可以通过改进的电机数学模型或离线测量角度进行补偿。其次，除了交叉饱和电感外，电阻和 q 轴电感也会导致位置估计误差，所以基于参数不匹配和电流对位置估计影响的相关机理，提出了一种简单的位置校正方法。而后，分析表明，参数不对称不但可能会带来参数不匹配问题，也会导致位置估计中出现 2 倍频扰动误差。但可以通过在估计的反电动势中加入陷波滤波器来抑制该 2 倍频误差。再次，通过使用混合电压和电流磁链模型，或简化反电动势模型，低速的位置估计性能可以得到改善。这些问题及其相应的解决方案总结见表 3-1。

表 3-1　基于基波模型的无位置传感器控制的常见问题与解决方案总结

		对位置估计的影响	解决方案
电压和电流谐波		6 倍频误差	滤波器[20-22]，简易 EKF[7]
交叉饱合现象	L_{qd}	直流偏置误差	离线标定[9]
参数不匹配	L_q，R_s	直流偏置误差	电流注入法[12]
参数不对称	电阻，电感	直流偏置误差	电流注入法[12]
	电阻，电感，反电动势	2 倍频误差	滤波器[16,20-22]
低速位置估计		速度范围受限	混合电压模型和电流模型[23,25,26]，简化模型[24]

如第 2 章和本章所述，基于基波模型的方法依赖于反电动势或磁链信号，而这些信号通常在零速和低速时是较难观测的。因此，在第 4 章和第 5 章中，将介绍基于凸极的跟踪方法，这种方法适用于零速和低速。

参考文献

[1] J. Hu and B. Wu, “New integration algorithms for estimating motor flux over a wide speed range,” *IEEE Trans. Power Elect.*, vol. 13, no. 5, pp. 969-977, Sept. 1998.

[2] P. Wipasuramonton, Z. Q. Zhu, and D. Howe, “Sensorless vector control of non-salient BLAC machines based on a modified rotor flux-linkage observer,” in *2009 Int. Conf. Power Elect. Drive Syst.* (*PEDS*), Nov. 2009, pp. 1056-1061.

[3] G. R. Chen, J. Y. Chen, and S. C. Yang, “Implementation issues of flux linkage estimation on permanent magnet machine position sensorless drive at low speed,” *IEEE Access*, vol. 7, pp. 164641-164649, 2019.

[4] J. X. Shen, Z. Q. Zhu, and D. Howe, “Improved speed estimation in sensorless PM brushless ac drives,” *IEEE Trans. Ind. Appl.*, vol. 38, no. 4, pp. 1072-1080, Jul. 2002.

[5] H. Tajima and Y. Hori, “Speed sensorless field-orientation control of the induction machine,” *IEEE Trans. Ind. Appl.*, vol. 29, no. 1, pp. 175-180, Jan. 1993.

[6] Y. Liu, Z. Q. Zhu, Y. F. Shi, and D. Howe, “Sensorless direct torque control of a permanent magnet brushless ac drive via an extended Kalman filter,” in *2nd Int. Conf. Power Elect.*, *Mach. Drives* (*PEMD 2004*)., Mar. 2004, vol. 1, pp. 303-307.

[7] A. H. Almarhoon and Z. Q. Zhu, “Influence of back-EMF and current harmonics on position estimation accuracy of permanent magnet synchronous machine,” in *2014 17th Int. Conf. Elect. Mach. Syst.* (*ICEMS*), Oct. 2014, pp. 2728-2733.

[8] J. X. Shen and K. J. Tseng, “Analyses and compensation of rotor position detection error in sensorless PM brushless dc motor drives,” *IEEE Trans. Energy Convers.*, vol. 18, no. 1, pp. 87-93, Mar. 2003.

[9] Y. Li, Z. Q. Zhu, D. Howe, and C. M. Bingham, “Improved rotor position estimation in extended back-emf based sensorless PM brushless ac drives with magnetic saliency,” in *2007 IEEE Int. Elect. Mach. Drives Conf.*, 2007, vol. 1, pp. 214-219.

[10] Z. Q. Zhu, Y. Li, D. Howe, C. M. Bingham, and D. Stone, "Influence of machine topology and cross-coupling magnetic saturation on rotor position estimation accuracy in extended back-emf based sensorless pm brushless ac drives," in *IEEE Ind. Appl. Annu. Meeting*, Sep. 2007, pp. 2378-2385.

[11] S. Morimoto, K. Kawamoto, M. Sanada, and Y. Takeda, "Sensorless control strategy for salient-pole PMSM based on extended EMF in rotating reference frame," *IEEE Trans. Ind. Appl.*, vol. 38, no. 4, pp. 1054-1061, Jul. 2002.

[12] T. Y. Liu, Z. Q. Zhu, B. Shuang, Z. Y. Wu, D. A. Stone, and M. P. Foster, "An online position error correction method for sensorless control of permanent magnet synchronous machine with parameter mismatch," *IEEE Access*, vol. 9, pp. 135708-135722, 2021.

[13] K. Liu, Q. Zhang, J. Chen, Z. Q. Zhu, and J. Zhang, "Online multi-parameter estimation of nonsalient-pole PM synchronous machines with temperature variation tracking," *IEEE Trans. Ind. Elect.*, vol. 58, no. 5, pp. 1776-1788, May 2011.

[14] D. Reigosa, P. Garcia, F. Briz, D. Raca, and R. D. Lorenz., "Modeling and adaptive decoupling of high-frequency resistance and temperature effects in carrier-based sensorless control of PM synchronous machines," *IEEE Trans. Ind. Appl.*, vol. 46, no. 1, pp. 139-149, Jan. /Feb. 2010.

[15] T. Y. Liu, Z. Q. Zhu, Z. Y. Wu, D. A. Stone, and M. P. Foster, "Improved sensorless control method and asymmetric phase resistances determination for permanent magnet synchronous machines," *IEEE Trans. Ind. Appl.*, vol. 58, no. 3, pp. 3624-3636, May 2022.

[16] M. W. Degner and R. D. Lorenz, "Using multiple saliencies for the estimation of flux, position, and velocity in AC machines," *IEEE Trans. Ind. Appl.*, vol. 34, no. 5, pp. 1097-1104, 1998.

[17] X. M. Wu, Z. Q. Zhu, Z. Y. Wu, T. Y. Liu, and Y. X. Li, "Analysis and suppression of rotor eccentricity effects on fundamental model based sensorless control of permanent magnet synchronous machine," *IEEE Trans. Ind. Appl.*, vol. 56, no. 5, pp. 4896-4905, Sep. 2020.

[18] T. C. Lin, Z. Q. Zhu, and J. M. Liu, "Improved rotor position estimation in sensorless-controlled permanent-magnet synchronous machines having asymmetric-EMF with harmonic compensation," *IEEE Trans. Ind. Elect.*, vol. 62, no. 10, pp. 6131-6139, Oct. 2015.

[19] G. Wang, R. Yang, and D. Xu, "DSP-based control of sensorless IPMSM drives for wide-speed-range operation," *IEEE Trans. Ind. Elect.*, vol. 60, no. 2, pp. 720-727, Feb. 2013.

[20] G. Wang, H. Zhan, G. Zhang, X. Gui, and D. Xu, "Adaptive compensation method of position estimation harmonic error for emf-based observer in sensorless IPMSM drives," *IEEE Trans. Power Elect.*, vol. 29, no. 6, pp. 3055-3064, Jun. 2014.

[21] G. Zhang, G. Wang, D. Xu, and N. Zhao, "ADALINE-network-based PLL for position sensorless interior permanent magnet synchronous motor drives," *IEEE Trans. Power Elect.*, vol. 31, no. 2, pp. 1450-1460, Feb. 2016.

[22] L. Wang, Z. Q. Zhu, H. Bin, and L. M. Gong, "Current harmonics suppression strategy for PMSM with non-sinusoidal back-emf based on adaptive linear neuron method," *IEEE Trans. Ind. Elect.*, vol. 67, no. 11, pp. 9164-9173, Nov. 2020. N. Matsui, "Sensorless PM brushless DC motor drives," *IEEE Trans. Ind. Elect.*, vol. 43, no. 2, pp. 300-308, 1996.

[23] X. Wu, Z. Zhu, and Z. Wu, "A new simplified fundamental model-based sensorless control method for sur-

face-mounted permanent magnet synchronous machines," *IET Elect. Power Appl.*, vol. 15, no. 2, pp. 159-170, Feb. 2021.

[24] A. Yoo and S. K. Sul, "Design of flux observer robust to interior permanent-magnet synchronous motor flux variation," *IEEE Trans. Ind. Appl.*, vol. 45, no. 5, pp. 1670-1677, Sep. 2009.

[25] I. Boldea, M. C. Paicu, and G. Andreescu, "Active flux concept for motion-sensorless unified AC drives," *IEEE Trans. Power Elect.*, vol. 23, no. 5, pp. 2612-2618, Sep. 2008.

第 4 章　基于凸极的无位置传感器控制

4.1　引言

如第 2 章所述，由于在零速和低速区基频信号的幅值很低，利用基波模型的无位置传感器控制算法观测精度较低甚至完全无法观测转子位置。为了解决这个问题，本章将会详细阐述基于电机凸极的无位置传感器控制方法。

由于定转子结构的非对称性，永磁同步电机存在结构凸极（IPMSM）或饱和凸极（SPMSM），表现为定子相电感随转子位置变化，该现象称为电感的凸极性。因为电感变化与转子转速无关，在电机静止和低速的时候可以用来进行转子位置估计。图 4.1 展示了在 1 个电周期内 IPMSM 相电感与转子位置的关系，图中阴影部分表示为高磁导率区域，白色部分表示低磁导率的气隙。随着转子位置的改变，定子绕组交链的磁路磁导也发生改变，体现出来的外部特性即为相电感随转子位置变化。

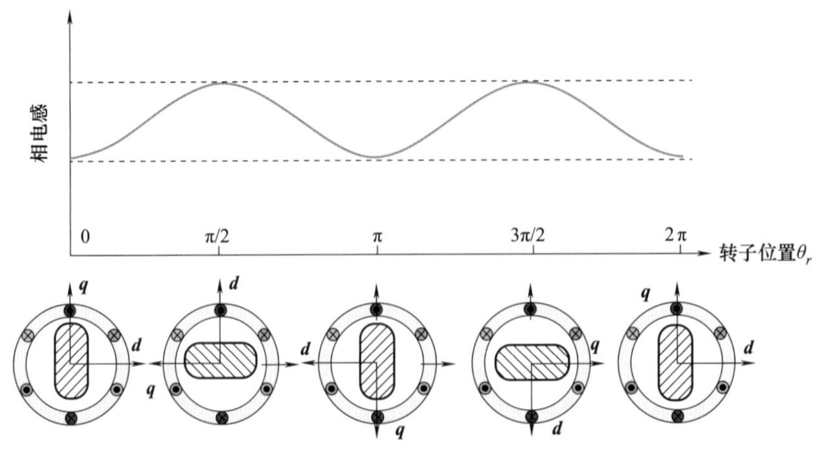

图 4.1　相电感随着转子位置变化示意图

为了利用电感凸极性获得转子位置和转速信息，可以在定子绕组持续注入高频信号。由于注入信号频率通常比电机电频率高很多，这类方法被称为“高频信号注入法”[1-6]。其基

本原理是注入的高频信号与电感凸极相互作用，产生与转子位置相关的高频响应信号，通过信号解耦和位置观测器，即可估算出转子位置。

图 4.2 总结了基于高频信号注入的各种无位置传感器方法，如图所示，这些方法主要分为 5 个部分，每部分的相关方法将在本章详细描述。

本章将详细描述基于高频信号注入（HFSI）的无位置传感器控制方法的 4 个基本组成部分，即 A-D。A 部分为注入信号的类型，包括脉振正弦信号、脉振方波信号和旋转正弦信号。B 部分代表高频信号注入下的电机高频模型，用于描述注入信号、响应信号与转子位置之间的关系。高频模型可建立在静止坐标系和估计的同步旋转坐标系下，对于不同的坐标系，高频响应电流 I_{hf} 也会有所区别。对于 C 部分，在注入高频信号后，应对高频电流响应进行解调，以去除高频成分并获得位置误差信号 $f(\Delta\theta)$。解调的过程根据所使用的注入方法而有所不同，本章将对其进行说明。在 D 部分，解调后的位置误差信号 $f(\Delta\theta)$ 被用作位置观测器的输入，以产生转子位置和转速信息。本章将介绍一种常用的基于锁相环的位置观测器。

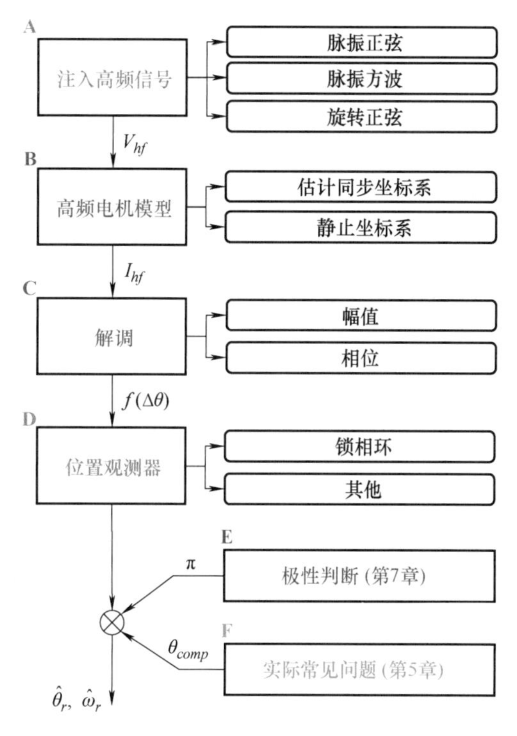

图 4.2　基于高频信号注入的无位置传感器控制方法分类

对于 E 部分，如图 4.2 所示，在 1 个电周期内电感周期性变化 2 次，因此需要对转子极性进行判断，这一部分将在第 8 章进行详细介绍。本章所述的 A-D 部分，是基于理想的电机模型，在实际应用中，由于逆变器的非线性，采样及计算的处理延时以及磁路的交叉饱和等都会带来位置估计误差，这些实际应用中的常见问题（F 部分）将在第 5 章详细讨论。

4.2　永磁电机高频模型

在基于高频信号注入的无位置传感器控制方法中，与位置相关的高频电流响应会受到电机阻抗的影响，因此需要首先分析永磁电机的高频模型。本节会对不同坐标系下的高频模型进行介绍。

4.2.1　同步旋转坐标系

永磁电机在同步旋转坐标系下的电压方程如下所示：

$$\begin{bmatrix} v_d \\ v_q \end{bmatrix} = \begin{bmatrix} R_s & 0 \\ 0 & R_s \end{bmatrix} \cdot \begin{bmatrix} i_d \\ i_q \end{bmatrix} + p \begin{bmatrix} \psi_d \\ \psi_q \end{bmatrix} + \begin{bmatrix} -\omega_r \psi_q \\ \omega_r \psi_d \end{bmatrix} \tag{4.1}$$

式中，p 表示微分算子；ψ_d 和 ψ_q 表示 d 轴和 q 轴的磁链，其大小受负载（即 i_d，i_q）影响，如式（4.2）所示：

$$\begin{cases} \psi_d = \psi_d(i_d, i_q) \\ \psi_q = \psi_q(i_d, i_q) \end{cases} \tag{4.2}$$

如果注入信号的频率远高于基波频率，反电动势以及定子电阻压降可以忽略，只考虑高频分量，则高频电压方程为

$$\begin{bmatrix} v_{dh} \\ v_{qh} \end{bmatrix} = p \begin{bmatrix} \psi_d(i_d, i_q) \\ \psi_q(i_d, i_q) \end{bmatrix} = \begin{bmatrix} \dfrac{\partial \psi_d}{\partial i_d} \cdot \dfrac{\mathrm{d}i_d}{\mathrm{d}t} + \dfrac{\partial \psi_d}{\partial i_q} \cdot \dfrac{\mathrm{d}i_q}{\mathrm{d}t} \\ \dfrac{\partial \psi_q}{\partial i_d} \cdot \dfrac{\mathrm{d}i_d}{\mathrm{d}t} + \dfrac{\partial \psi_q}{\partial i_q} \cdot \dfrac{\mathrm{d}i_q}{\mathrm{d}t} \end{bmatrix} \tag{4.3}$$

式中，$\partial\psi/\partial i$ 是磁链对电流的微分；$\mathrm{d}i/\mathrm{d}t$ 是电流对时间的微分。

式（4.3）中磁链对 d 轴和 q 轴电流的微分可分别定义为增量自感和增量互感[7]

$$\begin{cases} L_{dh}(i_d, i_q) = \partial\psi_d/\partial i_d \approx [\psi_d(i_d+\Delta i_d, i_q) - \psi_d(i_d, i_q)]/\Delta i_d \\ L_{qh}(i_d, i_q) = \partial\psi_q/\partial i_q \approx [\psi_q(i_d, i_q+\Delta i_q) - \psi_q(i_d, i_q)]/\Delta i_q \\ L_{dqh}(i_d, i_q) = \partial\psi_d/\partial i_q \approx [\psi_d(i_d, i_q+\Delta i_q) - \psi_d(i_d, i_q)]/\Delta i_q \\ L_{qdh}(i_d, i_q) = \partial\psi_q/\partial i_d \approx [\psi_q(i_d+\Delta i_d, i_q) - \psi_q(i_d, i_q)]/\Delta i_d \end{cases} \tag{4.4}$$

以 d 轴为例，如图 4.3 所示，d 轴增量电感被定义为磁链对电流的导数，即图中电流-磁链曲线的切线斜率，而视在电感被定义为某一工作点的磁链除以该工作点下的电流值。在高频注入无位置传感器控制中，由于注入信号的频率相对于基频较高，因此斜率（增量电感）可近似为式（4.4）中的磁链变化除以高频电流变化。

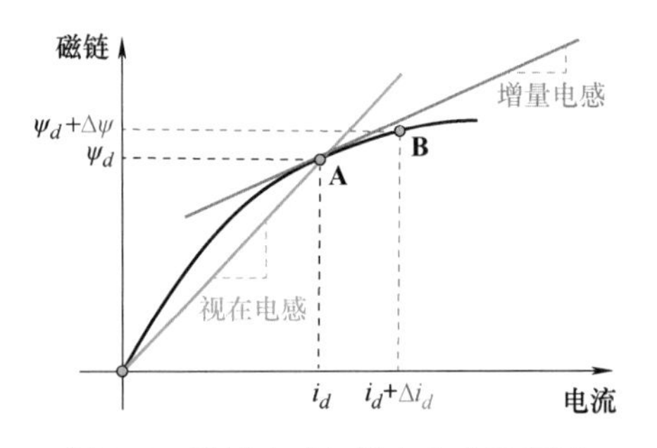

图 4.3　增量电感与视在电感示意图

通过定义增量电感，电机的高频电压模型可以简化为

$$\begin{bmatrix} v_{dh} \\ v_{qh} \end{bmatrix} = \begin{bmatrix} L_{dh} & L_{dqh} \\ L_{qdh} & L_{qh} \end{bmatrix} \cdot p \begin{bmatrix} i_{dh} \\ i_{qh} \end{bmatrix} \tag{4.5}$$

式中，L_{dqh} 和 L_{qdh} 是 d 轴和 q 轴之间由于交叉饱和导致的增量互感。

在大多数实际应用中[7]，为了简化分析，L_{dqh} 被认为等同于 L_{qdh}，因此电机的高频电压模型可以进一步简化为

$$\begin{bmatrix} v_{dh} \\ v_{qh} \end{bmatrix} = \begin{bmatrix} L_{dh} & L_{dqh} \\ L_{dqh} & L_{qh} \end{bmatrix} \cdot p \begin{bmatrix} i_{dh} \\ i_{qh} \end{bmatrix} \tag{4.6}$$

从上面的方程可以看出，高频电压模型中只包含增量电感。基于高频信号注入的无位置

估计算法可以将信号注入到估计的同步旋转坐标系也可以注入到静止坐标系中。他们的不同点只是信号注入的位置以及响应信号的提取上有所差异，本质上仍是基于式（4.6）进行的拓展。

4.2.2　估计同步旋转坐标系

在无位置传感器控制系统中，真实的转子位置是未知的，可以先假设一个转子位置 $\hat{\theta}_r$，其与真实转子之间的差可以定义为 $\Delta\theta=\theta_r-\hat{\theta}_r$，如图 4.4 所示。真实同步旋转坐标系与估计的同步旋转坐标系之间的关系可以通过变换矩阵 $\boldsymbol{T}(\Delta\theta)$ 来得到。

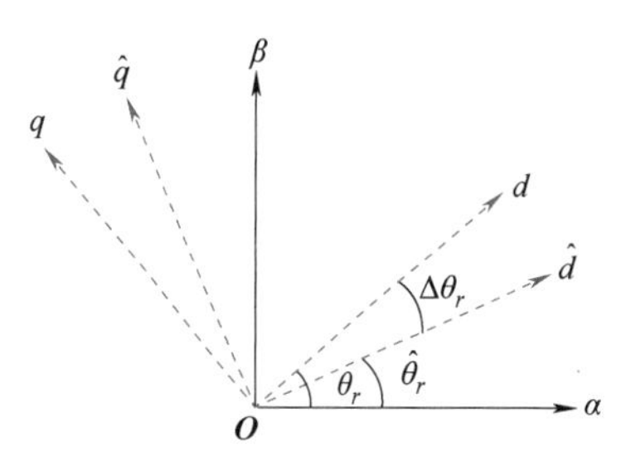

图 4.4　估计同步旋转坐标系和实际同步旋转坐标系示意图

$$\boldsymbol{T}(\Delta\theta)=\begin{bmatrix}\cos(\Delta\theta) & -\sin(\Delta\theta)\\ \sin(\Delta\theta) & \cos(\Delta\theta)\end{bmatrix} \tag{4.7}$$

$$\boldsymbol{T}^{-1}(\Delta\theta)=\begin{bmatrix}\cos(\Delta\theta) & \sin(\Delta\theta)\\ -\sin(\Delta\theta) & \cos(\Delta\theta)\end{bmatrix} \tag{4.8}$$

根据上述变换矩阵，在估计的同步旋转坐标系中的高频电压方程如下：

$$\begin{aligned}\begin{bmatrix}\hat{v}_{dh}\\ \hat{v}_{qh}\end{bmatrix}&=T(\Delta\theta)\begin{bmatrix}L_{dh} & L_{dqh}\\ L_{dqh} & L_{qh}\end{bmatrix}T^{-1}(\Delta\theta)\cdot p\begin{bmatrix}\hat{i}_{dh}\\ \hat{i}_{qh}\end{bmatrix}\\ &=\begin{bmatrix}L_{sa}-L_{sd}\cos2\Delta\theta-L_{dqh}\sin2\Delta\theta & -L_{sd}\sin2\Delta\theta+L_{dqh}\cos2\Delta\theta\\ -L_{sd}\sin2\Delta\theta+L_{dqh}\cos2\Delta\theta & L_{sa}+L_{sd}\cos2\Delta\theta+L_{dqh}\sin2\Delta\theta\end{bmatrix}\cdot p\begin{bmatrix}\hat{i}_{dh}\\ \hat{i}_{qh}\end{bmatrix}\end{aligned} \tag{4.9}$$

其中 L_{sa} 和 L_{sd} 分别是 dq 轴增量电感的和平均值与差平均值。

$$\begin{cases}L_{sa}=(L_{qh}+L_{dh})/2\\ L_{sd}=(L_{qh}-L_{dh})/2\end{cases} \tag{4.10}$$

通过求解式（4.9），估计转子同步坐标系中高频电流的微分值与注入电压值的关系为

$$\begin{aligned}p\begin{bmatrix}\hat{i}_{dh}\\ \hat{i}_{qh}\end{bmatrix}&=\begin{bmatrix}\dfrac{L_{sa}+L_{sd}\cos2\Delta\theta+L_{dqh}\sin2\Delta\theta}{L_{sa}^2-L_{sd}^2-L_{dqh}^2} & \dfrac{L_{sd}\sin2\Delta\theta-L_{dqh}\cos2\Delta\theta}{L_{sa}^2-L_{sd}^2-L_{dqh}^2}\\ \dfrac{L_{sd}\sin2\Delta\theta-L_{dqh}\cos2\Delta\theta}{L_{sa}^2-L_{sd}^2-L_{dqh}^2} & \dfrac{L_{sa}-L_{sd}\cos2\Delta\theta-L_{dqh}\sin2\Delta\theta}{L_{sa}^2-L_{sd}^2-L_{dqh}^2}\end{bmatrix}\cdot\begin{bmatrix}\hat{v}_{dh}\\ \hat{v}_{qh}\end{bmatrix}\\ &=\begin{bmatrix}\dfrac{L_{sa}+\sqrt{L_{sd}^2+L_{dqh}^2}\cos(2\Delta\theta+\theta_m)}{L_{dh}L_{qh}-L_{dqh}^2} & \dfrac{\sqrt{L_{sd}^2+L_{dqh}^2}\sin(2\Delta\theta+\theta_m)}{L_{dh}L_{qh}-L_{dqh}^2}\\ \dfrac{\sqrt{L_{sd}^2+L_{dqh}^2}\sin(2\Delta\theta+\theta_m)}{L_{dh}L_{qh}-L_{dqh}^2} & \dfrac{L_{sa}-\sqrt{L_{sd}^2+L_{dqh}^2}\cos(2\Delta\theta+\theta_m)}{L_{dh}L_{qh}-L_{dqh}^2}\end{bmatrix}\cdot\begin{bmatrix}\hat{v}_{dh}\\ \hat{v}_{qh}\end{bmatrix}\\ &=\begin{bmatrix}\dfrac{1}{L_p}+\dfrac{1}{L_n}\cos(2\Delta\theta+\theta_m) & \dfrac{1}{L_n}\sin(2\Delta\theta+\theta_m)\\ \dfrac{1}{L_n}\sin(2\Delta\theta+\theta_m) & \dfrac{1}{L_p}-\dfrac{1}{L_n}\cos(2\Delta\theta+\theta_m)\end{bmatrix}\cdot\begin{bmatrix}\hat{v}_{dh}\\ \hat{v}_{qh}\end{bmatrix}\end{aligned} \tag{4.11}$$

式中，θ_m 为交叉饱和角，与交叉饱和电感 L_{dqh} 有关。

$$\begin{cases} \theta_m = \arctan\left(\dfrac{-L_{dqh}}{L_{sd}}\right) \\ L_p = \dfrac{L_{dh}L_{qh}-L_{dqh}^2}{L_a} \\ L_n = \dfrac{L_{dh}L_{qh}-L_{dqh}^2}{\sqrt{L_{sd}^2+L_{dqh}^2}} \end{cases} \tag{4.12}$$

通常 $L_p \ll L_n$。

4.2.3 静止坐标系

根据式（4.6），借助于变换矩阵 $\boldsymbol{T}(\theta_r)$，可以得到静止坐标系中的高频电压方程为

$$\boldsymbol{T}(\theta_r) = \begin{bmatrix} \cos(\theta_r) & -\sin(\theta_r) \\ \sin(\theta_r) & \cos(\theta_r) \end{bmatrix} \tag{4.13}$$

$$\begin{aligned} \begin{bmatrix} v_{\alpha h} \\ v_{\beta h} \end{bmatrix} &= T(\theta_r)\begin{bmatrix} L_{dh} & L_{dqh} \\ L_{dqh} & L_{qh} \end{bmatrix} T^{-1}(\theta_r) \cdot p\begin{bmatrix} i_{\alpha h} \\ i_{\beta h} \end{bmatrix} \\ &= \begin{bmatrix} L_{sa}-L_{sd}\cos 2\theta_r-L_{dqh}\sin 2\theta_r & -L_{sd}\sin 2\theta_r+L_{dqh}\cos 2\theta_r \\ -L_{sd}\sin 2\theta_r+L_{dqh}\cos 2\theta_r & L_{sa}+L_{sd}\cos 2\theta_r+L_{dqh}\sin 2\theta_r \end{bmatrix} \cdot p\begin{bmatrix} i_{\alpha h} \\ i_{\beta h} \end{bmatrix} \end{aligned} \tag{4.14}$$

与前一节类似，上述公式可以通过变换得到静止坐标系下的电流微分与电压的关系为

$$p\begin{bmatrix} i_{\alpha h} \\ i_{\beta h} \end{bmatrix} = \begin{bmatrix} \dfrac{1}{L_p}+\dfrac{1}{L_n}\cos(2\theta_r+\theta_m) & \dfrac{1}{L_m}\sin(2\theta_r+\theta_m) \\ \dfrac{1}{L_n}\sin(2\theta_r+\theta_m) & \dfrac{1}{L_p}-\dfrac{1}{L_n}\cos(2\theta_r+\theta_m) \end{bmatrix} \cdot \begin{bmatrix} v_{\alpha h} \\ v_{\beta h} \end{bmatrix} \tag{4.15}$$

综上所述，根据估计同步旋转坐标系及静止坐标系下的高频电机模型，通过注入不同的高频信号即可实现无位置传感器控制。后续小节中将对这些方法进行详细介绍。

4.3 基于估计同步旋转坐标系的高频信号注入

根据估计同步旋转坐标系下的高频电机模型，可以在估计 d 轴或 q 轴注入高频电压信号[2,3]，并提取高频电流响应信号来进行位置估计。由于在 q 轴注入电压会引起较大的转矩脉动和噪声[8]，因此一般只在估计 d 轴注入信号[8]。本节将以估计 d 轴注入为例进行说明，其整体系统如图 4.5 所示，图中无位置传感器控制算法由信号解调和位置观测器两部分组成。通过对高频电流信号进行解调获得位置误差信号 $f(\Delta\theta)$，然后将其输入到位置观测器，最终生成转子位置和转速估计。

4.3.1 脉振正弦信号

高频正弦脉振信号[2]注入到估计的 d 轴可如图 4.6 所示。

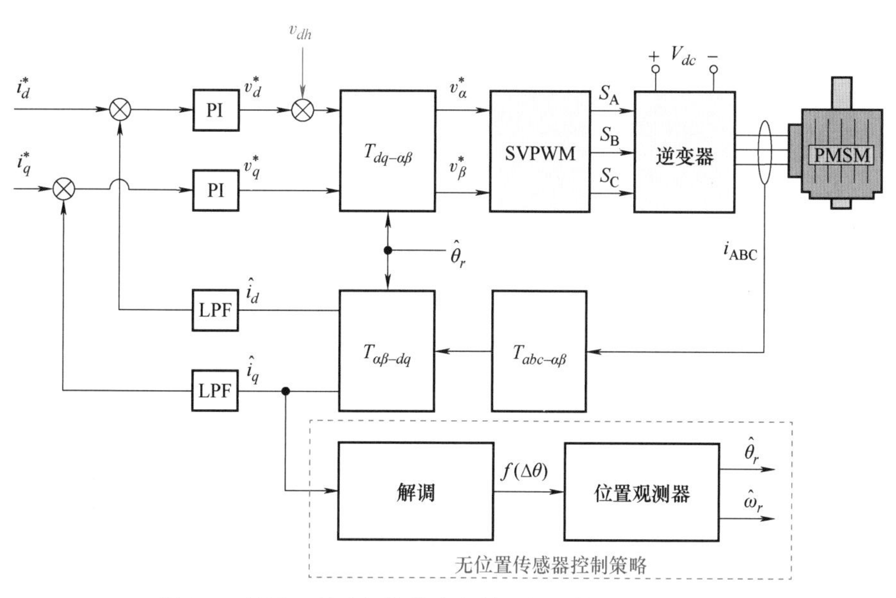

图 **4.5**　基于 d 轴脉振信号注入的无位置传感器控制框图

$$\begin{bmatrix}\hat{v}_{dh}\\ \hat{v}_{qh}\end{bmatrix}=V_h\begin{bmatrix}\cos\alpha\\ 0\end{bmatrix},\quad \alpha=\omega_h t \tag{4.16}$$

式中，V_h 和 ω_h 分别是注入电压信号的幅值和角频率。

估计同步旋转坐标系下的高频电流响应可以表示为

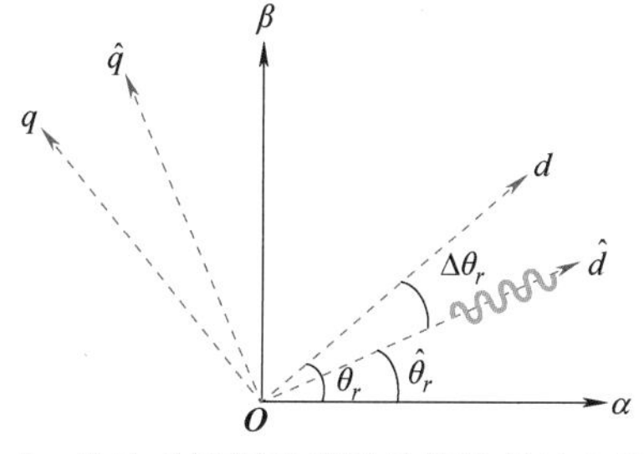

图 **4.6**　估计 d 轴下的正弦脉振信号注入示意图

$$p\begin{bmatrix}\hat{i}_{dh}\\ \hat{i}_{qh}\end{bmatrix}=\begin{bmatrix}\dfrac{1}{L_p}+\dfrac{1}{L_n}\cos(2\Delta\theta+\theta_m) & \dfrac{1}{L_n}\sin(2\Delta\theta+\theta_m)\\ \dfrac{1}{L_n}\sin(2\Delta\theta+\theta_m) & \dfrac{1}{L_p}-\dfrac{1}{L_n}\cos(2\Delta\theta+\theta_m)\end{bmatrix}\cdot V_h\begin{bmatrix}\cos\alpha\\ 0\end{bmatrix} \tag{4.17}$$

$$\begin{bmatrix}\hat{i}_{dh}\\ \hat{i}_{qh}\end{bmatrix}=\begin{bmatrix}\dfrac{V_h}{\omega_h L_p}+\dfrac{V_h}{\omega_h L_n}\cos(2\Delta\theta+\theta_m)\\ \dfrac{V_h}{\omega_h L_n}\sin(2\Delta\theta+\theta_m)\end{bmatrix}\cdot\sin\alpha=\begin{bmatrix}I_p+I_n\cos(2\Delta\theta+\theta_m)\\ I_n\sin(2\Delta\theta+\theta_m)\end{bmatrix}\cdot\sin\alpha \tag{4.18}$$

$$I_p=\frac{V_h}{\omega_h L_p},\quad I_n=\frac{V_h}{\omega_h L_n} \tag{4.19}$$

如式（4.18）所示，高频电流响应中含有转子位置误差信号 $\Delta\theta$。为了提取位置信息，需要对电流响应进行解调，如图 4.7 所示。

在上述解调过程中，首先采样得到的定子三相电流被变换到估计转子同步旋转坐标系；然后，变换后的电流 $\hat{i}_{dq}$ 经过高通滤波器，得到高频电流响应 $\hat{i}_{dqh}$。高通滤波器的截止频率要

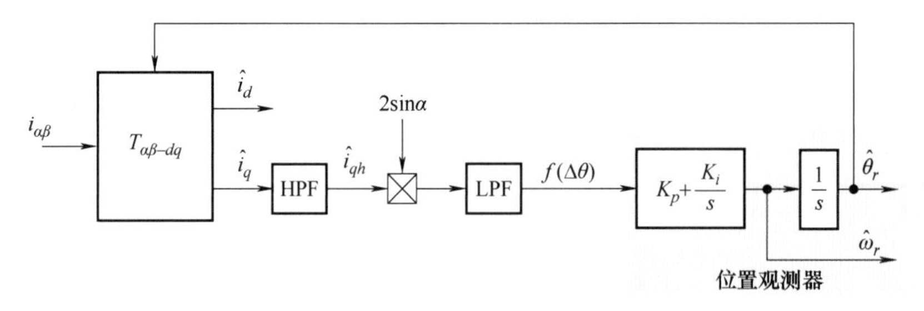

图 4.7　正弦脉振信号注入的解调过程

低于注入频率、高于基波频率，以便有效提取出电流响应里的高频分量。高频响应电流 $\hat{i}_{dqh}$ 的幅值可以用式（4.20）的方法得到。

$$|\hat{i}_{dqh}|=\begin{bmatrix}|\hat{i}_{dh}|\\|\hat{i}_{qh}|\end{bmatrix}=\text{LPF}\left(\begin{bmatrix}\hat{i}_{dh}\\\hat{i}_{qh}\end{bmatrix}\cdot 2\sin\alpha\right)=\begin{bmatrix}I_p+I_n\cos(2\Delta\theta+\theta_m)\\I_n\sin(2\Delta\theta+\theta_m)\end{bmatrix} \tag{4.20}$$

如式（4.20）所示，低通滤波器（LPF）用于滤除电流响应中的不含有位置信息的高频成分。其截止频率应低于注入频率，同时过于低的截止频率会影响动态性能，因此应选择适当的截止频率。这部分内容将在第 4.5.2 节中进一步讨论。

从式（4.20）得到，估计 q 轴的高频电流幅值可以作为位置观测器的输入

$$f(\Delta\theta)=|\hat{i}_{qh}|=I_n\sin(2\Delta\theta+\theta_m) \tag{4.21}$$

通过位置观测器，$f(\Delta\theta)$ 可被调节至零。

$$f(\Delta\theta)=I_n\sin(2\Delta\theta+\theta_m)=0 \tag{4.22}$$

当位置观测器将 $f(\Delta\theta)$ 控制为零时，估计位置应与实际转子位置保持一致。但是由于交叉饱和效应，$f(\Delta\theta)$ 中将含有一个角度 θ_m，导致产生估计位置误差 $\theta_m/2$，该角度的幅值主要取决于负载的大小。该效应及其补偿方法将在第 5 章中详细介绍。

4.3.2　脉振方波信号

与脉振正弦信号注入类似，脉振方波信号注入[3]也可以用来进行转子位置估计。方波信号注入的频率可以达到开关频率，而正弦波信号注入最大理论值只为开关频率的 1/2，考虑电压的畸变等因素，实际能注入的频率会更低[4]。对基于方波信号注入的无位置传感器控制来说，因为注入频率高，解调过程得到简化，位置估计带宽提高，动态响应更快。在本节中，与脉振正弦信号注入类似，将以估计 d 轴注入方波信号为例进行说明。

首先，脉振方波信号注入到估计 d 轴如图 4.8 所示。

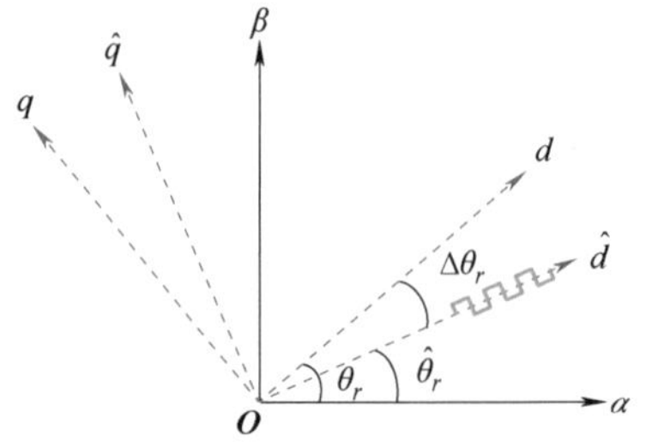

图 4.8　估计 d 轴下的脉振方波信号注入示意图

注入的脉振方波信号表达式如下：

$$\begin{bmatrix}\hat{v}_{dh}\\\hat{v}_{qh}\end{bmatrix}=\begin{bmatrix}V_h\cdot(-1)^n\\0\end{bmatrix},\quad n=0,1,2,\cdots \tag{4.23}$$

n 代表注入方波电压的个数，注入的波形序列如图 4.9 所示。

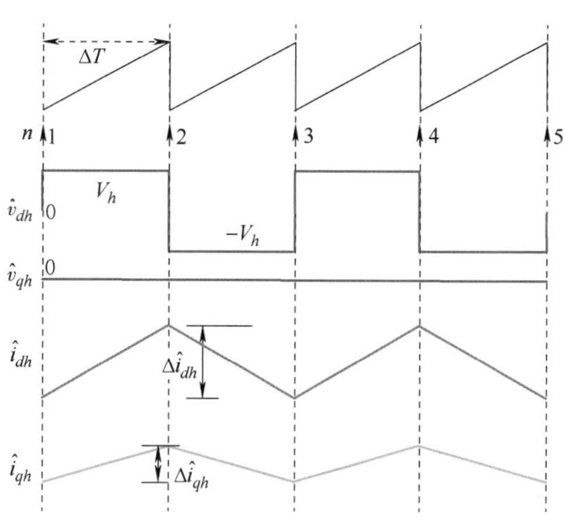

图 4.9　脉振方波电压注入的时序说明

ΔT 是注入方波信号的周期，V_h 是注入方波信号的幅值。基于方波注入的高频电流响应可以表示为

$$\begin{bmatrix} \hat{i}_{dh} \\ \hat{i}_{qh} \end{bmatrix} = \begin{bmatrix} \dfrac{1}{L_p}+\dfrac{1}{L_n}\cos(2\Delta\theta+\theta_m) \\ \dfrac{1}{L_n}\sin(2\Delta\theta+\theta_m) \end{bmatrix} \cdot \int \begin{bmatrix} \hat{v}_{dh} \\ \hat{v}_{qh} \end{bmatrix} \mathrm{d}t \tag{4.24}$$

代入方波注入电压表达式（4.23），每个方波注入前后采样点之间的电流变化值可以表示为

$$\begin{bmatrix} \Delta\hat{i}_{dh} \\ \Delta\hat{i}_{qh} \end{bmatrix} = V_h \Delta T \begin{bmatrix} \dfrac{1}{L_p}+\dfrac{1}{L_n}\cos(2\Delta\theta+\theta_m) \\ \dfrac{1}{L_n}\sin(2\Delta\theta+\theta_m) \end{bmatrix} \cdot (-1)^{n-1}, \quad n=1,2,3,\cdots \tag{4.25}$$

基于脉振方波电压注入的电流信号解调和位置估计框图如图 4.10 所示。

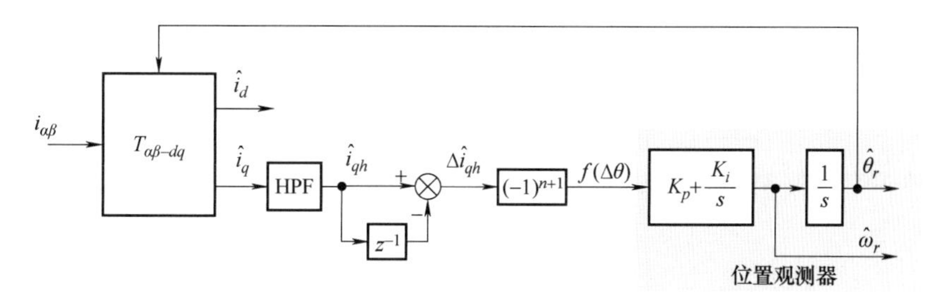

图 4.10　基于脉振方波电压注入的电流信号解调和位置估计框图

与脉振正弦信号注入的解调方法类似，定子三相电流被变换到估计的转子同步旋转坐标系，然后经过高通滤波器得到高频电流，再计算前后两个采样时间点的电流差，

如式（4.26）所示。

$$\begin{bmatrix} \Delta\hat{i}_{dh}(k) \\ \Delta\hat{i}_{qh}(k) \end{bmatrix} \approx \begin{bmatrix} \hat{i}_{dh}(k) \\ \hat{i}_{qh}(k) \end{bmatrix} - \begin{bmatrix} \hat{i}_{dh}(k-1) \\ \hat{i}_{qh}(k-1) \end{bmatrix} \tag{4.26}$$

如果注入的方波频率与PWM频率相同，可以近似认为相邻两个采样点之间基波保持不变。因此高频电流变化量的计算可以得到简化，无需使用滤波器。

$$\begin{bmatrix} \hat{i}_{dh}(k) \\ \hat{i}_{qh}(k) \end{bmatrix} \approx \begin{bmatrix} \hat{i}_{d}(k) \\ \hat{i}_{q}(k) \end{bmatrix} - \begin{bmatrix} \hat{i}_{d}(k-1) \\ \hat{i}_{q}(k-1) \end{bmatrix} \tag{4.27}$$

$$\begin{bmatrix} \Delta\hat{i}_{dh}(k) \\ \Delta\hat{i}_{qh}(k) \end{bmatrix} \approx \begin{bmatrix} \hat{i}_{dh}(k) \\ \hat{i}_{qh}(k) \end{bmatrix} - \begin{bmatrix} \hat{i}_{dh}(k-1) \\ \hat{i}_{qh}(k-1) \end{bmatrix} \tag{4.28}$$

在获得高频电流的变化量后，估计 q 轴电流变化量与位置估计误差之间存在如下关系：

$$f(\Delta\theta) = \Delta\hat{i}_{qh} \cdot (-1)^{n+1} = \frac{V_h \Delta T}{L_n}\sin(2\Delta\theta+\theta_m) \tag{4.29}$$

通过观测器将误差信号 $f(\Delta\theta)$ 调节至零，即可以得到收敛后的估计转子位置。与脉振正弦信号注入方法一样，由于交叉饱和效应，估计的转子位置依然存在大小为 $\theta_m/2$ 的误差。

4.4 基于静止坐标系的高频信号注入

根据式（4.15）描述的永磁电机模型，旋转[1]或者脉振信号[5,6]也可以注入到静止坐标系用于位置估算。图4.11描述了基于静止坐标系注入的无位置传感器控制框图。

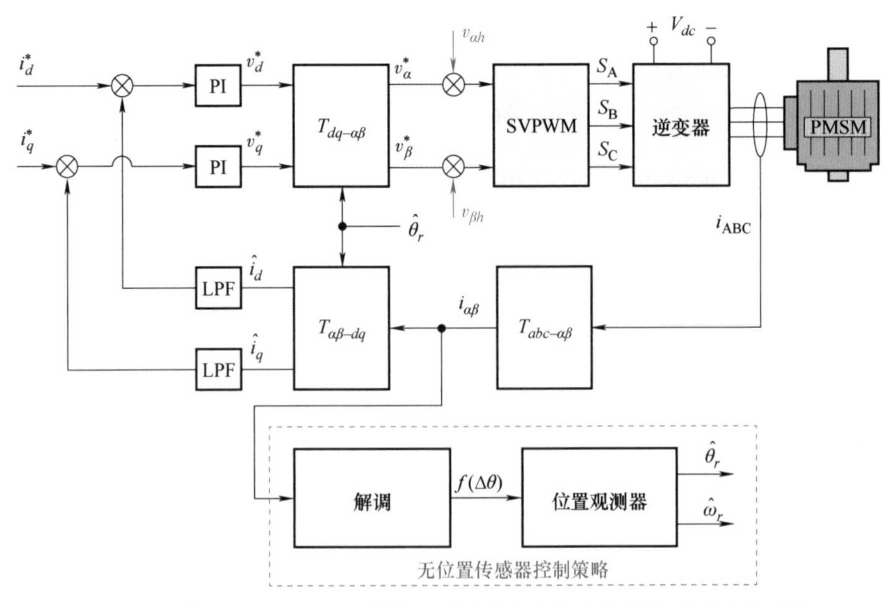

图4.11　静止坐标系下基于旋转正弦信号注入的无位置传感器控制框图

4.4.1　旋转正弦信号注入

旋转正弦信号注入的实现需要在静止坐标系中注入正交高频信号，如式（4.30）所示

$$\begin{bmatrix} v_{\alpha h} \\ v_{\beta h} \end{bmatrix} = V_h \begin{bmatrix} \cos\alpha \\ \sin\alpha \end{bmatrix}, \quad \alpha = \omega_h t \tag{4.30}$$

式中，V_h 和 ω_h 是注入信号的幅值和角频率。

信号的注入如图 4.12 所示。

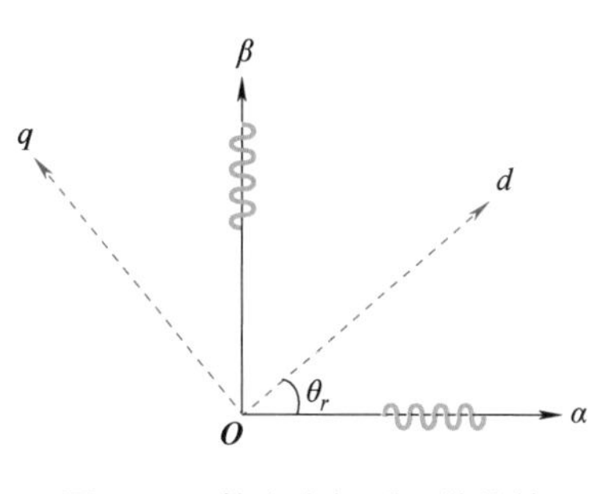

图 4.12　静止坐标系下的旋转正弦信号注入示意图

注入后的高频电流响应微分如式（4.31）所示：

$$p\begin{bmatrix} i_{\alpha h} \\ i_{\beta h} \end{bmatrix} = \begin{bmatrix} \frac{1}{L_p}+\frac{1}{L_n}\cos(2\theta_r+\theta_m) & \frac{1}{L_n}\sin(2\theta_r+\theta_m) \\ \frac{1}{L_n}\sin(2\theta_r+\theta_m) & \frac{1}{L_p}-\frac{1}{L_n}\cos(2\theta_r+\theta_m) \end{bmatrix} \cdot V_h \begin{bmatrix} \cos\alpha \\ \sin\alpha \end{bmatrix} \tag{4.31}$$

基于上式，静止坐标系下的高频电流响应可以推导为

$$\begin{bmatrix} i_{\alpha h} \\ i_{\beta h} \end{bmatrix} = \frac{V_h}{\omega_h} \begin{bmatrix} \frac{1}{L_p}+\frac{1}{L_n}\cos(2\theta_r+\theta_m) & \frac{1}{L_n}\sin(2\theta_r+\theta_m) \\ \frac{1}{L_n}\sin(2\theta_r+\theta_m) & \frac{1}{L_p}-\frac{1}{L_n}\cos(2\theta_r+\theta_m) \end{bmatrix} \cdot \begin{bmatrix} \sin\alpha \\ -\cos\alpha \end{bmatrix} \tag{4.32}$$

$$\begin{bmatrix} i_{\alpha h} \\ i_{\beta h} \end{bmatrix} = \begin{bmatrix} I_p\cos\left(\alpha-\frac{\pi}{2}\right) \\ I_p\sin\left(\alpha-\frac{\pi}{2}\right) \end{bmatrix} + \begin{bmatrix} I_n\cos\left(-\alpha+2\theta_r+\theta_m+\frac{\pi}{2}\right) \\ I_n\sin\left(-\alpha+2\theta_r+\theta_m+\frac{\pi}{2}\right) \end{bmatrix} \tag{4.33}$$

$$I_p = \frac{V_h}{\omega_h L_p}, \quad I_n = \frac{V_h}{\omega_h L_n} \tag{4.34}$$

注入的高频电压信号以及电流响应可以用复矢量表示为

$$\boldsymbol{v}_{\alpha\beta h} = V_h \mathrm{e}^{\mathrm{j}\alpha}, \quad \alpha = \omega_h t \tag{4.35}$$

$$\boldsymbol{i}_{\alpha\beta h} = i_p + i_n = I_p \mathrm{e}^{\mathrm{j}(\alpha-\pi/2)} + I_n \mathrm{e}^{\mathrm{j}(-\alpha+2\theta_r+\theta_m+\pi/2)} \tag{4.36}$$

如式（4.36）所示，高频电流由正序电流和负序电流构成，正序电流的频率与注入信号的频率一致，负序电流矢量旋转方向与注入电压矢量相反，且含有转子位置信息。因此，转子位置可从负序电流中进行提取。

为了从负序高频电流响应中提取转子位置，需要对其进行解调，如图 4.13 所示。

如图 4.13 所示，首先利用带通滤波器从定子电流中得到高频电流响应。然后，通过将高频电流进行坐标变换，使正序分量变为高频信号，负序分量变为直流信号。最后通过低通滤波获得负序分量用于位置估计。高频电流响应的解调过程表示为

$$\boldsymbol{i}_{\alpha\beta h} \mathrm{e}^{\mathrm{j}(\alpha-2\hat{\theta}_r-\pi/2)} = I_p \mathrm{e}^{\mathrm{j}(2\alpha-2\hat{\theta}_r-\pi)} + I_n \mathrm{e}^{\mathrm{j}(2\Delta\theta+\theta_m)} \tag{4.37}$$

$$\hat{i}_n = \mathrm{LPF}(i_{\alpha\beta h} \mathrm{e}^{\mathrm{j}(\alpha-2\hat{\theta}_r-\pi/2)}) = I_n \mathrm{e}^{\mathrm{j}(2\Delta\theta+\theta_m)} \tag{4.38}$$

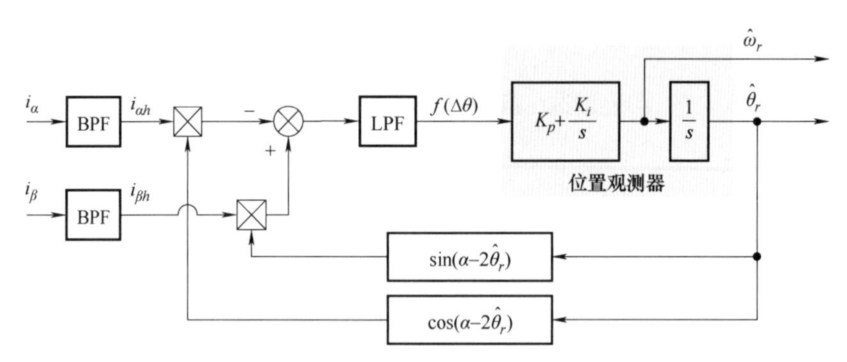

图 4.13　基于旋转正弦信号注入的转子位置估计解调方法

解调后的负序分量表达为

$$\hat{i}_n = I_n e^{j(2\Delta\theta+\theta_m)} \tag{4.39}$$

$$\begin{bmatrix} \hat{i}_{nd} \\ \hat{i}_{nq} \end{bmatrix} = I_n \begin{bmatrix} \cos(2\Delta\theta+\theta_m) \\ \sin(2\Delta\theta+\theta_m) \end{bmatrix} \tag{4.40}$$

式中，$\hat{i}_{nq}$被作为位置观测器的输入

$$f(\Delta\theta) = \hat{i}_{nq} = I_n \sin(2\Delta\theta+\theta_m) \tag{4.41}$$

误差信号$f(\Delta\theta)$ 被位置观测器调节至零，从而估计出转子位置。

$$f(\Delta\theta) = \hat{i}_{nq} = I_n \sin(2\Delta\theta+\theta_m) = 0 \tag{4.42}$$

在式（4.42）中，与前述的脉振信号注入方法一样，交叉饱和效应会在$f(\Delta\theta)$ 中引入一个误差角度 θ_m。

4.4.2　脉振正弦信号

如 3.4.1 节所述，传统的旋转正弦信号注入方法是在静止坐标系下注入平衡的三相电压来形成一个旋转激励信号。但是其信号处理过程相对复杂，而且滤波器的使用会降低动态性能。

因此，本节介绍一种在静止坐标系下注入脉振高频电压的转子位置估计方法[5]。由于基于脉振信号注入的转子位置估计只需要提取高频电流的幅值，相比旋转信号注入，可以获得更好的动态响应。

4.4.2.1　数学模型

首先，高频脉振正弦信号注入到定子静止坐标系 α 轴，如图 4.14 所示。

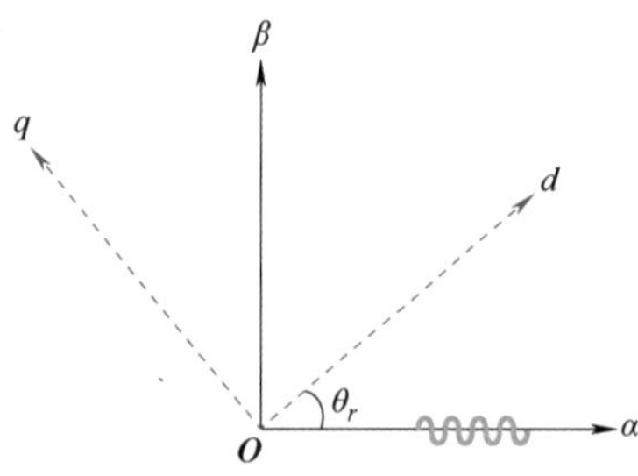

图 4.14　静止坐标系下高频脉振正弦信号注入示意图

注入的高频脉振信号可以表示为

$$\begin{bmatrix} v_{\alpha h} \\ v_{\beta h} \end{bmatrix} = V_h \begin{bmatrix} \cos\alpha \\ 0 \end{bmatrix},\quad \alpha = \omega_h t \tag{4.43}$$

静止坐标系下的高频电流响应微分可以求解得到

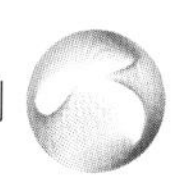

$$p\begin{bmatrix} i_{\alpha h} \\ i_{\beta h} \end{bmatrix} = \begin{bmatrix} \frac{1}{L_p}+\frac{1}{L_n}\cos(2\theta_r+\theta_m) & \frac{1}{L_n}\sin(2\theta_r+\theta_m) \\ \frac{1}{L_n}\sin(2\theta_r+\theta_m) & \frac{1}{L_p}-\frac{1}{L_n}\cos(2\theta_r+\theta_m) \end{bmatrix} \cdot V_h \begin{bmatrix} \cos\alpha \\ 0 \end{bmatrix} \tag{4.44}$$

求解上式，可以得到高频电流响应为

$$\begin{bmatrix} i_{\alpha h} \\ i_{\beta h} \end{bmatrix} = \begin{bmatrix} \frac{V_h}{\omega_h L_p}+\frac{V_h}{\omega_h L_n}\cos(2\theta_r+\theta_m) \\ \frac{V_h}{\omega_h L_n}\sin(2\theta_r+\theta_m) \end{bmatrix} \cdot \sin\alpha = \begin{bmatrix} I_p+I_n\cos(2\theta_r+\theta_m) \\ I_n\sin(2\theta_r+\theta_m) \end{bmatrix} \cdot \sin\alpha \tag{4.45}$$

$$\begin{cases} I_p = \frac{V_h}{\omega_h L_p} \\ I_n = \frac{V_h}{\omega_h L_n} \end{cases} \tag{4.46}$$

从表达式可以看到，静止坐标系下的高频电流响应由转子位置进行幅值调制。

从高频电流幅值中提取出转子位置的解调过程如图 4. 15 所示。

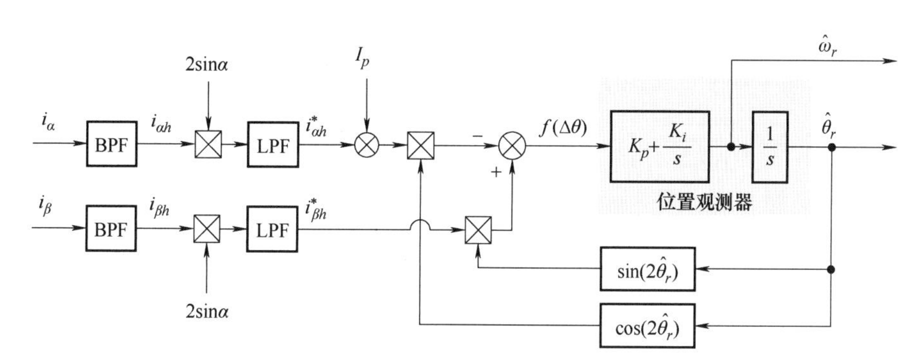

图 4. 15　静止坐标系下脉振正弦信号注入的无位置传感器控制方法

将提取得到的高频电流乘以调制波 2sinα，然后经过低通滤波可以得到高频电流的幅值为

$$\begin{bmatrix} |i_{\alpha h}| \\ |i_{\beta h}| \end{bmatrix} = \mathrm{LPF}\left(\begin{bmatrix} i_{\alpha h} \\ i_{\beta h} \end{bmatrix} \cdot 2\sin\alpha\right) = \begin{bmatrix} I_p+I_n\cos(2\theta_r+\theta_m) \\ I_n\sin(2\theta_r+\theta_m) \end{bmatrix} = \begin{bmatrix} I_p \\ 0 \end{bmatrix} + \begin{bmatrix} i^{**}_{\alpha h} \\ i^{**}_{\beta h} \end{bmatrix} \tag{4.47}$$

考虑 I_p 和 θ_m 被预先测量并进行补偿，则有

$$\begin{bmatrix} i^*_{\alpha h} \\ i^*_{\beta h} \end{bmatrix} = \begin{bmatrix} I_n\cos(2\theta_r) \\ I_n\sin(2\theta_r) \end{bmatrix} \tag{4.48}$$

位置误差信号可以表示为

$$f(\Delta\theta) = -i^*_{\alpha h}\sin(2\hat{\theta}_r)+i^*_{\beta h}\cos(2\hat{\theta}_r) - I_n\sin(2\Delta\theta) \tag{4.49}$$

根据式（4. 49），如图 4. 15 所示，通过位置观测器将 $f(\Delta\theta)$ 调节为零，即可估计出转子位置。

上述方法是将脉振信号注入到 α 轴，同理也可以将脉振信号注入到 β 轴，如下式所示：

$$\begin{bmatrix} v_{\alpha h} \\ v_{\beta h} \end{bmatrix} = V_h \begin{bmatrix} 0 \\ \cos\alpha \end{bmatrix}, \quad \alpha = \omega_h t \tag{4.50}$$

脉振信号注入到 β 轴后的高频电流响应微分为

$$p\begin{bmatrix} i_{\alpha h} \\ i_{\beta h} \end{bmatrix} = \begin{bmatrix} \dfrac{1}{L_p}+\dfrac{1}{L_n}\cos(2\theta_r+\theta_m) & \dfrac{1}{L_n}\sin(2\theta_r+\theta_m) \\ \dfrac{1}{L_n}\sin(2\theta_r+\theta_m) & \dfrac{1}{L_p}-\dfrac{1}{L_n}\cos(2\theta_r+\theta_m) \end{bmatrix} \cdot V_h \begin{bmatrix} 0 \\ \cos\alpha \end{bmatrix} \tag{4.51}$$

最终，高频电流响应可以求解得到

$$\begin{bmatrix} i_{\alpha h} \\ i_{\beta h} \end{bmatrix} = \begin{bmatrix} I_n\sin(2\theta_r+\theta_m) \\ I_p - I_n\cos(2\theta_r+\theta_m) \end{bmatrix} \cdot \sin\alpha = \left(\begin{bmatrix} 0 \\ I_p \end{bmatrix} + \begin{bmatrix} i_{\beta h}^{**} \\ -i_{\alpha h}^{**} \end{bmatrix} \right) \cdot \sin\alpha \tag{4.52}$$

与在 α 轴的脉振信号注入类似，式（4.52）中的高频电流响应也是转子位置对幅值调制，因此可以使用同样的解调方式。

4.4.2.2 I_p 预测与补偿

根据上面的描述，需要补偿 I_p 以进行转子位置提取，其中 I_p 表示为

$$I_p = \frac{V_h}{\omega_h L_p} = \frac{V_h L_{sa}}{\omega_h (L_{dh} L_{qh} - L_{dqh}^2)} \tag{4.53}$$

如式（4.53）所示，I_p 与电机电感大小有关，与注入电压与频率之比成正比。式中 L_p 的大小，基本不受到 i_q 的影响。根据预先测量的电感值，可以设计一个查找表对 I_p 进行补偿。基于样机 IPMSM-Ⅰ（参数见附录 B），测量得到的 I_p 在不同基波电流下的曲线如图 4.16 所示。在 i_d 电流一定的情况下，I_p 随 i_q 的变化不大。

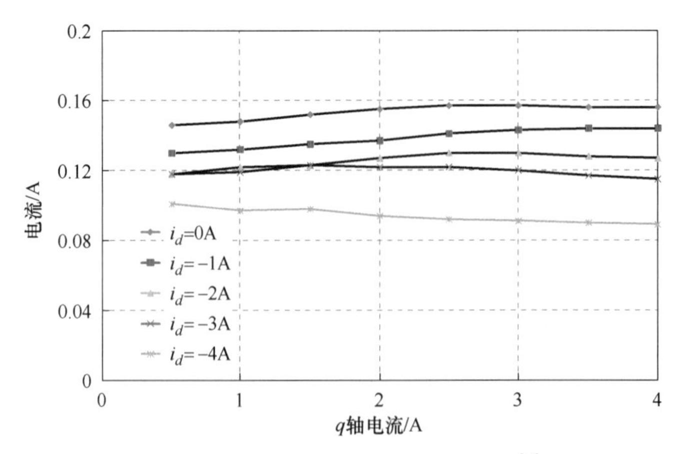

图 4.16　不同基波电流下的 I_p 测量值[5]

对于运行在低速区域的电机，由于无需进行弱磁，i_d 一般为负且保持不变。因此可以用查表的方式来得到 I_p，并用于电机起动。

然而，当电机转速升高到一定程度后，如 10r/min，可能会需要不同的 i_d 值。由于不同 i_d 下自感和互感会产生变化，计算所有不同电流条件下的 I_p 难以实现。不过，式（4.47）中 $i_{\alpha h}^{**}$ 信号是正弦波形而 I_p 是直流偏置常数，因此可以通过对 $i_{\alpha h}^{**}$ 进行低通滤波来得到 I_p。基于此，解调过程可以进行调整，如图 4.17 所示。为了滤除交流分量，得到 I_p 值，需要根据反馈转速大小在线调整低通滤波器的截止频率，最大 LPF 的截止频率应为交流分量频率的 20%。当 i_d 不变时，I_p 也基本保持固定，因此在起动阶段通过低通滤波得到的 I_p 值可以存储起来继续使用。这种获取 I_p 的方法不需要事先测量电机参数，优于前述离线制作查表的方式。

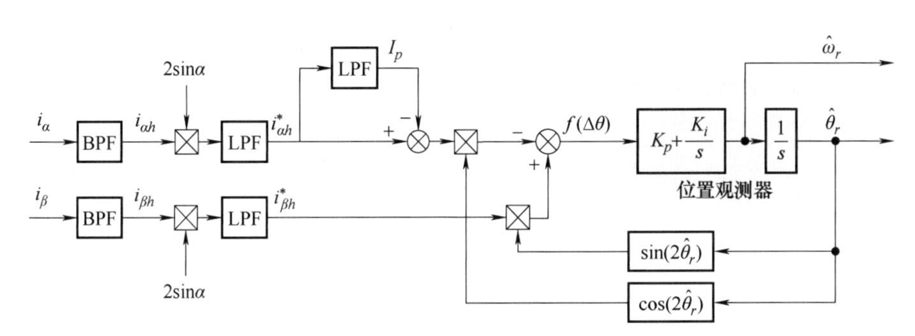

图 4.17　带有 I_p 估计的静止坐标系脉振信号注入转子位置估计方法

分离出 I_p 后的高频电流响应表示为

$$\begin{bmatrix} i_{\alpha h}^{**} \\ i_{\beta h}^{**} \end{bmatrix} = \begin{bmatrix} I_n\cos(2\theta_r+\theta_m) \\ I_n\sin(2\theta_r+\theta_m) \end{bmatrix} \tag{4.54}$$

从式（4.54）可以看到，$i_{\alpha\beta h}^{**}$ 的相位由转子位置和交叉饱和角 θ_m 构成。通过补偿与负载有关的交叉饱和误差就可以得到准确的转子位置。

4.4.2.3　实验结果

基于静止坐标系脉振信号注入的无位置传感器算法，本节对其进行了实验验证，样机 IPMSM-Ⅰ参数见附录 B。为了获得较好的位置估计性能，注入电压的幅值选择为 12V，注入电压的频率选择为 330Hz。详细的注入信号幅值和频率选择方法将在第 5 章中介绍。

如式（4.54）所示，交叉饱和效应会造成转子位置的估计误差。因此，根据将在第 5 章中介绍的交叉饱和补偿策略[7]，在稳态 50r/min、q 轴电流为 1A 的条件下，补偿前后的转子位置估计值如图 4.18a 所示。图 4.18b 则显示了转速从 −50 ~ 50r/min，然后再回到 −50r/min 的动态性能。可以发现，在补偿前存在明显的转子位置估计误差，而补偿之后估计位置可以跟踪上真实的转子位置，误差接近为零。

图 4.19a 显示了转子初始速度为零、阶跃变为 25r/min 和 50r/min 时的动态性能测试结果。与脉振正弦信号注入的动态性能（见图 4.20a）和旋转正弦信号注入的动态性能（见图 4.20b）相比，可以得出结论：静止坐标系脉振正弦信号注入策略的动态性能与脉振正弦信号注入策略相似，并优于旋转正弦信号注入策略。图 4.19b 显示了在阶跃负载条件下的动

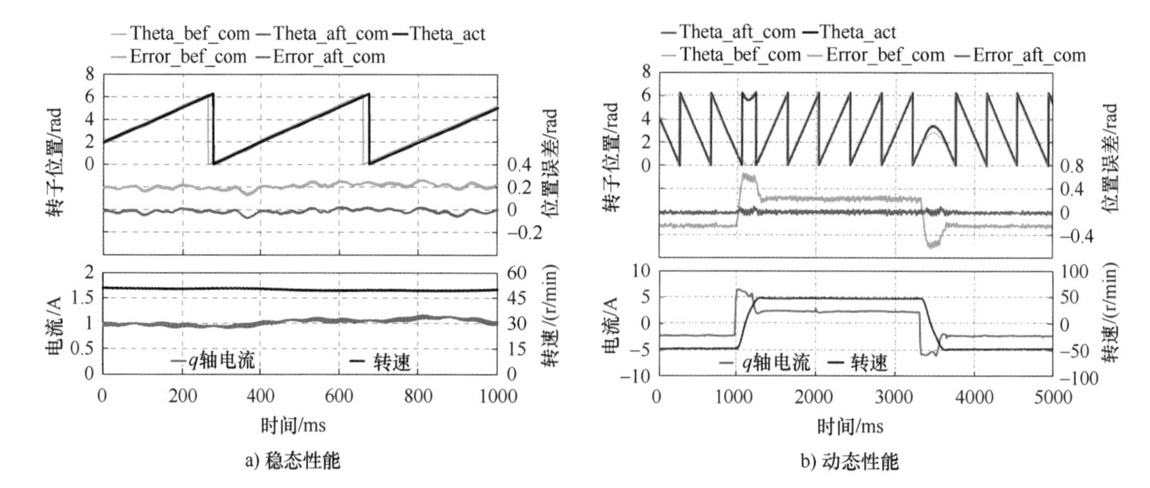

a) 稳态性能

b) 动态性能

图 4.18　交叉饱和效应的补偿效果[5]

（Theta_aft_com：交叉饱和效应补偿后的估计转子位置，Theta_bef_com：交叉饱和效应补偿前的估计转子位置，Error_aft_com：交叉饱和效应补偿后的转子位置估计误差，Error_bef_com：交叉饱和效应补偿前的转子位置估计误差）

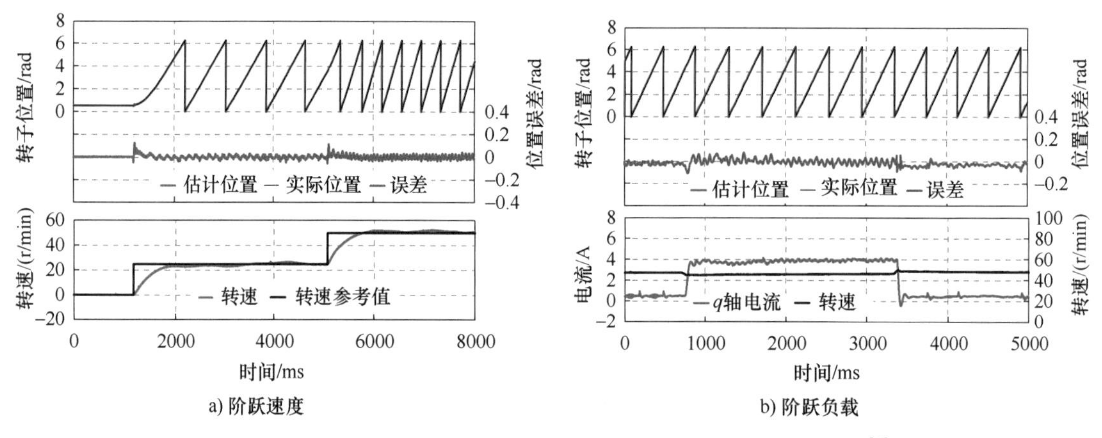

a) 阶跃速度

b) 阶跃负载

图 4.19　静止坐标系脉振信号注入无位置传感器算法的动态性能[5]

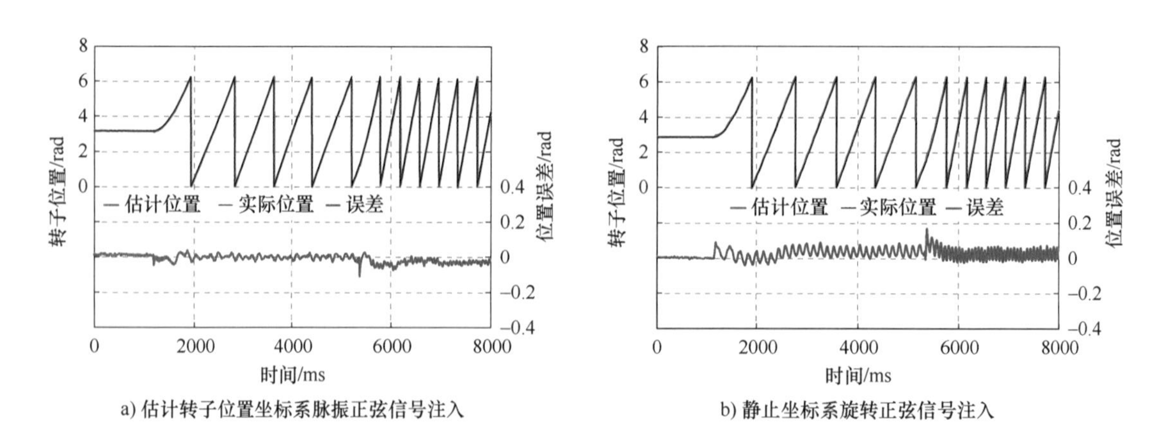

a) 估计转子位置坐标系脉振正弦信号注入

b) 静止坐标系旋转正弦信号注入

图 4.20　估计转子位置脉振正弦信号和静止坐标系旋转正弦信号注入算法的动态性能对比[5]

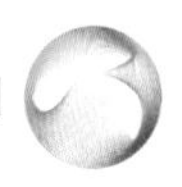

态性能，即 q 轴电流从 0.5A 阶跃为满载 4A，然后以 50r/min 的速度变回 0.5A。从实验结果可以看出，静止坐标系脉振正弦信号注入策略在不同速度和负载条件下都具有出色的动态性能。

4.4.3　脉振方波信号

4.4.3.1　数学模型

为了扩展应用带宽，可以在静止坐标系下注入高频脉振方波信号[6]。如图 4.21 所示，将式（4.55）中的高频脉动方波电压信号注入 α 轴。

$$\begin{bmatrix} v_{\alpha h} \\ v_{\beta h} \end{bmatrix} = \begin{bmatrix} V_h \cdot (-1)^n \\ 0 \end{bmatrix}, \quad n=0,1,2,\cdots \tag{4.55}$$

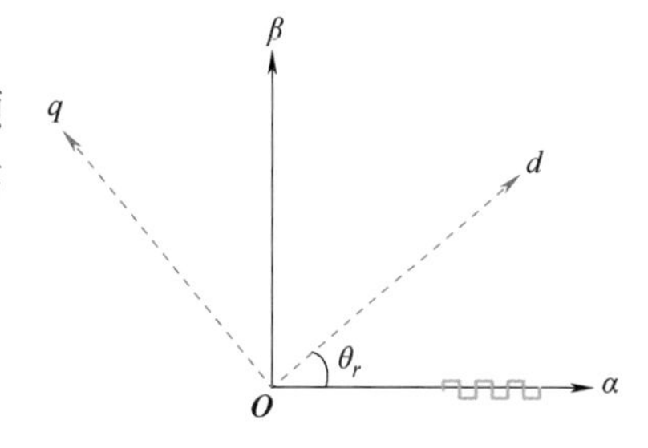

图 4.21　静止坐标系脉振方波信号注入示意图

其中，n 是注入方波电压的个数。由于注入方波电压导致的静止坐标系高频电流响应的变化量可以求解得到

$$\begin{bmatrix} \Delta i_{\alpha h} \\ \Delta i_{\beta h} \end{bmatrix} = V_h \Delta T \begin{bmatrix} \dfrac{1}{L_p} + \dfrac{1}{L_n}\cos(2\theta_r+\theta_m) \\ \dfrac{1}{L_n}\sin(2\theta_r+\theta_m) \end{bmatrix} \cdot (-1)^{n-1}, \quad n=1,2,3,\cdots \tag{4.56}$$

从式（4.56）可以看到，电流变化量的正负与注入时刻方波电压的极性有关，为了消除电压极性的影响，需对计算得到的电流变化量乘以 $(-1)^{n+1}$，如式（4.57）所示。

$$\Delta i^*_{\alpha\beta h} = \Delta i_{\alpha\beta h} \cdot (-1)^{n+1} \tag{4.57}$$

$$\begin{bmatrix} \Delta i^*_{\alpha h} \\ \Delta i^*_{\beta h} \end{bmatrix} = \begin{bmatrix} \dfrac{V_h \Delta T}{L_p} + \dfrac{V_h \Delta T}{L_n}\cos(2\theta_r+\theta_m) \\ \dfrac{V_h \Delta T}{L_n}\sin(2\theta_r+\theta_m) \end{bmatrix} = \begin{bmatrix} I_p^{SQ} \\ 0 \end{bmatrix} + \begin{bmatrix} \Delta i^{**}_{\alpha h} \\ \Delta i^{**}_{\beta h} \end{bmatrix} \tag{4.58}$$

$$\begin{bmatrix} \Delta i^{**}_{\alpha h} \\ \Delta i^{**}_{\beta h} \end{bmatrix} = \begin{bmatrix} I_n^{SQ}\cos(2\theta_r+\theta_m) \\ I_n^{SQ}\sin(2\theta_r+\theta_m) \end{bmatrix} \tag{4.59}$$

$$I_p^{SQ} = \frac{V_h \Delta T}{L_p}, \quad I_n^{SQ} = \frac{V_h \Delta T}{L_n} \tag{4.60}$$

从式（4.58）可以看到，处理后的 $\Delta i^{**}_{\alpha h}$ 和 $\Delta i^{**}_{\beta h}$ 含有转子位置。与静止坐标系下的正弦脉振信号注入方法类似，若式（4.60）中的 I_p^{SQ} 能够被消除，且交叉饱和效应能被补偿，就可以估计到准确的转子位置。转子位置误差信号为

$$f_1(\Delta\theta) = -\Delta i^{**}_{\alpha h}\sin(2\hat{\theta}_r) + \Delta i^{**}_{\beta h}\cos(2\hat{\theta}_r) = I_n\sin(2\Delta\theta) \tag{4.61}$$

从式（4.61）得到的误差信号，可以输入位置观测器进行调节，随着误差信号收敛到零，也就可以输出估计的转子位置，对应的转子位置估计算法框图如图 4.22 所示。

同理，脉振方波信号也可以注入到 β 轴，对应的注入信号如式（4.62）所示。

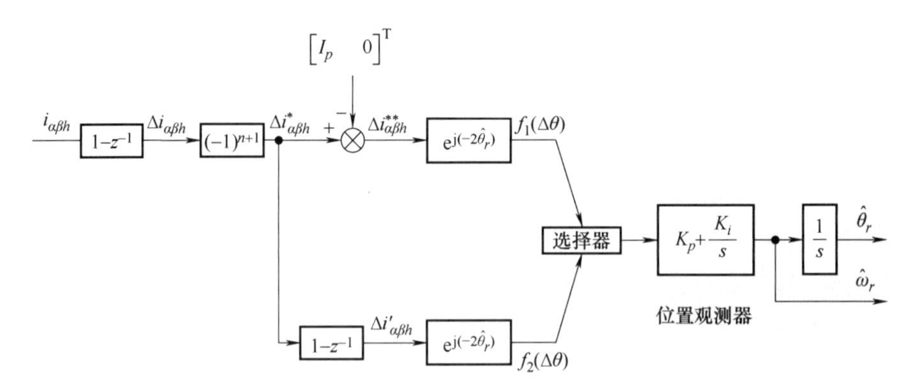

图 4.22　静止坐标系脉振方波信号注入的无位置传感器控制算法

$$\begin{bmatrix} v_{\alpha h} \\ v_{\beta h} \end{bmatrix} = \begin{bmatrix} 0 \\ V_h \cdot (-1)^n \end{bmatrix}, \quad n=0,1,2,\cdots \tag{4.62}$$

静止坐标系下由于方波电压注入引起的电流变化量可以用式（4.63）计算得到。

$$\begin{bmatrix} \Delta i_{\alpha h} \\ \Delta i_{\beta h} \end{bmatrix} = V_h \Delta T \begin{bmatrix} \dfrac{1}{L_n}\sin(2\theta_r+\theta_m) \\ \dfrac{1}{L_p} - \dfrac{1}{L_n}\cos(2\theta_r+\theta_m) \end{bmatrix} \cdot (-1)^{n-1}, \quad n=1,2,3,\cdots \tag{4.63}$$

电流变化量中与注入电压极性无关的部分可以进一步提取出来，如式（4.64）所示：

$$\begin{bmatrix} \Delta i^*_{\alpha h} \\ \Delta i^*_{\beta h} \end{bmatrix} = \begin{bmatrix} \dfrac{V_h \Delta T}{L_n}\sin(2\theta_r+\theta_m) \\ \dfrac{V_h \Delta T}{L_p} - \dfrac{V_h \Delta T}{L_n}\cos(2\theta_r+\theta_m) \end{bmatrix} = \begin{bmatrix} 0 \\ I_p^{SQ} \end{bmatrix} + \begin{bmatrix} \Delta i^{**}_{\beta h} \\ -\Delta i^{**}_{\alpha h} \end{bmatrix} \tag{4.64}$$

$$\begin{bmatrix} \Delta i^{**}_{\beta h} \\ -\Delta i^{**}_{\alpha h} \end{bmatrix} = \begin{bmatrix} I_n^{SQ}\sin(2\theta_r+\theta_m) \\ -I_n^{SQ}\cos(2\theta_r+\theta_m) \end{bmatrix} \tag{4.65}$$

与 α 轴的注入类似，提取出来的电流分量幅值与转子位置相关，可以采用与 4.4.3.1 节相同的解调方式来提取转子位置。

4.4.3.2　I_p^{SQ} 预测与补偿

与正弦信号注入类似，需要先将直流分量 I_p^{SQ} 从电流变化量信号中提取出来。基于式（4.12）与式（4.60），I_p^{SQ} 可以表示为

$$I_p^{SQ} = \frac{V_h \Delta T}{L_p} = \frac{V_h \cdot L_{sa} \cdot \Delta T}{L_{dh}L_{qh} - L_{dqh}^2} \tag{4.66}$$

式中，I_p^{SQ} 与电机参数相关，并正比于 $V_h \Delta T$，与正弦信号注入中的 I_p 类似。

根据之前的描述，L_p 受到 i_q 的影响可以忽略不计，而且在零速和低速区，i_d 通常为负且基本保持不变。因此，可以通过提前测量的电感参数来获得 I_p，并将其存入表中进行查找，用于电机起动过程的转子位置估计。然后，从提取的电流变化量中减去直流偏置 I_p^{SQ} 就

可以得到正交的变量如式（4.67）所示。

$$\begin{bmatrix}\Delta i_{\alpha h}^{**}\\ \Delta i_{\beta h}^{**}\end{bmatrix}=\begin{bmatrix}I_n^{SQ}\cos(2\theta_r+\theta_m)\\ I_n^{SQ}\sin(2\theta_r+\theta_m)\end{bmatrix} \tag{4.67}$$

式中，θ_m 为交叉饱和角度。

当转速升高到一定程度，将会使用不同的 i_d 电流，因此 L_p 也会随之变化。对所有工作点的电感进行离线测量并计算出 I_p^{SQ}，在实际应用中难以实现。因此，这里提供了另一种解决方案，即在每个采样时刻进行运算。首先，$\Delta i_{\alpha\beta h}^{*}$ 的当前采样时刻与前一采样时刻的差值 $\Delta i'_{\alpha\beta h}$ 可以计算为

$$\begin{aligned}\begin{bmatrix}\Delta i'_{\alpha h}\\ \Delta i'_{\beta h}\end{bmatrix}&=\left.\begin{bmatrix}\dfrac{I_p^{SQ}+I_n^{SQ}\cos(2\theta_r+\theta_m)}{T_s}\\ \dfrac{I_n^{SQ}\sin(2\theta_r+\theta_m)}{T_s}\end{bmatrix}\right|_{(k)}-\left.\begin{bmatrix}\dfrac{I_p^{SQ}+I_n^{SQ}\cos(2\theta_r+\theta_m)}{T_s}\\ \dfrac{I_n^{SQ}\sin(2\theta_r+\theta_m)}{T_s}\end{bmatrix}\right|_{(k-1)}\\ &=\begin{bmatrix}\dfrac{I_p^{SQ}|_{(k)}-I_p^{SQ}|_{(k-1)}}{T_s}+\dfrac{I_n^{SQ}\cos(2\theta_r+\theta_m)|_{(k)}-I_n^{SQ}\cos(2\theta_r+\theta_m)|_{(k-1)}}{T_s}\\ \dfrac{I_n^{SQ}\sin(2\theta_r+\theta_m)|_{(k)}-I_n^{SQ}\sin(2\theta_r+\theta_m)|_{(k-1)}}{T_s}\end{bmatrix}\end{aligned} \tag{4.68}$$

相邻两个采样点的 I_p^{SQ} 可以认为基本不变，即两个采样点的 I_p^{SQ} 之间的差值为零。基于此，式（4.68）可以修改为

$$\begin{aligned}\begin{bmatrix}\Delta i'_{\alpha h}\\ \Delta i'_{\beta h}\end{bmatrix}&=\begin{bmatrix}\dfrac{I_n^{SQ}\cos(2\theta_r+\theta_m)|_{(k)}-I_n^{SQ}\cos(2\theta_r+\theta_m)|_{(k-1)}}{T_s}\\ \dfrac{I_n^{SQ}\sin(2\theta_r+\theta_m)|_{(k)}-I_n^{SQ}\sin(2\theta_r+\theta_m)|_{(k-1)}}{T_s}\end{bmatrix}\\ &=\frac{I_n^{SQ}}{T_s}\begin{bmatrix}-\sin(2\theta_r+\theta_m)\cdot\sin(2\Delta\theta_s)\\ \cos(2\theta_r+\theta_m)\cdot\sin(2\Delta\theta_s)\end{bmatrix}\\ &=\frac{I_n^{SQ}}{T_s}\cdot\sin(2\Delta\theta_s)\begin{bmatrix}-\sin(2\theta_r+\theta_m)\\ \cos(2\theta_r+\theta_m)\end{bmatrix}\end{aligned} \tag{4.69}$$

$\Delta\theta_s$ 是相邻采样时刻之间的转子位置差，当转速基本不变时，该值也保持不变。

从式（4.69）可以看到，$\Delta i'_{\alpha\beta h}$ 包含转子位置信息以及交叉饱和角。当暂不考虑交叉饱和的影响时，位置误差信号可以由式（4.70）得到

$$f_2(\Delta\theta)=-\Delta i'_{\alpha h}\sin(2\hat{\theta}_r)+\Delta i'_{\beta h}\cos(2\hat{\theta}_r)=I_n\sin(2\Delta\theta) \tag{4.70}$$

根据式（4.70），通过位置观测器调节 $f(\Delta\theta)$ 为零，从而获得转子位置，如图4.22所示。

4.4.3.3　实验结果

本节将通过实验，对4.4.3小节所述方法的有效性进行验证。实验基于样机IPMSM-Ⅰ，其参数见附录B。方波电压注入到 α 轴，注入电压的频率和幅值分别为1kHz和12V。

图 4.23 展示了电机运行在 50r/min 时的稳态位置估计性能[7]。可以看出，在补偿交叉饱和效应之前，存在 0.1rad 大小的位置误差，在补偿后误差基本保持在 0.01rad 以下。交叉饱和补偿策略将于第 5 章详细描述。

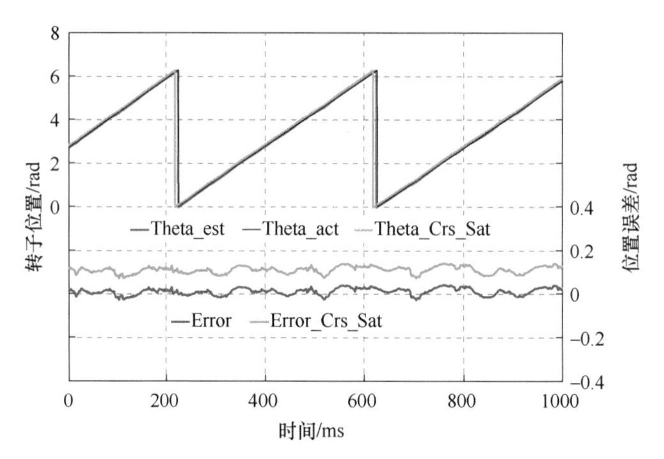

图 4.23　静止坐标系下方波脉振信号注入方法的稳态性能[6]

（Theta_est：交叉饱和效应补偿后的估计转子位置，Theta_act：实际转子位置，Theta_Crs_Sat：交叉饱和效应补偿前的估计转子位置，Error：交叉饱和效应补偿后的转子位置估计误差，Error_Crs_Sat：交叉饱和效应补偿前的转子位置估计误差）

同时，对上述算法进行了动态性能的实验测试。在实验中，转子初始速度为零，然后阶跃到 25r/min，再到 50r/min。图 4.24 展示估计转子位置，实际转子位置及位置估计误差。与图 4.19a 中的脉振正弦信号注入的方法相比，基于脉振方波信号注入的方法具有更高的注入电压频率，无需使用滤波器，因而具有更好的动态性能。

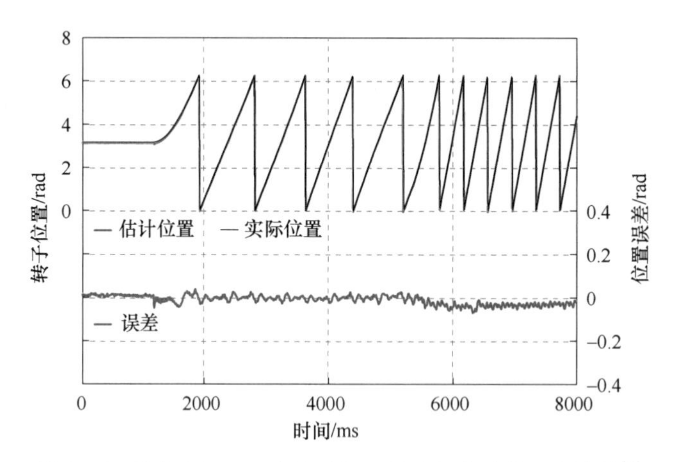

图 4.24　静止坐标系下方波脉振信号注入方法的动态性能[6]

4.5　位置观测器

如前述的 5 种高频注入无位置传感器算法所述，为了从位置误差信号得到估计的转子位

置，都使用了闭环观测器。有多种不同的闭环观测器可以使用，例如锁相环（PLL）[6] 观测器[6]、卡尔曼观测器[9]和机械模型观测器[1]等。PLL 由于其概念简单易理解，而且方便实现，在这里重点介绍。

4.5.1　基本结构

为了便于分析观测器实现位置观测的原理，这里先不考虑交叉饱和效应引入的误差，上述无位置算法得到的转子位置误差信号可以表示为

$$f(\Delta\theta)=I_n\sin(2\Delta\theta) \tag{4.71}$$

当角度误差 $\Delta\theta$ 足够小时，$\sin(x)$ 可以近似为 x，因此该误差信号可以简化为

$$f(\Delta\theta)=I_n\sin(2\Delta\theta)\approx I_n\times 2\Delta\theta \tag{4.72}$$

当以 $f(\Delta\theta)$ 作为输入时，位置观测器的等效框图如图 4. 25 所示。

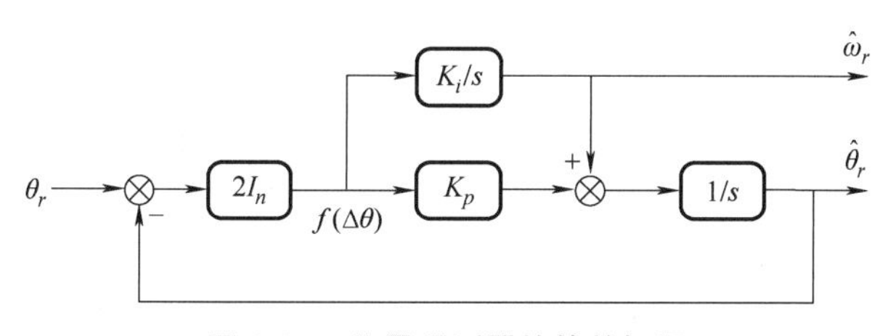

图 4. 25　位置观测器的等效框图

根据上述观测器的框图，可以得到估计转子位置与实际转子位置之间的闭环传递函数

$$\frac{\hat{\theta}_r}{\theta_r}=\frac{2I_nK_ps+2I_nK_i}{s^2+2I_nK_ps+2I_nK_i} \tag{4.73}$$

I_n 值的大小与负载有关，因此为了得到良好的动态性能，观测器的 K_p 和 K_i 参数理论上也需要跟随负载而变化，来保证观测器的带宽不变。实际应用中，为了简化参数整定，一般根据空载下测量的 I_n 值来选择 K_p 和 K_i 参数值。

4.5.2　低通滤波器的影响

对于旋转正弦信号注入和脉振正弦信号注入的方法，需要低通滤波器来将位置误差信号从包含高频分量的信号中提取出来。观测器的带宽性能与该低通滤波器的截止频率相关。考虑低通滤波器带来的相位延时，实际应用中，位置观测器的等效模型如图 4. 26 所示。

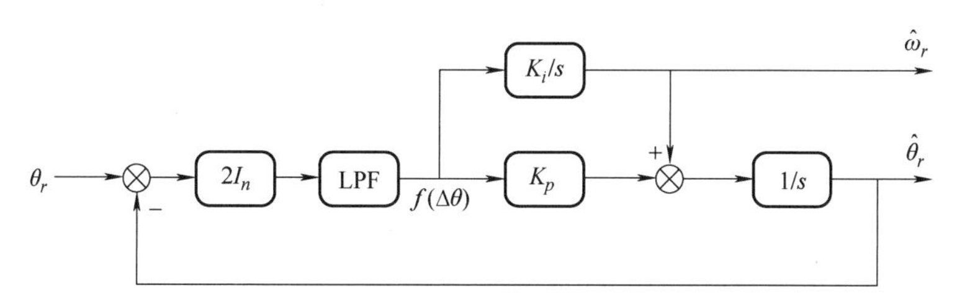

图 4. 26　考虑了低通滤波器影响的位置观测器框图

对于样机 IPMSM-Ⅰ（参数见附录 B），I_n 在空载状态下为 70mA，采样频率为 5kHz。位置观测器的参数根据最优二阶闭环系统特性调整为 $K_p=137$，$K_i=1250$。当不考虑低通滤波器的影响时，观测器的单位阶跃响应和伯德图如图 4.27 所示。在这组整定参数下，观测器阶跃响应时间为 17.8ms，带宽约为 19Hz。

为了评价低通滤波器对观测器性能的影响，图 4.28 展示了不同低通滤波器截止频率下，位置观测器的阶跃响应实测波形。在没有基波激励时，电机处于静止状态。可以看出，当低

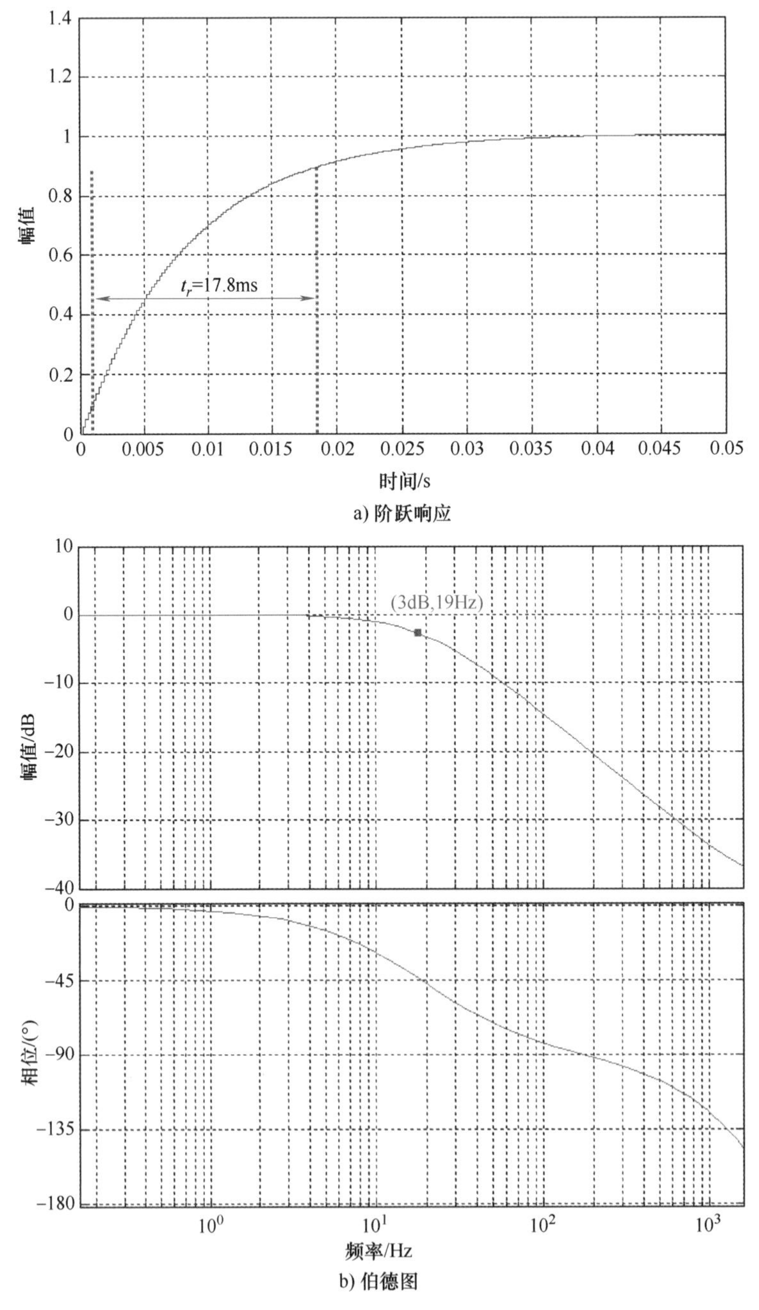

图 4.27　闭环观测器的阶跃响应和伯德图

通滤波器的截止频率远高于位置观测器的设计带宽时（80Hz≫19Hz），位置观测器具有与仿真相似的动态性能。与理论推导的 17.8ms（见图 4.28）相近，在经过 19ms 的上升时间后，估计转子位置可以稳定地跟踪上实际位置。如图 4.28b 和 c 所示，随着低通滤波器截止频率的降低，位置观测器的动态性能也受到影响。

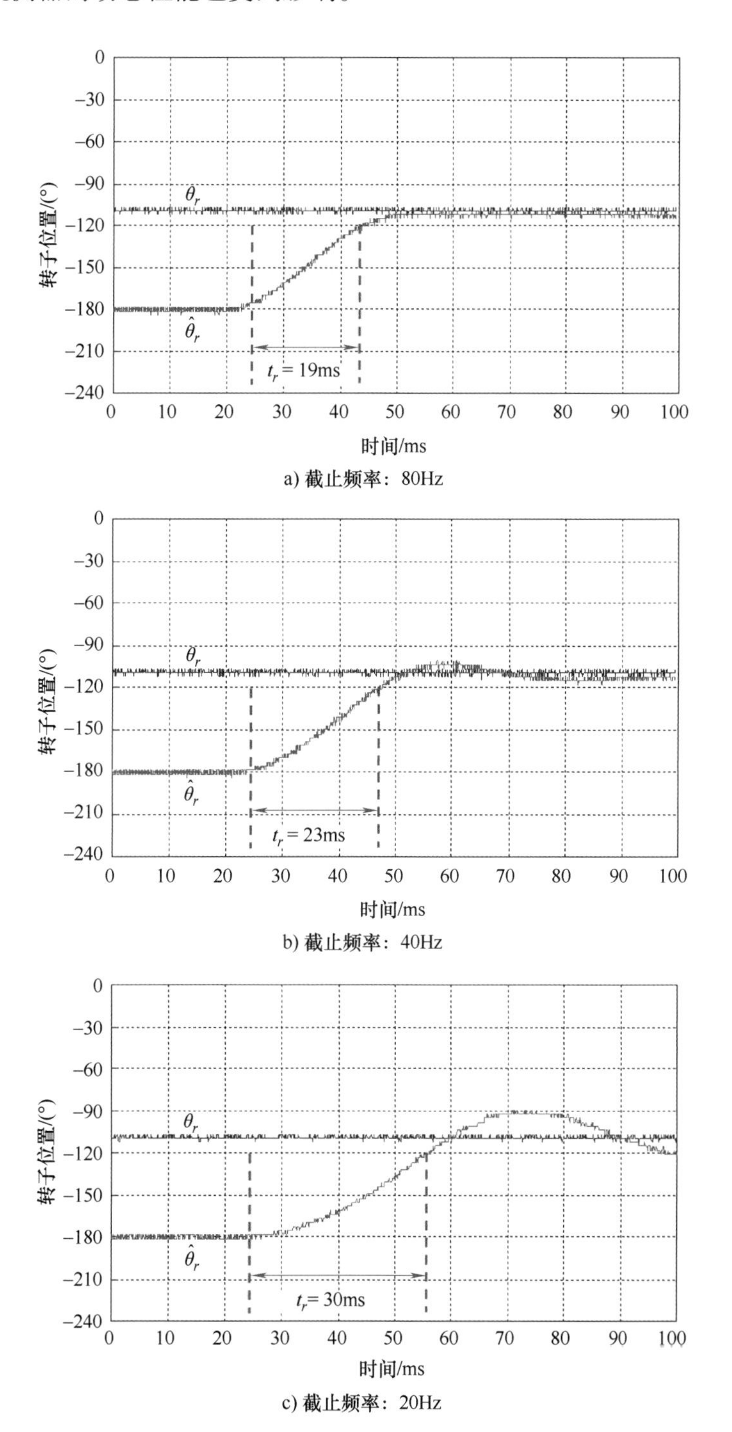

a) 截止频率：80Hz

b) 截止频率：40Hz

c) 截止频率：20Hz

图 4.28　不同低通滤波器截止频率下的观测器位置估计阶跃响应实测波形

4.5.3 误差收敛分析

锁相环观测器能够有效收敛的判据是在收敛点附近要形成负反馈，观测器输入信号 $f(\Delta\theta)$ 与误差角度 $\Delta\theta$[10] 的曲线需要在收敛点附近具有正的斜率才能具有负反馈的环路[10]，如图 4.29 所示。

从图 4.29 看到，在 A、B 两点误差信号具有正的斜率，因此在这两点是可以稳定收敛的。但是在一个电周期内，有两个收敛点，还需要判断转子的极性，本书第 9 章将对其进行讲述。另外，位置估计的动态性能取决于 I_n，而 I_n 会随工作电流变化。因此，应保证足够的 I_n 或凸极水平，已实现观测器可靠的收敛。

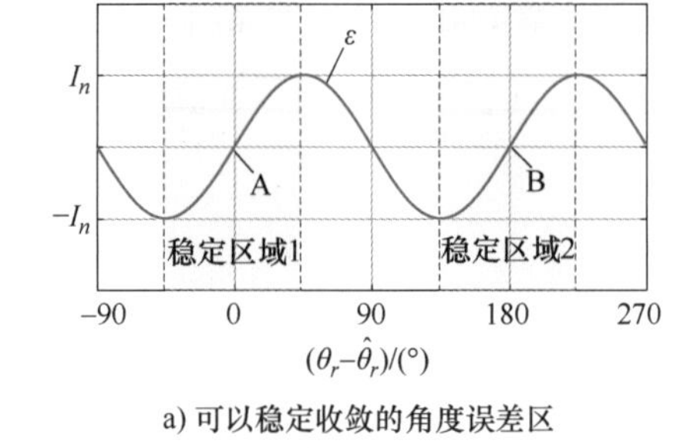

a) 可以稳定收敛的角度误差区

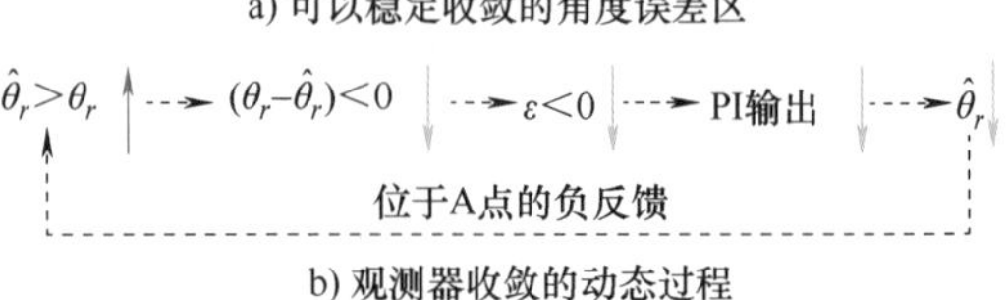

b) 观测器收敛的动态过程

图 4.29 锁相环闭环观测器闭环控制示意图

4.6 其他方法

除了前文介绍的基于连续高频信号注入的转子位置估计算法，还有其他一些利用凸极进行转子位置估计的方法，例如瞬时电压矢量注入法和 PWM 激励法等。

4.6.1 瞬时电压矢量注入法

在零速和低速区域，除了注入连续高频信号进行位置估算，还可以注入瞬时电压矢量来进行位置估计[11-13]。为了实现该方法，通常需要对 PWM 模式进行一定的修改，以便提取注入后的电流响应用于转子位置估算[11-13]。例如，对于 INFORM 方法[11]，瞬时电压矢量是在 PWM 的零矢量导通期间注入的（见图 4.30）。如图 4.31 中的仿真结果所示，3 对电压矢量在连续的 PWM 周期内注入到零矢量区间，产生的电流变化可以通过提取用于转子位置估计。

然而，由于 INFORM 方法注入时间较短，而且需要修改既有的 PWM 生成模式，其电压计算和电流采样的复杂度都会明显提高[13]。并且电流响应对参数变化、电流测量延迟和噪声等也很敏感[3]。除此之外，与连续的高频信号注入方法一样，瞬时电压的注入也会增加转矩脉动和振动噪声。

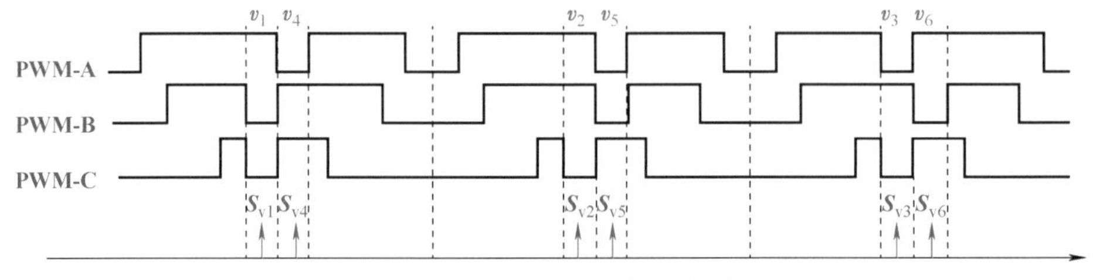

图 4.30 基于 INFORM 方法的瞬时电压矢量注入示意图

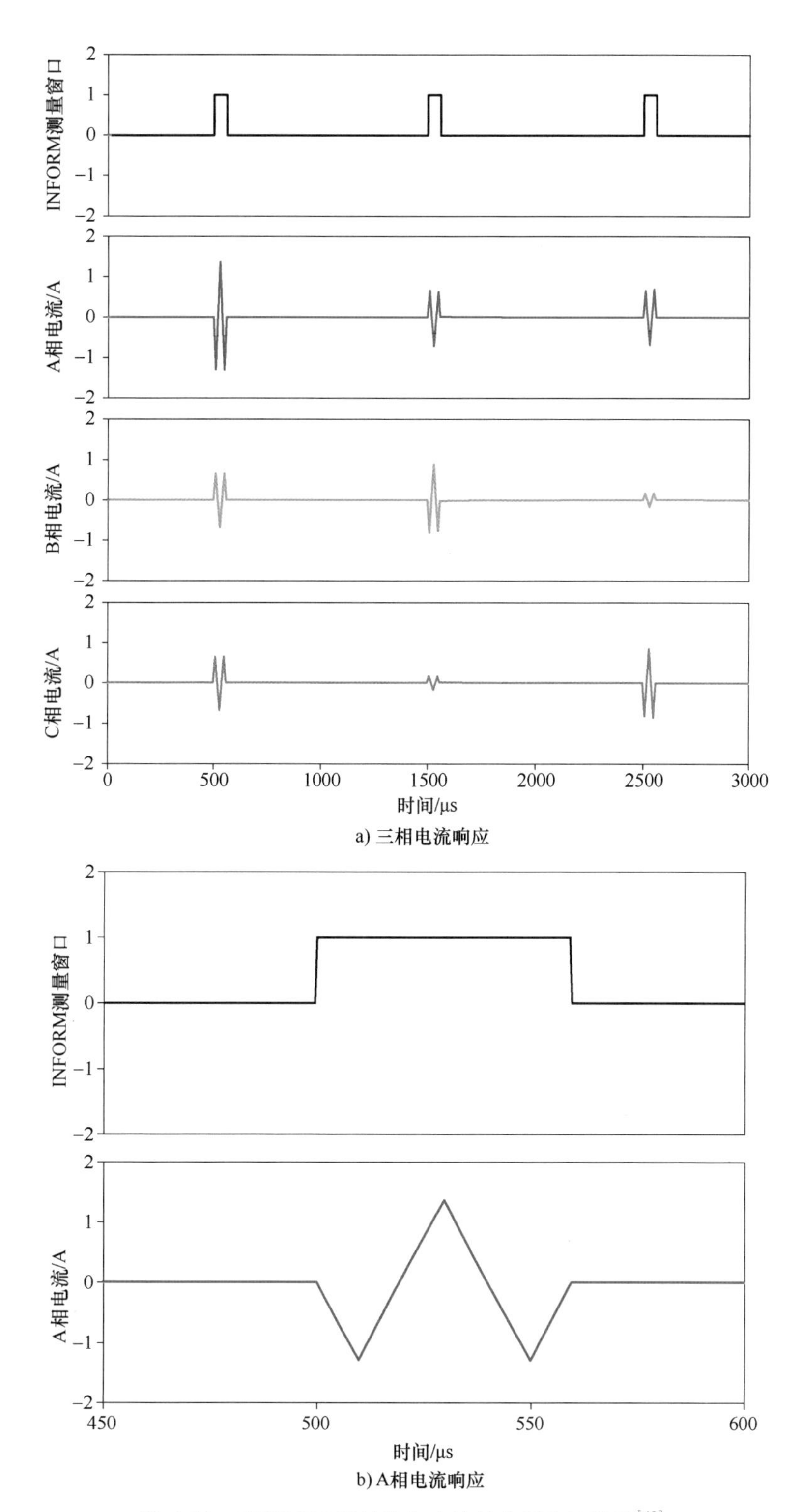

图 4.31　INFROM 脉冲注入方法的典型电流波形[12]

4.6.2 PWM 激励法

在电机正常运行时，固有的 PWM 波形包含了不同的电压矢量，这些生成基波电压的电压矢量也可以用于进行转子位置估计[14,15]。图 4.32 展示了 PWM 波形中由于不同电压矢量导致的电流上升和下降波形[14,15]。由于无需额外再注入其他电压矢量，该方法具有更小的转矩脉动和振动噪音水平。

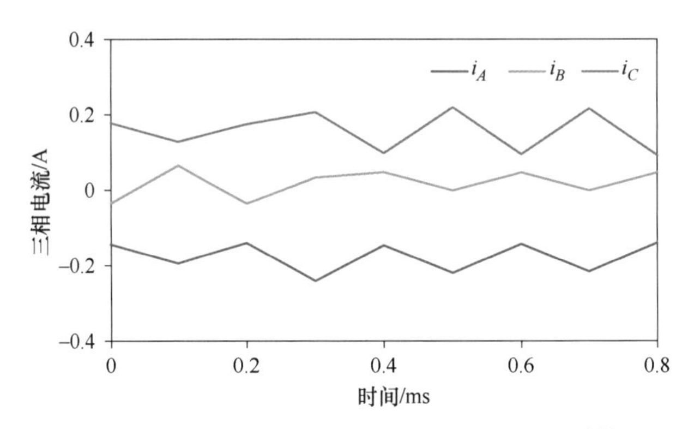

图 4.32 PWM 波形导致的三相电流细节波形[14]

当不考虑电阻压降以及反电势的影响时，电机的定子等效于可变电感电路，高频电压方程[14]可以表示为

$$v_{hf}=L\frac{\mathrm{d}i_{hf}}{\mathrm{d}t} \tag{4.74}$$

$$L=\begin{bmatrix}L_{11} & L_{12}\\ L_{21} & L_{22}\end{bmatrix}=\begin{bmatrix}L_{sa}-L_{sd}\cos2\theta_r & -L_{sd}\sin2\theta_r\\ -L_{sd}\sin2\theta_r & L_{sd}+L_{sd}\cos2\theta_r\end{bmatrix} \tag{4.75}$$

根据式（4.74），理论上可以根据施加的电压矢量和电流响应计算出电感矩阵，然后可以根据式（4.76）求解出转子位置。

$$2\theta_r=\arctan\left(\frac{L_{12}+L_{21}}{L_{11}-L_{22}}\right) \tag{4.76}$$

$$\begin{bmatrix}L_{11} & L_{12}\\ L_{21} & L_{22}\end{bmatrix}=\begin{bmatrix}L_{sa}-L_{sd}\cos2\theta_r & -L_{sd}\sin2\theta_r\\ -L_{sd}\sin2\theta_r & L_{sd}+L_{sd}\cos2\theta_r\end{bmatrix} \tag{4.77}$$

除了用有效 PWM 电压矢量计算转子位置的方法[14]外，这里还介绍一种利用零电压矢量来进行转子位置估计的方法[15]，也称作 ZVCD。该方法计算 PWM 波形中零矢量电压所导致的电流变化量，并根据电机方程可以得到电流变化与位置误差的关系，如式（4.78）所示。

$$\left.\frac{\mathrm{d}\hat{i}_d}{\mathrm{d}t}\right|_{v_0/v_7}=-\frac{R_s}{2}\left(\frac{1}{L_q}-\frac{1}{L_d}\right)\hat{i}_q\sin(2\Delta\theta)-\frac{\omega_r\psi_m}{L_q}\sin(\Delta\theta) \tag{4.78}$$

上述方法也可以得到转子位置，但是该方法需要准确采样零矢量区间首尾的电流，对采样硬件的采样率要求更高（见图 4.33）。

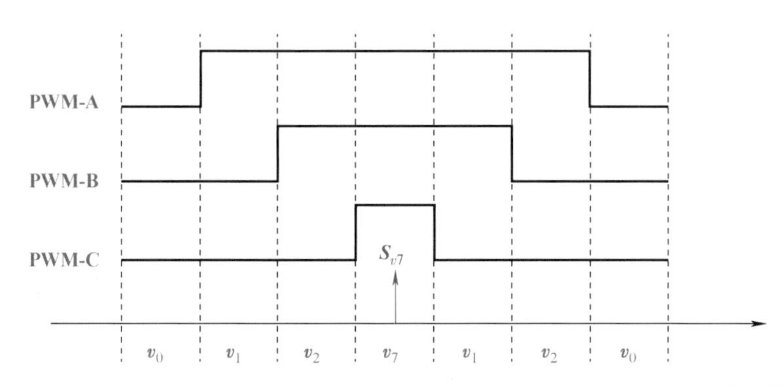

图 4.33　一个 PWM 周期内的基于零矢量电流变化的位置估计算法示意图[15]

表 4-1 从实现、性能、计算复杂度等方面对比了连续高频电压注入法、瞬时电压注入法、PWM 激励法。基于连续高频电压注入的方法具有最高的信噪比、低成本，而且容易实施，因此也得到了最广泛的应用。

表 4-1　基于电机凸极性的无位置传感器算法综合对比

规　　格	连续高频电压注入	瞬时电压注入	PWM 激励
实现复杂度	低	中	高
电流采样成本	低	高	高
额外注入信号	是	是	否
电流响应信噪比	高	中	低
带宽	中	中	高
振动噪音	中	中	低
可用转速范围	低	中	高
转子位置估计连续性	连续	离散	连续

4.7　总结

表 4-2 综合对比了本章描述的 5 种连续高频信号注入无位置传感器控制方法。由于具有最高的注入频率，方波注入的方法具有最简单的解调过程、最高的位置估计精度和动态响应性能。关于交叉饱和效应，上述方法中已经有提及，它会造成转子位置估计的误差。除此之外，软硬件中的其他一些非线性因素也会造成位置估计性能的偏差，例如采样延时，逆变器非线性等，下一章会专门介绍并分析这些非线性因素对位置估计造成的影响，并提出相应的补偿方法。

表 4-2 连续高频信号注入的无位置传感器控制方法综合对比

信号类型	旋转正弦	脉振正弦		脉振方波	
注入坐标系	静止	估计同步旋转	静止	估计同步旋转	静止
位置信号调制方法	相位调制	幅值调制	幅值调制	幅值调制	幅值调制
交叉饱和误差	$-\theta_m/2$	$-\theta_m/2$	$-\theta_m/2$	$-\theta_m/2$	$-\theta_m/2$
解调复杂度	高	中	中	低	低
动态性能	低	中	中	高	高
参数依赖	不需要	不需要	需要	不需要	需要

参考文献

[1] P. L. Jansen and R. D. Lorenz, "Transducerless position and velocity estimation in induction and salient AC machines," *IEEE Trans. Ind. Appl.*, vol. 31, no. 2, pp. 240-247, Mar. 1995.

[2] M. J. Corley and R. D. Lorenz, "Rotor position and velocity estimation for a salient-pole permanent magnet synchronous machine at standstill and high speeds," *IEEE Trans. Ind. Appl.*, vol. 34, no. 4, pp. 784-789, Jul. 1998.

[3] Y. Yoon, S. K. Sul, S. Morimoto, and K. Ide, "High-bandwidth sensorless algorithm for AC machines based on square-wave-type voltage injection," *IEEE Trans. Ind. Appl.*, vol. 47, no. 3, pp. 1361-1370, May 2011.

[4] S. Kim, J. I. Ha, and S. K. Sul, "PWM switching frequency signal injection sensorless method in IPMSM," *IEEE Trans. Ind. Appl.*, vol. 48, no. 5, pp. 1576-1587, Sep. 2012.

[5] J. M. Liu and Z. Q. Zhu, "Novel sensorless control strategy with injection of high-frequency pulsating carrier signal into stationary reference frame," *IEEE Trans. Ind. Appl.*, vol. 50, no. 4, pp. 2574-2583, Jul. 2014.

[6] J. M. Liu and Z. Q. Zhu, "Sensorless control strategy by square-waveform high-frequency pulsating signal injection into stationary reference frame," *IEEE J. Emerging Sel. Topics Power Elec.*, vol. 2, no. 2, pp. 171-180, Jun. 2014.

[7] Y. Li, Z. Q. Zhu, D. Howe, C. M. Bingham, and D. Stone, "Improved rotor position estimation by signal injection in brushless AC motors, accounting for cross-coupling magnetic saturation," *IEEE Trans. Ind. Appl.*, vol. 45, no. 5, pp. 1843-1849, 2009.

[8] J. H. Jang, J. I. Ha, M. Ohto, K. Ide, and S. K. Sul, "Analysis of permanent-magnet machine for sensorless control based on high-frequency signal injection," *IEEE Trans. Ind. Appl.*, vol. 40, no. 6, pp. 1595-1604, Nov. 2004.

[9] Y. Liu, Z. Q. Zhu, Y. F. Shi, and D. Howe, "Sensorless direct torque control of a permanent magnet brushless AC drive via an extended Kalman filter," in *2nd Int. Conf. Power Elect., Mach. Drives (PEMD 2004).*, Mar. 2004, vol. 1, pp. 303-307.

[10] S. C. Yang and Y. L. Hsu, "Full speed region sensorless drive of permanent-magnet machine combining saliency-based and back-EMF-based drive," *IEEE Trans. Ind. Elect.*, vol. 64, no. 2, pp. 1092-1101, Feb. 2017.

[11] M. Schroedl, "Sensorless control of AC machines at low speed and standstill based on the 'INFORM' method," *IAS '96. Conf. Rec.* 1996 *IEEE Ind. Appl. Conf.* 31*st IAS Annu. Meeting*, San Diego, CA, USA, 1996, pp. 270-277 , vol. 1.

[12] E. Robeischl and M. Schroedl, "Optimized INFORM measurement sequence for sensorless PM synchronous motor drives with respect to minimum current distortion," *IEEE Trans. Ind. Appl.*, vol. 40, no. 2, pp. 591-598, Mar. 2004.

[13] G. Xie, K. Lu, S. Dwivedi, R. Riber, and F. Blaabjerg, "Minimum voltage vector injection method for sensorless control of PMSM for low-speed operations," *IEEE Trans. Power Elect.*, vol. 31, no. 2, pp. 1785-1794, Feb, . 2016.

[14] S. Ogasawara, and H. Akagi, "Implementation and position control performance of a position-sensorless IPM motor drive system based on magnetic saliency," *IEEE Trans. Ind. Appl.*, vol. 34, no. 4, pp. 806-812, July/August 1998.

[15] R. Raute, C. Caruana, J. Cilia, C. S. Staines, and M. Sumner, "A zero speed operation sensorless PMSM drive without additional test signal injection," *in Eur. Conf. Power Elect. Appl.*, pp. 1-10, 2007.

第5章　基于凸极的无位置传感器控制——常见问题与解决方案

5.1　引言

第4章介绍了基于凸极跟踪的零速和低速PMSM无位置传感器控制方法。通过利用电机的凸极结构特征，采用高频信号注入（High-Frequency Signal Injection，HFSI）法可实现电机的转子位置和速度估计。然而，第4章中描述的无位置传感器控制方法主要是基于理想的电机模型和驱动系统，事实上在实际应用中会存在许多非理想因素（见图5.1），这些因素均会导致高频信号注入法在转子位置估计时产生误差。另外，如图5.1所示，在设计无位置传感器控制策略时，还需要考虑一些其他的因素。

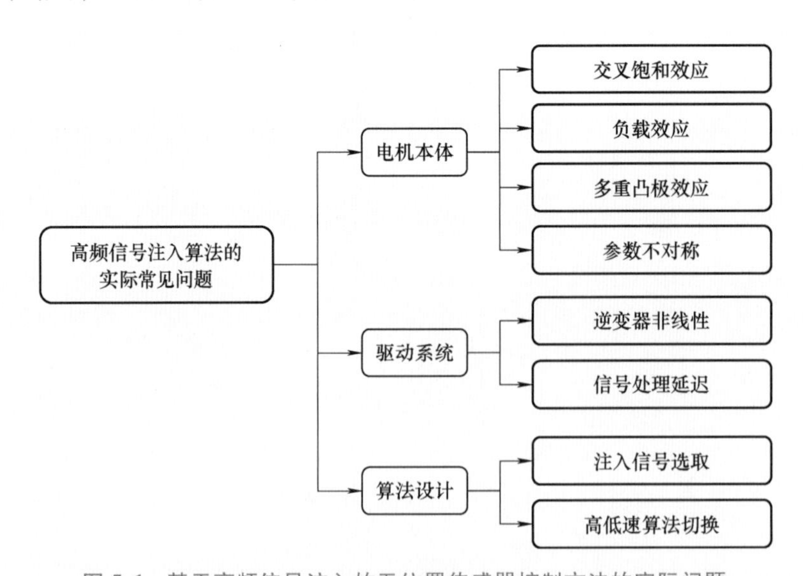

图5.1　基于高频信号注入的无位置传感器控制方法的实际问题

本章将着重介绍无位置传感器控制方法中的高频信号注入法在实际应用时常见的问题及解决方案。正如图5.1所示：首先，基于电机本体研究了电机的凸极效应，包括交叉饱和、电机凸极特性和负载效应，以及多重凸极效应；此外，还研究了参数不对称，特别是电感的

不对称性对高频注入法的影响；其次在控制端，讨论了驱动变换器的非线性特性和信号处理延迟效应；最后就无位置传感器控制方面，描述了高频注入信号的选择以及在低速和高速之间的无位置传感器控制切换策略。

5.2　交叉饱和

在文献［1］中，通过实验发现，电机的转子位置估计误差随着负载电流的增加而增加，这是由于永磁电机的 d 轴和 q 轴间的交叉磁饱和导致了高频信号注入法[2,3]的位置估计误差。考虑到交叉饱和效应，永磁电机的高频电压模型可表示为

$$\begin{bmatrix} v_{dh} \\ v_{qh} \end{bmatrix} = \begin{bmatrix} L_{dh} & L_{dqh} \\ L_{qdh} & L_{qh} \end{bmatrix} \cdot p \begin{bmatrix} i_{dh} \\ i_{qh} \end{bmatrix} \tag{5.1}$$

式中，L_{dqh}和L_{qdh}是交叉饱和效应引起的高频增量互感，通常认为两者数值相同[4,5]，即 $L_{dqh} \approx L_{qdh}$。

电机 d 轴和 q 轴的增量自感和增量互感可以表示如下：

$$\begin{cases} L_{dh}(i_d,i_q) = \partial\psi_d / \partial i_d \approx [\psi_d(i_d+\Delta i_d,i_q) - \psi_d(i_d,i_q)]/\Delta i_d \\ L_{qh}(i_d,i_q) = \partial\psi_q / \partial i_q \approx [\psi_q(i_d,i_q+\Delta i_q) - \psi_q(i_d,i_q)]/\Delta i_q \\ L_{dqh}(i_d,i_q) = \partial\psi_d / \partial i_q \approx [\psi_d(i_d,i_q+\Delta i_q) - \psi_d(i_d,i_q)]/\Delta i_q \\ L_{qdh}(i_d,i_q) = \partial\psi_q / \partial i_d \approx [\psi_q(i_d+\Delta i_d,i_q) - \psi_q(i_d,i_q)]/\Delta i_d \end{cases} \tag{5.2}$$

由于磁饱和效应，L_{dh}，L_{qh}，L_{dqh}和 L_{qdh}会随着 i_d 和 i_q 的变化而发生改变。例如图 5.2 显示了样机 IPMSM-Ⅰ（参数见附录 B）增量电感的测量值。显然增量电感随着基波电流（i_d 和 i_q）的变化而变化。而对于增量互感，其幅值与 d 轴和 q 轴负载电流有关。如图 5.2c 所示，当电机空载时（$i_q=0$），交叉饱和效应可以忽略不计。

5.2.1　对位置估计的影响

如第 4 章所述：对于传统的基于高频信号注入的方法，包括脉振信号注入和旋转信号注入，由于电机 d 轴和 q 轴间的交叉饱和产生的增量互感将导致电机转子位置估计误差。表 5-1 总结了基于不同高频信号注入的无位置传感器控制方法下的增量互感的影响，包括高频电流响应，解调高频电流获得的位置相关信号以及由于 d 轴和 q 轴间的交叉饱和引起的转子位置估计误差。

显然，对于不同的方法，由于交叉饱和效应引起的转子位置估计误差是相同的，并且可以表示为

$$(\hat{\theta}_r - \theta_r) = \Delta\theta = -\theta_m/2 = -\arctan\left(\frac{2L_{dqh}}{L_{qh}-L_{dh}}\right) \Big/ 2 \tag{5.3}$$

$$\theta_m = \arctan\left(\frac{2L_{dqh}}{L_{qh}-L_{dh}}\right) \tag{5.4}$$

式中，θ_m 是由交叉饱和效应引起的位置误差。

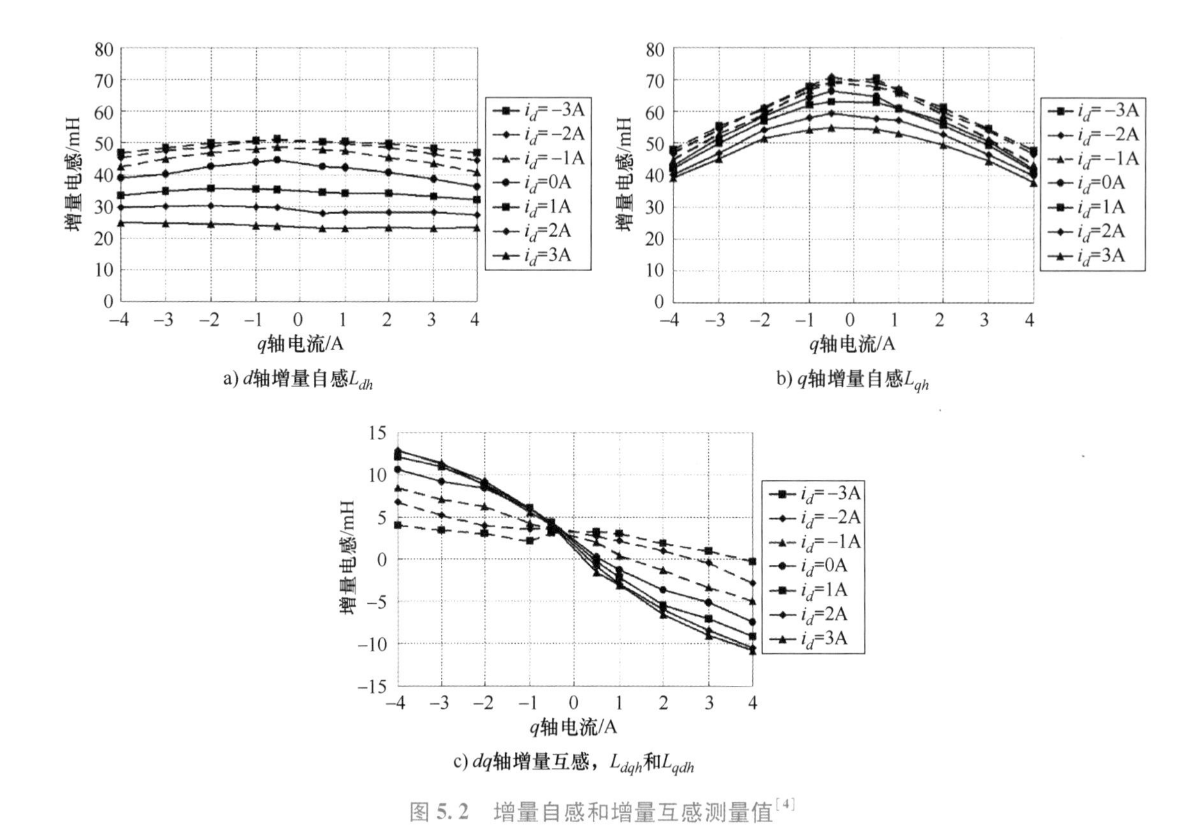

a) d轴增量自感L_{dh}　b) q轴增量自感L_{qh}　c) dq轴增量互感，L_{dqh}和L_{qdh}

图 5.2　增量自感和增量互感测量值[4]

表 5-1　无位置传感器控制下增量互感的影响

无位置传感器控制方法	高频电流响应	位置相关信号	位置误差
脉振正弦信号注入	$\begin{bmatrix}\hat{i}_{dh}\\\hat{i}_{qh}\end{bmatrix}=\begin{bmatrix}I_p+I_n\cos(2\Delta\theta+\theta_m)\\I_n\sin(2\Delta\theta+\theta_m)\end{bmatrix}\sin\alpha$	$\lvert\hat{i}_{qh}\rvert=I_n\sin(2\Delta\theta+\theta_m)$	$-\dfrac{\theta_m}{2}$
脉振方波信号注入	$\begin{bmatrix}\Delta\hat{i}_{dh}\\\Delta\hat{i}_{qh}\end{bmatrix}=V_h\Delta T\begin{bmatrix}\dfrac{1}{L_p}+\dfrac{1}{L_n}\cos(2\Delta\theta+\theta_m)\\\dfrac{1}{L_n}\sin(2\Delta\theta+\theta_m)\end{bmatrix}\cdot(-1)^{n-1}$	$\Delta\hat{i}_{qh}=\dfrac{V_h\Delta T}{L_n}\sin(2\Delta\theta+\theta_m)$	$-\dfrac{\theta_m}{2}$
旋转正弦信号注入	$i_{\alpha\beta h}=i_p+i_n$ $=I_p\mathrm{e}^{\mathrm{j}(\alpha-\pi/2)}+I_n\mathrm{e}^{\mathrm{j}(-\alpha+2\theta_r+\theta_m+\pi/2)}$	$\hat{i}_{nq}=I_n\sin(2\Delta\theta+\theta_m)$	$-\dfrac{\theta_m}{2}$

位置误差的精确度会影响电机转矩输出能力和无位置传感器控制的可靠性。因此，在基于高频注入的无位置传感器控制中，对增量互感进行补偿就显得非常必要。

5.2.2　补偿策略

增量互感补偿可以采用在线补偿和离线补偿两种方式。由于交叉饱和效应的非线性特性，在线补偿相对来说较具挑战性。为了降低计算的复杂程度，在进行在线补偿时，需要先做出一些合理的假设，如假设 d 轴高频电感固定不变[6]，但这种方法并不适用于所有的电

机。因此，有时也采用电机的离线测量数据来对交叉饱和影响进行补偿，这些离线数据可以是位置误差[5,7]，或者是耦合系数[4]。

5.2.2.1　直接补偿

由交叉饱和效应引起的不同工作点下的位置误差可以采用离线或直接测量后用于补偿。对于基于旋转和脉振电压注入下的无位置传感器控制，对位置的直接补偿表达式如下：

$$\hat{\theta}_r = \hat{\theta}_{r0} + \theta_m(\hat{i}_d, \hat{i}_q) \tag{5.5}$$

式中，θ_m 为交叉饱和效应下离线测量的角度误差；$\hat{\theta}_{r0}$为由观测器所得的初始位置角度估计；$\hat{\theta}_r$ 为补偿后的位置角度信号。

θ_m 可以由有限元分析或测量所得，通常角度误差 θ_m 可以用第 4 章中介绍的无位置传感器控制下的位置估计技术来进行测量所得。例如，可以通过注入脉振电压对转子位置进行估算。由交叉饱和效应引起的误差可以从实际转子位置和估计转子位置之间的差值获得。测量的误差可以被存储在微控制芯片中。在无位置传感器控制中，由交叉饱合效应引起的位置误差可以通过对式（5.5）中的角度误差进行累加来在线校正。

为了减少存储离线测量误差数据的内存需求，可以采用文献［5，7］中的插值法对 i_d，i_q 进行曲线拟合。为了简化，误差可近似为 q 轴电流的线性函数：

$$\theta_m = k_c i_q \tag{5.6}$$

式中，k_c 可以用最小二乘法进行拟合得到。

基于样机 IPMSM-Ⅰ，补偿性能的测量结果如图 5.3 所示。将该补偿方法应用于传统脉振正弦信号注入方法，其中 $k_c \approx 8.0°/\mathrm{A}$。此外图 5.4 展示了有补偿和无补偿时不同负载下的控制效果，很明显采用补偿方法后，负载条件下的估计误差减小。

然而，由于 d 轴电流被忽略，误差只是被简单地近似看作 q 轴电流的线性函数。对于在某些负载条件下的样机，这种简化方法的估计误差相对较大，这可能会降低无位置传感器控制的估计精度和稳定性。如有需要，还可以使用其他更高阶的近似函数。

5.2.2.2　间接补偿

文献［4］提出了一种改进的补偿方法，采用离线测量的高频电感之间的耦合因子来代替直接使用离线测量的位置误差进行补偿。基于脉振电压注入的无位置传感器控制方法，通过将 $\hat{I}_{dh}$ 和 $\hat{I}_{qh}$ 进行线性组合可以获得观测器输入误差信号 ε，如图 5.5 所示。

ε 和 λ 的定义如下：

$$\begin{cases} \varepsilon = \hat{I}_{qh} + \lambda \hat{I}_{dh} \\ \lambda = \dfrac{L_{dqh}}{L_{qh}} \end{cases} \tag{5.7}$$

修正后的误差信号 ε 为

$$\varepsilon = \hat{I}_{qh} + \lambda \hat{I}_{dh} \approx 2I_n \cos\theta_m \Delta\theta \tag{5.8}$$

这样，通过控制 $\varepsilon=0$，交叉饱和效应产生的位置误差就能实现间接补偿。同时，系数 λ 可以通过有限元计算或离线测量来进行预测。在文献［4］中，耦合系数 λ 就是通过带有编码器的实际转子位置来驱动 PMSM 进行直接测量所得。在这种方式下，在 d 轴上注入高频电

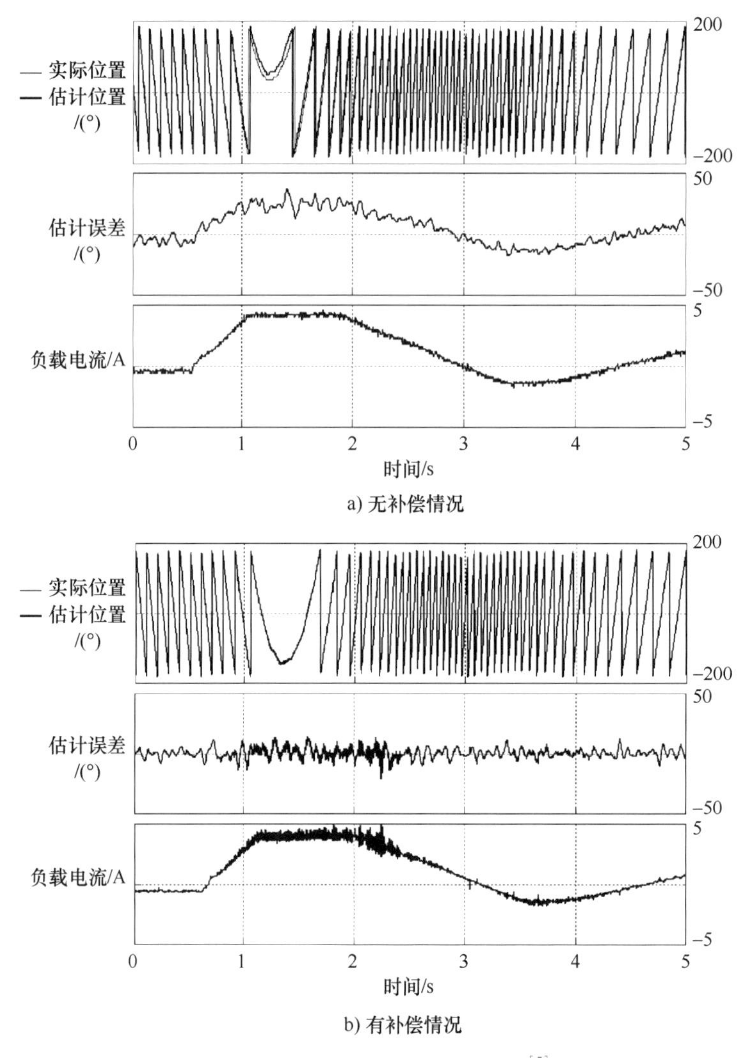

图 5.3　有/无补偿下的位置估计[5]

压信号 $v_{dh}=V_h\sin(\omega_h t)$，就可得如下高频电压方程表达式为

$$\begin{bmatrix} v_{dh} \\ 0 \end{bmatrix}=\begin{bmatrix} L_{dh} & L_{dqh} \\ L_{qdh} & L_{qh} \end{bmatrix} p \begin{bmatrix} i_{dh} \\ i_{qh} \end{bmatrix} \tag{5.9}$$

相应地，d 轴和 q 轴高频电流分量可通过求解式（5.9）获得

$$\begin{cases} i_{dh}=\dfrac{V_h L_{qh}\sin(\omega_h t)}{\omega_h(L_{dh}L_{qh}-L_{dqh}^2)} \\ i_{qh}=\dfrac{-V_h L_{dqh}\sin(\omega_h t)}{\omega_h(L_{dh}L_{qh}-L_{dqh}^2)} \end{cases} \tag{5.10}$$

然后，λ 的值可以通过 i_{dh} 和 i_{qh} 测量值间的比值计算获得

$$\lambda=-\frac{i_{qh}}{i_{dh}}=\frac{L_{dqh}}{L_{qh}} \tag{5.11}$$

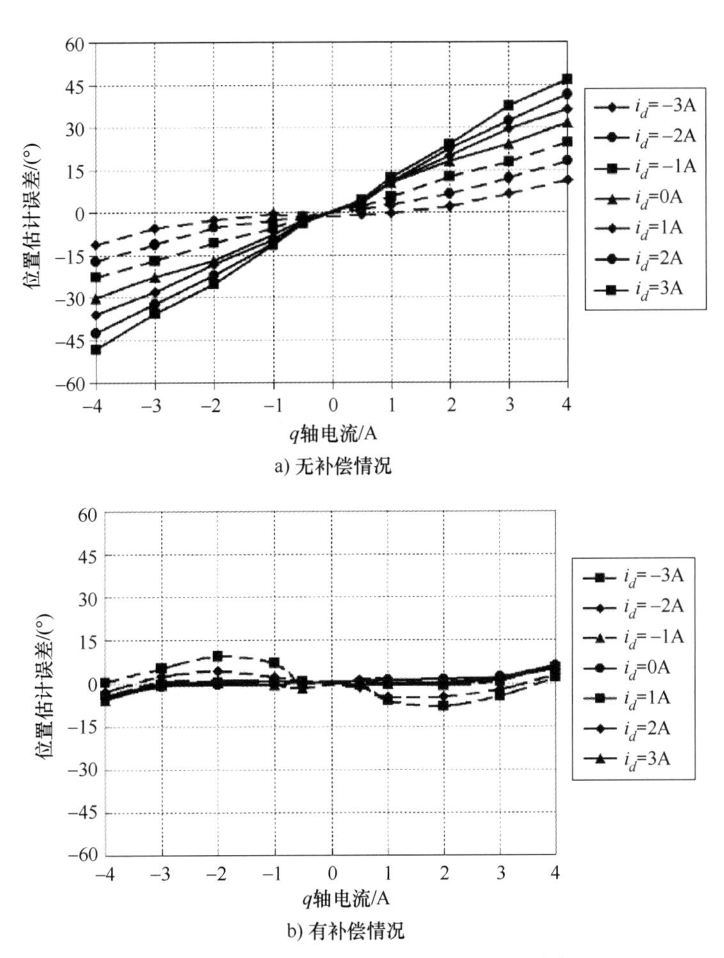

a) 无补偿情况

b) 有补偿情况

图 5.4　有/无补偿下的位置误差估计[5]

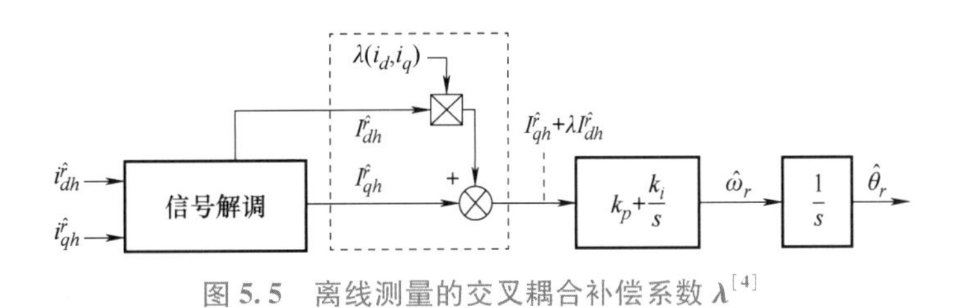

图 5.5　离线测量的交叉耦合补偿系数 λ[4]

基于样机 IPMSM-Ⅰ，在 d 轴注入 20V/500Hz 脉振电压下的测量结果如图 5.6 所示。考虑算法的低成本实现，λ 的值可用下述的简化函数来表示图 5.6 中的数值

$$\lambda=\begin{cases}-k_1\hat{i}_q, & \hat{i}_d\geqslant 0\\ -(k_1+k_2\cdot\hat{i}_d)\cdot\hat{i}_q, & \hat{i}_d<0\end{cases}\tag{5.12}$$

式中，k_1 和 k_2 为系数。

对于样机 IPMSM-Ⅰ，$k_1=0.06\text{A}^{-1}$、$k_2=0.011\text{A}^{-2}$。图 5.7 给出了实验中注入 35V/330Hz 脉振正弦电压后的测量结果，其结果表明：与图 5.4 中的结果相比，电机转子位置误差补偿性能改善明显。

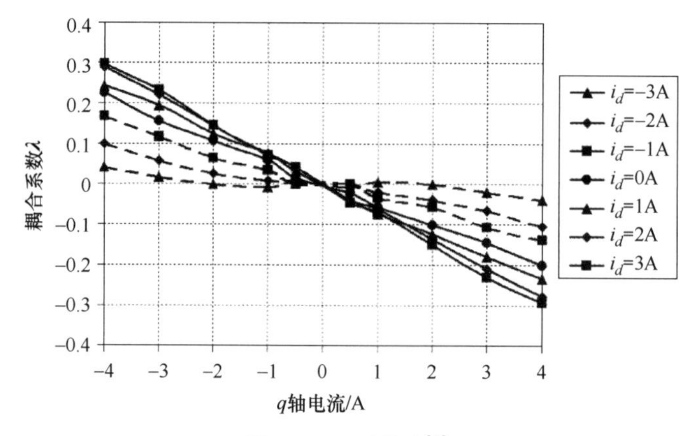

图 5.6　λ 测量值[4]

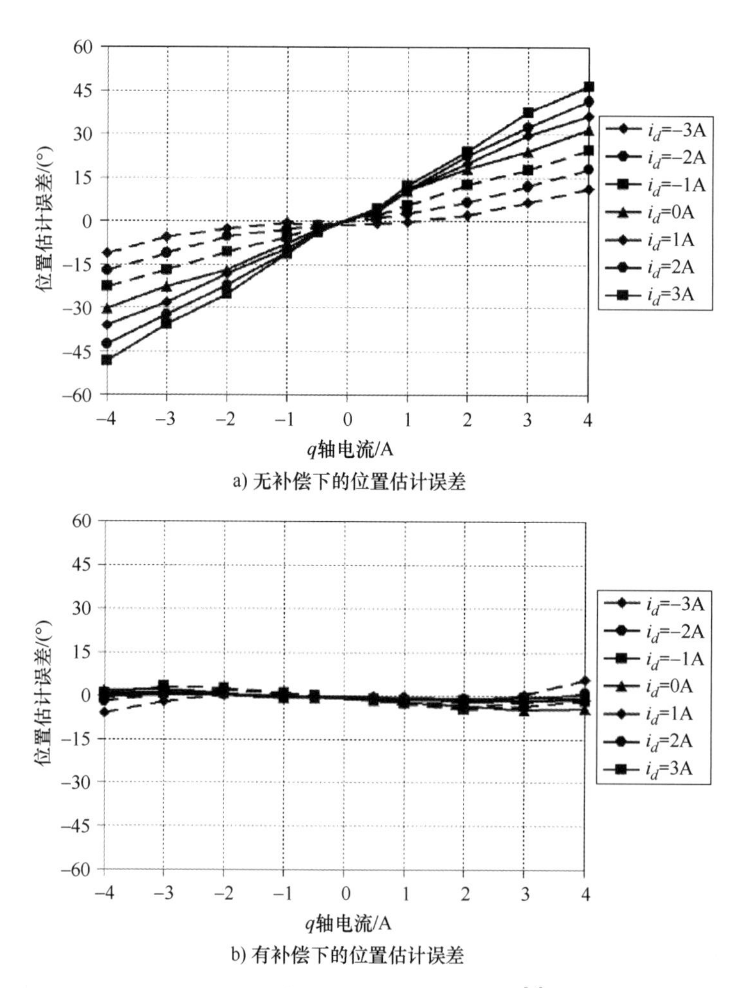

图 5.7　有/无补偿下的位置估计[4]

5.3　电机凸极特性和负载效应

在基于凸极的永磁同步电机无位置传感器控制中，电机的凸极特性是至关重要的。众所周知，电机的凸极特性可以是结构凸极或者饱和凸极，其中饱和凸极与电机的负载密切相关[4]。因此，在采用基于凸极的无位置传感器控制之前，应对电机的凸极特性进行评估。所以本节将对电机的凸极特性进行分析讨论，包括一种凸极的测量方法[15,8]，并且介绍了“凸极圆”的概念[9,15]，以清晰地显示凸极信息。

5.3.1　电机凸极特性

在文献［8］中，电机的凸极信息可以通过位置传感器进行测量。首先，转子被锁定在零位（$\theta_r=0$）；然后，如图 5.8 所示，向以固定频率（2Hz）沿顺时针方向旋转的虚拟 dq 轴（d^vq^v）注入形式为式（5.13）的脉动正弦电压信号。基于样机 IPMSM-Ⅰ，注入的脉振正弦高频电压为 35V/330Hz，求解出的虚拟 dq 轴坐标系下的高频电流响应如式（5.14）所示。

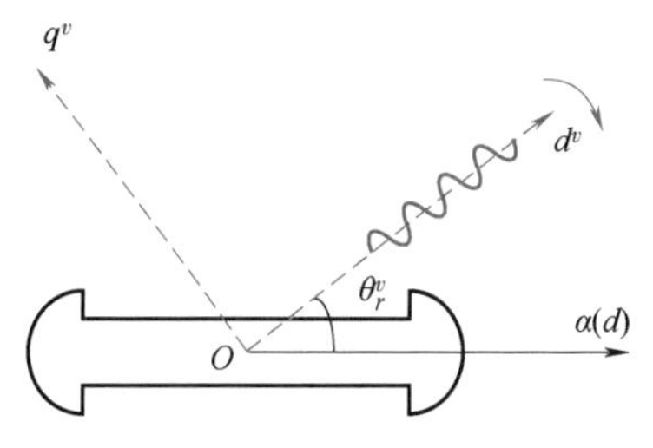

图 5.8　电机凸极评估[8]

$$\begin{bmatrix} v_{dh}^v \\ v_{qh}^v \end{bmatrix} = V_h \begin{bmatrix} \cos\alpha \\ 0 \end{bmatrix}, \quad \alpha=\omega_h t+\phi \tag{5.13}$$

$$\begin{bmatrix} i_{dh}^v \\ i_{qh}^v \end{bmatrix} = \begin{bmatrix} I_p+I_n\cos(2\Delta\theta+\theta_m) \\ I_n\sin(2\Delta\theta+\theta_m) \end{bmatrix}\sin\alpha \tag{5.14}$$

式中，$\Delta\theta=\theta_r-\theta_r^v=-\theta_r^v$。

$$\begin{bmatrix} |i_{dh}^v| \\ |i_{qh}^v| \end{bmatrix} = \mathrm{LPF}\left(\begin{bmatrix} i_{dh}^v \\ i_{qh}^v \end{bmatrix}\times 2\sin\alpha\right) = \begin{bmatrix} I_p+I_n\cos(2\Delta\theta+\theta_m) \\ I_n\sin(2\Delta\theta+\theta_m) \end{bmatrix} \tag{5.15}$$

信号解调后，根据式（5.15），可以获得随位置变化的高频电流幅值，如图 5.9 所示。实验结果清晰地表明：高频电流幅值主要受到虚拟 dq 轴和实际 dq 轴之间的位置差值 $\Delta\theta$ 的调制。当 $\Delta\theta$ 为 0°或 180°时，即虚拟 d 轴与真实 d 轴对齐，d 轴高频电流幅值达到最大值，而 q 轴高频电流幅值则接近于零。此外，高频电流的幅值调制在每个位置电周期中均经历了两个完整的周期，这表明了无位置传感器控制中的位置误差大小可能为 0 或 π。

5.3.2　电机凸极圆

如图 5.10 所示，当高频电流幅值变化组合在一起时，其所形成的圆形轨迹被定义为电机的凸极圆，它清晰地显示了电机的凸极信息[9]。由式（5.15）可知：凸极圆的圆心由正序电流 I_p 决定，而其半径则取决于负序电流 I_n 的大小。根据第 4 章中 I_p 和 I_n 的定义，对于给定的注入高频电压信号（V_h/ω_h），凸极圆的位置和半径分别仅由电机的参数 L_p 和 L_n 决定。因此，凸

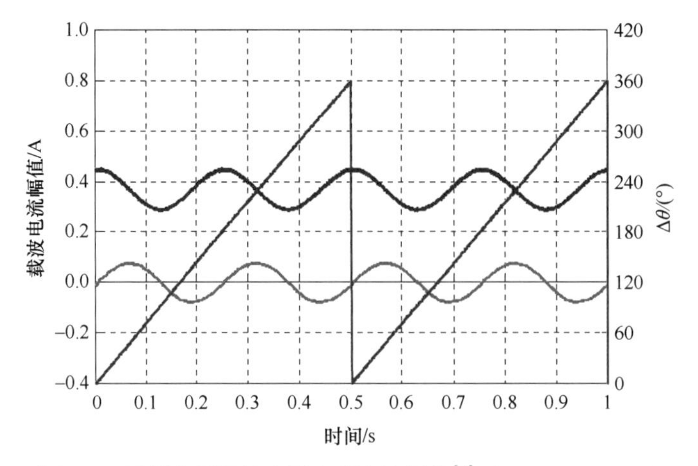

图 5.9　不同位置下的实测高频电流幅值[9]（$i_d=0\text{A}$，$i_q=0\text{A}$）

极圆的尺寸表明了电机的凸极程度，即凸极圆的半径越大，凸极程度就越高，反之亦然。

为了研究不同负载条件下的电机凸极特性，通过对电机施加不同的基频激励，即可测量出不同负载条件下的电机凸极信息，如图 5. 11 和图 5. 12 所示。样机 IPMSM-Ⅰ在不同负载条件下的凸极圆如图 5. 13 所示。从图 5. 11～图 5. 13 的实验结果可知：凸极圆的半径随 d 轴电流变化明显，表明 d 轴电流对电机的凸极影响更大。正的 d 轴电流可以增加凸极效应，有利于基于凸极的无位置传感器控制。此外，测量得到的交叉饱和角 θ_m 表明：电机的交叉饱和效应主要与 q 轴电流有关，而 d 轴电流影响较小。

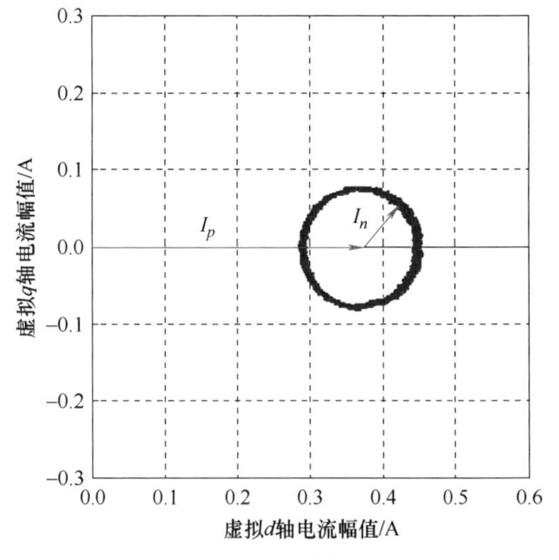

图 5. 10　实测电机凸极圆[9]（$i_d=0\text{A}$，$i_q=0\text{A}$）

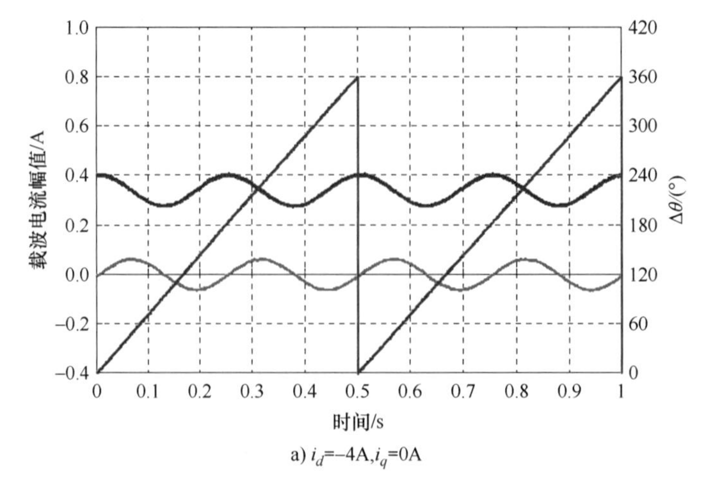

a) i_d=−4A,i_q=0A

图 5. 11　不同 i_d 下的高频电流幅值随 $\Delta\theta$ 变化的测量结果[9]（$i_q=0\text{A}$）

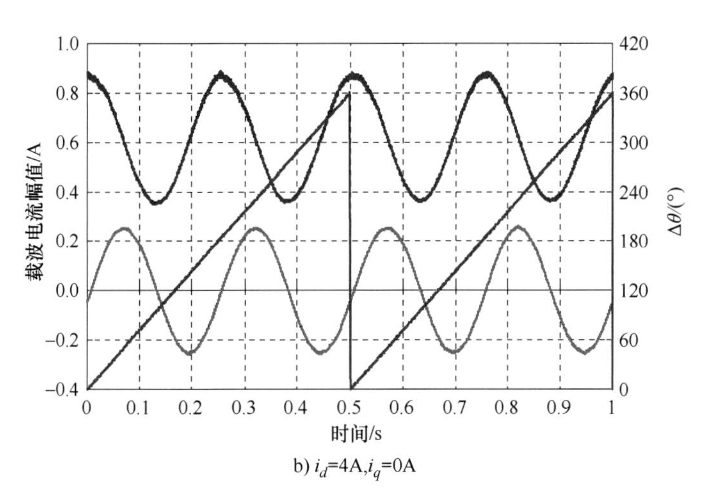

图 5.11　不同 i_d 下的高频电流幅值随 $\Delta\theta$ 变化的测量结果[9]（$i_q=0$A）（续）

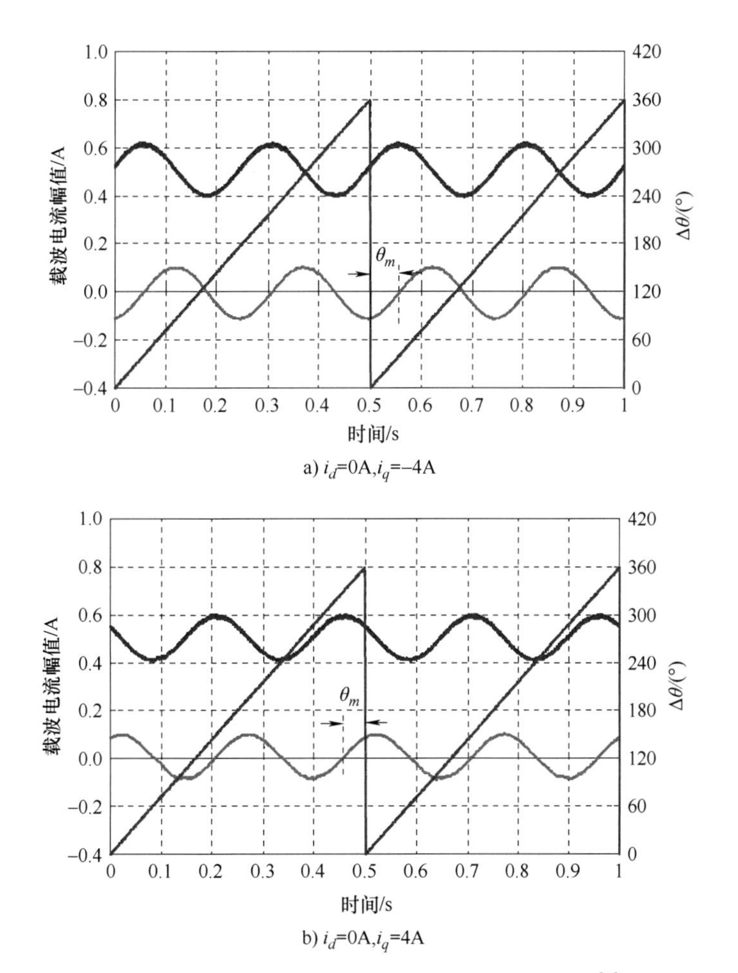

图 5.12　不同 i_q 下的高频电流幅值随 $\Delta\theta$ 变化的测量结果[9]（$i_d=0$A）

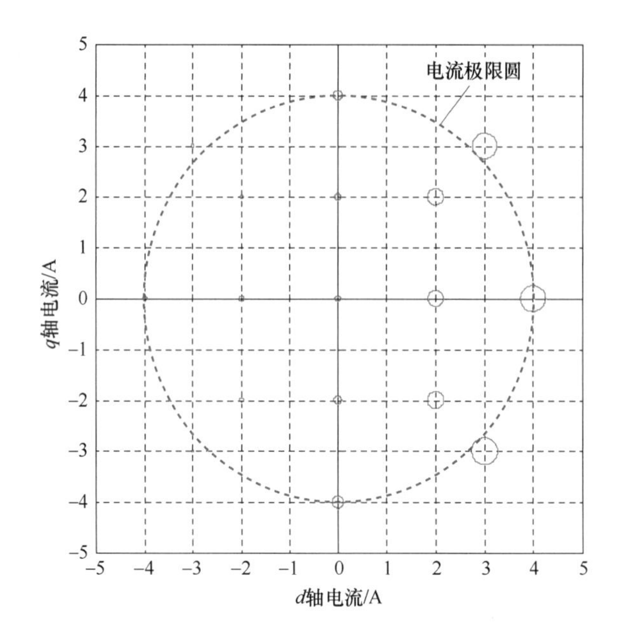

图 5.13　不同基频激励下的实测电机凸极圆[9]

5.4　多重凸极效应

上文中讨论的电机凸极仅考虑了单一空间凸极，即 L_{dh} 和 L_{qh} 在给定负载条件下为常数，并且与转子位置无关。然而，由于电机设计等原因，实际电机磁阻通常在空间上呈现非正弦分布。因此，L_{dh} 和 L_{qh} 实际上和转子位置有关，可以用空间傅里叶级数来进行建模。用于无位置传感器控制位置跟踪的空间凸极效应可表示为主要凸极效应，而其他谐波分量则称为次要凸极效应[10,11]。主要凸极效应和次要凸极效应的总和被称为多重凸极效应。考虑到多重凸极效应的高频电感模型可以表示如下：

$$L_{\alpha\beta}=\begin{bmatrix} L_{sa}+\sum_{h=1}^{\infty}L_{\Delta h}\cos(2h\theta_r) & -\sum_{h=1}^{\infty}L_{\Delta h}\sin(2h\theta_r) \\ -\sum_{h=1}^{\infty}L_{\Delta h}\sin(2h\theta_r) & L_{sa}-\sum_{h=1}^{\infty}L_{\Delta h}\cos(2h\theta_r) \end{bmatrix} \tag{5.16}$$

式中，h 为谐波次数；$h=1$ 代表主要凸极效应；$L_{\Delta h}$ 为空间谐波电感的幅值。

对于旋转电压注入[12]，考虑次要凸极效应引起的电流谐波，高频电流响应如下所示：

$$i_{\alpha\beta h}^{s}=I_p\mathrm{e}^{\mathrm{j}(\theta_h-\pi/2)}+\sum_{h=1}^{\infty}I_{nh}\mathrm{e}^{-\mathrm{j}(\theta_h-2h\theta_r-\pi/2)},\quad I_{nh}=\frac{V_hL_{\Delta h}}{2\omega_h(L_{sa}^2-L_{\Delta h}^2)} \tag{5.17}$$

对于脉振电压注入，估计的 q 轴高频电流响应可表示为

$$\hat{i}_{qh}=\left[I_n\sin(2\theta_r-2\hat{\theta}_r)+\sum_{h=1}^{\infty}I_{nh}\sin(2\theta_r-2h\hat{\theta}_r)\right]\sin(\omega_ht) \tag{5.18}$$

h>1 的高频电流分量被称为次要凸极电流。由于主要凸极电流和次要凸极电流的频率过

于接近，因此很难将它们进行分离。因而，在估计的位置中将会产生纹波。在文献［12］中，引入了神经网络来解耦次要凸极效应；在文献［13］中，利用脉冲电压注入离线测量电机的多重凸极，并用于在线补偿。在文献［14］中，通过多重信号注入的方式，可以去除次要凸极，只留下主要凸极。一方面，在无位置传感器控制下，一般很难消除多重凸极效应的影响，需要在电机设计中将多重凸极效应进行最小化。另一方面，在许多应用中，与主凸极效应相比，多重凸极效应的幅值相对较小，因而在电机中，多重凸极效应可以被忽略。

基于样机 IPMSM-Ⅰ（见附录 B），注入脉振正弦信号后的高频电流响应的测量结果如图 5. 14 所示。不同负载条件下，高频电流幅值随电机转子位置的变化曲线如图 5. 14 所示：高频电流的脉振频率是基频的六倍。从图 5. 14 可以看出：由于交叉饱合，q 轴高频电流幅值的直流分量主要由（$I_n \sin\theta_m$）决定。因此，正值表示 $\theta_m>0$，反之亦然。图 5. 14 显示：θ_m 在 $i_d=0$A，$i_q=0$A 条件下值接近于零，而在 $i_q=2$A 处为正值，在 $i_q=-2$A 处为负值。从图 5. 14 可以看出：不同负载条件下的电流纹波幅值大小不同，表明多重凸极效应与负载条件也相关。

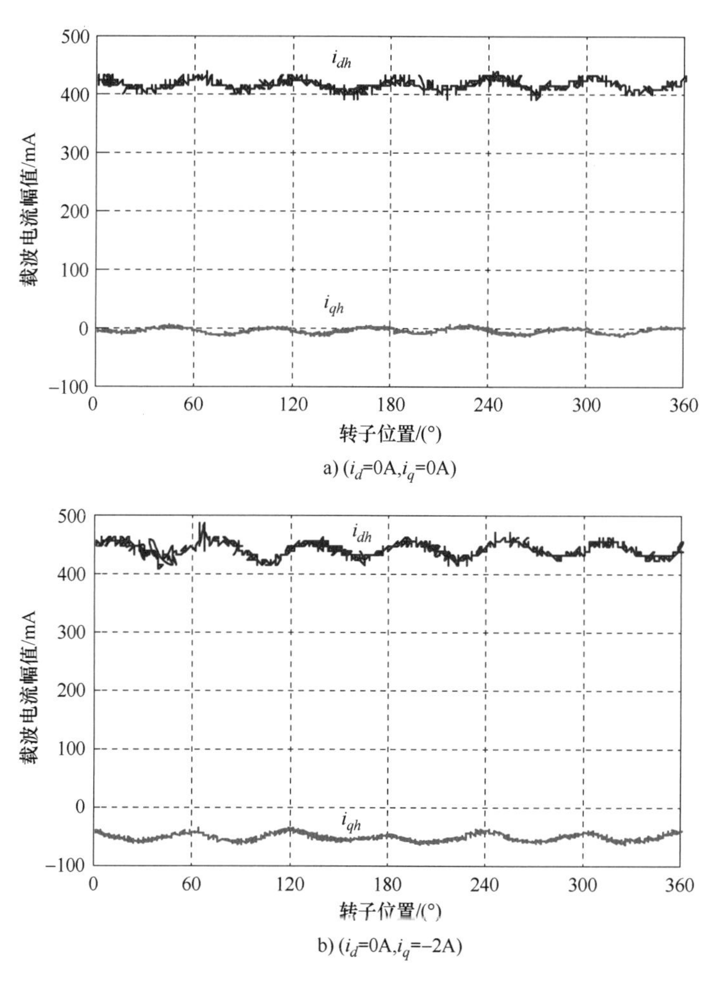

图 5. 14　多重凸极效应评估[15]

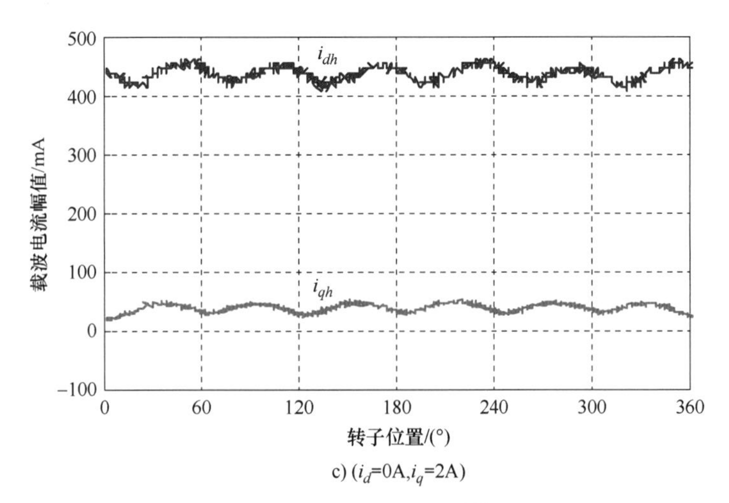

c) (i_d=0A,i_q=2A)

图 5.14　多重凸极效应评估[15]（续）

5.5　参数不对称

在前面的章节中，高频注入方法都是基于对称的电机参数。然而，三相永磁电机往往并不严格对称，导致其相电阻、相电感和相反电动势等电机参数不对称。由于在高频模型中忽略了相电阻和相反电势，对于 HFSI 方法，只需要考虑电感的不对称性即可。因此，本节详细介绍了两种常用的高频信号注入方法（旋转正弦信号注入法和脉振正弦信号注入法）下电机参数不对称时的建模、对比和补偿策略。结果表明：由于电感不对称，无论哪种注入方法都会产生二倍频位置误差。为了抑制电感不对称引起的二倍频位置误差，本章将介绍一种基于双频率信号注入的在线补偿策略[16]。

5.5.1　基于电感不对称的高频模型

实际上，机械制造误差、电机偏心、绕组故障[10]等都可能会造成电机电感的不对称。假设电机的 A 相自感不平衡，则 dq 轴的电感矩阵可表示为

$$L(d,q)=\begin{bmatrix} L_{dh}+\dfrac{2}{3}\Delta L\cos^2\theta_r & L_{dqh}-\dfrac{1}{3}\Delta L\sin2\theta_r \\ L_{dqh}-\dfrac{1}{3}\Delta L\sin2\theta_r & L_{qh}+\dfrac{2}{3}\Delta L\sin^2\theta_r \end{bmatrix} \tag{5.19}$$

式中，ΔL 表示自感的不对称部分。

在脉振信号注入时，忽略相电阻的高频电流响应为

$$\hat{i}_{qh}\approx\frac{V_h\sin(\omega_h t)}{\omega_h L_{dh}L_{qh}}\left[L_{sd}\sin2\Delta\theta-L_{dqh}\cos2\Delta\theta-\frac{1}{3}\Delta L\cos2\theta_r\sin2\Delta\theta+\frac{1}{3}\Delta L\sin2\theta_r\cos2\Delta\theta\right] \tag{5.20}$$

因此，脉振信号注入下，某一相电感不对称引起的位置误差为

$$\Delta\theta_{p\_L} \approx \frac{1}{2}\arctan\frac{L_{dqh}}{L_{sd}} + \frac{1}{2}\arctan\frac{\Delta L}{3\hat{L}_{sd}}\sin(2\theta_r+\delta_L) \tag{5.21}$$

式中，δ_L 表示不同电感不对称条件下的相位角；且有 $\hat{L}_{sd}=\sqrt{L_{dqh}^2+L_{sd}^2}$。

同样，在脉振信号注入下，三相电感不对称造成的位置误差如式（5.22）所示。

$$\Delta\theta_{p\_L} = \frac{1}{2}\arctan\frac{L_{dqh}-\sum\limits_{i=1,2,3}\left\{\frac{1}{3}\Delta L_i\sin2\left(\theta_r-\frac{2}{3}\pi(i-1)\right)+\frac{2}{3}\Delta M_i\sin2\left(\theta_r+\frac{2}{3}\pi i\right)\right\}}{L_{sd}-\sum\limits_{i=1,2,3}\left\{\frac{1}{3}\Delta L_i\cos2\left(\theta_r-\frac{2}{3}\pi(i-1)\right)+\frac{2}{3}\Delta M_i\cos2\left(\theta_r+\frac{2}{3}\pi i\right)\right\}} \tag{5.22}$$

式中，ΔM 表示互感的不对称部分；$i=1,2,3$ 分别代表电机的 A 相、B 相和 C 相。

然后，在旋转信号注入下，可以得到具有单相电感不对称的高频电流为

$$i_\alpha+\mathrm{j}i_\beta = \frac{V_h}{\omega_h L_{dh} L_{qh}}\left[\left(L_{avg}+\frac{\Delta L}{3}\right)\mathrm{e}^{\mathrm{j}(\omega_h t-\pi/2)} - \frac{\Delta L}{3}\mathrm{e}^{-\mathrm{j}(\omega_h t-\pi/2)} + \hat{L}_{sd}\mathrm{e}^{\mathrm{j}(2\theta_r+\theta_m)}\mathrm{e}^{-\mathrm{j}(\omega_h t-\pi/2)}\right] \tag{5.23}$$

在旋转信号注入下，单相电感不对称时的位置误差可以推导得到为

$$\Delta\theta_{r\_L} \approx \frac{1}{2}\arctan\frac{L_{dqh}}{L_{sa}} + \frac{1}{2}\arctan\frac{\Delta L}{3\hat{L}_{sd}}\sin(2\theta_r+\delta_L) \tag{5.24}$$

同样，可以推导得到三相电感不对称时的位置误差为

$$\Delta\theta_{r\_L} = \frac{1}{2}\arctan\frac{L_{dqh}-\sum\limits_{i=1,2,3}\left\{\frac{1}{3}\Delta L_i\sin2\left(\theta_r-\frac{2}{3}\pi(i-1)\right)+\frac{2}{3}\Delta M_i\sin2\left(\theta_r+\frac{2}{3}\pi i\right)\right\}}{L_{sd}-\sum\limits_{i=1,2,3}\left\{\frac{1}{3}\Delta L_i\cos2\left(\theta_r-\frac{2}{3}\pi(i-1)\right)+\frac{2}{3}\Delta M_i\cos2\left(\theta_r+\frac{2}{3}\pi i\right)\right\}} \tag{5.25}$$

从上述式（5.21）和式（5.24）电感不对称的推导中，可注意到两种注入方法下的二倍频位置误差完全相同。另外，从式（5.21）和式（5.24）中还可以看出，电感不对称的二倍频位置误差与高频注入信号的频率无关[16]。

5.5.2 电感不对称导致的位置误差抑制

为了抑制电机电感不对称性的影响，本节介绍一种双频率高频信号注入的在线补偿策略[16]。以旋转信号注入为例，在单相电感不对称时，高频电流的负序分量可以表示为

$$i_{neg} = \frac{V_h\mathrm{e}^{-\mathrm{j}(\omega_h t-\pi/2)}}{\omega_h L_{dh} L_{qh}}\left[-\frac{\Delta L}{3}+\hat{L}_{sd}\mathrm{e}^{\mathrm{j}(2\theta_r+\theta_m)}\right] \tag{5.26}$$

值得注意的是，由于电感不对称引起的额外电流部分表现为直流分量，其幅值只与 V_h/ω_h 有关。因此，如果注入的是双频高频信号，即

$$\begin{bmatrix} v_\alpha \\ v_\beta \end{bmatrix} = V_h\begin{bmatrix} \cos\omega_h t \\ \sin\omega_h t \end{bmatrix} + V_{h1}\begin{bmatrix} \cos\omega_{h1} t \\ \sin\omega_{h1} t \end{bmatrix} \tag{5.27}$$

其中，$V_h/\omega_h=V_{h1}/\omega_{h1}$，双频高频信号注入后的合成高频电流负序分量如下所示：

$$i_{neg} \approx \frac{V_h\mathrm{e}^{-\mathrm{j}(\omega_h t-\pi/2)}}{\omega_h L_{dh} L_{qh}}\left[-\frac{\Delta L}{3}+\hat{L}_{sd}\mathrm{e}^{\mathrm{j}(2\theta_r+\theta_m)}\right] + \frac{V_{h1}\mathrm{e}^{-\mathrm{j}(\omega_{h1} t-\pi/2)}}{\omega_{h1} L_{dh} L_{qh}}\left[-\frac{\Delta L}{3}+\hat{L}_{sd}\mathrm{e}^{\mathrm{j}(2\theta_r+\theta_m)}\right] \tag{5.28}$$

通过信号解调处理，高频信号可以进一步表示为

$$I_{neg}=\mathrm{LPF1}(i_{neg}\mathrm{e}^{\mathrm{j}(\omega_h t-\pi/2)})=\frac{V_h}{\omega_h L_{dh}L_{qh}}\left(-\frac{\Delta L}{3}+\hat{L}_{sd}\mathrm{e}^{\mathrm{j}(2\theta_r+\theta_m)}\right) \tag{5.29}$$

$$I_{neg1}=\mathrm{LPF2}(i_{neg}\mathrm{e}^{\mathrm{j}(\omega_{h1} t-\pi/2)})=\frac{V_{h1}}{\omega_{h1} L_{dh}L_{qh}}\left(-\frac{\Delta L}{3}+\hat{L}_{sd}\mathrm{e}^{\mathrm{j}(2\theta_r+\theta_m)}\right) \tag{5.30}$$

由于注入的第二个频率（ω_{h1}）信号仅用于电感不对称的误差补偿，因此 LPF2 的截止频率可以选择为远低于 LPF1 的截止频率，即式（5.30）可以表示为

$$I_{neg1}=\mathrm{LPF2}(i_{neg}\mathrm{e}^{\mathrm{j}(\omega_{h1} t-\pi/2)})\approx-\frac{V_{h1}}{\omega_{h1} L_{dh}L_{qh}}\frac{\Delta L}{3} \tag{5.31}$$

因此，可以得出：

$$I_{neg2}=I_{neg}-I_{neg1}\approx\frac{V_h}{\omega_h L_{dh}L_{qh}}\hat{L}_{sd}\mathrm{e}^{\mathrm{j}(2\theta_r+\theta_m)} \tag{5.32}$$

与式（5.26）相比，式（5.32）中的不对称分量在很大程度上被补偿策略所抑制。值得注意的是，由于添加的 LPF2 仅作用于第二个频率（ω_{h1}）的高频信号，因此位置估计环路的带宽不受影响。电感不对称补偿的旋转信号注入时的补偿策略框图如图 5.15 所示。

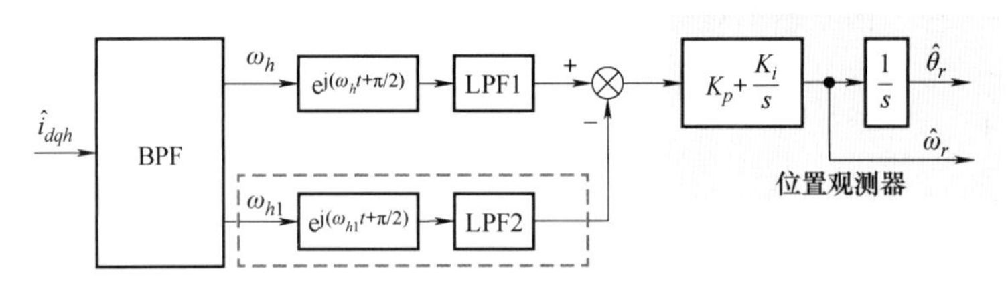

图 5.15　旋转信号注入的双频注入补偿策略[16]

类似地，对于脉振信号注入，注入的双频信号可表示为

$$\begin{bmatrix}\hat{v}_{dh}\\ \hat{v}_{qh}\end{bmatrix}=\begin{bmatrix}V_h\cos\omega_h t\\ 0\end{bmatrix}+\begin{bmatrix}V_{h1}\cos\omega_{h1} t\\ 0\end{bmatrix} \tag{5.33}$$

因此，高频电流可以表示为

$$\begin{aligned}\hat{i}_{dqh}&=\hat{i}_{dh}+\mathrm{j}\hat{i}_{qh}\\&=\left(\frac{V_h\sin\omega_h t}{\omega_h L_{dh}L_{qh}}+\frac{V_{h1}\sin\omega_{h1} t}{\omega_{h1} L_{dh}L_{qh}}\right)\left[L_{sa}+\frac{1}{3}\Delta L+\hat{L}_{sd}\mathrm{e}^{\mathrm{j}(2\Delta\theta+\theta_m)}-\frac{1}{3}\Delta L\mathrm{e}^{\mathrm{j}(-2\theta_r+2\Delta\theta)}\right]\end{aligned} \tag{5.34}$$

图 5.16 所示的解调信号可以表示为

$$\begin{aligned}\hat{I}_{qh}&=\mathrm{Im}\{[\mathrm{LPF1}(\hat{i}_{dqh}\sin\omega_h t\cdot\mathrm{e}^{\mathrm{j}2\hat{\theta}_r})-\mathrm{LPF2}(\hat{i}_{dqh}\sin\omega_{h1} t\cdot\mathrm{e}^{\mathrm{j}2\hat{\theta}_r})]\mathrm{e}^{\mathrm{j}-2\hat{\theta}_r}\}\\&=\frac{V_h\hat{L}_{sd}\sin(2\Delta\theta+\theta_m)}{2\omega_h L_{dh}L_{qh}}\end{aligned} \tag{5.35}$$

式中，I_m 表示估计 dq 轴高频电流分量的虚部。

从上述推导中可以看出，与式（5.21）相比，双频注入脉振信号策略显著抑制了脉振注入法下的不对称分量。

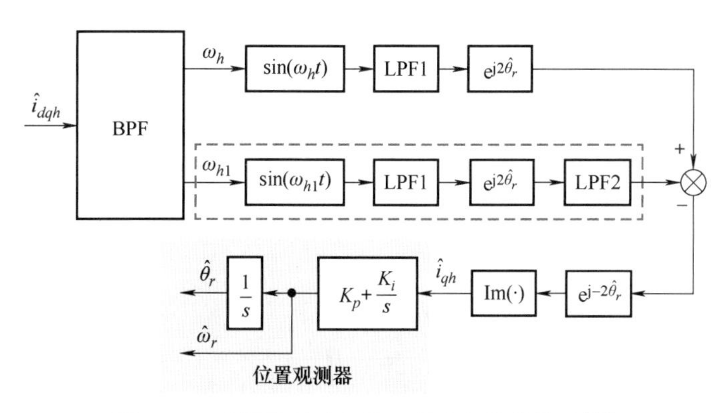

图 5.16 脉振信号注入的双频注入补偿策略[16]

5.5.3 实验结果

为了验证上述理论分析，基于样机 IPMSM-Ⅰ（参数见附录 B）进行了实验。为了模拟本节讨论的不对称条件，将额外的相电感与 IPMSM 的三相绕组进行串联。

5.5.3.1 电感不对称下的位置估计

对于增加的 2mH 电感形成的不对称电感，相电感不对称程度约为 4%，信号注入信号频率为 500Hz，旋转和脉振信号注入两种方法下的位置误差如图 5.17 和图 5.18 所示。从图 5.18 中可以清晰地看到，两种方法的位置误差大致相同，并且均存在二倍频振荡。图 5.19 中还显示了不同负载和不同注入频率下的二倍频位置误差，并且在加载条件下观察到略微增加的误差，可见实验现象与上述分析一致。

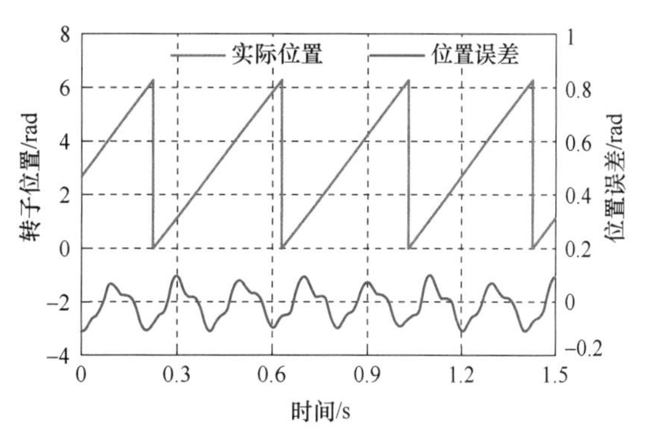

图 5.17 旋转信号注入下单相自感 4% 不对称时的位置误差[16]

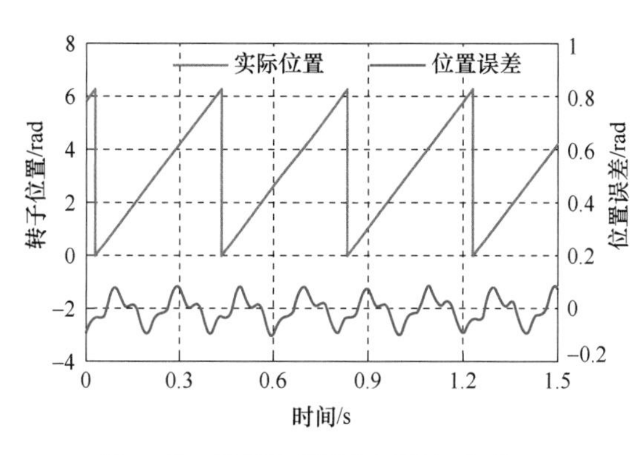

图 5.18 脉振信号注入下单相自感 4% 不对称时的位置误差[16]

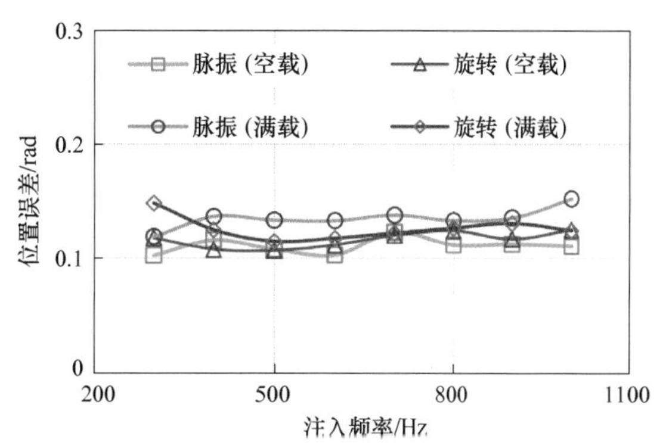

图 5.19 在有/无负载及不同注入频率下约 4% 自感不对称时的二倍频位置误差[16]

5.5.3.2 二倍频抑制方法

对于电感不对称，采用基于双频信号注入（12V/400Hz 和 18V/600Hz）的补偿方法，不同负载条件下的振荡谐波误差显著降低，如图 5.20 和图 5.21 所示。图 5.22 给出了在补偿前后的位置估计误差频谱，其中二倍频误差得到了显著抑制。

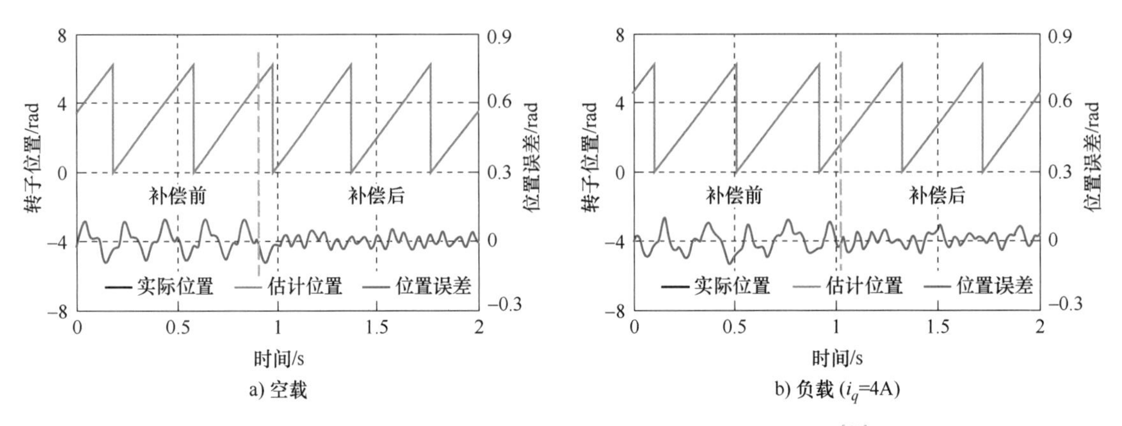

图 5.20 旋转信号注入下电感不对称时的二倍频误差抑制[16]

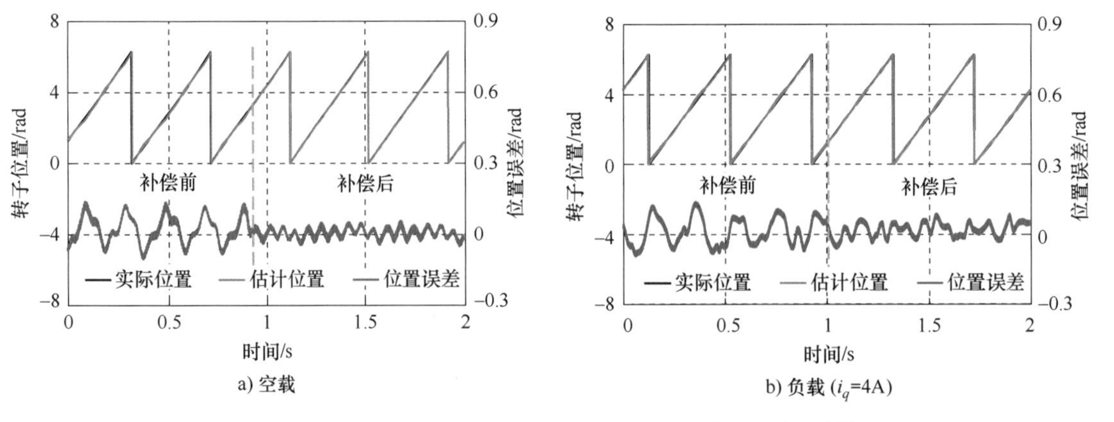

图 5.21 脉振信号注入下电感不对称时的二倍频误差抑制[16]

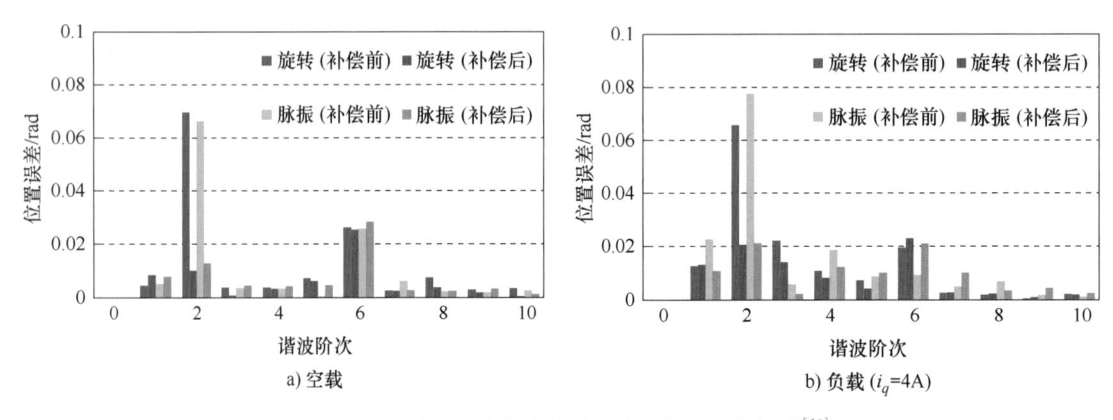

图 5.22 不对称电感补偿前后的位置估计误差频谱[16]

5.6　逆变器非线性效应

在第4章介绍的基于高频信号注入的无位置传感器控制中，所用逆变器均假设为理想状态。然而，在实际情况中，逆变器中的非线性将对注入的高频电压产生负面影响，在高频电流响应中引入额外的分量，最终影响无位置传感器控制性能[17,18]。因此，本节将介绍逆变器非线性对基于高频信号注入下的无位置传感器控制的影响。

逆变器非线性效应是电压畸变的重要原因，如图5.23所示，它可以等效为电压扰动的引入。造成电压畸变的逆变器非线性效应包括[17]：

- 死区时间
- 寄生电容
- 导通和关断延迟
- 栅极驱动电路延迟
- 功率器件中的电压降
- 零电流箝位
- 短脉冲抑制
- 其他

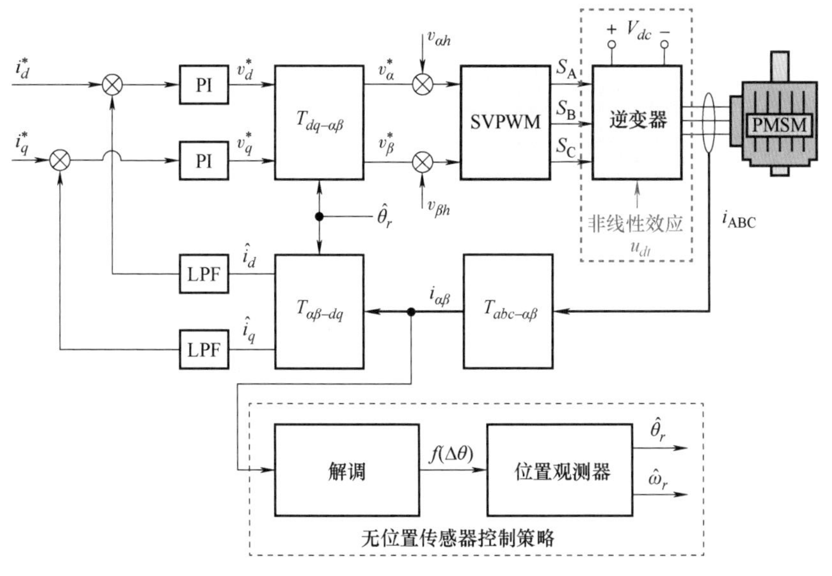

图5.23　逆变器非线性造成的电压畸变

逆变器非线性造成的电压畸变包括基波和高频分量。研究表明[19,20]，基波电压扰动会导致电流畸变。对于基于高频信号注入的无位置传感器控制技术，引入的高频电压扰动影响更大，它会产生额外的高频电流分量，最终导致显著的位置估计误差[17]。此外，死区时间和寄生电容效应还被证明是高频电压畸变的主要来源[17]，本节稍后将对此进行详细说明。

因此，本节将重点讨论基于高频信号注入的无位置传感器控制方法中的逆变器非线性影响，包括逆变器非线性产生的机理、高频电压畸变和高频电流畸变数学建模以及相应的实验结果，并给出补偿方案。

5.6.1 产生机理

在基于高频信号注入的无位置传感器控制中，半导体功率器件的死区时间和寄生电容被证明是高频电压畸变的主要原因[17]，本节将对此进行详细介绍。

5.6.1.1 死区时间

考虑到功率器件固有的关断延迟，死区时间对于避免桥臂上、下管之间的直通故障至关重要。当单个桥臂中的上、下两个功率开关管开通、关断时，必须加入死区时间 t_{dc}，以保证收到关断指令的器件在另一器件导通前已经被有效关断。另外再加上导通和关断的延迟，最终就会产生电压脉冲误差，如图 5.24 和图 5.25 所示。应当注意的是，电压脉冲误差的符号与电流极性正好相反。引入的端电压误差在一个 PWM 周期内的平均值如下式所示：

$$V_{dt}=V_{ao}-V_{ao}^{*}=-\text{sign}(i_s)V_{dc}\frac{t_{dt}+t_{du}-t_{dd}}{T_s}=-\text{sign}(i_s)\Delta V \tag{5.36}$$

式中，i_s 为相电流；V_{dc}为直流母线电压；T_s 为 PWM 周期；t_{du}和 t_{dd}分别为导通和关断延迟时间。

显然，由于在给定直流母线电压和 PWM 频率下 ΔV 为常数，因此端电压误差的平均值仅由相关的相电流极性决定，而与电流大小无关。

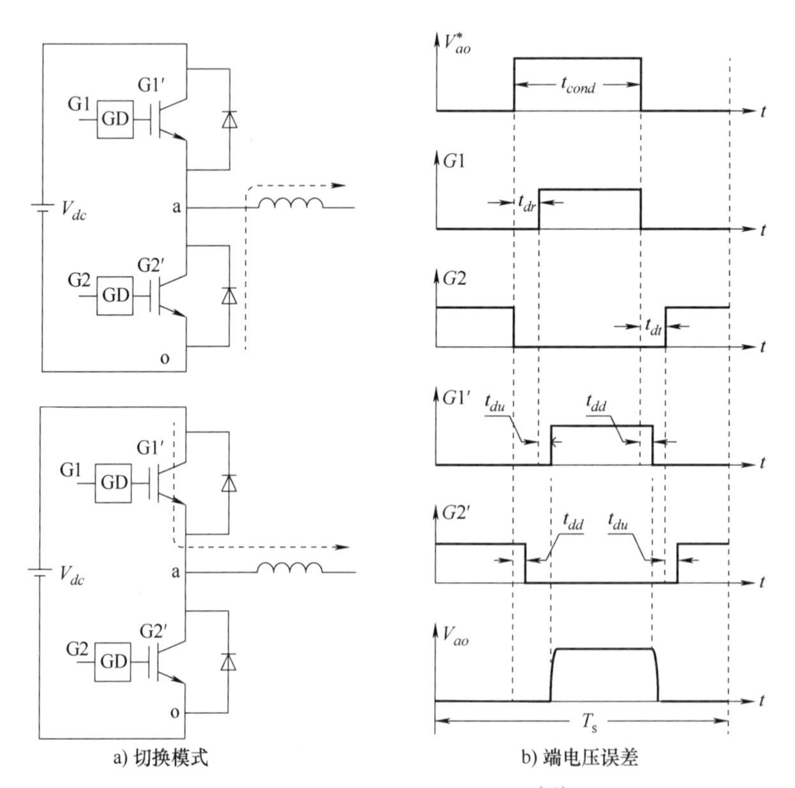

a) 切换模式　　b) 端电压误差

图 5.24　死区时间效应（i_s>0）[18]

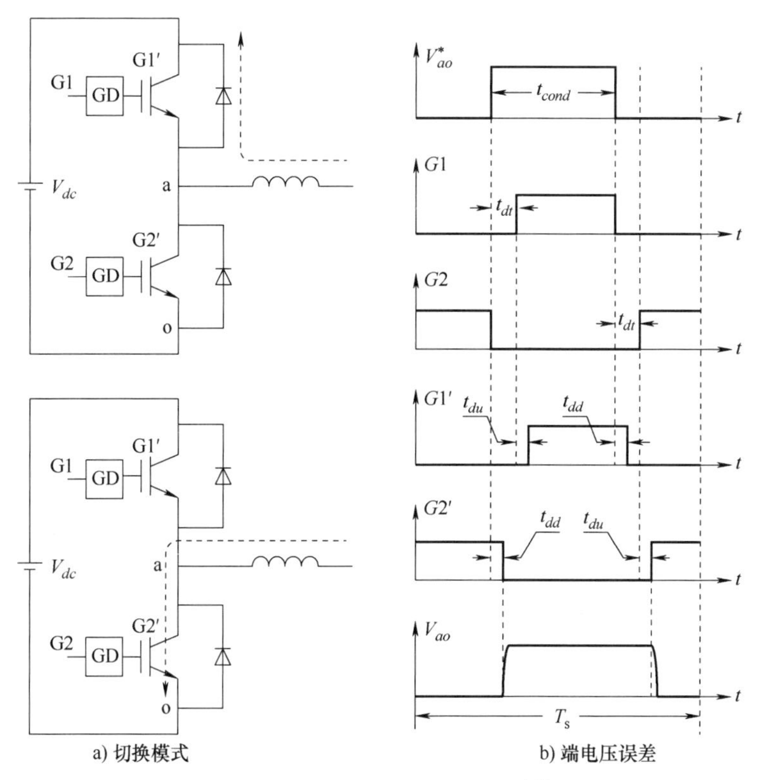

图 5.25　死区时间效应（i_s<0）[18]

5.6.1.2　寄生电容效应

考虑寄生电容的功率器件导通路径如图 5.26 所示。其中，正电流的电流流动路径由虚线表示。电流从续流二极管转移到 IGBT 这一过程可以瞬间完成。原因在于 IGBT 是有源开关器件，其导通可以为寄生电容的瞬时充、放电提供低电阻导通路径。因此，如图 5.27a 和 5.28a 中所给出的控制信号所示，端电压斜率非常大，且几乎与当前的电流值无关，如图 5.27b 中所示的上升沿和图 5.28b 所示的下降沿。然而，当 IGBT 关断，电流从 IGBT 转移到续流二极管时，可以观察到不同的现象，图 5.27b 中的下降沿和图 5.28b 中的上升沿展示了该情况下的端电压斜率变化。由于寄生电容效应，端电压斜率极大地依赖于电流值的大小。

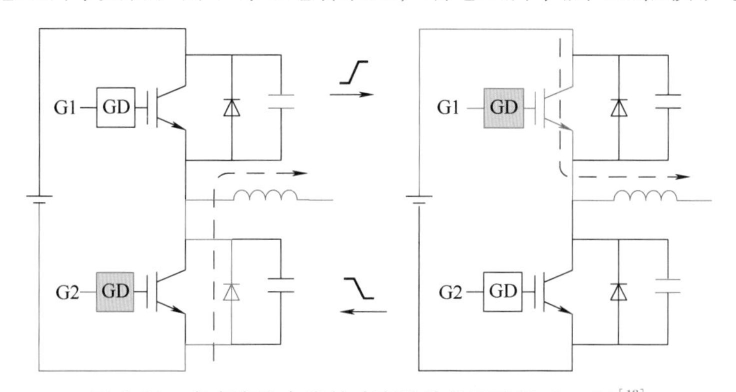

图 5.26　考虑寄生电容的功率器件导通路径（i_s>0）[18]

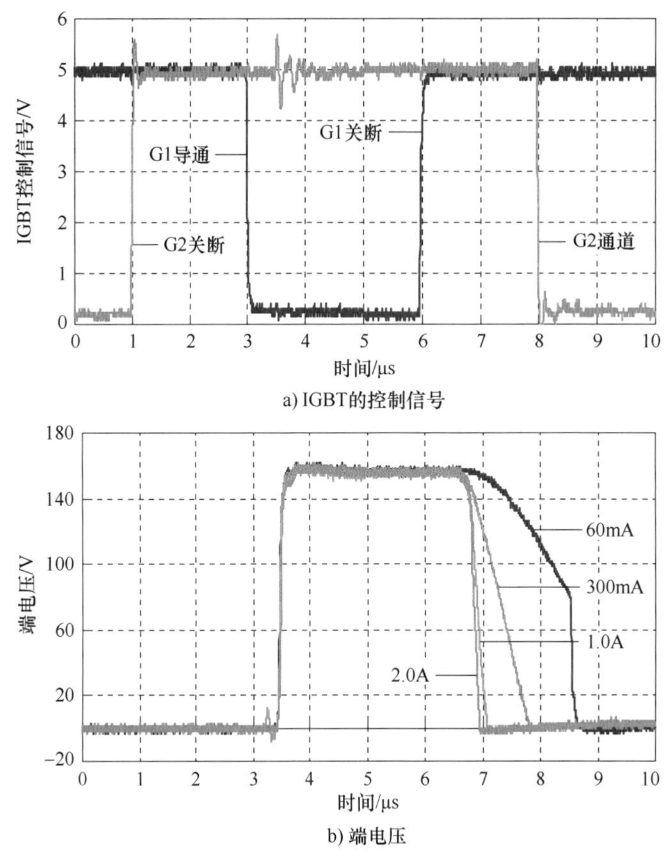

a) IGBT的控制信号

b) 端电压

图 5.27 端电压测量值（$t_{dt}=2\mu s$，$i_s>0$）[18]

5.6.2 高频电压畸变

为了获得端电压误差与相电流之间的关系，采用死区时间为 2.0μs、PWM 开关频率为 10kHz 和直流母线电压为 150V 时的测量数据来构建曲线，如图 5.29 中实线所示。

可以发现，在相电流较大时，端电压误差趋于饱和。ΔV 的值由给定直流母线电压和 PWM 开关频率下的死区时间决定。然而，当相电流较小时，端电压误差明显取决于瞬时电流和寄生电容的大小。当寄生电容越小时，端电压误差的斜率就越陡。在没有寄生电容的情况下，相电流较小时的端电压误差在零电流点附近由斜率缓慢变化变为阶跃变化。

由图 5.29 所示，总电流响应由基波电流和高频电流分量组成。因此，任意相“X”中的端电压误差可以表示为

$$\Delta v_{XO}=f(i_X)=f(i_{Xf}+i_{Xh}) \tag{5.37}$$

式中，i_X 为总的相电流；i_{Xf}为基波电流分量；i_{Xh}为高频电流分量。

当高频电流分量远小于基波电流分量时，上式可近似为

$$\Delta v_{XO}\approx f(i_{Xf})+f'(i_{Xf})i_{Xh}\approx \mathrm{sign}(i_{Xf})\Delta V+R_{Xh}i_{Xh} \tag{5.38}$$

式中，R_{Xh}为逆变器的等效高频电阻。

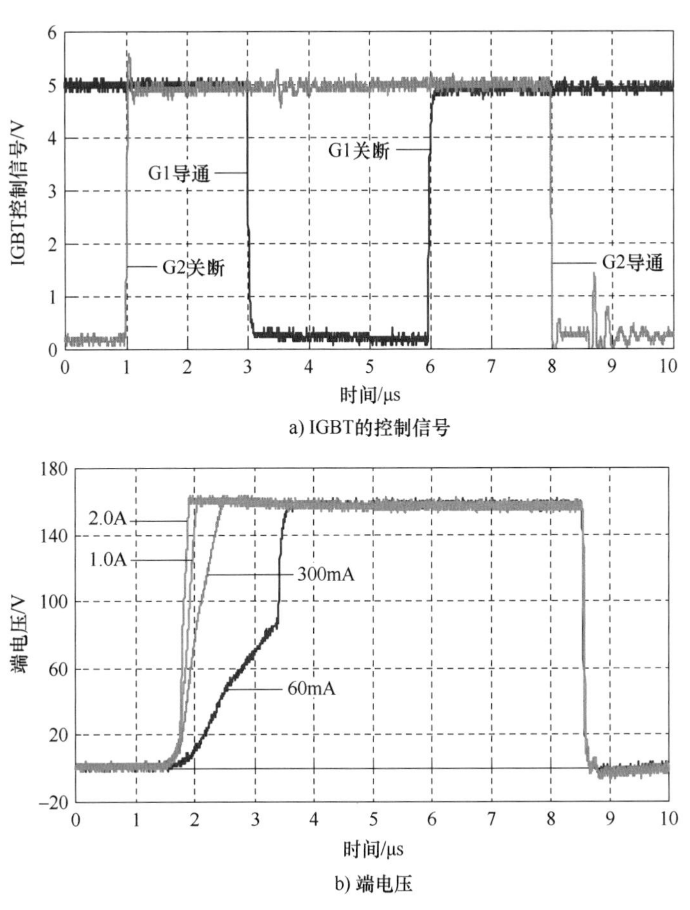

a) IGBT的控制信号

b) 端电压

图 5.28　端电压测量值（$t_{dt}=2\mu s$，$i_s<0$）[18]

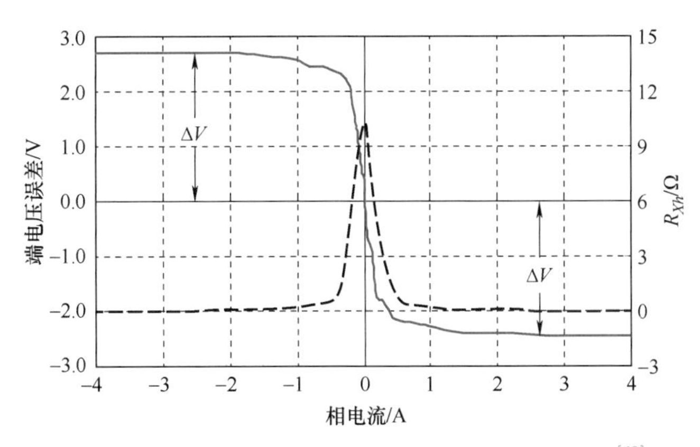

图 5.29　端电压误差测量值（$t_{dt}=2\mu s$，$V_{dc}=150V$）[18]

R_{Xh}可根据式（5.38）进行计算，并在图 5.29 中用虚线所示。结果表明，由端电压误差特性决定的逆变器等效高频电阻是一个非线性极强的电阻。当相电流大于 0.5A 时，R_{Xh}接近于 0，这意味着逆变器的等效高频电阻仅存在于零电流区域附近，并在基波电流为零时达到最大值。此外，扰动电压可以表示为如下的相电压误差向量：

$$\Delta v=\frac{2}{3}(\Delta v_{AO}+\Delta v_{BO}e^{j2\pi/3}+\Delta v_{CO}e^{j4\pi/3})=\frac{2}{3}(\Delta v_A+\Delta v_B e^{j2\pi/3}+\Delta v_C e^{j4\pi/3})$$
$$=\Delta v_f+\Delta v_h \tag{5.39}$$

式中，v_A、v_B 和 v_C 为电机各相电压；Δv_f 为扰动电压基波分量；Δv_h 为扰动电压高频分量，两者可被定义为

$$\begin{cases}\Delta v_f=-\dfrac{2}{3}\Delta V[\operatorname{sign}(i_{Af})+\operatorname{sign}(i_{Bf})e^{j2\pi/3}+\operatorname{sign}(i_{Cf})e^{j4\pi/3}]\\ \Delta v_h=-\dfrac{2}{3}[R_{Ah}i_{Ah}+R_{Bi}i_{Bh}e^{j2\pi/3}+R_{Ch}i_{Ch}e^{j4\pi/3}]\end{cases} \tag{5.40}$$

在式（5.40）中，对于高频信号注入无位置传感器控制，扰动电压高频分量 Δv_h 是高频电流畸变的主要原因[17]。如图 5.29 所示，当基波相电流在零值附近时，此时等效高频电阻为非零值。因此，根据式（5.40），注入后产生的高频电压扰动矢量 Δv_h 将在一个基波周期中受到六次影响[17]。因此，如图 5.30 所示，高频电流响应的频域分析结果显示了明显的扰动，此外，较大的死区时间也将会导致更多的扰动与畸变。

5.6.3 高频电流畸变

高频电压畸变会造成高频电流产生畸变，并因此影响高频信号注入无位置传感器控制的估计性能。本节中，将针对旋转信号注入[17]和脉振信号注入[21]两种方法，分别描述逆变器非线性引起的高频电流畸变情况。

5.6.3.1 旋转信号注入方法

假设 A 相电流过零，则当 $R_{Bh}=R_{Ch}=0$ 时，R_{Ah} 具有非零值。在这种情况下，由式（5.40）定义的高频扰动电压矢量可以简化为

$$\Delta v_h=-\frac{2}{3}R_{Ah}i_{Ah} \tag{5.41}$$

由于逆变器的非线性效应，实际高频电流响应会与理想表达式不同。考虑到其对总高频电流响应的主要贡献，可将理想高频电流代入式（5.41），从而得到

$$\Delta v_h=-\frac{1}{3}R_{Ah}I_p e^{j(\alpha-\pi/2)}-\frac{1}{3}R_{Ah}I_n e^{j(\alpha-2\theta_r-\pi/2)}-\frac{1}{3}R_{Ah}I_p e^{j(-\alpha+\pi/2)}-\frac{1}{3}R_{Ah}I_n e^{j(-\alpha+2\theta_r+\pi/2)} \tag{5.42}$$

式（5.42）表明：逆变器非线性效应引入的高频电压扰动由四项组成。前两项为正序矢量，后两项为负序矢量。每个电压产生相应的正序和负序高频电流。因此，合成的总高频电流响应可在表 5-2 中进行计算和总结。由于 I_n 幅值相对较小，表 5-2 中具有灰色背景的高频扰动电流分量可以忽略。

如第 4 章所述，通常使用由负序高频电流构成的参数 ε 来估计位置信息，其表达式如下所示：

$$\varepsilon=-\sin\left(-\alpha+2\hat{\theta}_r+\frac{\pi}{2}\right)I_{neg\_\alpha}+\cos\left(-\alpha+2\hat{\theta}_r+\frac{\pi}{2}\right)I_{neg\_\beta} \tag{5.43}$$

式中，I_{neg_α} 为是总负序高频电流的 α 轴分量；I_{neg_β} 是静止坐标系下总负序高频电流的 β 轴分

量；$\hat{\theta}_r$ 是估计的转子位置。

如表5-2所示，当考虑逆变器非线性效应产生的额外高频电流分量时，式（5.43）可改写为

$$\varepsilon \approx I_n \sin(2\Delta\theta) - \frac{R_{Ah} I_p^2}{3V_h}\cos(2\hat{\theta}_r) - \frac{2R_{Ah} I_p I_n}{3V_h}\cos(2\Delta\theta) \tag{5.44}$$

此外，当转子位置估计误差 $\Delta\theta$ 足够小，并且考虑到在这种情况下实际转子位置接近于零，式（5.44）可近似为

$$\varepsilon \approx 2I_n \Delta\theta - \frac{R_{Ah}}{3V_h}(I_p^2 + 2I_p I_n) \tag{5.45}$$

对于 $R_{Bh} \neq 0$ 和 $R_{Ch} \neq 0$ 的情况，可以得出相同的结论。由式（5.45）可以看出，ε 与估计位置误差和逆变器的非线性有关。可见，由于逆变器等效高频电阻的非线性特征，不可避免地影响位置估计，造成估计位置的六倍频波动。

表5-2 总高频电流分量[18]（$R_{Ah} \neq 0$）

电 压 项	高频电流 I_{pos}（正序分量）	高频电流 I_{neg}（负序分量）
$V_h e^{j\alpha}$	$I_p e^{j(\alpha-\pi/2)}$	$I_n e^{j(-\alpha+2\theta_r+\pi/2)}$
$-\frac{R_{Ah} I_p}{3} e^{j(\alpha-\pi/2)}$	$-\frac{R_{Ah} I_p^2}{3V_h} e^{j(\alpha-\pi)}$	$-\frac{R_{Ah} I_p I_n}{3V_h} e^{j(-\alpha+2\theta_r+\pi)}$
$-\frac{R_{Ah} I_n}{3} e^{j(\alpha-2\theta_r-\pi/2)}$	$-\frac{R_{Ah} I_p I_n}{3V_h} e^{j(\alpha-2\theta_r-\pi)}$	$-\frac{R_{Ah} I_n^2}{3V_h} e^{j(-\alpha+4\theta_r+\pi)}$
$-\frac{R_{Ah} I_p}{3} e^{j(-\alpha+\pi/2)}$	$-\frac{R_{Ah} I_p I_n}{3V_h} e^{j(\alpha+2\theta_r-\pi)}$	$-\frac{R_{Ah} I_p^2}{3V_h} e^{j(-\alpha+\pi)}$
$-\frac{R_{Ah} I_n}{3} e^{j(-\alpha+2\theta_r+\pi/2)}$	$-\frac{R_{Ah} I_n^2}{3V_h} e^{j(\alpha-\pi)}$	$-\frac{R_{Ah} I_p I_n}{3V_h} e^{j(-\alpha+2\theta_r+\pi)}$

5.6.3.2 脉振信号注入方法

类似地，假设A相电流过零，则 R_{Ah} 具有非零值，而 $R_{Bh} = R_{Ch} = 0$。在这种情况下，dq 轴高频扰动电压可推导为[21]

$$\begin{cases} \Delta v_{dh} = \dfrac{2}{3} R_{Ah} i_{Ah} \cos\theta_r \\ \Delta v_{qh} = \dfrac{2}{3} R_{Ah} i_{Ah} \sin\theta_r \end{cases} \tag{5.46}$$

因此，q 轴高频电流可以进一步描述为

$$\hat{i}_{qh} = \frac{(-L_d + L_q)}{2\omega_h L_d L_q}\sin(2\Delta\theta)(V_h \sin\alpha + \Delta v_{dh}) + \frac{(L_d + L_q) + (-L_d + L_q)\cos(2\Delta\theta)}{2\omega_h L_d L_q}\Delta v_{qh} \tag{5.47}$$

对于基于脉振信号注入的方法，通常将 q 轴高频电流控制到零以便跟踪位置。由式（5.47）可以看出：逆变器非线性引起的 q 轴电压中的电压扰动是导致位置估计误差的主要因素。

5.6.3.3 实验结果

在频域里，逆变器非线性会导致高频电流响应中产生明显可见的扰动，如图 5.30 中的测量结果所示。实验中，基于样机 IPMSM-Ⅱ（见附录 B），基频为 5Hz，注入信号频率为 600Hz，在满载条件下，对不同死区时间的影响进行测试。如图 5.30 所示：逆变器非线性效应将导致额外的高频电流谐波，并减小用于位置估计的主要分量，从而影响转子位置估计。此外，可以注意到，与基于旋转信号注入法相比，基于脉振信号注入法对逆变器非线性的敏感度要低得多。

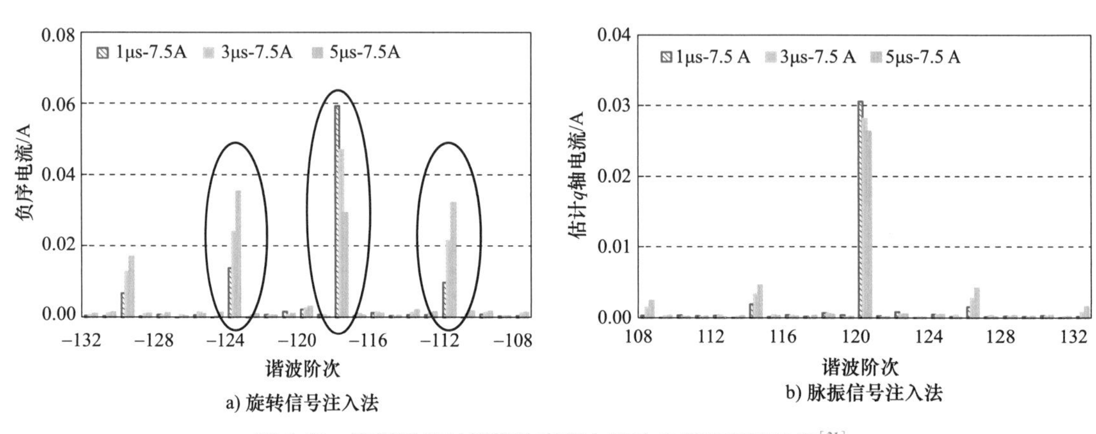

图 5.30 不同死区时间下的高频电流响应频谱测量结果[21]

逆变器非线性对位置估计的影响如图 5.31 所示，显然图中显示在位置估计误差中引入了六倍频，并且其随着死区时间的增加而变得更大。与电流响应频谱结果相同，和基于旋转信号注入法相比，基于脉振信号注入法对逆变器非线性的敏感性要低得多。

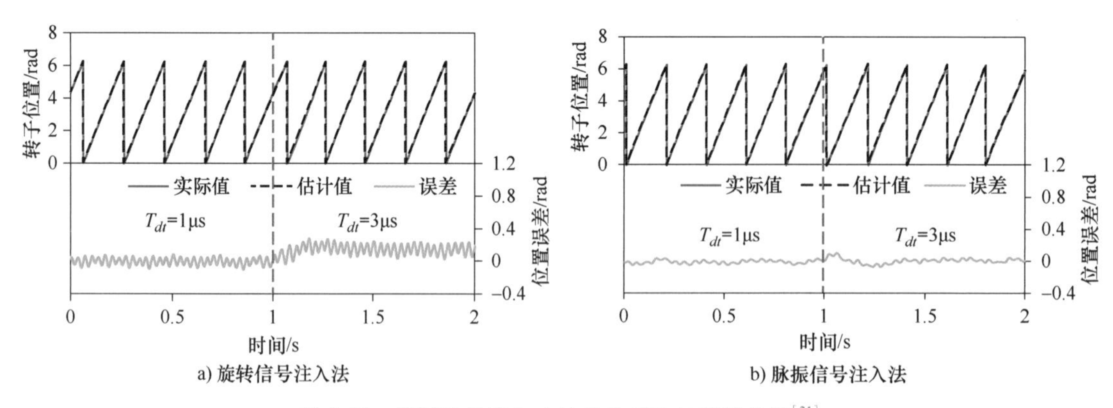

图 5.31 不同信号注入方法的位置估计测量结果[21]

5.6.4 补偿策略

5.6.4.1 预补偿

预补偿方法使用测量的相电流，基于逆变器的物理特性来估计因逆变器非线性效应引起

的畸变电压（见图 5.29），而后将估计的补偿电压叠加至端电压指令上[22-24]。这种补偿方法可以简单地应用于旋转信号和脉振信号注入法，其相关整体框图如图 5.32a 所示，相应的补偿电压和相电流如图 5.32b 所示。虽然这种方法的原理很简单，但从实验中获得逆变器物理特性是一项非常耗时的工作。此外，瞬时电流的测量误差，特别是采样延迟造成的误差，使得预补偿方法不能完全补偿扰动电压。

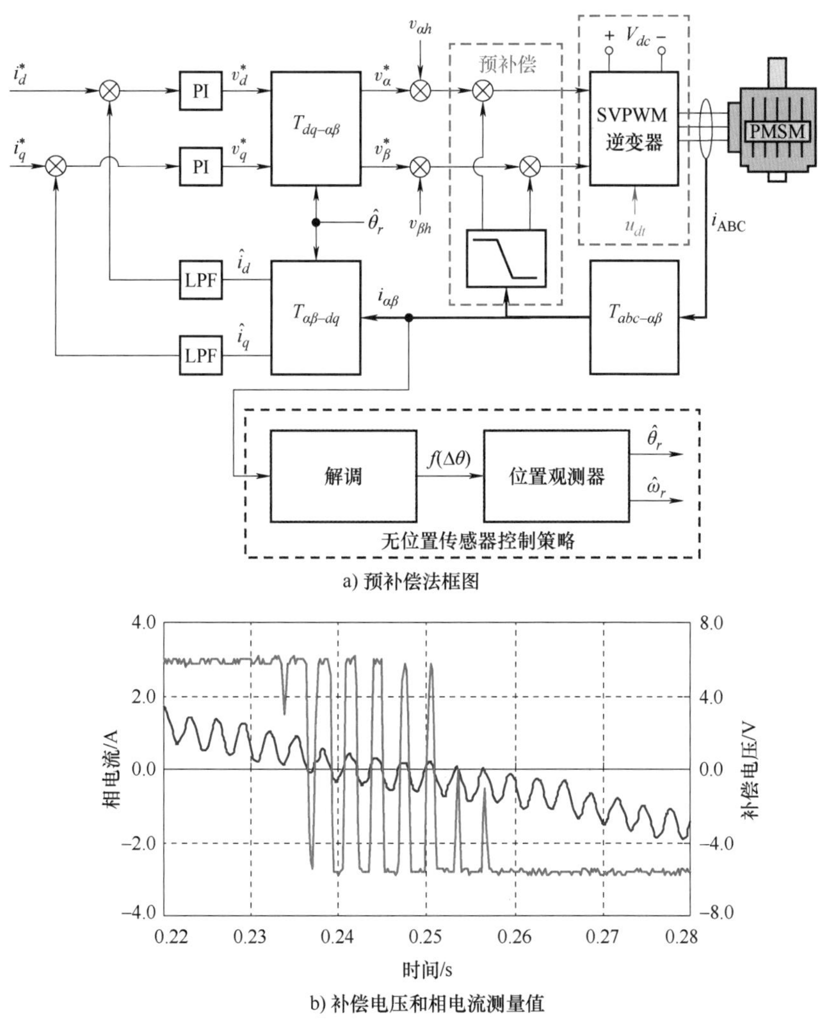

a) 预补偿法框图

b) 补偿电压和相电流测量值

图 5.32　预补偿法（$t_{dt}=4\mu s$，$V_{dc}=150V$）[18]

5.6.4.2　后补偿

具体而言，对于基于旋转高频信号注入的无位置传感器控制，该方法仅使用了含有位置信息的负序高频电流分量[18]。在本节中，对高频干扰电压对正序高频电流的影响进行分析，证明了正序高频电流响应可以被用于逆变器非线性补偿。为了分析正序高频电流畸变，在此引入了另一个重要因子 λ_{comp}，其可表示为

$$\lambda_{comp}=-\sin\left(\alpha-\frac{\pi}{2}\right)I_{pos\alpha}+\cos\left(\alpha-\frac{\pi}{2}\right)I_{pos\beta} \tag{5.48}$$

将表 5-2 所示的高频电流分量代入式（5.48），得到

$$\lambda_{comp} \approx \frac{R_{Ah}}{3V_h}(I_p^2+2I_pI_n) \tag{5.49}$$

式（5.49）表明 λ_{comp} 仅与逆变器非线性有关。因此，利用高频正序电流的扰动项来补偿逆变器非线性是可行的。因此，下面介绍用于基于旋转信号注入的无位置传感器控制的逆变器非线性补偿方法。

通过比较式（5.45）和式（5.49）可知，在没有位置估计误差（$\Delta\theta=0$）的情况下，信号 ε 与 λ_{comp} 的相位相反。因此，它们的组合可以得出

$$\varepsilon+\lambda_{comp} \approx 2I_n\Delta\theta \tag{5.50}$$

ε 和 λ_{comp} 的总和，即（$\varepsilon+\lambda_{comp}$），仅与估计位置误差有关。因此，它可用于准确估计位置信息[18]。后补偿方法的整体系统框图如图 5.33 所示。其中，（$\varepsilon+\lambda_{comp}$）被用作位置观测器的输入信号。

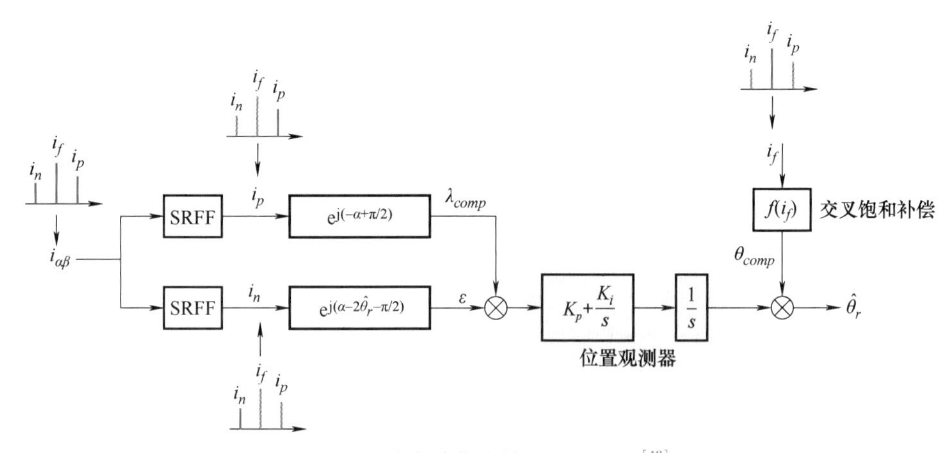

图 5.33　逆变器非线性后补偿方法[18]

在补偿策略中，ε 和（$\varepsilon+\lambda_{comp}$）的值可以基于式（5.43）和式（5.48）在线获得，不需要任何离线调试。例如如图 5.34 所示，在有位置传感器模式（$\Delta\theta=0$）下，可以离线获得 ε，λ_{comp} 和（$\varepsilon+\lambda_{comp}$）。从它们可以观察到在 ε 和 λ_{comp} 上的六倍频纹波，而它们的相位彼此相反，这与前面的分析一致。尽管 ε 和 λ_{comp} 的纹波幅值随着死区时间的增加而增加，但（$\varepsilon+\lambda_{comp}$）上的纹波可被有效抑制，因此通过后补偿方法可以改善无位置传感器控制的性能。在图 5.34 中，尽管 ε 和 λ_{comp} 中的直流偏置会在给定负载条件下产生额外的常数估计误差，但其引入的估计误差可以与交叉饱和一起进行补偿。

为了评估上述方法的无位置传感器控制性能，图 5.32 所示的预补偿方法也用于比较。在不同的负载条件下，比较了无补偿、预补偿和后补偿方法的无位置传感器控制性能，如图 5.35 和图 5.36 所示。死区时间设置为 4μs。对于样机 IPMSM-Ⅰ（见附录 B），为了在整个工作范围内验证无位置传感器控制的有效性，注入了 35V/330Hz 的旋转高频电压。根据图 5.35 和图 5.36 的实验结果，没有使用补偿的估计位置误差以基频的六倍振荡，在电流响

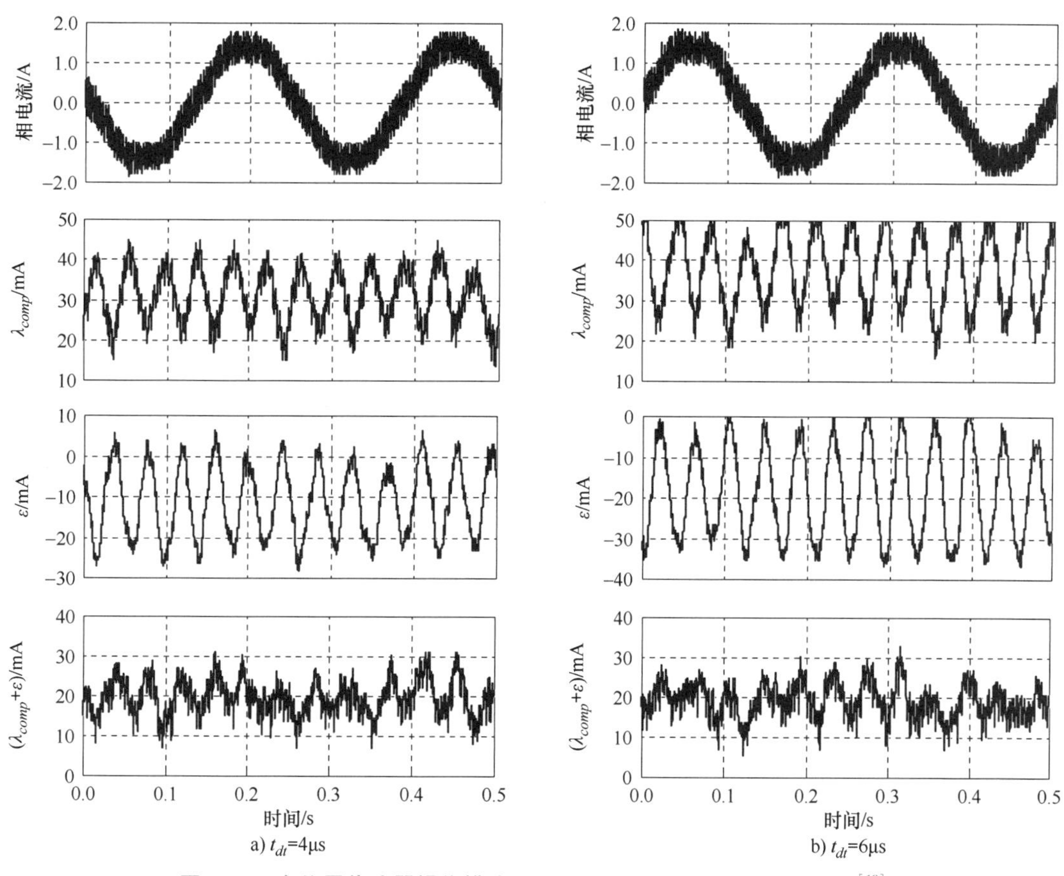

图 5.34　有位置传感器操作模式下 ε，λ_{comp} 和（$\varepsilon+\lambda_{comp}$）的计算值[18]

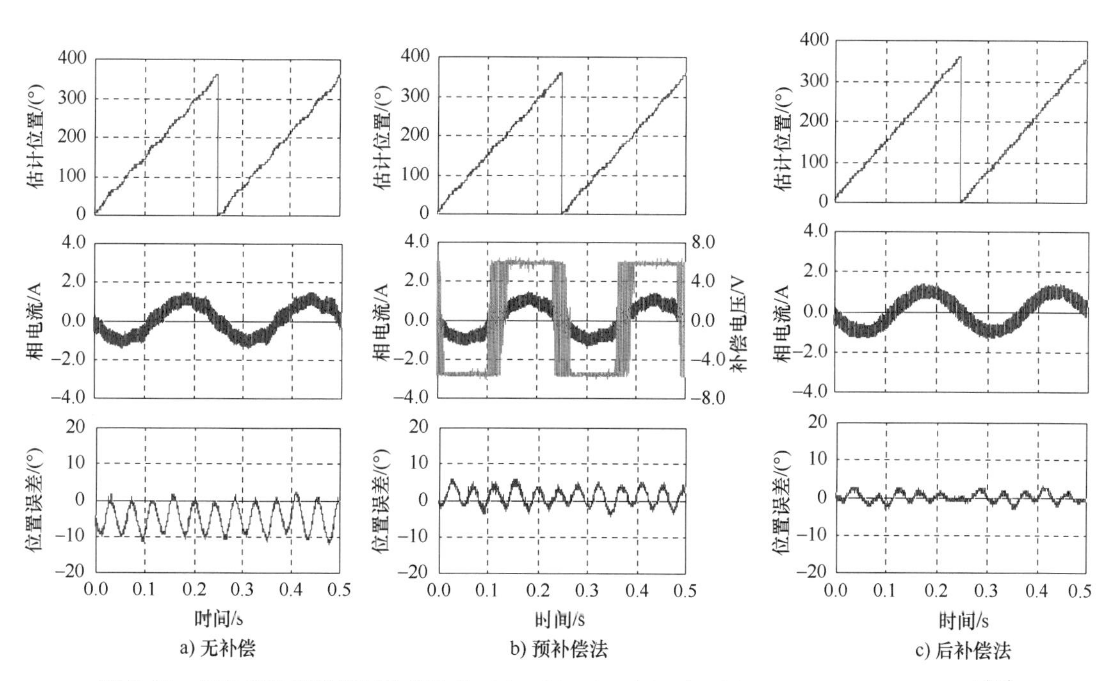

图 5.35　无位置传感器控制性能比较（$i_{df}=0$A，$i_{qf}=1$A，$f_e=4$Hz，$t_{dt}=4\mu s$，$V_{dc}=150$V）[18]

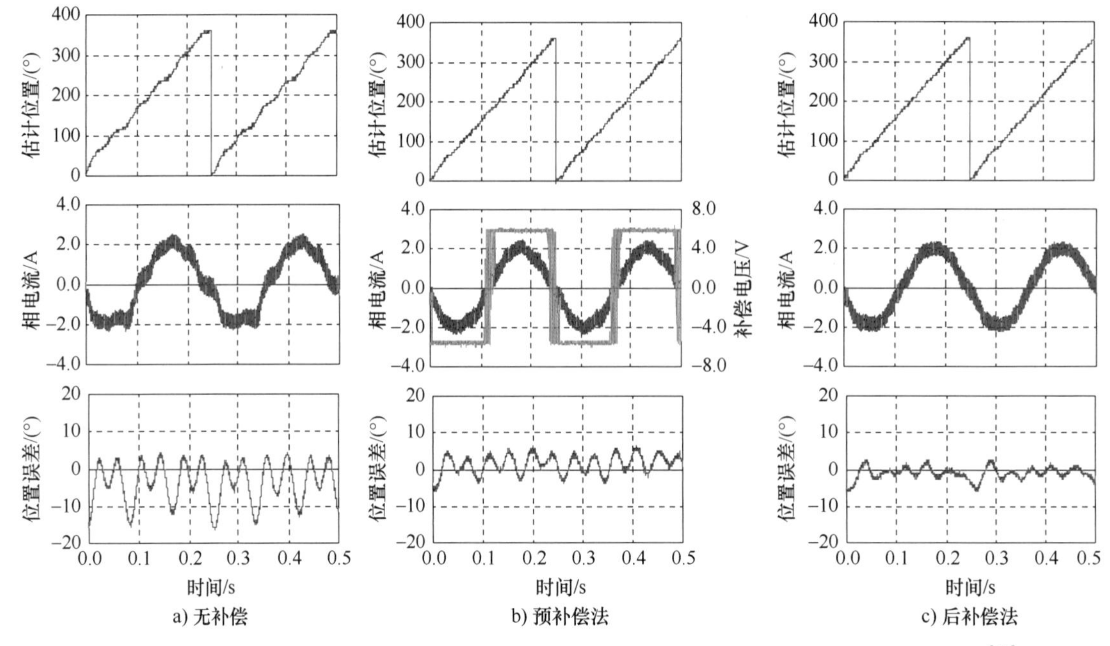

图 5.36 无位置传感器控制性能比较（$i_{df}=0A$，$i_{qf}=2A$，$f_e=4Hz$，$t_{dt}=4\mu s$，$V_{dc}=150V$）[18]

应中产生很大的扰动。与预补偿方法相比，后补偿方法的补偿效果更好。此外，由于补偿后更精确的估计位置，伴随着谐波减少，基波电流的波形得到了改善。

5.6.4.3 比较

表 5-3 对预补偿和后补偿两种补偿方案进行了比较。由于预补偿方法需要离线调试，因此较为耗时，并且对不同电机的通用性较差。对于后补偿方法，它可以简单地通过在线补偿来实现，而不需要驱动系统的任何信息，并且具有更好的通用性和更好的估计性能。此外，由于后补偿方法不使用瞬时高频电流直接补偿畸变电压，因此其对高频电流测量误差不太敏感。然而，后补偿法仅适用于旋转信号注入法，而预补偿方法可应用于脉振信号注入和旋转信号注入方法。

表 5-3 两种逆变器非线性效应补偿方案的比较

	预 补 偿	后 补 偿
补偿方式	离线查表法	在线
补偿性能	中等	良好
适用的无位置传感器控制方法	脉振和旋转信号注入	旋转信号注入
对高频电流测量误差的灵敏度	高	低
驱动系统的普适性	差	良好

5.7 信号处理延迟

如文献［25-28］所述，数字延迟、模拟电路延迟、模数采样延迟等可导致高频电流响

应的相移。考虑到这些信号处理延迟，高频电流可以表示为

对于旋转信号注入

$$i_{\alpha\beta h}=\frac{V_h}{2\omega_h L_{dh}L_{qh}}\left[(L_{dh}+L_{qh})\mathrm{e}^{\mathrm{j}\left(\omega_h t+\frac{\pi}{2}-\varphi_d\right)}+(-L_{dh}+L_{qh})\mathrm{e}^{\mathrm{j}\left(-\omega_h t+2\theta_r+\frac{\pi}{2}-\varphi_d\right)}\right] \tag{5.51}$$

对于同步脉振信号注入

$$\hat{i}_{qh}=\frac{V_h L_{sd}}{\omega_h L_{dh}L_{qh}}\sin(2\Delta\theta)\sin(\omega_h t-\varphi_d) \tag{5.52}$$

式中，φ_d 表示由于信号处理延迟而产生的相移。然后，通过信号解调，位置信号可以表示为

$$\begin{cases} i_{\alpha 1}=\mathrm{Re}\left(\mathrm{LPF}\left(i_{\alpha\beta}^{h}\mathrm{e}^{\mathrm{j}\left(\omega_h t-\frac{\pi}{2}\right)}\right)=\dfrac{V_h L_{sd}}{\omega_h L_{dh}L_{qh}}\cos(2\theta_r-\varphi_d)\right. \\ i_{\beta 1}=\mathrm{Im}\left(\mathrm{LPF}\left(i_{\alpha\beta}^{h}\mathrm{e}^{\mathrm{j}\left(\omega_h t-\frac{\pi}{2}\right)}\right)=\dfrac{V_h L_{sd}}{\omega_h L_{dh}L_{qh}}\sin(2\theta_r-\varphi_d)\right. \end{cases} \tag{5.53}$$

$$\hat{I}_{qh}=\mathrm{LPF}(\hat{i}_{qh}\times 2\sin\omega_h t)=\frac{V_h L_{sd}}{\omega_h L_{dh}L_{qh}}\cos\varphi_d\sin(2\Delta\theta) \tag{5.54}$$

因此，从式（5.53）和式（5.54）可以看出，信号处理延迟会导致旋转信号注入的位置误差，而不会在同步脉振注入法中产生位置误差，因为只有式（5.54）中的幅值受到影响[27]。为了说明信号处理延迟的影响，在本小节中测量了不同注入频率（即不同信号处理延迟）下的平均位置估计误差，如图 5.37 所示。可以看出，脉振注入信号对注入频率的变化表现出很强的鲁棒性，而旋转信号注入对注入频率则比较敏感。

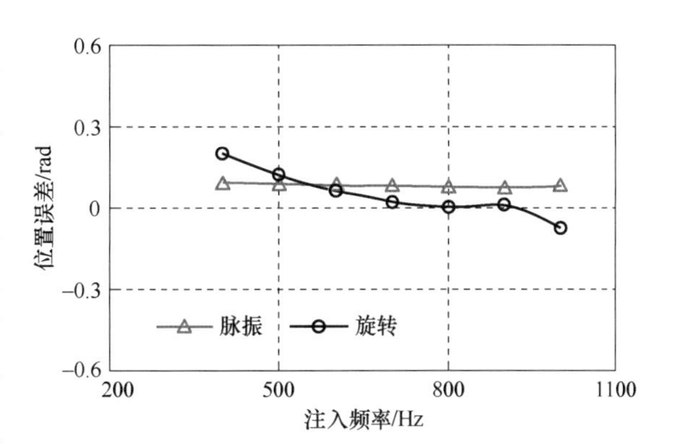

图 5.37　考虑延迟效应的平均位置误差对注入频率的敏感性[27]

由于旋转信号注入法受信号延迟的影响很大，因此这里提出了一种利用正序电流的补偿方法[28]。为了补偿旋转信号注入的平均位置误差，使用了基于 PI 控制器的策略。根据式（5.51），由于延迟，正序高频电流与负序高频电流具有大致相同的相移。因此，正序高频电流可以被处理为

$$I_{pos}=\mathrm{LPF}\left(i_{\alpha\beta h}\mathrm{e}^{\mathrm{j}\left(-\omega_h t+\frac{\pi}{2}+\varphi_1\right)}\right)=I_{pos\_\alpha}+\mathrm{j}I_{pos\_\beta}\approx\frac{V_h L_{sd}}{\omega_h L_{dh}L_{qh}}(\cos\Delta\varphi+\mathrm{j}\sin\Delta\varphi) \tag{5.55}$$

式中，I_{pos_β}和 φ_1 分别是补偿方法的 PI 控制器的输入输出信号（见图 5.38）；$\Delta\varphi$ 为角度 φ_d 和 φ_1 之差。

利用 PI 控制器，可以将 I_{pos_β}控制为零，$\Delta\varphi=0$。然后，根据图 5.38，负序中的高频电流可描述为

$$I_{\alpha\beta h}=\mathrm{LPF}\left(i_{\alpha\beta h}\mathrm{e}^{\mathrm{j}\left(\omega_h t-\frac{\pi}{2}-\varphi_1\right)}\right)\approx\frac{V_h L_{sd}}{\omega_h L_{dh} L_{qh}}\mathrm{e}^{\mathrm{j}(2\theta_r+\Delta\varphi)} \tag{5.56}$$

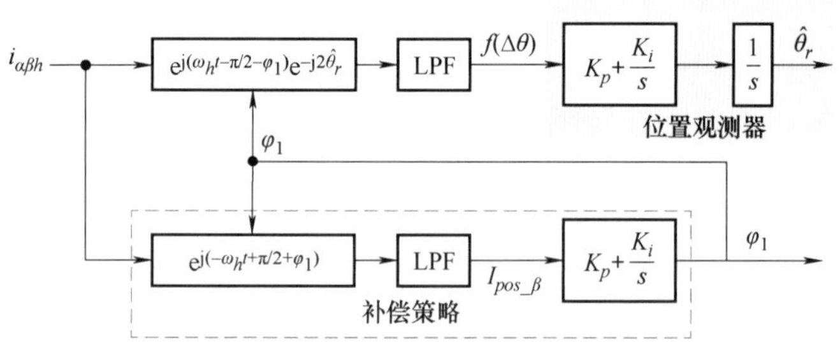

图 5.38　旋转信号注入补偿策略框图[28]

因此，从式（5.56）可以看出，与式（5.53）相比，对于旋转信号注入，由于信号处理延迟引起的位置误差将被显著抑制。为了说明该补偿方法的有效性，补偿前后的位置估计性能如图 5.39 所示。在不同负载条件下，可以清楚地观察到，在延迟补偿之后，平均误差被显著地抑制。然后，在对交叉饱和效应进行补偿后[5]，位置估计误差得到了进一步减小，如图 5.39b 所示。

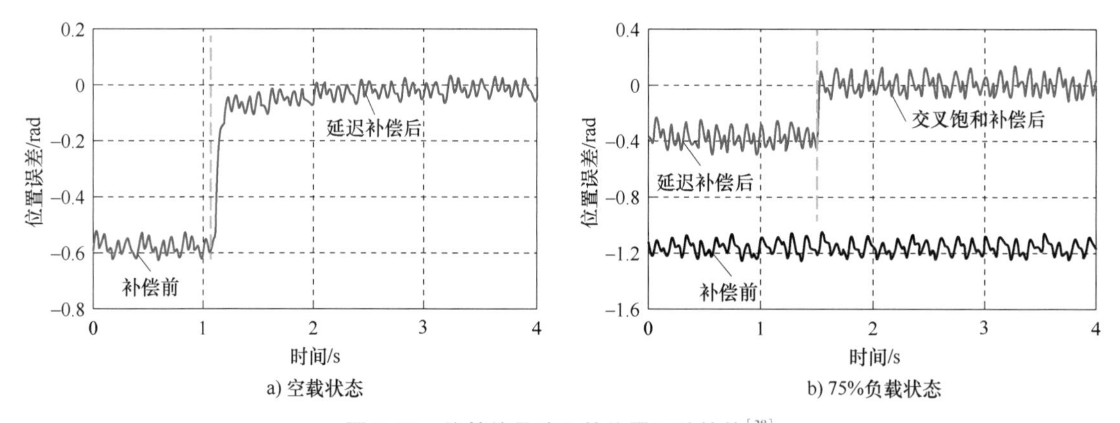

图 5.39　旋转信号注入的位置误差补偿[28]

5.8　注入电压幅值与频率的选取

高频信号注入无位置传感器控制方法通过注入高频电压信号，利用测得的高频电流响应来估计转子位置，所以注入电压信号的幅值和频率的选取对位置估计至关重要。因此，在本节中，提出了“无位置传感器安全工作区（Sensorless Safe Operation Area，SSOA）”的概念，它提供了一种实用的解决方案，以确定注入电压信号的幅度和频率，从而实现可靠的估计性能[29]。另外，考虑到高频信号的噪声抑制问题，本节还介绍了高频信号的一种伪随机选择方式。

5.8.1　A/D 转换量化误差

在定义 SSOA 之前，讨论 A/D 转换中量化误差的影响是有用的。通常，用于基波电流测量的电流传感器也被用于测量高频电流，从而降低系统成本。因此，测量的高频电流分量的分辨率较差。基于旋转正弦信号注入法（见第 4 章），下面将介绍由于 A/D 转换引起的量化误差的影响[29]。

假设 $2I_p$ 的当前值被缩放到与具有 N 位分辨率的 A/D 转换器的全范围相匹配。那么，电流量化的参数可以定义为

$$I_{qu}=2I_p/2^N \tag{5.57}$$

因此，由 A/D 转换的量化误差引起的相电流测量误差可以表示为

$$\varepsilon_s=\pm\frac{I_{qu}}{2} \tag{5.58}$$

根据空间矢量理论的定义，电流测量误差引起的扰动电流矢量可表示为

$$I_{A/D\_error}=\frac{2}{3}(\varepsilon_s+\varepsilon_s \mathrm{e}^{\mathrm{j}2\pi/3}+\varepsilon_s \mathrm{e}^{\mathrm{j}4\pi/3}) \tag{5.59}$$

它表示静止坐标系中的 8 个矢量（包括 2 个零矢量），如图 5.40 所示。非零扰动电流矢量具有相同的幅度 $2I_{qu}/3$。由于其随机频率，难以补偿由 A/D 量化导致的估计误差。在最差的情况下，扰动电流矢量位于估计的同步坐标系中的 q 轴上，此刻产生的位置估计误差是最大的，由下式给出：

$$I_n\sin(2\Delta\theta_{\mathrm{A/D}})=2I_{qu}/3 \tag{5.60}$$

然后，最大位置估计误差可以推导得到为

$$\Delta\theta_{\mathrm{A/D}}=\pm\frac{1}{2}\arcsin\left[\left(\frac{2I_{qu}}{3}\right)\Big/ I_n\right] \tag{5.61}$$

根据式（5.61），$\Delta\theta$ 和 I_n 之间的关系可以用图 5.41 来描述。其中 I_n 表示以 I_{qu} 为基准的标幺值。可以看出：当 I_n 较小时，随着 I_n 的增加，由于 A/D 量化引起的位置估计误差会显著降低。然而对于较高的 I_n，估计误差将趋于饱和。

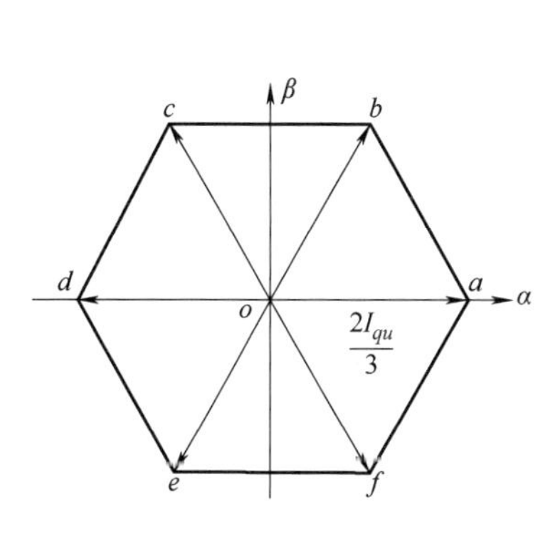

图 5.40　量化误差引起的扰动电流矢量[29]

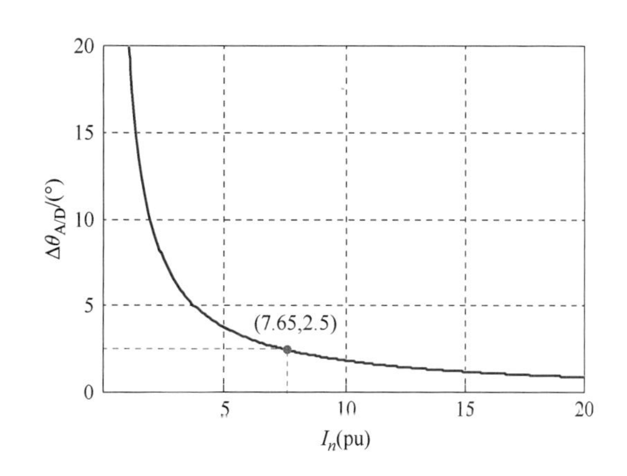

图 5.41　A/D 转换量化误差引起的估计位置误差[29]

5.8.2 无位置传感器控制安全工作区

假设由于 A/D 量化引起的位置估计误差被限制在±2.5 电角度内，则根据式（5.61），可以推导出所需的 I_n，如式（5.62）所示，即图 5.41 中的红色虚线内部区域。

$$I_n=\left(\frac{2I_{qu}}{3}\right)\Big/\sin(2\Delta\theta)\geqslant 7.65I_{qu} \tag{5.62}$$

根据第 4 章中 I_n 的定义，式（5.62）还可以被改写成

$$L_n\leqslant V_h/(7.65\omega_h I_{qu})=L_{lm} \tag{5.63}$$

式中，L_{lm}为边界电感。

无位置传感器控制有效运行时 dq 轴平面中的 SSOA 可以定义为电流限制圆中的区域，其中 $L_n\leqslant L_{lm}$。同时，SSOA 可以描述为 $I_n>7.65I_{qu}$的有效工作区域，而非 $I_n>0$ 的区域。因此，SSOA 由电机的凸极程度（L_n）、注入的高频电压信号（V_h/ω_h）和电流测量分辨率（I_{qu}）所决定。

由于 I_n 的值与负载有关，因此在可以 dq 轴平面绘制其等值线图，如图 5.42 所示。图中红色实线表示每安培最大转矩（MTPA）控制的电流轨迹，而蓝色虚线表示电流限制圆。

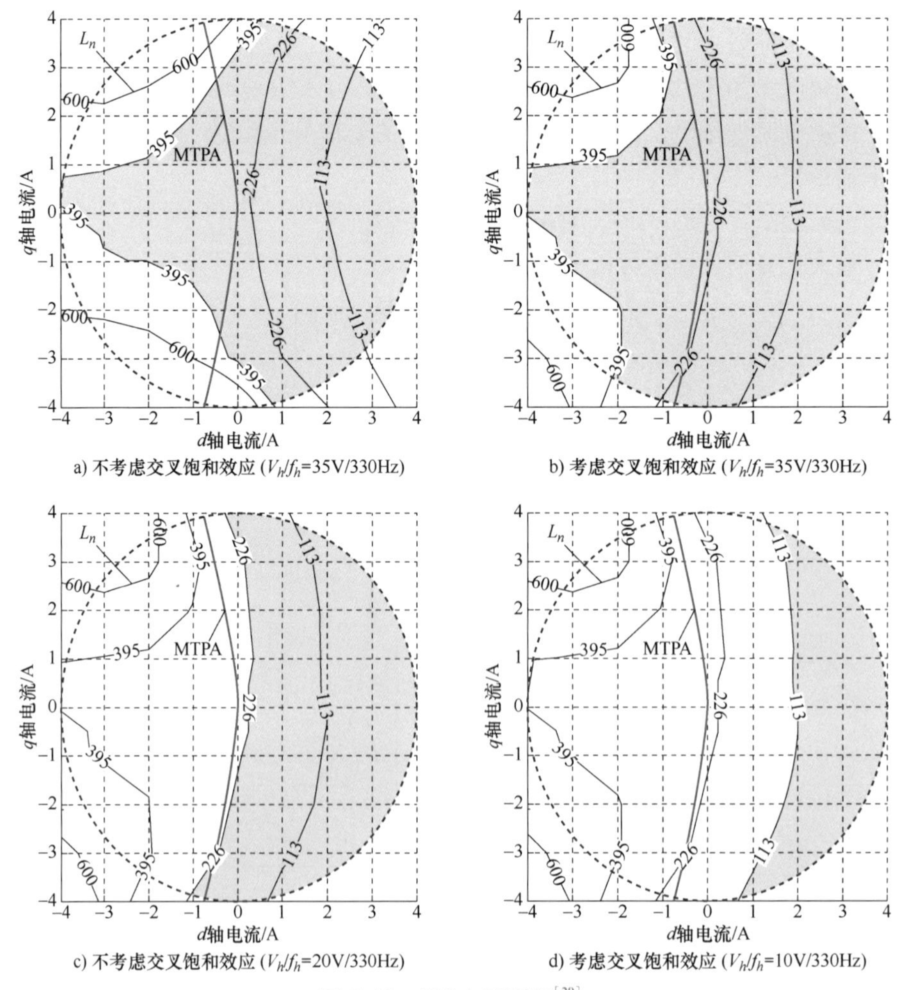

图 5.42 SSOA 预测图[29]

基于样机 IPMSM-Ⅰ的实际系统，23A（-11.5~11.5A）的电流值作为 12 位 A/D 转换器的最大采样范围。从前面的分析可以得出

$$\begin{cases} I_{qu}=2\times 11.5\times 10^{3}/2^{12}\text{mA}=5.62\text{mA} \\ I_{n}\geqslant 7.65I_{qu}=43.0\text{mA} \\ L_{n}\leqslant V_{h}/(7.65\omega_{h}I_{qu})=395\text{mH} \end{cases} \tag{5.64}$$

在图 5.42a 和图 5.42b 中，电流限制圆内的灰色区域内，$L_n\leqslant 395$mH，是样机 IPMSM-Ⅰ在注入信号为 $V_h=35$V 和 $f_h=330$Hz 下预测的 SSOA。

图 5.42a 和图 5.42b 显示了有无考虑交叉饱和效应时的 L_n 等值线图。根据 L_n 的定义，交叉饱和效应降低了 L_n 的值，在一定程度上导致了 SSOA 的扩大。在交叉饱和效应下，从图 5.42b 中可看出整个 MTPA 轨迹位于 SSOA 内。同样，不同注入信号下的预测 SSOA 总结在表 5-4 中。该表清楚地表明：SSOA 随着高频电压幅值的降低而收缩，如图 5.42c 和图 5.42d 所示。值得注意的是，SSOA 相对于 q 轴零电流线并不完全对称，这就意味着在负 q 轴电流的情况下的转子位置估计更准确一些。

表 5-4　样机的预测 SSOA[29]

注入信号	I_n/mA	L_n/mH	$i_q=2$A 时的边界点
$V_h=35\text{V}/f_h=330\text{Hz}$	≥ 43	≤ 395	$i_d=-1.0$
$V_h=20\text{V}/f_h=330\text{Hz}$	≥ 43	≤ 226	$i_d=0.3$
$V_h=10\text{V}/f_h=330\text{Hz}$	≥ 43	≤ 113	$i_d=1.8$

5.8.3　实验结果

为了验证基于旋转信号和脉振信号注入方法的 SSOA，样机 IPMSM-Ⅰ首先在位置传感器运行模式下进行检测，q 轴电流固定为 2A，而 d 轴电流从-3.5A 变为 3.5A（在限值圆内）。交叉饱和效应通过本章介绍的方法进行了补偿。剩余的估计位置误差主要来自于 A/D 转换中的量化误差。

在图 5.43~图 5.45 中，注入的高频电压的幅值不同，而频率固定为 330Hz。图中红色实线表示由（$I_n\geqslant 43$mA）定义的 SSOA 边界。（$V_h\geqslant 35$V，$f_h=330$Hz）的 SSOA 边界点位于（$i_d=-1$A，$i_q=2$A），与表 5-4 所示的计算点相同。从图 5.44 和图 5.45 中可以得出同样的结论，不管注入的高频电压的幅值如何，可以观察到，对于恒定的 q 轴电流（$i_q=2$A），I_n 随着 i_d 的增加而非线性地增加，这与图 5.42b 中 L_n 沿着 $i_q=2$A 这条线逐步减小是一致的。同时，可以观察到，无论是基于旋转信号还是基于脉振信号注入的无位置传感器技术，估计位置误差都会随着 I_n 的增加而减小，这说明由于 A/D 转换中的量化误差，位置误差的产生与 I_n 有关。在 SSOA 的边界上，对于不同的注入信号幅值，脉振信号注入方法的估计位置误差水平几乎相同，约为±2.5 电角度，这与前面的分析一致。然而旋转信号注入方法在 SSOA 边界上的估计位置误差似乎较高，这可能是由不同的信号解调过程造成的。最后，如图 5.42 中的实验结果表明，随着 V_h 的减小，SSOA 将显著缩小。

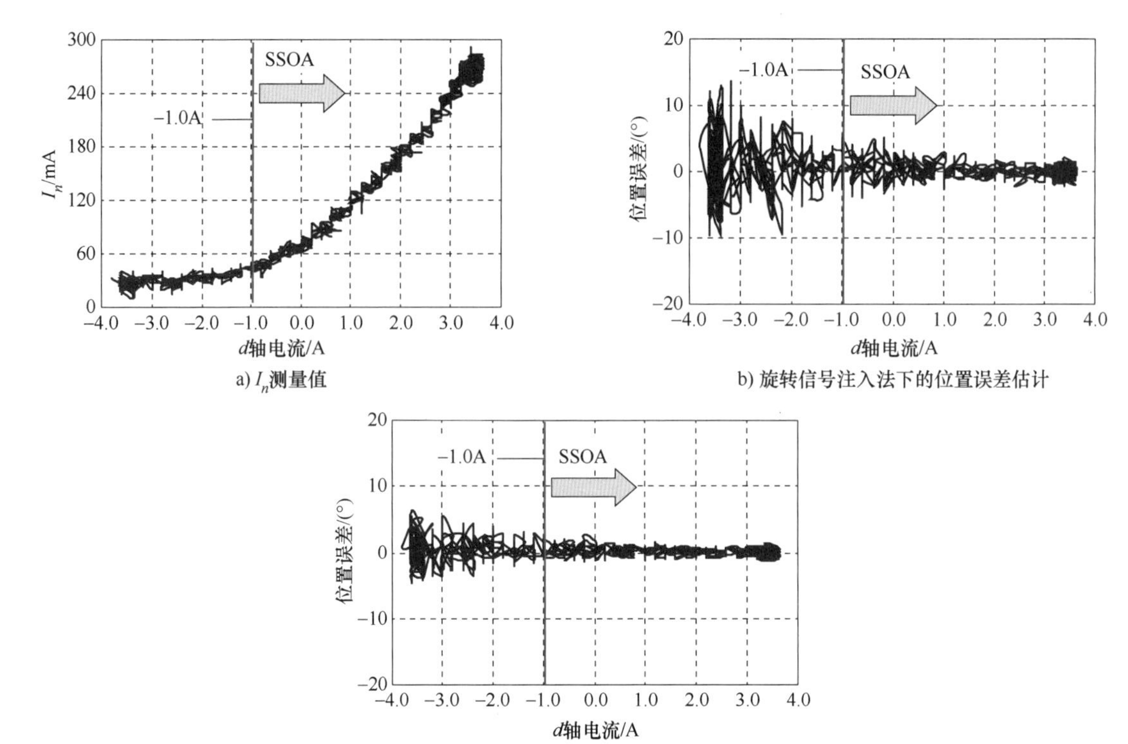

a) I_n测量值

b) 旋转信号注入法下的位置误差估计

c) 脉振信号注入法下的位置误差估计

图 5.43 SSOA 的测量结果（$V_h=35\text{V}$、$f_h=330\text{Hz}$）[29]

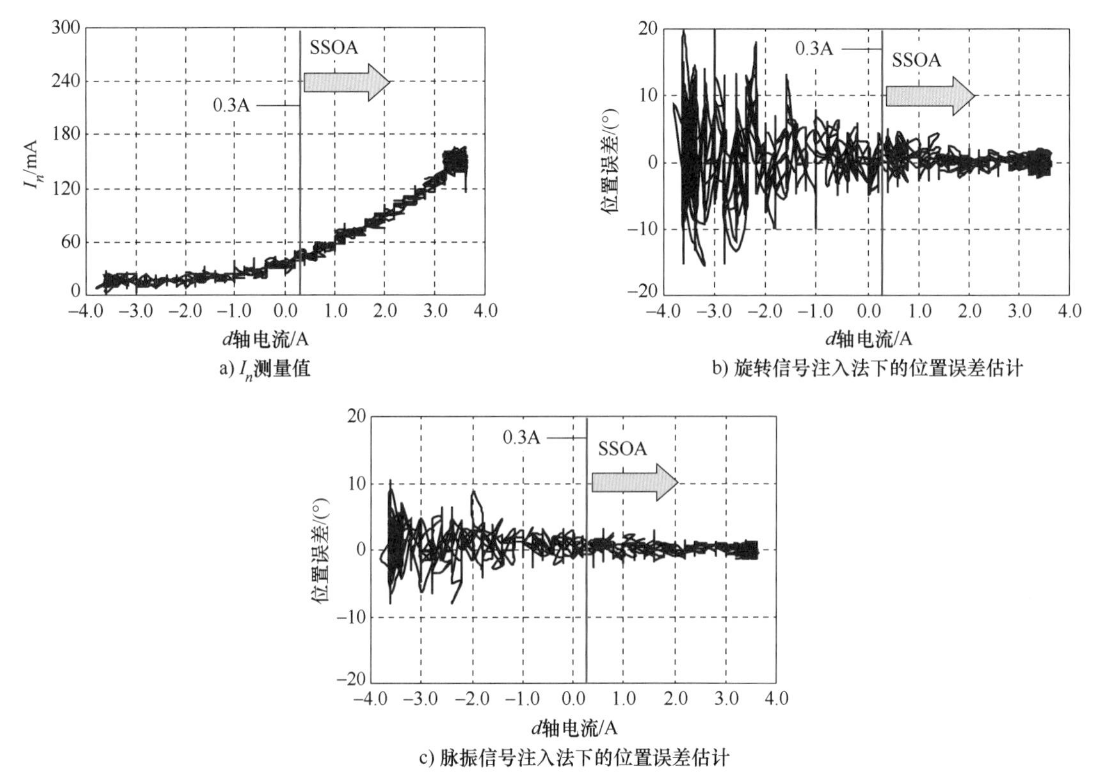

a) I_n测量值

b) 旋转信号注入法下的位置误差估计

c) 脉振信号注入法下的位置误差估计

图 5.44 SSOA 的测量结果（$V_h=20\text{V}$、$f_h=330\text{Hz}$）[29]

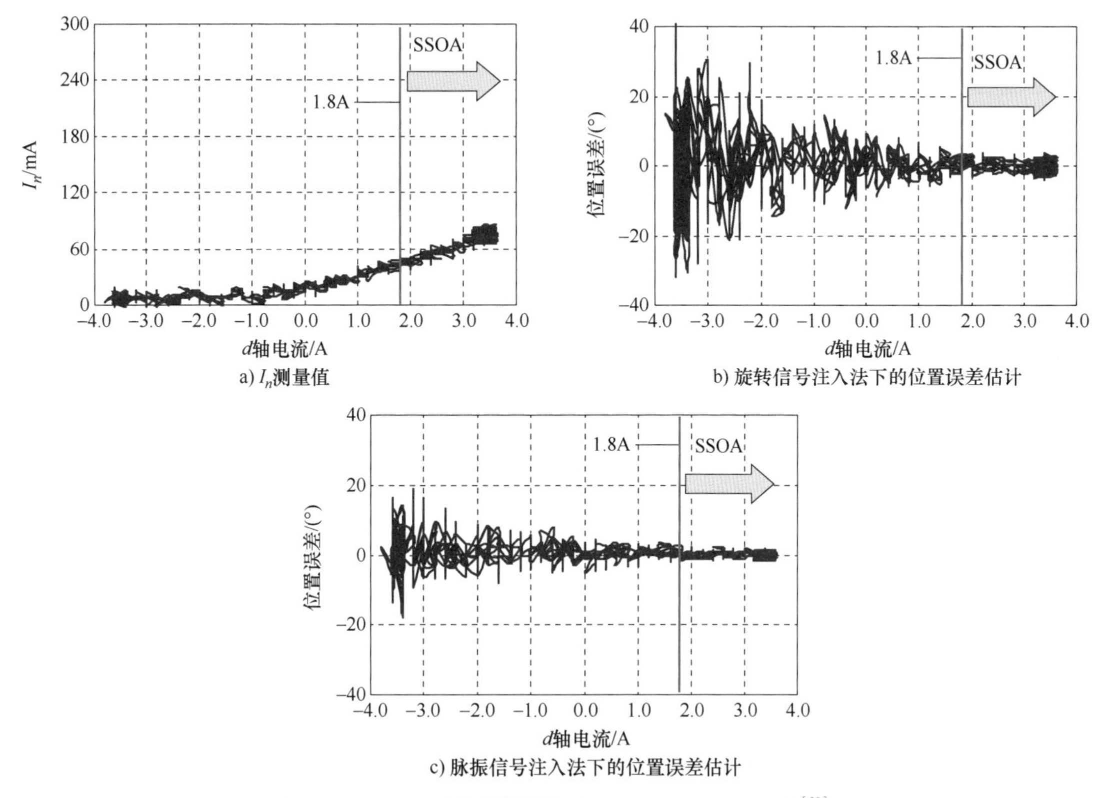

图 5.45　SSOA 的测量结果（$V_h=10V$、$f_h=330Hz$）[29]

值得指出的是，在 SSOA 之外，电机无法进行无位置传感器控制。实际上，无位置传感器控制下的 SSOA 在 dq 轴平面中定义了一个工作区域，在该区域中电机可以在无位置传感器模式下工作，并保证其稳态性能。除了电机的凸极程度（L_n）外，SSOA 的定义还考虑了注入信号的特性（V_h/ω_h）和电流测量的分辨率（I_{qu}）。因此，对于特定的样机和给定的电流测量分辨率，应仔细选择适当的高频注入信号，以确保电机所有运行轨迹都在 SSOA 内。

5.8.4　无位置传感器控制效果

图 5.46 和图 5.47 显示了在不同幅值的高频电压注入下，具有交叉饱和补偿的旋转信号注入无位置传感器控制方法的动态性能。如图 5.46 所示：参考转速由 0r/min 升为 100r/min，再降到−100r/min。在注入幅值为 35V、频率为 330Hz 的旋转高频电压的情况下，整个 MTPA 轨迹如图 5.42b 所示均在 SSOA 内，因此了无位置传感器控制在瞬态和稳态下的性能得到了保证这都保证。如图 5.47 所示，当注入的高频电压幅值降至 10V 时，SSOA 的边界曲线为 L_n<113mH。图 5.42d 表明，在这种情况下，MTPA 轨迹完全位于 SSOA 之外。然而，如前所述，这并不意味着电机不能在 SSOA 之外进行无位置传感器操作。在稳态下，无位置传感器控制算法仍有可能跟踪转子位置，但误差较大，性能也会下降，在瞬态下很有可能无法正常工作。

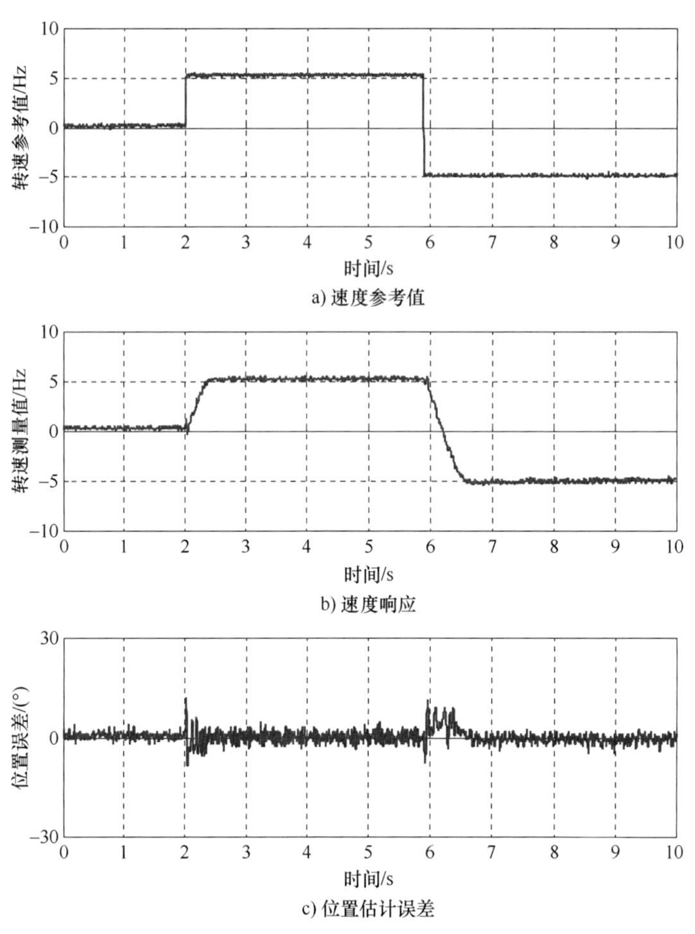

图 5.46 阶跃速度响应（35V，330Hz）[29]

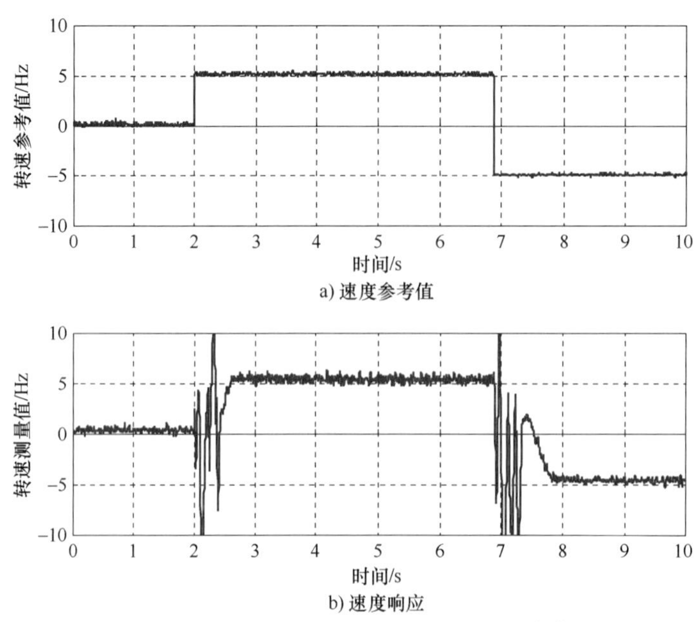

图 5.47 阶跃速度响应（10V，330Hz）[29]

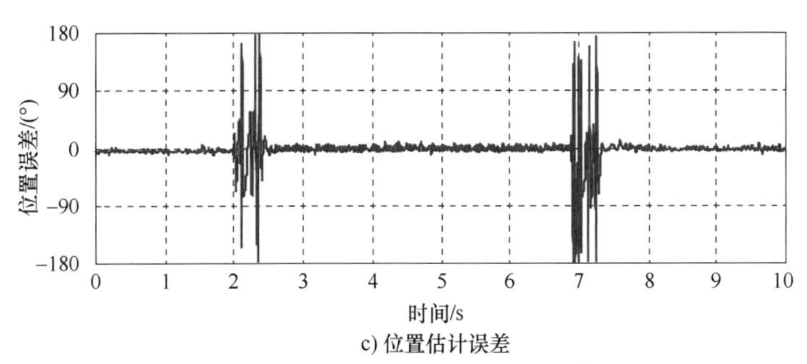

c) 位置估计误差

图 5.47 阶跃速度响应（10V，330Hz）[29]（续）

5.8.5 伪随机信号注入选取

在第5.8.1~5.8.4节中，介绍了幅值和频率固定的注入信号选择方法，来实现可靠的位置估计。对于传统的高频信号注入方法，注入的高频电压信号具有固定的频率和幅度。然而，这些方法容易产生噪声[30-32]，无法在某些场合应用（例如家用电器）。为了减少高频信号注入引起的噪声，可以通过一种伪随机方法[30,31]来选择注入的高频信号，该方法将在本节进行介绍。

在文献［31］中，基于传统的脉振方波信号注入方法下，采用了两个具有固定频率和固定幅度的注入信号 v_{dh1} 和 v_{dh2}，其表达式如下：

$$v_{dh1}=\begin{cases}V_{h1} & 0<t_r\leqslant T_{i1}/2\\ -V_{h1} & T_{i1}/2<t_r\leqslant T_{i1}\end{cases} \tag{5.65}$$

$$v_{dh2}=\begin{cases}V_{h2} & 0<t_r\leqslant T_{i2}/2\\ -V_{h2} & T_{i2}/2<t_r\leqslant T_{i2}\end{cases} \tag{5.66}$$

式中，V_{h1} 和 V_{h2} 分别表示第一和第二方波信号的幅值；T_{i1} 和 T_{i2} 分别表示第一和第二方波信号的周期；t_r 是时间 t/T_i 的余数。

值得注意的是，电压幅值与频率之比应相同，即 $V_{h1}T_{i1}=V_{h2}T_{i2}$，以此使得两个不同电压信号的电流响应幅值相同。

如图5.48所示，随机选择式（5.65）和式（5.66）中两个不同的电压信号，并在估计的 d 轴中注入伪随机电压信号。通过注入伪随机电压信号，扩展了注入高频信号的频率分布和相应电流的频域响应，因而可以减少可闻噪声的干扰。

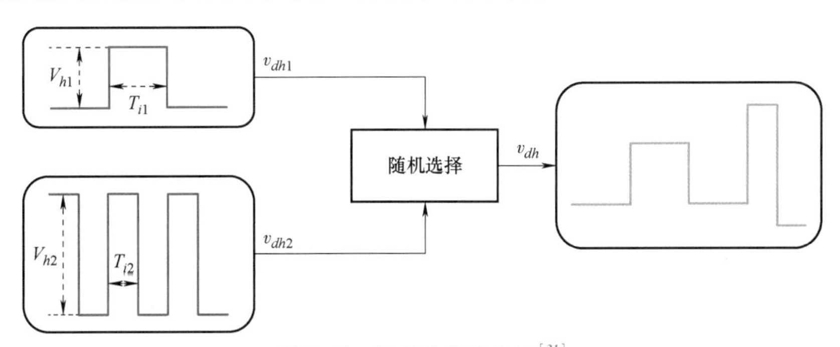

图 5.48 随机信号发生器[31]

5.9 高低速切换策略

为了在较宽的速度范围内进行无位置传感器控制，本节介绍了两种无位置传感器控制策略的组合方法。在低速范围内，可用高频信号注入方法用于估计转子位置；而在高速范围内，可用基于基波模型的方法用于估计转子位置，因而需要这两种组合方法之间的平滑过渡。在低速段和高速段之间的区域，需要切换位置估计算法。而位置估计算法的切换应该保持平滑，从而确保系统的稳定性和良好的动态性能。

大多数切换策略可以分为位置融合或误差信号融合。对于位置融合方法[33-35]，基于凸极的位置观测器和基于基波模型的位置观测器可以并行运行，如图 5.49a 所示。在这种结构下，低速和高速范围内的位置估计动态性能可分别进行调整，最后将两个模型的估计位置进行合并。然而由于使用了两个闭环位置观测器，这将会增加计算负担。对于误差信号融合方法[36]而言，高频模型和基波模型的位置误差信号被归一化，并由误差融合模块进行组合，如图 5.49b 所示。通过归一化误差信号，高频模型和基波模型可以共享相同的 PI 参数，具有统一的动态性能。表 5-5 总结了所述的两种融合方法。

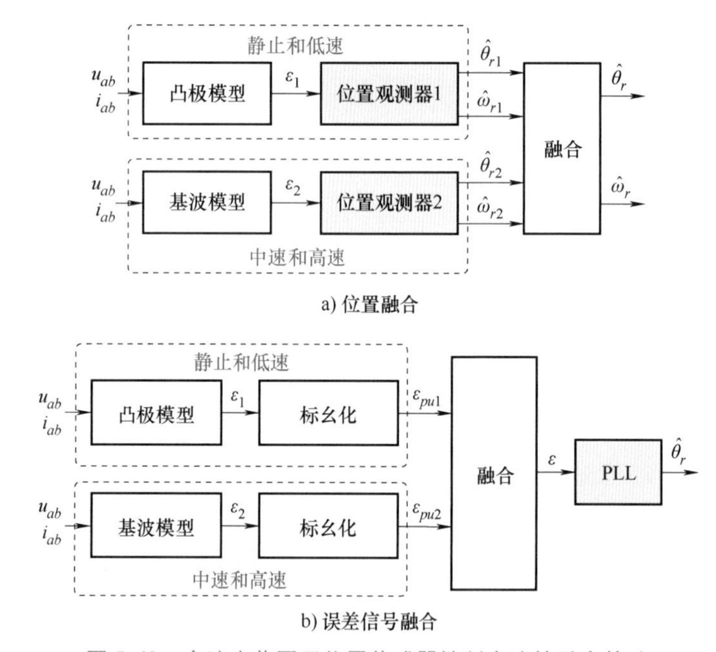

图 5.49 全速度范围无位置传感器控制方法的融合策略

表 5-5 两种无位置传感器控制融合策略的比较

	位置融合	误差信号融合
合成信号	位置和速度	位置误差信号
观测器数量	2	1
计算成本	高	低
无位置传感器控制算法修改	不需要	需要

下面将举例介绍基于位置融合的方法。为了实现组合方法之间的平滑切换，图 5.50 所示的融合模块将适用于某一速度范围，两个估计位置的最佳加权增益为

$$\hat{\theta}_r = k\times\hat{\theta}_{r\_hf} + (1-k)\hat{\theta}_{r\_fo} \tag{5.67}$$

式中，$\hat{\theta}_r$ 称为最终的转子位置估计；$\hat{\theta}_{r_hf}$表示高频信号注入方法的转子位置估计。

基于基波模型方法的估计转子位置表示为 $\hat{\theta}_{r\_fo}$，其中 k 是加权因子，可以按下式进行计算：

$$k=\begin{cases} 1 & \hat{\omega}_r<\omega_{low} \\ (\hat{\omega}_r-\omega_{high})/(\omega_{low}-\omega_{high}) & \omega_{low}<\hat{\omega}_r<\omega_{high} \\ 0 & \hat{\omega}_r>\omega_{high} \end{cases} \tag{5.68}$$

式中，$\hat{\omega}_r$ 是估计转速；ω_{low} 为切换区域的低速边界；ω_{high} 为该区域的高速边界。

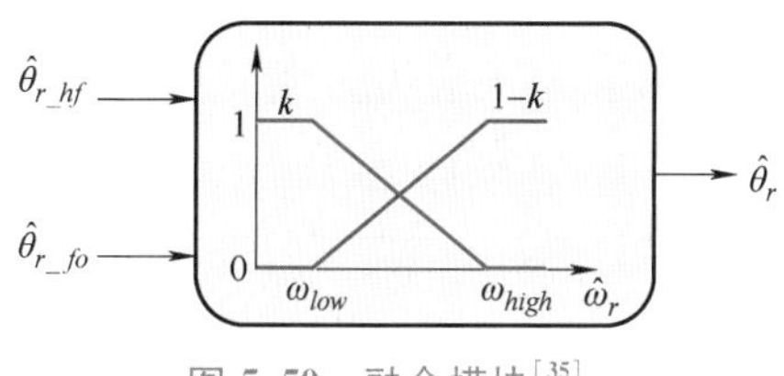

图 5.50　融合模块[35]

当估计速度低于低速边界 ω_{low} 时，$k=1$，此时估计位置仅来自高频信号注入无位置传感器控制方法。如果速度估计高于高速边界，则 $k=0$，此时转子位置仅由基于基波模型的无位置传感器控制方法进行估计。当估计速度介于 ω_{low} 和 ω_{high} 之间时，式（5.68）中的线性函数 1 用于平滑切换。对于误差信号融合，式（5.67）中的位置信号可以简单地变为归一化的误差信号。此外，值得一提的是，当速度高于高速边界时，应逐渐减少高频信号的注入，直到其达到零，这样可以减少注入信号对系统的影响。

为了说明无位置传感器控制组合方法的有效性，在样机 IPMSM-Ⅱ（见附录 B）上进行了位置融合的实验测试。在试验中，选择 ω_{low} 为 60r/min，选择 ω_{high} 为 150r/min。在低速范围内，向系统注入高频脉振电压信号（$V_h=8\text{V}$，$f_h=500\text{Hz}$）。当电机在高速范围内运行时，高频脉振电压信号停止注入，磁链观测器开始工作。在测试中，将第 2 章中介绍的传统磁链观测器与第 4 章中介绍的传统脉振正弦信号注入法相结合。当转子初始转速为零，阶跃至 80r/min，再阶跃至 250r/min 时，转子的转速响应如图 5.51a 所示。图 5.51b 中给出了实际转子位置和估计转子位置的比较以及估计误差。

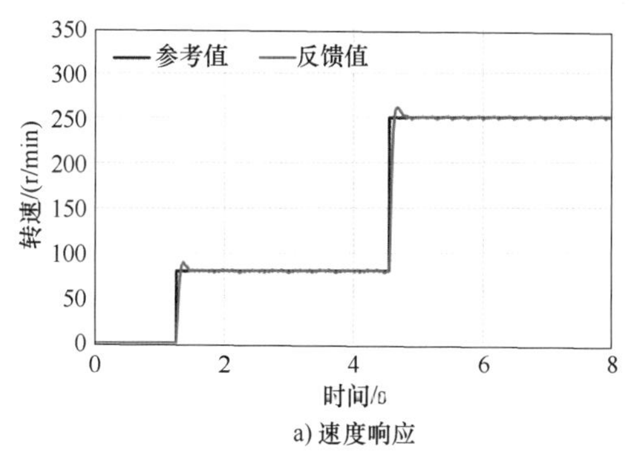

a) 速度响应

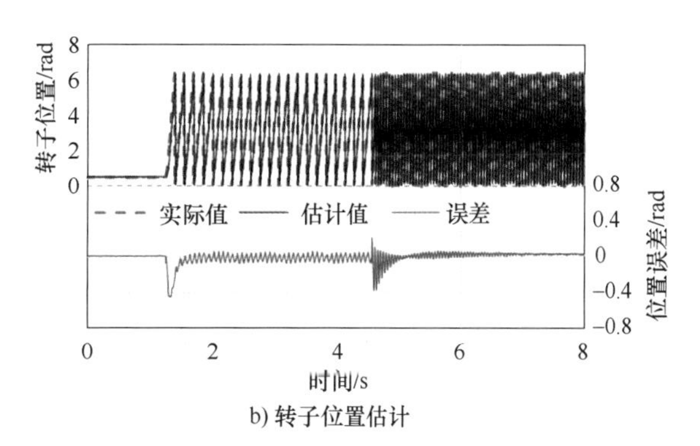

b) 转子位置估计

图 5.51　从低速到高速范围内的无位置传感器控制性能，0→80r/min→250r/min

5.10 总结

本章介绍了高频信号注入无位置传感器控制中的几个常见的实际问题，包括它们对位置估计的影响以及相应的解决方案。表 5-6 总结了无位置传感器控制中的实际问题及其对位置估计的影响。可以看出，逆变器非线性效应和多重凸极效应是引起位置估计误差中 6 倍频波动的主要原因，而三相电感不对称则主要会引入 2 倍频位置误差。交叉饱合效应将在位置估计中产生直流偏置，该直流偏置与负载有关，可以通过离线测量数据来简单地进行补偿。对于信号处理延迟，基于脉振信号注入的方法不会引入位置误差，而旋转信号注入法则会产生位置误差直流偏置，该直流偏置可以通过利用正序高频电流响应来进行补偿。此外，对于基于高频信号注入的方法，A/D 转换量化将引入直流偏置位置误差。通过考虑该误差，提出了 SSOA 的概念，为选择注入电压信号的幅度和频率提供了实用的解决方案。此外为了降低高频信号注入引起的噪声，采用了以伪随机信号的方式选择注入的高频信号。最后，本章还讨论了低速（基于高频信号注入法）和高速（基于基波模型法）这两种无位置传感器控制策略之间的切换策略。

表 5-6　影响高频信号注入无位置传感器控制位置估计的总结与解决方案

	脉振正弦/方波信号注入法		旋转正弦信号注入法	
	问　题	解 决 方 案	问　题	解 决 方 案
交叉饱和效应	直流偏置位置误差	离线测量数据[4,5]	直流偏置位置误差	离线测量数据[4,5]
多重凸极效应	6 倍频位置误差	可忽略	6 倍频位置误差	可忽略
参数不对称	2 倍频位置误差	滤波[16]	2 倍频位置误差	滤波[16]
逆变器的非线性效应	6 倍频位置误差	离线查表法[22-24]	6 倍频位置误差	① 离线查表法[22-24] ② 正序电流补偿[18]
信号处理延迟	无	无	位置误差直流偏置	正序电流补偿[28]
模数转换量化	位置误差直流偏置	SSOA[29]	位置误差直流偏置	SSOA[29]

参考文献

[1] M. J. Corley and R. D. Lorenz, "Rotor position and velocity estimation for a salient-pole permanent magnet synchronous machine at standstill and high speeds," *IEEE Trans. Ind. Appl.*, vol. 34, no. 4, pp. 784-789, Jul. 1998.

[2] P. Guglielmi, M. Pastorelli, and A. Vagati, "Cross-saturation effects in IPM motors and related impact on sensorless control," *IEEE Trans. Ind. Appl.*, vol. 42, no. 6, pp. 1516-1522, Nov. 2006.

[3] N. Bianchi and S. Bolognani, "Influence of rotor geometry of an IPM motor on sensorless control feasibility," *IEEE Trans. Ind. Appl.*, vol. 43, no. 1, pp. 87-96, Jan. 2007.

[4] Y. Li, Z. Q. Zhu, D. Howe, C. M. Bingham, and D. Stone, "Improved rotor position estimation by signal injection in brushless AC motors, accounting for cross-coupling magnetic saturation," *IEEE Trans. Ind. Appl.*, vol. 45, no. 5, pp. 1843-1849, 2009.

[5] Z. Q. Zhu, Y. Li, D. Howe, and C. M. Bingham, "Compensation for rotor position estimation error due to cross-coupling magnetic saturation in signal injection based sensorless control of PM brushless ac motors," in *2007 IEEE Int. Elect. Mach. Drives Conf.*, May 2007, vol. 1, pp. 208-213.

[6] G. El-Murr, D. Giaouris, and J. W. Finch, "Online cross-coupling and self-incremental inductances determination of salient permanent magnet synchronous machines," *5th IET Int. Conf Power Electron. Mach. Drives* (PEMD 2010), Brighton, UK, 2010, pp. 1-4.

[7] G. Wang, D. Xiao, G. Zhang, C. Li, X. Zhang, and D. Xu, "Sensorless control scheme of IPMSMS using HF orthogonal square-wave voltage injection into a stationary reference frame," *IEEE Trans. Power Electron.*, vol. 34, no. 3, pp. 2573-2584, Mar. 2019.

[8] T. C. Lin, L. M. Gong, J. M. Liu, and Z. Q. Zhu, "Investigation of saliency in a switched-flux permanent-magnet machine using high-frequency signal injection," *IEEE Trans. Ind. Electron.*, vol. 61, no. 9, pp. 5094-5104, Sep. 2014.

[9] T. C. Lin and Z. Q. Zhu, "Sensorless operation capability of surface-mounted permanent-magnet machine based on high-frequency signal injection methods," *IEEE Trans. Ind. Appl.*, vol. 51, no. 3, pp. 2161-2171, May 2015.

[10] M. W Degner and R. D. Lorenz, "Using multiple saliencies for the estimation of flux, position, and velocity in AC machines," *IEEE Trans. Ind. Appl.*, vol. 34, no. 5, pp. 1097-1104, 1998.

[11] D. Raca, M. C. Harke, and R. D. Lorenz, "Robust magnet polarity estimation for initialization of PM synchronous machines with near-zero saliency," *IEEE Trans. Ind. Appl.*, vol. 44, no. 4, pp. 1199-1209, 2008.

[12] D. Reigosa, P. Garcia, D. Raca, F. Briz, and R. D. Lorenz, "Measurement and adaptive decoupling of cross-saturation effects and secondary saliencies in sensorless-controlled IPM synchronous machines," *IEEE Trans. Ind. Appl.*, vol. 44, no. 6, pp. 1758-1767, 2008.

[13] L. Chen, G. Götting, S. Dietrich, and I. Hahn, "Self-sensing control of permanent-magnet synchronous machines with multiple saliencies using pulse-voltage-injection," *IEEE Trans. Ind. Appl.*, vol. 52, no. 4, pp. 3480-3491, Jul. /Aug. 2016.

[14] Z. Chen, J. Gao, F. Wang, Z. Ma, Z. Zhang, and R. Kennel, "Sensorless control for SPMSM with concentrated windings using multi-signal injection method," *IEEE Trans. Ind. Electron.*, vol. 61, no. 12, pp. 6624-6634, Dec. 2014

[15] L. M. Gong, "Carrier signal injection based sensorless control of permanent magnet brushless ac machines," Ph. D. dissertation, Department of Electronic and Electrical Engineering, University of Sheffield, 2012.

[16] P. L. Xu and Z. Q. Zhu, "Carrier signal injection-based sensorless control for permanent-magnet synchronous machine drives considering machine parameter asymmetry," *IEEE Trans. Ind. Electron.*, vol. 63, no. 5, pp. 2813-2824, May 2016.

[17] J. M. Guerrero, M. Leetmaa, F. Briz, A. Zamarron, and R. D. Lorenz, "Inverter nonlinearity effects in high-frequency signal-injection-based sensorless control methods," *IEEE Trans. Ind. Appl.*, vol. 41, no. 2,

pp. 618-626, 2005.

[18] L. M. Gong and Z. Q. Zhu, "A novel method for compensating inverter nonlinearity effects in carrier signal injection-based sensorless control from positive-sequence carrier current distortion," *IEEE Trans. Ind. Appl.*, vol. 47, no. 3, pp. 1283-1292, May 2011.

[19] J. W. Choi and S. K. Sul, "Inverter output voltage synthesis using novel dead time compensation," *IEEE Trans. Power Electron.*, vol. 11, no. 2, pp. 221-227, 1996.

[20] S. H. Hwang and J. M. Kim, "Dead time compensation method for voltage-fed PWM inverter," *IEEE Trans. Energy Conver.*, vol. 25, no. 1, pp. 1-10, 2010.

[21] P. L. Xu and Z. Q. Zhu, "Analysis of parasitic effects in carrier signal injection methods for sensorless control of PM synchronous machines," *IET Elect. Power Appl.*, vol. 12, no. 2, pp. 203-212, 2018.

[22] C. H. Choi and J. K. Seok, "Compensation of zero-current clamping effects in high-frequency-signal-injection-based sensorless PM motor drives," *IEEE Trans. Ind. Appl.*, vol. 43, no. 5, pp. 1258-1265, Sep. 2007.

[23] Y. Inoue, K. Yamada, S. Morimoto, and M. Sanada, "Effectiveness of voltage error compensation and parameter identification for model-based sensorless control of IPMSM," *IEEE Trans. Ind. Appl.*, vol. 45, no. 1, pp. 213-221, 2009.

[24] D. E. Salt, D. Drury, D. Holliday, A. Griffo, P. Sangha, and A. Dinu, "Compensation of inverter nonlinear distortion effects for signal-injection-based sensorless control," *IEEE Trans. Ind. Appl.*, vol. 47, no. 5, pp. 2084-2092, Sep. 2011.

[25] F. Cupertino, A. Guagnano, A. Altomare, and G. Pellegrino, "Position estimation delays in signal injection-based sensorless PMSM drives," *Proc. IEEE SLED 2012 Symp.*, 2012, pp. 1-6.

[26] M. A. G. Moghadam and F. Tahami, "Sensorless control of PMSMs with tolerance for delays and stator resistance uncertainties," *IEEE Trans. Power Electron.*, vol. 28, no. 3, pp. 1391-1399, Mar. 2013.

[27] P. L. Xu and Z. Q. Zhu, "Comparison of carrier signal injection methods for sensorless control of PMSM drives," in *2015 IEEE Energy Conver. Congr. Expo. (ECCE)*, Sep. 2015, pp. 5616-5623.

[28] P. L. Xu and Z. Q. Zhu, "Carrier signal injection-based sensorless control for permanent magnet synchronous machine drives with tolerance of signal processing delays," *IET Elect. Power Appl.*, vol. 11, no. 6, pp. 1140-1149, 2017.

[29] Z. Q. Zhu and L. M. Gong, "Investigation of effectiveness of sensorless operation in carrier-signal-injection-based sensorless-control methods," *IEEE Trans. Ind. Electron.*, vol. 58, no. 8, pp. 3431-3439, Aug. 2011.

[30] G. Wang, G. Zhang, and D. Xu, "Position Sensorless Control Techniques for Permanent Magnet Synchronous Machine Drives," Springer, Singapore, 2020.

[31] G. Wang, L. Yang, B. Yuan, B. Wang, G. Zhang, and D. Xu, "Pseudo-random high-frequency square-wave voltage injection based sensorless control of IPMSM drives for audible noise reduction," *IEEE Trans. Ind. Electron.*, vol. 63, no. 12, pp. 7423-7433, Dec. 2016.

[32] G. Wang, L. Yang, G. Zhang, X. Zhang, and D. Xu, "Comparative investigation of pseudo-random high-frequency signal injection schemes for sensorless IPMSM drives," *IEEE Trans. Power Electron.*, vol. 32, no. 3, pp. 2123-2132, Mar. 2017.

[33] Z. Ma, J. Gao, and R. Kennel, "FPGA implementation of a hybrid sensorless control of SMPMSM in the whole speed range," *IEEE Trans. Ind. Inform.*, vol. 9, no. 3, pp. 1253-1261, Aug. 2013.

[34] A. Yousefi-Talouki, P. Pescetto, G. Pellegrino, and I. Boldea, "Combined active flux and high-frequency injection methods for sensorless direct-flux vector control of synchronous reluctance machines," *IEEE Trans. Ind. Inform.*, vol. 33, no. 3, pp. 2447-2457, Mar. 2018.

[35] C. Silva, G. M. Asher, and M. Sumner, "Hybrid rotor position observer for wide speed-range sensorless PM motor drives including zero speed," *IEEE Trans. Ind. Electron.*, vol. 53, no. 2, pp. 373-378, Apr. 2006.

[36] S. C. Yang and Y. L. Hsu, "Full speed region sensorless drive of permanent-magnet machine combining saliency-based and back-EMF-based drive," *IEEE Trans. Ind. Electron.*, vol. 64, no. 2, pp. 1092-1101, Feb. 2017.

第 6 章　基于零序电压凸极追踪的无位置传感器控制

6.1　引言

第 4 章介绍了基于高频信号注入（HFSI）的无位置传感器控制方法。该方法利用了电机的凸极效应，并通过采样高频电流响应进行位置观测。实际上除了采样高频电流响应外，还可以利用高频零序电压（ZSV）响应来估计转子位置[1]，本章将对此进行具体介绍。

如图 6.1 所示，对于零序电压信号的测量，需要一个三相平衡电阻网络，并连接到电机中性点[1]。虽然需要增加额外的硬件，但利用零序电压响应进行观测比用高频电流响应有几方面的优势。首先，在总谐波失真（THD）方面，与高频电流响应相比，零序高频电压响应对采样误差及非线性等引起的扰动的敏感性较低[1-3]。此外，基于零序电压响应的方法可以显著提高系统带宽，从而提升位置估计精度和稳定性[1]。

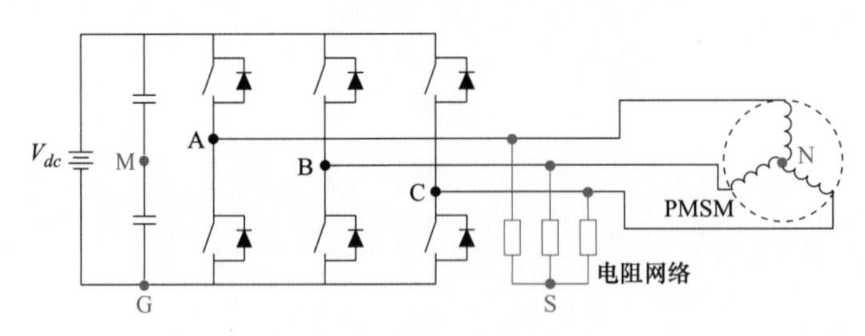

图 6.1　零序高频电压信号测量示意图

在第 4 章中，为了从电流响应中提取转子位置信息，介绍了几种高频信号注入方法，包括旋转正弦信号、脉振正弦信号和脉振方波信号注入等。这些高频信号注入方法同样可以用其产生的零序高频电压响应进行位置估计，如图 6.2 所示。首先，基于零序电压响应的无传感器控制可使用旋转正弦信号注入，但其对延迟较为敏感[4]，影响位置估算精度。为了解决这个问题，可以使用脉振信号注入[4]。然而，基于零序电压采样的传统脉振注入方法会影响位置估计性能，这将在本章稍后讲解。基于此，本章介绍了两种改进的基于零序电压采

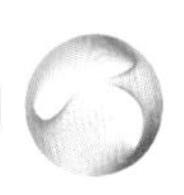

样的脉振高频信号注入策略（正弦信号[5]和方波信号[6]）。与常规在同步旋转估计坐标系中注入脉振信号不同，改进的方法将注入在以两倍同步估计转速反向旋转的坐标系中，进而位置估计精度可以得到显著提升。此外，还研究了基于零序高频电压方法的交叉饱和效应，并提出了相应的补偿方法。

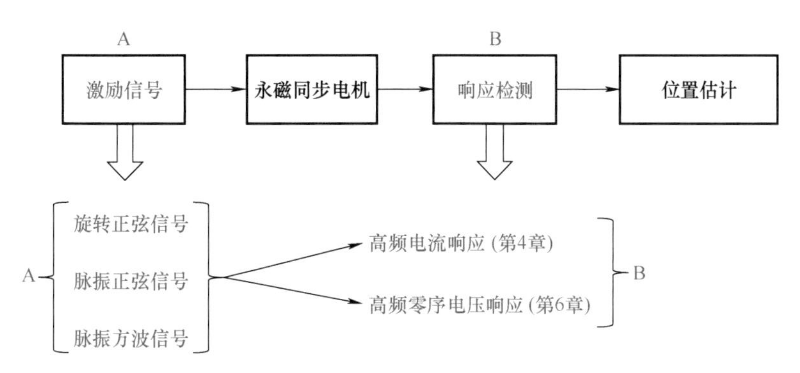

图 6.2　不同注入信号下高频电流和零序电压响应分类

6.2　旋转正弦信号注入

本节将首先介绍基于零序电压采样的旋转高频信号注入方法[1]。该方法在静止坐标系注入旋转正弦信号，进而可推导高频零序电压的数学模型及位置估计方法。

6.2.1　零序电压模型

首先，考虑高频特性，忽略电阻和反电动势的三相电压方程可表示为

$$\begin{bmatrix} v_{AN} \\ v_{BN} \\ v_{CN} \end{bmatrix} = \begin{bmatrix} L_{AA} & M_{AB} & M_{AC} \\ M_{BA} & L_{BB} & M_{BC} \\ M_{CA} & M_{CB} & L_{CC} \end{bmatrix} \begin{bmatrix} \dfrac{di_A}{dt} \\ \dfrac{di_B}{dt} \\ \dfrac{di_C}{dt} \end{bmatrix} \tag{6.1}$$

式中，v_{AN}，v_{BN}，v_{CN}，i_A，i_B，i_C 分别为 A、B、C 相的电压和电流；L_{AA}，L_{BB}，L_{CC} 为三相自感电感；M_{AB}，M_{BA}，M_{AC}，M_{CA}，M_{BC}，M_{CB} 三相互感。

三相自感和互感一般可表示为

$$\begin{cases} L_{AA} = L_{s0} - L_{s2}\cos(2\theta_r) \\ L_{BB} = L_{s0} - L_{s2}\cos\left(2\theta_r + \dfrac{2}{3}\pi\right) \\ L_{CC} = L_{s0} - L_{s2}\cos\left(2\theta_r - \dfrac{2}{3}\pi\right) \end{cases} \tag{6.2}$$

$$\begin{cases} M_{\mathrm{AB}}=M_{\mathrm{BA}}=M_{s0}-M_{s2}\cos\left(2\theta_r-\dfrac{2}{3}\pi\right) \\ M_{\mathrm{BC}}=M_{\mathrm{CB}}=M_{s0}-M_{s2}\cos(2\theta_r) \\ M_{\mathrm{CA}}=M_{\mathrm{AC}}=M_{s0}-M_{s2}\cos\left(2\theta_r+\dfrac{2}{3}\pi\right) \end{cases} \tag{6.3}$$

式中，L_{s0}，L_{s2}分别为自感的直流分量和二次谐波分量的幅值；M_{s0}，M_{s2}为互感的直流分量和二次谐波分量的幅值。

对于基于零序电压响应的旋转正弦信号注入[1,3]，三相注入电压可表示为

$$\begin{cases} v_{\mathrm{AM}}=V_h\cos\omega_h t \\ v_{\mathrm{BM}}=V_h\cos\left(\omega_h t-\dfrac{2}{3}\pi\right) \\ v_{\mathrm{CM}}=V_h\cos\left(\omega_h t+\dfrac{2}{3}\pi\right) \end{cases} \tag{6.4}$$

式中，V_h 和 ω_h 为注入高频信号的幅值和频率，旋转高频注入如图 6.3 所示。

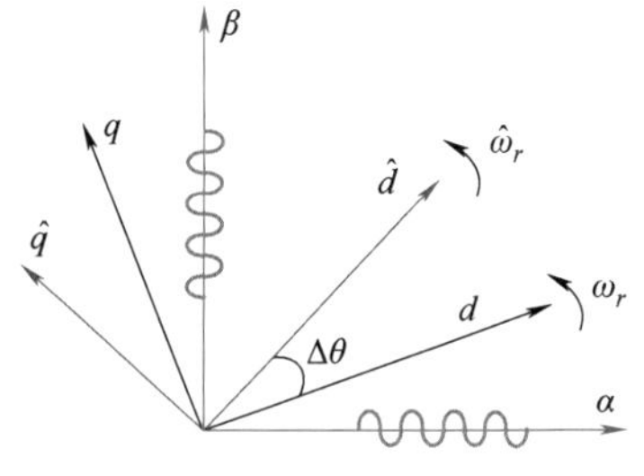

图 6.3　静止坐标系下的旋转信号注入方法[5]

如图 6.1 所示，电机中性点 N、电阻网络中心点 S、电容中点 M 的电压关系可表示为

$$\begin{cases} v_{\mathrm{AM}}=v_{\mathrm{AN}}-v_{\mathrm{SN}}+v_{\mathrm{SM}} \\ v_{\mathrm{BM}}=v_{\mathrm{BN}}-v_{\mathrm{SN}}+v_{\mathrm{SM}} \\ v_{\mathrm{CM}}=v_{\mathrm{CN}}-v_{\mathrm{SN}}+v_{\mathrm{SM}} \end{cases} \tag{6.5}$$

式中，v_{SN}为电阻网络中心点 S 与电机中性点 N 之间的零序电压；v_{SM}为中心点 S 与电容中点 M 之间的电压。

可以很容易证明，v_{SM}在注入频率点等于零。具体证明如下，根据图 6.1，电阻网络中心点 S、电容中点 M、直流母线地 G 点的电压关系可表示为

$$\begin{cases} v_{\mathrm{AG}}=v_{\mathrm{AS}}+v_{\mathrm{SM}}+v_{\mathrm{MG}} \\ v_{\mathrm{BG}}=v_{\mathrm{BS}}+v_{\mathrm{SM}}+v_{\mathrm{MG}} \\ v_{\mathrm{CG}}=v_{\mathrm{CS}}+v_{\mathrm{SM}}+v_{\mathrm{MG}} \end{cases} \tag{6.6}$$

由式（6.6）和图 6.1，可得的电压为

$$v_{\mathrm{SM}}=\frac{v_{\mathrm{AG}}+v_{\mathrm{BG}}+v_{\mathrm{CG}}}{3}-\frac{V_{dc}}{2} \tag{6.7}$$

式中，V_{dc}为直流母线电压。

仅考虑高频注入频率下的分量，v_{AG}、v_{BG}和 v_{CG}可表示为

$$\begin{cases} v_{\mathrm{AG}}=\dfrac{V_{dc}}{2}+V_h\cos\omega_h t \\ v_{\mathrm{BG}}=\dfrac{V_{dc}}{2}+V_h\cos\left(\omega_h t-\dfrac{2\pi}{3}\right) \\ v_{\mathrm{CG}}=\dfrac{V_{dc}}{2}+V_h\cos\left(\omega_h t+\dfrac{2\pi}{3}\right) \end{cases} \tag{6.8}$$

因此，由式（6.7）和式（6.8），可以很容易地推导出 v_{SM} 在注入频率下的幅值为零。对于三相Y型联结绕组，可得

$$\frac{\mathrm{d}i_{\mathrm{A}}}{\mathrm{d}t}+\frac{\mathrm{d}i_{\mathrm{B}}}{\mathrm{d}t}+\frac{\mathrm{d}i_{\mathrm{C}}}{\mathrm{d}t}=0 \tag{6.9}$$

由式（6.1）~式（6.9）可得图6.1中的零序高频电压为

$$\begin{cases} v_{\mathrm{SN}}=v_{o1}\cos(\omega_h t+2\theta_r)-v_{o2}\cos(\omega_h t-4\theta_r) \\ v_{o1}=V_h\dfrac{2(-M_{s0}+L_{s0})}{4L_{s0}^2-8L_{s0}M_{s0}-L_{s2}^2-4M_{s2}^2-4L_{s2}M_{s2}+4M_{s0}^2}(-M_{s2}+L_{s2}) \\ v_{o2}=V_h\dfrac{(-2M_{s2}+L_{s2})}{4L_{s0}^2-8L_{s0}M_{s0}-L_{s2}^2-4M_{s2}^2-4L_{s2}M_{s2}+4M_{s0}^2}(-M_{s2}+L_{s2}) \end{cases} \tag{6.10}$$

由式（6.10）可知，在旋转正弦信号注入时，零序高频电压由 $\omega_h t+2\theta_r$ 和 $\omega_h t-4\theta_r$ 两个频率分量组成[1,3]。

样机IPMSM-Ⅱ（见附录B）的增量自感和增量互感的有限元仿真结果如图6.4所示。由图6.4可知，由于 $2(-M_0+L_0)$ 通常远大于 $(-2M_2+L_2)$，因此可利用式（6.10）的第一项进行转子位置估计[1]，即

$$v_{\mathrm{SN}}=V_h\frac{2(-M_{s2}+L_{s2})(-M_{s0}+L_{s0})}{4L_{s0}^2-8L_{s0}M_{s0}-L_{s2}^2-4M_{s2}^2-4L_{s2}M_{s2}+4M_{s0}^2}\cos(\omega_h t+2\theta_r) \tag{6.11}$$

需要说明的是，式（6.11）中用于位置估计的零序信号幅值与注入频率无关。因此，与第4章中介绍的基于负序高频电流响应（信号幅值与注入频率成反比）相比，零序电压响应方法可以采用更高的注入频率，进而可使用延时更低的滤波器进行信号处理，从而提高系统带宽，增加系统的稳定性[2]。

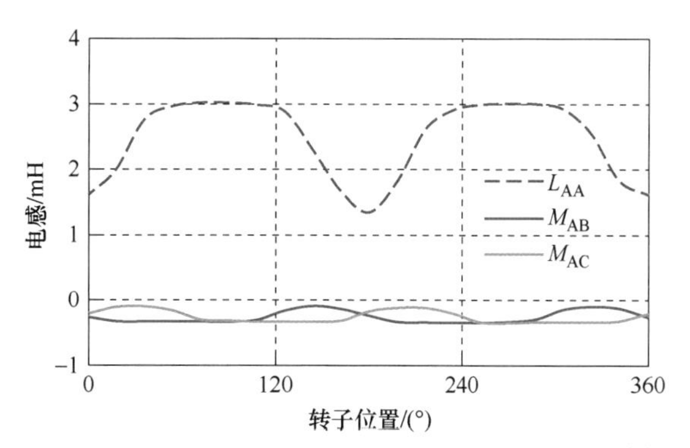

图6.4　A相增量自感和增量互感（有限元仿真）[5]

6.2.2　信号解耦

为了从式（6.11）中获得位置信息，将零序高频电压进一步处理为

$$v_{\mathrm{SN\_cos}}=\mathrm{LPF}\left(v_{\mathrm{SN}}\cdot\left(-\cos(\omega_h t)\right)\right)=-\frac{1}{2}v_{o1}\cos(2\theta_r) \tag{6.12}$$

$$v_{\mathrm{SN\_sin}}=\mathrm{LPF}\left(v_{\mathrm{SN}}\cdot\left(-\sin(\omega_h t)\right)\right)=\frac{1}{2}v_{o1}\sin(2\theta_r) \tag{6.13}$$

然后，再根据式（6.12）和式（6.13）（见图6.5），利用位置观测器估算得到转子位置。

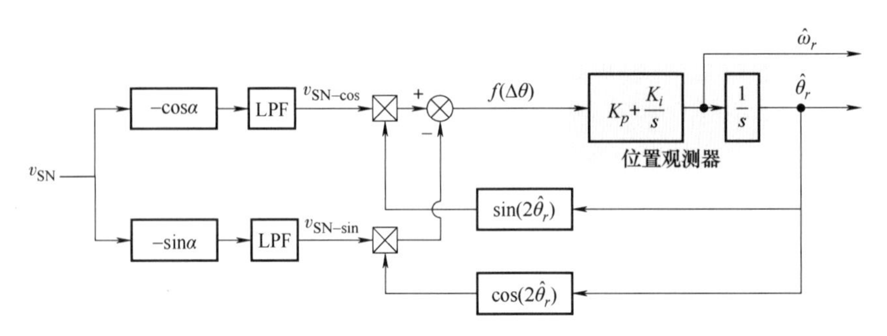

图6.5 基于旋转正弦信号注入的零序高频信号解调方式[5]

由以上分析可以看到基于旋转信号注入的零序电压响应包含转子位置信息，并且该位置信息是基于相位调制[1]［见式（6.11）］。然而，据文献［4］所述，旋转信号注入对信号处理延迟敏感性高（相位调制）。这是由于对于相位调制信号方法，处理延迟产生相移，进而导致较大的位置估计误差。相比之下，在第4章中介绍的脉振正弦信号对这些延迟具有低敏感性和高鲁棒性。这是因为它产生的高频电流响应是基于幅值调制，对信号处理延迟引起的相移可相互抵消[4]。此外，与旋转正弦信号注入相比，脉振信号解调所需计算量更少[4]。因此，若能结合脉振正弦信号注入和零序电压采样方法的优点，则可以进一步获得更优越的无位置传感器控制性能。然而，在估计的同步坐标系下注入的传统脉振方法会降低基于零序电压采样的位置估计性能。下一节将对此进行分析。

6.3 传统脉振正弦信号注入

具体来说，在估计的同步坐标系下采用传统的脉振信号注入（见图6.6），则三相注入电压可表示为

$$\begin{cases}v_{\mathrm{AM}}=V_h\cos\omega_h t\cos(\hat{\theta}_r)\\ v_{\mathrm{BM}}=V_h\cos\omega_h t\cos\left(\hat{\theta}_r-\dfrac{2}{3}\pi\right)\\ v_{\mathrm{CM}}=V_h\cos\omega_h t\cos\left(\hat{\theta}_r+\dfrac{2}{3}\pi\right)\end{cases} \tag{6.14}$$

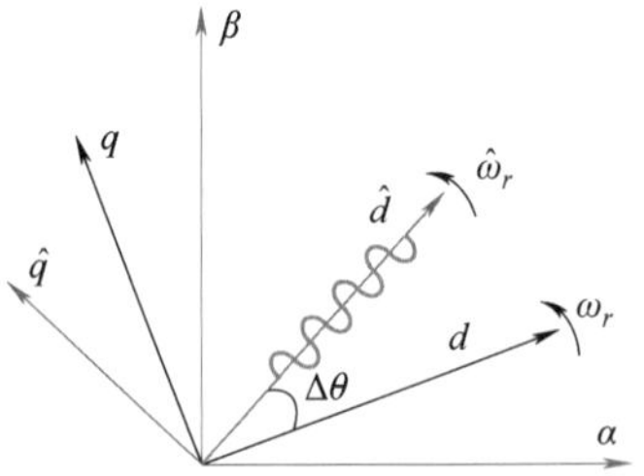

图6.6 估计同步坐标系的脉振信号注入方法[5]

同理，由式（6.1）~式（6.3）、式（6.5）~式（6.9）和式（6.14）可得零序高频电压为

$$v_{\mathrm{SN}}=V_h\frac{2(-M_{s2}+L_{s2})(-M_{s0}+L_{s0})}{4L_{s0}^2-8L_{s0}M_{s0}-L_{s2}^2-4M_{s2}^2-4L_{s2}M_{s2}+4M_{s0}^2}\cos\omega_h t\cos(2\theta_r+\hat{\theta}_r) \tag{6.15}$$

则信号解调可表示为

$$
\begin{aligned}
v_{\text{SN-}sum} &= \text{LPF}\left(v_{\text{SN}}\times 4\sin(\omega_h t-3\hat{\theta}_r)\right)\\
&=\frac{2V_h(-M_{s2}+L_{s2})(-M_{s0}+L_{s0})}{4L_{s0}^2-8L_{s0}M_{s0}-L_{s2}^2-4M_{s2}^2-4L_{s2}M_{s2}+4M_{s0}^2}\left(\sin(2\Delta\theta)+\sin(2\theta_r+4\hat{\theta}_r)\right)
\end{aligned}
\tag{6.16}
$$

式中，$v_{\text{SN-}sum}$为最终位置估算信号。

由式（6.16）可知，在稳态状态下，会产生额外的幅值较大的六次谐波，六次谐波将影响无传感器控制的精度和稳定性，严重影响位置估计性能。

基于样机 IPMSM-Ⅱ，实验效果如图 6.7 所示。在实验中，注入一个 800Hz、4V 的脉动正弦信号进行位置估计。利用传统的脉振正弦信号注入后的零序高频电压响应，其得到的转子位置估计和位置估计误差如图 6.7 所示。可以明显看到，估算结果存在较大的直流误差和振荡误差，这表明传统脉振信号注入的零序电压响应方法不适合转子位置估计。

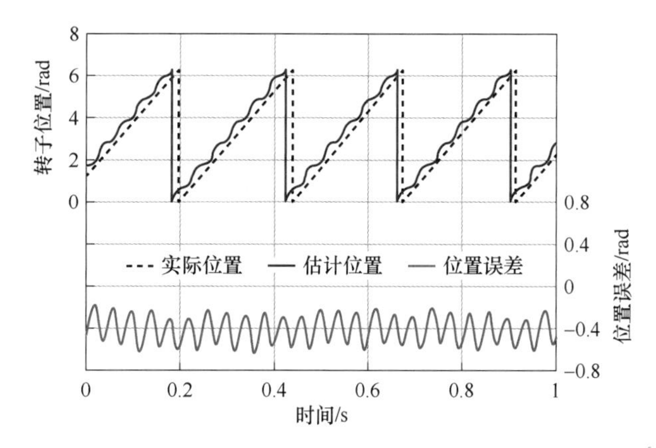

图 6.7　基于零序电压采样的传统脉振信号注入时的位置估计[5]

6.4　反向旋转脉振正弦信号注入

从以上分析可以看出，采用零序电压响应的传统脉振注入，其估算位置存在不理想的相移和较大的六次谐波误差。为了充分利用零序电压响应和脉振信号注入的协同作用，提升位置观测精度，提出了一种改进的反向旋转脉振信号注入方法。其高频信号被注入到以两倍同步估计转速反向旋转的坐标系上。反向旋转脉振正弦信号注入方法由于使用了零序高频电压，具有高带宽和稳定性、精度高、动态响应快等优点。在此基础上，本节研究了基于零序响应无传感器控制中的交叉饱和效应，并对其进行了补偿。所有的理论分析都在稳态和动态条件下与实验结果进行了比较。

6.4.1　反向旋转信号注入

由式（6.15）可知，零序电压响应由（$2\theta_r+\hat{\theta}_r$）分量调制，其中 $2\theta_r$ 出现是因为电机电感在一个电周期内变化两次，而 $\hat{\theta}_r$ 存在是因为其注入轴是在估计的同步旋转坐标系下。因此，如果注入轴在估计坐标系内是反向旋转的，则得到的零序响应可以被幅值调制，这与传统脉振正弦信号注入下高频电流响应完全相同，从而获得较高的估算精度。

通过以上分析，本节介绍一种改进的高频信号注入方法，如图 6.8 所示。可以看出，其信号注入是在估计坐标系的 q_2 轴上进行的，以两倍转子同步转速反向旋转。其注入信号可表示为

$$\begin{cases}\hat{v}_{2d}=0\\ \hat{v}_{2q}=V_h\cos\omega_h t\end{cases} \tag{6.17}$$

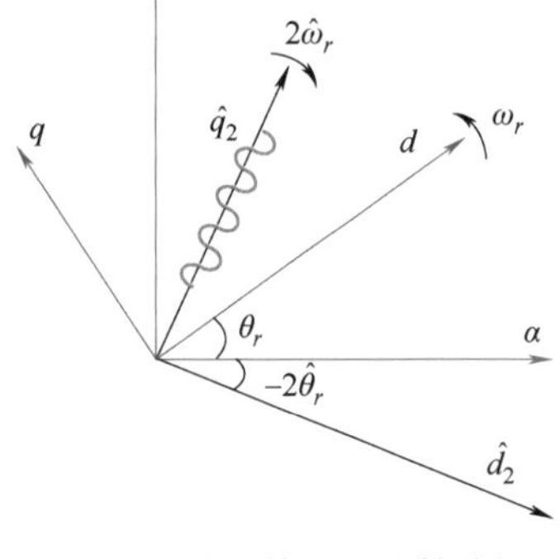

图 6.8　改进的反向旋转脉振信号注入策略[5]

然后，通过坐标变换矩阵，静止坐标系下的注入电压可表示为

$$\begin{bmatrix}v_\alpha\\ v_\beta\end{bmatrix}=\begin{bmatrix}\cos(-2\hat{\theta}_r) & -\sin(-2\hat{\theta}_r)\\ \sin(-2\hat{\theta}_r) & \cos(-2\hat{\theta}_r)\end{bmatrix}\begin{bmatrix}\hat{v}_{2d}\\ \hat{v}_{2q}\end{bmatrix} \tag{6.18}$$

由式（6.17）和式（6.18）可知，实际注入的三相电压为

$$\begin{cases}v_{\mathrm{AM}}=V_h\cos\omega_h t\sin(2\hat{\theta}_r)\\ v_{\mathrm{BM}}=V_h\cos\omega_h t\sin\left(2\hat{\theta}_r+\dfrac{2}{3}\pi\right)\\ v_{\mathrm{CM}}=V_h\cos\omega_h t\sin\left(2\hat{\theta}_r-\dfrac{2}{3}\pi\right)\end{cases} \tag{6.19}$$

同理，由式（6.1）~式（6.3）、式（6.5）~式（6.9）和式（6.19）可得零序高频电压为

$$\begin{cases}v_{\mathrm{SN}}=v_{o1}\cos\omega_h t\sin(2\Delta\theta)-v_{o2}\cos\omega_h t\sin(4\theta_r+2\hat{\theta}_r)\\ v_{o1}=V_h\dfrac{2(-M_{s0}+L_{s0})}{4L_{s0}^2-8L_{s0}M_{s0}-L_{s2}^2-4M_{s2}^2-4L_{s2}M_{s2}+4M_{s0}^2}(-M_{s2}+L_{s2})\\ v_{o2}=V_h\dfrac{(-2M_2+L_2)}{4L_{s0}^2-8L_{s0}M_{s0}-L_{s2}^2-4M_{s2}^2-4L_{s2}M_{s2}+4M_{s0}^2}(-M_{s2}+L_{s2})\end{cases} \tag{6.20}$$

与式（6.10）和式（6.11）类似，式（6.20）的第一项的幅值要大得多，将用于位置估计，即

$$v_{\mathrm{SN}}=V_h\frac{2(-M_{s0}+L_{s0})(-M_{s2}+L_{s2})}{4L_{s0}^2-8L_{s0}M_{s0}-L_{s2}^2-4M_{s2}^2-4L_{s2}M_{s2}+4M_{s0}^2}\cos\omega_h t\sin(2\Delta\theta) \tag{6.21}$$

由式（6.21）可知，基于改进注入方法的零序电压响应表达式非常简单。此外，式（6.21）其零序电压是基于电机凸极效应的幅值调制方式。因此，由于信号处理等延迟所导致的位置相移可以近似消除。此外，与式（6.16）中在估计同步坐标系上注入的传统脉振方法相比，改进方法的六次扰动谐波的幅值也显著降低。

因此，采用改进后的注入方法，脉振正弦信号注入和零序电压响应的优势可以得到协同和结合，即具有较高的精度和带宽、更快的动态响应和鲁棒性等，并将在后面的实验中得到验证。

6.4.2　信号解耦

为了进一步得到估计的转子位置，可以将式（6.21）中的零序电压响应处理为

$$
\begin{aligned}
v_{\mathrm{SN}\text{-}sum} &= \mathrm{LPF}(v_{\mathrm{SN}} \times 2\cos\omega_h t) \\
&= \frac{2V_h(-M_{s0}+L_{s0})(-M_{s2}+L_{s2})}{4L_{s0}^2-8L_{s0}M_{s0}-L_{s2}^2-4M_{s2}^2-4L_{s2}M_{s2}+4M_{s0}^2}\sin(2\Delta\theta)
\end{aligned}
\tag{6.22}
$$

相应地，其零序高频电压的信号解调如图 6.9 所示。由于式（6.21）和式（6.22）中的信号响应更为简单，因此信号解调也比 6.2.2 节中介绍的旋转正弦信号注入方法更易处理。

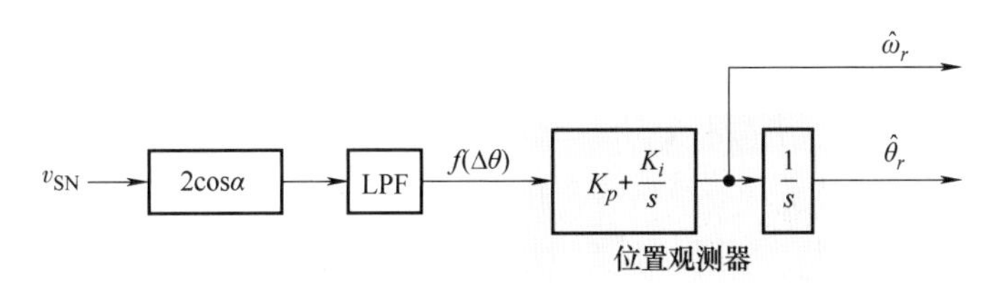

图 6.9　反向旋转脉振正弦信号注入的信号解调方法[5]

6.4.3　交叉饱和效应

第 5 章系统地研究了基于高频电流信号采样的信号注入方法的交叉饱和效应。本节将讨论基于高频零序电压采样时的交叉饱和效应。

首先，考虑饱和效应，三相电感可表示为[7]

$$
\begin{cases}
L_{\mathrm{AA}} = L_{s0} - L_{s2}\cos(2\theta_r) - L_c\sin(2\theta_r) \\
L_{\mathrm{BB}} = L_{s0} - L_{s2}\cos\left(2\theta_r + \dfrac{2}{3}\pi\right) - L_c\sin\left(2\theta_r + \dfrac{2}{3}\pi\right) \\
L_{\mathrm{CC}} = L_{s0} - L_{s2}\cos\left(2\theta_r - \dfrac{2}{3}\pi\right) - L_c\sin\left(2\theta_r - \dfrac{2}{3}\pi\right)
\end{cases}
\tag{6.23}
$$

$$
\begin{cases}
M_{\mathrm{AB}} = M_{\mathrm{BA}} = M_{s0} - M_{s2}\cos\left(2\theta_r - \dfrac{2}{3}\pi\right) - M_c\sin\left(2\theta_r - \dfrac{2}{3}\pi\right) \\
M_{\mathrm{BC}} = M_{\mathrm{CB}} = M_{s0} - M_{s2}\cos(2\theta_r) - M_c\sin(2\theta_r) \\
M_{\mathrm{CA}} = M_{\mathrm{AC}} = M_{s0} - M_{s2}\cos\left(2\theta_r + \dfrac{2}{3}\pi\right) - M_c\sin\left(2\theta_r + \dfrac{2}{3}\pi\right)
\end{cases}
\tag{6.24}
$$

式中，L_c 和 M_c 分别表示自感和互感中正弦电感项的二次谐波幅值。

为了表示交叉饱和效应引起的相移角，A 相的自感和互感可改写为

$$
\begin{cases}
L_{\mathrm{AA}} = L_{s0} - L'_{s2}\cos(2\theta_r + \theta_{s1}) \\
M_{\mathrm{AB}} = M_{s0} - M'_{s2}\cos\left(2\theta_r - \dfrac{2\pi}{3} + \theta_{s2}\right)
\end{cases}
\tag{6.25}
$$

式中，$L'_{s2}=\sqrt{L_{s2}^2+L_c^2}$，$M'_{s2}=\sqrt{M_{s2}^2+M_c^2}$；$\theta_{s1}=\arctan(-L_c/L_{s2})$，$\theta_{s2}=\arctan(-M_c/M_{s2})$。

同样地，B 相和 C 相的幅值和相移可分别推导得到。然后，基于旋转信号注入，得到零序高频电压为

$$v_{\mathrm{SN}}=\frac{V_h(L_{s0}-M_{s0})(L'_{s2}-M'_{s2})\cos(\omega_h t+2\theta_r+\theta_{s3})}{2L_{s0}^2+2M_{s0}^2-4L_{s0}M_{s0}-2L'_{s2}M'_{s2}-\dfrac{L'^2_{s2}}{2}-2M'^2_{s2}} \tag{6.26}$$

对于反向旋转脉振正弦信号注入，零序高频电压可得

$$v_{\mathrm{SN}}=\frac{V_h(L_{s0}-M_{s0})(L'_{s2}-M'_{s2})\cos\omega_h t\sin(2\Delta\theta+\theta_{s3})}{2L_{s0}^2+2M_{s0}^2-4L_{s0}M_{s0}-2L'_{s2}M'_{s2}-\dfrac{L_s^2}{2}-2M'_{s2}} \tag{6.27}$$

式中，θ_{s3}为零序高频电压中由于交叉饱和效应所引起的相移，且可推导为

$$\theta_{s3}=-\arctan\frac{L'_{s2}\sin(\theta_{s1})-M'_{s2}\sin(\theta_{s2})}{L'_{s2}\cos(\theta_{s1})-M'_{s2}\cos(\theta_{s2})}=-\arctan\frac{L_c-M_c}{L_{s2}-M_{s2}} \tag{6.28}$$

因此，由式（6.26）和式（6.27）可知，针对两种注入方法，其由于交叉饱和效应引起的位置估计误差完全相同。因此，由式（6.28）可得位置估计误差为

$$\Delta\theta=-\frac{1}{2}\theta_{s3}=\frac{1}{2}\arctan\frac{L_c-M_c}{L_{s2}-M_{s2}} \tag{6.29}$$

为了补偿交叉饱和效应引起的位置误差，通常采用第 5 章等介绍的离线测量方法进行补偿。同样，在本章中，交叉饱和效应引起的估计误差近似与基波 q 轴电流成正比，即 $\theta_m\approx k_c i_q$，如图 6.10 所示。因此，图中的测量结果可直接用于在线实时补偿。

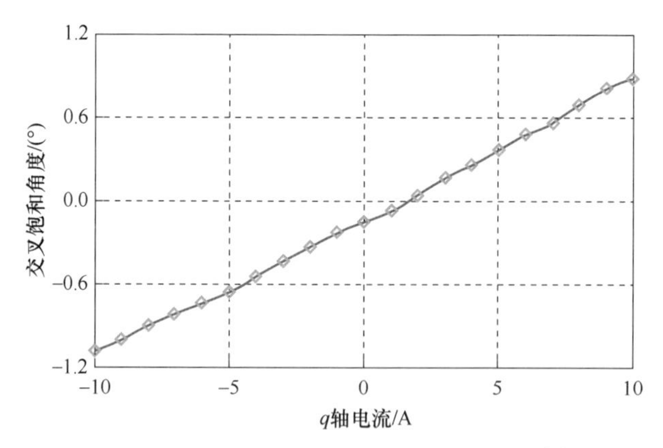

图 6.10　交叉饱和效应引起的相移测量值[5]

6.4.4　实验结果

在样机 IPMSM-Ⅱ（见附录 B）上进行了反向旋转脉振正弦信号注入方法的实验验证。基于零序电压采样的反向旋转注入方式总体控制框图如图 6.11 所示。为了测量零序高频电压，需要一个平衡电阻网络、一个额外的 A/D 采样通道、一路信号调理硬件电路以及接入电机中性点（见图 6.1）。逆变器开关频率设置为 10kHz，与电流/电压信号采样频率相同。

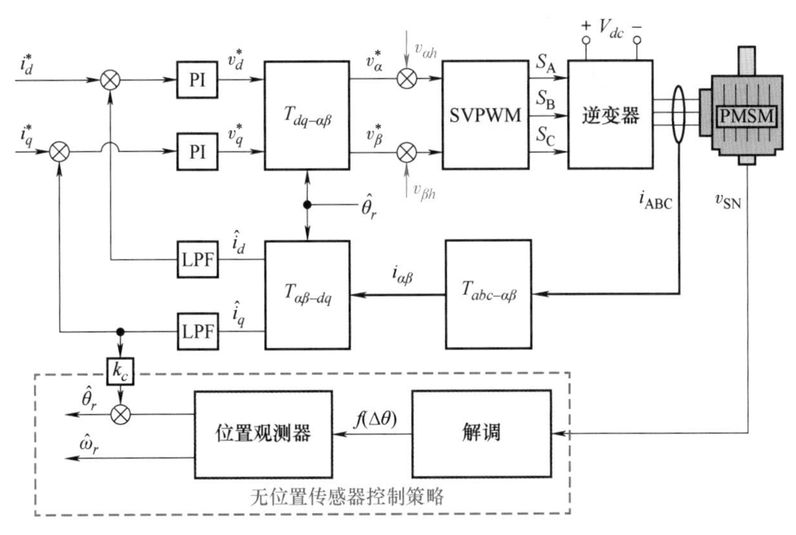

图 6.11 基于零序电压采样的高频信号注入整体控制系统框图

6.4.4.1 零序电压模型验证

图 6.12 为实测的零序高频电压频谱。对于反向旋转脉振方法，为了获得频谱信息，在位置传感器的辅助下，将位置误差设置为 π/4，以最大化零序信号。注入信号设为 8V/600Hz，基波频率 f_e 设为 2.5Hz。从图 6.12 可以看出，旋转正弦信号注入的零序分量主要在 f_h+2f_e 和 f_h-4f_e（242 倍频和 236 倍频）。而在估计的同步坐标系中，传统脉振正弦信号注入主要在 $f_h\pm3f_e$（237 倍频和 243 倍频）。相比之下，反向旋转脉振正弦信号注入方法在 f_h 和 $f_h\pm6f_e$（240 倍频和 234 倍频/246 倍频），如图 6.12 所示。因此，三者的实测结果分别与式（6.10）、式（6.15）和式（6.20）的理论分析相一致，验证了上述的理论推导。

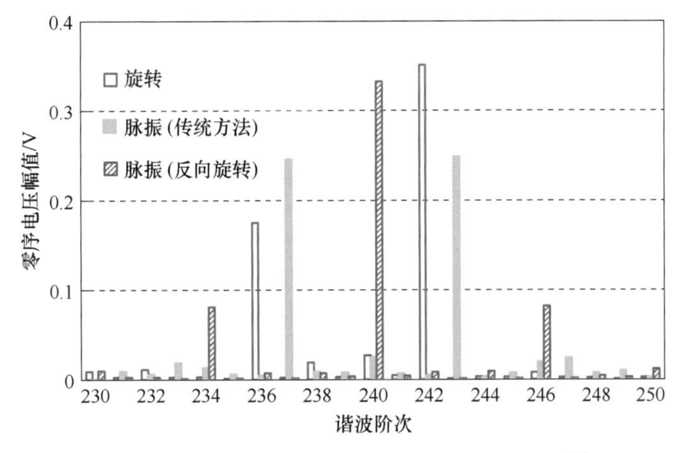

图 6.12 不同注入方式下的零序高频电压频谱[5]

6.4.4.2 稳态和动态的位置估计效果

反向旋转脉振正弦信号注入法在额定负载下的无传感器控制性能如图 6.13 所示。其注入信号设置为 4V，800Hz，转速指令为 40r/min。可以看到，在负载条件下，由于交叉饱和效应，存在较大的位置估计误差。通过采用如图 6.10 所示的补偿方法，可以保证更高的估计精度。此外，从图 6.13 中可以看出，位置估计存在明显的六次谐波误差，主要为来自式（6.10）和式（6.20）的第二项的扰动。因此，可对该扰动进行相应的解耦补偿[1,2]。

反向旋转脉振正弦信号注入方法的动态性能如图 6.14 所示，其中转子参考转速为 0→50r/min→100r/min。通过交叉饱和效应补偿，可以观察到快速的动态响应，并且其总体位置误差较小。

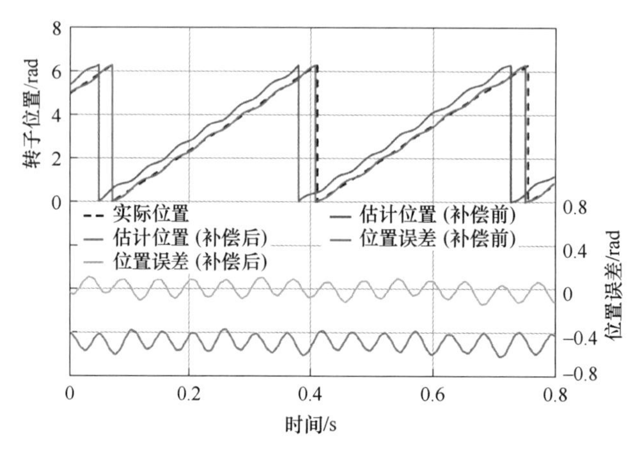

图 6.13　稳态下位置估计效果（有/无交叉饱和效应补偿）[5]

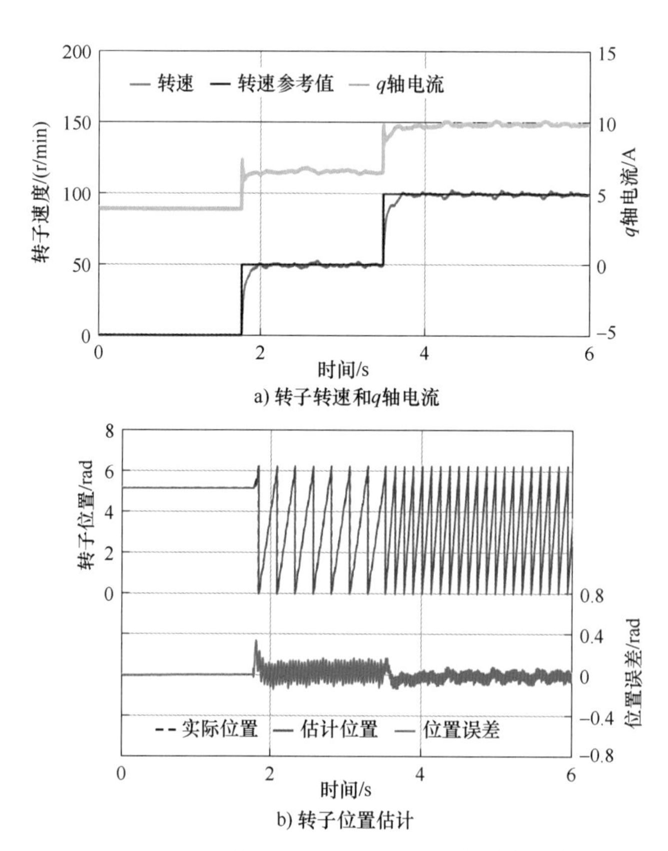

图 6.14　阶跃转速条件下的动态位置估计性能[5]

在样机上也进行了阶跃负载试验，如图 6. 15 所示。当 q 轴电流从 0. 3A 快速增加到 10A 时，可以观察到较好的位置跟踪性能。由此可见，反向旋转脉振正弦信号注入方法在各种转速和负载条件下都具有较好的动态性能。

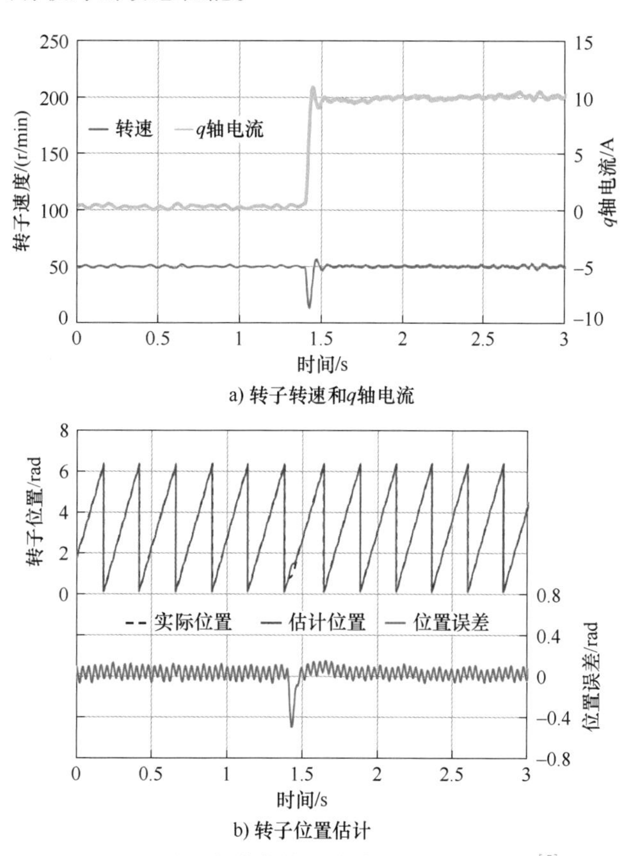

图 6. 15　阶跃负载条件下的动态位置估计性能[5]

6. 4. 4. 3　鲁棒性和准确性比较

为了进一步说明反向旋转脉振信号注入方法的鲁棒性和准确性，将基于零序电压采样的常规注入方法（即旋转和传统脉振正弦信号注入）与反向旋转的方法进行了比较。具体地比较了三种注入方法下，估算性能对注入频率和信号解调低通滤波器截止频率的敏感性。三种高频注入方式的对比条件见表 6-1。

考虑注入频率为 300～1000Hz，LPF 截止频率为 60Hz，图 6. 16 给出了三种方法的位置误差。可以看出，旋转正弦信号注入方法和传统脉振正弦信号注入方法的位置误差对注入频率非常敏感。如前所述，这是由于信号延迟（PWM 更新延迟）在高频响应中引入了额外的相移。而对于基于反向旋转的脉振信号注入方法，由于上文分析的凸极幅值调制效应，其具有良好的鲁棒性和高精度效果。

同样，如图 6. 17 所示，在相同注入频率为 800Hz 下，可以看到旋转正弦信号注入的位置估计误差随 LPF 截止频率的变化而变化。这是由于通过 LPF 时，转子角频率引起的相移。相比之下，传统和反向旋转的脉振正弦信号注入方法对 LPF 的截止频率不敏感。然而，可以清楚地观察到，反向旋转注入方法有更高的准确度。因此，基于零序电压采样的方式，与常规的注入方法相比，反向旋转注入方法具有显著的性能优势。

表 6-1　三种高频注入方法对比的条件

	方　　法	高 频 信 号	低通滤波器截止频率/Hz	位置观测器	
				K_p	K_i
图 6.16	旋转	4V (0.3~1kHz)	60	400	1000
	传统脉振		60	400	1000
	反向旋转脉振		60	400	1000
图 6.17	旋转	4V/800Hz	10~60	400	1000
	传统脉振			400	1000
	反向旋转脉振			400	1000

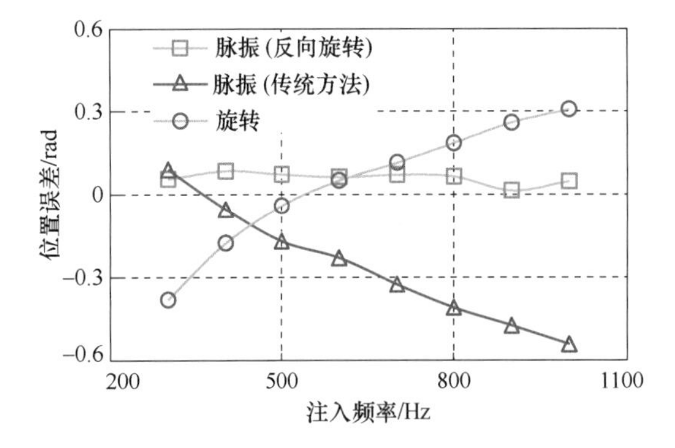

图 6.16　位置误差对注入频率的敏感度[5]

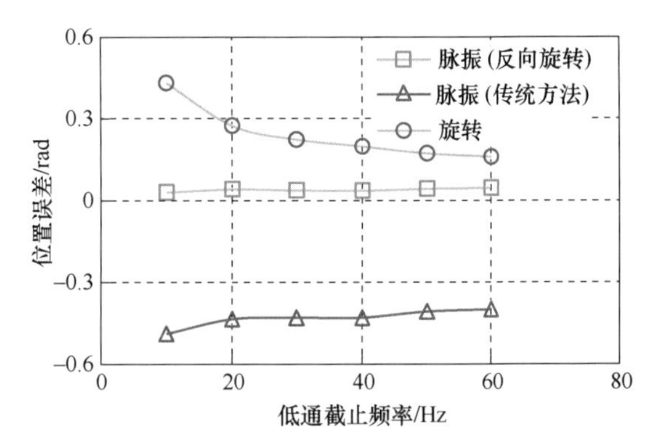

图 6.17　位置误差对低通截止频率的敏感度[5]

6.5　传统脉振方波信号注入

在上节中，提出了利用零序高频电压的脉振正弦信号注入策略，实现了永磁同步电机的无位置传感器控制。如第 4 章所述，还可以进一步通过注入脉振方波信号来增加系统带宽[8,9]。然而，针对高频方波注入，与第 6.3 节中关于传统脉振信号注入方法的结论类似，基于其产生的零序高频电压响应会使位置估计性能恶化，本节将对此进行详细分析。

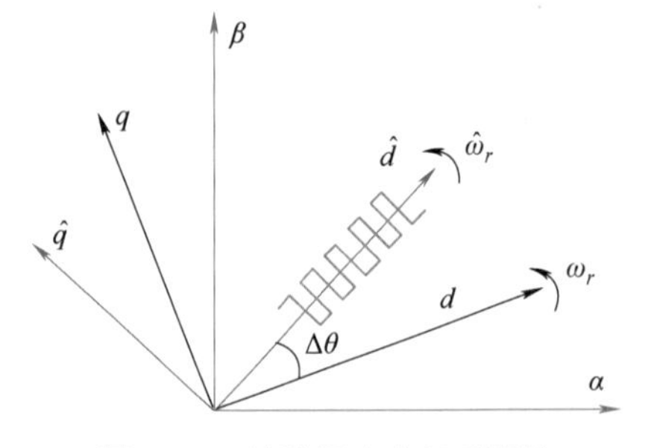

图 6.18　估计同步坐标系下的脉振方波信号注入[6]

首先，对于图 6.18 中估计同步坐标系下的脉振方波注入，其注入信号可表示为

$$\begin{bmatrix} \hat{v}_{dh} \\ \hat{v}_{qh} \end{bmatrix} = \begin{bmatrix} V_h \cdot (-1)^n \\ 0 \end{bmatrix}, \quad n=0,1,2\cdots \tag{6.30}$$

式中，V_h 为高频电压；n 为整数，表示注入电压的数目。

考虑方波信号的傅里叶级数，式（6.30）可进一步表示为

$$\begin{cases}\hat{v}_{dh}=\dfrac{4}{\pi}V_h\sum\limits_{k=1}\dfrac{1}{2k-1}\cos k\omega_h t\\ \hat{v}_{qh}=0\end{cases}\tag{6.31}$$

那么，经过坐标变换，三相注入电压可表示为

$$\begin{cases}v_{\mathrm{AM}}=\dfrac{4}{\pi}V_h\cos(\hat{\theta}_r)\sum\limits_{k=1}\dfrac{1}{2k-1}\cos k\omega_h t\\ v_{\mathrm{BM}}=\dfrac{4}{\pi}V_h\cos\left(\hat{\theta}_r-\dfrac{2}{3}\pi\right)\sum\limits_{k=1}\dfrac{1}{2k-1}\cos k\omega_h t\\ v_{\mathrm{CM}}=\dfrac{4}{\pi}V_h\cos\left(\hat{\theta}_r+\dfrac{2}{3}\pi\right)\sum\limits_{k=1}\dfrac{1}{2k-1}\cos k\omega_h t\end{cases}\tag{6.32}$$

由式（6.1）~式（6.3）、式（6.5）~式（6.7）、式（6.9）、式（6.30）~式（6.32）可得零序高频电压为

$$v_{\mathrm{SN}}=\frac{2}{\pi}\frac{V_h(L_{s0}-M_{s0})(L_{s2}-M_{s2})\cos(2\theta_r+\hat{\theta}_r)}{(L_{s0}-M_{s0})^2-\left(\dfrac{L_{s2}}{2}+M_{s2}\right)^2}\sum_{k=1}\frac{1}{2k-1}\cos k\omega_h t\tag{6.33}$$

然而，如前所述，传统脉振方波信号注入方法的零序电压信号［见式（6.33）］会降低位置估计的性能。具体地，由式（6.33），对应的信号解调表示为

$$\begin{aligned}v_{\mathrm{SN}\_d}&=v_{\mathrm{RN}}\cdot\frac{\hat{v}_d}{V_h}\cdot\left(-\sin(3\hat{\theta}_r)\right)\\&=\frac{1}{\pi}\frac{V_h(L_{s0}-M_{s0})(L_{s2}-M_{s2})}{(L_{s0}-M_{s0})^2-\left(\dfrac{L_{s2}}{2}+M_{s2}\right)^2}\left(\sin(2\Delta\theta)-\sin(2\theta_r+4\hat{\theta}_r)\right)\end{aligned}\tag{6.34}$$

由式（6.34）可知，存在与“$\sin(2\Delta\theta)$”项幅值相同的附加六次谐波（即$\sin(2\theta_r+4\hat{\theta}_r)$），将严重恶化位置估计性能。在IPMSM-Ⅱ样机上注入4V/2.5kHz脉动方波信号进行测试，如图6.19所示，可以观察到较大的振荡误差。这是由于式（6.34）中六次谐波的干扰，且很难抑制这些扰动误差。

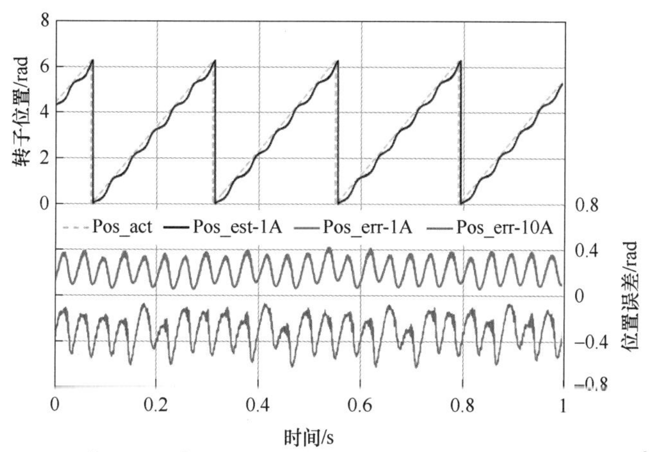

图6.19　基于零序电压采样的传统脉振方波注入的位置估计性能[6]

Pos_act—实际位置　Pos_est-1A—估计位置（1A）　Pos_err-1A—位置误差（1A）　Pos_err-10A—位置误差（10A）

根据上述分析，基于零序电压采样的方式，在估计的同步坐标系下注入脉振方波时的估计位置误差较大，不宜于实际的无位置传感器控制。因此，下一节将提出一种改进的脉振方波信号注入方法。

6.6 反向旋转脉振方波信号注入

从以上分析可以看出，传统的脉振方波信号注入，其估算位置存在不理想的直流误差和较大的六次谐波误差。为了更好地结合零序电压和脉振方波注入二者的优势，本节介绍了一种改进的脉振方波信号注入方法。该高频方波信号被注入到以两倍同步估计转速反向旋转的坐标系。此外，与传统的脉振方波解调方法相比，基于反向旋转的方法产生的高频响应更容易解调，且精度更高。

6.6.1 反向旋转信号注入

本节提出了一种改进的基于零序电压采样的脉振方波注入方法，如图 6.20 所示。可以看出，其注入策略与 6.4 节完全相同，只是信号注入波形不同。具体来说，从图 6.20 可以看出，脉振方波注入在估计坐标系的 q_2 轴处，以两倍估计同步转速反向旋转。因此，其注入信号可表示为

$$\begin{cases}\hat{v}_{2d}=0\\ \hat{v}_{2q}=\dfrac{4}{\pi}V_h\sum\limits_{k=1}\dfrac{1}{2k-1}\cos k\omega_h t\end{cases}\tag{6.35}$$

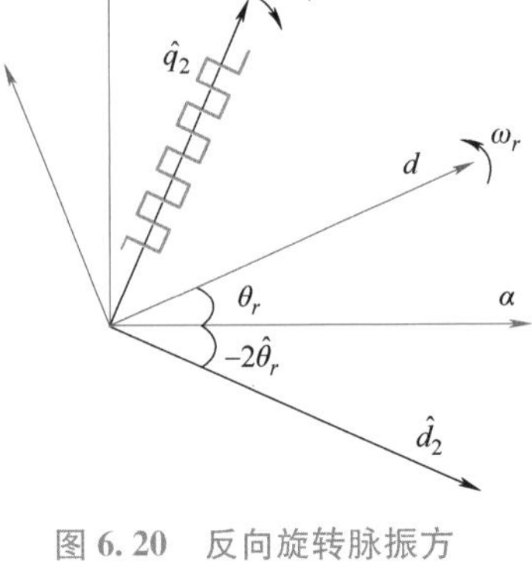

图 6.20　反向旋转脉振方波信号注入[6]

那么，通过坐标变换，实际注入的相电压可表示为

$$\begin{cases}v_{\mathrm{AM}}=\dfrac{4}{\pi}V_h\sum\limits_{k=1}\dfrac{1}{2k-1}\cos k\omega_h t\sin(2\hat{\theta}_r)\\ v_{\mathrm{BM}}=\dfrac{4}{\pi}V_h\sum\limits_{k=1}\dfrac{1}{2k-1}\cos k\omega_h t\sin\left(2\hat{\theta}_r+\dfrac{2}{3}\pi\right)\\ v_{\mathrm{CM}}=\dfrac{4}{\pi}V_h\sum\limits_{k=1}\dfrac{1}{2k-1}\cos k\omega_h t\sin\left(2\hat{\theta}_r-\dfrac{2}{3}\pi\right)\end{cases}\tag{6.36}$$

同理，由式（6.1）~式（6.3）、式（6.5）~式（6.7）、式（6.9）和式（6.36）可得该注入方式下的零序高频电压为

$$\begin{cases}v_{\mathrm{SN}}=\dfrac{4}{\pi}[v_{o1}\sin(2\Delta\theta)-v_{o2}\sin(4\theta_r+2\hat{\theta}_r)]\sum\limits_{k=1}\dfrac{1}{2k-1}\cos k\omega_h t\\ v_{o1}=\dfrac{V_h}{2}\dfrac{(L_{s0}-M_{s0})}{(L_{s0}-M_{s0})^2-\left(\dfrac{L_{s2}}{2}+M_{s2}\right)^2}(L_{s2}-M_{s2})\\ v_{o2}=\dfrac{V_h}{4}\dfrac{(L_{s2}-2M_{s2})}{(L_{s0}-M_{s0})^2-\left(\dfrac{L_{s2}}{2}+M_{s2}\right)^2}(L_{s2}-M_{s2})\end{cases}\tag{6.37}$$

通常（$L_{s0}-M_{s0}$）比（$L_{s2}-2M_{s2}$）大得多。式（6.37）的第一项具有更大的幅值[1]，因此将用于位置估计，即

$$v_{\mathrm{SN}}=\frac{2}{\pi}\frac{V_h(L_{s0}-M_{s0})(L_{s2}-M_{s2})\sin(2\Delta\theta)}{(L_{s0}-M_{s0})^2-\left(\frac{L_{s2}}{2}+M_{s2}\right)^2}\sum_{k=1}\frac{1}{2k-1}\cos k\omega_h t \tag{6.38}$$

6.6.2 信号解耦

通过信号解调，由式（6.38）得到

$$v_{\mathrm{SN\_}d}=v_{\mathrm{SN}}\cdot\frac{\hat{v}_{2q}}{V_h}=\frac{2}{\pi}\frac{V_h(L_{s0}-M_{s0})(L_{s2}-M_{s2})}{(L_{s0}-M_{s0})^2-\left(\frac{L_{s2}}{2}+M_{s2}\right)^2}\sin(2\Delta\theta) \tag{6.39}$$

由式（6.39）可知，上述方法所获得的零序高频信号响应是基于电机凸极的幅值调制形式，这使得位置估计具有更高的精度[4]。此外，与式（6.34）中的传统脉振方波注入相比，改进的反向旋转脉振方波注入方法不存在较大的扰动分量。因此，将显著提高位置估计的精度和稳定性。

此外，由式（6.38）和式（6.39）可以看出，基于反向旋转方法的零序高频电压也保留了传统脉振方波注入方法的优点。首先，信号响应也被方波调制，因此不需要进行转子位置估计响应信号的微分计算。因此，信号解调更为简单，如图6.21所示。图中还比较了文献［8］和文献［9］中基于电流采样的传统方法。其次，基于反向旋转方法的零序电压响应也与注入频率无关，即随着注入频率的增加，不需要更高的注入电压，从而降低了注入引入的噪声、增加了可用的控制电压等。

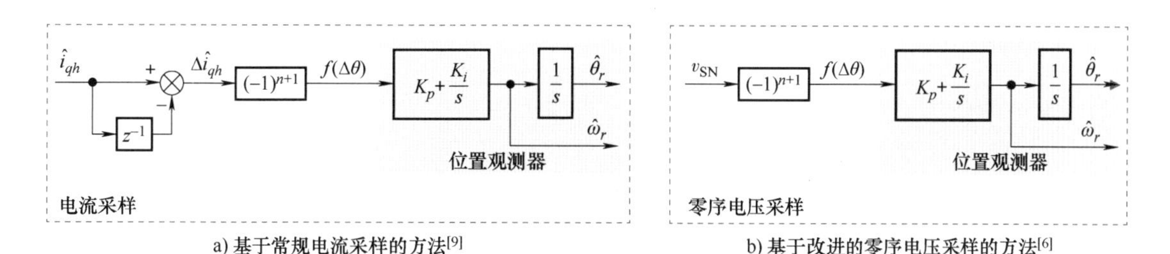

a) 基于常规电流采样的方法[9]　　b) 基于改进的零序电压采样的方法[6]

图6.21　高频信号解调过程

因此，改进的反向旋转脉振方波信号注入方法具有精度高、带宽大、电压裕度增大、动态响应快、鲁棒性强等优点，该方法将在6.6.4节进行实验验证。

6.6.3 交叉饱和效应

本节还研究了反向旋转脉振方波信号注入的交叉饱和效应。考虑饱和效应，相电感可表示为[7]

$$\begin{cases}L_{\mathrm{AA}}=L_{s0}-L_{s2}\cos(2\theta_r)-L_c\sin(2\theta_r)\\L_{\mathrm{BB}}=L_{s0}-L_{s2}\cos\left(2\theta_r+\dfrac{2}{3}\pi\right)-L_c\sin\left(2\theta_r+\dfrac{2}{3}\pi\right)\\L_{\mathrm{CC}}=L_{s0}-L_{s2}\cos\left(2\theta_r-\dfrac{2}{3}\pi\right)-L_c\sin\left(2\theta_r-\dfrac{2}{3}\pi\right)\end{cases}\tag{6.40}$$

$$\begin{cases}M_{\mathrm{AB}}=M_{\mathrm{BA}}=M_{s0}-M_{s2}\cos\left(2\theta_r-\dfrac{2}{3}\pi\right)-M_c\sin\left(2\theta_r-\dfrac{2}{3}\pi\right)\\M_{\mathrm{BC}}=M_{\mathrm{CB}}=M_{s0}-M_{s2}\cos(2\theta_r)-M_c\sin(2\theta_r)\\M_{\mathrm{CA}}=M_{\mathrm{AC}}=M_{s0}-M_{s2}\cos\left(2\theta_r+\dfrac{2}{3}\pi\right)-M_c\sin\left(2\theta_r+\dfrac{2}{3}\pi\right)\end{cases}\tag{6.41}$$

式中，L_c 和 M_c 分别表示自感和互感中的二次谐波幅值。

因此，对于反向旋转脉振方波信号注入方法，可得零序高频电压为

$$v_{\mathrm{SN}}=\frac{2}{\pi}\frac{V_h(L_{s0}-M_{s0})(L'_{s2}-M'_{s2})\sin(2\Delta\theta+\theta_{s3})}{(L_{s0}-M_{s0})^2-\left(\dfrac{L'_{s2}}{2}+M'_{s2}\right)^2}\sum_{k=1}\frac{1}{2k-1}\cos k\omega_h t\tag{6.42}$$

式中，θ_{s3}为零序高频电压由于交叉饱和效应引起的相移，可表示为

$$\theta_{s3}=-\arctan\frac{L_c-M_c}{L_{s2}-M_{s2}}\tag{6.43}$$

因此，由交叉饱和效应引起的位置误差可得到为

$$\Delta\theta=\frac{1}{2}\arctan\frac{L_c-M_c}{L_{s2}-M_{s2}}\tag{6.44}$$

因此，由第 6.4 节中的式（6.29）和式（6.44）可以看出，实际上无论信号注入的波形如何，交叉饱和效应产生的位置估计误差完全相同。因此，图 6.10 中离线测量的交叉饱和偏移角度可直接用于方波信号注入时的在线补偿。

6.6.4 实验结果

在样机 IPMSM-Ⅱ（见附录 B）上进行了反向旋转脉振方波信号注入方法的实验。基于零序电压采样的反向旋转脉振方波注入方法总体控制图如图 6.22 所示。

6.6.4.1 零序电压模型验证

图 6.23 所示为实测的零序高频电压频谱（注入方波信号设为 4V/1kHz，基频 f_e 为 2.5Hz，仅显示主要的谐波）。对于改进注入策略，为了使式（6.37）中的零序信号最大化，通过利用电机的位置传感器，位置误差被设置为 π/4。从图 6.23 可以看出，传统脉振方波信号注入主要在f_h±3fe 频率处（397 倍频和 403 倍频）。相比之下，反向旋转脉振方波信号注入方法频率分量位于f_h 和f_h±6f_e（400 倍频和 394 倍频/406 倍频），如图 6.23 所示。可见测量结果与式（6.33）和式（6.37）的理论推导相一致。此外，从图 6.23 的实测频谱中可以明显看出，基于反向旋转信号注入的方法比传统方法更容易进行信号处理，信噪比也更高。

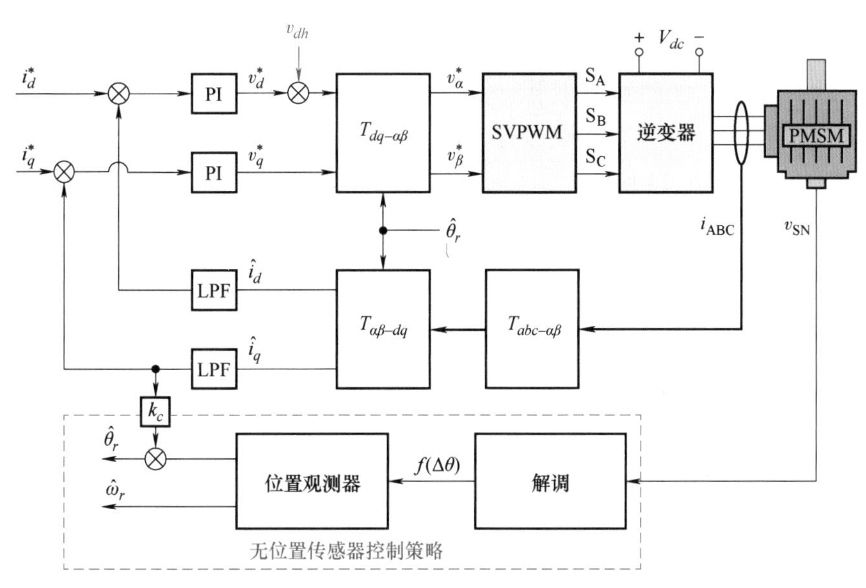

图 6.22　反向旋转脉振方波信号注入无位置传感器控制总体框图

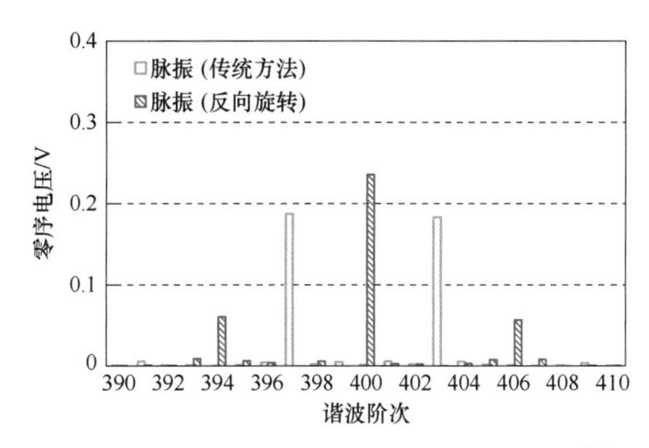

图 6.23　不同方波注入方式下的零序高频电压[6]

反向旋转脉振方波信号注入方法在不同负载下的零序电压频谱如图 6.24 所示。考虑到交叉饱和效应，将式（6.42）中的位置误差分别设为 0 和 π/4rad，并借助于位置传感器，即当 $\Delta\theta=\pi/4$ 时有

$$v_{\rm SN}=\frac{2}{\pi}\frac{V_h(L_{s0}-M_{s0})(L'_{s2}-M'_{s2})\cos(\theta_{s3})}{(L_{s0}-M_{s0})^2-\left(\dfrac{L'_{s2}}{2}+M'_{s2}\right)^2}\sum_{k=1}\frac{1}{2k-1}\cos k\omega_h t \tag{6.45}$$

以及 $\Delta\theta=0$ 时

$$v_{\rm SN}=\frac{2}{\pi}\frac{V_h(L_{s0}-M_{s0})(L'_{s2}-M'_{s2})\cos(\theta_{s3})}{(L_{s0}-M_{s0})^2-\left(\dfrac{L'_{s2}}{2}+M'_{s2}\right)^2}\sum_{k=1}\frac{1}{2k-1}\cos k\omega_h t \tag{6.46}$$

空载工况下，由于交叉饱和角很小，如图 6.10 所示，因此测量到的零序电压幅值（400

倍频）在图 6. 24a 达到最大值，而在图 6. 24b 的幅值可以忽略不计。相反，随着负载的增加，特别是在额定负载条件下（$I_q = 10A$），由于交叉饱和角的显著增加，式（6. 46）的幅值甚至大于式（6. 45），如图 6. 24 所示。式（6. 45）和式（6. 46）的推导与图 6. 10 的实测结果相一致。还可以注意到，在负载条件下，零序电压中的扰动谐波（如 394 倍频和 406 倍频）仅略有增加，如图 6. 24 所示。

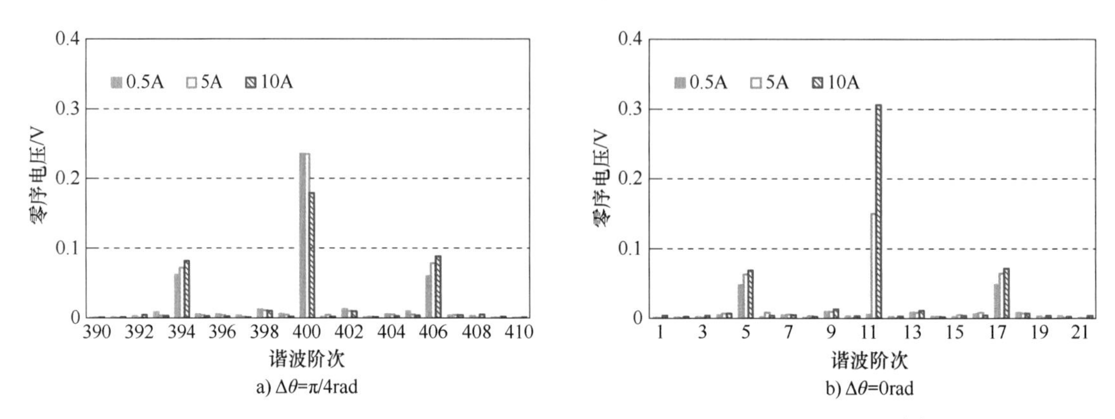

图 6. 24　反向旋转脉振方波法在不同负载下的实测零序高频电压响应[6]

6. 6. 4. 2　稳态和动态的位置估计效果

反向旋转脉振方波信号注入法的稳态位置估计性能如图 6. 25 所示。其中 q 轴电流设为 5A，注入信号设为 4V/2. 5kHz。可以看出，在负载条件下，由于交叉饱和效应，位置估计存在直流误差。然后，利用图 6. 10 的补偿信息，估计精度可显著提升，如图 6. 25 所示。

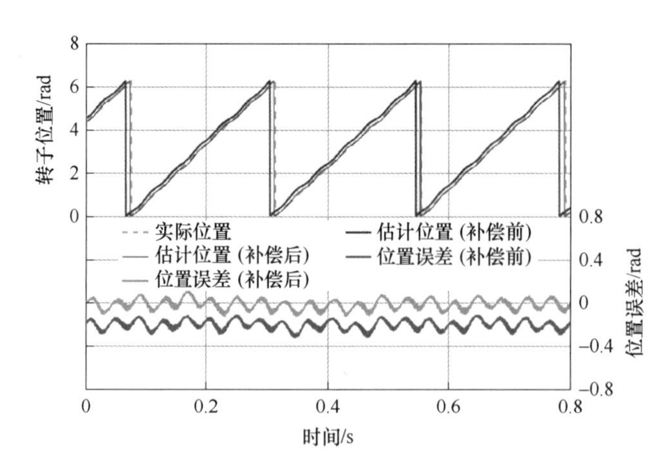

图 6. 25　反向旋转方波注入下位置估计性能（交叉饱和效应补偿/不补偿）[6]

反向旋转脉振方波信号注入法的动态位置估计性能如图 6. 26 所示，其中速度指令设为 0→50r/min→100r/min，注入的高频信号与稳态实验时相同。可以看到，在补偿交叉饱和效应后，系统动态响应较快，总体位置误差较小。

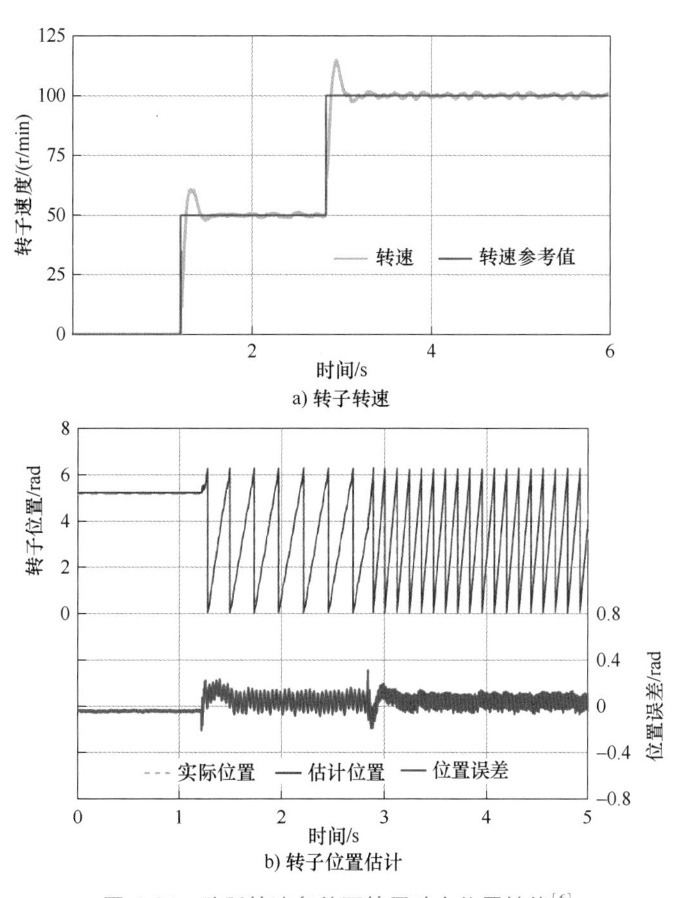

图 6.26　阶跃转速条件下转子动态位置性能[6]

6.6.4.3　与基于高频电流采样方式的比较

本节对基于电流采样的传统脉振方波信号注入方法[8]，与基于零序电压采样的反向旋转脉振方波注入方法的位置估计性能进行了比较，如图 6.27 所示。考虑了三种注入条件，即传统方波注入的 2.5kHz/4V 和 2.5kHz/8V，以及所述方法的 2.5kHz/4V。首先，为了更清楚地展现位置跟踪性能，在传感器模式下观察估计位置，以避免电机失步。由图 6.27 可以看出，如果在注入电压仅为 4V 的情况下，采用传统的基于电流采样的方法，位置估计会出现如图 6.27a 所示的明显恶化，在瞬态过程中失去了位置跟踪能力。实验发现，当注入电压约为注入电压的两倍，即 8V 时，才可以保证稳定的位置估计性能，如图 6.27b 所示。相比之下，基于零序电压采样的方法，只需注入 4V 电压，即可获得与传统电流采样方法注入 8V（见图 6.27b）相同稳定的位置估计性能，如图 6.27c 所示。

此外，在无位置传感器模式下，对传统电流采样的方法（注入 2.5kHz/8V），以及零序电压采样的方法（注入 2.5kHz/4V），进行了阶跃负载测试的性能比较，如图 6.28 和图 6.29 所示。可以看出，两种注入方式均表现出良好的动态性能。因此，对于基于零序电压采样的反向旋转脉振方波注入方法，在保持相同性能的条件下，其注入噪声及可用电压裕度等均得到了显著改善。

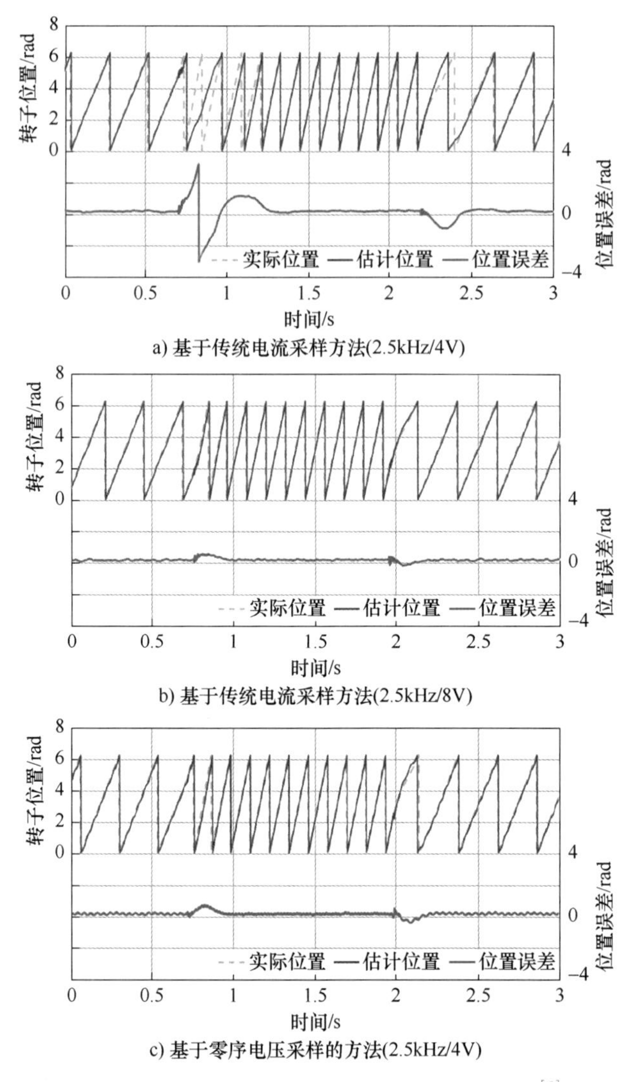

a) 基于传统电流采样方法(2.5kHz/4V)

b) 基于传统电流采样方法(2.5kHz/8V)

c) 基于零序电压采样的方法(2.5kHz/4V)

图 6.27 基于脉振方波信号注入估计转子位置[6]

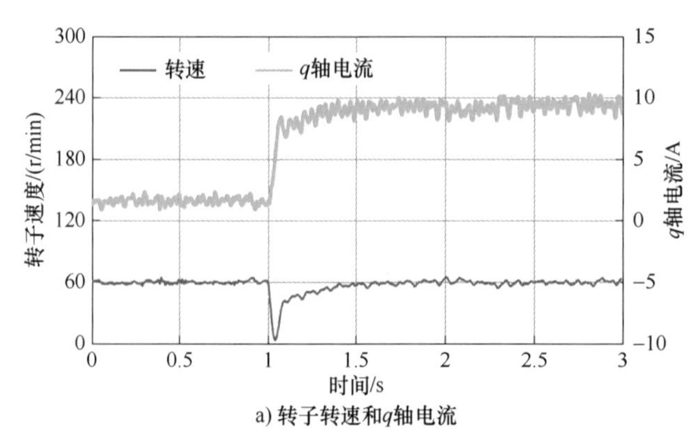

a) 转子转速和q轴电流

图 6.28 2.5kHz/8V 注入下，基于传统电流采样方法的阶跃负载试验[6]

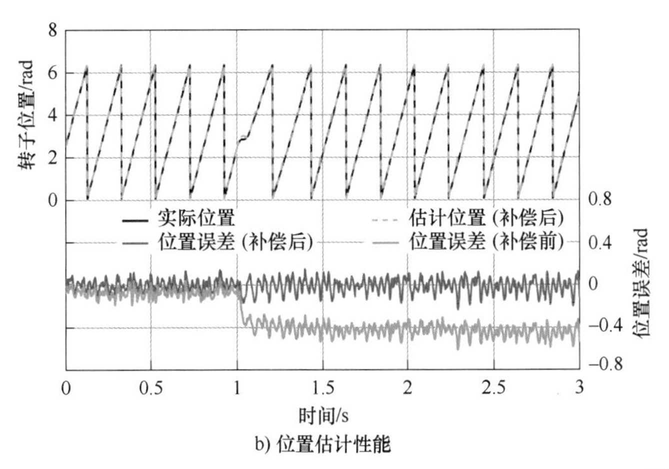

b) 位置估计性能

图6.28　2.5kHz/8V注入下，基于传统电流采样方法的阶跃负载试验[6]（续）

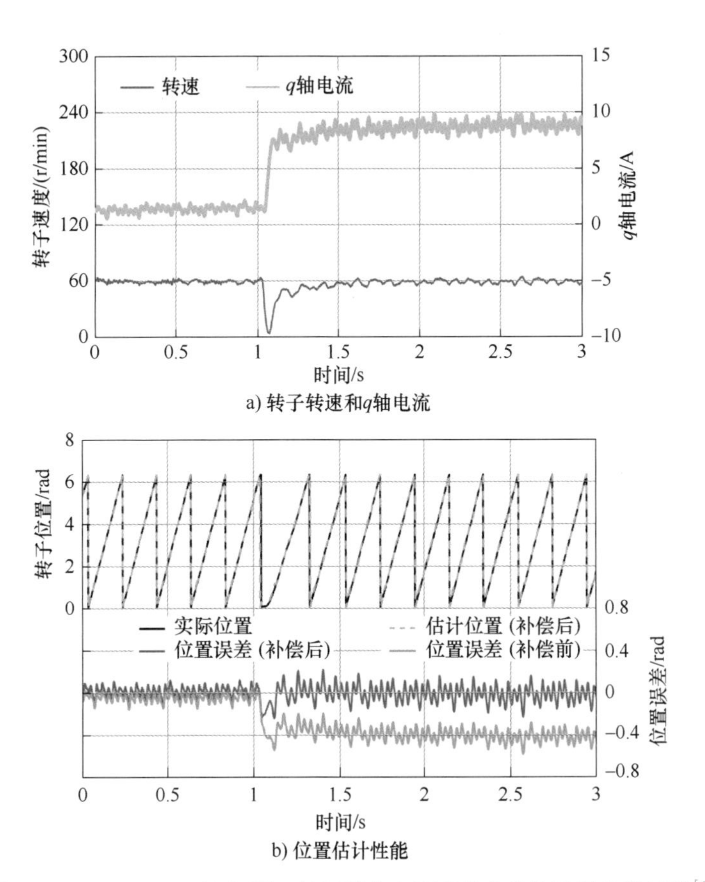

a) 转子转速和q轴电流

b) 位置估计性能

图6.29　2.5kHz/4V注入下，基于零序电压采样方法的阶跃负载试验[6]

6.7 总结

本章介绍了高频信号注入方法的零序电压响应。基于零序电压采样的方法具有注入失真低、估计带宽高、稳定性强等优点。旋转正弦信号注入的传统零序方法，由于零序响应受电机凸极相位调制，容易产生位置估计误差。脉振信号注入方法由于具有幅值调制特性，具有较好的鲁棒性。然而，传统的利用零序电压响应的脉振信号注入方法会产生显著的直流和六次谐波位置误差。

本章结合零序电压法和幅值调制方法的优点，介绍了一种改进的反向旋转脉振信号注入策略。该策略是在以两倍的同步估计转速反向旋转的坐标系下注入高频信号。结果表明，与传统的零序电压采样方法相比，改进后的方法通过对电机凸极信息进行幅值调制，且信号处理延迟引起的相移本质上被抵消，使得信号处理更容易、对信号处理延迟的敏感性更低。因此改进的方法结合了零序方法（即高带宽和稳定性）和幅值调制技术（即高精度）各自的优势，并显示出优越的转子位置估计性能。但需要指出的是，零序方法需要额外的平衡电阻网络、采样电路和接入电机的中性点以获得零序电压。表 6-2 总结了基于零序电压采样和电流采样下的不同信号注入方式的性能对比。

表 6-2 不同高频注入方法的对比

注入信号	旋转正弦		脉振正弦		脉振方波	
采样信号	电流	零序电压	电流	零序电压	电流	零序电压
注入坐标系	静止	静止	估计同步	估计反向	估计同步	估计反向
坐标系	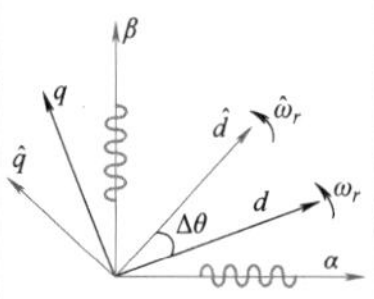		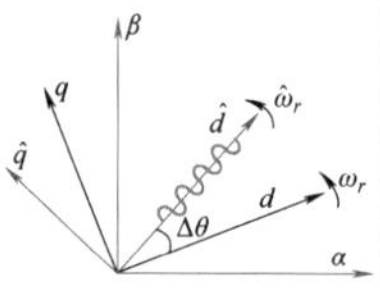	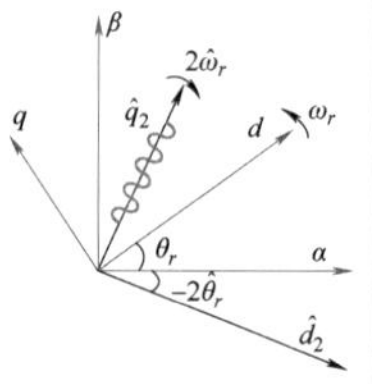	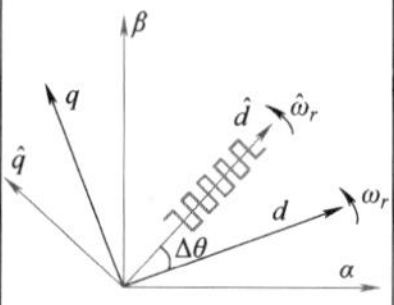	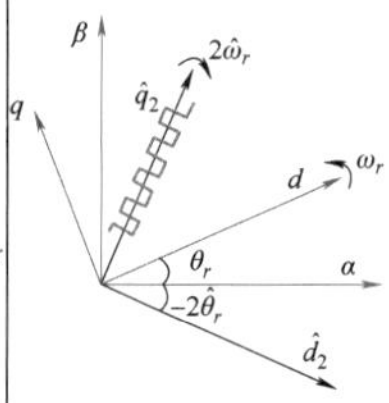
调制方式	相位	相位	幅值	幅值	幅值	幅值
额外硬件（是/否）	否	是	否	是	否	是
交叉饱和效应导致的位置误差	$-\theta_m/2$	$-\theta_m/2$	$-\theta_m/2$	$-\theta_m/2$	$-\theta_m/2$	$-\theta_m/2$
信号调制	复杂	复杂	中等	中等	简单	最简单
动态性能	差	差	中	中	优	优
信噪比	低	高	低	高	低	高
注入频率敏感性	高	低	高	低	高	低
鲁棒性	低	低	高	高	高	高

参考文献

[1] F. Briz, M. W. Degner, P. Garcia, and J. M. Guerrero, "Rotor position estimation of AC machines using the zero-sequence carrier-signal voltage," *IEEE Trans. Ind. Appl.*, vol. 41, no. 6, pp. 1637-1646, Nov. 2005.

[2] P. Garcia, F. Briz, M. W. Degner, and D. Reigosa, "Accuracy, bandwidth, and stability limits of carrier-signal-injection-based sensorless control methods," *IEEE Trans. Ind. Appl.*, vol. 43, no. 4, pp. 990–1000, Jul. 2007.

[3] A. Consoli, G. Scarcella, G. Bottiglieri, and A. Testa, "Harmonic analysis of voltage zero-sequence-based encoderless techniques," *IEEE Trans. Ind. Appl.*, vol. 42, no. 6, pp. 1548-1557, Nov. 2006.

[4] D. Raca, P. Garcia, D. Reigosa, F. Briz, and R. D. Lorenz, "Carrier-signal selection for sensorless control of PM synchronous machines at zero and very low speeds," *IEEE Trans. Ind. Appl.*, vol. 46, no. 1, pp. 167–178, Jan. 2010.

[5] P. L. Xu and Z. Q. Zhu, "Novel carrier signal injection method using zero-sequence voltage for sensorless control of PMSM drives," *IEEE Trans. Ind. Electron.*, vol. 63, no. 4, pp. 2053-2061, Apr. 2016.

[6] P. L. Xu and Z. Q. Zhu, "Novel square-wave signal injection method using zero-sequence voltage for sensorless control of PMSM drives," *IEEE Trans. Ind. Electron.*, vol. 63, no. 12, pp. 7444-7454, Dec. 2016.

[7] Y. Yan, J. Zhu, H. Lu, Y. Guo, and S. Wang, "Study of a PMSM model incorporating structural and saturation saliencies," in *2005 Int. Conf. Power Electron. Drives Syst.*, Nov. 2005, vol. 1, pp. 575-580.

[8] Y. Yoon, S. K. Sul, S. Morimoto, and K. Ide, "High-bandwidth sensorless algorithm for ac machines based on square-wave-type voltage injection," *IEEE Trans. Ind. Appl.*, vol. 47, no. 3, pp. 1361-1370, May 2011.

[9] S. Kim, J. I. Ha, and S. K. Sul, "PWM switching frequency signal injection sensorless method in IPMSM," *IEEE Trans. Ind. Appl.*, vol. 48, no. 5, pp. 1576-1587, Sep. 2012.

第7章　双三相永磁同步电机与开绕组永磁同步电机无位置传感器控制

7.1　引言

在前几章中，介绍了包括基于基波模型和基于转子凸极跟踪的无位置传感器控制算法，这些方法均是基于Y形联结方式的单三相永磁同步电机（Single Three-Phase，STP-PMSM）。除了这种驱动方式，其他类型的驱动方式在近年来也得到了广泛地研究，例如图7.1所示的双三相永磁同步电机（Dual Three-Phase，DTP-PMSM）和开绕组永磁同步电机（Open Winding，OW-PMSM）。与单三相永磁同步电机相比，双三相永磁同步电机[1-13]和开绕组永磁同步电机[14-16]在转矩控制、容错控制、控制自由度和无位置传感器控制等方面更具优越性，基于此近年来提出许多新型的转子位置观测方法。因此，本章讨论适用于双三相永磁同步电机和开绕组永磁同步电机的无位置传感器控制策略。

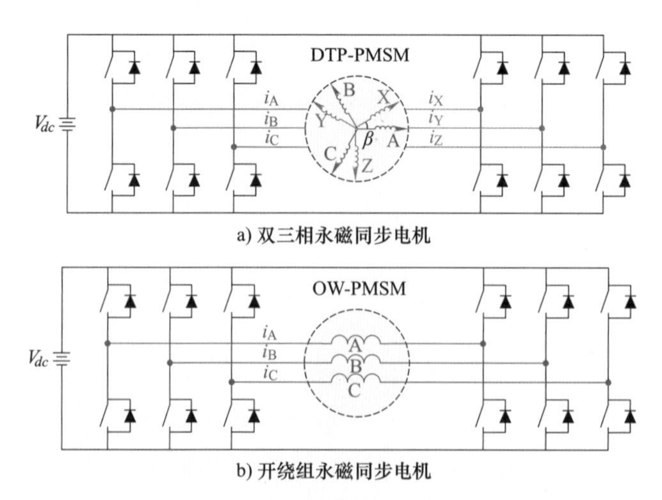

图7.1　双逆变器驱动拓扑

7.2　双三相永磁同步电机

在过去的十多年中，学者们越来越青睐于多相电机驱动的研究，特别是在大功率和需要容错能力的应用中[1,2]。这主要源于多相电机具有的优秀特性，例如高效率、低直流侧电流谐波及直流母线电容容值需求、低转矩波动、高功率传输能力以及高系统可靠性。在多相电机中，研究最广泛的当属具有两套电角度相移30°的独立三相绕组并隔离中性点的双三相永磁同步电机[3]，如图7.2所示。与其他电机结构和驱动器相比，30°的电角度相移对转矩波动的六倍频具有抑制作用[1-3]。本节将介绍双三相永磁同步电机的数学建模及其无位置传感器控制策略。

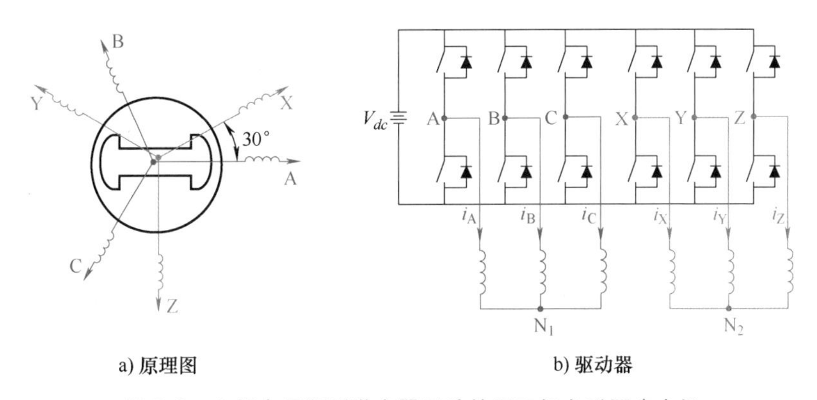

图7.2　六相电压源型逆变器驱动的双三相永磁同步电机

7.2.1　数学模型

双三相永磁同步电机的数学建模可以通过两种不同的方式来表示，分别为双 dq 模型法[2-6]和空间矢量分解法（VSD）[7]。如图7.2b所示，两套三相绕组的中性点 N_1 和 N_2 是隔离的，所以在这两种建模方法中可以忽略零序分量。

7.2.1.1　双 dq 模型法

在这种方法中，电机的两套三相绕组由两对 dq 绕组表示。这两套绕组可被视为具有耦合电压的两台单三相电机[4-5]。假设两套定子绕组完全相同，dq 坐标系下定子绕组电压方程可以表示为

$$\begin{cases} v_{d1}=R_s i_{d1}+L_{d1}\dfrac{\mathrm{d}i_{d1}}{\mathrm{d}t}+M_{d21}\dfrac{\mathrm{d}i_{d2}}{\mathrm{d}t}-\omega_r L_{q1}i_{q1}-\omega_r M_{q21}i_{q2} \\ v_{q1}=R_s i_{q1}+L_{q1}\dfrac{\mathrm{d}i_{q1}}{\mathrm{d}t}+M_{q21}\dfrac{\mathrm{d}i_{q2}}{\mathrm{d}t}+\omega L_{d1}i_{d1}+\omega_r M_{d2}i_{d2}+\omega_r\psi_m \\ v_{d2}=R_s i_{d2}+L_{d2}\dfrac{\mathrm{d}i_{d2}}{\mathrm{d}t}+M_{d12}\dfrac{\mathrm{d}i_{d1}}{\mathrm{d}t}-\omega_r L_{q2}i_{q2}-\omega_r M_{q12}i_{q1} \\ v_{q2}=R_s i_{q2}+L_{q2}\dfrac{\mathrm{d}i_{q2}}{\mathrm{d}t}+M_{q12}\dfrac{\mathrm{d}i_{q1}}{\mathrm{d}t}+\omega_r L_{d2}i_{d2}+\omega_r M_{d12}i_{d1}+\omega_r\psi_m \end{cases} \tag{7.1}$$

式中，i_d，i_q，v_d 和 v_q 分别是 dq 轴中的电流和电压；ψ_m 是永磁体磁链；$L_{d1}=L_{d2}=L_d$ 和 $L_{q1}=L_{q2}=L_q$ 分别是两套绕组的 dq 轴自感；$M_{d21}=M_{d12}=M_d$ 和 $M_{q12}=M_{q21}=M_q$ 分别是两套绕组之间的 d 轴对 d 轴和 q 轴对 q 轴的互感；下标“1”和“2”分别表示两套定子绕组。

双三相永磁同步电机可以应用与单三相电机相同的控制及调制策略，即 FOC 和 DTC。本节基于双 dq 模型以 FOC 为例展开介绍，如图 7.3 所示。

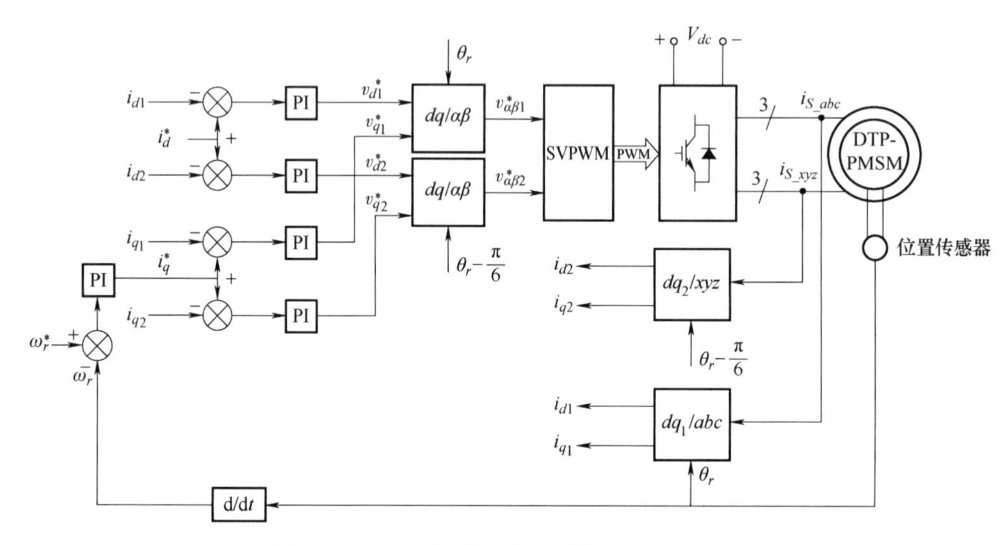

图 7.3 双三相永磁同步电机的双 dq 电流控制

在如图 7.3 所示的控制结构中，两组独立的电流控制器使用相同的 dq 轴电流指令，共有四个 PI 电流控制器[2]。总的来说，双 dq 模型直截了当，并且可以对每套三相绕组进行独立的控制。然而，两套绕组间通常存在磁耦合，这可能会导致系统的不稳定。

7.2.1.2 空间矢量分解法

空间矢量分解法（VSD）[7] 可以将双三相永磁同步电机系统简化为三个解耦的子空间，从而可以独立地控制每个子空间中的电流。该方法可以表示为

$$\begin{bmatrix} x_\alpha \\ x_\beta \\ x_{z1} \\ x_{z2} \\ x_{o1} \\ x_{o2} \end{bmatrix} = \frac{1}{3} \begin{bmatrix} 1 & -1/2 & -1/2 & \sqrt{3}/2 & -\sqrt{3}/2 & 0 \\ 0 & -\sqrt{3}/2 & \sqrt{3}/2 & 1/2 & 1/2 & -1 \\ 1 & -1/2 & -1/2 & -1 & 1/2 & 1/2 \\ 0 & -\sqrt{3}/2 & \sqrt{3}/2 & 0 & \sqrt{3}/2 & -\sqrt{3}/2 \\ 1 & 1 & 1 & 0 & 0 & 0 \\ 0 & 0 & 0 & 1 & 1 & 1 \end{bmatrix} \begin{bmatrix} x_A \\ x_B \\ x_C \\ x_X \\ x_Y \\ x_Z \end{bmatrix} \tag{7.2}$$

式中，x 表示电机相关的变量，即电压、电流和磁链。

变量的基波分量和 12 ± 1($k=1,2,3,\cdots$) 次谐波分量被映射到 $\alpha\beta$ 子空间中。$6k\pm1$($k=1,3,5,\cdots$) 次谐波分量被映射到 z_1z_2 子空间中，而 $3k$($k=0,1,2,\cdots$) 次零序谐波分量被映射到 o_1o_2 子空间中。经过变换后，双三相永磁同步电机的模型可表示为

$$v_{\alpha\beta}=R_s i_{\alpha\beta}+\frac{\mathrm{d}\psi_{\alpha\beta}}{\mathrm{d}t},\quad \psi_{\alpha\beta}=L_s i_{\alpha\beta}+\psi_{m\alpha\beta},\ \psi_{m\alpha\beta}=\psi_m \mathrm{e}^{\mathrm{j}\theta_r} \tag{7.3}$$

$$v_{z1z2}=R_s i_{z1z2}+\frac{\mathrm{d}\psi_{z1z2}}{\mathrm{d}t},\quad \psi_{z1z2}=L_{ls} i_{sz1z2} \tag{7.4}$$

式中，$v_{\alpha\beta}$，$\psi_{\alpha\beta}$，$i_{\alpha\beta}$，v_{z1z2}，ψ_{z1z2}，i_{z1z2}分别是$\alpha\beta$和z_1z_2子空间中的定子电压、磁链和电流；L_{ls}是漏自感。

同样，基于空间矢量分解法，FOC和DTC的应用范围都可以扩展至双三相永磁同步电机。以FOC为例，图7.4展示了基于VSD的双三相永磁同步电机FOC电流控制。由于z_1z_2子空间中的阻抗是漏自感相对较小，该子空间中存在较高的电流谐波分量，因此需要同时对z_1z_2子空间中的变量进行控制。此外，由于双三相驱动器具有六相桥臂，相较于单三相驱动系统具有更多的逆变器电压矢量可以利用。不考虑四个零电压矢量，$\alpha\beta$和z_1z_2子空间中的电压矢量分别如图7.5a、b所示。由于与单三相永磁同步电机利用的有效矢量不同，需在基于VSD的双三相永磁同步电机驱动中应用特定的PWM技术[1]。

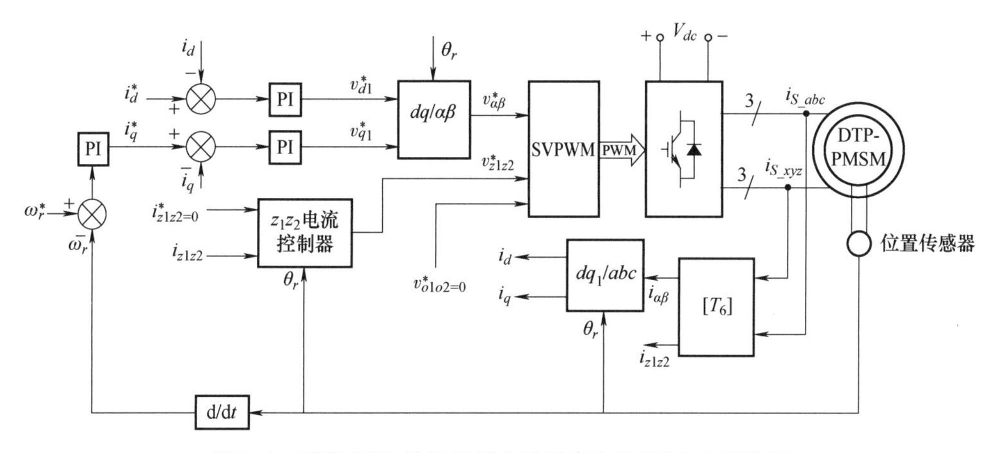

图7.4　基于VSD的双三相永磁同步电机FOC电流控制

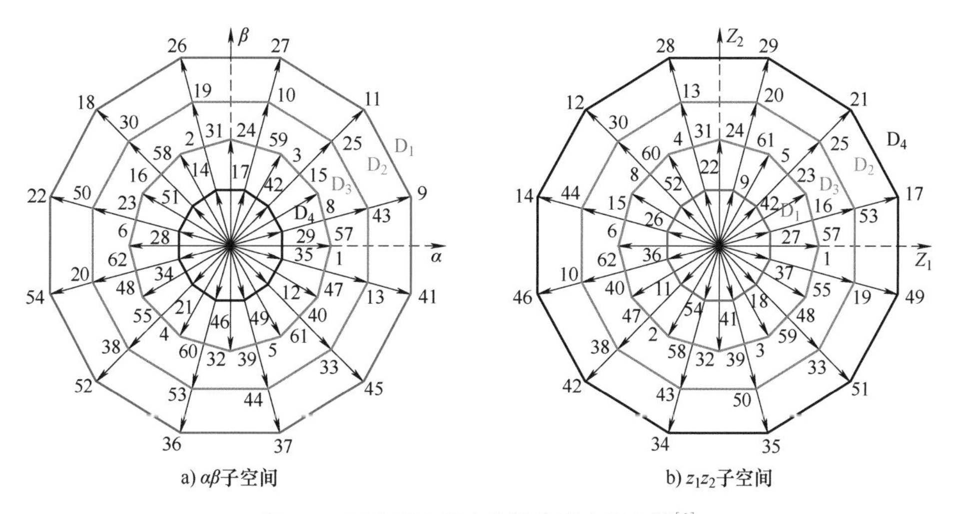

图7.5　两个子空间中的逆变器电压矢量[1]

7.2.2 基于电流响应的高频注入无位置传感器控制

本节将讨论包括脉振和旋转正弦信号注入的经典高频信号注入（HFSI）策略在双三相永磁同步电机驱动中的应用。这两种控制策略已经在第4章中介绍，这里通过实验研究了无位置传感器控制策略基于双 dq 模型和VSD模型的控制性能。附录B给出了实验中使用的双三相样机SPMSM-Ⅰ的规格参数。高频信号的幅值和频率分别为8V和550Hz。在双 dq 模型中，高频信号独立地注入到两个定子绕组上。在VSD模型中，高频信号注入到经过变换的基波子空间上。

首先，研究了基于两种双三相永磁同步电机模型的两种无位置传感器策略的稳态性能。转子转速为30r/min，q 轴电流为2A。稳态位置估计性能分别如图7.6和图7.7所示；动态性能分别如图7.8和图7.9所示，其中转速指令为0→30r/min→60r/min。从实验结果中可以看出，脉振注入法的观测误差波动较小，这与第4章所述相同。由于VSD模型实现了两套绕组之间的相互解耦，对于两种无位置传感器控制方法均具有较小的观测误差波动。

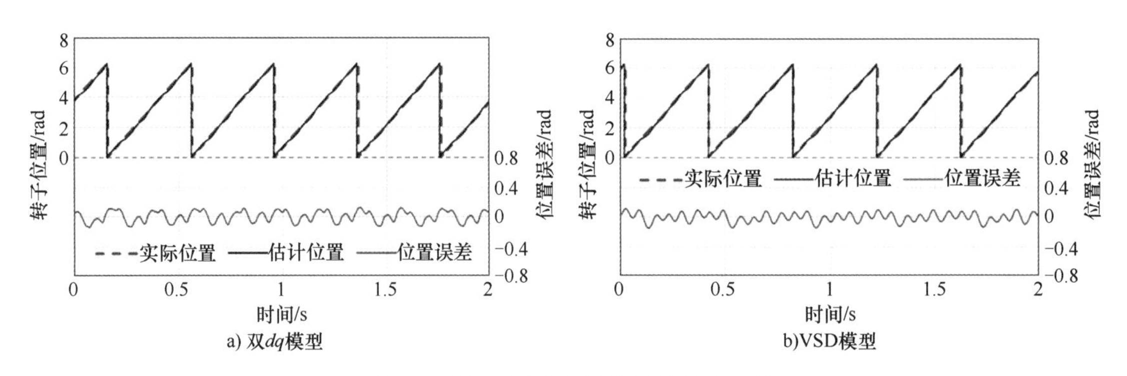

图7.6　脉振正弦信号注入法的稳态性能

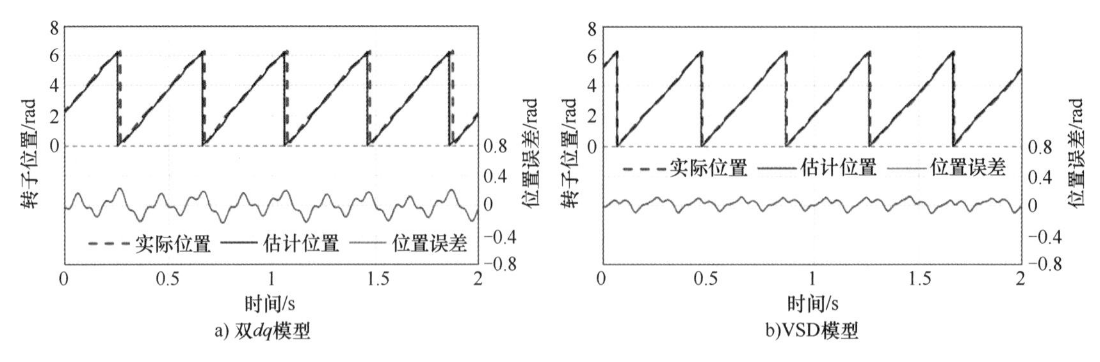

图7.7　旋转正弦信号注入法的稳态性能

7.2.3 基于电压响应的高频注入无位置传感器控制

在注入高频信号后，零序电压响应可以代替电流响应为双三相永磁同步电机提取转子位置信息[8,9]。如第6章所述，基于零序电压响应的单三相永磁同步电机无位置传感器控制策

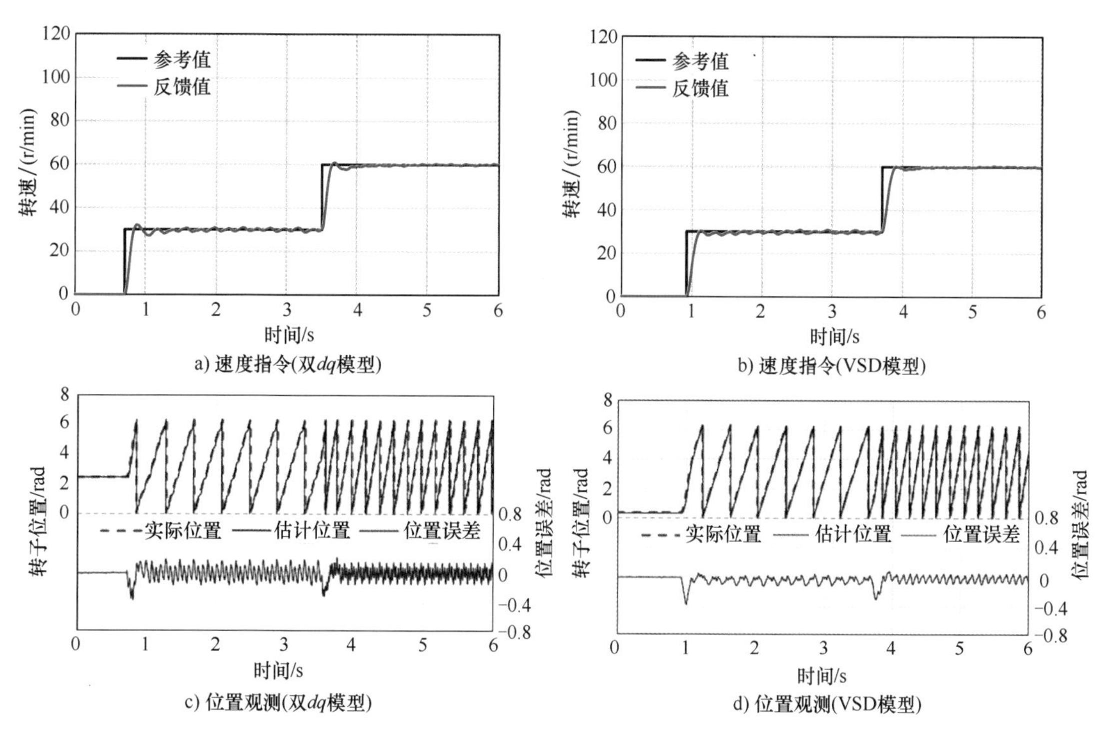

图 7.8　脉振正弦信号注入法的动态性能

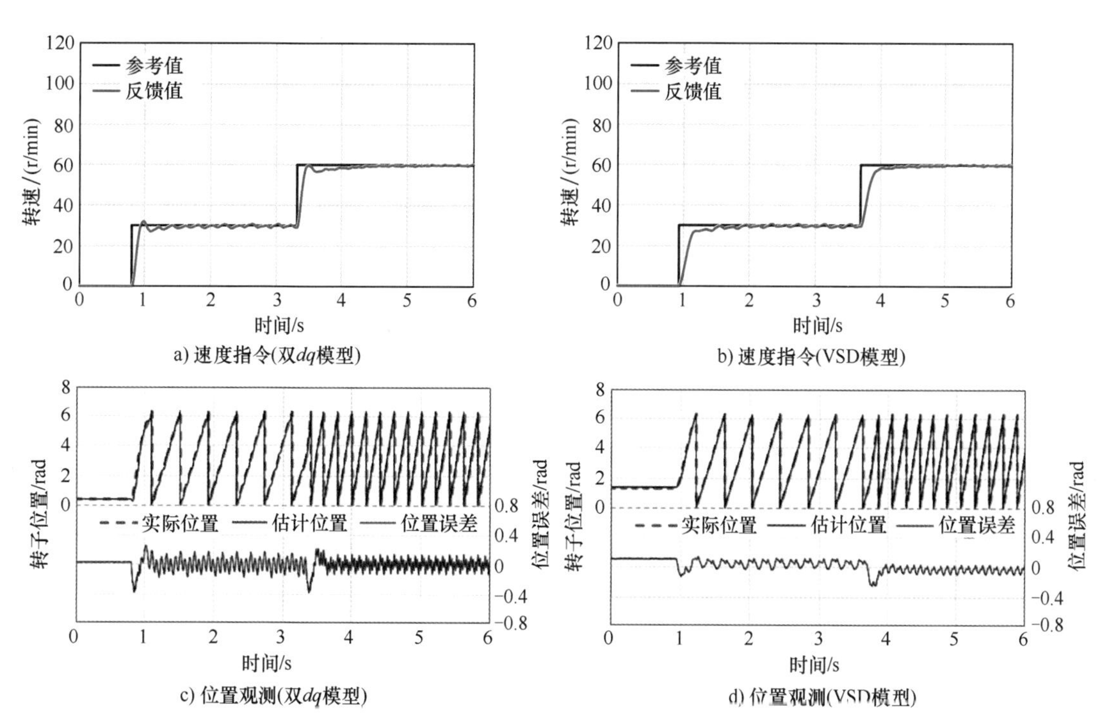

图 7.9　旋转正弦信号注入法的动态性能

略存在较大的位置观测误差波动，这在脉振信号注入和旋转信号注入中均有体现。零序高频电压信号中幅值较大的六倍频分量是造成波动的主要原因。此外，单三相电机零序电压的测量也相对复杂。综上，本节研究了基于零序电压响应的双三相永磁同步电机无位置传感器控制策略：首先提出一种简化的零序电压测量方法，即利用电压传感器测量两套绕组隔离中性点之间的电压；再基于双 dq 模型，提出了一种改进的基于零序电压响应的策略，通过在两个独立的高频注入信号之间施加最佳相移来抑制六倍频分量，进而提高稳态位置估计精度。

7.2.3.1 零序电压测量

在注入高频信号后，通常通过如图 7.10 所示的测量相对中性点的电压[11]或如图 7.11 所示的辅助电阻网络[12]这两种方法测量零序电压响应都行之有效。然而对于第一种方法，六个额外的电压传感器不可避免地增加了系统成本；对于第二种方法，两个辅助电阻网络和两个电压传感器使得零序的测量变得复杂。

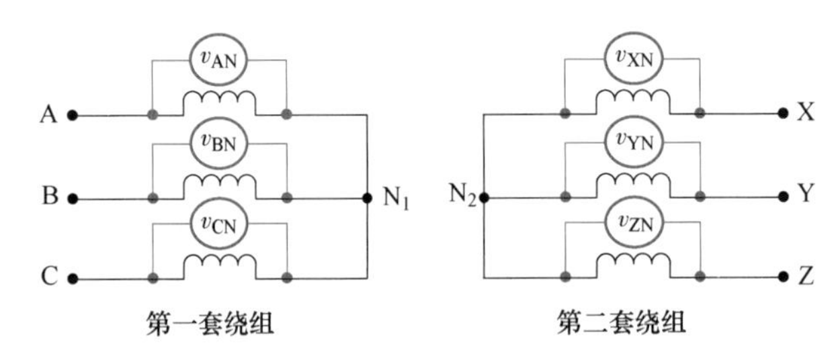

图 7.10 利用相对中性点电压测量零序电压[11]

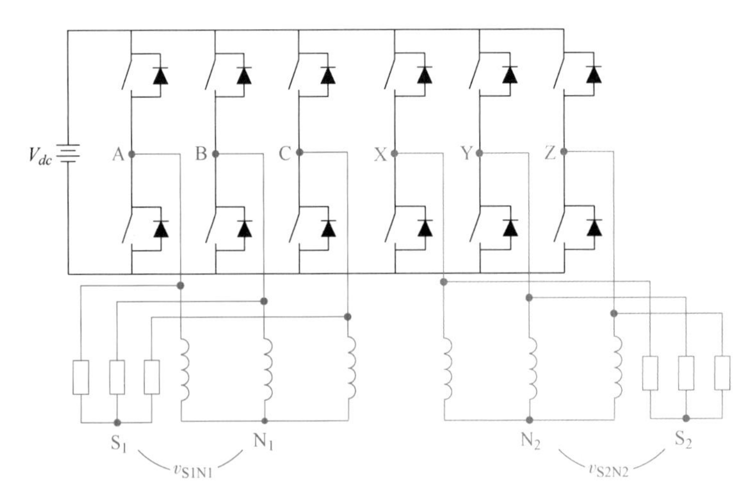

图 7.11 利用辅助电阻网络测量零序电压[12]

因此，本节介绍了一种简单的零序电压测量方法[8]，将一个电压传感器安装在两个隔离的中性点之间，即 v_{0sn1n2}，如图 7.12 所示。该方法可以有效测量注入高频信号引起的零序高频电压响应。与前述测量方法相比，该方法结构简单且易于实施。因此，下面介绍的零序高频电压信号均由这种方法进行测量。

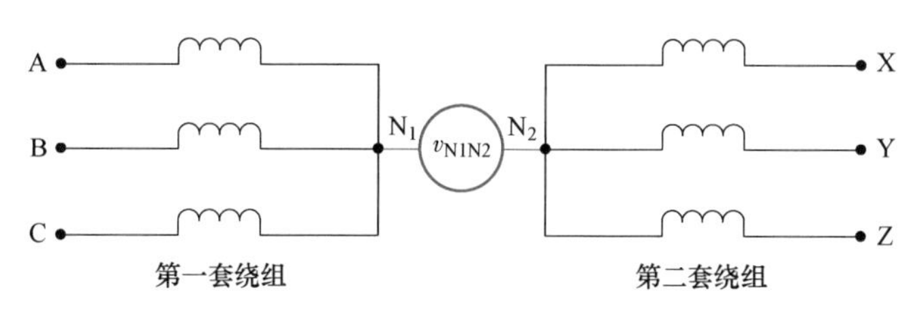

图 7.12　利用中性点间电压测量零序电压[8]

7.2.3.2　双三相永磁同步电机模型

对于具有两套带有隔离中性点Y形联结绕组的双三相永磁同步电机，其第一套和第二套绕组的电压方程和电感可表示为

$$\begin{bmatrix} v_{AN} \\ v_{BN} \\ v_{CN} \end{bmatrix} = \begin{bmatrix} L_{AA} & M_{AB} & M_{AC} \\ M_{BA} & L_{BB} & M_{BC} \\ M_{CA} & M_{CB} & L_{CC} \end{bmatrix} p \begin{bmatrix} i_A \\ i_B \\ i_C \end{bmatrix}, \quad \begin{bmatrix} v_{XN} \\ v_{YN} \\ v_{ZN} \end{bmatrix} = \begin{bmatrix} L_{XX} & M_{XY} & M_{XZ} \\ M_{YX} & L_{YY} & M_{YZ} \\ M_{ZX} & M_{ZY} & L_{ZZ} \end{bmatrix} p \begin{bmatrix} i_X \\ i_Y \\ i_Z \end{bmatrix} \tag{7.5}$$

$$\begin{cases} L_{AA} = L_{s0} - L_{s2}\cos(2\theta_r) & M_{AB} = M_{BA} = M_{s0} - M_{s2}\cos(2\theta_r - 2\pi/3) \\ L_{BB} = L_{s0} - L_{s2}\cos(2\theta_r + 2\pi/3) & M_{BC} = M_{CB} = M_{s0} - M_{s2}\cos(2\theta_r) \\ L_{CC} = L_{s0} - L_{s2}\cos(2\theta_r - 2\pi/3) & M_{CA} = M_{AC} = M_{s0} - M_{s2}\cos(2\theta_r + 2\pi/3) \\ L_{XX} = L_{s0} - L_{s2}\cos(2\theta_r - 2\pi/6) & M_{XY} = M_{YX} = M_{s0} - M_{s2}\cos(2\theta_r + \pi) \\ L_{YY} = L_{s0} - L_{s2}\cos(2\theta_r - 10\pi/6) & M_{YZ} = M_{ZY} = M_{s0} - M_{s2}\cos(2\theta_r - 10\pi/6) \\ L_{ZZ} = L_{s0} - L_{s2}\cos(2\theta_r + \pi) & M_{ZX} = M_{XZ} = M_{s0} - M_{s2}\cos(2\theta_r - 2\pi/6) \end{cases} \tag{7.6}$$

式中，p 是微分算子；v_{AN}，v_{BN}，v_{CN}和 i_A，i_B，i_C 分别为第一套绕组的相电压和相电流；v_{XN}，v_{YN}，v_{ZN}和 i_X，i_Y，i_Z 分别为第二套绕组的相电压和相电流；L_{AA}，L_{BB}，L_{CC}和 M_{AB}，M_{BA}，M_{BC}，M_{CB}，M_{CA}，M_{AC}分别是第一套绕组的三相增量自感和互感；L_{XX}，L_{YY}，L_{ZZ}和 M_{XY}，M_{YX}，M_{YZ}，M_{ZY}，M_{ZX}，M_{XZ}分别是第二套绕组的三相增量自感和互感。

7.2.3.3　脉振正弦信号注入

对于脉振正弦信号注入，两组独立的高频信号被分别注入到两套绕组的估计 d 轴上，第一套和第二套绕组的注入电压由式（7.7）给出。

$$\begin{cases} v_{Ah} = V_h\cos(\omega_h t)\cos(\hat{\theta}_r) \\ v_{Bh} = V_h\cos(\omega_h t)\cos(\hat{\theta}_r - 2\pi/3) \\ v_{Ch} = V_h\cos(\omega_h t)\cos(\hat{\theta}_r + 2\pi/3) \end{cases}, \quad \begin{cases} v_{Xh} = V_h\cos(\omega_h t)\cos(\hat{\theta}_r - \pi/6) \\ v_{Yh} = V_h\cos(\omega_h t)\cos(\hat{\theta}_r - 5\pi/6) \\ v_{Zh} = V_h\cos(\omega_h t)\cos(\hat{\theta}_r + 3\pi/6) \end{cases} \tag{7.7}$$

进而，双三相永磁同步电机两套绕组的零序高频电压响应可近似表示为

$$v_{S1N1} = K_v\cos(\omega_h t)\cos(2\theta_r + \hat{\theta}_r) \tag{7.8}$$

$$v_{S2N2} = K_v\cos(\omega_h t)\cos(2\theta_r + \hat{\theta}_r - 3\pi/6) \tag{7.9}$$

$$K_v = V_h \frac{(L_{s0} - M_{s0})(L_{s2} - M_{s2})}{2L_{s0}^2 + 2M_{s0}^2 - 2M_{s2}^2 - 4L_{s0}M_{s0} - 2L_{s2}M_{s2} - \dfrac{L_{s2}^2}{2}} \tag{7.10}$$

双三相永磁同步电机两个隔离中性点之间的零序高频电压响应可表示为

$$v_{\mathrm{N1N2}}=v_{\mathrm{S1N1}}-v_{\mathrm{S2N2}}=-\sqrt{2}K_v\cos(\omega_h t)\cos(2\theta_r+\hat{\theta}_r-3\pi/4) \tag{7.11}$$

相应解调的零序高频电压 V_{N1N2} 可表示为

$$\begin{aligned}V_{\mathrm{N1N2}}&=\mathrm{LPF}[4v_{\mathrm{N1N2}}\sin(\omega_h t-3\hat{\theta}_r)]\\&=-\sqrt{2}K_v\cdot\left[\sin\left(2\Delta\theta-\frac{3\pi}{4}\right)+\sin\left(2\theta_r+4\hat{\theta}_r-\frac{3\pi}{4}\right)\right]\end{aligned} \tag{7.12}$$

从式（7.12）可以看出，稳态下仍存在较大幅值的会明显影响位置观测性能的六倍频分量，这与单相三相永磁同步电机面临的情况相同。因此这里提出了一种充分利用双三相永磁同步电机驱动系统中额外自由度来改善观测性能的策略。

考虑第二套绕组注入信号的相移的条件下，两个隔离中性点间的零序高频电压如下式所示：

$$v_{\mathrm{N1N2}}=-K_v\cdot\begin{bmatrix}\sin\left(\omega_h t+2\theta_r+\hat{\theta}_r-\frac{\pi}{4}-\frac{\varphi_{12}}{2}\right)\sin\left(\frac{\pi}{4}+\frac{\varphi_{12}}{2}\right)\\+\sin\left(\omega_h t-2\theta_r-\hat{\theta}_r+\frac{\pi}{4}-\frac{\varphi_{12}}{2}\right)\sin\left(-\frac{\pi}{4}+\frac{\varphi_{12}}{2}\right)\end{bmatrix} \tag{7.13}$$

其中，φ_{12}是两组注入高频信号间的相移。从式（7.13）中可以清楚地看出，零序电压包含频率为$f_h\pm3f_e$ 的两个高频分量，而频率为f_h-3f_e 的高频分量会在观测误差中引入六倍频，进而影响位置观测性能。为抑制观测误差中的六倍频，需要一个最佳相移角度。值得注意的是，当注入到两套绕组的两个高频信号之间的相移为 $\varphi_{12}=\pi/2$ 时，第二项导致观测误差波动的频率为f_h-3f_e 的高频分量可以被消除。同时，第一项用于提取转子位置信息的频率为 f_h+3f_e 的高频分量得以最大化。因此，在最佳相移 $\pi/2$ 的情况下，零序高频电压变为

$$v_{\mathrm{N1N2}}=K_v\cos(\omega_h t+2\theta_r+\hat{\theta}_r) \tag{7.14}$$

从式（7.14）中可以看出，只有对第二套绕组注入的高频信号施加最佳相移时，零序高频电压的表达式才能被简化为一项。此外，对位置观测器六倍频扰动分量不再存在。综上，基于零序高频电压的改进脉振注入策略有望对双三相永磁同步电机实现高精度的转子位置估计。

考虑最佳相移，零序高频电压 v_{N1N2}的解调过程如式（7.15）所示

$$V_{\mathrm{N1N2}}=\mathrm{LPF}[4v_{\mathrm{N1N2}}\sin(\omega_h t-3\hat{\theta}_r)]=K_v\sin(2\Delta\theta) \tag{7.15}$$

7.2.3.4 旋转信号注入

旋转正弦信号注入法将平衡的旋转高频电压独立地注入到双三相永磁同步电机的两套绕组中，两套三相绕组中注入的高频电压可表示为

$$\begin{cases}v_{Ah}=V_h\cos(\omega_h t)\\v_{Bh}=V_h\cos(\omega_h t-2\pi/3)\\v_{Ch}=V_h\cos(\omega_h t+2\pi/3)\end{cases},\quad\begin{cases}v_{Xh}=V_h\cos(\omega_h t)\\v_{Yh}=V_h\cos(\omega_h t-2\pi/3)\\v_{Zh}=V_h\cos(\omega_h t+2\pi/3)\end{cases} \tag{7.16}$$

同样，双三相永磁同步电机两个隔离中性点之间的零序高频电压响应[9]可表示为

$$v_{\mathrm{N1N2}}=K_v\sin\left(\omega_h t+2\theta_r+\frac{5\pi}{6}\right)-\frac{\sqrt{3}}{2}K_{v2}\sin\left(\omega_h t-4\theta_r+\frac{2\pi}{6}\right) \tag{7.17}$$

$$K_{v2}=V_h\frac{(L_{s2}-2M_{s2})(L_{s2}-M_{s2})}{2L_{s0}^2+2M_{s0}^2-2M_{s2}^2-4L_{s0}M_{s0}-2L_{s2}M_{s2}-\dfrac{L_{s2}^2}{2}} \tag{7.18}$$

从式（7.17）中可以看出，零序高频电压包含频率为 f_h+2f_e 和 f_h-4f_e 的两个高频分量，这和单三相永磁同步电机面临的情况类似。考虑第二套绕组注入信号的相移，两个隔离中性点之间的零序高频电压表达式可表示为

$$\begin{aligned}v_{\mathrm{N1N2}}=&-2K_v\sin(\omega_h t+2\theta_r+5\pi/6-\varphi_{12}/2)\sin(-5\pi/6+\varphi_{12}/2)+\\&K_{v2}\sin(\omega_h t-4\theta_r+2\pi/6-\varphi_{12}/2)\sin(-2\pi/6+\varphi_{12}/2)\end{aligned} \tag{7.19}$$

式中，φ_{12}是两组注入高频信号间的相移。

从式（7.19）中可以发现，当两组注入高频信号间的相移为 $\varphi_{12}=2\pi/3$ 时，第二项导致位置观测误差波动的频率为 f_h-4f_e 的谐波分量可以被抑制为零。同时，第一项用于提取转子位置信息的频率为 f_h+2f_e 的高频分量得以最大化。因此，可以认为 2π/3 是抑制估计误差波动的最佳相移。考虑最佳相移的零序电压可表示为

$$v_{\mathrm{N1N2}}=-2K_v\cos(\omega_h t+2\theta_r) \tag{7.20}$$

从式（7.20）中可以清楚地看到，只有对第二套绕组注入的高频信号施加最佳相移时，零序高频电压的表达式才能被简化为一项。位置观测器不再受到六倍频分量的扰动。因此在稳态下，使用改进的基于零序高频电压的旋转信号注入法有望对双三相永磁同步电机实现高精度的转子位置估计。考虑最佳相移的零序高频电压解调过程可表示为

$$\begin{aligned}V_{\mathrm{N1N2}}&=\mathrm{LPF}[v_{\mathrm{N1N2}}\cos(\omega_h t)]\sin(2\hat{\theta}_r)-\mathrm{LPF}[v_{\mathrm{N1N2}}\times\sin(\omega_h t)]\cos(2\hat{\theta}_r)\\&=-K_v\sin(2\Delta\theta_e)\end{aligned} \tag{7.21}$$

7.2.3.5　实验结果及分析

附录 B 给出了实验中使用的双三相样机 SPMSM-Ⅰ的规格参数。所研究的无位置传感器控制系统如图 7.13 所示，脉振信号和旋转信号都被独立地注入到两套绕组中。高频信号的幅值和频率分别为 8V 和 500Hz。稳态下转子转速为 30r/min（f_e=2.5Hz）。

首先，两个隔离中性点间的零序高频电压在采用不同相移时的频谱如图 7.14 所示。对于脉振信号注入法，在两组注入信号之间施加 90°相移时可以有效抑制引起观测误差波动的 197 阶高频分量。对于旋转信号注入法，施加 120°相移可以抑制 196 阶高频分量。图 7.15 和图 7.16 分别展示了不施加相移和施加最佳相移时的位置估计结果。在注入的两组高频信号间施加最佳相移，可以显著抑制零序电压的第 197 阶（脉振）和第 196 阶（旋转）频率分量。同时最大化用于转子位置估计的第 203 阶（脉振）和第 202 阶（旋转）频率分量，如图 7.14 所示。总而言之，转子位置观测性能得以显著提升。

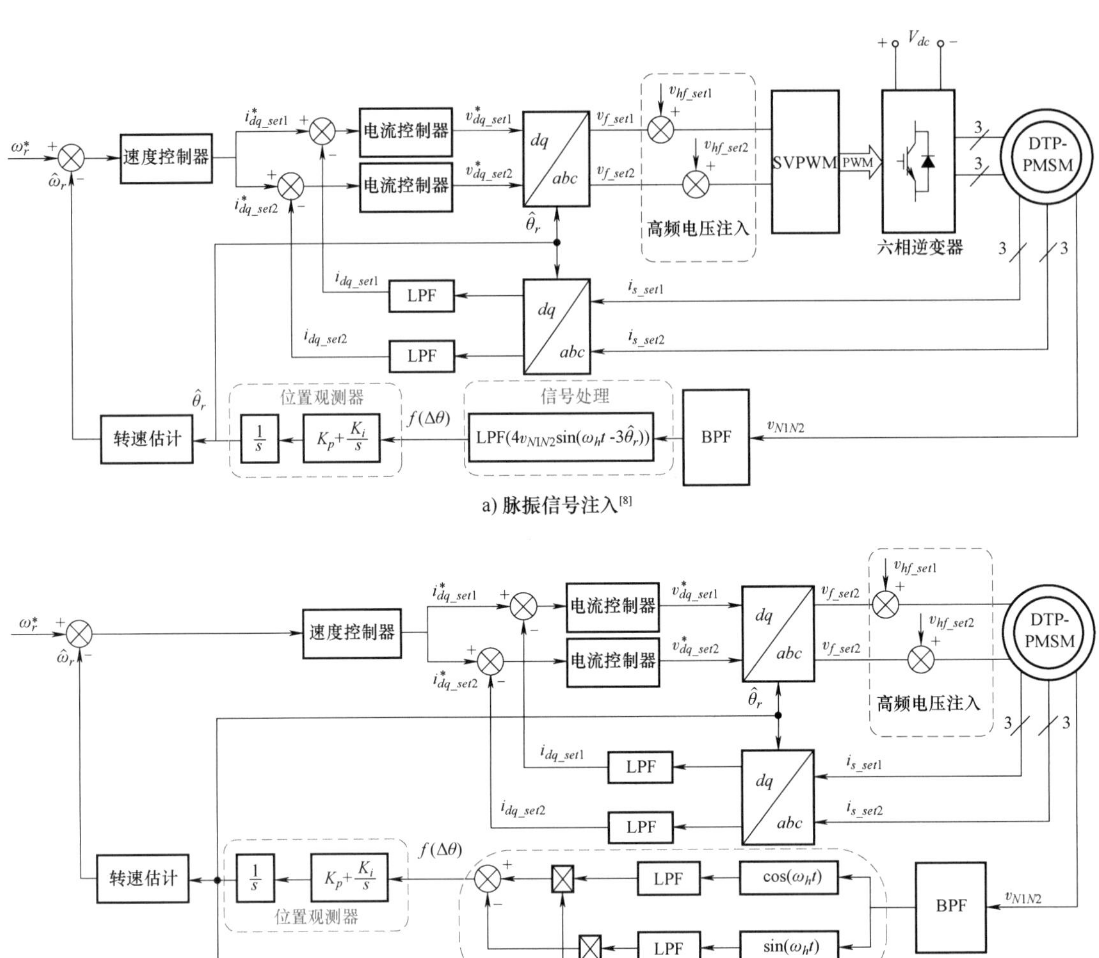

图 7.13　驱动控制系统

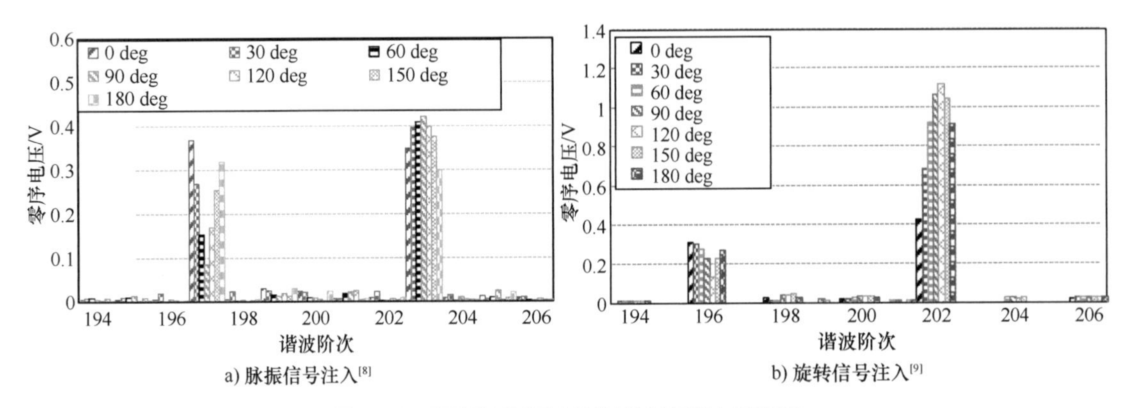

图 7.14　不同相移下测量的零序高频电压频谱

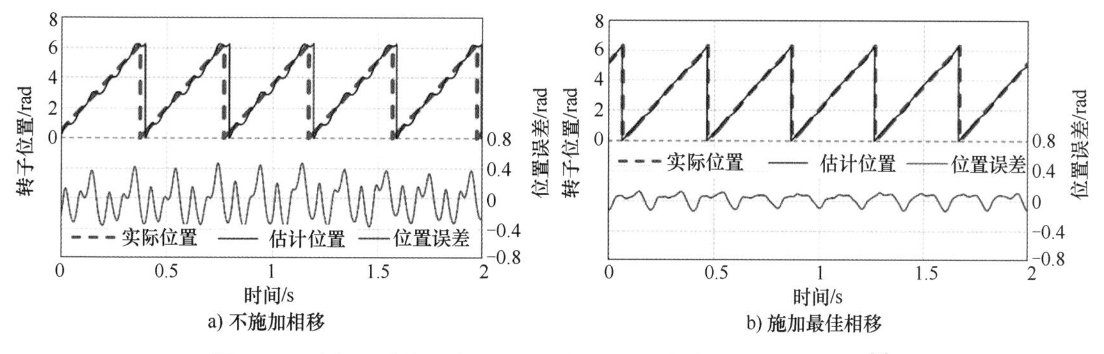

图 7.15　脉振正弦信号注入下双三相永磁同步电机转子位置估计[8]

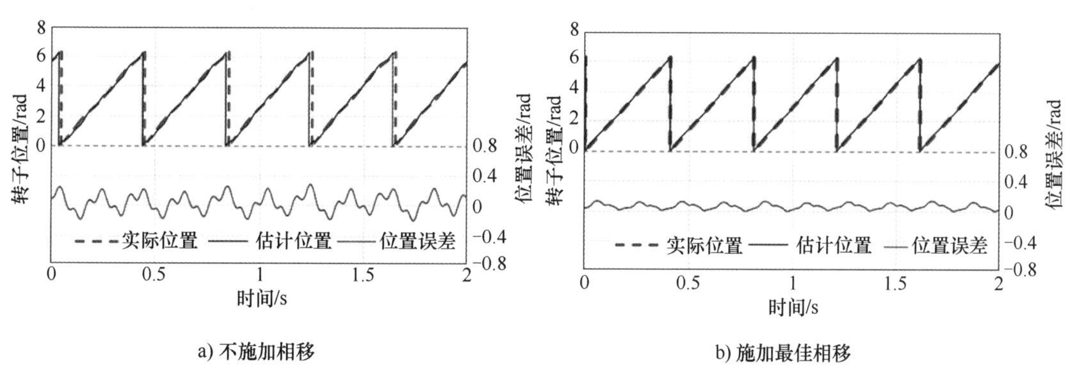

图 7.16　旋转正弦信号注入下双三相永磁同步电机转子位置估计[9]

7.2.4　基于基波模型的无位置传感器控制

前述的基于高频信号注入的无位置传感器控制策略适用于零低速运行区间。对于中高速运行区间，第 2 章介绍的适用于单三相永磁同步电机的基于基波模型法的无位置传感器控制策略可拓展应用于双三相永磁同步电机。在应用于双三相永磁同步电机的基波模型法中，观测模型方程在 VSD 模型和双 dq 模型中有所不同。传统的基于基波模型的无位置传感器控制策略可直接应用于 VSD 模型。而在双 dq 模型中，应额外考虑两套绕组间的耦合[10]，这部分内容将在本节讨论。虽然需要考虑额外的耦合，但文献［10］基于双 dq 模型额外的自由度提出了一种简便的校正策略来补偿电机参数不匹配导致的位置观测误差直流偏置。该方法同样会在本节中介绍。

7.2.4.1　双三相永磁同步电机的扩展反电势法

在本节，以扩展反电动势法[17]为例，推导了双 dq 模型下双三相永磁同步电机的电压方程。为简化起见，这里只给出第一套绕组的模型，第二套绕组的模型形式相同。电压方程表示为[10]

$$\begin{bmatrix} v_{d1} \\ v_{q1} \end{bmatrix} = \begin{bmatrix} R_s+pL_D & -\omega_r L_Q \\ \omega_r L_Q & R_s+pL_D \end{bmatrix} \begin{bmatrix} i_d \\ i_q \end{bmatrix} + \begin{bmatrix} 0 \\ E_{ex1} \end{bmatrix} \tag{7.22}$$

式中，E_{ex1}可表示为

$$E_{ex1}=(L_D-L_Q)(\omega_r i_d-pi_q)+\omega_r\psi_m \tag{7.23}$$

式中，考虑到两套三相绕组完全相同，定义两套绕组的等效电感为 $L_D=L_{d1}+M_{d21}=L_{d2}+M_{d12}$ 和 $L_Q=L_{q1}+M_{q21}=L_{q2}+M_{q12}$，相电阻为 $R_s=R_{s1}=R_{s2}$。此外，在基于双 dq 模型的控制下，两套绕组通常运行于相同的工况，有 $i_d=i_{d1}=i_{d2}$ 和 $i_q=i_{q1}=i_{q2}$。

在无位置传感器控制运行过程中，由于实际转子位置未知，将式（7.22）变换到估计的旋转坐标系下

$$\begin{bmatrix}\hat{v}_{d1}\\ \hat{v}_{q1}\end{bmatrix}=\begin{bmatrix}R_s+L_Dp & -\omega_r L_Q\\ \omega_r L_Q & R_s+L_Dp\end{bmatrix}\begin{bmatrix}\hat{i}_d\\ \hat{i}_q\end{bmatrix}+\begin{bmatrix}\hat{E}_{d1}\\ \hat{E}_{q1}\end{bmatrix} \tag{7.24}$$

$$\begin{bmatrix}\hat{E}_{d1}\\ \hat{E}_{q1}\end{bmatrix}=E_{ex1}\begin{bmatrix}-\sin\Delta\theta_1\\ \cos\Delta\theta_1\end{bmatrix}+(\hat{\omega}_r-\omega_r)L_D\begin{bmatrix}-\hat{i}_q\\ \hat{i}_d\end{bmatrix} \tag{7.25}$$

位置观测器基于式（7.25）将估计的 d 轴反电动势控制为零以提取转子位置与速度信息。值得注意的是，与第 2 章中应用于单三相永磁同步电机的扩展反电动势模型相比，双三相永磁同步电机需要互感 M_{q21}信息以实现估计[10]。

7.2.4.2 参数不匹配的影响

根据第 3 章，稳态下参数不匹配与估计误差的关系可表示为

$$\Delta\theta_{\Delta R_s}=\arctan\left(\frac{\Delta R_s\hat{i}_d}{E_{ex}+\Delta R_s\hat{i}_q}\right),\quad \Delta\theta_{\Delta L_D}=0,\quad \Delta\theta_{\Delta L_Q}=\arctan\left(\frac{-\Delta L_Q\hat{i}_q}{E_{ex}/\hat{\omega}_r+\Delta L_Q\hat{i}_d}\right) \tag{7.26}$$

只有相电阻和 q 轴等效电感的偏差会导致转子位置估计误差的直流偏置[10]。此外，$\Delta\theta_{\Delta R_s}$随着速度的增加而减少，而 $\Delta\theta_{\Delta L_Q}$对速度的依赖性较小。

7.2.4.3 参数不匹配的校正

由前述分析可知，位置估计误差的直流偏置可能是由电机参数的偏差造成的。本节将介绍一种简便的位置误差校正方法[10]。对于双三相永磁同步电机，两套绕组可以被独立控制。因此，可以对每一套绕组分别应用一个位置观测器。在实际应用中，在两个观测器中设置的电机参数标称值是相同的。两套绕组观测得到的位置 $\hat{\theta}_{r1}$ 和 $\hat{\theta}_{r2}$ 可以表示为

$$\hat{\theta}_{r1}=\theta_r+\Delta\theta_{par1},\quad \hat{\theta}_{r2}=\theta_r+\Delta\theta_{par2}+\Delta\theta_{12} \tag{7.27}$$

式中，$\Delta\theta_{par1}$、$\Delta\theta_{par2}$分别为由第一套绕组和第二套绕组的电机参数偏差导致的观测误差；$\Delta\theta_{12}$为两套三相绕组之间相移。

由于这两套绕组的 dq 轴电流参考相同，位置估计误差可以表示为

$$\Delta\theta_{par1}=\Delta\theta_{\Delta R_{s1}}+\Delta\theta_{\Delta L_{Q1}}=\Delta\theta_{par2}=\Delta\theta_{\Delta R_{s2}}+\Delta\theta_{\Delta L_{Q2}} \tag{7.28}$$

根据式（7.26）和式（7.28），估计误差可简化为

$$\Delta\theta_{par1}=\Delta\theta_{par2}\approx K_{\Delta R_s}\hat{i}_d+K_{\Delta L_Q}\hat{i}_q \tag{7.29}$$

式中，$K_{\Delta R_s}$和 $K_{\Delta R_Q}$被定义为偏差因子

$$K_{\Delta R_s}=\frac{\Delta R_s}{E_{ex}+\Delta R_s\hat{i}_q},\quad K_{\Delta L_Q}=-\frac{\Delta L_Q}{E_{ex}/\hat{\omega}_r+\Delta L_Q\hat{i}_d} \tag{7.30}$$

值得注意的是，如果没有参数偏差（$K_{\Delta R_s}=0$，$K_{\Delta L_Q}=0$），电流的变化对位置误差不应有任何影响。基于这一准则，改变一套绕组中的电流，如果参数不匹配，两个观测器之间的位置误差会存在差异；否则，将不存在差异。基于此，可以设计一个控制器使该误差为零以校正参数的不匹配，从而消除位置误差。

附加的电流信号可以表示为

$$i^*_{(Extra)}(t)=\begin{cases}I^*, & t_0<t<t_1\\0, & \text{其他}\end{cases} \tag{7.31}$$

式中，I^* 是注入电流的幅值；$T_{inj}=t_1-t_0$ 是注入持续时间；t_0 与 t_1 分别为注入的起始与停止时刻。

首先，为了校正相电阻 R_s 的偏差，在注入过程中，将 $i^*_{(Extra)}$ 注入第一套绕组的 d 轴（或第二套绕组，此处以第一套绕组为例），第一套绕组的估计误差可表示为

$$\Delta\theta^{inj}_{par1}=K_{\Delta L_Q}\hat{i}_{q1}+K_{\Delta R_s}\hat{i}_{d1}+K_{\Delta R_s}i^*_{(Extra)}=\Delta\theta_{par1}+\delta_{\Delta R_s} \tag{7.32}$$

式中，$\delta_{\Delta R_s}$定义为 $\delta_{\Delta R_s}=K_{\Delta R_s}\hat{i}_{(Extra)}$，并与电阻偏差成正比。

在电流注入第一套绕组后的估计位置 $\hat{\theta}_{r1(new)}$ 可被改写为

$$\hat{\theta}_{r1(new)}=\theta_r+\Delta\theta^{inj}_{par}=\theta_r+\Delta\theta_{par1}+\delta_{\Delta R_s} \tag{7.33}$$

除此之外，$\delta_{\Delta R_s}$ 可通过第一套绕组和第二套绕组的估计位置之差计算得到，可表示为

$$\delta_{\Delta R_s}=\hat{\theta}_{r1(new)}-\hat{\theta}_{r2}-\Delta\theta_{12} \tag{7.34}$$

在计算得到 $\delta_{\Delta R_s}$后，使用 PI 控制器式（7.35）来调节应用于两套绕组的扩展反电动势观测器的 R_s，使 $\delta_{\Delta R_s}$趋近于零。

$$R_s=\widetilde{R}_s+(K_p+K_i/s)\delta_{\Delta R_s} \tag{7.35}$$

式中，K_p 与 K_i 分别为比例系数与积分系数。

相电阻 R_s 的校正流程如图 7.17 所示。两组自适应观测器是基于传统的扩展反电动势（Extended Electromotive Force，EEMF）观测器[17]构建的，但具有可调参数。两套绕组估计位置的差值 $\delta_{\Delta R_s}$作为更新控制器的输入。通过控制 $\delta_{\Delta R_s}$趋近于零，可以将相电阻参数调整到合适的值，以校正由 R_s 偏差引起的估计误差。

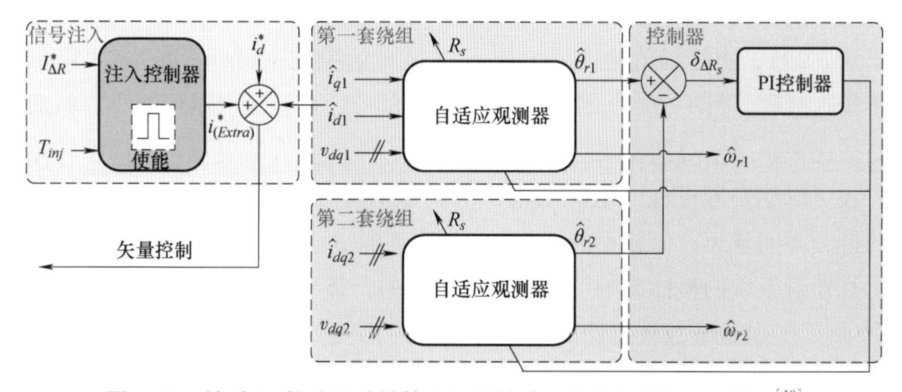

图 7.17　针对 R_s 偏差导致的转子位置估计误差的自适应补偿策略[10]

一种类似于图 7.17 的方法可以用来校正由 L_Q 的不精确引起的位置估计误差。根据式（7.29），此方法下，采用 q 轴电流注入代替 d 轴电流注入。若忽略互感偏差（$K_{\Delta L_Q}=K_{\Delta L_q}$），注入后第一套绕组的估计误差可表示为

$$\Delta\theta_{par1}^{inj}=K_{\Delta L_Q}(\hat{i}_{q1}+i_{(Extra)}^{*})+K_{\Delta R_s}\hat{i}_{d1}=\Delta\theta_{par1}+\delta_{\Delta L_Q} \tag{7.36}$$

式中，$\delta_{\Delta L_Q}$定义为 $\delta_{\Delta L_Q}=K_{\Delta L_Q}i_{(Extra)}^{*}$，并且控制器的更新规则可表示为

$$L_Q=\widetilde{L}_Q+(K_p+K_i/s)\delta_{\Delta L_Q} \tag{7.37}$$

然而，在某些双三相电机拓扑中，互感偏差不能被忽略，这种情况下等效电感偏差 ΔL_Q 可以表示为

$$\Delta L_Q=\Delta L_{q1}+\Delta M_{q21}=\Delta L_{q2}+\Delta M_{q12} \tag{7.38}$$

式中，ΔL_{q1}，ΔL_{q2}为 L_q 的偏差值；ΔM_{q21}，ΔM_{q12}为两套绕组 M_q 的偏差值。

因此，在电流注入后，当两套绕组的 q 轴电流指令不再相等时，即 $i_{q1}^{*}\neq i_{q2}^{*}$，两套绕组由电感偏差引起的误差可表示为

$$\Delta\theta_{\Delta LQ1}=\left(\frac{-\Delta L_{q1}}{E_{ex}/\hat{\omega}_r+\Delta L_Q\hat{i}_d}\right)\hat{i}_{q1}+\left(\frac{-\Delta M_{q21}}{E_{ex}/\hat{\omega}_r+\Delta L_Q\hat{i}_d}\right)\hat{i}_{q2}=K_{\Delta L_{q1}}\hat{i}_{q1}+K_{\Delta M_{q21}}\hat{i}_{q2} \tag{7.39}$$

$$\Delta\theta_{\Delta LQ2}=K_{\Delta L_{q2}}\hat{i}_{q2}+K_{\Delta M_{q12}}\hat{i}_{q1} \tag{7.40}$$

在信号注入后，两套绕组各自的总位置估计误差可表示为

$$\Delta\theta_{par1}^{inj}=K_{\Delta L_Q}\hat{i}_{q1}+K_{\Delta R_s}\hat{i}_{d1}+K_{\Delta L_{q1}}i_{q(Extra)}^{*}=\Delta\theta_{par1}+\delta_{\Delta L_{q1}} \tag{7.41}$$

$$\Delta\theta_{par2}^{inj}=K_{\Delta L_Q}\hat{i}_{q2}+K_{\Delta R_s}\hat{i}_{d2}+K_{\Delta M_{q12}}i_{q(Extra)}^{*}=\Delta\theta_{par2}+\delta_{\Delta M_{q12}} \tag{7.42}$$

两套绕组所估计位置的差为

$$\hat{\theta}_{r1(new)}-\hat{\theta}_{r2(new)}-\Delta\theta_{12}=\delta_{\Delta L_{q1}}-\delta_{\delta M_{q12}}=(K_{\Delta L_{q1}}-K_{\Delta M_{q12}})i_{(Extra)}^{*} \tag{7.43}$$

因此，在同样的校正流程下，将 L_q 偏差更新为非零的 ΔM_{q12}时，系统能达到稳态。然而，在实际情况下，对于大多数双三相电机，M_q 的偏差通常远小于 L_q 的偏差[10]，常将其忽略。

7.2.4.4 实验结果

附录 B 展示了实验使用的双三相永磁同步电机 SPMSM-Ⅲ的规格参数，整体控制框架如图 7.18 所示。电机以 30r/min 的速度旋转并工作在发电机模式，注入电流信号的幅值为 0.5A，注入持续时间为 2s。

基于式（7.29），更高幅值的注入电流可以提高信噪比（Signal to Noise Ratio，SNR），从而有利于校正过程。另一方面，作为系统的扰动信号，其幅值应尽可能小。然而，在 q 轴电流注入的情况下，可以对两套绕组施加大小相同、方向相反的电流，从而使转矩扰动最小化。此外，还可以综合考虑注入电流的幅值和持续时间。注入信号幅值越大，收敛速度越快，注入的持续时间越短；而较小的幅值需要较长的注入时间才能收敛。无论哪种情况，电流注入作为扰动对系统的整体影响可被认为是类似的，需要根据电机特性进行权衡。

图 7.19 展示了电机参数校正性能。L_q 的初始标称值为 10mH，校正功能在 1.5s 左右处作用，$i_{(Extra)}^{*}$ 注入持续 2s。在此过程中，L_q 被调整为准确值。利用修正后的值可消除位置估计误差，然而，如图 7.19a 所示，q 轴电流在一套绕组注入后会造成额外的转矩和位置误差

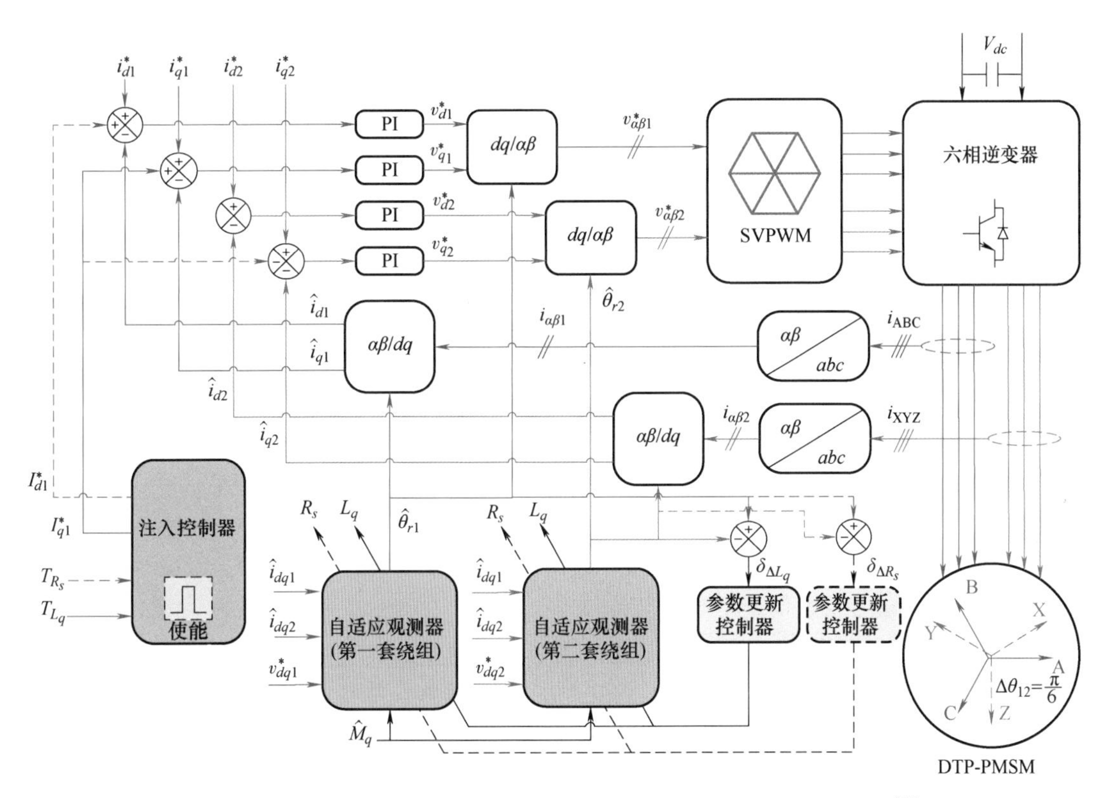

图 7.18 具有位置误差校正的双三相永磁同步电机控制系统控制框图[10]

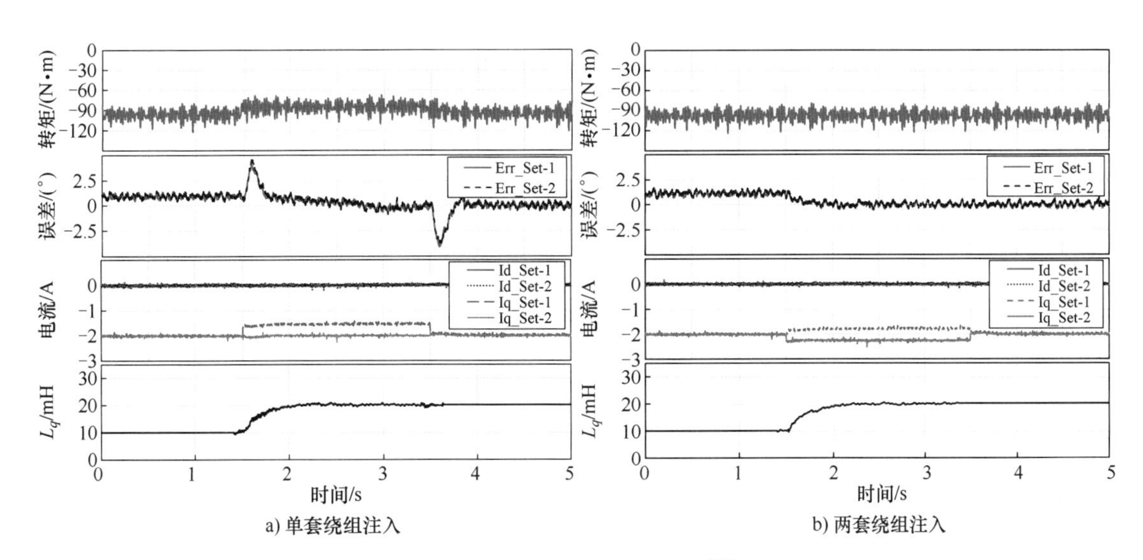

图 7.19 L_q 校正的实验结果[10]

Err_Set-1—第一套绕组的位置估计误差 Err_Set-2—第二套绕组的位置估计误差 Id_Set-1—第一套绕组的 d 轴电流 Id_Set-2—第二套绕组的 d 轴电流 Iq_Set-1—第一套绕组的 q 轴电流 Iq_Set-2—第二套绕组的 q 轴电流

波动。为了解决这个问题，可以在两套绕组中注入幅值相同但极性相反的电流，如图 7.19b 所示，这样不会产生额外的转矩，并可实现平滑的误差校正。

对于电阻偏差的校正，$i^{*}_{(Extra)}$ 注入于 d 轴，实验结果如图 7.20 所示。观测器中电阻 R_s 的初始标称值为 3.3Ω。采用校正策略后，可以有效地补偿由 R_s 偏差造成的位置估计误差。

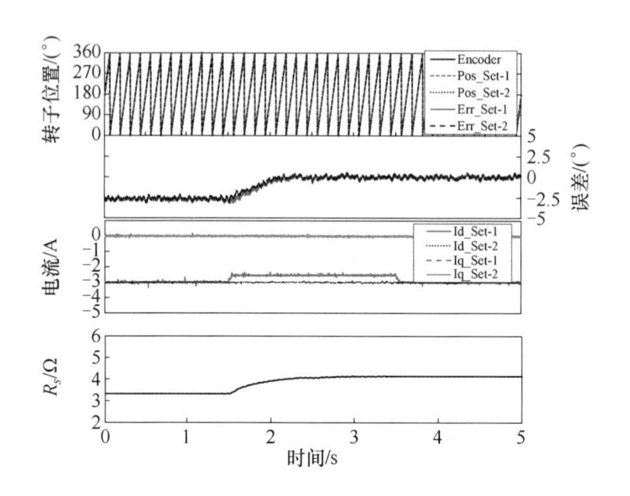

图 7.20　电阻校正的实验结果[10]

Encoder—实际位置　Pos_Set-1—第一套绕组的位置估计　Pos_Set-2—第二套绕组的位置估计
Err_Set-1—第一套绕组的位置估计误差　Err_Set-2—第二套绕组的位置估计误差　Id_Set-1—第一套绕组的 d 轴电流
Id_Set-2—第二套绕组的 d 轴电流　Iq_Set-1—第一套绕组的 q 轴电流　Iq_Set-2—第二套绕组的 q 轴电流

7.2.5　基于 3 次谐波反电动势的无位置传感器控制

除了基波模型外，双三相永磁同步电机的 3 次谐波反电动势也能用于位置估计[13]。3 次谐波反电动势可以通过如图 7.11 所示的辅助电阻网络测量。对于双三相永磁同步电机，S_1 和 N_1 之间以及 S_2 和 N_2 之间的测量电压可以代表两套绕组的 3 次谐波反电动势

$$\begin{cases} v_{\mathrm{S1N1}} \approx e_{3\_set1} \\ v_{\mathrm{S2N2}} \approx e_{3\_set2} \end{cases} \tag{7.44}$$

考虑到两套绕组间存在如图 7.2 所示的 30°的电角度空间相移，e_{3_set1} 与 e_{3_set2} 可以表示为

$$\begin{cases} e_{3\_set1} = E_3 \sin(3\theta_r) \\ e_{3\_set2} = E_3 \sin\left(3\times(\theta_r - \pi/6)\right) = -E_3 \cos(3\theta_r) \end{cases} \tag{7.45}$$

另外，将 3 次谐波反电动势通过低通滤波器（LPF）能够得到 3 次谐波磁链为

$$\begin{cases} \psi_{3\_set1} = -\psi_{m3}\cos(3\theta_r) \\ \psi_{3\_set2} = -\psi_{m3}\cos\left(3\times(\theta_r - \pi/6)\right) = -\psi_{m3}\cos(3\theta_r - \pi/2) = -\psi_{m3}\sin(3\theta_r) \end{cases} \tag{7.46}$$

由式（7.48）与式（7.49）可得，这两套绕组中的三次谐波反电动势以及磁链是相互正交的，可以直接用作位置观测器的输入。如图 7.21 所示，一个具有类似于锁相环（PLL）结构的扩展卡尔曼滤波器在[13]中作为位置观测器，该观测器的详细结构将在第 12 章给出。

附录 B 展示了实验使用的双三相永磁同步电机 SPMSM-V 的规格参数。这里展示分别采用 3 次谐波反电势和 3 次谐波磁链提取位置信息的实验结果。图 7.22 展示了在转子转速为 200r/min，q 轴电流为 1A 时的稳态观测性能。图 7.23 展示了转速指令由 200r/min 变化到 300r/min 阶跃速度响应时的观测性能。实验结果证明，两种策略在稳态下都有准确的估计。相较于基于 3 次谐波磁链的策略，基于 3 次谐波反电势的策略由于省去了滤波器而具有更好的动态性能。

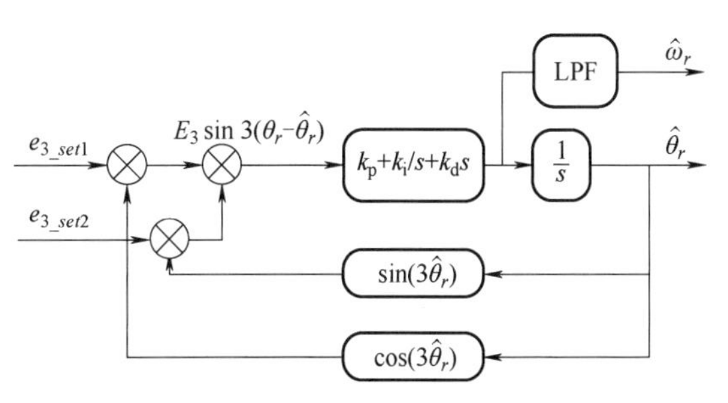

图 7.21　转子位置观测器[13]

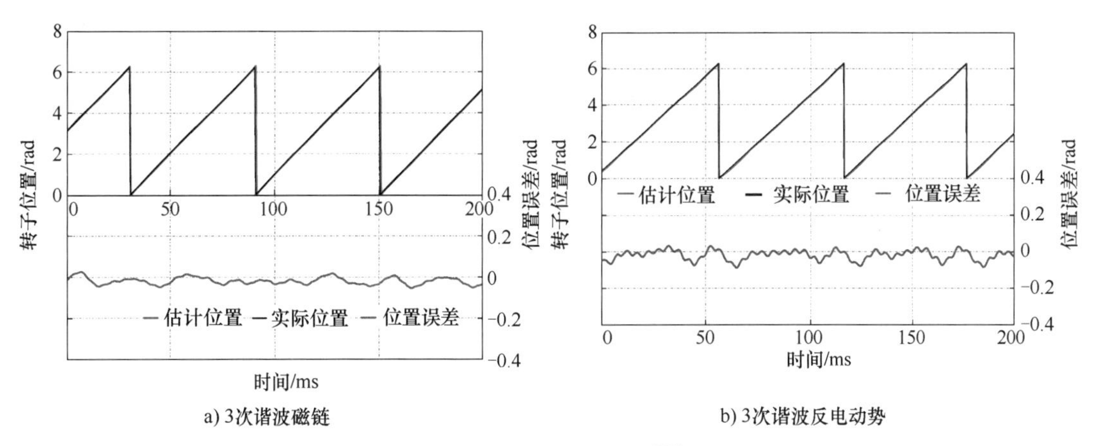

a) 3次谐波磁链　　b) 3次谐波反电动势

图 7.22　稳态观测性能[13]

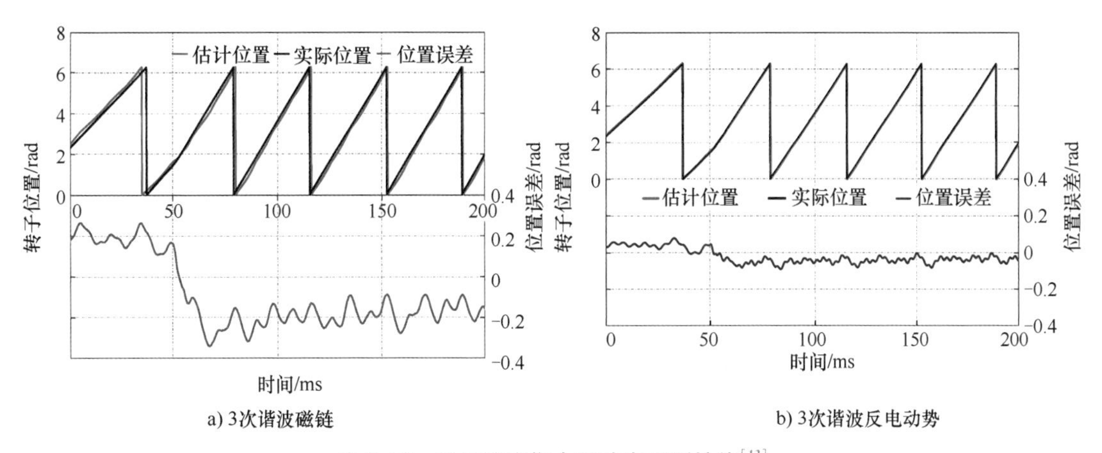

a) 3次谐波磁链　　b) 3次谐波反电动势

图 7.23　阶跃速度指令下动态观测性能[13]

7.3　开绕组永磁同步电机

文献［14-16］对开绕组永磁同步电机驱动进行了研究。与图 7.24a 所示的Y形联结永磁同步电机相比，开绕组永磁同步电机的三相绕组不相互连接，并如图 7.24b 所示为三个独立的相绕组，每相由一个全桥驱动。与Y形联结或三角形联结的永磁同步电机相比，驱动端口数量从 3 个增加到 6 个，同时可以实现更加灵活的控制。由于三相绕组之间相互独立，开绕组永磁同步电机具有更好的容错控制性能。此外对于开绕组永磁同步电机，零序回路也具有至关重要的可控性。因此在容错模式下可以获得更稳定的转矩性能。开绕组永磁同步电机的直流母线利用率更高，因此具有更强的功率传输能力。在无位置传感器控制方面，第 2~5 章的传统无位置传感器控制方法也可以推广到开绕组永磁同步电机。而且由于特定的拓扑，开绕组永磁同步电机在无位置传感器控制方面也具有特定的优越性[15,16]，本节将对此进行讨论。

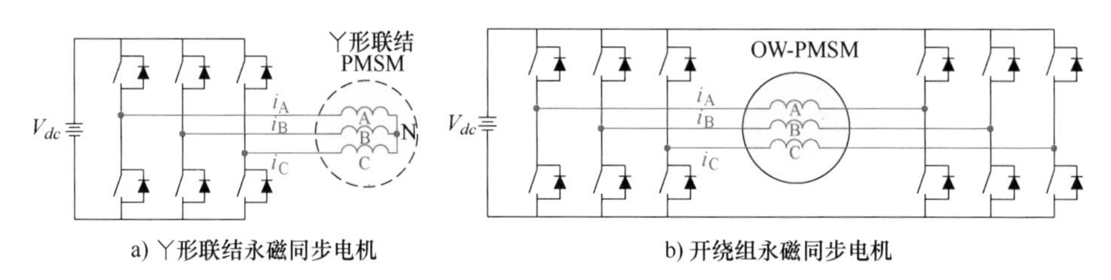

图 7.24　永磁同步电机驱动拓扑

7.3.1　数学模型

开绕组永磁同步电机具有多种不同的驱动拓扑[14]，下面介绍两种主要的类型。

开绕组永磁同步电机最常用的驱动拓扑为图 7.25a 所示的共直流母线拓扑[14]。两台共用相同直流母线的电压源逆变器（VSI）连接到 OW-PMSM 的六个端口上。在该拓扑中，等效零序回路不再开路。开绕组永磁同步电机的三次谐波反电动势和逆变器调制产生的零序电压会在回路中导致零序循环电流，此电流可用于转子位置估计。

开绕组永磁同步电机另一种驱动拓扑为如图 7.25b 所示的隔离直流母线拓扑。两台逆变器分别由两个隔离的直流电源供电，零序回路开路。该拓扑中不会产生零序循环电流。与共直流母线拓扑相比，隔离直流母线拓扑增加了系统的复杂性、成本和体积。对于这种拓扑结构，由于零序模型是开路的，因此可以直接应用传统的无位置传感器控制。

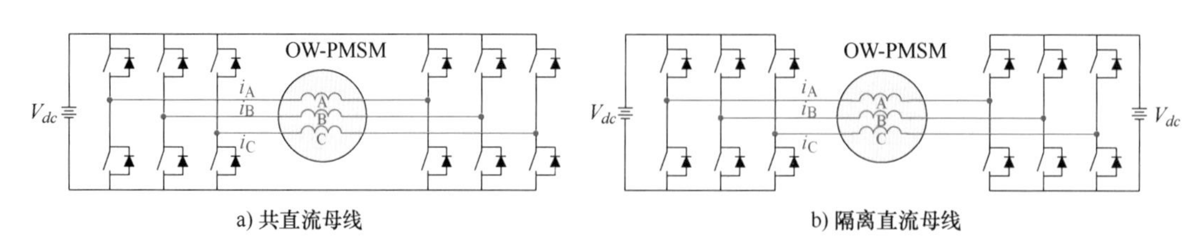

图 7.25　开绕组永磁同步电机驱动拓扑

开绕组永磁同步电机的模型类似于传统单逆变器控制的Y形联结永磁同步电机模型。然而，对于共直流母线的开绕组永磁同步电机，由于零序回路不再开路，需要考虑在单逆变器

驱动系统中通常被忽略的零序方程。考虑零序方程的开绕组永磁同步电机模型可以表示为

$$\boldsymbol{v}=\begin{bmatrix} R_s & -\omega_r L_q & 0 \\ \omega_r L_d & R_s & 0 \\ 0 & 0 & R_s \end{bmatrix}\boldsymbol{i}+\begin{bmatrix} L_d & 0 & 0 \\ 0 & L_q & 0 \\ 0 & 0 & L_0 \end{bmatrix}\dot{\boldsymbol{i}}+\begin{bmatrix} 0 \\ \omega_r\psi_m \\ 3\omega_r\psi_0\sin 3\theta_r \end{bmatrix} \tag{7.47}$$

式中，在 $\boldsymbol{v}=[v_d,v_q,v_0]^{\mathrm{T}}$，$\boldsymbol{i}=[i_d,i_q,i_0]^{\mathrm{T}}$ 中；v_d 是 d 轴电压；v_q 是 q 轴电压，v_0 是零序电压，i_d 是 d 轴电流，i_q 是 q 轴电流，i_0 是零序电流；R_s 是绕组相电阻；L_d 是 d 轴电感，L_q 是 q 轴电感，L_0 是零序电感；ω_r 代表电角速度；“·”表示微分算子；ψ_m 是基波磁链；ψ_0 是零序磁链（3 次谐波磁链）；θ_r 是转子电角度。

因此，开绕组永磁同步电机的等效零序回路模型如图 7.26 所示。

值得一提的是，逆变器侧的零序电压需要由特定的 PWM 策略产生[14]。零序电感可表示为

$$L_0=L_{s0}-2M_{s0} \tag{7.48}$$

式中，L_{s0}表示任意相自感的平均值；M_{s0}表示任意两相之间互感的平均值。

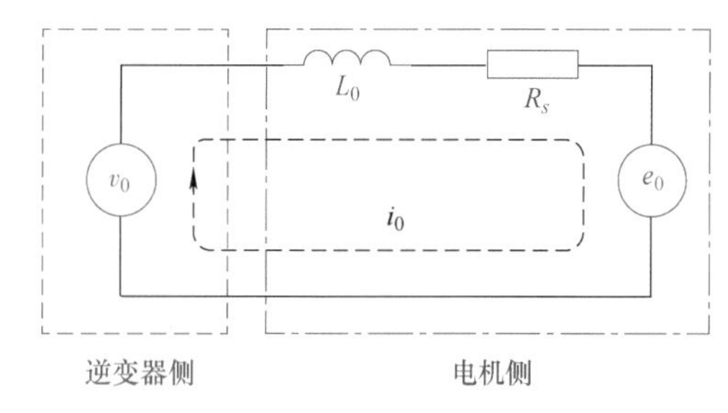

图 7.26 开绕组永磁同步电机等效零序回路模型[14]

零序电阻与相电阻相等，零序反电动势可表示为

$$e_0=3\omega_r\psi_0\sin 3\theta_r \tag{7.49}$$

因此，零序等效方程为

$$v_0=(L_{s0}-2M_{s0})\frac{\mathrm{d}i_0}{\mathrm{d}t}+i_0R_s+3\omega_r\psi_0\sin 3\theta_r \tag{7.50}$$

可以发现，零序反电动势中包含转子位置信息，可以根据式（7.50）提取转子位置信息。在第 7.3.3 小节及第 7.3.4 小节，将基于零序回路，介绍两种具体的共直流母线开绕组永磁同步电机无位置传感器控制策略，并给出实验结果。

7.3.2 基于相移的开绕组永磁同步电机 SVPWM

在介绍无位置传感器控制策略之前，需要讨论应用于开绕组永磁同步电机的特定的 SVPWM 调制策略[15]。在开绕组永磁同步电机驱动系统中，由于零序回路的闭合，零序回路上的电压扰动会产生扰动电流，故不适合使用传统的 SVPWM 策略。扰动电压包括 SVPWM 产生的低频共模电压（CMV）和三相反电动势中具有相同相位的 3 次、9 次、15 次、…分量等反电动势谐波。为了消除 SVPWM 的干扰，本节介绍了一种基于相移的 SVPWM 策略[15]，并将其用于整个控制系统，如图 7.27 所示。

为提高直流母线电压利用率，传统 SVPWM 策略在三相调制信号中都含有准三角波分量。它对单逆变器驱动系统几乎没有影响，但在具有共直流母线的开绕组结构中会产生电流。基本对策是将两套逆变器的电压参考信号进行移相，将两套逆变器输出的零序电压抵消。实际的 d 轴和 q 轴电压指令可以解耦到两个子坐标系 d_1q_1 和 d_2q_2 中，它们与 dq 坐标同步，但分别移相 π/6 和 5π/6，如图 7.28 所示。

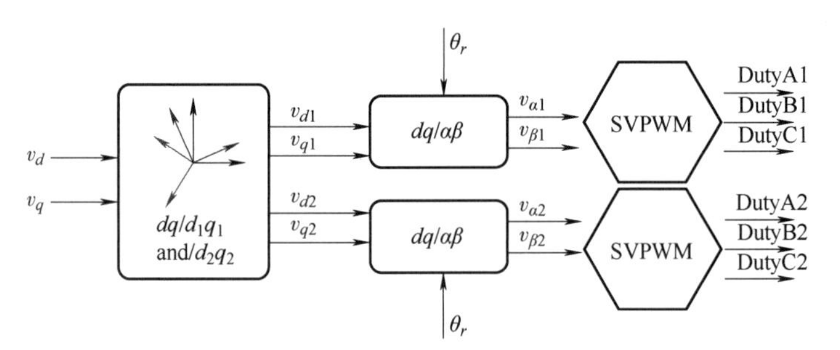

图 7.27　基于相移的开绕组永磁同步电机 SVPWM[15]

同时，解耦变换可表示为

$$\begin{bmatrix} v_{d1} \\ v_{q1} \\ v_{d2} \\ v_{q2} \end{bmatrix} = \frac{1}{2} \times \begin{bmatrix} 1 & \tan\frac{\pi}{6} \\ -\tan\frac{\pi}{6} & 1 \\ -1 & \tan\frac{\pi}{6} \\ -\tan\frac{\pi}{6} & -1 \end{bmatrix} \cdot \begin{bmatrix} v_d \\ v_q \end{bmatrix} \tag{7.51}$$

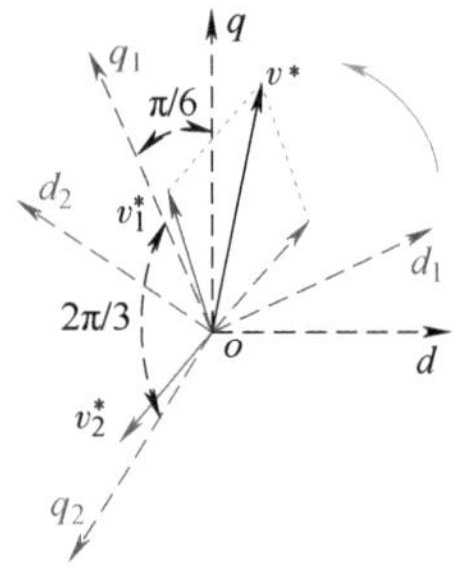

图 7.28　两套逆变器的综合电压矢量[15]

该方法通过重构各 SVPWM 模块的参考信号来实现相移，并且消除了逆变侧输出的零序电压，等效零序电路可简化为 $v_0=0$，这对于下一节讨论的无传感器策略十分必要。

7.3.3　基于零序电流的无位置传感器控制策略

采用第 7.3.2 节介绍的基于相移的 SVPWM，逆变器侧显示短路特性（$v_0=0\text{V}$）并且电机侧保持不变。等效零序回路可简化为图 7.29 所示。因此，三次谐波反电动势 e_0 感应出的零序电流又可用于重构三次谐波反电动势，并最终用于位置估计[15]。

根据图 7.29，零序方程可写成

$$0=L_0\frac{\mathrm{d}i_0}{\mathrm{d}t}+i_0R_s+3\omega_r\psi_0\sin3\theta_r \tag{7.52}$$

同时，在式（7.52）中，i_0 可以通过下式计算：

$$i_0=\frac{i_a+i_b+i_c}{3} \tag{7.53}$$

式中，i_a，i_b 和 i_c 分别是 A 相、B 相和 C 相电流。

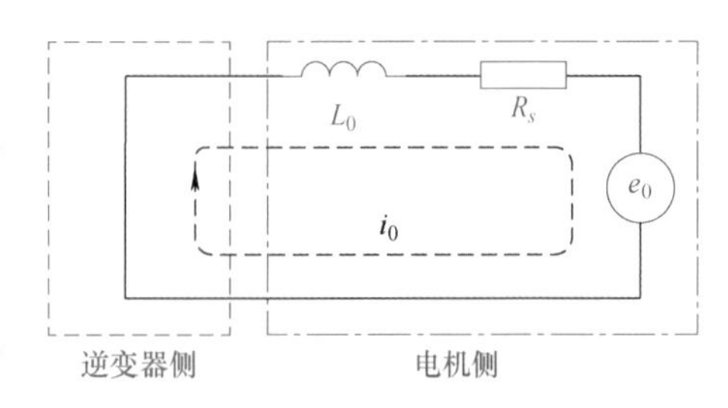

图 7.29　基于相移的 SVPWM 下开绕组永磁同步电机简化的等效零序回路[15]

根据这一准则，基于零序模型的无位置传感器控制策略如图 7.30 所示。图 7.31 中展示的基于同步锁相环的正交信号发生器（Quadrature Signal Generator，QSG）被用于生成满足式（7.54）的等效零序电流信号。

$$\begin{cases} i'_{\alpha0}=i_0 \\ i'_{\beta0}=\dfrac{\mathrm{d}i_0}{\mathrm{d}t} \end{cases} \tag{7.54}$$

同时，基于同步锁相环的正交信号发生器的输出用于根据式（7.52）而重构零序反电动势 $\hat{e}_0$。估计的 $\hat{e}_0$ 用作基于同步锁相环的位置观测器的输入信号，以估计转子位置信息。

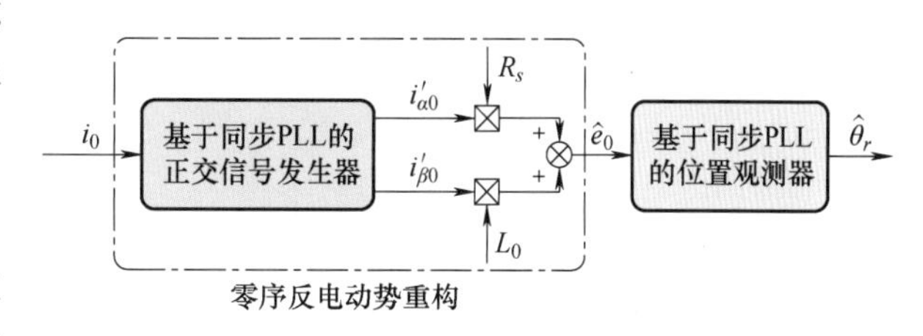

图 7.30　基于零序电流的无位置传感器控制策略[15]

式（7.52）需要 i_0 的微分信息。由于纯数字微分器容易受噪声放大和相位误差影响，因此采用基于同步锁相环的正交信号发生器，如图 7.31 所示。

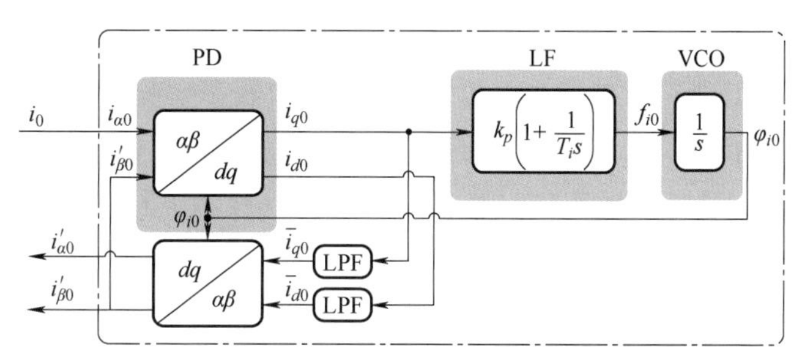

图 7.31　基于同步锁相环的正交信号发生器[15]

图 7.31 中同步坐标系上的低通滤波器的传递函数都是一阶的，表示为

$$H(s)=\frac{\bar{I}_{d0}(s)}{I_{d0}(s)}=\frac{\bar{I}_{q0}(s)}{I_{q0}(s)}=\frac{\omega_f}{s+\omega_f} \tag{7.55}$$

式中，ω_f 是截止频率。

当它们被变换到静止坐标系下时，传递函数为

$$D(s)=\frac{I'_{\alpha0}(s)}{I_{\alpha0}(s)}=\frac{k\omega_0 s}{s^2+k\omega_0 s+\omega_0^2} \tag{7.56}$$

$$Q(s)=\frac{I'_{\beta0}(s)}{I_{\alpha0}(s)}=\frac{k\omega_0^2}{s^2+k\omega_0 s+\omega_0^2} \tag{7.57}$$

式中，$k=\omega_f/\omega_0$，$\omega_0=3\omega_r$。

描述 $i'_{\alpha0}$ 和 $i'_{\beta0}$ 之间关系的传递函数表示为

$$G(s)=\frac{I'_{\alpha0}(s)}{I'_{\beta0}(s)}=\frac{s}{\omega_0} \tag{7.58}$$

从 dq 到 $\alpha\beta$ 坐标变换的两个输出信号可以变换为如式（6.14）所示的时域微分方程，如果两个信号都是正弦的，则这两个信号正交。

$$i'_{\alpha0}=\frac{1}{\omega_0}\frac{\mathrm{d}i'_{\beta0}}{\mathrm{d}t} \tag{7.59}$$

基于同步锁相环的位置观测器如图 7.32 所示，与正交信号发生器的不同之处在于位置观测器引入了倍频指数 h，以使估计的位置信息与 3 次谐波反电动势相对应。在位置观测器

的内环中，相角信号 θ_{i0} 是观测到的转子位置角 $\hat{\theta}_r$ 的三倍。输入信号是重构的零序反电动势。

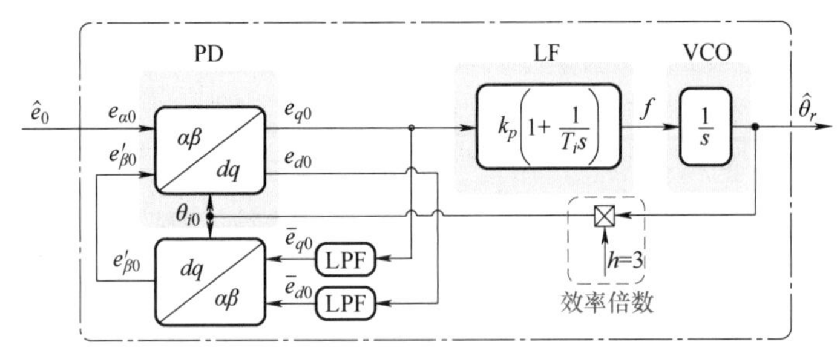

图 7.32　基于同步锁相环的位置观测器[15]

上述算法在 3kW 开绕组永磁同步电机驱动系统中进行了实验，所用样机 SPMSM-Ⅵ的规格参数在附录-B 中展示。图 7.33 展示了不同负载下的稳态位置估计性能。图 7.34a 展示了额定负载扰动下的闭环系统的暂态估计性能。图 7.34b 展示了相应的 d 轴、q 轴和 A 相电流。额定负载扰动在 6s 时作用，在 20s 时停止。图 7.35a 展示了从 15~40r/min 的阶跃转速指令下的瞬态估计性能。图 7.35b 展示了相同条件下相应的 d 轴、q 轴和 A 相电流。可以看出，所使用的无位置传感器控制策略具有良好的观测性能。

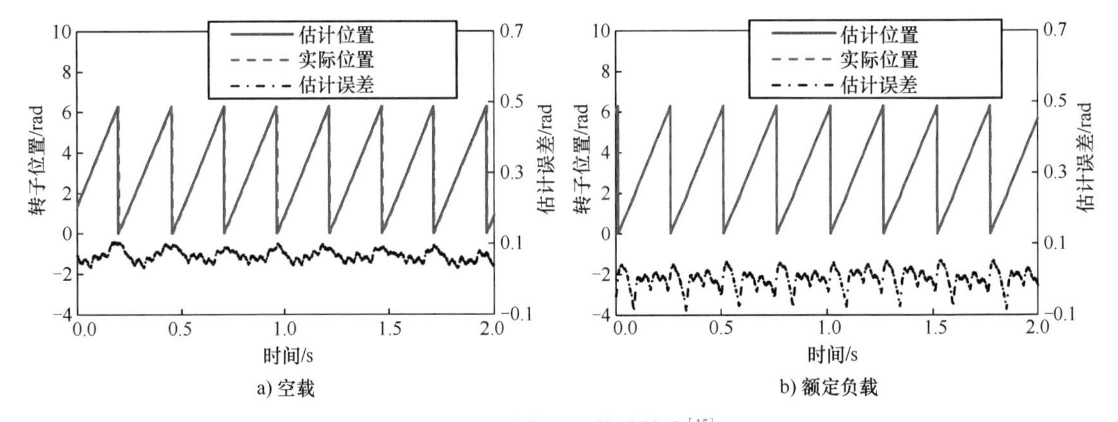

图 7.33　稳态位置估计性能[15]

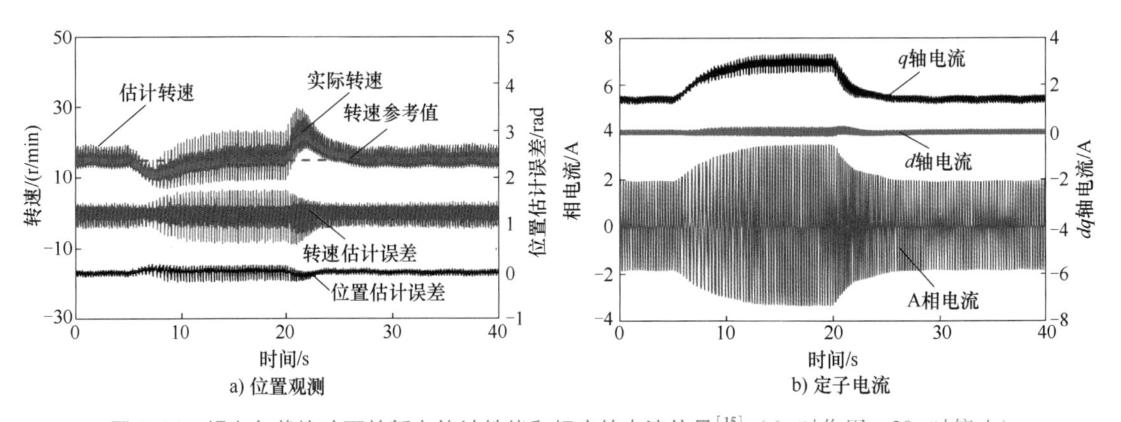

图 7.34　额定负载扰动下的暂态估计性能和相应的电流信号[15]（6s 时作用，20s 时停止）

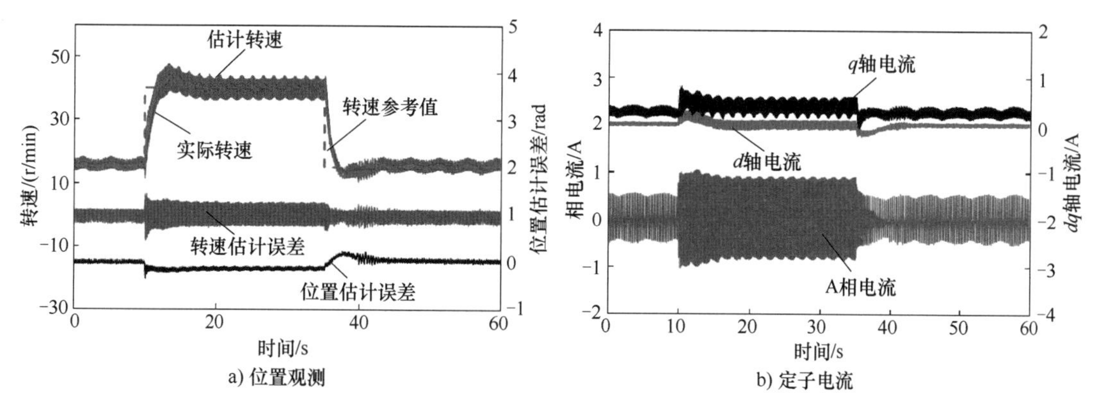

图 7.35 阶跃转速指令下的暂态估计性能和相应的电流信号[15]

（10s 时 15～40r/min，35s 时 40～15r/min）

7.3.4 基于零序电压的非参数化无位置传感器控制策略

在 7.3.3 节中讨论的控制策略中，会导致额外损耗和转矩波动的零序电流始终存在[15]。本节讨论一种新型的带有零序环流抑制能力的基于零序反电动势的无位置传感器控制策略[16]，该方法从零序电流控制器的输出中提取转子位置信息。该方法与传统的基于基波反电动势的无位置传感器控制策略相比的优势是不依赖任何参数。

如 7.3.1 节中的展示，零序回路微分方程可以表示为

$$v_0=(L_{s0}-2M_{s0})\frac{\mathrm{d}i_0}{\mathrm{d}t}+i_0R_s+3\omega_r\psi_0\sin3\theta_r \tag{7.60}$$

式中，$e_0=3\omega_r\psi_0\sin3\theta_r$；$L_{s0}$代表相自感的平均值；$M_{s0}$代表任意两相间互感的平均值。

如图 7.36 所示，零序电流可采用 PI 控制器抑制为零，若零序电流被完全抑制，双逆变器输出的零序电压满足

$$v_0=3\omega_r\psi_0\sin3\theta_r=e_0 \tag{7.61}$$

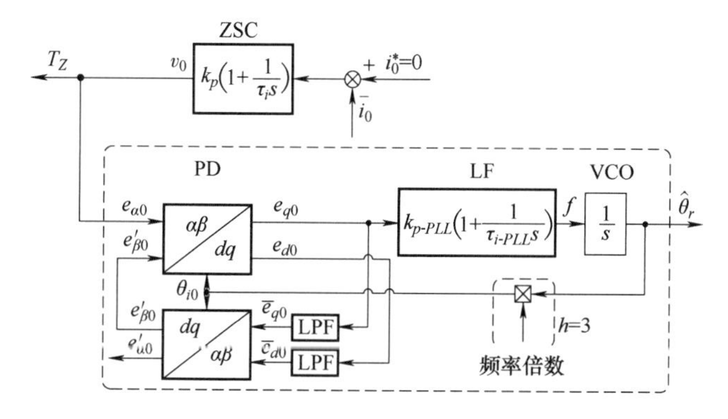

图 7.36 基于同步锁相环的位置观测过程[16]

这意味着零序电流控制器的输出与电机的零序反电动势 e_0 相等。该信号可以被用于提取转子位置信息。值得注意的是，在该方法中不需要任何电压传感器来获得电机的零序反电动势信息。除此之外，与传统基于基波反电动势的无位置传感器控制策略相比，其 dq 轴方程为

$$\begin{bmatrix} v_d \\ v_q \end{bmatrix} = \underbrace{\begin{bmatrix} R_s+pL_d & -\omega_r L_q \\ \omega_r L_d & R_s+pL_q \end{bmatrix} \begin{bmatrix} i_d \\ i_q \end{bmatrix}}_{\text{扰动电压}} + \begin{bmatrix} 0 \\ \omega_r \psi_m \end{bmatrix} \tag{7.62}$$

零序电流控制器的输出信号是没有附加任何扰动电压降的三次谐波反电动势信息。将该等效信号输入与图 7.32 相同的基于同步锁相环的位置观测器中可以提取得到电机的转子位置信息。信息提取过程如图 7.36 所示。

实验所使用的 3kW 开绕组永磁同步电机 SPMSM-Ⅳ的规格参数在附录-B 中有详细说明。图 7.37 展示了 15r/min 时的零序循环电流抑制性能，图中包含零序电流和 A 相电流。如图 7.37a 所示，零序电流控制器在 5s 时作用，零序电流得到了良好的抑制。图 7.37b 和图 7.37c 分别展示了图 7.37a 区域Ⅰ和区域Ⅱ的局部放大图。在抑制前，零序循环电流中存在较高含量的 3 次谐波电流。

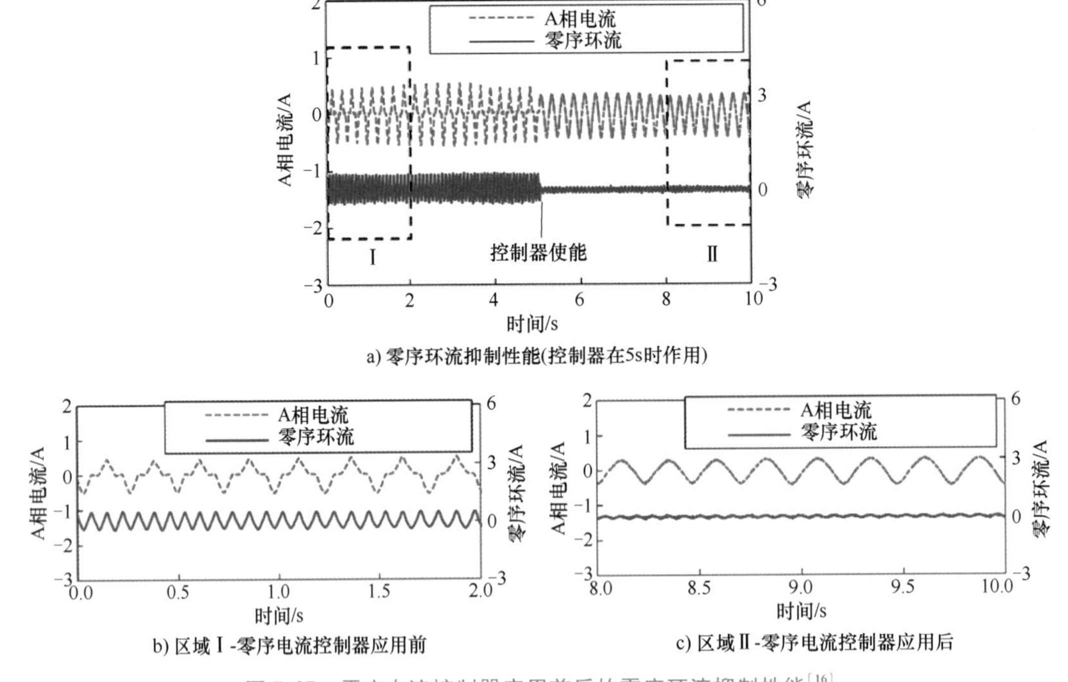

图 7.37　零序电流控制器应用前后的零序环流抑制性能[16]

图 7.38 展示了空载和额定负载下的稳态估计性能。图 7.39 展示了额定阶跃负载扰动下的瞬态估计性能和相应的电流信号。额定阶跃负载扰动在 7s 时作用，并于 22s 时停止。图 7.40 展示了 40~80r/min 阶跃转速指令下的瞬态估计性能和相应的电流信号。阶跃转速指令在 10s 时作用，并于 25s 时恢复原速度指令。

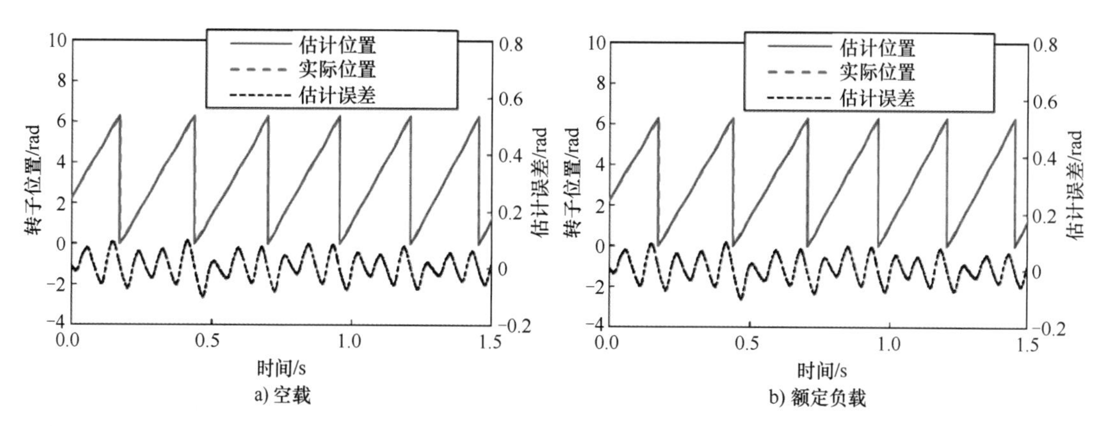

图 7.38 空载和额定负载工况下的估计角度、真实角度以及估计误差的稳态估计性能[16]（15r/min）

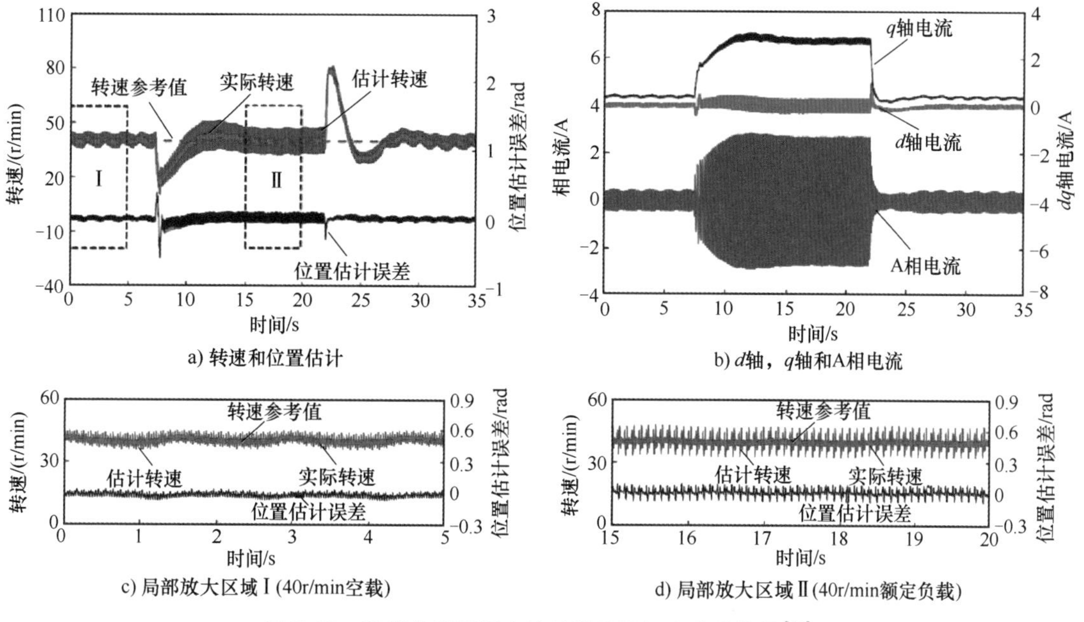

图 7.39 阶跃负载下瞬态估计性能及相应电流信号[16]

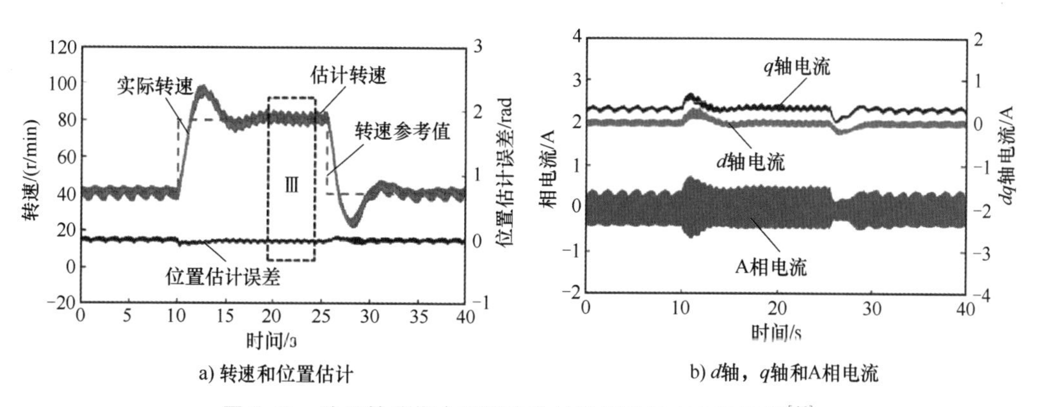

图 7.40 阶跃转速指令下瞬态估计性能及相应电流信号[16]

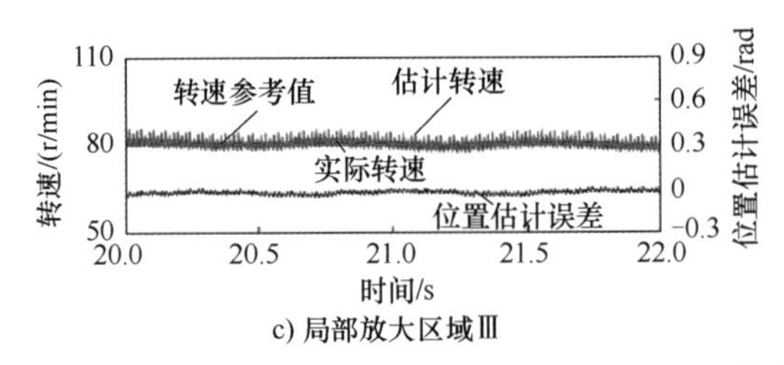

c) 局部放大区域Ⅲ

图 7.40　阶跃转速指令下瞬态估计性能及相应电流信号[16]（续）

7.4　总结

本章介绍了适用于双三相永磁同步电机和开绕组永磁同步电机的无位置传感器控制策略。

对于双三相永磁同步电机，首先介绍了经典的高频信号注入法。由于子空间的解耦特性，VSD 模型展现出了更好的稳态性能。然后，介绍了一种用于检测零序高频电压响应的简化电压测量方法[8,9]。基于双 dq 模型，为了减少六倍频的干扰并提升稳态观测性能，优化了两套绕组中注入信号之间的相移角度[8,9]。之后，介绍了基于基波模型[10]和基于 3 次谐波模型[13]的控制策略。基于双 dq 模型，介绍了一种简便的校正相电阻及 q 轴电感参数不准确导致的位置观测误差的方法[10]。除此之外，通过利用两套绕组间的 30°相移，两套绕组正交的零序电压信号可以被用于提取转子位置信息[13]。

对于共母线开绕组永磁同步电机，考虑到零序电流的存在，介绍了利用零序回路的特殊无位置传感器控制策略[15,16]。所介绍的控制策略表现出了较常规方法更加优越的鲁棒性。

参考文献

[1] Z. Q. Zhu, S. Wang, B. Shao, L. Yan, P. Xu, and Y. Ren, "Advances in dual-three-phase permanent magnet synchronous machines and control techniques," *Energies*, vol. 14, no. 22, paper 7508, pp. 1-46, Nov. 2021.

[2] R. Bojoi, M. Lazzari, F. Profumo, and A. Tenconi, "Digital field-oriented control for dual three-phase induction motor drives," *IEEE Trans. Ind. Appl.*, vol. 39, no. 3, pp. 752-760, May/Jun. 2003.

[3] M. Barcaro, N. Bianchi, and F. Magnussen, "Analysis and tests of a dual three-phase 12-slot 10-pole permanent-magnet motor," *IEEE Trans. Ind. Appl.*, vol. 46, no. 6, pp. 2355-2362, Nov. 2010.

[4] R. H. Nelson and P. C. Krause, "Induction machine analysis for arbitrary displacement between multiple winding sets," *IEEE Trans. Power App. Syst.*, vol. 93, no. 3, pp. 841-848, May 1974.

[5] T. A. Lipo, "A d-q model for six-phase induction machines," *Proc. Int. Conf. Elect. Mach. ICEM*, Athens, Greece, 1980, pp. 860-867.

[6] Y. Hu, Z. Q. Zhu, and M. Odavic, "Comparison of two-individual current control and vector space decomposition control for dual three-phase PMSM," *IEEE Trans. Ind. Appl.*, vol. 53, no. 5, pp. 4483-4492,

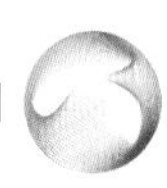

Sep. 2017.

[7] Y. Zhao and T. A. Lipo, "Space vector PWM control of dual three-phase induction machine using vector space decomposition," *IEEE Trans. Ind. Appl.*, vol. 31, no. 5, pp. 1100-1109, Sep. /Oct. 1995.

[8] A. H. Almarhoon, Z. Q. Zhu, and P. Xu, "Improved pulsating signal injection using zero-sequence carrier voltage for sensorless control of dual three-phase PMSM," *IEEE Trans. Energy Convers.*, vol. 32, no. 2, pp. 436-446, Jun. 2017.

[9] A. H. Almarhoon, Z. Q. Zhu, and P. L. Xu, "Improved rotor position estimation accuracy by rotating carrier signal injection utilizing zero-sequence carrier voltage for dual three-phase PMSM," *IEEE Trans. Ind. Electron.*, vol. 64, no. 6, pp. 4454-4462, Jun. 2017.

[10] T. Liu, Z. Q. Zhu, Z. Y. Wu, D. Stone, and M. Foster, "A simple sensorless position error correction method for dual three-phase permanent magnet synchronous machines," *IEEE Trans. Energy Convers.*, vol. 36, no. 2, pp. 895-906, Jun. 2021.

[11] F. Briz, M. W. Degner, P. García, and R. D. Lorenz, "Comparison of saliency-based sensorless control techniques for AC machines," *IEEE Trans. Ind. Appl.*, vol. 40, no. 4, pp. 1107-1115, Jul. /Aug. 2004.

[12] F. Briz, M. W. Degner, P. García, and J. M. Guerrero, "Rotor position estimation of AC machines using the zero sequence carrier signal voltage," *IEEE Trans. Ind. Appl.*, vol. 41, no. 6, pp. 1637-1646, Nov. / Dec. 2005.

[13] J. Liu and Z. Q. Zhu, "Rotor position estimation for single- and dual-three-phase permanent magnet synchronous machines based on third harmonic back-EMF under imbalanced situation," *Chin. J. Elect. Eng.*, vol. 3, no. 1, pp. 63-72, 2017.

[14] H. Zhan, Z. Q. Zhu, and M. Odavic, "Analysis and suppression of zero sequence circulating current in open winding PMSM drives with common dc bus," *IEEE Trans. Ind. Appl.*, vol. 53, no. 4, pp. 3609-3620, Jul. 2017.

[15] H. Zhan, Z. Q. Zhu, M. Odavic, and Y. Li, "A novel zero-sequence model-based sensorless method for open-winding PMSM with common dc bus," *IEEE Trans. Ind. Electron.*, vol. 63, no. 11, pp. 6777-6789, 2016.

[16] H. Zhan, Z. Q. Zhu, and M. Odavic, "Nonparametric sensorless drive method for open-winding PMSM based on zero-sequence back emf with circulating current suppression," *IEEE Trans. Power Electron.*, vol. 32, no. 5, pp. 3808-3817, 2017.

[17] S. Morimoto, K. Kawamoto, M. Sanada, and Y. Takeda, "Sensorless control strategy for salient-pole PMSM based on extended EMF in rotating reference frame," *IEEE Trans. Ind. Appl.*, vol. 38, no. 4, pp. 1054-1061, Jul. 2002.

第8章　转子极性判断

8.1　引言

如图8.1所示，定义转子位置θ_r为A相绕组轴（A轴）和转子N极（d轴）之间的夹角。如第4章所述，IPMSM的结构电感凸极和SPMSM的饱和电感凸极都以2次空间谐波的形式周期性变化。因此，基于电感凸极的无位置传感器控制方法所获得的估计位置（或估计d轴，$\hat{d}$）不包含极性信息，即无法确定为N极或S极，因此可能会产生估计误差π。如图8.1所示，当实际位置在N极，位置估计为N极时的误差为零，为S极时的误差为π。若估计转子位置位于S极，但实际转子位于N极，则输出转矩将为负，导致系统不稳定。因此，在操作之前判断极性是非常重要的。

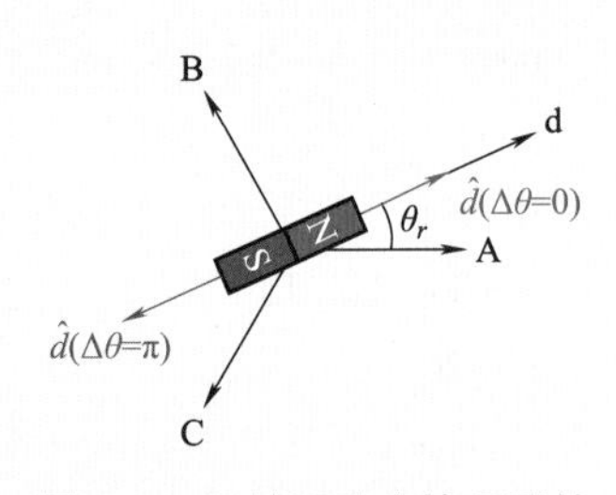

图8.1　极性不确定情况下的估计参考坐标系示意图

判断极性的基本原理是利用了磁饱和效应，该效应在IPMSM和SPMSM上均可使用。如图8.2所示，正的d轴电流将增加定子铁心的饱和程度，从而降低d轴电感，而负的d轴电流则减小饱和并增加d轴电感。

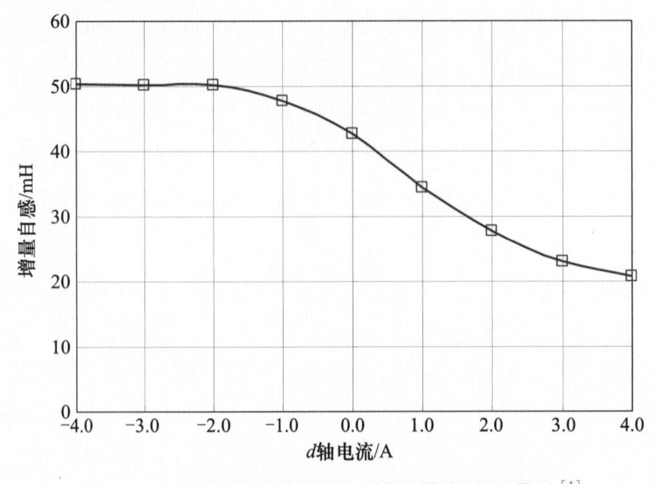

图8.2　随d轴电流变化的d轴增量自感测量值[1]

极性判断原理的分类如图 8.3 所示。根据磁饱和效应，可以向电机的 d 轴注入不同的信号，并利用相应的响应来判断极性。根据用于极性判断的注入信号或响应信号，极性判断方法基本上可分为以下几类：

1）双电压脉冲注入法[2]。

2）d 轴电流注入法[1,3]。

3）二次谐波法[3-5]。

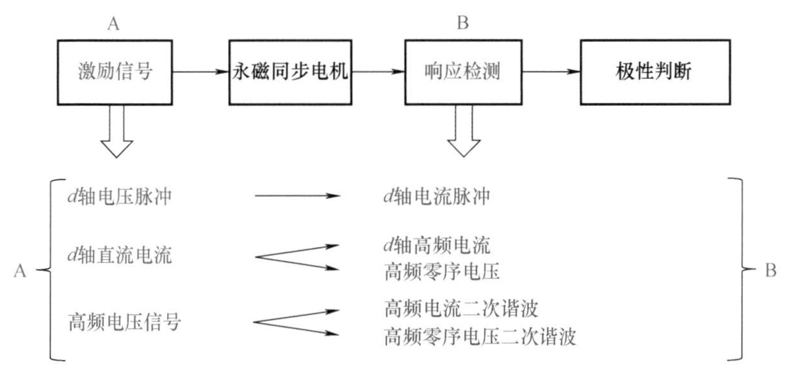

图 8.3　极性判断算法的分类

8.2　双电压脉冲注入法

通过基于凸极的无位置传感器控制算法估计出转子位置后，可在转子静止状态下采用双电压脉冲注入法[2]来判断极性：向估计的 d 轴（或 $\hat{d}$ 轴）注入两个幅值相反的电压脉冲，两个电流响应峰值之间的差值含有极性信息。图 8.4 展示了注入时的系统框图。根据磁饱和效应，电流响应峰值较高的脉冲表示实际 d 轴的方向，而电流响应峰值较低的脉冲表示实际

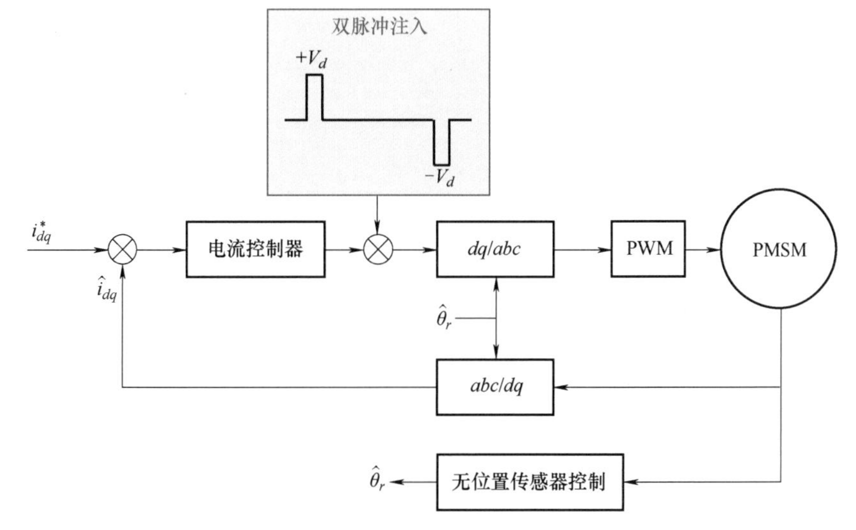

图 8.4　基于双脉冲注入法的无位置传感器驱动系统框图

d 轴的反方向。整个极性判断的流程如图 8.5 所示。此外，由于脉冲是注入到 d 轴的，因此由于注入产生的电磁转矩可以忽略不计，而且时间很短，几乎不会使转子产生移动[2]。

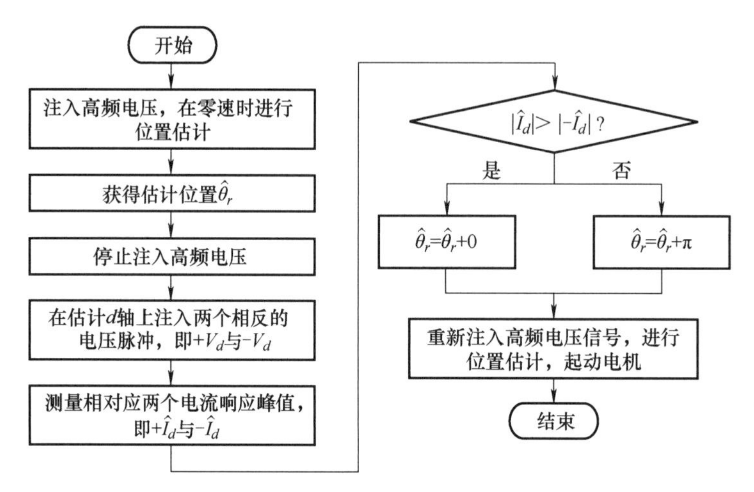

图 8.5　双电压脉冲注入法流程图

电压脉冲的选取需要遵循以下几个原则：①每个电压脉冲的宽度和两个脉冲之间的时间间隔应足够短，以便快速完成极性判断；②电压脉冲的宽度和幅值应选得足够大，以保证两个电流响应之间的差值可观测；③两个脉冲之间的时间间隔应足够长，确保前一个电流响应为零再进行注入。根据这些原则，可以离线调整电压脉冲，从而实现可靠的估计效果。

图 8.6 和图 8.7 显示了基于样机 IPMSM-Ⅰ（见附录 B）的双电压脉冲法的极性判断测量结果。

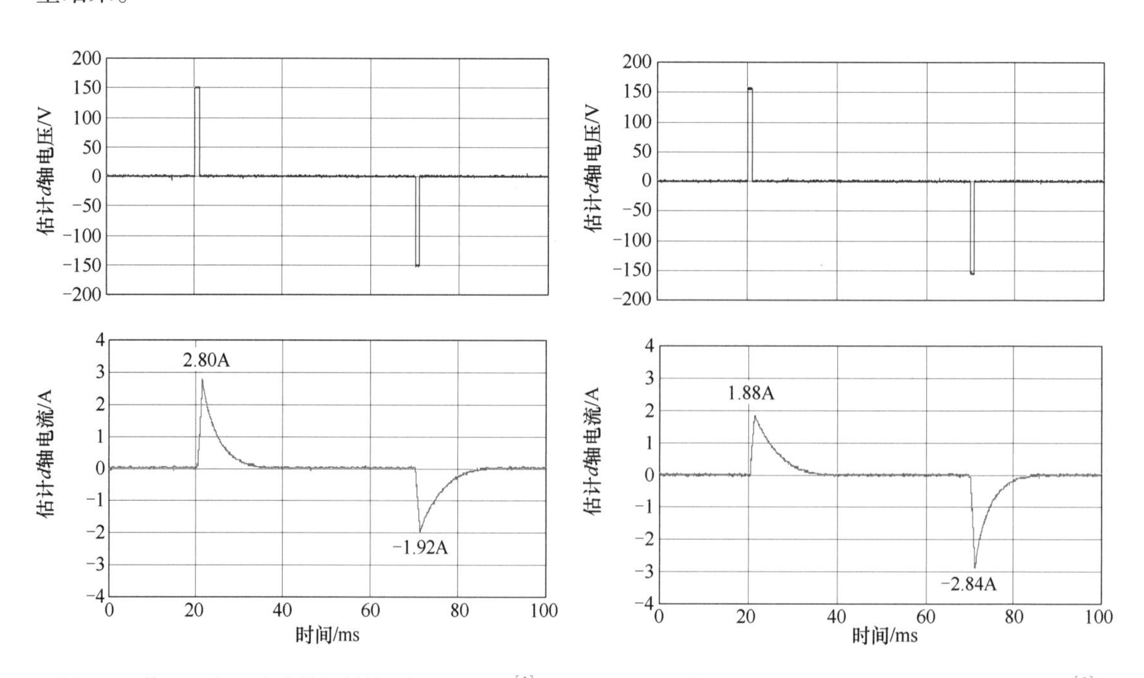

图 8.6　基于双电压脉冲的极性检测（$\Delta\theta=0°$）[1]

图 8.7　基于双电压脉冲的极性检测（$\Delta\theta=180°$）[1]

若估计的转子位置正确，即 $\Delta\theta=0°$，则注入的正 d 轴电压脉冲将导致较大的 d 轴电流响应，如图 8.6 所示。另一方面，若注入正 d 轴电压脉冲时产生的 d 轴电流响应较小时，则表明估计位置误差为 π，如图 8.7 所示。

虽然双电压脉冲注入法具有良好的信噪比及可靠的识别性能，但其收敛时间较慢[6]。此外，如图 8.5 所示，在脉冲注入过程中应停止高频电压信号的注入，以确保：①注入的电压脉冲信号不受高频电压信号注入的影响；②电压脉冲产生的电流响应不受高频信号注入的高频电流响应的影响。因此，基于双电压脉冲的极性判断是一个独立过程，很难与无位置传感器控制算法集成在一起，从而增加了系统的复杂程度。

8.3　d 轴电流注入法

8.3.1　高频电流响应

基于 d 轴高频脉振电压信号注入的无位置传感器控制算法，文献［1］提出了一种极性判断的方法：通过在 d 轴注入直流电流，利用 d 轴高频电流响应来判断极性。

如第 4 章所述，向估计的 d 轴注入高频脉振电压信号后，d 轴高频电流响应可推导为

$$\hat{i}_{dh}=[I_p+I_n\cos(2\Delta\theta+\theta_m)]\sin(\omega_h t) \tag{8.1}$$

式中，$I_p=\dfrac{V_h}{\omega_h L_p}$；$I_n=\dfrac{V_h}{\omega_h L_n}$；$L_p=\dfrac{L_{dh}L_{qh}-L_{dqh}^2}{L_{sa}}$；$L_n=\dfrac{L_{dh}L_{qh}-L_{dqh}^2}{\sqrt{L_{sd}^2+L_{dqh}^2}}$；$\theta_m=\arctan\left(\dfrac{-L_{dqh}}{L_{sd}}\right)$。

d 轴高频电流响应的幅值可通过以下方法提取

$$|\hat{i}_{dh}|=\text{LPF}\left(\hat{i}_{dh}\times2\sin(\omega_h t)\right)=I_p+I_n\cos(2\Delta\theta+\theta_m) \tag{8.2}$$

假设位置估计误差足够小，则在估计的同步旋转坐标系中，d 轴高频电流的幅值可简化为

$$|\hat{i}_{dh}|=I_p+I_n\cos(2\Delta\theta+\theta_m)\approx I_p+I_n\cos\theta_m=\frac{V_h}{\omega_h}\cdot\frac{L_{qh}}{L_{dh}L_{qh}-L_{dqh}^2} \tag{8.3}$$

同时考虑到互感非常小，即 $L_{dqh}^2\ll L_{dh}L_{qh}$，因此式（8.3）可简化为

$$|\hat{i}_{dh}|\approx\frac{V_h}{\omega_h}\cdot\frac{L_{qh}}{L_{dh}L_{qh}-0}\approx\frac{V_h}{\omega_h}\cdot\frac{1}{L_{dh}} \tag{8.4}$$

给定一个注入的高频电压信号（V_h/ω_h），式（8.4）表明 d 轴高频电流的幅值只取决于 L_{dh}。由于磁饱和，L_{dh} 的大小主要取决于 d 轴直流电流。因此，可以根据 d 轴直流电流 $|\hat{i}_{dh}|$ 的变化来确定极性。

图 8.8 提供了基于样机 IPMSM-Ⅰ的实验结果[1]，图中显示了不同 d 轴直流电流下的 d 轴高频电流。显然，通过比较不同的直流电流情况下（即 2A 和−2A）的 $|\hat{i}_{dh}|$，可以判断出极性。直流电流的大小可通过离线测试选取。为实现可靠的识别效果，应该保证足够高的直流电流，即在 N 极和 S 极之间产生足够的电流差。

d 轴电流注入方法的框图如图 8.9 所示，图中，基于 FOC 驱动系统，d 轴电流注入法可

与第 4 章介绍的 d 轴脉振高频电压信号注入方法相结合。高频电流响应可通过带通滤波器（BPF）获得，并用于估计转子位置和极性判断。如图 8.9 所示，由于该方法利用高频电流响应来判断极性，因此可以无缝集成到 d 轴脉振高频信号注入方法中。与双电压脉冲注入方法相比，d 轴电流注入方法可以在高频电压信号注入过程中执行，因此无需停止高频电压信号注入来判断极性。

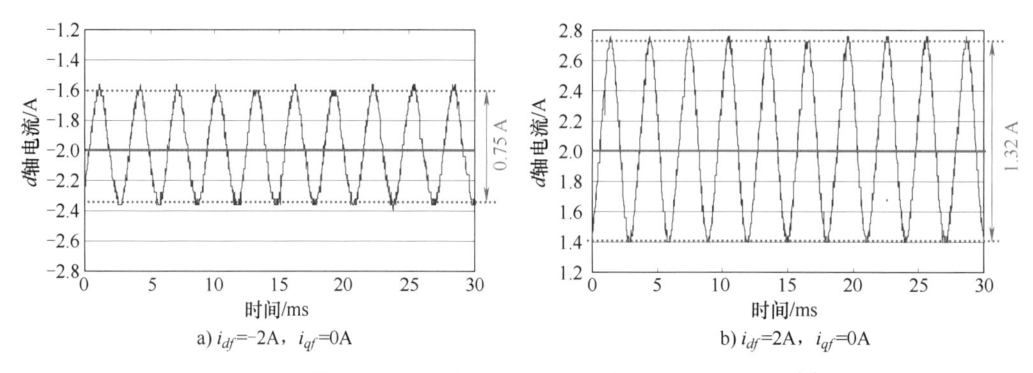

图 8.8　基于不同 d 轴直流电流下的 d 轴高频电流测量值[1]

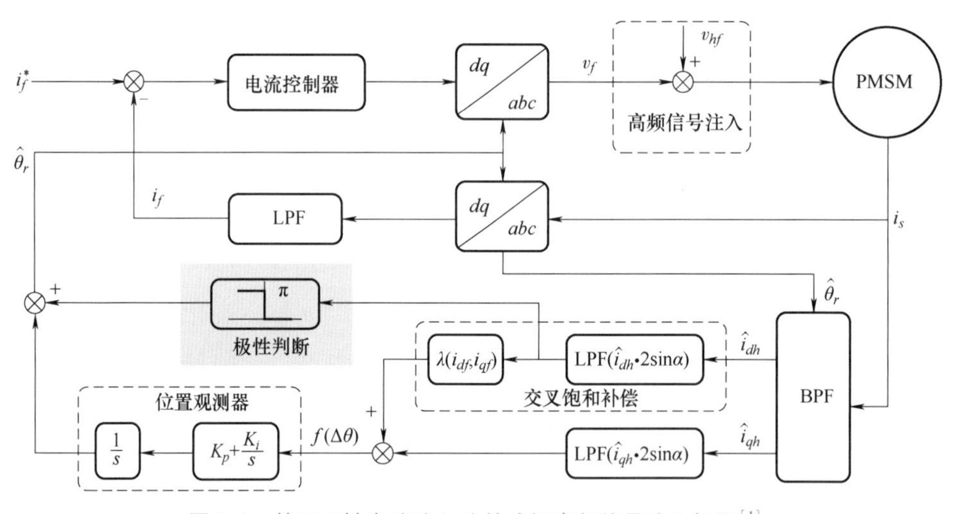

图 8.9　基于 d 轴电流注入法的脉振高频信号注入框图[1]

该方法的流程图如图 8.10 所示。需要注意的是，在检测过程中不能对电机施加转矩（i_{qf}=0A），因为极性还未识别，可能会产生负转矩。在驱动系统启动前，可通过传统的无位置传感器方法获取转子的方向信息，这时无需直流励磁（i_{df}=0A，i_{qf}=0A）。同时，记录此情况下 d 轴高频电流的幅值（步骤 1）。此时，估计的转子方向正确或误差为 π。根据估计的转子方向，按照给定参考值注入 d 轴直流电流。实验中样机的参考值为（i_{df}=2A，i_{qf}=0A）。同时，该负载条件下的 d 轴高频电流幅值也被存储到处理器内存中（步骤 2）。然后，将直流电流参考值重置为零（i_{df}=0A，i_{qf}=0A）（步骤 3）。最后，比较不同负载条件下 d 轴高频电流的幅值。幅值的增加表明估计的转子方向正确，否则应加上 π。

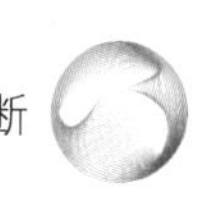

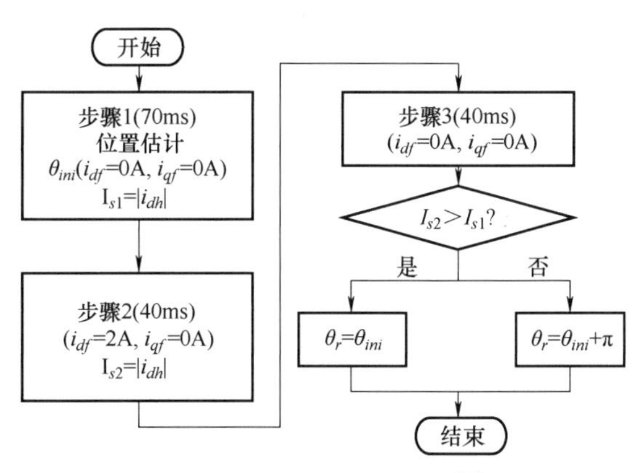

图 8.10 极性判断流程图[1]

图 8.11 所示的实验结果证实了该方法极性判断的有效性。可以发现，包括极性判断在内的转子初始位置估计仅需不到 150ms。

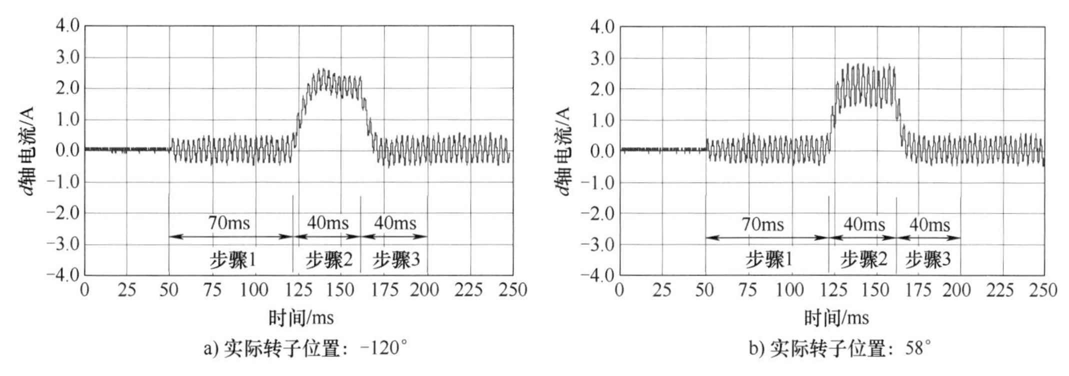

图 8.11 d 轴电流瞬时值[1]

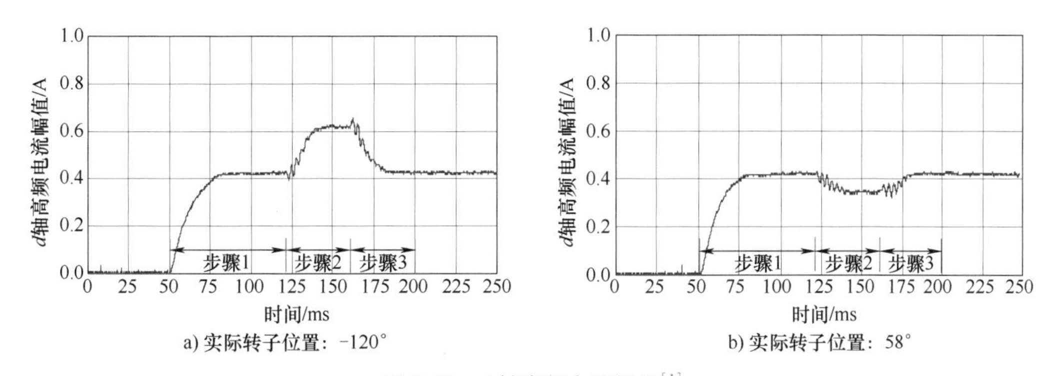

图 8.12 d 轴高频电流幅值[1]

如图 8.12 所示，估计算法在 50ms 时启动。在步骤 1 中，在直流励磁（$i_{df}=0A$，$i_{qf}=0A$）下首先获得无极性信息的转子位置。在步骤 2，注入直流电流（$i_{df}=2A$，$i_{qf}=0A$）。最后，在步骤 3 将直流电流重置（$i_{df}=0A$，$i_{qf}=0A$）。在整个过程中，记录 d 轴高频电流的幅值。在步骤 3 结束时，通过比较在 d 轴直流电流为 0A（步骤 1）和 2A（步骤 2）时的 d 轴高频电流幅值的变化，来进行极性判断。如图 8.13a 所示，d 轴高频电流的幅值增加表明步骤 1 时估计的转子位置是正确的。否则应增加 π，如图 8.13b 所示。

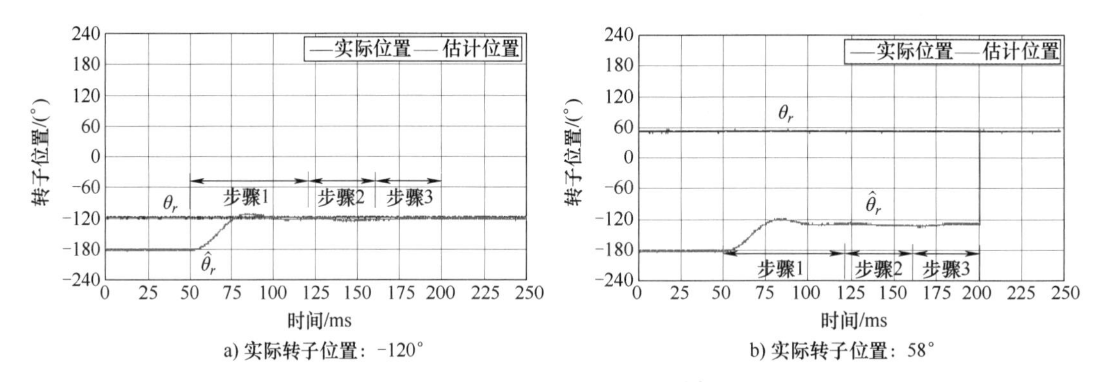

图 8.13　估计转子位置信息[1]

总之，基于 d 轴电流注入的极性判断方法，只需略微增加计算工作量，即可与高频信号注入方法相结合。与基于二次谐波的方法相比，该方法具有信噪比更高、计算量更小的优点，因而检测结果鲁棒性更强。

8.3.2　高频零序电压响应

基于 d 轴直流电流注入法的原理是基于 d 轴电感随 d 轴磁饱和的变化而变化[1]。除高频电流响应外，高频零序电压（ZSV）响应也可用于识别极性[3]。如第 6 章所述，旋转高频信号注入的高频零序电压响应可表示为

$$v_{\mathrm{SN}}=\frac{V_h}{4}\left(\frac{L_{qh}}{L_{dh}}-\frac{L_{dh}}{L_{qh}}\right)\cos(\omega_h t+2\theta_r) \tag{8.5}$$

高频零序电压响应的幅值可以提取为

$$|v_{\mathrm{SN}}|=\mathrm{LPF}\left(v_{\mathrm{SN}}\times 2\cos(\omega_h t+2\hat{\theta}_r)\right)=\frac{V_h}{4}\left(\frac{L_{qh}}{L_{dh}}-\frac{L_{dh}}{L_{qh}}\right)\cos(2\Delta\theta) \tag{8.6}$$

基于样机 IPMSM-Ⅱ（见附录 B），以下结果验证了该方法的有效性，样机的有限元（FE）仿真电感值见表 8-1。

表 8-1　样机 IPMSM-Ⅱ的有限元计算电感

变　量	数值/mH
平均相电感	2.4
相电感的二次谐波	0.6
$(f_h/f_e\pm1)$ 次高频相电感	0.08/0.09

通过有限元仿真计算出的 d 轴和 q 轴增量电感如图 8.14 所示，从中可以看出 L_{dh} 随 d 轴电流（即 d 轴磁饱和）的变化而显著变化，而 L_{qh} 则基本不变。根据图 8.14 中的仿真电感值，可以进一步计算出式（8.6）中与高频零序电压幅值相关的（$L_{qh}/L_{dh}-L_{dh}/L_{qh}$）值（见

图 8.15)。从图 8.15 可以看出，与（$L_{qh}/L_{dh}-L_{dh}/L_{qh}$）成正比的高频零序电压幅值随着饱和程度的变化而显著变化，因此基于高频零序电压的方法也可以根据 d 轴直流电流的变化确定极性。

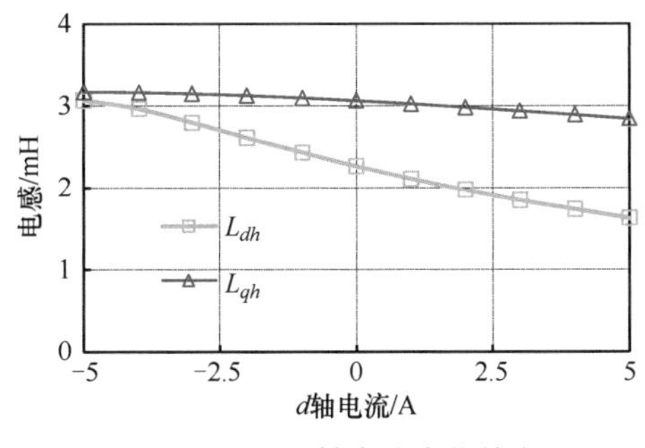

图 8.14　随 d 轴电流变化的有限元仿真增量电感值

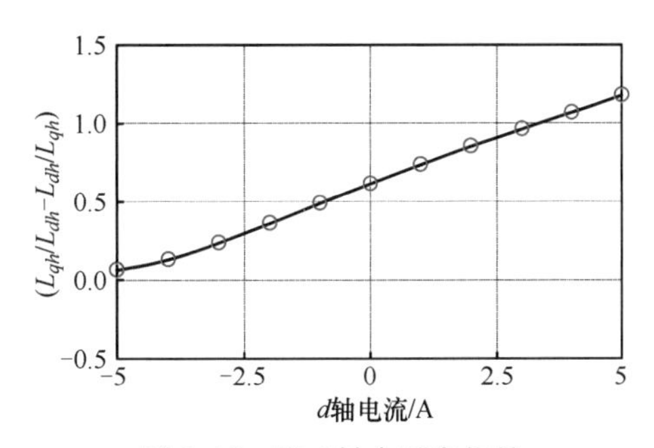

图 8.15　随 d 轴电流变化的（$L_{qh}/L_{dh}-L_{dh}/L_{qh}$）计算值

基于同样的估算过程（见图 8.15)，图 8.16 比较了 d 轴高频电流和高频零序电压在 d 轴直流电流分别为−5A 和 5A 时的幅值大小变化。显然高频零序电压的幅值变化要比 d 高频轴电流大得多。因此，使用零序电压可以显著提高极性判断的灵敏度。

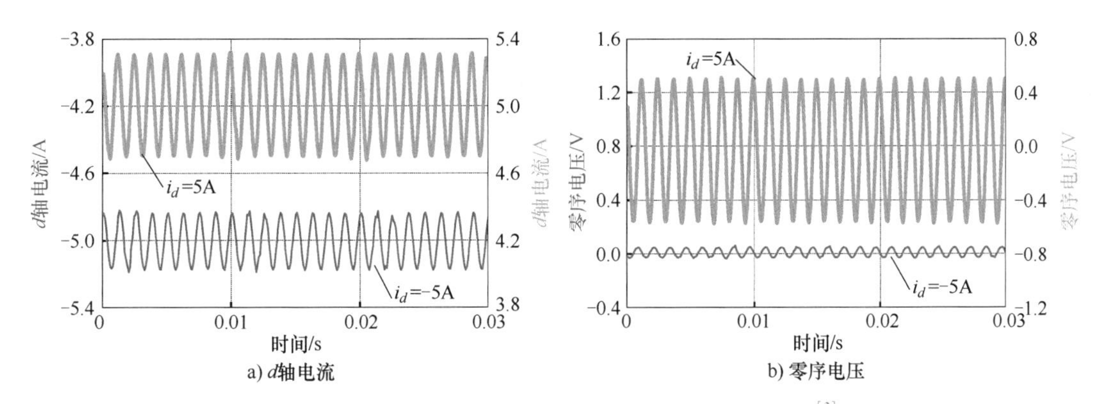

图 8.16　随 d 轴电流变化的高频响应幅值变化测量值[3]

8.4　2 次谐波法

双电压脉冲注入法和 d 轴直流电流注入法需要高频信号之外的额外激励信号，因此收敛速度较慢。相比之下，因为无需额外信号改变饱和程度[4,5]，基于 2 次谐波的方法具有更快的收敛速度。高频电流响应[4,5]和高频零序电压响应[3,7]中的 2 次谐波都可用于判断极性，本节将对其进行介绍和比较。

8.4.1　数学模型

基于饱和时磁链与电流的非线性关系，文献［4，5］通过泰勒级数对高频电流的 2 次谐波进行了数学建模。文献［7］对 2 次谐波则给出了更深入的解释。假设注入一个高频旋转信号后，将会产生两个主要的高频电感谐波，即f_h+f_e/f_h-f_e（f_h 和f_e 分别为高频频率和基波频率），这是由于主磁通和高频磁通之间的饱和调制造成[8,9]。饱和调制效应的数学模型详见第6章。当考虑饱和调制效应时，等效三相电感可描述为

$$\begin{cases}L_{AA}=L_{s0}-L_{s2}\cos(2\theta_r)+L_{f_h-f_e}\sin(\theta_h-\theta_r)+L_{f_h+f_e}\sin(\theta_h+\theta_r)\\L_{BB}=L_{s0}-L_{s2}\cos(2\theta_r+2\pi/3)+L_{f_h-f_e}\sin(\theta_h-\theta_r)+L_{f_h+f_e}\sin(\theta_h+\theta_r+2\pi/3)\\L_{CC}=L_{s0}-L_{s2}\cos(2\theta_r-2\pi/3)+L_{f_h-f_e}\sin(\theta_h-\theta_r)+L_{f_h+f_e}\sin(\theta_h+\theta_r-2\pi/3)\end{cases} \tag{8.7}$$

式中，$\theta_h=\omega_h t$；$L_{fh\text{-}fe}$和L_{fh+fe}分别为（f_h/f_e-1）和（f_h/f_e+1）次谐波电感幅值。

可见，在推导的电感中，存在两个高频谐波，即包含极性信息的f_h+f_e 和f_h-f_e。此外根据式（8.8），通过坐标变换，d 轴和 q 轴电感可推导为

$$\begin{cases}L_d=L_{s0}-L_{s2}/2+L_{f_h-f_e}\sin(\omega_h t-\theta_r)/2+L_{f_h+f_e}\sin(\omega_h t-\theta_r)/2\\L_q=L_{s0}+L_{s2}/2+L_{f_h-f_e}\sin(\omega_h t-\theta_r)/2-L_{f_h+f_e}\sin(\omega_h t-\theta_r)/2\\L_{dq}=L_{f_h+f_e}\cos(\omega_h t-\theta_r)/2\end{cases} \tag{8.8}$$

8.4.2 高频电流响应

本节的分析基于传统旋转电压信号注入方法，其基本原理已在第4章中介绍，这里不再赘述。

假设在静止坐标系中注入一个旋转电压信号，可表示为

$$v_\alpha+\mathrm{j}v_\beta=V_h(\cos\omega_h t+\mathrm{j}\sin\omega_h t) \tag{8.9}$$

相应地，在式（8.8）中考虑高频电感谐波后，高频电流响应可表示为

$$i_{\alpha\beta h}\approx\frac{V_h}{\omega_h(L_{s0}^2-L_{s2}^2/4)}\left[2L_{s0}\mathrm{e}^{\mathrm{j}\left(\omega_h t-\frac{\pi}{2}\right)}+L_{s2}\mathrm{e}^{\mathrm{j}\left(-\omega_h t+2\theta_r+\frac{\pi}{2}\right)}+\frac{L_{f_h-f_e}}{2}\mathrm{e}^{\mathrm{j}(2\omega_h t-\theta_r)}-\frac{L_{f_h+f_e}}{2}\mathrm{e}^{\mathrm{j}(-2\omega_h t+3\theta_r)}\right] \tag{8.10}$$

对于高频电流响应，由于式（8.8）中的高频电感谐波，在$2f_h-f_e$ 倍频处会产生2次正序谐波，在$-2f_h+3f_e$ 倍频处会产生负序高频电流。由于正序高频电流$2f_h-f_e$ 包含实际转子位置信息，因此可用于极性判断。则从高频电流响应的2次谐波中提取极性信息的方法可表示为

$$i_{2nd}=\mathrm{Re}[\mathrm{LPF}(i_{\alpha\beta h}\mathrm{e}^{\mathrm{j}(-2\omega_h t+\hat{\theta}_r)})]=\frac{V_h L_{f_h-f_e}}{2\omega_h(L_{s0}^2-L_{s2}^2/4)}\cos\Delta\theta \tag{8.11}$$

极性判断的全过程如图8.17所示。

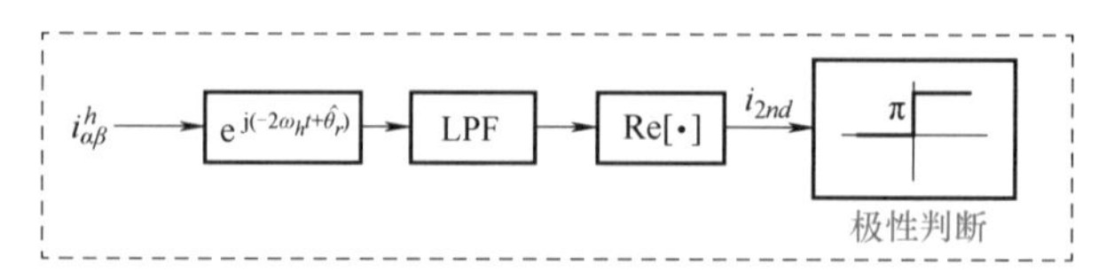

图8.17　2次谐波高频电流响应的解调过程

8.4.3 高频零序电压响应

除高频电流响应外，高频零序电压响应也可用于提取2次谐波分量，以进行极性的识

别。基于高频零序电压的无位置传感器控制方法的基本原理已在第6章介绍。

在式（8.8）中考虑高频电感谐波后，高频零序电压响应可推导为

$$v_{SN} \approx V_h \frac{\left[L_{s0}L_{s2}\cos(\omega_h t+2\theta_r)-L_{s2}^2\cos(\omega_h t-4\theta_r)-\left(L_{s0}L_{f_h+f_e}+\frac{L_{s2}L_{f_h-f_e}}{2}\right)\sin(2\omega_h t+\theta_r)\right]}{(2L_{s0}^2-L_{s2}^2/2)} \tag{8.12}$$

对于高频零序电压响应，只有一个2次正序谐波出现在 $2f_h+f_e$ 倍频处，可用于极性判断。此外，高频零序电压响应的2次正序谐波可通过以下方法提取：

$$v_{2nd}=\mathrm{LPF}\left[v_{SN}\left(-2\sin(2\omega_h t+\hat{\theta}_r)\right)\right]=k\cos(\Delta\theta),(k>0) \tag{8.13}$$

式中，k 为2次谐波幅值。

通过判断式（8.13）中值的正负，可判断极性，其过程如图8.18所示。

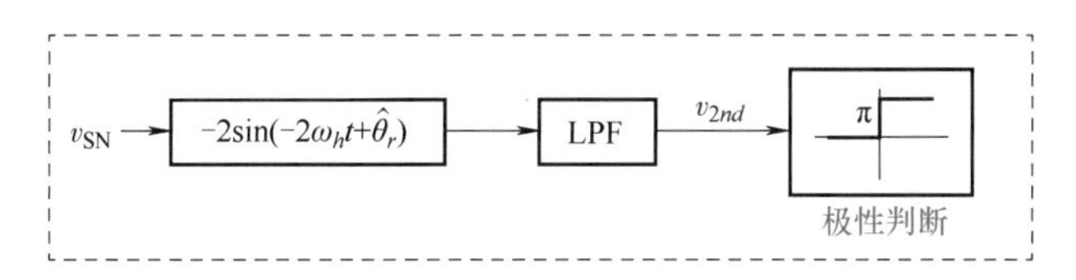

图8.18　2次谐波高频零序电压响应的解调过程

8.4.4　实验结果

基于样机IPMSM-Ⅱ（见附录B），2次谐波方法的实验结果如图8.19所示。图8.19展示了基波为2.5Hz的8V/300Hz旋转信号注入时测得的2次谐波频谱。高频旋转信号幅值和频率的选取可根据第5章介绍的方法。

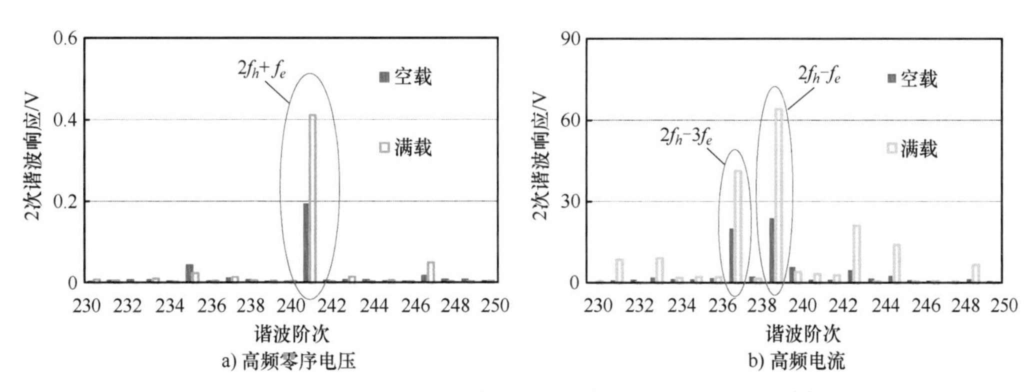

图8.19　旋转信号注入时的2次谐波响应测量值的频谱[3]

从图8.19可以看出，零序高频电压含有第241次（$2f_h+f_e$）谐波，高频电流含有第239次（$2f_h-f_e$）和第237次（$2f_h-3f_e$）谐波，这与式（8.10）和式（8.12）中的分析结果一致。此外，图8.19a中的高频零序电压谐波与图8.19b中的高频电流谐波相比，信号幅值更大，信号失真更小，因此高频零序电压的2次谐波检测方法具有响应快速和信噪比高的优势。此外由于高频零序电压只有一个主频率分量（$2f_h+f_e$），因此极性判断的信号解调也比

含有两个主谐波（$2f_h-f_e$ 和 $2f_h-3f_e$）的高频电流简单。但是，如第 6 章所述，基于高频零序电压方法的主要问题是需要额外的电压传感器和电阻网络来获得虚拟中性点。

8.5 总结

本章介绍了基于高频信号注入的无位置传感器控制方法的极性判断。基于凸极的无位置传感器技术需要进行极性判断，因为凸极效应造成电感在一个电周期内经历两个周期。基于 d 轴的磁饱和效应，可以通过不同的信号注入和相应的响应来判断极性。本章通过实验结果说明了三种经典的方法，它们之间的总体比较如图 8.20 所示。

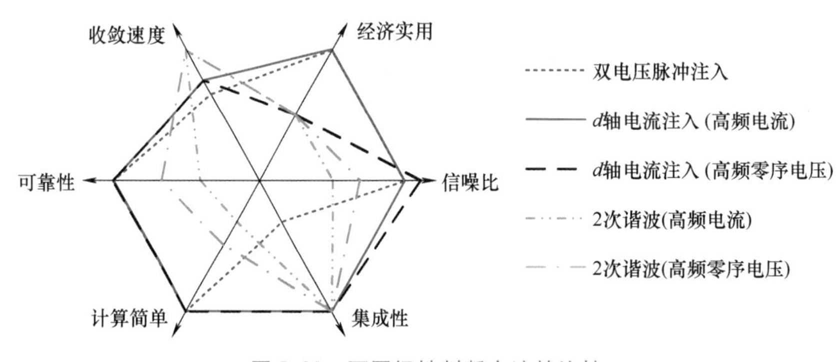

图 8.20 不同极性判断方法的比较

总结如下：

1）基于双电压脉冲注入的方法简单稳定，但它是一个独立的估计过程，需要停止高频信号的注入，从而降低整体估计速度。

2）基于 d 轴直流电流注入的方法，通过高频电流响应或高频零序电压响应，可以获得可靠的估计性能。高频零序电压响应比高频电流响应具有更大的极性差异，但需要额外的硬件，从而增加了成本。与双电压脉冲注入相比，这种方法可以与传统的基于高频信号注入的无位置传感器控制方法相结合。由于需要注入直流电流来判断极性，因此还需要进一步提高算法的收敛速度。

3）基于 2 次谐波的方法由于不使用额外激励信号进行极性判断，其收敛速度最快[10]，但 2 次谐波分量的幅值较低，在鲁棒性方面有所限制。虽然使用高频零序电压响应可以获得更大的幅度，但需要额外的硬件，从而增加了系统成本。

参考文献

[1] L. M. Gong and Z. Q. Zhu, "Robust initial rotor position estimation of permanent-magnet brushless ac machines with carrier-signal-injection-based sensorless control," *IEEE Trans. Ind. Appl.*, vol. 49, no. 6, pp. 2602-2609, Nov. 2013.

[2] T. Aihara, A. Toba, T. Yanase, A. Mashimo, and K. Endo, "Sensorless torque control of salient-pole syn-

chronous motor at zero-speed operation," *IEEE Trans. Power Electron.*, vol. 14, no. 1, pp. 202-208, Jan. 1999.

[3] P. L. Xu and Z. Q. Zhu, "Initial rotor position estimation using zero-sequence carrier voltage for permanent-magnet synchronous machines," *IEEE Trans. Ind. Electron.*, vol. 64, no. 1, pp. 149-158, Jan. 2017.

[4] H. Kim, K. K. Huh, and R. D. Lorenz, "A novel method for initial rotor position estimation for IPM synchronous machine drives," *IEEE Trans. Ind. Appl.*, vol. 40, no. 5, pp. 1369-1378, 2004.

[5] Y. Jeong, R. D. Lorenz, T. M. Jahns, and S. K. Sul, "Initial rotor position estimation of an interior permanent-magnet synchronous machine using carrier-frequency injection methods," *IEEE Trans. Ind. Appl.*, vol. 41, no. 1, pp. 38-45, Jan. 2005.

[6] J. Holtz, "Acquisition of position error and magnet polarity for sensorless control of PM synchronous machines," *IEEE Trans. Ind. Appl.*, vol. 44, no. 4, pp. 1172-1180, 2008.

[7] P. L. Xu, Z. Q. Zhu, and D. Wu, "Carrier signal injection-based sensorless control of permanent magnet synchronous machines without the need of magnetic polarity identification," *IEEE Trans. Ind. Appl.*, vol. 52, no. 5, pp. 3916-3926, Sep. 2016.

[8] A. Consoli, G. Scarcella, G. Bottiglieri, and A. Testa, "Harmonic analysis of voltage zero-sequence-based encoderless techniques," *IEEE Trans. Ind. Appl.*, vol. 42, no. 6, pp. 1548-1557, Nov. /Dec. 2006.

[9] A. Consoli, G. Bottiglieri, G. Scarcella, and G. Scelba, "Flux and voltage calculations of induction motors supplied by low- and high-frequency currents," *IEEE Trans. Ind. Appl.*, vol. 45, no. 2, pp. 737-746, Mar. 2009.

[10] M. C. Harke, D. Raca, and R. D. Lorenz, "Implementation issues for fast initial position and magnet polarity identification of PM synchronous machines with near zero saliency," *Conf. Power Electron. Appl.*, 2005, pp. 1-10.

第9章 转子初始位置估计

9.1 引言

当转子在静止状态下，对于无刷交流电机（或PMSM）和无刷直流电机而言，转子的初始位置信息对于稳定快速的起动性能至关重要[1]。如果转子初始位置未知，起动过程中可能会出现反转或者振荡的现象，从而导致启动失败。转子初始位置可以通过两种方式进行估计：第一种是连续的初始位置，从0~2π；第二种是离散的扇区，即从0~2π的整个位置范围被分成几个相等的扇区，如图9.1所示。

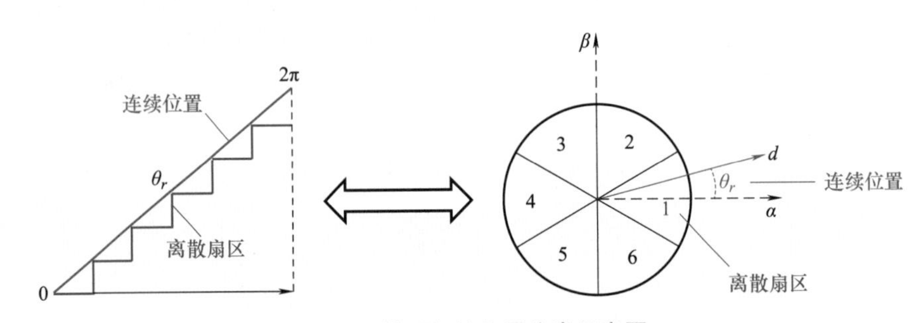

图9.1 转子初始位置分类示意图

如图9.2所示，在静止状态下，可以通过在第4章介绍的基于高频信号注入（HFSI）的无位置传感器控制方法来获得连续的位置信号。离散的扇区则可以通过短时脉冲注入的方法[2-6]以及基于幅值调制的高频旋转正弦信号注入方法[7]进行估计。这两种方法都可应用于BLDC和BLAC（PMSM）驱动系统，并都具有良好的估计性能。

基于HFSI的无位置传感器控制方法，可以估算出连续的转子初始位置。然而，这种方法需要用到第8章所述的极性判断，以及滤波器和信号解调，实施起来相对复杂，导致整个驱动系统的成本要求更高[8]。此外，这类方法需要电机拥有足够的凸极性，更适合具有凸极结构的IPM电机。

另一种方法则是基于短时脉冲注入的离散扇区估计，通过向定子绕组注入数个持续时间较短的电压脉冲，转子初始位置可从不同的响应信号中获得，包括三相电流[2,3]、直流母线电流[4]、直流母线电压[5]和相电压[6]。这类方法本质上已经包含了极性判断的过程，所以

不需要额外的算法。虽然位置估计的分辨率可能低于 HFSI 方法，但基于短时脉冲注入的方法仍能提供可靠的估计效果，且信噪比也满足使用[9]。由于不需要滤波器和信号解调，基于短时脉冲注入的方法更加鲁棒，实现起来也更为简单。因此，短时脉冲注入的方法是低成本系统的理想选择。除 IPM 电机外，这种方法还可以利用饱和效应应用于 SPM 电机。

此外，通过采用基于短时脉冲注入方法的优点，文献［7］提出了一种混合方法以简化传统的基于高频信号的转子初始位置估计。虽然注入了高频旋转信号，但通过比较高频电流响应的幅值来估算转子扇区，而不是连续位置。与采用传统高频信号注入无位置传感器控制的连续位置估算相比，估计过程得到了简化，算法执行时间也能缩短。

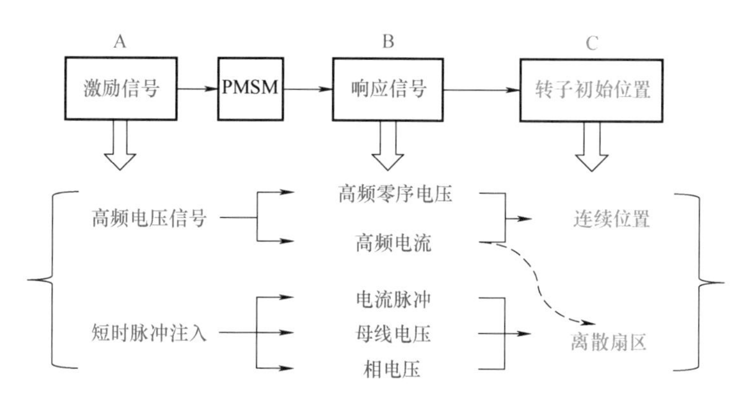

图 9.2　转子初始位置估计分类

本章首先介绍基于离散扇区的转子初始位置估计。讲解了磁饱和效应和基于短时脉冲注入法的基本原理[2]。随后详细介绍了两种基于传统方法进行改进的估计方法[3,5]，并给出了实验结果。同时，为了获得可靠的估计性能，需要确定注入脉冲的幅值和持续时间，因此本章提供了脉冲选择的依据。最后，介绍了一种混合初始位置估计方法[7]，并与短时脉冲注入方法进行了比较。

9.2　磁饱和效应

大多数基于短时脉冲注入的转子初始位置估计方法都依赖于磁饱和效应，本节将对该效应进行说明。

定子铁心是一种非理想磁性材料，随着铁心中磁通的增加，它开始饱和，导致电感减小。图 9.3 是 SPM 电机极性判断简化示意图。导致定子铁心饱和的总磁通由两部分组成：永磁体产生的磁通 ψ_{magnet} 和绕组电流产生的磁通 ψ_{coil}。第 8 章介绍了仅由绕组电流引起的磁饱和效应可用于极性判断。本章则将介绍永磁磁通和线圈磁通共同引起的磁饱和效应，该效应可用于

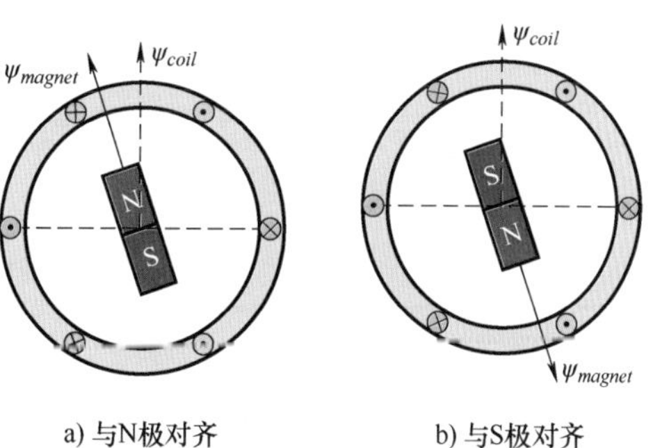

图 9.3　SPM 电机极性判断简化示意图

初始位置估计和极性判断[2-6]。

首先，在仅有永磁体的电机磁路中，当定子铁心靠近转子上磁极时，定子铁心会变得更加饱和，导致电感减小。当转子磁极移开时，电感则会增加。因此，电感会随着转子位置的变化而变化。然而，永磁体具有一个N极和一个S极，它们会产生相同的饱和效果，即电感在一个电气周期内会变化两次，这导致了初始位置估计可能会产生大小为π的误差。此时，如第8章所述，可以利用线圈电流产生的磁通来进行极性判断。如图9.3a所示，当N极与线圈对齐时，即线圈电流产生的磁通与永磁体磁通方向一致，总磁通增加，定子铁心的饱和增强，电感略有下降。然后，如图9.3b所示，当S极与线圈对齐时，即线圈磁通与永磁体磁通相反，总磁通减少，导致饱和度降低，电感略有增加。通过这种方式，就可以确定永磁体极性。总体而言，如图9.4所示，由于磁饱和效应，电感随转子位置而变化。因此转子的初始位置估计可利用上述原理实现。

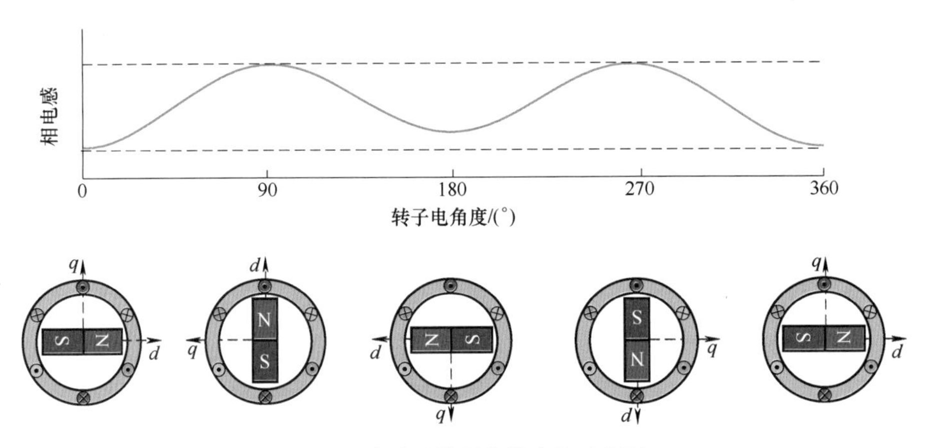

图9.4　电感随转子位置变化示意图

9.3　基于三相电流检测的电压脉冲注入法

基于磁饱和效应，通过注入数个短时电压脉冲并检测电流响应，便可以检测得到转子的初始位置。基于此，本节介绍了转子初始位置估计的一种基本方法[2]。

9.3.1　脉冲激励策略

如表9-1所示，一个两电平三相电压源逆变器共有八个开关状态，其中六个可用于激励绕组进行初始位置的估计。

表9-1　激励配置总结

开关动作	100	110	010	011	001	101
电压矢量	$\boldsymbol{v}_1$	$\boldsymbol{v}_2$	$\boldsymbol{v}_3$	$\boldsymbol{v}_4$	$\boldsymbol{v}_5$	$\boldsymbol{v}_6$
注入位置/(°)	0	60	120	180	240	300

（续）

开关动作	100	110	010	011	001	101
注入相	A+	C−	B+	A−	C+	B−
用于位置估计的相电流	i_A	i_C	i_B	i_A	i_C	i_B
扇区	1	2	3	4	5	6

如表 9-1 所总结，利用六种开关状态，可以在六个选定的电压矢量位置注入六个电压脉冲（$\boldsymbol{v}_1 \sim \boldsymbol{v}_6$，见图 9.5）。此外，每个注入位置还对应着一个注入相，对应的相电流则用于位置估计，表 9-1 给出了相应信息。最后，每个注入位置与一个从 1~6 编号的扇区相关联，可以用于识别转子 N 极的位置。

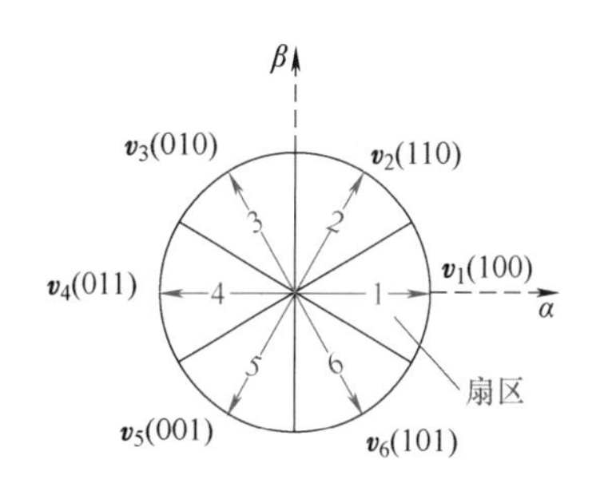

图 9.5　与各扇区相关联的电压矢量

此外，对于不同的电压矢量，激励配置如图 9.6 所示。

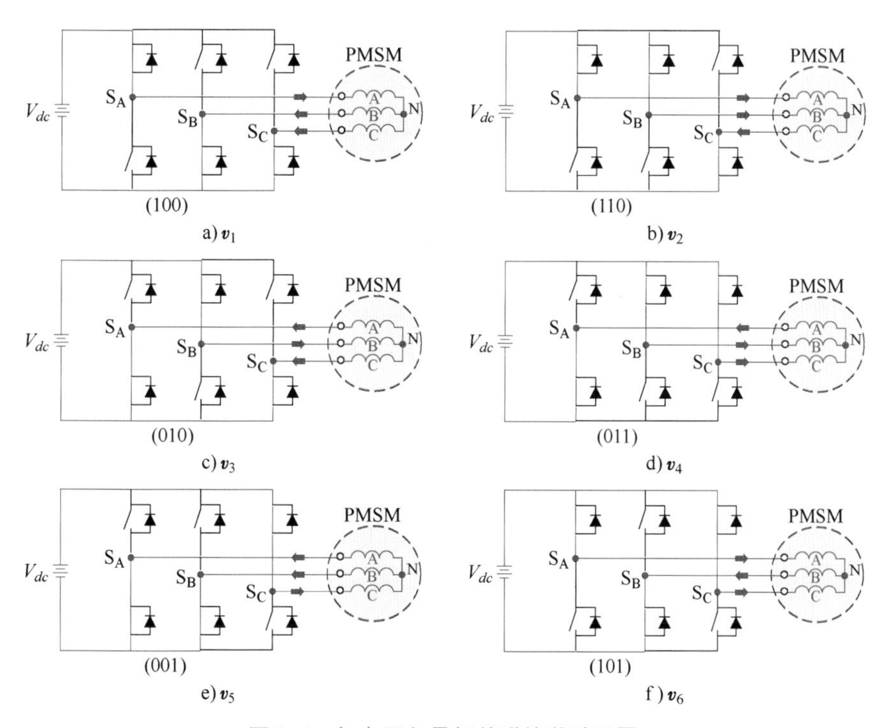

图 9.6　与电压矢量相关联的激励配置

9.3.2　电流响应模型

在任意转子位置，注入电压脉冲后的电流响应可以视为阶跃响应，表示为

$$i(t)=\frac{V_P}{R_{eq}}\left(1-\mathrm{e}^{-\frac{R_{eq}}{L_{eq}}t}\right) \tag{9.1}$$

式中，i 是电流响应；t 是时间；V_P 是电压幅值；R_{eq} 和 L_{eq} 分别是激励电路中的等效电阻和电感。

然后，测量电流响应的峰值。由于电感随着转子位置变化，因此测量的电流响应峰值与转子位置有关，即可用于位置估计。

以 A 相电流响应为例，通过在不同的转子位置向 A 相注入电压脉冲（$\boldsymbol{v}_1$），测得的 A 相电流响应峰值测量值与转子位置的关系如图 9.7 所示。

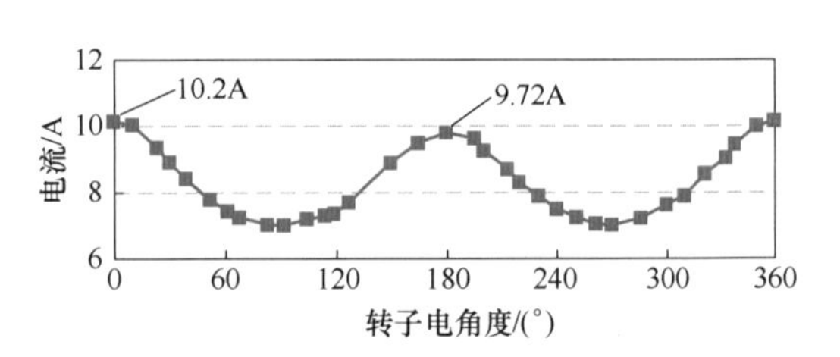

图 9.7　A 相电流响应的峰值测量值与转子位置的关系[3]

测量结果基于样机 SPMSM-Ⅲ（见附录 B），测量的电流响应随着转子位置而变化。此外，可以清楚地看到，对应于转子的 N 极和 S 极的电流响应存在 0.71A 的差异，足以用于极性判断。

9.3.3　初始位置估计

本节介绍了一种常用的传统转子初始位置估计方法[2]，并在图 9.8 中显示了整体估计流程图。该方法基于磁饱和效应（见表 9-1），较大的峰值表明电压脉冲注入的位置更接近转子 N 极。

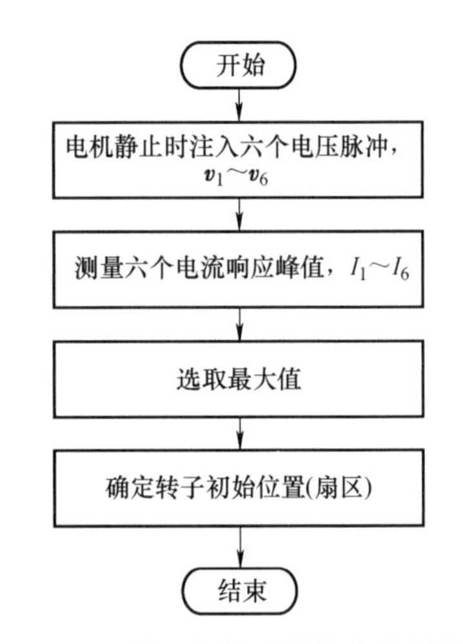

图 9.8　转子初始位置估计流程图

在转子静止状态下，注入六种不同电压脉冲（电压矢量）后，测量并比较电流响应的峰值，通过检测六个电流响应中的最大峰值，可以确定转子初始位置为图 9.5 中的一个扇区。基于样机 SPMSM-Ⅲ（见附录 B）的实验示例如图 9.9 所示，电压脉冲的幅值和持续时间分别为 60V 和 5ms，实际转子位置为 120°。在实验中，一共注入了六个电压脉冲，其中矢量 $\boldsymbol{v}_3$ 对应的第三个电流响应的峰值最大。因此，转子初始位置估计为 120°（即位于第 3 扇区）。

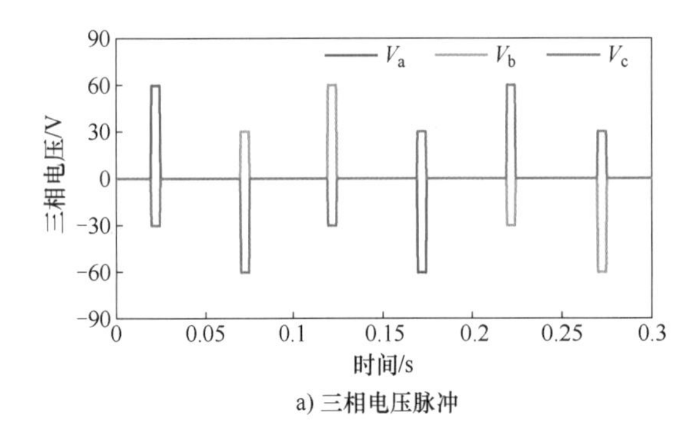

a) 三相电压脉冲

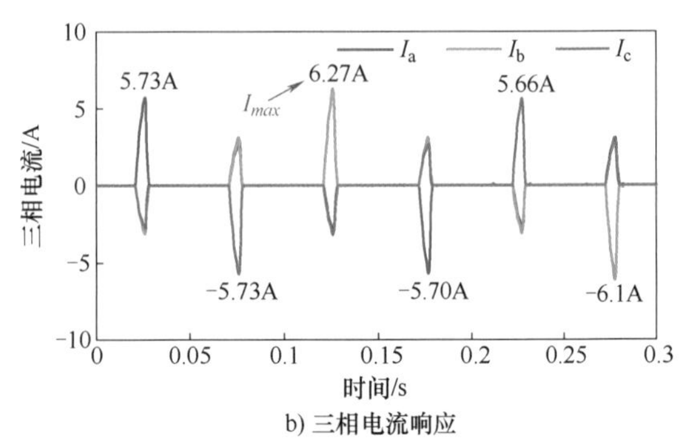

b) 三相电流响应

图 9.9　转子初始位置估计示例

9.4　改进的基于三相电流检测的电压脉冲注入法

在第 9.3.3 节中描述的转子初始位置估计方法虽然有效，但估计分辨率只有 60°，即最大估计误差可达 30°，这可能会降低最大起动转矩。此外，六个脉冲注入会减慢启动过程，因此，文献［3］开发了一种改进的方法，所需脉冲数从 6 个减少到 3 个，从而加快启动过程，估计分辨率可以从 60°提高到 30°，即最大估计误差从 30°降低到 15°。此外，通过使用所谓的“边界检测策略”，可以减少电流采样噪声对位置估计的影响，并通过最小化电流采样噪声的影响来提高估计精度。

9.4.1　三相电流响应的利用

在 9.3 节介绍的传统估计方法中，向单相绕组注入电压脉冲后，所有三相绕组中都会有电流产生，但只有注入电压脉冲相的相电流被用于估计[2]。然而，除了注入相的电流外，其他两相的电流也包含位置信息，可以用来估计初始位置。基于这一现象对方法进行改进，可以减少所需的脉冲数量，提高估计速度。

假设在不同的转子位置向 A 相注入一个电压脉冲，三相电流响应的峰值可以表示为

$$\begin{cases} I_A^P = I_0 + I_2\cos(2\theta_r) \\ I_B^S = -\dfrac{1}{2}I_0 - I_2\cos\left(2\theta_r + \dfrac{\pi}{3}\right) \\ I_C^S = -\dfrac{1}{2}I_0 - I_2\cos\left(2\theta_r - \dfrac{\pi}{3}\right) \end{cases} \tag{9.2}$$

式中，I_0 和 I_2 分别是三相电流响应的直流分量和二次谐波分量的幅值；上标 P 表示主电流响应；S 表示次要电流响应。

对于三相电流响应，A 相电流被称为“主电流响应”，因为电压脉冲是在 A 相注入的，且具有最大的电流响应幅值。而 B 相和 C 相电流则被称为“次要电流响应”。

图 9.10 显示了基于样机 SPMSM-Ⅲ（见附录 B）的三相电流响应的测量结果。电压脉冲被注入到 A 相，测量不同转子位置下的三相电流响应并显示在图 9.10 中。很明显，除了注入的 A 相外，B 相和 C 相电流也随转子位置而变化。因此，通过利用所有三相电流响应，在一个脉冲注入过程中可以获得更多信息，这将有助于减少所需的电压脉冲数量，从而节省估计时间。

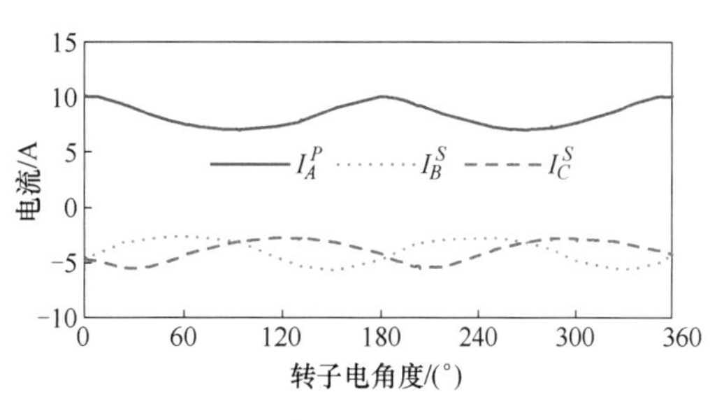

图 9.10　三相电流响应的峰值随转子位置变化的测量结果[3]

9.4.2　脉冲注入序列

基于主要和次要电流响应的利用，本小节提出了一种特定的电压脉冲注入顺序。在注入

过程中，注入位置是基于前一脉冲的结果进行选择的。因此，总共只需要三个电压脉冲。

在估计过程中，当注入电压脉冲后，记录电流响应的峰值，并将其用于转子初始位置的估计。在本节中，为了简化表示，$|i_A|$，$|i_B|$，$|i_C|$分别表示三相电流响应峰值的绝对值。$|i_{A+}|$和$|i_{A-}|$分别是A相正电流响应和负电流响应峰值的绝对值，对于B相和C相也是一样的。电流响应的下标数字表示注入脉冲的编号，例如$|i_{A1+}|$是第一个电压脉冲的A相电流响应。整个过程可以分为五个步骤，如图9.11所示。

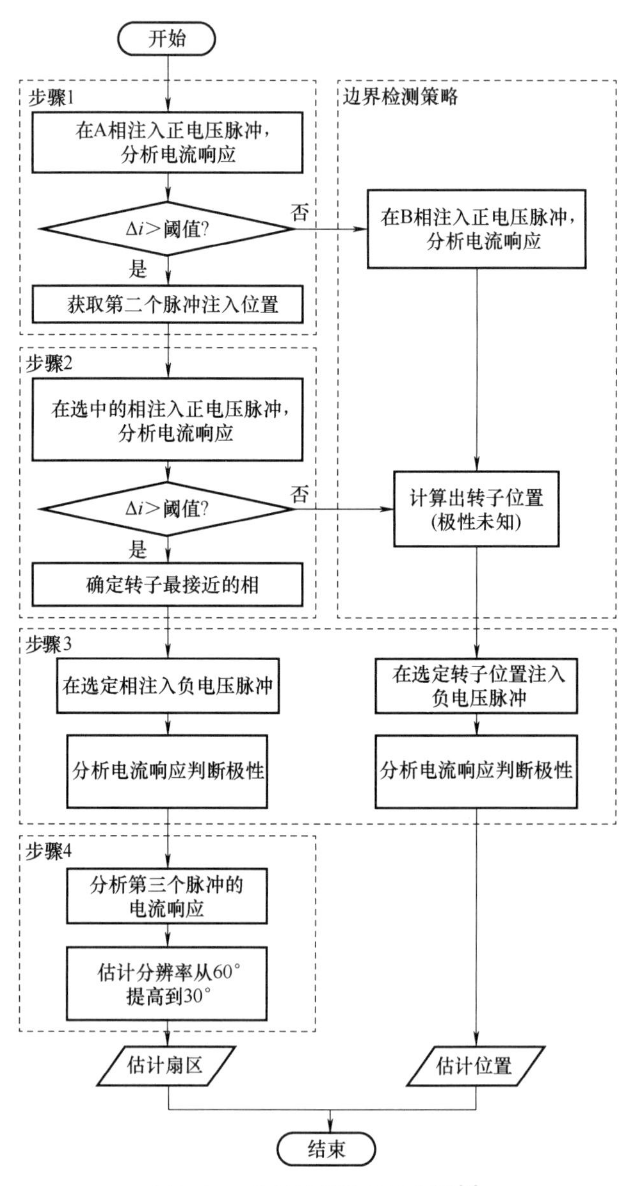

图9.11　估计过程的总流程图[3]

1）第一个脉冲注入：第一步，首先在A相注入一个正电压脉冲。注入后，记录三相的电流响应，即i_{A1+}，i_{B1-}，i_{C1-}。然后，比较i_{B1-}和i_{C1-}，以确定转子磁极更接近B相或C相。

如图 9.12a 所示，只需比较实线表示的 B 相和 C 相，虚线表示的 A 相不参与比较。如果 $|i_{B1-}|>|i_{C1-}|$，则转子磁极更接近 B 相，在下一步将在 B 相注入正电压脉冲。否则，$|i_{B1-}|<|i_{C1-}|$，转子磁极更接近 C 相，在下一步将在 C 相注入正电压脉冲。

2）第二脉冲注入：第二个电压脉冲的注入位置是基于第一步的结果进行确定的。例如，如果从第一个脉冲的结果得知 $|i_{B1-}|>|i_{C1-}|$，则在第二步将在 B 相注入一个正脉冲。注入后，会有三个电流响应，即 i_{A2-}，i_{B2+}，i_{C2-}。然后，如图 9.12b 所示，比较 A 相和 C 相的电流响应，图中用实线表示，即 i_{A2-} 和 i_{C2-}。如果 $|i_{A2-}|<|i_{C2-}|$，意味着转子磁极更接近 C 相而不是 A 相。结合第一步的结果，即 $|i_{B1-}|>|i_{C1-}|$，则转子磁极更接近 B 相而不是 C 相。最后可以确定转子磁极最接近 B 相，如图 9.12c 所示。因此，在这一步中可以确定转子磁极最接近的相位。然后，在下一步将在选定的相位注入相应的负电压脉冲，以确定转子磁极的极性。

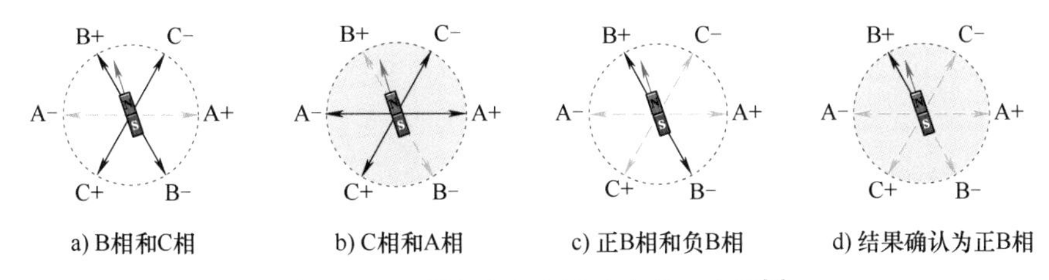

图 9.12　不同相之间电流响应的示意图[3]

3）极性判断：在步骤 2 中确定了转子磁极最接近的相位后，还需确定 N 极。根据步骤 2 的结果，在本步骤中在所选相注入负电压脉冲。如果转子磁极最接近 B 相，那么在 B 相注入负电压脉冲来确定 N 极。例如，图 9.12d 表明通过 B 相（实线）确定了转子 N 极位于正 B 相。在这一步中，如图 9.13a 所示，确定了转子 N 极最接近的扇区。通过这一步骤，实现了 60°的估计分辨率，与文献［2］中的方法相同，但只注入了三个脉冲。

4）估计分辨率提高：在这一步中，如图 9.13a 和 b 所示，估计分辨率将从 60°提高到 30°。在注入第三个电压脉冲后，会得到三相电流响应。其中一个用于上一步骤中的极性判断，另外两个将用于提高估计分辨率。例如，如果转子磁极位于 B 相，在 B 相注入负电压脉冲后，会记录三个电流响应，即 i_{A3+}，i_{B3-}，i_{C3+}。在前一步骤中确定了 N 极后，如图 9.13a 所示，转子 N 极位于第 3 扇区。如果 $|i_{A3+}|<|i_{C3+}|$，则转子 N 极位于 3a 扇区，如图 9.13b 所示。因此在这一步中获得了 30°的估计分辨率，同时传统的 6 个扇区[2]增加到了 12 个扇区。

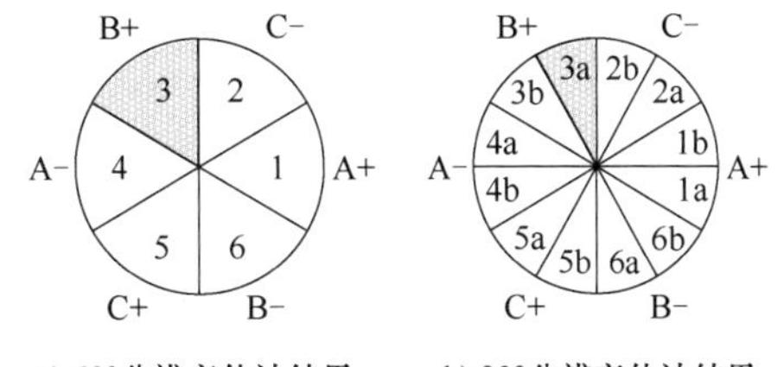

图 9.13　估计分辨率的提高[3]

9.4.3　边界检测策略

在某些情况下，转子磁极位于两个相邻扇区的边界上，如图 9.14 中的阴影区所示。在这种情况下，两个电流响应之间的差异很小，可能不易观察，并且会对噪声更敏感。会引入估计误差，影响估计的准确性。因此，本节介绍了一种简单的边界检测策略（Boundary Detection Strategy，BDS）。借助 BDS，可以提高估计性能。如图 9.14 所示，总共有 12 种边界情况。

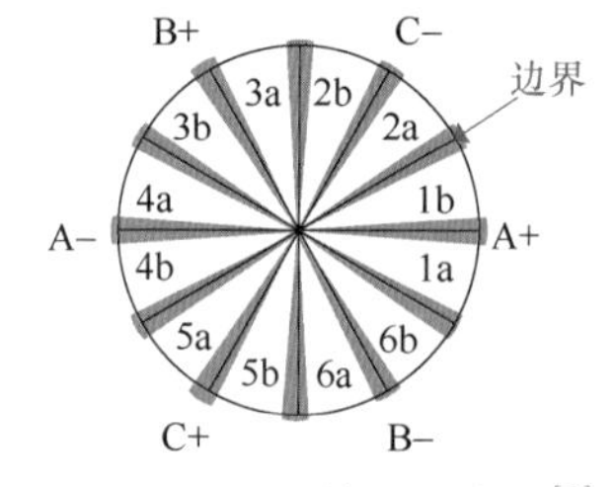

图 9.14 边界情况示意图[3]

在实际系统中，由于噪声的存在，控制器中记录的电流可能与实际电流不同。因此，记录的电流可表示为

$$I_{record}=I_{real}+\Delta I_{error} \tag{9.3}$$

式中，I_{real}是真实电流，ΔI_{error}是实际电流与记录电流之间的误差。

若转子磁极接近边界，较小的电流差值会对噪声更加敏感，并且电流差值的符号可能与实际值相反，从而影响估计性能。为了解决这个问题，可以设置电流差值的阈值，即 ΔI_{th}；如果两个电流响应之间的差值低于阈值，则判断转子磁极位于边界，并且可以估计出精确的初始位置。考虑到噪声影响，阈值 ΔI_{th} 可通过离线方式来测量确定。首先得到测量误差 ΔI_{error}，然后将阈值定义为 $\Delta I_{th}=\Delta I_{error}$。这里介绍了一种确定 ΔI_{error} 值的简单方法：在同一位置注入具有相同幅值和持续时间的几个电压脉冲，记录电流响应峰值的最大值和平均值之间的差异，通过式（9.4）则可以计算得到 ΔI_{error}。

$$\Delta I_{error}=2(I_{\max}-I_{\text{mean}}) \tag{9.4}$$

9.4.4 实验结果

本节介绍了基于样机 SPMSM-Ⅲ（见附录 B）的实验结果。首先通过示例演示了转子初始位置的估计过程，然后展示了不同转子位置的整体估计表现。最后给出了 BDS 对估计性能改进的实验结果。

9.4.4.1 位置估计效果示例

首先，为了说明整个估计过程，本节提供了一个估计示例。实际的电机转子位置是 41°。实验结果如图 9.15 所示。图 9.15 中，共有三个电流响应，对应于三个施加的电压脉冲。

在图 9.15b~d 中，显示了每个脉冲的电压输入和电流响应信号。在图 9.15b 中，第一个电压脉冲的电流响应显示 $|i_{B1-}|\angle|i_{C1-}|$，表明转子磁极比 B 相更接近 C 相。第 2 步在 C 相注入了一个正的电压脉冲，电流响应如图 9.15c 所示。可以看出 $|i_{B2-}|\angle|i_{A2-}|$ 且 $|i_{A1+}|\angle|i_{C2+}|$，因此转子磁极最接近 C 相。在第 3 步中，在 C 相注入了一个负电压脉冲以确定极性，如图 9.15d 所示。图 9.15d 中的电流响应显示 $|i_{C3-}|\angle|i_{C2+}|$，因此，转子 N 极位于第 2 扇区。在最后一步中，利用图 9.15d 中的电流响应将估计分辨率从 60°提升到 30°。因为 $|i_{B3+}|\angle|i_{A3+}|$，转子 N 极更接近 A 相，表明转子 N 极位于第 2a 扇区，与实际转子位置相同。

9.4.4.2 转子初始位置估计性能

在此节为了进一步说明该方法的有效性，将在整个转子位置范围内进行测试。在测试过

程中，从整个转子位置范围内选择了一些随机的初始位置进行静止状态下的估计。估计结果和估计误差如图9.16a所示，可以看出，该方法在整个转子位置范围内都能有效检测转子初始位置，大部分的误差结果在15°以内。

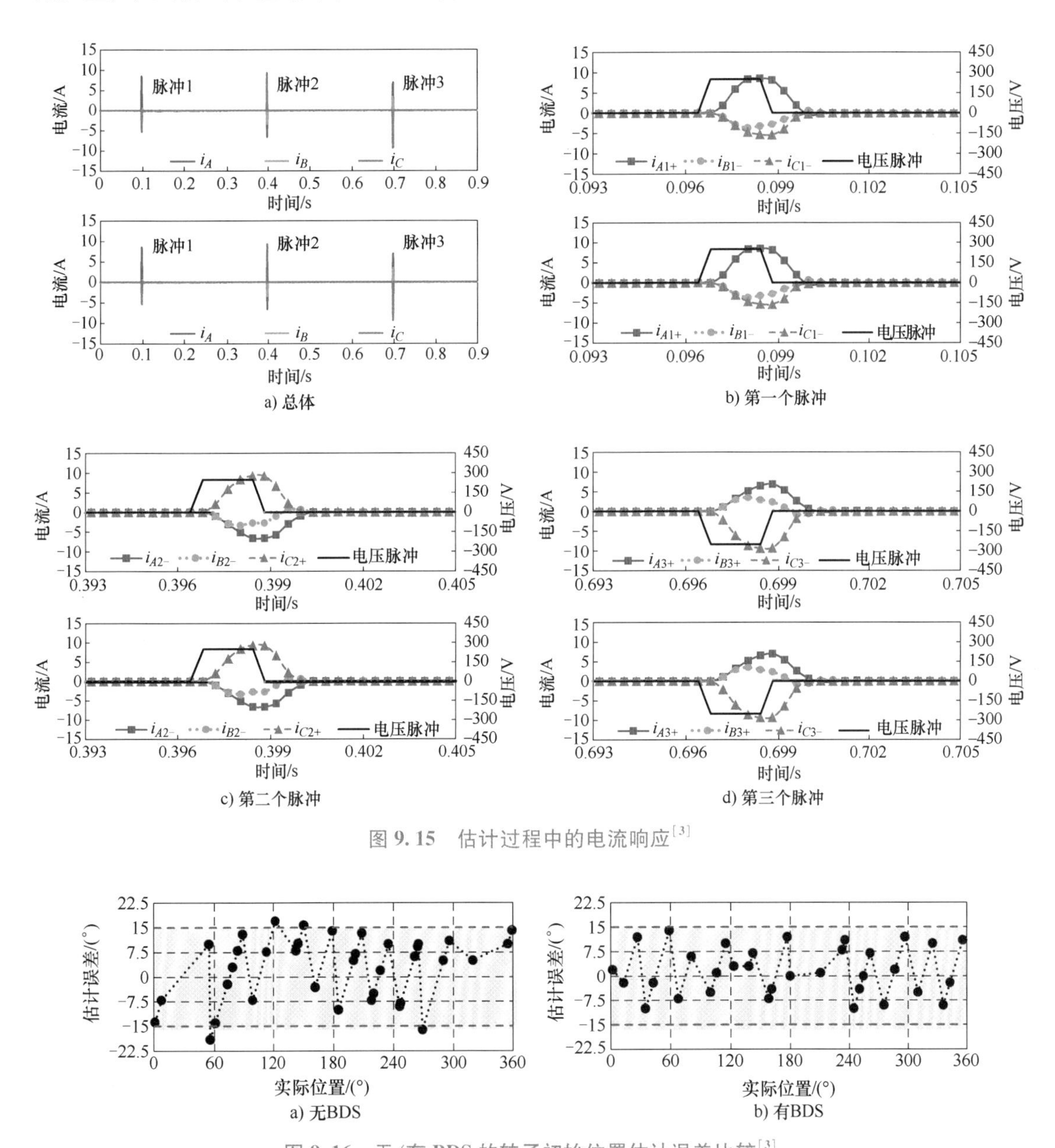

图9.15 估计过程中的电流响应[3]

图9.16 无/有BDS的转子初始位置估计误差比较[3]

9.4.4.3 边界检测效果

如图9.16a所示，该方法大部分估计误差在15°以内。然而，由于边界处电流响应之间的差值较小，有些情况下误差大于15°。在应用BDS后，改进后的结果如图9.16b所示，可以看到估计误差都在15°以内。

9.5 基于直流母线电压的脉冲注入方法

在注入电压脉冲后，除了使用电流响应[2,3]进行估计以外，还可以利用直流母线电压变化来进行估计[5]，本节将介绍这种方法。该方法具有30°的估计分辨率，最大误差为±15°。与传统的基于电流响应的方法相比，它在直流母线电阻较大时具有更好的估计性能。

9.5.1 直流母线电压波动的利用

如图9.17所示，直流母线电压源可以近似看作是一个内部直流母线电阻 R_{dc} 串联一个可控电压源 V_c。电压脉冲注入的等效电路如图9.17所示，其中 R_{eq} 和 L_{eq} 分别表示激励时电路中的等效电阻和电感。

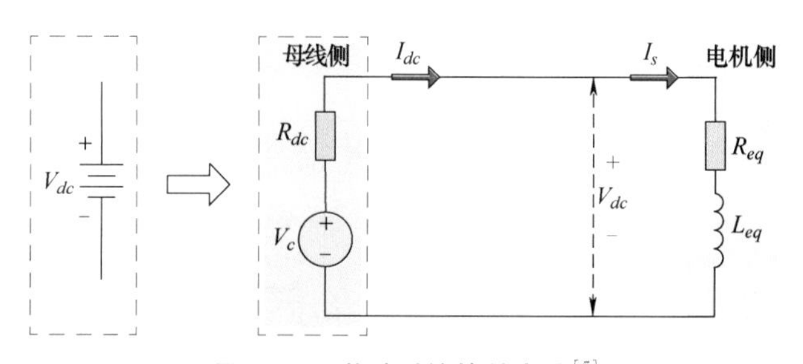

图9.17 激励时的等效电路[5]

根据图9.17，在注入电压脉冲后，电路中的电流 I_{dc} 和测量得到的直流母线电压 V_{dc} 可以表示为

$$V_{dc}=V_c-R_{dc}I_{dc} \tag{9.5}$$

在激励过程中，可以看到直流母线电阻上有一个电压降，即 $R_{dc}I_{dc}$，导致直流母线电压发生变化，即 $\Delta V_{dc}=R_{dc}I_{dc}$。正如第9.3节所述，电压注入后的电流响应与转子位置相关，所以直流母线电压变化也包含转子初始位置信息。

9.5.2 脉冲注入

同样地，按照第9.3节介绍的方法注入六个电压脉冲。然后，记录直流母线电压的变化。基于上文描述的原理，最大的直流母线电压变化表明转子N极最接近的扇区位置。转子磁极的估计扇区如图9.18a所示。

接下来，将估计分辨率从60°提高到30°。这里给出一个例子（图9.18中的绿色区域）来更清晰的说明如何提高分辨率。若转子位置估计为30°，即扇区1，那么则比较两个相邻的在90°和330°注入的电压脉

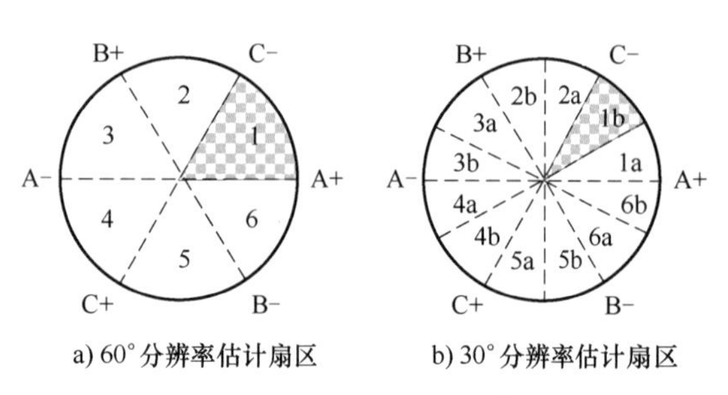

图9.18 扇区示意图[5]

冲的直流母线电压的变化，假设 90°的电压变化大于 330°的电压变化，那么转子位置将估计为 45°（扇区 1b）；否则，为 15°（扇区 1a），其他情况类似。通过这种方法，最终可以获得 30°的估计分辨率。整个估计过程如图 9.19 所示。

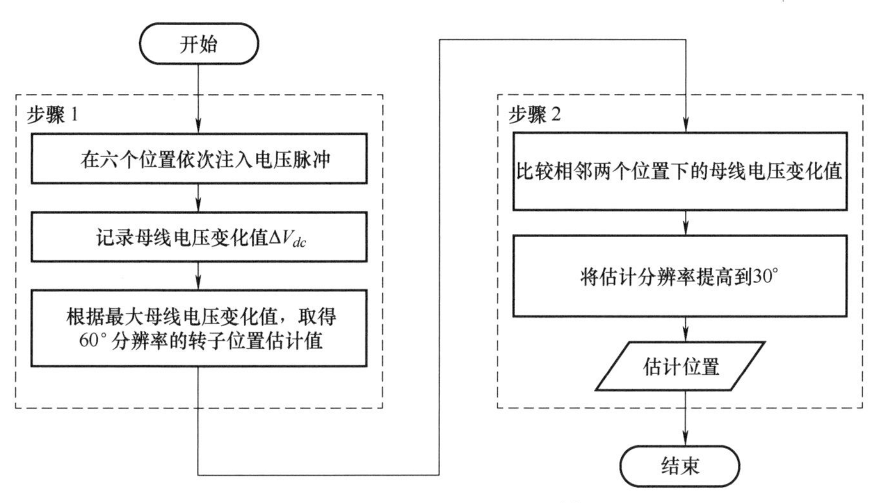

图 9.19　整体估计流程图[5]

9.5.3　实验结果

本节介绍了该方法的实验结果。实验基于样机 SPMSM-Ⅲ（见附录 B）。在测试中，选择的电压脉冲为 100V，3ms，来尽量减小转子的移动或振动，并获得足够大的直流母线电压响应以进行转子初始位置估计。本节通过一个示例演示了转子初始位置的估计过程，然后展示了不同转子位置的整体估计效果。

9.5.3.1　位置估计效果示例

图 9.20 展示了该方法进行转子初始位置估计的一个示例。

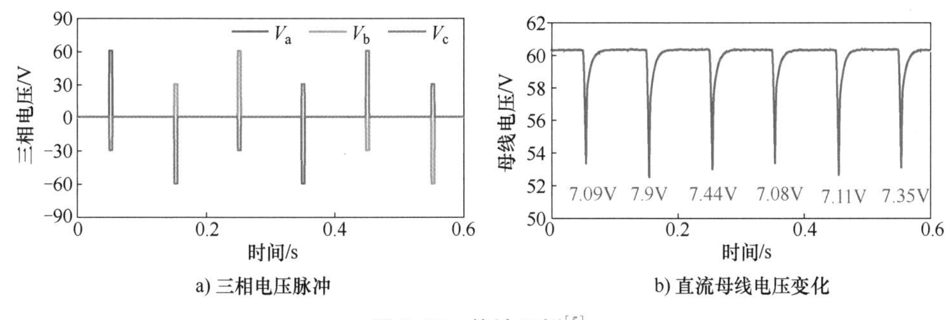

图 9.20　估计示例[5]

在图 9.20b 中，注入脉冲后的电压变化值以蓝色显示。实际转子位置为 103°。首先按照 30°、90°、150°、210°、270°和 330°的顺序注入六个电压脉冲，记录并比较直流母线电压的变化。通过比较六个直流母线电压的变化，第二个在 90°注入的脉冲具有最大电压变化。

最大电压变化表明转子 N 极最接近 90°。到目前为止，已经获得了 60°的分辨率，下一步是通过比较两个相邻的电压变化来增加估计分辨率，即第一个和第三个脉冲；显然，第三个脉冲的变化大于第一个脉冲，因此转子更接近第三个脉冲的位置。因此，更新的估计位置是 105°。与实际位置相比，误差小于 15°，因此最终获得了 30°的分辨率。

9.5.3.2 转子初始位置估计性能

图 9.21 展示了不同转子位置上的整体估计性能。在图 9.21 中，所有不同位置的估计误差都在 15°以内，即该方法具有 30°的估计分辨率。

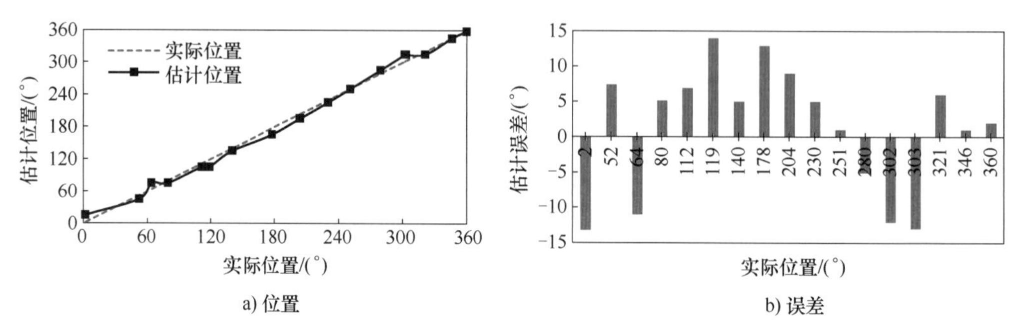

图 9.21 整体估计效果[5]

9.5.3.3 与基于电流响应法的比较

基于不同的直流母线电阻，本节将比较基于电流响应和直流母线电压变化的估计方法。在测试中，将六个电压脉冲分别注入六个位置，并记录相应的电流响应和直流母线电压变化的峰值。在测试中，选择了 100V 和 5ms 的电压脉冲，实际转子位置固定在 90°。每种情况的峰值都在表 9-2 中呈现，Δ 表示每种情况中六个响应中最大值和最小值之间的差值。较大的 Δ 表示该方法对测量噪声程度不敏感或对电流传感器分辨率要求不高。换句话说，较小的 Δ 表示该方法对噪声和低分辨率导致的测量误差更敏感。

表 9-2 相电流和直流母线电压变化的峰值比较[5]

注入角度/(°)		30	90	150	210	270	330	Δ
0.5Ω	I/A	8.027	8.771	8.104	8.043	8.464	8.036	0.75
	ΔV_{dc}/V	3.58	3.94	3.6	3.59	3.81	3.58	0.36
1Ω	I/A	7.895	8.614	7.899	7.906	8.291	7.9	0.72
	ΔV_{dc}/V	7.06	7.85	7.09	7.10	7.53	7.06	0.79
2Ω	I/A	7.811	8.509	7.887	7.841	8.235	7.888	0.682
	ΔV_{dc}/V	9.49	10.58	9.56	9.60	10.26	9.6	1.09
5Ω	I/A	7.725	8.381	7.777	7.736	8.152	7.799	0.656
	ΔV_{dc}/V	12.2	13.32	12.25	12.04	13.12	12.13	1.12

根据表 9-2 可以得出结论，直流母线电阻的增加会使直流母线电压变化的差值更大，与基于电流响应的方法相比，基于母线电压变化的方法将具有更好的估计性能。

9.6　电压脉冲的选取

对于短时脉冲注入的转子初始位置估计方法，为了获得良好的估计性能，应在注入之前确定脉冲的幅值和持续时间。因此，基于第9.3节介绍的估计方法，本节将提供一种脉冲选择的依据[10]。

注入电压脉冲后的电流响应如下所示：

$$i(t)=\frac{V_P}{R_{eq}}\left(1-e^{-\frac{R_{eq}}{L_{eq}}T_P}\right) \tag{9.6}$$

电压脉冲的幅值和持续时间分别定义为 V_P 和 T_P。从式（9.6）可以看出，电压脉冲的幅值和持续时间会影响电流响应，从而影响估计的性能。总的来说，选择脉冲的幅值和持续时间应遵循以下两个原则：

1）应限制电压注入产生的转矩，以避免转子移动。

2）确保随转子位置变化的电流响应可以观测。可观测的电流响应保证了可靠的估计。

9.6.1　持续时间的选取

首先，考虑固定的电压脉冲幅值，电流响应会随持续时间而变化。为了产生电流响应之间的最大差值，可以选择最佳持续时间为 T_{opt} 的电压脉冲[4]。

考虑在两个不同位置注入两个电压脉冲，对应的电流响应 I_1 和 I_2 如式（9.7）所示，两个电流响应之间的差值 ΔI 可由式（9.8）计算得出。

$$\begin{cases} I_1(t)=\dfrac{V_P}{R_{eq}}\left(1-e^{-\frac{t}{\tau_{e1}}}\right) \\ I_2(t)=\dfrac{V_P}{R_{eq}}\left(1-e^{-\frac{t}{\tau_{e2}}}\right) \end{cases} \tag{9.7}$$

$$\Delta I(t)=I_1(t)-I_2(t)=\frac{V_P}{R_{eq}}\left(e^{-\frac{t}{\tau_{e2}}}-e^{-\frac{t}{\tau_{e1}}}\right) \tag{9.8}$$

式中，τ_{e1} 和 τ_{e2} 分别是两次注入时的电气时间常数。

如式（9.10）所示，通过对 $\Delta I(t)$ 关于时间 t 的微分，可以获得产生最大差值的理论持续时间。

$$T_{opt}=\frac{\tau_{e1}\tau_{e2}\log\dfrac{\tau_{e2}}{\tau_{e1}}}{\tau_{e2}-\tau_{e1}} \tag{9.9}$$

例如，如图9.22所示，根据式（9.9），两个电流响应的最大差值发生在 T_{opt} 处。

然而，式（9.9）中的公式对于实际使用来说过于复杂。因此，可以对其近似处理。定义 $\tau_{e2}=\tau_{e1}+\Delta\tau$，对于一个很小的 $\Delta\tau$，T_{opt} 可以近似为

$$T_{opt}=\frac{\tau_{e1}+\tau_{e2}}{2}\approx\tau_{eN} \tag{9.10}$$

式中，τ_{eN}可以作为 T_P 的初始值选择的标称电气时间常数。

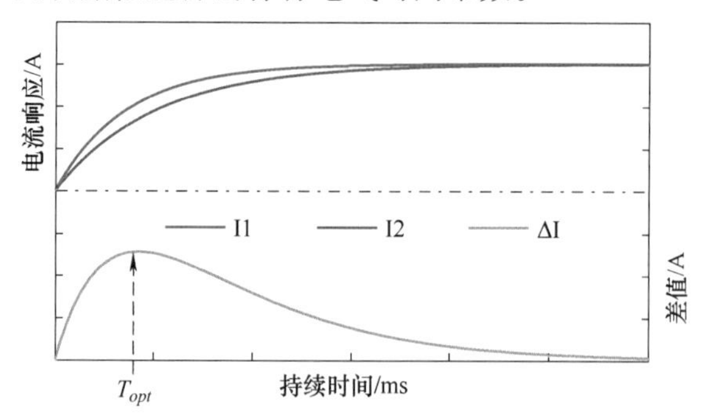

图 9.22　电流响应和电流差值随持续时间的变化[10]

此外，考虑到电气时间常数随转子位置变化，即电感的变化，相较于选择单个持续时间值，选择由最大和最小电气时间常数确定的持续时间范围更佳：

$$\begin{cases} T_{P\_MAX}=\tau_{e\_MAX}=\dfrac{L_{MAX}}{R_{eq}} \\ T_{P\_MIN}=\tau_{e\_MIN}=\dfrac{L_{MIN}}{R_{eq}} \end{cases} \tag{9.11}$$

式中，L_{MAX}和 L_{MIN}分别是所有转子位置范围内的电感最大值和最小值。这两个时间常数可以基于有限元仿真或实验测量获得。

9.6.2　幅值的选取

对于电压脉冲幅值的选择，有上限 V_{P_MAX}和下限 V_{P_MIN}两个限制。

1. 上限 V_{P_MAX}可以基于转矩或 q 轴电流限制以及转子运动的限制来进行计算

最大的 q 轴电流 I_{q_MAX}可以根据实际应用的需求来确定。然后，根据持续时间 T_{opt}（约等于电气时间常数），最大幅值可以选择为

$$V_{P\_MAX\_1}\leqslant\frac{R_{eq}I_{q\_MAX}}{0.63} \tag{9.12}$$

除了 q 轴电流的限制之外，转子运动还应受到限制，即根据具体应用来确定最大移动角度 $\theta_{\max}$。忽略负载转矩和摩擦，则最大幅值为

$$V_{P\_MAX\_2}\leqslant 5\frac{JR_{eq}}{P^2\psi_m}\left(\frac{R_{eq}}{L_{eq}}\right)^2\theta_{\max} \tag{9.13}$$

式中，J 是转动惯量；P 是极对数；ψ_m 是永磁磁链。

最后，电压脉冲幅度的上限如下所示：

$$V_{P\_MAX\_2}=\min(V_{P\_MAX\_1},V_{P\_MAX\_2}) \tag{9.14}$$

2. 定义一个下限 V_{P_MIN}来确保转子初始位置估计的可靠性

根据磁饱和效应，在判断极性时，应提供足够大的电压脉冲以产生足够强的电枢反应，在极性识别过程中产生与 N 极和 S 极相关的电流响应之间的可观测电流差值。否则，可能

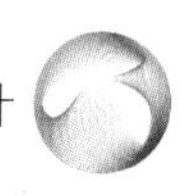

发生180°位置误差的反向起动。因此，需要确定一个合适的最小脉冲注入幅值 V_{P_MIN}。另一方面，在实际应用的估计过程中，控制器中采样的电流响应可能与实际值不同，如式（9.15）所示。电流采样的误差也会影响估计性能。

$$I_{record}=I_{real}+\varepsilon_{sample} \tag{9.15}$$

电流采样误差 ε_{sample} 可由测量误差、模数转换（ADC）量化、噪声和直流母线电压变化等引起。为了确定 ε_{sample} 的最大值，可以在相同位置注入具有相同幅值和持续时间的多个电压脉冲，记录电流响应的最大值和平均值之间的差值，即 $I_{\max}$ 和 I_{mean}，并通过以下公式计算得到

$$\varepsilon_{sample}\geqslant 2(I_{\max}-I_{\mathrm{mean}}) \tag{9.16}$$

3. 最终确定

如式（9.17）所示，在同位置注入两个相反的电压脉冲，记录两个电流响应之间的差值，并与 ε_{sample} 进行比较。

$$\left\|I(V_{P\_MIN})\right|-\left|I(-V_{P\_MIN})\right\|=\Delta I>\varepsilon_{sample} \tag{9.17}$$

根据式（9.16）和式（9.17），应通过确保 $\Delta I>\varepsilon_{sample}$ 来选择电压脉冲幅值的最小限制 V_{P_MIN}。

9.6.3　实验结果

本节介绍基于电压脉冲选择方法的实验结果，实验基于样机 SPMSM-Ⅲ（见附录 B）。根据确定的电压脉冲持续时间和幅值，可以获得一个可靠选择区域（Reliable Selection Area，RSA）。在 RSA 内选择电压脉冲，可以保证更可靠和有效的估计性能。通过在实验中得到的 V_{P_MAX}、V_{P_MIN}、V_{P_MAX} 和 T_{P_MIN}，可在图 9.23 画出可靠选择区域。如图 9.23 所示，在实验中，基于第 9.3 节描述的估计方法，进行了多组测试，以校验转子初始位置的估计性能。实验考虑了不同的电压脉冲幅值和持续时间组合，包括在可靠选择区域内和可靠选择区域外进行电压脉冲的选择。在图 9.23 中，圆圈表示达标估计性能，即估计结果正确和 q 轴电流在限制以内。否则为不达标估计性能，并用红色叉号标记。

接着从图 9.23 选出四种不同电压脉冲选择的情况，来说明选定的电压脉冲在 RSA 内外时的估计结果，如图 9.24a～d 所示。在图 9.24 中，根据实际的转子初始位置（117°），第三个脉冲的 B 相电流响应应该是最大的，否则估计将是错误的。此外，产生的 q 轴电流不应超过 6A 的限制。

首先，当选择的电压脉冲幅值较低（在可靠选择区域外），将导致错误估计。例如，在图 9.24a 中的案例Ⅰ，第五个脉冲的电流响应最大，但估计结果是错误的。当选择的电压脉冲幅值较高（在可靠选择区域外），尽管估计可能是正确的，但产生的 q 轴电流将超过限制。对于图 9.24b 中的案例Ⅱ，通过计算，产生的 q 轴电流（6.38A）超过了限制。接下来，从图 9.24c 中的案例Ⅲ可以看出，所选的电压

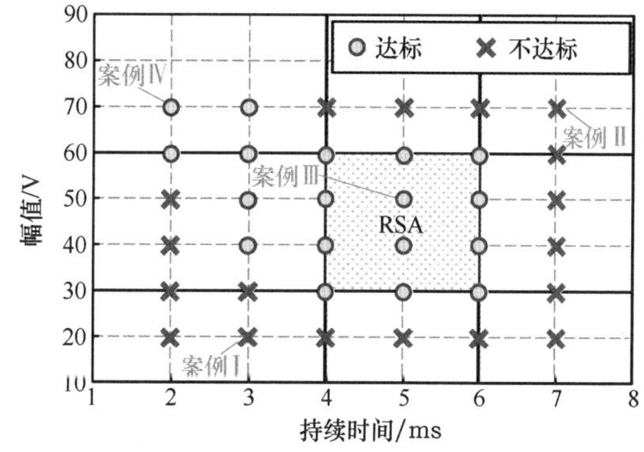

图 9.23　可靠选择区域[10]

脉冲位于可靠选择区域内，估计性能达标。最后值得一提的是，本节所描述的可靠选择区域仅是一种简化及近似的选择策略。从图 9.24d 中的案例Ⅳ中可以看出，尽管所选的电压脉冲在可靠选择区域外，但仍然可以获得达标的估计性能。最后可以得出结论：通过在可靠选择区域内进行电压脉冲的选择，可以保证可靠的估计性能。

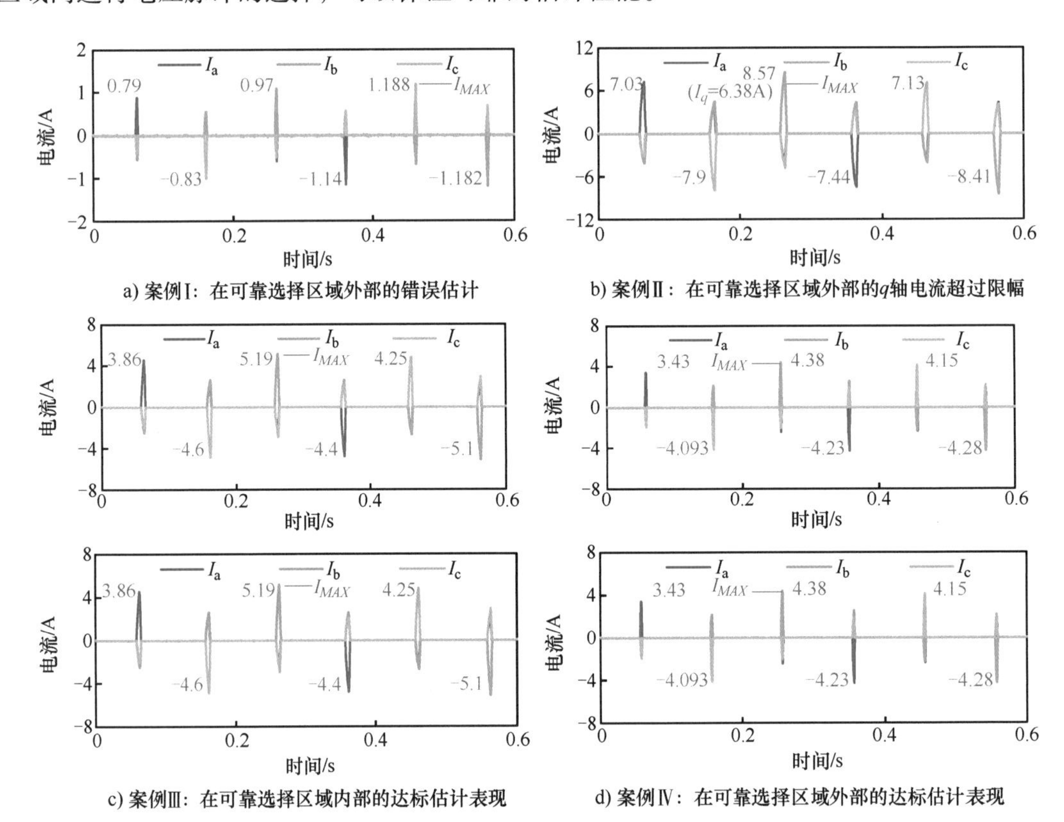

a) 案例Ⅰ：在可靠选择区域外部的错误估计　b) 案例Ⅱ：在可靠选择区域外部的q轴电流超过限幅

c) 案例Ⅲ：在可靠选择区域内部的达标估计表现　d) 案例Ⅳ：在可靠选择区域外部的达标估计表现

图 9.24　不同注入案例的电流响应测量结果[10]

9.7　高频信号注入法

与 HFSI 方法相比，基于短时脉冲注入的方法简单快速，并且具有令人满意的估计精度，因为这种方法将转子初始位置定位在一个扇区中，而无需使用复杂的算法和观测器来确定准确的连续位置。因此，在文献［7］中提出了一种混合方法，通过注入高频旋转信号并比较三相电流响应的幅值来检测 N 极所在的扇区，与基于短时脉冲注入的方法类似。需要注意的是，该方法适用于具有足够凸极性的 IPMSM。对于凸极性较低的 SPMSM，建议使用能够利用磁饱和效应的短时脉冲注入方法。

9.7.1　三相高频电流幅值

在注入高频旋转正弦电压信号后，三相高频电流响应可以看作是幅值调制的信号[8]。三相高频电流可以表示为

$$\begin{bmatrix} i_{\mathrm{A}h} \\ i_{\mathrm{B}h} \\ i_{\mathrm{C}h} \end{bmatrix} = \begin{bmatrix} 1 & 0 \\ -\dfrac{1}{2} & \dfrac{\sqrt{3}}{2} \\ -\dfrac{1}{2} & -\dfrac{\sqrt{3}}{2} \end{bmatrix} \begin{bmatrix} i_{\alpha h} \\ i_{\beta h} \end{bmatrix} = \begin{bmatrix} I_p \sin(\theta_h) + I_n \sin(\theta_h - 2\theta_r) \\ I_p \sin(\theta_h) + I_n \sin(\theta_h - 2\theta_r + 2\pi/3) \\ I_p \sin(\theta_h) + I_n \sin(\theta_h - 2\theta_r - 2\pi/3) \end{bmatrix} \tag{9.18}$$

当电机静止时，三相高频电流可以视为

$$\begin{bmatrix} i_{\mathrm{A}h} \\ i_{\mathrm{B}h} \\ i_{\mathrm{C}h} \end{bmatrix} = \begin{bmatrix} Amp\_i_{\mathrm{A}h} \sin(\theta_h + \varphi_{\mathrm{A}h}) \\ Amp\_i_{\mathrm{B}h} \sin(\theta_h + \varphi_{\mathrm{B}h}) \\ Amp\_i_{\mathrm{C}h} \sin(\theta_h + \varphi_{\mathrm{C}h}) \end{bmatrix} \tag{9.19}$$

$$\begin{bmatrix} Amp\_i_{\mathrm{A}h} \\ Amp\_i_{Bh} \\ Amp\_i_{Ch} \end{bmatrix} = \begin{bmatrix} \sqrt{I_p^2 + I_n^2 + 2I_p I_n \cos(2\theta_r)} \\ \sqrt{I_p^2 + I_n^2 + 2I_p I_n \cos(2\theta_r + 2\pi/3)} \\ \sqrt{I_p^2 + I_n^2 + 2I_p I_n \cos(2\theta_r - 2\pi/3)} \end{bmatrix} \tag{9.20}$$

式中，$\varphi_{\mathrm{A}h}$，$\varphi_{\mathrm{B}h}$，$\varphi_{\mathrm{C}h}$和 $Amp\_i_{\mathrm{A}h}$，$Amp\_i_{\mathrm{B}h}$，$Amp_i_{\mathrm{C}h}$分别表示三相高频电流的相位和幅值。

这些幅值可以通过对定子电流进行离散傅里叶变换（Discrete Fourier Transform，DFT）来获得。

$$Amp\_i_{\mathrm{ABC}h} = \frac{2}{W_s} \sqrt{\left[\sum_{k=0}^{W_s - 1} i_{\mathrm{ABC}}(k) \cos\left(\frac{2\pi k T_s}{T_h} \right) \right]^2 + \left[\sum_{k=0}^{W_s - 1} i_{\mathrm{ABC}}(k) \sin\left(\frac{2\pi k T_s}{T_h} \right) \right]^2} \tag{9.21}$$

式中，W_s 是 DFT 窗口中的采样点数；T_s，T_h 分别是采样和注入信号的周期。

9.7.2　扇区检测

如图 9.25a 所示，根据式（9.20），可以绘制出随转子位置变化的 $Amp\_i_{\mathrm{A}h}$，$Amp_i_{\mathrm{B}h}$和 $Amp_i_{\mathrm{C}h}$的轨迹。整个电周期被这些幅值交叉点（图中黑点）均匀地分成了 12 个扇区。角度 θ_{bound}和 θ_{middle}分别表示相邻扇区之间的边界角度和每个扇区中间的角度，如图 9.25b 所示。在（180°，360°）范围内的幅值波形（即 S 极）与（0°，180°）范围内的幅值波形（即 N 极）是相同的。

通过表 9-3 描述的高频电流幅值与扇区之间的关系，可实现初始位置的检测。根据三个电流幅值，转子位置（N 极）可能位于一个扇区内或在边界上。如果转子位于边界上，则将边界角度 θ_{bound}视为初始位置；如果转子位于一个扇区内，则将中间角度 θ_{middle}视为初始位置。初始位置估计的最大误差为±15°，即扇区长度的一半。

根据表 9-3，可以在扇区边界或特定的一个扇区确定初始位置。然而，由于凸极效应造成电感在一个电周期内经历两个周期，可能会产生大小为 π 的估计误差，可通过在第 8 章介绍的双电压脉冲注入方法可以用来确定极性。

在图 9.26 的总框图中，对该方法和传统旋转信号注入方法进行了比较。显然，与传统方法相比，基于高频电流幅值调制的方法更为简单快速。

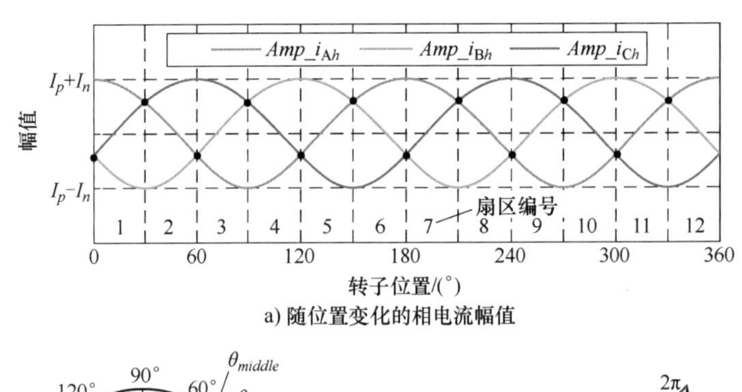

a) 随位置变化的相电流幅值

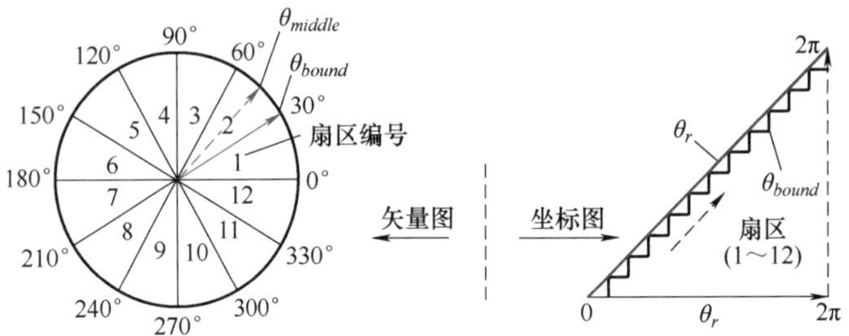

b) 由交叉点分隔出的12个扇区

图 9.25　随转子位置的变化的三相电流幅值[7]

表 9-3　根据高频电流幅值的扇区或边界判断[7]

幅值关系	扇区（θ_{middle}）	边界（θ_{bound}）
$Amp\_i_{Ah}>Amp\_i_{Ch}>Amp\_i_{Bh}$	1 或 7（$\theta_{middle}=\pi/12$）	
$Amp\_i_{Ch}>Amp\_i_{Ah}>Amp\_i_{Bh}$	2 或 8（$\theta_{middle}=\pi/4$）	
$Amp\_i_{Ch}>Amp\_i_{Bh}>Amp\_i_{Ah}$	3 或 9（$\theta_{middle}=5\pi/12$）	
$Amp\_i_{Bh}>Amp\_i_{Ch}>Amp\_i_{Ah}$	4 或 10（$\theta_{middle}=7\pi/12$）	
$Amp\_i_{Bh}>Amp\_i_{Ah}>Amp\_i_{Ch}$	5 或 11（$\theta_{middle}=3\pi/4$）	
$Amp\_i_{Ah}>Amp\_i_{Bh}>Amp\_i_{Ch}$	6 或 12（$\theta_{middle}=\pi/12$）	
$(Amp\_i_{Bh}=Amp\_i_{Ch})<Amp\_i_{Ah}$		0 或 π
$(Amp\_i_{Ah}=Amp\_i_{Ch})<Amp\_i_{Bh}$		π/6 或 7π/6
$(Amp\_i_{Ah}=Amp\_i_{Bh})<Amp\_i_{Ch}$		π/3 或 4π/3
$(Amp\_i_{Bh}=Amp\_i_{Ch})<Amp\_i_{Ah}$		π/2 或 3π/2
$(Amp\_i_{Ah}=Amp\_i_{Ch})>Amp\_i_{Bh}$		2π/3 或 5π/3
$(Amp\_i_{Ah}=Amp\_i_{Bh})>Amp\_i_{Ch}$		5π/6 或 11π/6

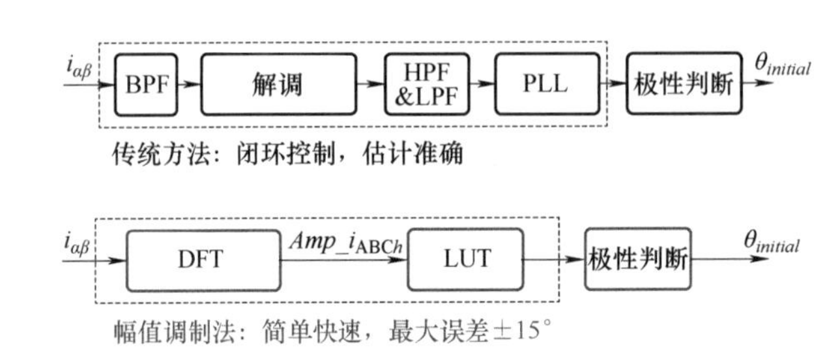

图 9.26　传统方法和基于高频电流幅值调制的初始位置估计方法的比较[7]

9.7.3　实验结果

本节展示了基于高频信号注入的初始位置检测方法的实验结果，实验基于样机 IPMSM-Ⅰ（见附录B）。真实的转子位置为50°。考虑到电机的凸极程度，选择了幅值为15V、频率为750Hz 的旋转高频电压。实验中包括了传统的旋转信号注入方法和所描述的高频电流幅值调制方法。

图 9.27 展示了传统方法（考虑观测器使用不同的 PI 参数，观测器见图 9.26）和本节介绍方法之间的初始位置估计比较。根据计算出的电流幅值关系，转子位置位于第 2 或第 8 扇区，则可将中间角度 45°视为初始转子位置。

对于基于高频电流幅值调制的方法，可以观察到 i_{ABCh} 的幅值在 P 点稳定，仅需初始注入后的三个注入周期。传统方法的收敛时间则随不同的 PI 参数而变化。对于存在超调和振荡的 PI 参数，如 PI3 的 C3 点所示，收敛时间可能长达一秒钟。调节良好的 PI 也可以使收敛时间很短，如 PI1 的 C1 点和 PI2 的 C2 点。然而，参数调节不仅受到滤波器的限制，而且取决于电机参数，难以预先确定最佳的 PI 参数。因此，应该在初始注入和极性判断之间预留足够的时间以确保可靠的收敛性。这个时间间隔会进一步增加传统方法的执行时间。

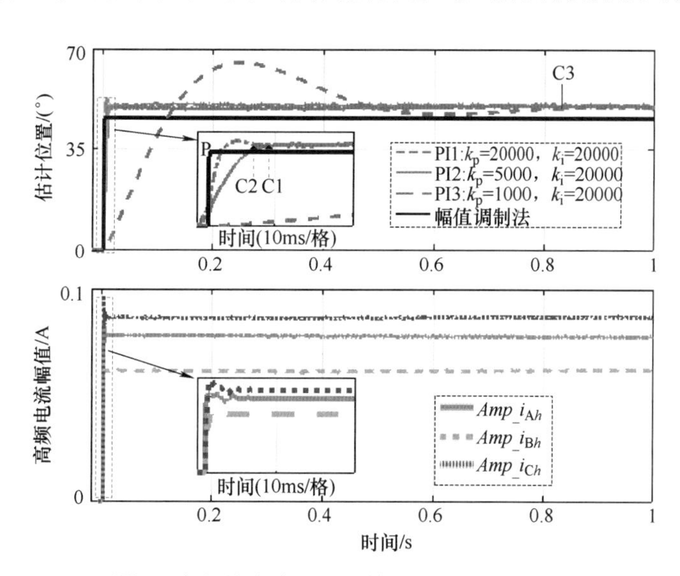

图 9.27　使用不同观测器 PI 参数的传统方法与基于幅值调制的初始位置估计方法的比较[7]

9.8　总结

本章介绍了四种转子初始位置的估计方法：首先，阐述了基于短时脉冲注入的转子初始位置估计，包括其基本原理和两种改进的估计方法，并提供了相应实验结果；其次，讨论了电压脉冲的选择，并介绍了一种电压脉冲选择方法，从而获得可靠的估计性能；最后，展示了一种独特的基于幅值调制的高频旋转信号注入方法：估计 N 极扇区而非连续位置，与传统的 HF 信号注入方法相比，初始位置估计过程变得更加简单快速。

表 9-4 给出了这些方法的总体比较。首先，对于短时脉冲注入方法，方法 2[3] 需要最少的脉冲数，同时具有最高的估算精度。另外，方法 2 考虑了边界情况，以增强对采样噪声的鲁棒性。方法 3[5] 仅需要一个直流母线电压传感器，其估算精度与方法 2 相同。对于方法 4[7]，采用高频旋转电压信号注入，其估算精度与方法 2 和方法 4 相同，最大误差为 15°。同样，方法 4 也考虑了边界情况以提高估算精度。与短时脉冲注入方法相比，方法 4 更适用于 IPM 电机，因为它需要较高的凸极程度，而基于短时脉冲注入的方法 1~3 可应用于 SPM 和 IPM 电机。

表 9-4　四种初始位置估计方法的总体比较

初始位置估计方法	方法 1[2]	方法 2[3]	方法 3[5]	方法 4[7]
激励信号	短时电压脉冲	短时电压脉冲	短时电压脉冲	高频旋转电压
用于位置估计的响应信号	三相电流	三相电流	直流母线电压	三相电流
最大估计误差/(°)	30	15	15	15
所需脉冲数	6	3	6	N/A
电流传感器数量	3	3	0	3
电压传感器数量	0	0	1	0
考虑采样噪声	否	是	是	否
适合的电机类型	IPM 和 SPM	IPM 和 SPM	IPM 和 SPM	IPM

参考文献

[1] M. Jansson, L. Harnefors, O. Wallmark, and M. Leksell, "Synchronization at startup and stable rotation reversal of sensorless nonsalient PMSM drives," *IEEE Trans. Ind. Electron.*, vol. 53, no. 2, pp. 379-387, Apr. 2006.

[2] "The smart start technique for BLDC motors—Application brief for ML4428," Micro Linear, San Jose, CA, Sept. 1996.

[3] X. Wu, Z. Q. Zhu, and Z. Wu, "A rotor initial position estimation method for surface-mounted permanent magnet synchronous machine," *IEEE Trans. Energy Conversion*, vol. 36, no. 3, pp. 2012-2024, Sep. 2021.

[4] W. J. Lee and S. K. Sul, "A new starting method of BLDC motors without position sensor," *IEEE Trans. Ind. Appl.*, vol. 42, no. 6, pp. 1532-1538, Nov. 2006.

[5] X. Wu, Z. Q. Zhu, and Z. Wu, "A novel rotor initial position detection method utilizing dc-link voltage sensor," *IEEE Trans. Ind. Appl.*, vol. 56, no. 6, pp. 6486-6495, 2020.

[6] Y. S. Lai, F. S. Shyu, and S. S. Tseng, "New initial position detection technique for three-phase brushless dc motor without position and current sensors," *IEEE Trans. Ind. Appl.*, vol. 39, no. 2, pp. 485-491, Mar. 2003.

[7] B. Shuang and Z. Q. Zhu, "A novel sensorless initial position estimation and startup method," *IEEE Trans. Ind. Appl.*, vol. 68, no. 4, pp. 2964-2975, Apr. 2021.

[8] H. Li, X. Zhang, S. Yang, F. Li, and M. Ma, "Improved initial rotor position estimation of IPMSM using amplitude demodulation method based on HF carrier signal injection," in *Conf. IECON IEEE-IES Ann. Meeting*, 2017, pp. 1996-2001.

[9] L. M. Gong and Z. Q. Zhu, "Robust initial rotor position estimation of permanent-magnet brushless AC machines with carrier-signal-injection-based sensorless control," *IEEE Trans. Ind. Appl.*, vol. 49, no. 6, pp. 2602-2609, Nov. 2013.

[10] X. Wu and Z. Q. Zhu, "A simple voltage pulse selection strategy for rotor initial position estimation," in *10th Int. Con. Power Electron., Mach. Drives (PEMD 2020)*, 2020, vol. 2020, pp. 688-693.

第10章 永磁无刷直流电机的过零点检测法无位置传感器控制

10.1 引言

如第1章所述，BLDC驱动系统需要转子位置信息，可以通过位置传感器或无位置传感器控制算法得到。BLDC驱动系统常用霍尔传感器，然而霍尔传感器的高准确度装配十分困难，特别是小电机空间非常有限。霍尔传感器的安装不准确或者相对间隔不均匀都会影响电机控制性能[1,2]。此外，霍尔传感器对外部环境变化十分敏感，包括高温的影响和电磁兼容的影响。因此，BLDC驱动系统无位置传感器控制方法的研究在过去几十年逐渐成为热点。BLDC无位置传感器控制方法可以分为以下几种：

1）反电动势过零点检测法[3-10]。

2）反电动势积分法[11,12]。

3）续流二极管导通检测法[13]。

4）基波模型法[14]。

其中，反电动势过零检测法相对容易实现，并且不依赖电机参数信息。而且，该方法不需要高级的数字信号处理器（Digital Signal Processor，DSP）。因此，基于反电动势过零检测的方法被广泛应用于BLDC驱动系统中，该方法通常结合两相120°导通的六步法调制方案。这种方法已经在第1章介绍。在这1章，首先介绍反电动势过零检测的基本概念，然后讨论在实现过程中的关键问题及解决方案，包括过零点漂移问题和续流角过大等问题。

10.2 过零点检测原理

无位置传感器BLDC驱动可以通过测量反电动势电压信号来确定换相点位置。BLDC电机的反电动势可以是正弦波（实线）或梯形波（虚线），如图10.1所示。由图10.1可见，无论对于哪一种反电动势波形，过零点的位置均在两个连续换相点的中间位置。因此，通过寻找反电动势过零点可以用来判断换相点位置。

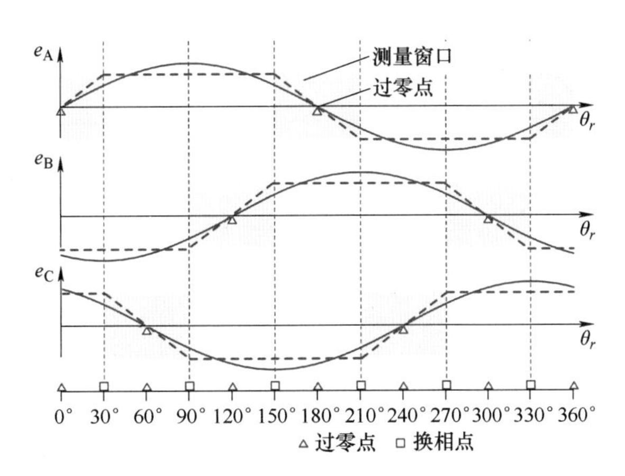

图 10.1　反电动势及过零点

10.2.1　数学模型

图 10.2 为永磁 BLDC 电机及驱动系统的等效电路图。

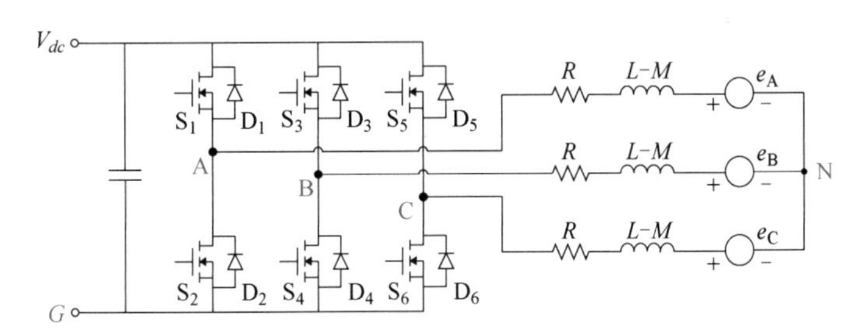

图 10.2　永磁 BLDC 电机及其驱动系统的等效电路图

BLDC 电机的数学模型可以表达为

$$\begin{cases} v_{AN}=v_{AG}-v_{NG}=Ri_A+(L-M)\dfrac{d}{dt}i_A+e_A \\ v_{BN}=v_{BG}-v_{NG}=Ri_B+(L-M)\dfrac{d}{dt}i_B+e_B \\ v_{CN}=v_{CG}-v_{NG}=Ri_C+(L-M)\dfrac{d}{dt}i_C+e_C \end{cases} \tag{10.1}$$

式中，v_{XN}，i_X 和 e_X 分别为相电压、相电流及反电动势；R，L 和 M 分别是相电阻、自感和互感；X 可以为 A，B 或 C 相中的任意一个；N 代表中性点；G 代表地。

10.2.2　典型电流波形

图 10.3 是典型的绕组相电流、电压及反电动势波形。为了简化起见，这里假设使用正弦波反电动势。在实际应用中，梯形波反电动势的 BLDC 电机更加常见，然而对于两极高速 BLDC 电机来讲，正弦波更加普遍。

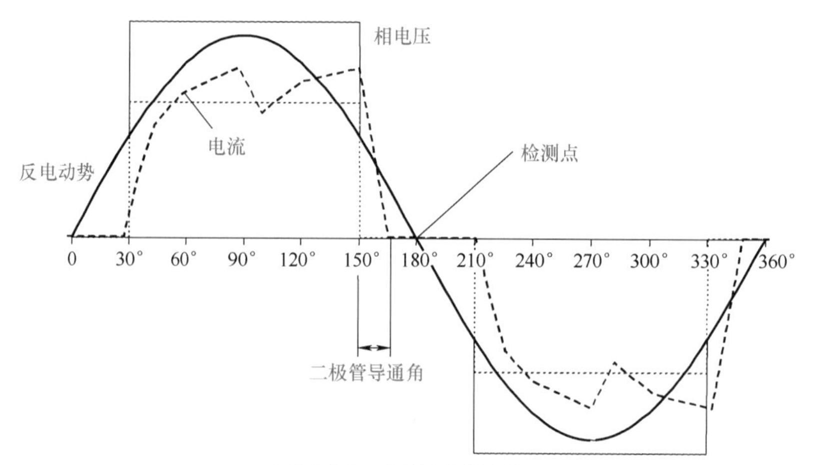

a) 反电动势、电流及换相关系

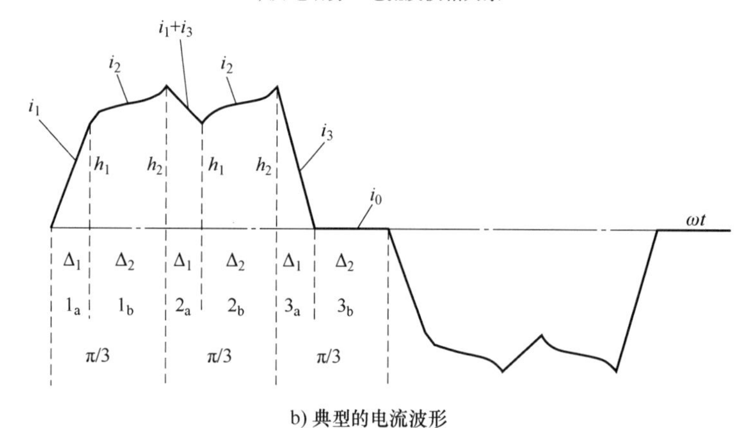

b) 典型的电流波形

图 10.3 反电动势、电流及换相关系及典型的电流波形[3]

如果 BLDC 驱动系统的换相时间是准确的，即每 60°电角度换相一次，那么相电流波形将是对称的，每半个电周期包含三个 60°间隔。每个间隔可继续拆分为 a 和 b 两个子间隔，其相对长度由对应二极管的导通时间长度决定。如图 10.3b 所示，以周期 1 为例，在周期 1_a 中（间隔 Δ_1），开关管 S_1、S_4，续流二极管 D_6 导通。此时三相绕组中均有电流流过，可以分为两个不同的电流通路：主通路从逆变器直流侧开始，通过开关管 S_1、S_4 导通，经过 A、B 绕组完成电流回路；续流通路开关管 S_5、二极管 D_6 经 C 绕组流入电机。周期 1_a 的结束以二极管 D_6 电流衰减至零为标志，在周期 1_b 段中，二极管 D_6 不再导通，电流为零。

10.2.3 永磁无刷直流电机的无位置传感器控制

基于反电动势过零点检测的 BLDC 驱动控制通常使用三段式启动法[3]：

阶段 1：转子初始定位。通过向电机绕组中持续通入已知方向的电流，使转子转动到既定位置，从而达到转子初始定位的目的。另一种方式是直接检测转子位置，在转子不发生转动情况下得到转子位置信息，该方法已在第 9 章介绍。

阶段 2：开环同步加速。向三相绕组施加适当的开关激励信号使转速升高，直至反电动势信号达到可以检测的程度，为切换到第 3 阶段做准备。

阶段 3：闭环无位置传感器控制。此时可以直接测量到悬空相的反电动势，并通过其过零点判断转子位置，达到闭环无位置传感器控制的目的。

基于假设理想的电压电流波形，图 10. 3b 阐述了反电动势测量的基本概念。理想情况下，换相动作应该发生在反电动势过零点后的 30°电角度后。每相绕组导通 120°电角度，关断 60°电角度，交替往复。在关断的 60°间隔中，对应绕组无电流，此时其电压只与其绕组反电动势相关。例如，当 A、B 相导通 C 相关断，此时悬空的 C 相便形成了一个测量窗口。若测量 C 相的相电压，可以得到其相反电动势 $v_{CN}=e_C$。

在实际应用中，反电动势的测量可以通过以下几种方式实现，包括：端电压（绕组对地电压）[4-7]、相电压[8,9]、线-线电压[10]、3 次谐波电压[15]。其中，端电压的测量由于简单有效的特点，应用较为广泛。本章将介绍基于端电压的过零点检测法，第 11 章将介绍 3 次谐波的相关方法。

10. 3　基于 PWM 的过零点检测

第 10. 2 节介绍了过零点检测的基本概念。为了实现对电机电流和速度的控制，图 10. 4 所示为含有 PWM 调制方法的控制策略。

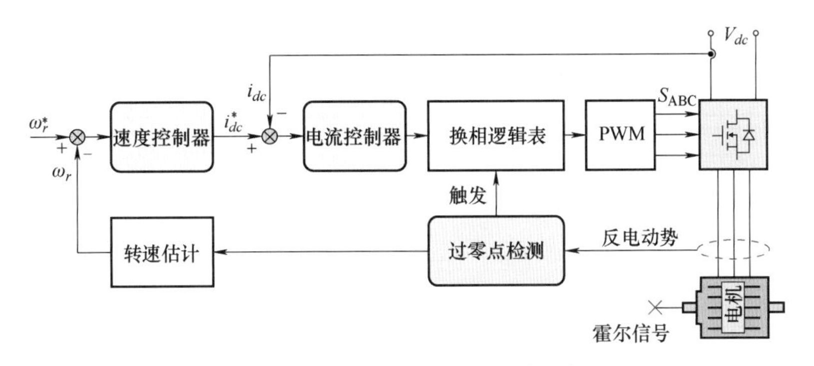

图 10. 4　BLDC PWM 驱动系统示意图

如图 10. 4 中所示，速度控制器的输出作为电流控制器的指令输入 i_{dc}^*。通过调节 PWM 的占空比，可以实现反馈电流 i_{dc}对指令电流 i_{dc}^*的跟踪，从而进一步实现反馈速度 ω_r 对指令速度 ω_r^* 的跟踪。实际上，PWM 的引入还会影响过零点检测技术的实现。过零点检测技术需要针对不同的 PWM 调制方法做调整。接下来会介绍引入 PWM 后的过零点检测技术。

10. 3. 1　PWM 方法

如第 1 章介绍，在典型的六步控制策略里，一个电周期包含六个扇区，每个扇区持续 60°电角度。在每个扇区里，三相绕组中的两相会主动导通，在六个扇区的切换中形成往复，构成完整的循环。在这两个主动导通的绕组所对应的桥臂里，其中一个桥臂会以 PWM 形式动作，另一个桥臂会在本扇区中保持常开（ON）状态。根据 PWM 和常开（ON）状顺序，可以细分以下几种 PWM 调制方法：H-PWM-L-ON，H-ON-L-PWM，PWM-ON 和 ON-PWM，定义如下所示：

1）H-PWM-L-ON 如图 10.5a 所示，在Ⅰ扇区中 AB 相绕组主动导通，A 相桥臂的上管 S1 以 PWM 形式动作，B 相绕组的下管 S_4 保持常开；在Ⅱ扇区中 AC 相绕组主动导通，A 相桥臂维持Ⅰ扇区模式，上管 S_1 以 PWM 形式动作，B 相绕组的下管 S_6 保持常开。Ⅱ～Ⅵ扇区的动作逻辑以此类推，基本逻辑遵循上管以 PWM 形式动作，下管保持常开。

2）H-ON-L-PWM 如图 10.5b 所示。其动作逻辑与 H-PWM-L-ON 恰好相反，遵循上管保持常开，下管以 PWM 形式动作。

3）PWM-ON 如图 10.5c 所示，每个开关管会连续工作两个扇区，持续 120°电角度。在第一个扇区以 PWM 形式动作，第二个扇区保持常开。

4）ON-PWM 如图 10.5d 所示，每个开关管会连续工作两个扇区，持续 120°电角度。在第一个扇区保持常开，第二个扇区以 PWM 形式动作。

由于 H-PWM-L-ON 是最常用的调制方法，所以接下来的分析以该方法为基础。

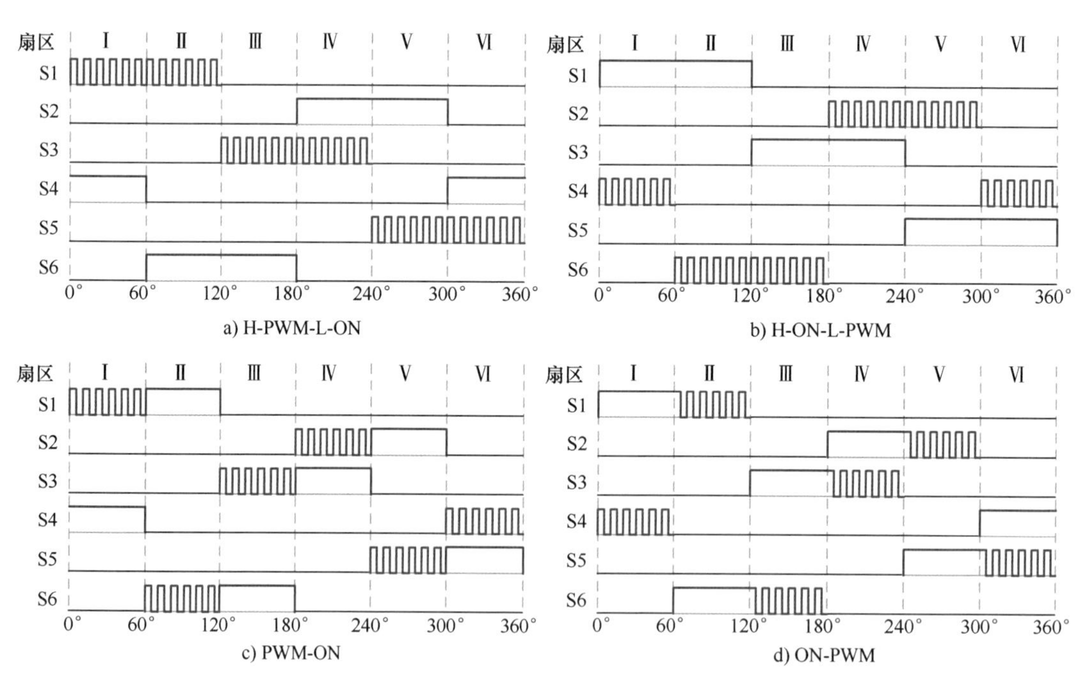

图 10.5　PWM 调制开关模式示意图

采用 PWM 会在所测量的电压信号中引入高频噪声。在一些应用场合会使用模拟低通滤波电路来抑制高频噪声[7]。然而，模拟低通滤波电路的引入必然会引起与电机转速相关的换相滞后。尽管在一些文献中提出可以通过优化模拟滤波电路或设计相位滞后补偿算法[16,17]，但这也会同时增加系统复杂度，影响系统的灵活性。另一类解决方案是使用 PWM

同步采样技术[7]。通过在 PWM 的固定相位上触发采样电压，可以在不使用模拟低通滤波器的情况下提取出反电动势信号，从而避免模拟低通滤波器所引入的负面影响。

10.3.2　反电动势的测量

在这节中，首先基于 H-PWM-L-ON 方法来分析反电动势和端电压的关系。基于此来说明反电动势采样的基本原则。假设 A、B 相导通，C 相悬空。根据图 10.5a，A 相所对应的桥臂上管受 PWM 控制，B 相对应的下管保持常开。端电压 v_{CN} 的采样时刻选择在上管斩波关断的时候触发。

10.3.2.1　正弦反电动势

对于正弦波反电动势的电机，三相反电动势之和为 0，即 $e_A+e_B+e_C=0$。在文献［4］中，悬空相的反电动势在斩波关断的时刻如图 10.6 所示。

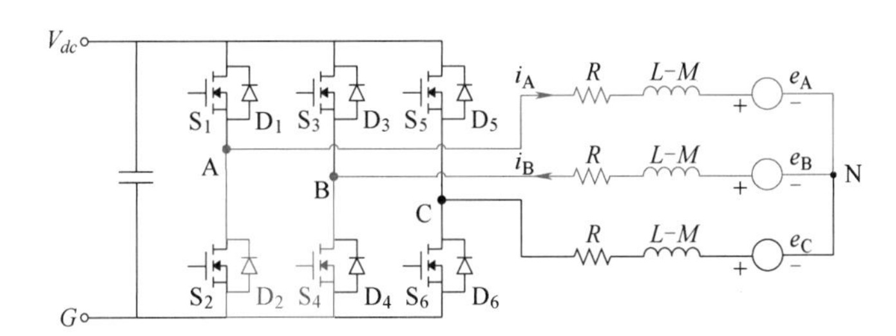

图 10.6　斩波关断时刻的反电动势采样

A 相与直流母线负极导通，其电压方程为

$$v_{NG}=0-(i_AR+pi_AL+e_A) \tag{10.2}$$

B 相也与直流母线负极导通，其电压方程为

$$v_{NG}=(i_BR+pi_BL-e_B) \tag{10.3}$$

将式（10.2）和式（10.3）相加可以得到

$$v_{NG}=-(e_A+e_B)/2 \tag{10.4}$$

假设三相系统对称，即 $e_A+e_B+e_C=0$，那中性点电压方程可以简化为

$$v_N=\frac{e_C}{2} \tag{10.5}$$

则悬空的 C 相端电压为

$$v_{CG}=\frac{3}{2}e_C \tag{10.6}$$

如式（10.6）所见，当处于斩波关断区间，悬空相的端电压正比于反电动势信号，并且不受 PWM 的高频开关噪声的影响。这种方法需要 PWM 的关断时间达到一定长度，通常为几个微秒，以保证有足够的时间长度完成对反电动势信号的转换。这会限制 PWM 输出的占空比范围，也就导致了直流母线电压的利用率不足。对这种情况，文献［5］给出了在斩波开通的时候进行反电动势信号采样一种方式。该方法不会对 PWM 占空比范围进行限制，

其工作时的电路图如图 10.7 所示。

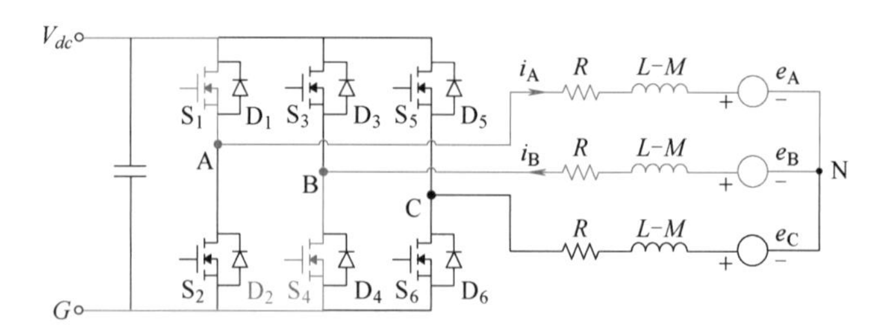

图 10.7　斩波开通状态的反电动势采样

A 相与直流母线正极导通，其电压方程为

$$v_{NG}=V_{dc}-(i_AR+pi_AL+e_A) \tag{10.7}$$

B 相与直流母线负极导通，其电压方程为

$$v_{NG}=(i_BR+pi_BL-e_B) \tag{10.8}$$

结合式（10.7）和式（10.8）可以得到

$$v_N=\frac{V_{dc}}{2}-\frac{e_A+e_B}{2} \tag{10.9}$$

假设三相系统平衡，即 $e_A+e_B+e_C=0$，那么从式（10.9）可以得出

$$v_N=\frac{V_{dc}}{2}+\frac{e_C}{2} \tag{10.10}$$

因此，悬空的 C 相端电压为

$$v_{CG}=\frac{V_{dc}}{2}+\frac{3}{2}e_C \tag{10.11}$$

10.3.2.2　梯形反电动势

对于梯形波反电动势的电机来讲，与直流母线正极和负极导通的相电压之和为 0，即 $e_B+e_C=0$。与 10.3.2.1 节中介绍的一致，悬空的 C 相端电压也可以在 PWM 导通和关断时候测量[6,7]。

斩波关断时，悬空相的端电压为

$$v_{CG}=e_C \tag{10.12}$$

斩波开通时，悬空相的端电压为

$$v_{CG}=\frac{V_{dc}}{2}+e_C \tag{10.13}$$

表 10-1 总结了反电动势和悬空相（以 C 相为例）的关系。尽管正弦波和梯形波反电动势的结果稍有不同，但是反电动势的检测方法是一致的。在低速、轻载工况下，PWM 占空比比较小，斩波关断时间相对较长，此时更推荐利用斩波关断时间去测量反电动势[4]。在高速、重载的工况，PWM 占空比较大，斩波开通的时间也相对较长，此时也更推荐利用斩波开通的时间测量反电动势[5]。

表 10-1　C 相端电压和反电动势关系总结

	斩波开通	斩波关断
正弦波反电动势	$V_{dc}/2+1.5e_C$	$1.5e_C$
梯形波反电动势	$V_{dc}/2+e_C$	e_C
过零点检测条件	$V_{dc}/2$	0

10.4　过零点偏差及解决方案

反电动势的过零点偏移问题是无位置传感器控制 BLDC 驱动系统的常见非理想因素之一。理想情况下，过零点位于每个 60°扇区的中心位置，换相点位于每两个扇区交界处，即反电动势过零点后的 30°。当过零点产生偏移时，将会连带换相点位置产生偏移，造成换相误差。最常见的产生过零点偏移的原因是低通滤波器电路造成的相位滞后，如图 10.8a 所示。文献［16，17］中介绍了一些选择低通滤波器带宽的方法，并提出了相应的相位滞后补偿方法。此外，反电动势电路的阻抗容差和电机绕组参数不对称会引起过零点间隔不均的问题，分别如图 10.8b 和图 10.8c 所示[18]。本节后面会继续分析这些非理想因素的影响。

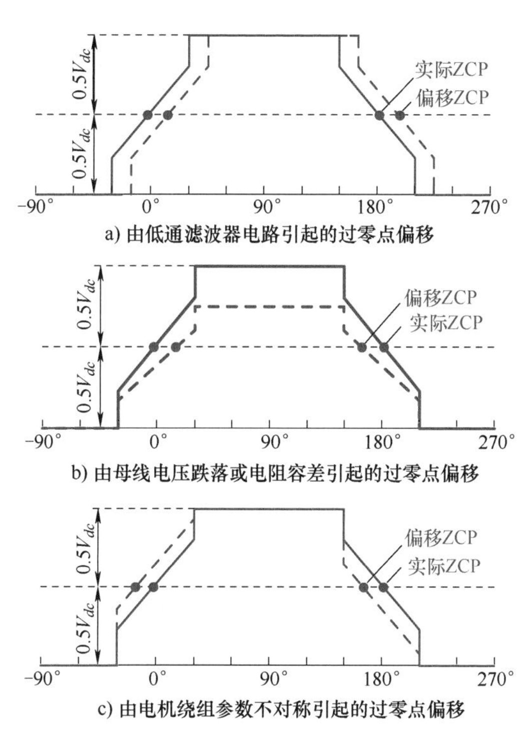

图 10.8　端电压测量过程中几种非理想因素造成的过零点偏移现象[18]

10.4.1　电机参数不对称引起的水平偏差

BLDC 电机的驱动电路如图 10.9a 所示，其数学模型为

$$\begin{cases} v_{AG}-v_{NG}=R_Ai_A+L_A\dfrac{\mathrm{d}}{\mathrm{d}t}i_A+e_A \\ v_{BG}-v_{NG}=R_Bi_B+L_B\dfrac{\mathrm{d}}{\mathrm{d}t}i_B+e_B \\ v_{CG}-v_{NG}=R_Ci_C+L_C\dfrac{\mathrm{d}}{\mathrm{d}t}i_C+e_C \end{cases} \tag{10.14}$$

式中，v_{XG}是端电压；v_{NG}是电机中性点电压；i_X 是相电流；e_X 是相反电动势；R_X 是电机定

子电阻；L_X 是电机绕组电感（其中已考虑自感 L'_X 和互感 M，且有 $L_X = L'_X = M$）；其中下标 X 代表相标号，可以为 A、B 或 C。

这里为不失一般性，假设电阻和自感是非对称的。高速 BLDC 电机多为正弦波反电动势，可以表示为

$$
\begin{bmatrix} e_A \\ e_B \\ e_C \end{bmatrix} = \omega_r \psi_m \begin{bmatrix} \sin(\theta_r) \\ \sin\left(\theta_r - \dfrac{2}{3}\pi\right) \\ \sin\left(\theta_r + \dfrac{2}{3}\pi\right) \end{bmatrix} \tag{10.15}
$$

式中，ψ_m，ω_r and θ_r 分别为永磁体磁链、转子电角速度和转子电角度。

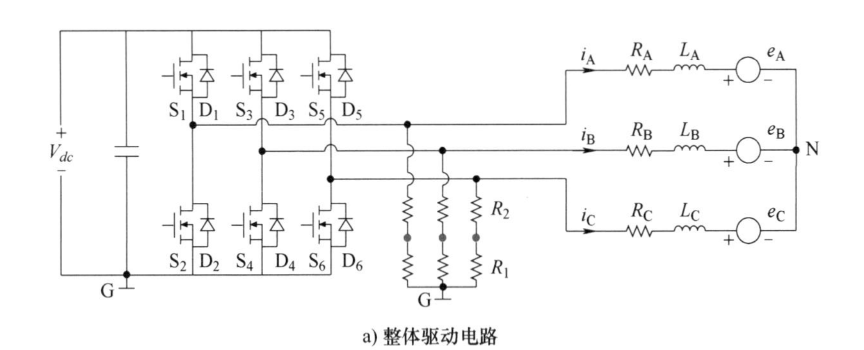

a) 整体驱动电路

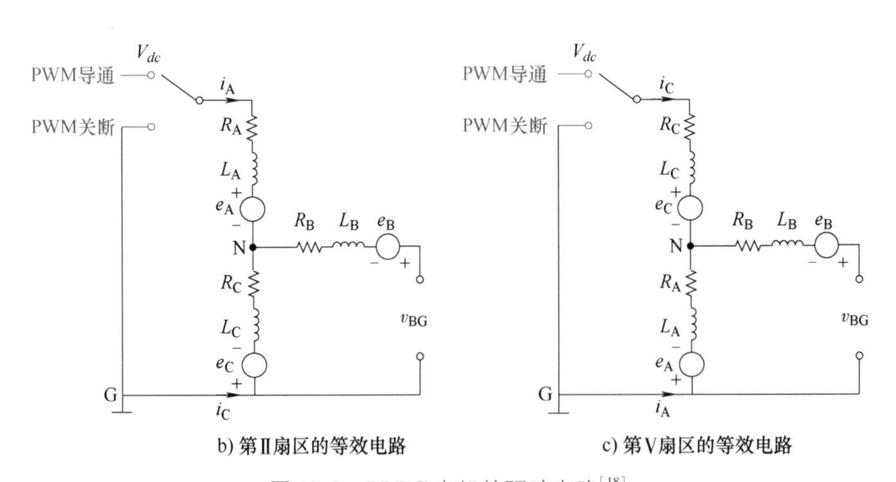

b) 第Ⅱ扇区的等效电路　　c) 第Ⅴ扇区的等效电路

图 10.9　BLDC 电机的驱动电路[18]

在六步换相法中，一个电周期是由 6 个扇区组成的，每个扇区 60°电角度。在每个扇区中，三相绕组中的两相会被激活。另外的悬空相则含有反电动势信息，可以用作换相检测。在无位置传感器 BLDC 电机驱动中，换相信号滞后于反电动势过零点信号 30°电角度。

10.4.1.1　反电动势波形的水平偏差

本节将分析电机参数不对称对过零点检测的影响。为说明电机参数不对称的影响，首先分析两个相反的扇区，即第Ⅱ扇区和第Ⅴ扇区，如图 10.9b、图 10.9c 和图 10.10 所示。

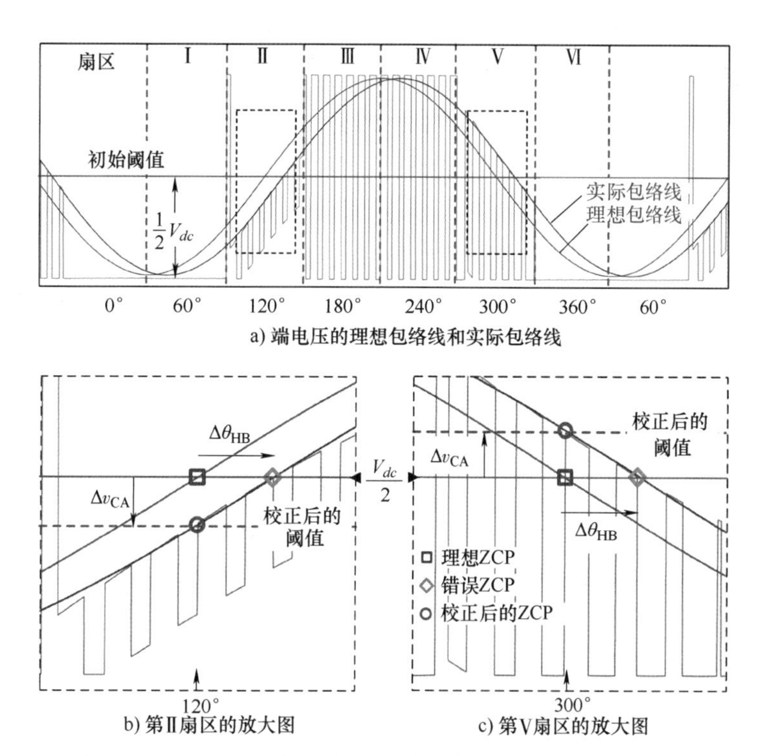

图 10.10　考虑电机绕组参数不对称的 B 相端电压示意图[18]

复频域的 BLDC 数学模型可以表示为

$$\begin{cases} V_{AG}(s)-V_{NG}(s)=(R_A+sL_A)\cdot I_A(s)+E_A(s) \\ V_{BG}(s)-V_{NG}(s)=(R_B+sL_B)\cdot I_B(s)+E_B(s) \\ V_{CG}(s)-V_{NG}(s)=(R_C+sL_C)\cdot I_C(s)+E_C(s) \end{cases} \tag{10.16}$$

式中，s 代表拉普拉斯算子。

在第Ⅱ和第Ⅴ扇区中，A、C 相绕组导通，B 相绕组悬空，可以得到 $I_A(s)+I_C(s)=0$，$I_B(s)=0$。此时端电压 $V_{BG}(s)$ 为

$$V_{BG}(s)=V_{NG}(s)+E_B(s)=\frac{1}{2}\left(V_{AG}(s)+V_{CG}(s)\right)+\frac{3}{2}E_B(s)-\frac{1}{2}\Delta V_H(s) \tag{10.17}$$

$$\Delta V_H(s)=\left[V_{AG}(s)-V_{CG}(s)-\left(E_A(s)-E_C(s)\right)\right]\frac{\Delta R_{AC}+s\Delta L_{AC}}{\sum R_{AC}+s\sum L_{AC}} \tag{10.18}$$

在这里 $\Delta V_H(s)$ 与非对称参数有关，且有 $\Delta R_{AC}=R_A-R_C$，$\Delta L_{AC}=L_A-L_C$，$\sum R_{AC}=R_A+R_C$，$\sum L_{AC}=L_A+L_C$。然后将 $V_{BG}(s)$ 重新代入到时域，可以得到

$$v_{BG}(t)=\mathcal{L}^{-1}[V_{BG}(s)]=\frac{1}{2}\left(v_{AG}(t)+v_{CG}(t)\right)+\frac{3}{2}e_B(t)-\frac{1}{2}\mathcal{L}^{-1}[\Delta V_H(s)] \tag{10.19}$$

式中，$\mathcal{L}^{-1}$代表反拉普拉斯变换。

多出的一项$-\frac{1}{2}\mathcal{L}^{-1}[\Delta V_H(s)]$是由于非对称参数引起的电压偏移。下面将继续分别推导在第Ⅱ和第Ⅴ扇区的端电压 $v_{BG}(t)$。

1. 第Ⅱ扇区的端电压

如图 10.9b 所示，在第Ⅱ扇区中 A、C 相导通，B 相悬空。此时 B 相的端电压包含反电动势信息并可用于换相检测。功率器件 S_1 受控于斩波信号，功率器件 S_6 保证常开。随着电机转速升高，PWM 占空比升高，斩波开通时间增加，关断时间减少。为了保证在高速区的过零点检测效果，假定反电动势过零点检测是基于斩波开通时间的。然后有 $v_{AG}=V_{dc}$，$v_{CG}=0$，并且 $\mathcal{L}^{-1}[\Delta V_H(s)]$ 可以通过计算获得。第Ⅱ扇区的悬空相 $v_{BG}(t)$ 的端电压为

$$v_{BG}(t)=\frac{1}{2}V_{dc}+\frac{3}{2}e_B(t)+\Delta v_{AC} \tag{10.20}$$

其中偏移电压 Δv_{AC} 为

$$\Delta v_{AC}=-\frac{1}{2}(V_{dc}-\sqrt{3}\omega_r\psi_m)\frac{L_A-L_C}{L_A+L_C} \tag{10.21}$$

如图 10.10b 所示，在电机参数对称时，端电压的直流偏置电压为 $V_{dc}/2$。然而，当考虑到电机参数的非对称影响时，如图 10.10b 所示，Δv_{AC} 的存在使得端电压发生偏移。此时如果仍然选择 $V_{dc}/2$ 作为过零点检测的阈值，将引入角度误差。

2. 第Ⅴ扇区的端电压

如图 10.9c 所示，第Ⅴ扇区与第Ⅱ扇区相反，S_5 受控于斩波信号 S_2 保持导通。在斩波开通区间有 $v_{AG}=0$，$v_{CG}=V_{dc}$ 并且 $\mathcal{L}^{-1}[\Delta V_H(s)]$ 可以通过计算得到。在第Ⅴ扇区的悬空相的端电压 $v_{BG}(t)$ 可以表示为

$$v_{BG}(t)=\frac{1}{2}V_{dc}+\frac{3}{2}e_B(t)+\Delta v_{CA} \tag{10.22}$$

其中偏移电压 Δv_{CA} 为

$$\Delta v_{CA}=-\frac{1}{2}(V_{dc}-\sqrt{3}\omega_r\psi_m)\frac{L_C-L_A}{L_C+L_A} \tag{10.23}$$

如图 10.10c 所示，端电压包络线移动了 Δv_{CA}。如式（10.20）和式（10.22）所示，可以发现电压误差 Δv_{AC} 和 Δv_{CA} 分别存在于第Ⅱ和第Ⅴ扇区。并且当电机处于稳态运行期间，转速不会发生剧烈变化，因此有 $\Delta v_{AC}+\Delta v_{CA}=0$。

10.4.1.2 对过零点检测的影响

前面分析了第Ⅱ和第Ⅴ扇区的端电压包络线。其他扇区的结果也可以用类似方法得到。表 10-2 总结了电压偏移、位置误差、悬空相反电动势方向（上升 R，下降 F）的关系。符号+，-和~分别代表正导通相、负导通相和悬空相。由于非对称参数引起的电压偏移可以定义为

$$\Delta v_{XY}=-\frac{1}{2}(V_{dc}-\sqrt{3}\omega_r\psi_m)\cdot\frac{L_X-L_Y}{L_X+L_Y} \tag{10.24}$$

以上分析可知，非对称电机参数将导致悬空相的端电压偏移。如图 10.10 所示，在第Ⅱ扇区向下移动了 Δv_{CA}，在第Ⅴ扇区向上移动了 Δv_{CA}。在竖直方向上，包络线在第Ⅱ和第Ⅴ

扇区朝着相反方向移动。从另一个角度看，第Ⅱ和第Ⅴ扇区的移动可以归一为横向移动了$\Delta\theta_{HB}$。因此，受到电机参数非对称的影响，端电压包络线发生了水平移动，导致过零点发生偏移。

表 10-2　端电压偏移和过零点位置误差

扇　区	模　式	反电动势（F/R）	Δv_H	Δv_V	$\Delta\theta$
Ⅰ	A+B-C～	F	Δv_{AB}	Δv_{VC}	$\Delta\theta_{HC}+\Delta\theta_{VC}$
Ⅱ	A+B～C-	R	$-\Delta v_{CA}$	Δv_{VB}	$\Delta\theta_{HB}-\Delta\theta_{VB}$
Ⅲ	A～B+C-	F	Δv_{BC}	Δv_{VA}	$\Delta\theta_{HA}+\Delta\theta_{VA}$
Ⅳ	A-B+C～	R	$-\Delta v_{AB}$	Δv_{VC}	$\Delta\theta_{HC}-\Delta\theta_{VC}$
Ⅴ	A-B～C+	F	Δv_{CA}	Δv_{VB}	$\Delta\theta_{HB}+\Delta\theta_{VB}$
Ⅵ	A～B-C+	R	$-\Delta v_{BC}$	Δv_{VA}	$\Delta\theta_{HA}-\Delta\theta_{VA}$

过零点附近的包络线可以看作斜率为$3\omega_r\psi_m/2$的直线。因此，偏移电压和过零点角度误差存在线性关系：

$$[\Delta v_{AB}\ \Delta v_{BC}\ \Delta v_{CA}]=\frac{3}{2}\omega_r\psi_m\cdot[\Delta\theta_{HC}\ \Delta\theta_{HA}\Delta\theta_{HB}] \tag{10.25}$$

如表 10-2 所示，Δv_{AB}，Δv_{BC}和Δv_{CA}分别代表第Ⅰ，第Ⅲ和第Ⅴ扇区的电压误差，并且分别与第Ⅱ，第Ⅳ和第Ⅵ相反。如式（10.24）所示，电压误差的符号取决于L_X和L_Y的关系。式（10.25）会进一步确定角度误差的符号，滞后误差定义为正，超前误差定义为负。三个偏移电压的总和为

$$\Delta v_{AB}+\Delta v_{BC}+\Delta v_{CA}=\frac{1}{2}(V_{dc}-\sqrt{3}\omega_r\psi_m)\cdot\underbrace{\frac{L_A-L_B}{L_A+L_B}}_{\Delta L_{AB}}\cdot\underbrace{\frac{L_B-L_C}{L_B+L_C}}_{\Delta L_{BC}}\cdot\underbrace{\frac{L_C-L_A}{L_C+L_A}}_{\Delta L_{CA}} \tag{10.26}$$

值得注意的是，三个电感相关的项ΔL_{AB}，ΔL_{BC}和ΔL_{CA}都非常小，它们的乘积接近于 0。因此式（10.26）可以表示为

$$\Delta v_{AB}+\Delta v_{BC}+\Delta v_{CA}\approx 0 \tag{10.27}$$

此外，由式（10.25）可得，三个过零点角度误差的总和也近似为 0。

$$\Delta\theta_{HA}+\Delta\theta_{HB}+\Delta\theta_{HC}\approx 0 \tag{10.28}$$

换相点是通过过零点滞后 30°进行确定的。如果没有准确的过零点，就无法确定换相点。因此，非对称的电机参数会对无位置传感器 BLDC 驱动系统产生负面影响。

10.4.2　RVD 电阻容差引起的垂直偏差

10.4.2.1　测量电路的电阻容差

测量电路的电阻容差也会引起过零点偏移。端电压的最大值与直流母线电压相当。然而，微控制器片上的模拟数字转换器（A/D）转换器仅支持低压信号的采集，比如 0～3V。通常情况会使用电阻分压电路来采集端电压信号，阻值的准确度会影响换相准确度。这一节

将分析电阻容差对换相误差的影响。如图 10.9 所示，A/D 转换器采集电阻分压电路的低侧电阻上的电压。电阻阻值的分压比例可以设计为

$$\frac{R_1}{R_1+R_2}=\frac{V_{\mathrm{AD}}}{V_{dc}} \tag{10.29}$$

式中，V_{AD}表示最大采集电压；R_1 和 R_2 分别表示电阻分压电路的低侧和高侧的电阻。

实际情况的电阻阻值会与标称阻值间存在偏差。这里定义等效的增益 K_{R} 为

$$K_{\mathrm{R}}=\frac{R_1'}{R_1'+R_2'}\cdot\frac{R_1+R_2}{R_1} \tag{10.30}$$

其中，上标“′”代表考虑容差的值。

然后，所采集到的 B 相端电压可以表示为

$$v_{\mathrm{BG}}'=v_{\mathrm{BG}}\cdot K_{\mathrm{R}}=\frac{1}{2}K_{\mathrm{R}}V_{dc}+\frac{3}{2}K_{\mathrm{R}}e_{\mathrm{B}} \tag{10.31}$$

10.4.2.2 电压偏移和过零点角度误差

如式（10.32）所示，受分压电阻容差的影响，初始直流偏置 $V_{dc}/2$ 变成了 $K_{\mathrm{R}}V_{dc}/2$，其偏移量可以描述为

$$\Delta v_{\mathrm{VB}}=\frac{1}{2}(K_{\mathrm{R}}-1)V_{dc} \tag{10.32}$$

与式（10.25）中的分析方法类似，表 10-2 中的过零点角度误差和电压偏移有如下线性关系：

$$[\Delta v_{\mathrm{VA}}\ \Delta v_{\mathrm{VB}}\ \Delta v_{\mathrm{VC}}]=\frac{3}{2}\omega_r\psi_m[\Delta\theta_{\mathrm{VA}}\ \Delta\theta_{\mathrm{VB}}\ \Delta\theta_{\mathrm{VC}}] \tag{10.33}$$

因此，阻值发生偏移后，电压误差会增加。考虑一种极限情况，当 R_1' 和 R_2' 分别取上限和下限，即 $R_1'=(1+\sigma)R_1$，$R_2'=(1-\sigma)R_2$，其中 σ 代表电阻容差。最后，过零点角度误差可以表示为

$$\Delta\theta_{\mathrm{VB}}=\frac{1}{\sqrt{3}\,\omega_{\mathrm{pu}}}\cdot\left(\frac{1+\sigma}{(1+\sigma)+(1-\sigma)\left(\dfrac{V_{dc}}{V_{\mathrm{AD}}}-1\right)}\cdot\frac{V_{dc}}{V_{\mathrm{AD}}}-1\right) \tag{10.34}$$

式中，$\omega_{\mathrm{pu}}=\omega_r/\omega_{\mathrm{base}}$代表速度的标幺值；$\omega_{\mathrm{base}}$代表基速，定义为$\sqrt{3}\,\omega_{\mathrm{base}}\psi_m=V_{dc}$。

很明显，电压采样的准确度受电阻容差的限制，电阻会随着温度变化而变化。特别对于电机和驱动板集成在狭小空间的应用来讲，在运行期间温度会发生显著变化。此外随着电阻老化，电阻值也会发生变化。对于高电压应用，需要级联两个以上的电阻以减少每个电阻器上的电压降，这种情况甚至更加复杂。如果算法中的参数设计仅基于电阻的标称值，将必然导致换相误差。

图 10.11 显示了过零点角度误差的分析结果。该图分析了一些常见的电阻公差，0.1%～10%。可以看出，随着电阻精度的降低，过零点角度误差将会增加。

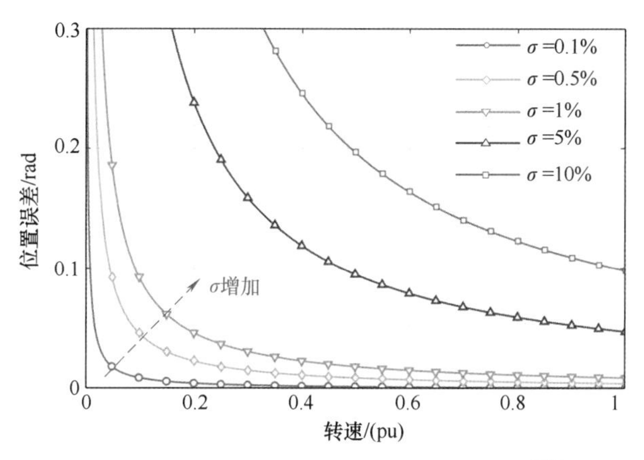

图 10.11　由端电压的垂直偏移引起的 ZCP 角度误差的分析结果[18]（$V_{AD}=3V$，$V_{dc}=15V$）

10.4.3　自适应阈值校正策略

本节介绍了一种自适应阈值校正方案[18]。图 10.12 说明了整个方案的实现过程，端电压信号由芯片上的 ADC 通过分压电阻进行采样。然后设计了一种自适应阈值校正算法，在此算法中，使用六个独立的过零点阈值进行过零点检测，这六个过零点阈值在运行过程中实时调整。该方案使用两个 CPU 定时器：定时器 A 用于测量过零点的时间间隔，6 次最新的过零点时间间隔的测量结果存储在缓冲区中，表示为 $t_{12},\cdots,t_{61}$；定时器 B 用于在每个过零点之后触发换相 30°。

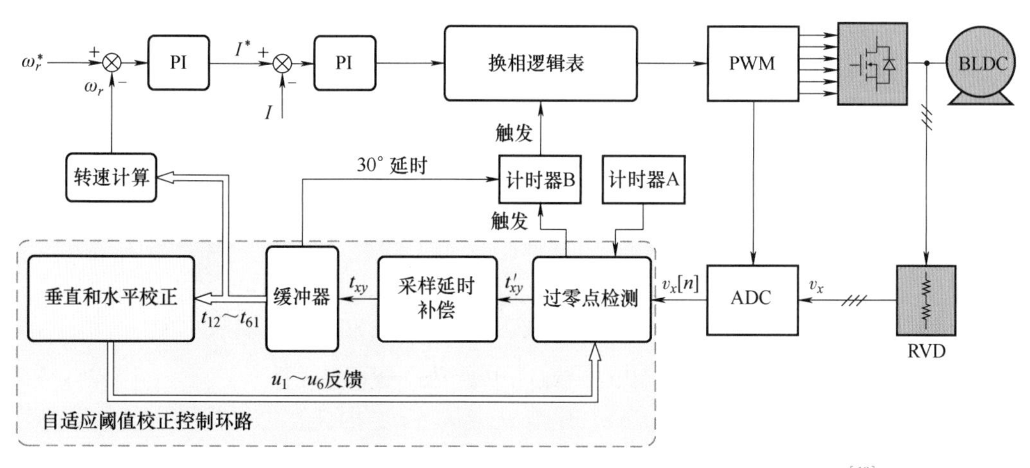

图 10.12　无位置传感器控制系统结合自适应阈值校正策略的原理图[18]

10.4.3.1　垂直校正

图 10.13 显示了由于测量电路的电阻容差而引起的反电动势包络线的垂直偏移。图 10.14 显示了图 10.13 中三角形区域的放大区域，虚线和实线分别表示偏移前和偏移后的反电动势包络线。假设 $K_R>1$，反电动势包络线向上移动。理想情况下，B 相过零点应位于 B 相包络线 e_B 与直流母线电压一半（$V_{dc}/2$）的交点处，即在扇区Ⅱ中 120°位置和扇区Ⅴ中

300°位置。然而，当电阻比值变化时，包络向上移动了 Δv_{VB} 至 $\hat{e}_B$。此时，使用初始阈值 $V_{dc}/2$ 将检测到错误的过零点。

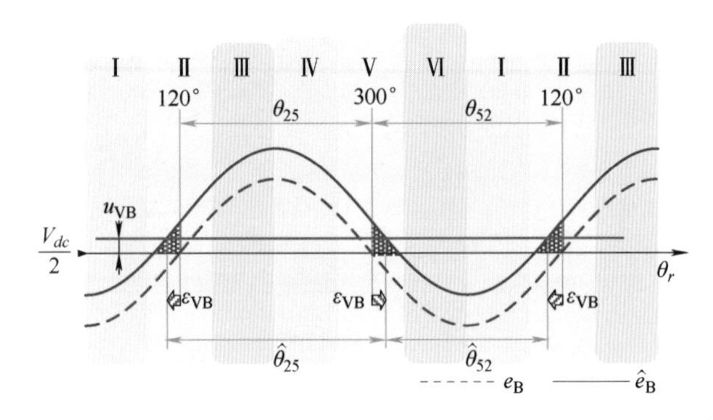

图 10.13　电阻容差引起的反电动势包络线垂直偏移的原理图[18]

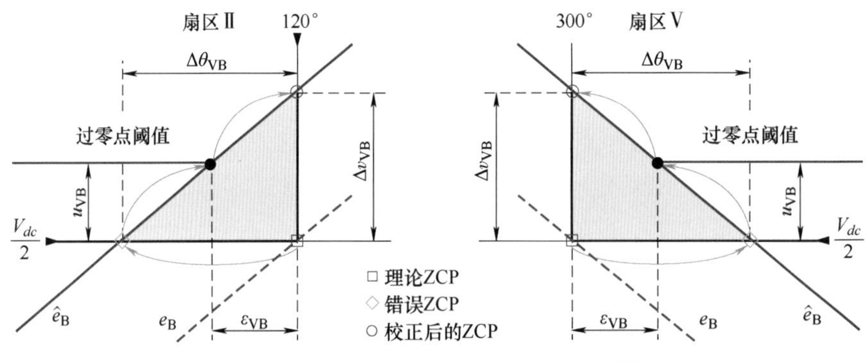

图 10.14　零交叉阈值的垂直校正过程[18]

如图 10.14 所示，垂直校正的目的是将共模偏置 u_{VB} 叠加到 $V_{dc}/2$ 上，即 $V_{dc}/2+v_{VB}$，这个新的阈值将被用于Ⅱ和Ⅴ两个扇区。将角度误差 ε_{VB} 实时提取并将其控制为零，共模偏置 u_{VB} 将收敛到 Δv_{VB}。然后，即有垂直偏移的存在，过零点也将被校正回理想位置，即 120°和 300°。

如图 10.13 所示，过零点间隔 $\hat{\theta}_{25}$（Ⅱ～Ⅴ）和 $\hat{\theta}_{52}$（Ⅴ～Ⅱ）可以表示为

$$\hat{\theta}_{25}=\theta_{25}+2\varepsilon_{VB}, \quad \hat{\theta}_{52}=\theta_{52}-2\varepsilon_{VB} \tag{10.35}$$

上标^表示测量值。显然，在式（10.35）中有 $\theta_{25}=\theta_{52}=\pi$；因此，可以推导出角度误差为

$$\varepsilon_{VB}=\frac{1}{4}(\hat{\theta}_{25}-\hat{\theta}_{52}) \tag{10.36}$$

在实际应用中，$\hat{\theta}_{25}$ 和 $\hat{\theta}_{52}$ 可以通过以下公式计算：

$$\hat{\theta}_{25}=\frac{t_{25}}{t_{period}}\times 2\pi=\frac{t_{23}+t_{34}+t_{45}}{t_{period}}\times 2\pi, \quad \hat{\theta}_{52}=\frac{t_{52}}{t_{period}}\times 2\pi=\frac{t_{56}+t_{61}+t_{12}}{t_{period}}\times 2\pi \tag{10.37}$$

式中，t_{period} 是一整个电周期，可以表示为

$$t_{period}=t_{12}+t_{23}+\cdots+t_{61} \tag{10.38}$$

本节以 B 相的校正过程为例，对于另外两个相位的校正也可以采用相同的方法，如图 10.15 所示。该策略的主要目标是寻找一个阈值，使得上半个周期和下半个周期具有相同的持续时间。增益越高，校正控制器收敛速度就越快。

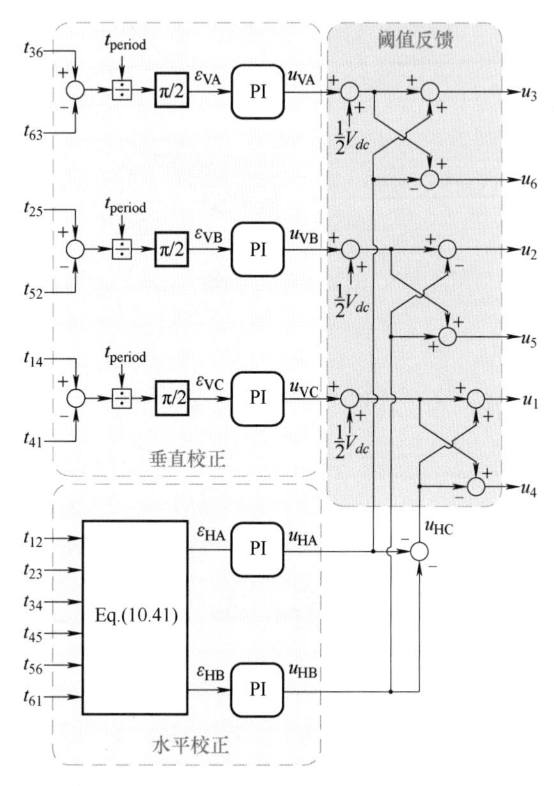

图 10.15　包括垂直和水平校正的自适应阈值校正策略[18]

10.4.3.2　水平校正

图 10.16 显示了由于电机参数不对称导致的反电动势包络线的水平偏移。图 10.17 显示了图 10.16 中 B 相三角形的放大区域。受到不对称参数的影响，在扇区Ⅱ中包络线向下移动，在扇区Ⅴ中包络线向上移动，这可以统一为向右移动 $\Delta\theta_{HB}$。在发生偏移的情况下，使用初始阈值 $V_{dc}/2$ 将检测到有错误的过零点。

如图 10.17 所示，水平校正过程类似于垂直校正过程。不同之处在于水平校正使用差分偏置，即在扇区Ⅱ中使用 $V_{dc}/2-u_{HB}$ 作为新阈值，在扇区Ⅴ中使用 $V_{dc}/2+u_{HB}$ 作为新阈值。然后，通过控制 ε_{HB} 为零，差分偏置 u_{HB} 将收敛到 Δv_{CA}，从而校正过零点。对于三相电机来讲，实际只需要三个偏置项中的两项 u_{HA} 和 u_{HB}。第三项 u_{HC} 可以直接从 $u_{HA}+u_{HB}+u_{HC}=0$ 计算得出，如式（10.27）所示。

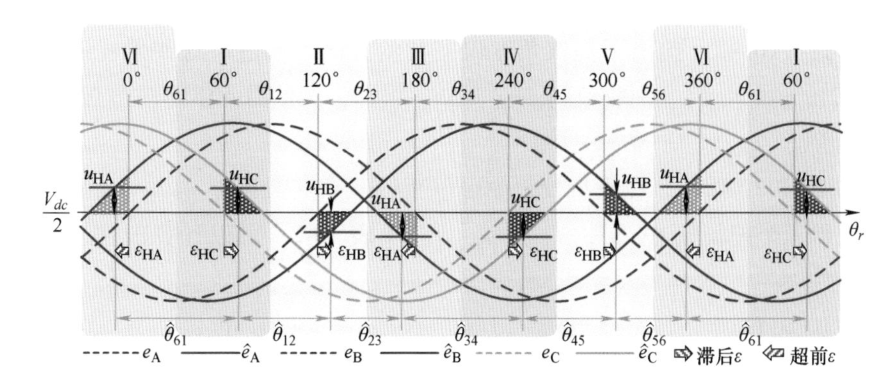

图 10.16　由于电机参数不对称而导致反电动势水平偏差的示意图[18]

根据式（10.28），三个过零点角度误差的总和近似为零。可以推断出，在三相绕组中，存在二个超前相和一个滞后相，或者一个超前相和二个滞后相。在图 10.16 中，假设 A 相超

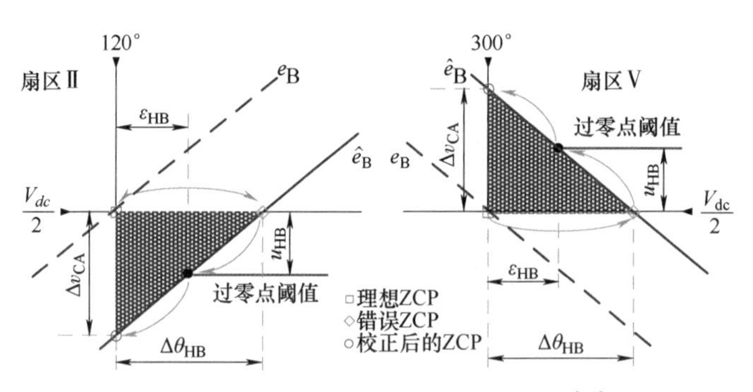

图 10.17　零交叉阈值的水平校正过程[18]

前，其他二相位滞后。扇区间过零点间隔 $\hat{\theta}_{12},\cdots,\hat{\theta}_{61}$ 为

$$\begin{cases}\hat{\theta}_{12}(\hat{\theta}_{45})=\theta_{12}(\theta_{45})+\varepsilon_{HB}-\varepsilon_{HC}\\ \hat{\theta}_{23}(\hat{\theta}_{56})=\theta_{23}(\theta_{56})+\varepsilon_{HA}-\varepsilon_{HB}\\ \hat{\theta}_{34}(\hat{\theta}_{61})=\theta_{34}(\theta_{61})+\varepsilon_{HC}-\varepsilon_{HA}\end{cases}\tag{10.39}$$

括号中的项表示它们具有相同的值，例如 $\hat{\theta}_{12}=\hat{\theta}_{45}$。由于线性关系的存在，可以得到以下方程式：

$$\varepsilon_{HA}+\varepsilon_{HB}+\varepsilon_{HC}=0\tag{10.40}$$

而且存在等式 $\theta_{12}=\theta_{23}=\cdots=\theta_{61}=\pi/3$。现在式（10.40）联合式（10.39）中的任意两个方程式可以解出方程组，以获得过零点角度误差，得到

$$\begin{bmatrix}\varepsilon_{HA}\\ \varepsilon_{HB}\end{bmatrix}=\frac{1}{3}\begin{bmatrix}1 & 2 & 0\\ 2 & 0 & 1\end{bmatrix}[\hat{\theta}_{12}(\hat{\theta}_{45})\quad \hat{\theta}_{23}(\hat{\theta}_{56})\quad \hat{\theta}_{34}(\hat{\theta}_{61})]^{T}-\frac{\pi}{3}\begin{bmatrix}1\\ 1\end{bmatrix}\tag{10.41}$$

实际上所有角度项都可以通过从 CPU 定时器获得的时间间隔信号进行计算，如下所示：

$$\begin{bmatrix}\varepsilon_{HA}\\ \varepsilon_{HB}\end{bmatrix}=\frac{1}{3}\cdot\frac{2\pi}{t_{period}}\cdot\begin{bmatrix}1 & 2 & 0\\ 2 & 0 & 1\end{bmatrix}[t_{12}(t_{45})\quad t_{23}(t_{56})\quad t_{34}(t_{61})]^{T}-\frac{\pi}{3}\begin{bmatrix}1\\ 1\end{bmatrix}\tag{10.42}$$

在这里，式（10.42）给出了提取角度误差和的方法。通过将这些角度误差控制为零，差模偏差 u_{HA}，u_{HB}和 u_{HC}将分别收敛到 Δv_{BC}，Δv_{AB}和 Δv_{CA}，然后，由不对称参数引起的水平偏差可以被消除。

最后，如图 10.15 所示，在垂直校正中可以获得三个共模偏差 u_{VA}，u_{VB}和 u_{VC}；在水平校正中可以获得三个差模偏差 u_{HA}，u_{HB}和 u_{HC}。基于表 10-2，可以计算出六个过零点阈值，如下所示：

$$\begin{cases}u_3=\frac{1}{2}V_{dc}+u_{VA}+u_{HA}\\ u_6=\frac{1}{2}V_{dc}+u_{VA}-u_{HA}\end{cases},\quad\begin{cases}u_2=\frac{1}{2}V_{dc}+u_{VB}-u_{HB}\\ u_5=\frac{1}{2}V_{dc}+u_{VB}+u_{HB}\end{cases},\quad\begin{cases}u_1=\frac{1}{2}V_{dc}+u_{VC}+u_{HC}\\ u_4=\frac{1}{2}V_{dc}+u_{VC}-u_{HC}\end{cases}\tag{10.43}$$

需要注意的是，在整个过程中，该策略不需要任何电机本体或反电动势测量电路的参数。此外，本节所描述的自适应校正策略不依赖于指定的反电动势波形。无论反电动势是梯

形波还是正弦波，过零点位置都是相同的，校正机制也是类似的。因此，这个方案具有良好的自适应能力，可以克服参数变化产生的影响。

10.4.4　实验结果

上述自适应阈值矫正策略使用样机 BLDC-Ⅰ（见附录 B）进行测试，如表 10-3 所示，电阻和电感值是不对称的。PWM 开关频率和采样频率均为 40kHz，直流母线电压为 15V。此外，为了模拟分压电阻电路中的电阻容差，三相分别对应了三个不同的电阻比，见表 10-4。其中 A、B 和 C 相的等效增益 K_R 分别为 110%、100%和 90%。需要注意的是，在反电动势测量电路中没有使用电容，即没有使用任何形式模拟滤波器，以避免低通滤波器的相位延迟。

表 10-3　样机 BLDC-Ⅰ的参数

参　　数	A　　相	B　　相	C　　相
相电阻/mΩ	38.1	37.5	43.5
自感/μH	27.5	27.2	28.6
互感/μH	4	4	4

表 10-4　三相分压电阻电路的电阻值

相	R_1/kΩ	R_2/kΩ	电阻比	K_R（%）
A	3.24	11.5	0.22	110
B	3	12	0.2	100
C	2.8	12.7	0.18	90

图 10.18 显示了在 20000r/min 下有无采用自适应阈值校正方案的比较结果。如图 10.18a 所示，在没有校正的情况下，扇区过零点间隔（$\hat{\theta}_{12},\cdots,\hat{\theta}_{61}$）范围在 50°~75°变化。由于电机参数的不对称性和分压电阻的电阻容差，扇区过零点间隔不能准确地保持在 60°，而是在一个很大的范围内波动。当在图 10.18b 中启用垂直校正时，扇区过零点间隔（$\hat{\theta}_{12},\cdots,\hat{\theta}_{61}$）变得更接近 60°，范围为 55°~65°。由于分压电阻容差引起的垂直偏移效应已经被消除，因此剩余的不一致性主要是由于电机参数的不对称性引起的。当同时采用垂直和水平校正时，如图 10.18c 所示，扇区过零点间隔（$\hat{\theta}_{12},\cdots,\hat{\theta}_{61}$）准确地收敛到 60°。相电流在每个扇区内都几乎一致，因此校正方法消除了垂直和水平包络线偏移效应。

图 10.19 显示了在 54000r/min（900Hz）下有和没有采用自适应阈值校正方案的比较结果。此时 PWM 占空比已达到 100%，因此处于最大速度。如图 10.19a 所示，在没有校正的情况下，扇区过零点间隔不能保持在 60°。在仅采用垂直校正的情况下，如图 10.19b 所示，扇区过零点间隔变得更接近 60°，但仍不能准确保持在 60°。当同时采用垂直和水平校正时，如图 10.19c 所示，扇区过零点间隔准确地收敛到 60°。

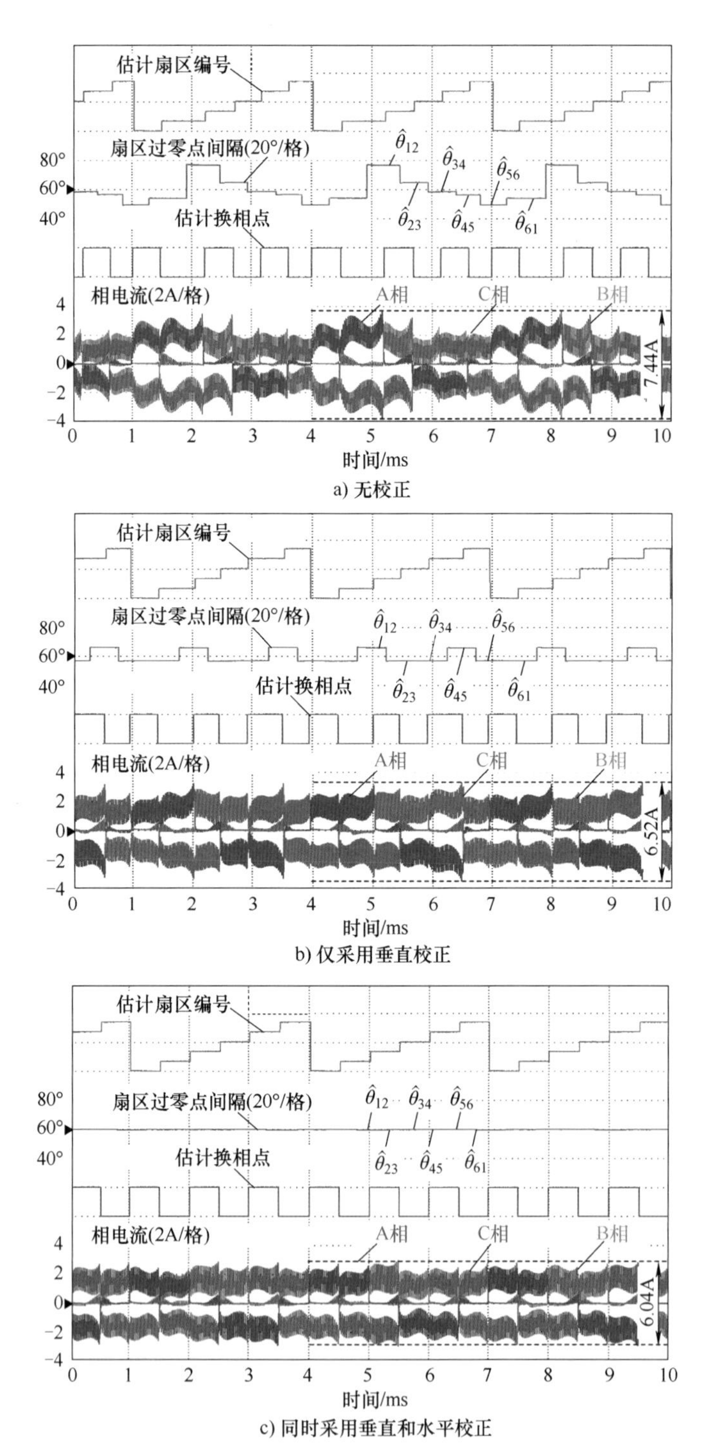

a) 无校正

b) 仅采用垂直校正

c) 同时采用垂直和水平校正

图 10.18　有无采用自适应阈值校正策略的对比结果，**20000r/min**（333Hz）[18]

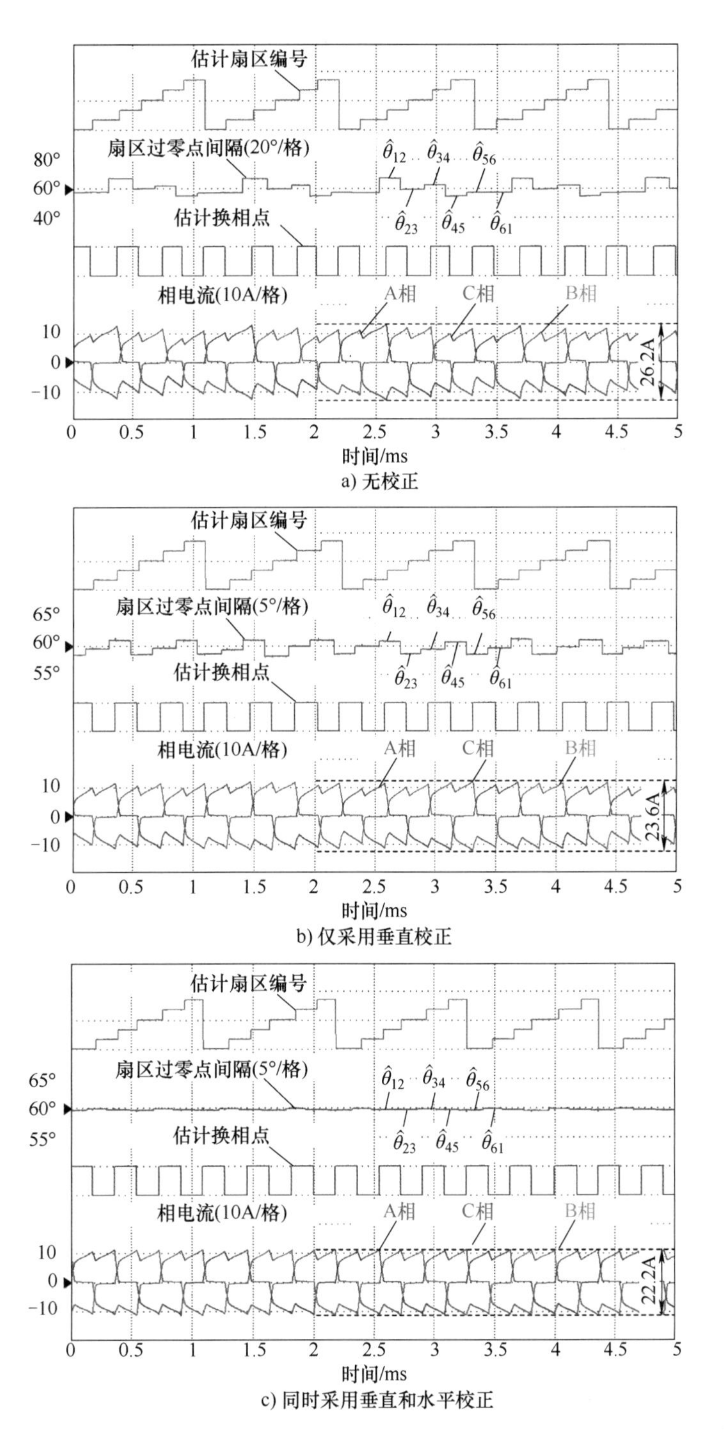

图 10.19　有无采用自适应阈值校正策略的对比结果，**54000r/min**（900Hz）[18]

10.5 续流角

采用过零点检测法的无位置传感器控制受限于二极管续流角（二极管导通角）问题。该问题如图 10.20 所示，当三相绕组中的两相导通时，可以测量悬空相的反电动势从而识别换相点。然而，由于电感中会存储能量，悬空相的电流无法立刻衰减到零，而是通过续流二极管缓慢衰减。这将悬空相钳位在直流母线上，增加了检测过零点的难度。当续流角大于 30°时过零点将消失，无位置传感器控制失效[3]。因此，对于过零点检测的无位置传感器 BLDC 驱动系统，需要定义一个安全工作区域（Safe Operating Area，SOA），即定义为续流角小于 30°时，转矩和速度所能达到的最大范围。

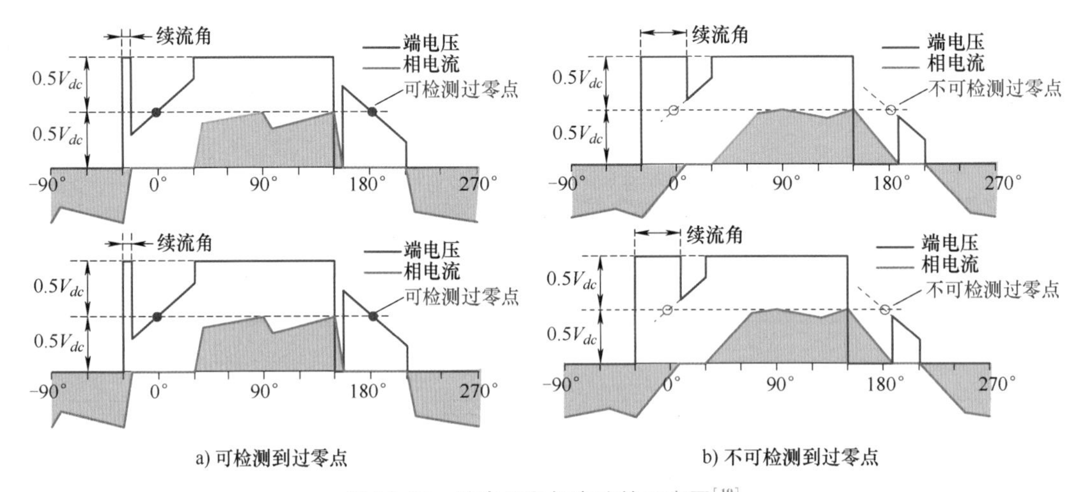

a) 可检测到过零点　　b) 不可检测到过零点

图 10.20　端电压和相电流的示意图[19]

续流角与许多因素有关，包括：

1）PWM 调制方法[19]。

2）电机速度和电流[16]。

3）电机参数[3]。

4）直流母线电压[20]。

5）PWM 占空比[21]。

在本节中，首先基于第 10.3.1 节中描述的四种 PWM 调制方法，分析不同速度和电流条件下的续流角。然后，提出了一种简单的无位置传感器控制安全工作区域的预测方法，可用于预测最大续流角。基于续流角预测方法，计算分析了不同参数，不同直流母线电压，和不同 PWM 占空比下的续流角。

10.5.1 PWM 方法

如表 10-5 所示，根据转子位置定义了六个扇区，它决定了三相的导通模式。根据悬空

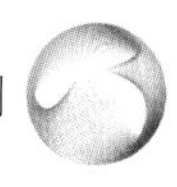

相钳位到正或负直流母线，将第Ⅱ、Ⅳ和Ⅵ扇区的续流过程定义为上二极管续流（Upper-Diode Freewheeling，UDF），将第Ⅰ、Ⅲ和Ⅴ扇区的续流过程定义为下二极管续流（Lower-Diode Freewheeling，LDF）。此外，在两个导通相中，可以选择任意一个执行 PWM，而另一个则在整个扇区中保持导通。因此，根据 PWM 执行相的选择，换相过程可分为两种模式，其定义如下：

换相模式 1：续流二极管同侧的开关受 PWM 信号控制，而对侧的开关保持导通（见图 10.21 和图 10.22）。例如，在图 10.21 中 D_1 续流时，与 D_1 同侧的开关 S5 受 PWM 信号控制，而相反侧的开关 S4 保持导通。

换相模式 2：续流二极管对侧的开关受 PWM 信号控制，而同侧的开关保持导通（见图 10.23 和图 10.24）。例如，在图 10.23 中 D_1 续流时，与 D_1 对侧的开关 S_4 受 PWM 信号控制，而同侧的开关 S_5 保持导通。

四种基本的 PWM 调制方法（包括 H-PWM-L-ON、H-ON-L-PWM、PWM-ON 和 ON-PWM）和六个扇区的换相模式的关系总结在表 10-6 中。请注意，H-PWM-L-ON 和 H-ON-L-PWM 同时包含换相模式 1 和换相模式 2，PWM-ON 仅包含换相模式 2，而 ON-PWM 仅包含换相模式 1。

表 10-5　六步法换相序列

扇　区	转子位置	正导通相	负导通相	悬空相	续流二极管
Ⅰ	30°~90°	A	B	C	下管
Ⅱ	90°~150°	A	C	B	上管
Ⅲ	150°~210°	B	C	A	下管
Ⅳ	210°~270°	B	A	C	上管
Ⅴ	270°~330°	C	A	B	下管
Ⅵ	330°~30°	C	B	A	上管

表 10-6　换相模式与调制方法的关系总结

调制方法	UDF（扇区Ⅱ，Ⅳ，Ⅵ）	LDF（扇区Ⅰ，Ⅲ，Ⅴ）
H-PWM-L-ON	换相模式 1	换相模式 2
H-ON-L-PWM	换相模式 2	换相模式 1
PWM-ON	换相模式 2	换相模式 2
ON-PWM	换相模式 1	换相模式 1

10.5.1.1　换向模式 1

1. 换相模式 1 中的 UDF

图 10.21 显示了换相模式 1 时 UDF 的续流路径。以第Ⅵ扇区为例，上二极管 D_1 续流，上开关 S_5 受 PWM 信号控制，而下开关 S_4 保持导通。图 10.21b 和图 10.21c 分别显示了斩波开通和关断周期的等效电路。

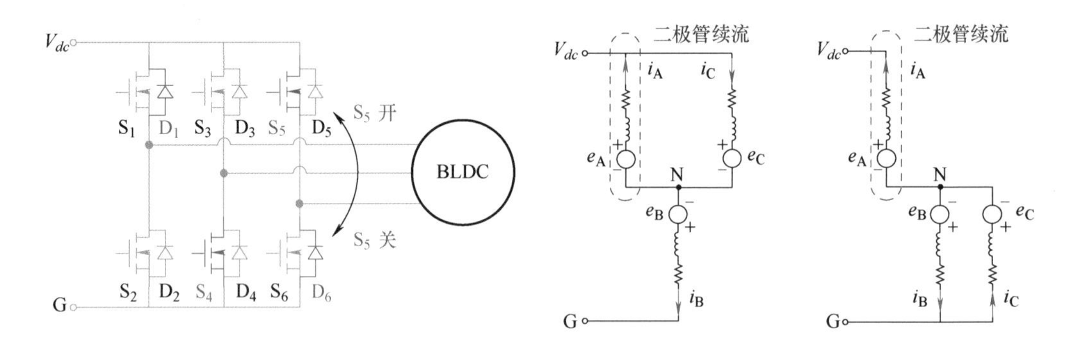

a) 续流通路　　b) 斩波开通周期的等效电路　　c) 斩波关断周期的等效电路

图 10.21　扇区Ⅵ，换相模式 1 中 UDF 过程的续流通路[19]

（1）斩波开通周期

如图 10.21b 所示，在斩波开通周期中，A 相和 C 相都连接到正直流母线，而 B 相连接到负直流母线。然后，电压方程如下：

$$\begin{bmatrix} v_{AN} \\ v_{BN} \\ v_{CN} \end{bmatrix} = \begin{bmatrix} V_{dc}-v_{NG} \\ -v_{NG} \\ V_{dc}-v_{NG} \end{bmatrix} = \begin{bmatrix} i_A R+pi_A L+e_A \\ i_B R+pi_B L+e_B \\ i_C R+pi_C L+e_C \end{bmatrix} \tag{10.44}$$

对于正弦波反电动势电机，三相反电动势之和等于零，即 $e_A+e_B+e_C=0$；而对于梯形波电机，上侧相和下侧相反电动势之和等于零，在第Ⅵ扇区中为 $e_B+e_C=0$。然后，中性点电压 v_{NG} 可以计算如下：

$$v_{NG}=\begin{cases} 2V_{dc}/3 & \text{正弦波反电动势} \\ 2V_{dc}/3-e_A/3 & \text{梯形波反电动势} \end{cases} \tag{10.45}$$

将式（10.45）代入式（10.44）中可以计算出电流响应。在斩波开通周期中，续流电流 i_a 的微分方程可以表示为

$$i_A(t)R+pi_A(t)L=V_{dc}/3+e_{UDF}(t) \tag{10.46}$$

式中

$$e_{UDF}(t)=\begin{cases} -\omega_e\psi_f\sin(11\pi/6+\omega_e t) & \text{正弦波反电动势} \\ 2\omega_e\psi_m/3 & \text{梯形波反电动势} \end{cases} \tag{10.47}$$

（2）斩波关断周期

如图 10.21c 所示，当 S_5 关闭时，C 相电流将通过 D_6 流动，并将 C 相钳位到负直流母线。因此，三相电压可以表示为：

$$\begin{bmatrix} v_{AN} \\ v_{BN} \\ v_{CN} \end{bmatrix} = \begin{bmatrix} V_{dc}-v_{NG} \\ -v_{NG} \\ -v_{NG} \end{bmatrix} = \begin{bmatrix} i_A R+pi_A L+e_A \\ i_B R+pi_B L+e_B \\ i_C R+pi_C L+e_C \end{bmatrix} \tag{10.48}$$

然后，中性点电压可以计算得到为

$$v_{NG}=\begin{cases}2V_{dc}/3 & \text{正弦波反电动势}\\ 2V_{dc}/3-e_{A}/3 & \text{梯形波反电动势}\end{cases} \tag{10.49}$$

通过同样的计算方法，可以推导出续流电流响应：

$$i_{A}(t)R+pi_{A}(t)L=2V_{dc}/3+e_{UDF}(t) \tag{10.50}$$

2. 换相模式 1 中的 LDF

类似地，如图 10.22 所示，考虑第Ⅲ扇区的 LDF 过程。下桥臂二极管 D_2 处于续流状态，下开关 S_6 由 PWM 信号控制，而上开关 S_3 保持导通状态。以下分析两个斩波周期内的续流电流。

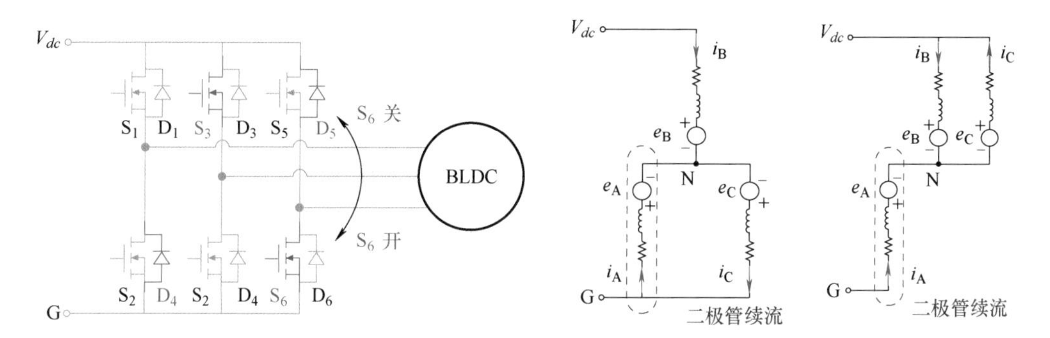

a) 续流通路　　b) 斩波开通周期的等效电路　　c) 斩波关断周期的等效电路

图 10.22　扇区Ⅲ，换相模式 1 中 LDF 过程的续流通路[19]

（1）斩波开通周期

图 10.22b 中，在斩波开通期间，A 相和 C 相通过 D_2 和 S_6 连接到负直流母线，而 B 相通过 S_3 连接到正直流母线。电压可以表示为

$$\begin{bmatrix}-v_{NG}\\ V_{dc}-v_{NG}\\ -v_{NG}\end{bmatrix}=\begin{bmatrix}i_{A}R+pi_{A}L+e_{A}\\ i_{B}R+pi_{B}L+e_{B}\\ i_{C}R+pi_{C}L+e_{C}\end{bmatrix} \tag{10.51}$$

由式（10.51），可以得到续流电流为

$$i_{A}(t)R+pi_{A}(t)L=-V_{dc}/3+e_{LDF}(t) \tag{10.52}$$

式中

$$e_{LDF}(t)=\begin{cases}-\omega_{e}\psi_{f}\sin(5\pi/6+\omega_{e}t) & \text{正弦波反电动势}\\ -2\omega_{e}\psi_{m}/3 & \text{梯形波反电动势}\end{cases} \tag{10.53}$$

（2）斩波关断周期

图 10.22c 中，在斩波关断期间，当 S_6 关闭后，D_5 将导通，将 C 相钳位到正直流母线。因此，电压可以表示为

$$\begin{bmatrix}-v_{NG}\\ V_{dc}-v_{NG}\\ V_{dc}-v_{NG}\end{bmatrix}=\begin{bmatrix}i_{A}R+pi_{A}L+e_{A}\\ i_{B}R+pi_{B}L+e_{B}\\ i_{C}R+pi_{C}L+e_{C}\end{bmatrix} \tag{10.54}$$

然后，续流电流可以描述为

$$i_A(t)R+pi_A(t)L=-2V_{dc}/3+e_{LDF}(t) \tag{10.55}$$

电流下降速率取决于电压激励。斩波开通和关断期间的电流下降速率可以推导得到为

$$\eta_{m1}^{on}=|V_{dc}/3+e_{UDF}(t)|=|-V_{dc}/3+e_{LDF}| \tag{10.56}$$

$$\eta_{m1}^{off}=|2V_{dc}/3+e_{UDF}(t)|=|-2V_{dc}/3+e_{LDF}(t)| \tag{10.57}$$

因此，结论是对于换相模式 1，电流下降速率仅取决于处于斩波开通或是关断周期，与 UDF 和 LDF 过程无关。此外，在换相模式 1 中，斩波开通期间的电流下降速率 η_{m1}^{on}低于斩波关期间的电流下降速率 η_{m1}^{off}，因为

$$\eta_{m1}^{on}=|V_{dc}/3+e_{UDF}(t)|<|2V_{dc}/3+e_{UDF}(t)|=\eta_{m1}^{off} \tag{10.58}$$

换句话说，在换相模式 1 中，斩波关断期间将加速续流过程。

10.5.1.2 换向模式 2

1. 换相模式 2 中的 UDF

图 10.23 展示了换相模式 2 中 UDF 的续流路径。在第Ⅵ扇区中，上面的二极管 D_1 是续流的。与换相模式 1 的主要区别在于，下面的开关 S_4 由 PWM 信号控制，而上面的开关 S_5 保持导通状态。

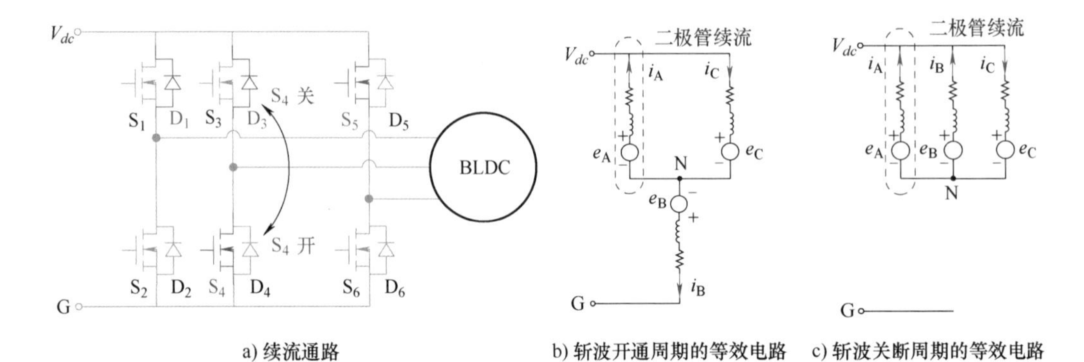

图 10.23 扇区Ⅵ，换相模式 2 中 UDF 过程的续流通路[19]

（1）斩波开通周期

正如图 10.23b 和图 10.23c 所示，换相模式 2 斩波开通启期间的等效电路与换相模式 1 相同。因此，续流电流响应也可以表示为方程式（10.46）。

（2）斩波关断周期

如图 10.23c 所示，在换相模式 2 的斩波关断周期，当 S_4 关闭后，D_3 将导通，将三相电路都钳位在正向的直流母线上。在这种情况下，三相电压可以描述为

$$\begin{bmatrix} V_{dc}-v_{NG} \\ V_{dc}-v_{NG} \\ V_{dc}-v_{NG} \end{bmatrix}=\begin{bmatrix} i_AR+pi_AL+e_A \\ i_BR+pi_BL+e_B \\ i_CR+pi_CL+e_C \end{bmatrix} \tag{10.59}$$

由于所有三相都连接到同一点，电流响应仅取决于反电动势，如下所示：

$$i_{A}(t)R+pi_{A}(t)L=e_{UDF}(t) \tag{10.60}$$

2. 换相模式 2 中的 LDF

图 10.24 显示了换相模式 2 中 LDF 的续流路径。下方的二极管 D_2 处于续流状态。与换相模式 1 相比，主要区别在于上方的开关 S_3 由 PWM 信号控制，而下方的开关 S_6 保持导通状态。

（1）斩波开通周期

如图 10.22b 和图 10.24b 所示，换相模式 2 的斩波开通期间的等效电路与换相模式 1 相同。因此，续流电流响应也可以表示为式（10.52）。

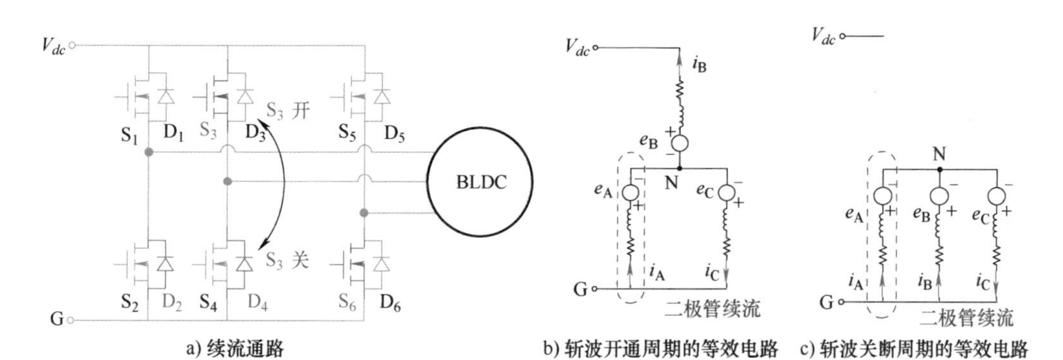

a) 续流通路　b) 斩波开通周期的等效电路　c) 斩波关断周期的等效电路

图 10.24　扇区Ⅲ，换相模式 2 中 LDF 过程的续流通路[19]

（2）斩波关断周期

如图 10.24c 所示，当 S_3 关闭后，D_4 将导通。然后，所有三相都连接到负直流母线。在这种情况下，电压可以表示为

$$\begin{bmatrix} -v_{NG} \\ -v_{NG} \\ -v_{NG} \end{bmatrix} = \begin{bmatrix} i_A R+pi_A L+e_A \\ i_B R+pi_B L+e_B \\ i_C R+pi_C L+e_C \end{bmatrix} \tag{10.61}$$

电流响应可以计算得到为

$$i_{A}(t)R+pi_{A}(t)L=e_{LDF}(t) \tag{10.62}$$

同样，斩波开通和关断期间的电流下降速率可以表示为

$$\eta_{m1}^{on}=\eta_{m2}^{on}=|V_{dc}/3+e_{UDF}(t)|=|-V_{dc}/3+e_{LDF}| \tag{10.63}$$

$$\eta_{m2}^{off}=|e_{UDF}(t)|=|e_{LDF}| \tag{10.64}$$

此外，换相模式 2 的结论与换相模式 1 相反，即斩波开通期间的电流下降速率 η_{m2}^{on} 高于斩波关断期间的电流下降速率 η_{m2}^{off}，因为

$$\eta_{m2}^{on}=|V_{dc}/3+e_{UDF}(t)|>|e_{UDF}(t)|=\eta_{m2}^{off} \tag{10.65}$$

因此，与斩波开通期间相比，斩波关断期间会减缓续流过程的速度。

10.5.1.3　电流下降速率比较

以上分析说明了两种换相模式下的续流路径和影响。电流下降速率的关系可以总结为

$$\eta_{m1}^{off}>\eta_{m1}^{on}=\eta_{m2}^{on}>\eta_{m2}^{off} \tag{10.66}$$

需要注意的是，换相模式 1 的整体电流下降速率高于等于换相模式 2。这意味着，对于相同的初始电流值，换相模式 1 中的续流过程总是比换相模式 2 中的续流过程更快。从这个意义上说，只包含换相模式 1 的 ON-PWM 可以最小化续流角并实现更宽的无位置传感器控制安全工作区域。

图 10.25a 比较了仿真中四种 PWM 调制方法下的相电流，转速为 60000r/min，电流约为 20A。仿真基于正弦反电动势电机（BLDC-Ⅱ，见附录 B）。图 10.25b 显示了 LDF 和 UDF 过程的放大电流波形，其中说明了电流下降速率的差异。

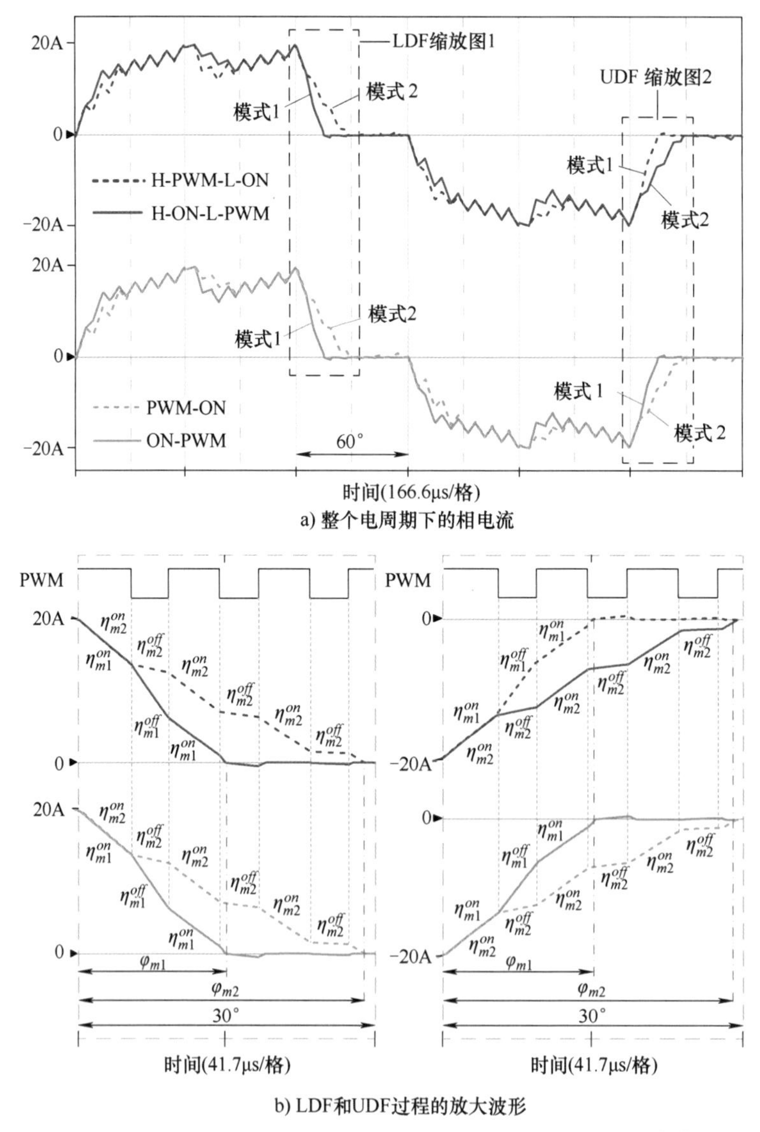

图 10.25 四种调制方法的相电流对比（转速 60000r/min）[19]

对于左侧虚线块中的 LDF 过程，H-PWM-L-ON 和 PWM-ON 的续流角几乎达到了 30°，这意味着过零点几乎无法被检测。相比之下，H-ON-L-PWM 和 ON-PWM 的续流角要小得多。

另一方面，对于右侧虚线块中的 UDF 过程，H-PWM-L-ON 和 ON-PWM 的续流角小于 H-ON-L-PWM 和 PWM-ON 的续流角。需要注意的是，在这四种模式中，无论是 UDF 还是 LDF 过程，ON-PWM 始终具有较小的续流角。

10.5.1.4　续流角

图 10.26 显示了两种不同模式下的续流时间和续流角的分析结果，电机参数见样机 BLDC-Ⅱ（附录 B）。速度范围为 10000~120000r/min，电流范围为 10~30A。

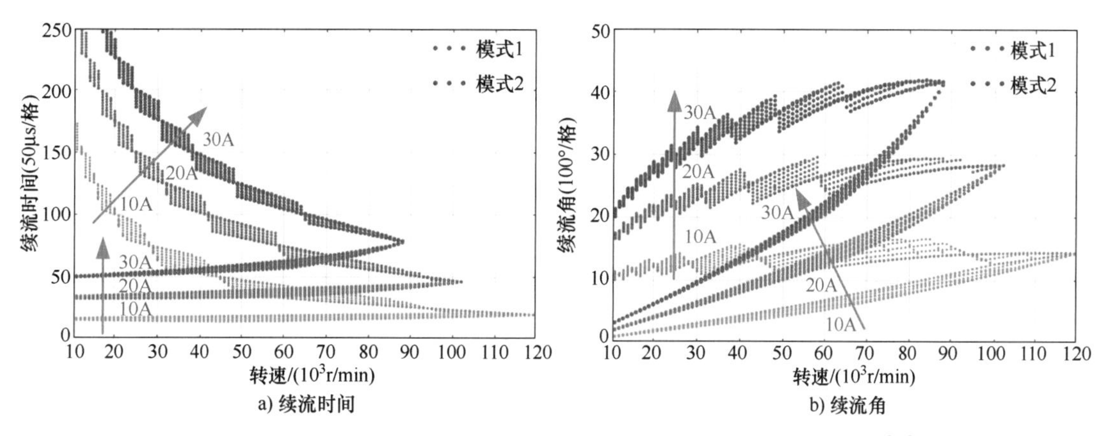

图 10.26　在不同速度和初始电流下的两种模式的续流时间和续流角[19]

对于给定的速度和初始电流，续流时间并不固定，而是在一定范围内变化。这是因为换相可能发生在 PWM 载波波形的任意时刻，因此本结果考虑了各种初始 PWM 状态。此外，换相模式 1 的续流时间主要取决于初始电流，随速度变化不明显。对于换相模式 2，续流时间随初始电流增加而增加，随速度减小而减小。这是因为随着速度的增加，占空比也会增加。斩波关断周期会减缓换相模式 2 的续流过程，随着占空比的增加，其比例也会减少。当占空比达到 100%时，换相模式 1 和换相模式 2 会收敛到相同的续流时间。图 10.26b 显示了续流角的结果。当续流角超过 30°时，ZCP 无法检测。显然，对于两种模式，续流角都随着速度和电流的增加而增加。然而，换相模式 1 具有相对较小的续流角，因此可以实现更广的无位置传感器控制安全工作区域。因此，在理论上，仅包含换相模式 1 的 ON-PWM 调制方法可以实现更广的无位置传感器控制安全工作区域。

10.5.1.5　实验结果

基于样机 BLDC-Ⅱ（见附录 B）的实验结果如下所示。PWM 开关频率和采样频率均为 40kHz，直流母线电压为 25V。图 10.27 显示了在使用四种基本 PWM 调制方法时，60000r/min 的无位置传感器控制运行波形，换相瞬间的初始电流约为 14A。可以看出，换相模式 1 的续流时间小于 25μs（9°）。然而，对于换相模式 2，续流时间超过 50μs（约 20°）。此外，如放大的图所示，换相模式 2 的过零点不够清晰。尽管它没有被续流时间覆盖，但很难准确识别过零点。因此，对于换相模式 2，过零点已经接近无位置传感器控制安全工作区的边界。对于换相模式 1，续流时间是可接受的，过零点可以清晰地识别出来。需要注意的是，ON-PWM 仅包含换相模式 1，因此两个过零点都可以清晰地识别出来。

10.5.2 无位置传感器控制安全工作区

续流时间过长会增加过零点检测的难度。在高速和高负载操作的极端情况下，续流角可能超过 30°电角度。在这种情况下，过零点将被覆盖，无位置传感器控制将失效。因此对于基于过零点检测的无位置传感器驱动系统，其安全工作区域可以定义为续流角在 30°以内的可用转矩和速度范围。因此，最好在设计阶段对无位置传感器控制安全工作区进行预测。

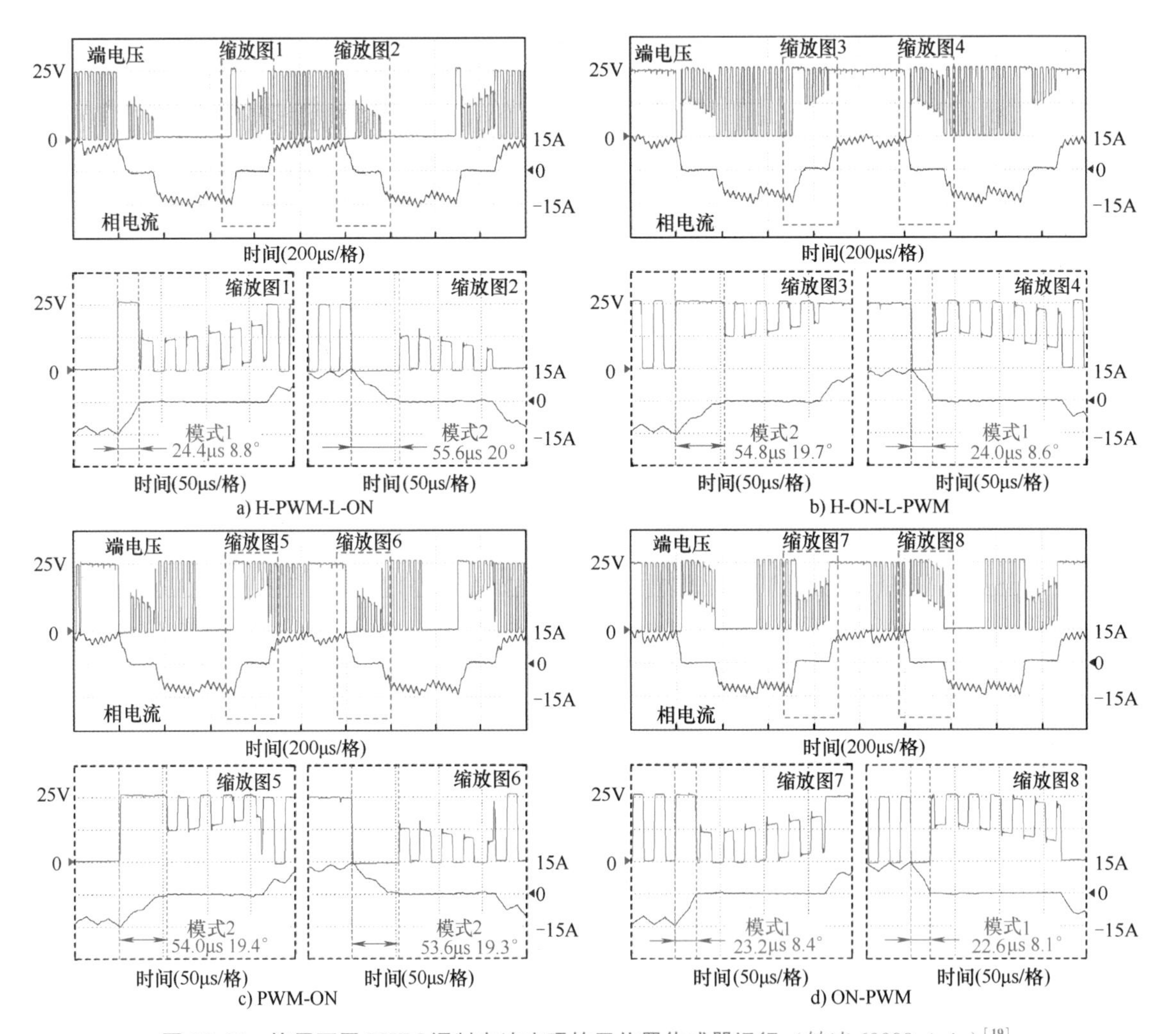

图 10.27 使用不同 PWM 调制方法实现的无位置传感器运行（转速 60000r/min）[19]

10.5.2.1 安全工作区预测

在第 10.5.1 节中，已经证明了 ON-PWM 模式可以加速续流过程并实现更宽的无位置传感器控制安全工作区域。此外，在电机设计阶段，需要一种可以预测 ON-PWM 模式的安全工作区域的方法。这将有助于验证是否可以使用给定的参数（磁通密度、电阻和电感）实现预设计的扭矩和速度范围。在本小节中，将介绍一种简单的数值迭代方法。

对于 ON-PWM 模式，由于在斩波开通期间的电流下降速率 η_{m1}^{on} 和斩波关断期间的电流下

降速率 η_{m1}^{off} 不同。因此，续流角 φ_{m1} 将取决于 PWM 占空比，意味着很难获得 ON-PWM 模式的准确续流角。从另一个角度，确定续流角的上限是相对容易的，即最大续流角 φ_{m1}^{sup}。由于斩波开通期间的电流下降速率低于斩波关断期间的下降速率，即 $\eta_{m1}^{on}<\eta_{m1}^{off}$，可以推断出当电流以 η_{m1}^{on} 速率持续下降时续流角最大。因此，根据式（10.52），可以通过求解非线性微分方程来获得最大续流角 φ_{m1}^{sup}。

$$i[n+1]=i[n]+\frac{\Delta t}{L}\left(-\frac{1}{3}V_{dc}+e[n]-i[n]R\right) \tag{10.67}$$

$$e[n]=\begin{cases}-\omega_e\psi_f\sin(5\pi/6+\omega_e t[n]) & \text{正弦波反电动势}\\ -2\omega_e\psi_m/3 & \text{梯形波反电动势}\end{cases} \tag{10.68}$$

式中，Δt 是时间步长，初始电流值 $i[0]$ 可以由负载转矩确定。

最大续流时间（续流角）是电流在式（10.67）中从初始值 $i[0]$ 下降到零的时间长度。由于它不需要 PWM 占空比信息，计算更容易。需要注意的是，φ_{m1}^{sup} 表示 ON-PWM 模式中续流角的上限，实际上续流角 φ_{m1} 总是小于上限 φ_{m1}^{sup}。通常，续流角随着电机速度和电流的增加而增加。无位置传感器控制安全工作区域是指最大续流角小于 30°（即 $\varphi_{m1}^{sup}\leqslant 30°$）情况下的速度和电流范围。通过扫描初始电流值和电机速度，可以确定安全工作区域。

10.5.2.2　实验结果

本节比较预测和实测的安全工作区域结果。图 10.28 比较了换相模式 1 中测量的续流角 φ_{m1}，φ_{m2} 以及预测的最大续流角 φ_{m1}^{sup}。速度范围从 30000r/min（500Hz）到 90000r/min（1500Hz）。测得的续流角 φ_{m1} 和 φ_{m2} 分别来自 ON-PWM 和 PWM-ON 模式。由于随机 PWM 初始状态的影响，即使转速固定，续流角仍然存在一定范围波动，因此使用误差带来描述测量范围。此外，电流随着电机速度增加而增加，如灰色曲线所示。如两种模式所示，续流角随着电机速度的增加而增加。此外，φ_{m1} 总是小于 φ_{m2}，这与理论分析相符。

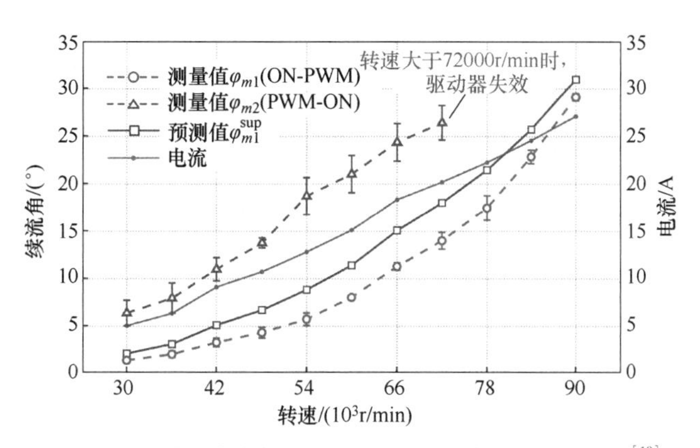

图 10.28　测量续流角 φ_{m1}，φ_{m2} 和预测续流角 φ_{m1}^{sup} 对比[19]

注意到 30°的续流角是无位置传感器 BLDC 驱动器的关键点。当电机速度超过 72000r/min 时，使用 PWM-ON 模式的无位置传感器驱动器会失效，因为 φ_{m1} 已达到 30°。在这种情况下，SOA 受续流角的限制。相比之下，使用 ON-PWM 模式，无位置传感器控制安全工作区域扩展到90000r/min。此外，预测的最大续流角 φ_{m1}^{sup} 的曲线趋势与测量值 φ_{m1} 相似。因此，它证明了ON-PWM模式可以有效地最小化续流角并扩大无位置传感器SOA。

10.5.3 电阻和电感

图10.29a和图10.29b说明了不同电阻下的续流时间和续流角。图10.30a和图10.30b说明了不同电感下的续流时间和续流角。其他参数固定，并已列在相应的图下方。结果表明，随着电阻的减小和电感的增加，续流时间（角度）增加。这是因为较大的电阻-电感时间常数（L/R）将导致较大的续流时间（续流角）。此外与电阻相比，因为电感能贮存能量，续流时必须释放其能量，因此，电感对续流时间（续流角）有相对显著的影响。同时因为续流时间通常远小于电阻-电感时间常数，在这个短暂的续流时间内，电感在电流下降速率中起主导作用。因此，电阻对续流时间（续流角）的影响非常小。

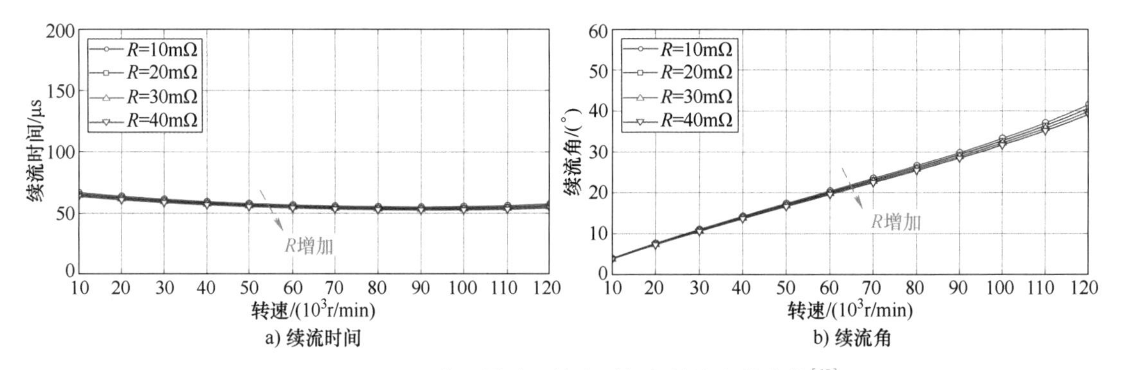

图10.29 不同电阻影响下续流时间和续流角的变化[19]

（$L=20\mu H$，$\psi_m=1mWb$，$I_0=30A$，$V_{dc}=25V$，$D=1.0$）

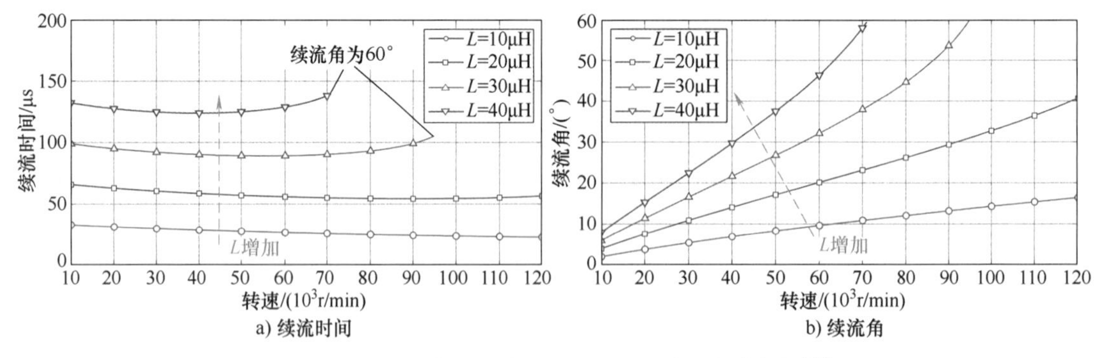

图10.30 不同电感影响下续流时间和续流角的变化[19]

（$R=20m\Omega$，$\psi_m=1mWb$，$I_0=30A$，$V_{dc}=25V$，$D=1.0$）

10.5.4 直流母线电压

图10.31a和b显示了不同直流母线电压范围从15~30V的续流时间和续流角。它说明，随着直流母线电压的升高，续流时间（续流角）减少。这是因为较高的直流母线电压可以

实现更高的电流下降速率，从而减少续流时间（续流角）。

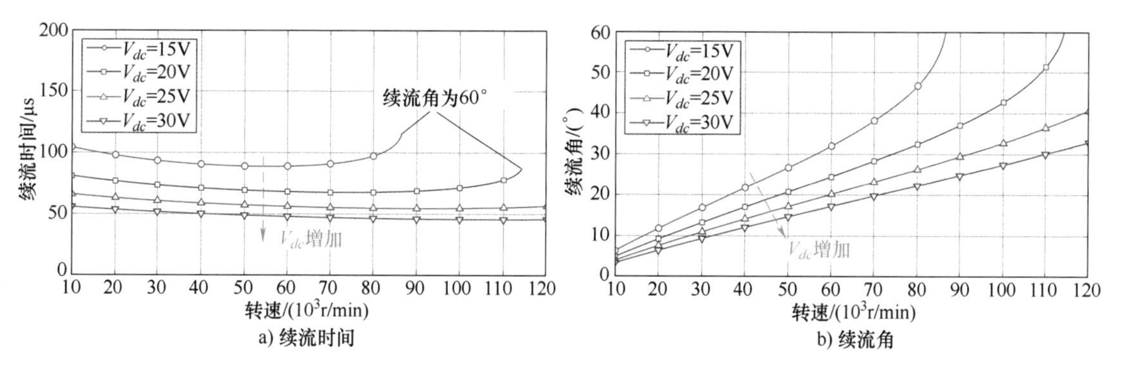

图 10.31　不同直流母线电压影响下续流时间和续流角的变化[19]

（$R=20\text{m}\Omega$，$L=20\mu\text{H}$，$\psi_m=1\text{mWb}$，$I_0=30\text{A}$，$D=1.0$）

10.5.5　PWM 占空比

图 10.32a 和图 10.32b 显示了考虑换相模式 1 和 2 的各种 PWM 占空比的续流时间和续流角。

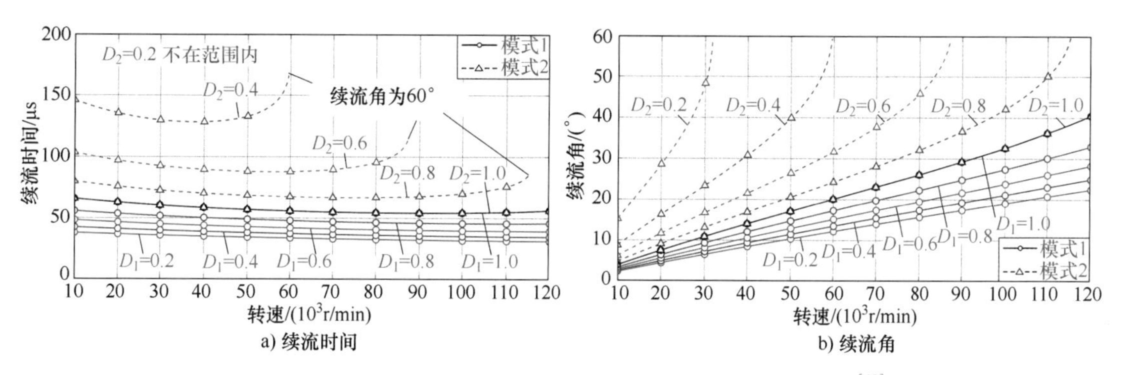

图 10.32　不同 PWM 占空比影响下续流时间和续流角的变化[19]

（$R=20\text{m}\Omega$，$L=20\mu\text{H}$，$\psi_m=1\text{mWb}$，$I_0=30\text{A}$，$V_{dc}=25\text{V}$）

图 10.32 中显示了对于换相模式 1，续流角随着占空比的增加而增加；对于换相模式 2，续流角随着占空比的增加而减少。原因可以解释如下：首先，可以得出电流下降速率的关系式为

$$\eta_{m1}^{off}>\eta_{m1}^{on}=\eta_{m2}^{on}>\eta_{m2}^{off} \tag{10.69}$$

正如图所示，对于换相模式 1，斩波关断时的电流下降速率高于斩波开通的电流下降速率。占空比的增加意味着斩波关断时间占比减小、电流下降速率降低，从而增加续流时间（续流角）。对于换相模式 2，斩波关断的电流下降速率低于斩波开通的电流下降速率。按照类似的逻辑，随着占空比的增加，续流时间（续流角）减少。当占空比达到 1.0 时，这两种模式的续流角重合。

10.6 电机设计的影响

本节描述了电机电磁设计对基于反电动势过零点检测永磁电机无位置传感器驱动控制性能的影响[3]。

对于给定的空间尺寸，尽管可实现的效率可能存在差异，许多电机设计都可以满足相同的转矩/速度要求。然而，一些电机设计并不适用于无位置传感器控制驱动，特别是通过检测反电动势过零点来控制换相的无位置传感器控制驱动系统。正如第10.5节中提到的那样，由于绕组电感和续流二极管的导通时间，相电流可能会持续流动，从而阻止检测反电动势的过零点。因此，为了便于无位置传感器换相，必须在设计阶段考虑这个问题，以使其产生的二极管续流角远小于30°（电气角度）。另一方面，充分发挥电机性能也很重要，通常电机被设计为在指定的尺寸下具有最大效率。因此，电机效率和驱动器中续流二极管的续流角是无位置传感器控制高速BLDC电机的关键设计考虑因素[3]。

举例来说，所考虑的电机使用了表贴烧结NdFeB永磁体（剩磁=1.2T），设计成在电机外形空间尺寸-直径和长度为50mm×30mm的情况下，在120000r/min时输出190W，采用传统的0.35mm硅钢片。在设计高速BLDC电机时，需要同时考虑其电磁和机械设计方面的一些因素[22]。以前的研究[23]表明，在高速下存在最佳转子直径以实现最大效率。然而，由于转子的共振模态[24]和现有的轴承技术存在机械限制，需要将转子磁体外径固定为17mm以适应特定的电机设计。

在固定的电机外形空间尺寸内，定子磁通密度可能对电机的几何尺寸产生重要影响，且影响效率。然而主要关注点是在保持最大效率的同时减少二极管导通角度（续流角）。

图10.33和图10.34显示了定子磁通密度、转子外径和铁心长径比对二极管导通角的影响。如图10.35所示，当气隙长度和转子外径分别固定为4mm和17mm时，改变定子磁通密度，此时铁心有效长度对电机效率和续流角产生了更显著的影响。这些图中突出显示了A型和B型电机，它们在本节作为样机进行测试。电机A的铁心有效长度为14mm，定子磁通密度为0.65 T，每相匝数较低（74），因此绕组电感也较低（0.72mH），导致二极管导通角约为9°；而电机B的铁心有效长度仅为3.6mm，定子磁通密度为1.25T，每相匝数较高(220)，因此绕组电感也高（2.172mH），导致二极管导通角约为42°。两种电机的横截面如图10.36所示，主要特点总结在表10-7中。

表10-7 120000r/min 190W BLDC电机对比设计[3]

	电机A	电机B		电机A	电机B
供电电压/电流，V/A	200/1.1	200/1.1	每相匝数	74	220
电机外径/长度/mm	50/30	50/30	相电感/mH	0.72	2.172
气隙长度/mm	4	4	铜/定子铁重/g	18.4/134	59.5/21.3
转子永磁体外径/mm	17	17	永磁体重/g	14	3.5

（续）

	电　机　A	电　机　B		电　机　A	电　机　B
NdFeB 磁体厚度/mm	3	3	铜/铁耗/W	4. 6/16. 5	13/8. 3
定子铁心磁通密度/T	0. 65	1. 25	效率（%）	89. 9	89. 8
铁心有效轴向长度/mm	14	3. 6	续流角/°elec.	8. 6	42. 1

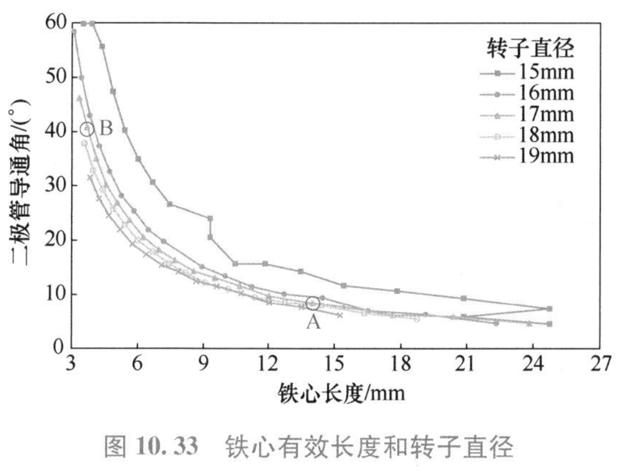

图 10. 33　铁心有效长度和转子直径对二极管导通角的影响[3]

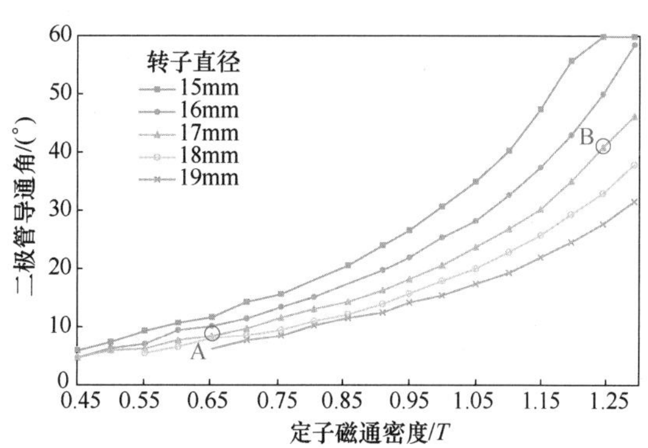

图 10. 34　定子磁密和转子直径对二极管导通角的影响[3]

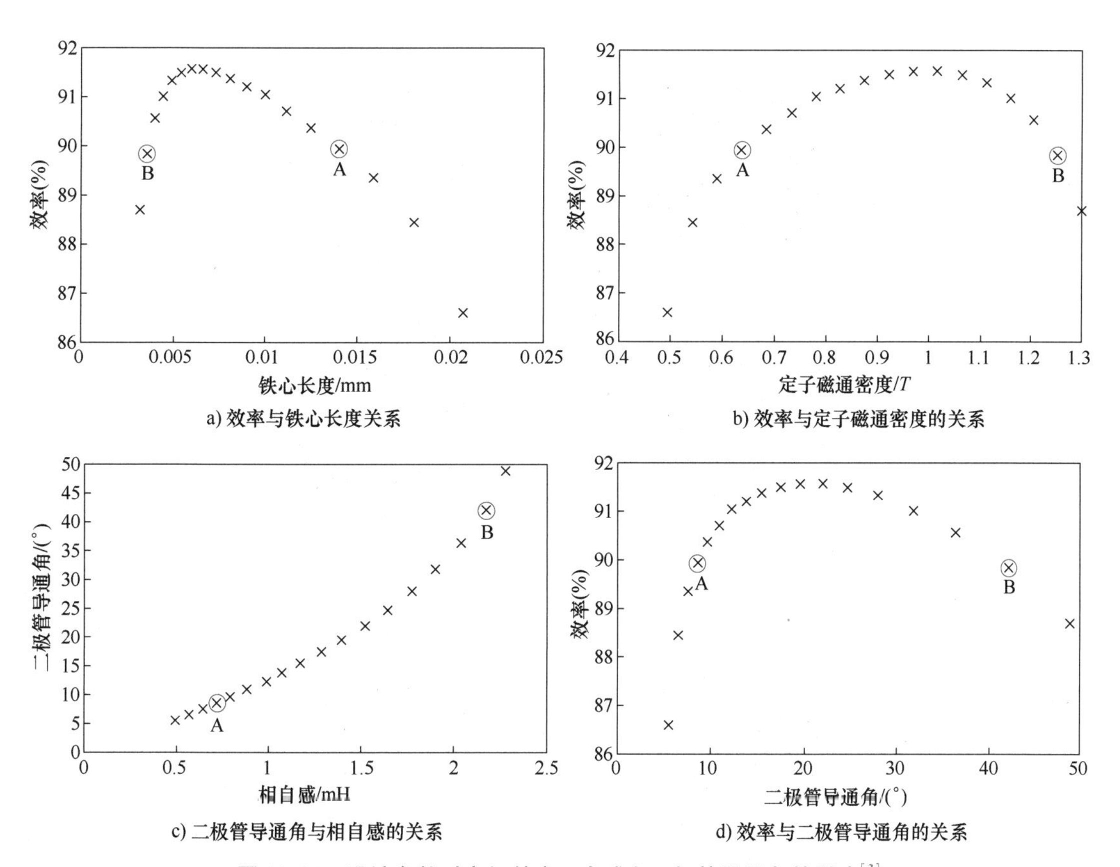

图 10. 35　设计参数对电机效率、自感和二极管导通角的影响[3]

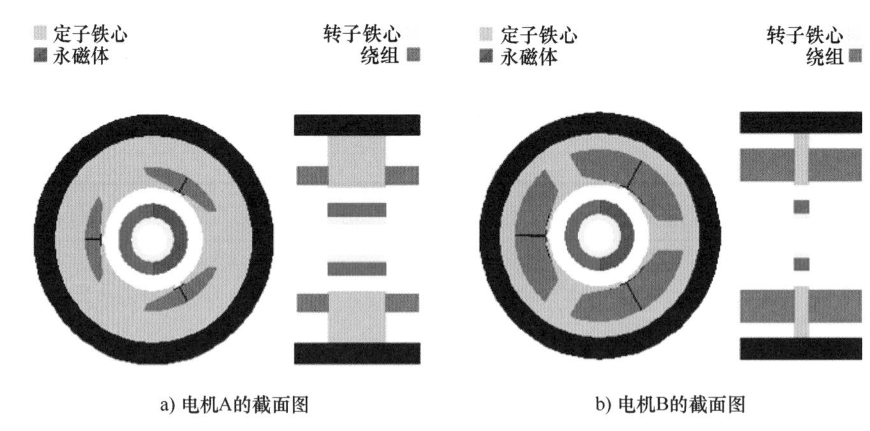

a) 电机A的截面图　　b) 电机B的截面图

图 10.36　电机 A 和 B 的示意图[3]

可以清楚地看到，定子磁通密度低和定子长度/直径比大的电机设计通常使用更多的铁和较少的铜，每相匝数较少，因而绕组电感和二极管导通角较低。两种电机样机见图 10.37a 和 b，在额定转速附近进行测试，以突出它们的二极管导通角的差异。图 10.38a 显示了电机 A 的电流和电压波形，该电机专门设计用于高速无位置传感器控制运行。而图 10.38b 显示了电机 B 的相应波形，由于其较大的二极管导通角使得反电动势无法检测到过零点，不适合无位置传感器控制，所以使用霍尔传感器驱动。

a) 电机A　　b) 电机B

图 10.37　样机电机 A 和 B[3]

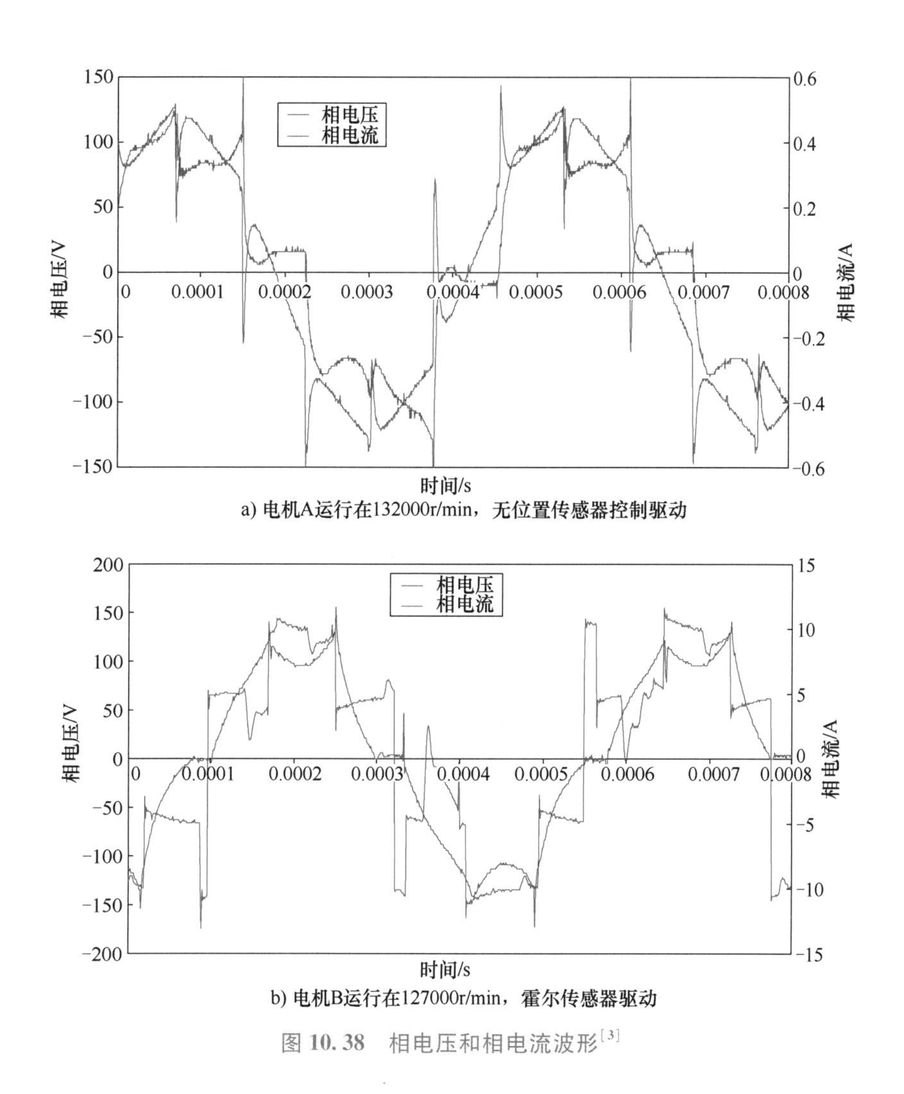

a) 电机A运行在132000r/min，无位置传感器控制驱动

b) 电机B运行在127000r/min，霍尔传感器驱动

图 10.38　相电压和相电流波形[3]

10.7　总结

本章介绍了基于过零点检测的无位置传感器控制 BLDC 驱动系统。还讨论了在使用 PWM 时的过零点检测，表明反电动势可以在斩波开通或斩波关断状态下采样，具体取决于运行条件。然后，描述分析了过零点偏差和过大续流角等常见实际问题，并提供了相应的解决方案。在本章中，反电动势基波分量用于过零点检测。下一章中讲介绍一种替代方法，即使用反电动势 3 次谐波进行过零点检测。

参考文献

[1] L. Wang, Z. Q. Zhu, H. Bin, and L. Gong, "A commutation error compensation strategy for high-speed brushless dc drive based on adaline filter," *IEEE Trans. Ind. Electron.*, vol. 68, no. 5, pp. 3728-3738,

May 2021.

[2] L. Wang, Z. Q. Zhu, H. Bin, and L. Gong, "A commutation optimization strategy for high-speed brushless dc drives with voltage source inverter," *IEEE Trans. Ind. Appl. s*, vol. 58, no. 4, pp. 4722-4732, Jul. 2022.

[3] Z. Q. Zhu, J. D. Ede, and D. Howe, "Design criteria for brushless dc motors for high-speed sensorless operation," *Int. J. Appl. Electromagn. Mech.*, vol. 15, pp. 79-87, 2001/2002.

[4] J. Shao, D. Nolan, M. Teissier, and D. Swanson, "A novel microcontroller-based sensorless brushless dc (BLDC) motor drive for automotive fuel pumps," *IEEE Trans. Ind. Appl. s*, vol. 39, no. 6, pp. 1734-1740, Nov. 2003.

[5] J. Shao, "An improved microcontroller-based sensorless brushless dc (BLDC) motor drive for automotive applications," *IEEE Trans. Ind. Appl. s*, vol. 42, no. 5, pp. 1216-1221, Sep. 2006.

[6] H. -G. Yee, C. -S. Hong, J. -Y. Yoo, H. -G. Jang, Y. -D. Bae, and Y. -S. Park, "Sensorless drive for interior permanent magnet brushless dc motors," in *1997 IEEE Int. Elect. Mach. Drives Conf. Rec.*, May 1997, p. TD1/3. 1-TD1/3. 3.

[7] Y. -S. Lai and Y. -K. Lin, "A unified approach to zero-crossing point detection of back EMF for brushless dc motor drives without current and hall sensors," *IEEE Trans. Power Electron.*, vol. 26, no. 6, pp. 1704-1713, Jun. 2011.

[8] S. Chen, G. Liu, and S. Zheng, "Sensorless control of BLDCM drive for a high-speed maglev blower using low-pass filter," *IEEE Trans. Power Electron.*, vol. 32, no. 11, pp. 8845-8856, Nov. 2017.

[9] Q. Jiang, C. Bi, and R. Huang, "A new phase-delay-free method to detect back EMF zero-crossing points for sensorless control of spindle motors," *IEEE Trans. Magn.*, vol. 41, no. 7, pp. 2287-2294, Jul. 2005.

[10] T. -W. Chun, Q. -V. Tran, H. -H. Lee, and H. -G. Kim, "Sensorless control of BLDC motor drive for an automotive fuel pump using a hysteresis comparator," *IEEE Trans. Power Electron.*, vol. 29, no. 3, pp. 1382-1391, Mar. 2014.

[11] G. -J. Su and J. W. McKeever, "Low-cost sensorless control of brushless dc motors with improved speed range," *IEEE Trans. Power Electron.*, vol. 19, no. 2, pp. 296-302, Mar. 2004.

[12] G. Haines and N. Ertugrul, "Wide speed range sensorless operation of brushless PM motor using flux linkage increment," *IEEE Trans. Ind. Electron.*, vol. 63, no. 7, pp. 4052-4060, Jul. 2016.

[13] S. Ogasawara and H. Akagi, "An approach to position sensorless drive for brushless dc motors," *IEEE Trans. Ind. Appl. s*, vol. 27, no. 5, pp. 928-933, Sep. 1991.

[14] N. Matsui, "Sensorless PM brushless dc motor drives," *IEEE Trans. Ind. Electron.*, vol. 43, no. 2, pp. 300-308, Apr. 1996.

[15] J. X. Shen, Z. Q. Zhu, and D. Howe, "Sensorless flux-weakening control of permanent-magnet brushless machines using third harmonic back EMF," *IEEE Trans. Ind. Appl. s*, vol. 40, no. 6, pp. 1629-1636, 2004.

[16] H. Li, S. Zheng, and H. Ren, "Self-correction of commutation point for high-speed sensorless BLDC motor with low inductance and nonideal Back EMF," *IEEE Trans. Power Electron.*, vol. 32, no. 1, pp. 642-651, Jan. 2017.

[17] X. Zhou, X. Chen, F. Zeng, and J. Tang, "Fast commutation instant shift correction method for sensorless coreless BLDC motor based on terminal voltage information," *IEEE Trans. Power Electron.*, vol. 32, no. 12,

pp. 9460-9472, Dec. 2017.

[18] L. Yang, Z. Q. Zhu, B. Shuang, and H. Bin, "Adaptive threshold correction strategy for sensorless high-speed brushless dc drives considering zero-crossing-point deviation," *IEEE Trans. Ind. Electron.*, vol. 67, no. 7, pp. 5246-5257, Jul. 2020.

[19] L. Yang, Z. Q. Zhu, H. Bin, Z. Zhang, and L. Gong, "Safe operation area of zero-crossing detection-based sensorless high-speed BLDC motor drives," *IEEE Trans. Ind. Appl. s*, vol. 56, no. 6, pp. 6456-6466, 2020.

[20] Y. Xu, Y. Wei, B. Wang, and J. Zou, "A novel inverter topology for brushless dc motor drive to shorten commutation time," *IEEE Trans. Ind. Electron.*, vol. 63, no. 2, pp. 796-807, Feb. 2016.

[21] T. Shi, Y. Cao, G. Jiang, X. Li, and C. Xia, "A torque control strategy for torque ripple reduction of brushless dc motor with nonideal back electromotive force," *IEEE Trans. Ind. Electron.*, vol. 64, no. 6, pp. 4423-4433, Jun. 2017.

[22] J. D. Ede, Z. Q. Zhu, D. Howe, "Design considerations for high-speed PM brushless dc motors", *Proc. International Conference on Power Electronics, Machines, and Drives*, 2004, pp. 686-690.

[23] Y. Pang, Z. Q. Zhu, and D. Howe, "Analytical determination of optimal split ratio for permanent magnet brushless motors," *IEEE Proc. Elect. Power Appl.*, vol. 153, no. 1, pp. 7-13, 2006.

[24] J. D. Ede, Z. Q. Zhu, D. Howe, "Rotor resonances of high-speed permanent magnet brushless motors", *IEEE Trans. Ind. Appl. s*, Vol. 38, No. 6, pp. 1542-1548, 2002.

第11章　基于3次谐波反电动势的无位置传感器控制

11.1　引言

当电机运行过程中存在较为严重的磁路饱和，或永磁磁链中存在出于特定目的而设计的三次谐波分量，那么电机定子相电压中的3次谐波反电动势将会非常明显[1]。3次谐波反电动势可应用于无刷直流电机（BLDC）[2-8]和无刷交流电机（BLAC）[3,9,10]的无位置传感器控制中。与基于基波反电动势过零点检测的方法相比，基于3次谐波反电动势的无位置传感器控制有着如下的优势：

1）成本低。

2）PWM噪声干扰小。

3）速度范围更宽。

4）反并联二极管续流无影响。

5）BLDC和BLAC均可应用。

本章将介绍基于3次谐波反电动势的无位置传感器控制技术，其中包括了控制原理与应用中的常见问题。

11.2　检测方法

三相永磁无刷驱动系统原理图和三次谐波反电动势的检测电路如图11.1所示，其中N是电机Y形联结绕组的中性点，S是由三个阻值完全相同的电阻R_N所构建的Y形电阻网络的中点，而M是电压源型逆变器通过两个完全相同的电阻或电容分压而获得的直流母线的中点。通过测量S与N点之间的电压可以获得3次谐波反电动势，而对于无中性点引出的电机，则可通过测量S与M之间的电压以获得虚拟3次谐波反电动势来用于无位置传感器控制。

11.2.1　3次谐波反电动势

假定电机的电感不随转子位置变化而变化，则电机相电压与电流的关系方程可以表示为

$$
\begin{cases}
v_{\mathrm{AN}} = Ri_{\mathrm{A}} + (L-M)pi_{\mathrm{A}} + e_{\mathrm{A}} \\
v_{\mathrm{BN}} = Ri_{\mathrm{B}} + (L-M)pi_{\mathrm{B}} + e_{\mathrm{B}} \\
v_{\mathrm{CN}} = Ri_{\mathrm{C}} + (L-M)pi_{\mathrm{C}} + e_{\mathrm{C}}
\end{cases} \tag{11.1}
$$

$$
i_{\mathrm{A}} + i_{\mathrm{B}} + i_{\mathrm{C}} = 0 \tag{11.2}
$$

从而可以得到

$$
v_{\mathrm{AN}} + v_{\mathrm{BN}} + v_{\mathrm{CN}} = e_{\mathrm{A}} + e_{\mathrm{B}} + e_{\mathrm{C}} \tag{11.3}
$$

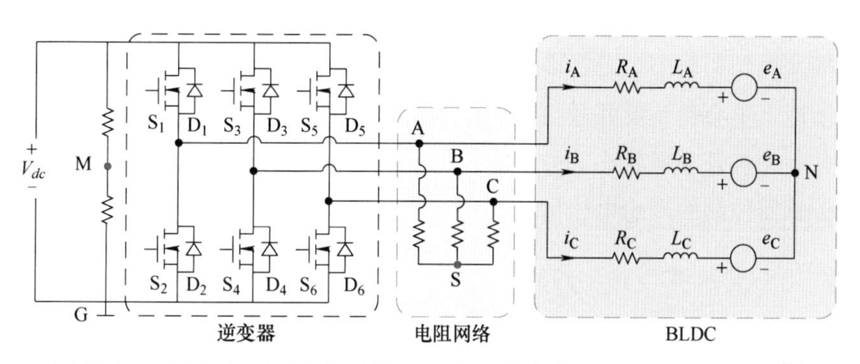

图 11.1　三相永磁无刷驱动系统原理图和三次谐波反电动势的检测电路[3]

在不同的电机运行模式下，即无论是 BLDC 模式还是 BLAC 模式运行，或者是否通过 PWM 方式进行驱动控制[3]，上述公式均成立。但由于相反电动势中通常包含了基波和奇次谐波分量，即

$$
\begin{cases}
e_{\mathrm{A}} = e_{\mathrm{A1}} + e_3 + e_{\mathrm{A5}} + e_{\mathrm{A7}} + e_9 + \cdots \\
\quad = -E_1\sin\theta_r - E_3\sin3\theta_r - E_5\sin5\theta_r - E_7\sin7\theta_r - E_9\sin9\theta_r - \cdots \\
e_{\mathrm{B}} = e_{\mathrm{B1}} + e_3 + e_{\mathrm{B5}} + e_{\mathrm{B7}} + e_9 + \cdots \\
\quad = -E_1\sin(\theta_r - 2\pi/3) - E_3\sin3\theta_r - E_5\sin5(\theta_r - 2\pi/3) - \\
\quad\quad E_7\sin7(\theta_r - 2\pi/3) - E_9\sin9(\theta_r - 2\pi/3) - \cdots \\
e_{\mathrm{C}} = e_{\mathrm{C1}} + e_3 + e_{\mathrm{C5}} + e_{\mathrm{C7}} + e_9 + \cdots \\
\quad = -E_1\sin(\theta_r + 2\pi/3) - E_3\sin3\theta_r - E_5\sin5(\theta_r + 2\pi/3) - \\
\quad\quad E_7\sin7(\theta_r + 2\pi/3) - E_9\sin9(\theta_r + 2\pi/3) - \cdots
\end{cases} \tag{11.4}
$$

其中 θ_r 为转子位置，因此根据式（11.3）和式（11.4），可以推导得到

$$
v_{\mathrm{AN}} + v_{\mathrm{BN}} + v_{\mathrm{CN}} = 3(e_3 + e_9 + e_{15} + \cdots) \tag{11.5}
$$

从电阻网络中，可以得到如下的电压关系：

$$
\begin{cases}
v_{\mathrm{AS}} + v_{\mathrm{BS}} + v_{\mathrm{CS}} = 0 \\
v_{\mathrm{AS}} = v_{\mathrm{AN}} - v_{\mathrm{SN}} \\
v_{\mathrm{BS}} = v_{\mathrm{BN}} - v_{\mathrm{SN}} \\
v_{\mathrm{CS}} = v_{\mathrm{CN}} - v_{\mathrm{SN}}
\end{cases} \tag{11.6}
$$

S与N点之间的电压v_{SN}为

$$v_{SN}=\frac{v_{AN}+v_{BN}+v_{CN}}{3} \tag{11.7}$$

将式（11.5）代入式（11.7）中，电压v_{SN}可以表达为

$$v_{SN}=e_3+e_9+e_{15}+\cdots \tag{11.8}$$

通常情况下由于$e_3\gg(e_9+e_{15}+\cdots)$，式（11.8）可以近似地表示为

$$v_{SN}=e_3 \tag{11.9}$$

从上述推导得到明确的结论，即任意无刷驱动系统中的电压v_{SN}均可等效于3次谐波反电动势，且理论上不会受到反并联二极管续流导通的影响[3]。由于克服了传统基于端电压采样或者反并联二极管导通状态等方法的种种弊端[3]，可以认为v_{SN}是可用于3次谐波反电动势无位置传感器控制的理想电压信号。

11.2.2 虚拟3次谐波反电动势

从图11.1中可得到如下电压关系式：

$$\begin{cases} v_{AN}=v_{AG}+v_{GM}-v_{SM}+v_{SN} \\ v_{BN}=v_{BG}+v_{GM}-v_{SM}+v_{SN} \\ v_{CN}=v_{CG}+v_{GM}-v_{SM}+v_{SN} \\ v_{GM}=-V_{dc}/2 \end{cases} \tag{11.10}$$

此时v_{SM}可以通过如下公式计算得到

$$v_{SM}=\frac{1}{3}(v_{AG}+v_{BG}+v_{CG})-\frac{1}{2}V_{dc}=\frac{1}{3}(e_A+e_B+e_C)-\frac{1}{2}V_{dc}+v_{NG} \tag{11.11}$$

如图11.2所示，在BLAC模式下，由于端电压（v_{AG}，v_{BG}和v_{CG}）只可能是0或V_{dc}，导致了v_{SM}中包含了一系列幅值为$V_{dc}/2$或$V_{dc}/6$的PWM脉冲分量，因此该方法无法应用于BLAC驱动系统的无位置传感器控制。

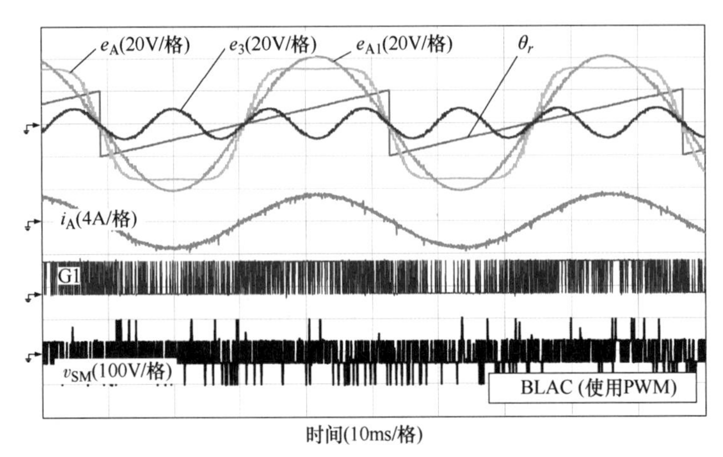

图11.2 BLAC模式下，460r/min时的v_{SM}测量值[3]

式（11.11）描述了 v_{SM} 电压的一般表达式，适用于三相逆变器施加任意激励，电机反电动势是任意波形。对于 BLDC 的六步导通控制方式中，其电控周期可以被分为 6 个扇区，这样在每一个扇区中都只有两相导通而第三相悬空。两个导通相因为分别连接到了直流母线的正负极，可分别定义为 H 相和 L 相，而第三相即悬空相可以定义为 O 相。这样 v_{NG} 电压可以通过如下公式计算：

$$v_{NG}=\frac{1}{2}(v_{HG}+v_{LG})-\frac{1}{2}(e_H+e_L)=\frac{1}{2}V_{dc}-\frac{1}{2}(e_H+e_L) \tag{11.12}$$

在每一个扇区中，电流均从 H 相流向 L 相，此时三相电流可以表达为

$$i_L=-i_H,\quad i_O=0 \tag{11.13}$$

将式（11.12）和式（11.13）代入式（11.11），v_{SM} 电压推导为

$$v_{SM}=\frac{1}{6}(2e_O-e_H-e_L) \tag{11.14}$$

对于典型的正弦波和梯形波反电动势，存在如下关系：

$$\begin{cases} e_H+e_L=-e_O & \text{正弦波反电动势} \\ e_H+e_L=0 & \text{梯形波反电动势} \end{cases} \tag{11.15}$$

因此式（11.19）中的 $(2e_O-e_H-e_L)/6$ 可以简化为

$$\frac{1}{6}(2e_O-e_H-e_L)=\begin{cases} \frac{1}{2}e_O & \text{正弦波反电动势} \\ \frac{1}{3}e_O & \text{梯形波反电动势} \end{cases} \tag{11.16}$$

根据上述推导，对于反电动势为正弦波和梯形波的电机，电压 v_{SM} 包含的悬空相反电动势的信息可用于无位置传感器控制。但需要注意的是，电压 v_{SM} 并不携带 3 次谐波反电动势的信息，而携带的基波反电动势的信息[3]。此外如第 10 章中所介绍，v_{SM} 受到 PWM 开关脉冲和反并联二极管的续流电流的干扰。

基于本节的分析，在表 11-1 中对两种检测方法做了总结与对比。

表 11-1　3 次谐波反电动势检测方法的总结

	3 次谐波反电动势	虚拟 3 次谐波反电动势
BLDC 模式无 PWM	可用	可用
BLDC 模式有 PWM	可用	可用
BLAC 模式有 PWM	可用	不可用
运行模式	不相关	相关
反并联二极管续流	不相关	相关
反电动势组成	3 次谐波分量	基波分量
电机中性点引出	需要	不需要

11.3 永磁无刷直流电机控制

11.3.1 无 PWM

图 11.3 中展示了 BLDC 在无 PWM 方波驱动的运行模式下，基于 3 次谐波反电动势和虚拟 3 次谐波反电动势的无位置传感器控制方式的对比。如图 11.4 所示，通过检测对 3 次谐波反电动势积分所得到的 3 次谐波磁链 ψ_{SN}的过零点，可以得到直接用于 BLDC 六步导通驱动控制所必需的 6 个离散转子位置，即 $\pi/6$，$\pi/2$，$5\pi/6$，$7\pi/6$，$3\pi/2$，$11\pi/6$[9,10]。

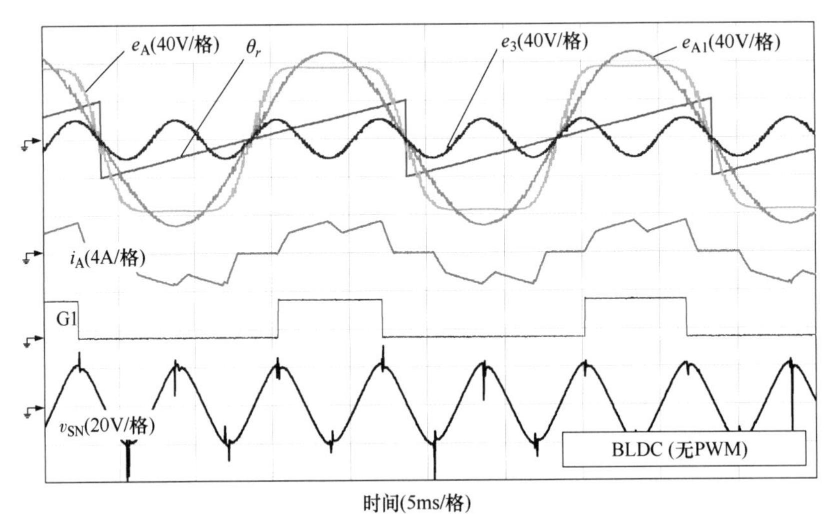

a) 基于3次谐波反电动势的方法

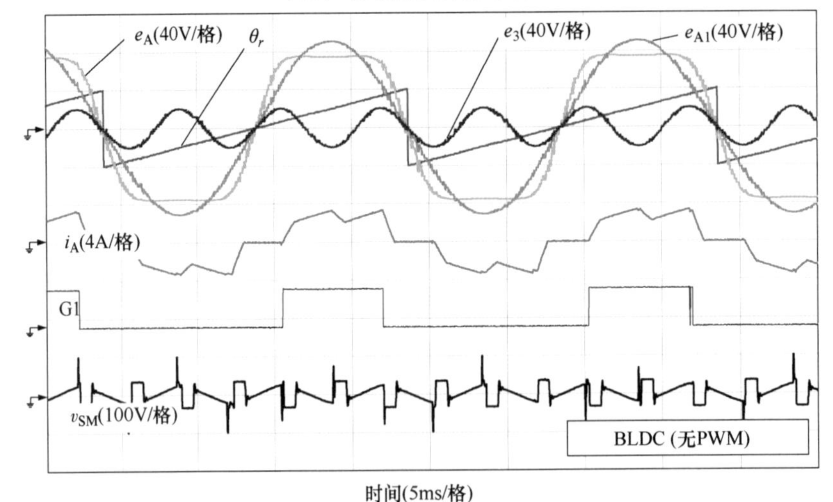

b) 基于虚拟3次谐波反电动势的方法

图 11.3 无 PWM 的 BLDC 运行模式下的实验波形[3]

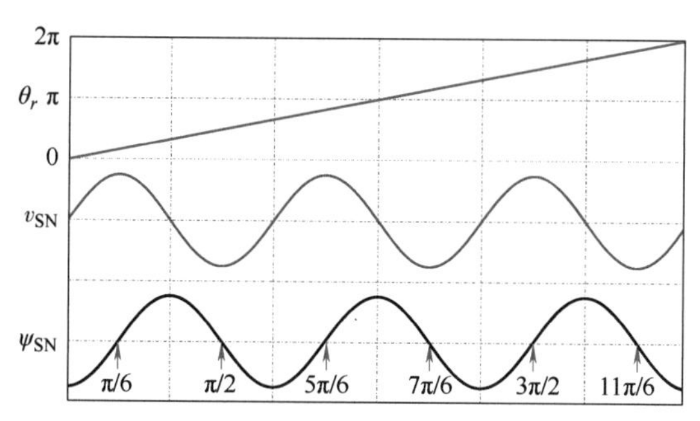

图 11.4　电压 v_{SN}，其积分所得的磁链 ψ_{SN}，以及转子位置的对应关系[9]

11.3.2　有 PWM

BLDC 驱动通常会用 PWM 技术以调节速度和电流。然而，PWM 会在测量电压过程中引入高频噪声，将增加过零点检测的难度。图 11.5 展示了 PWM 控制 BLDC 电机的实验示例。

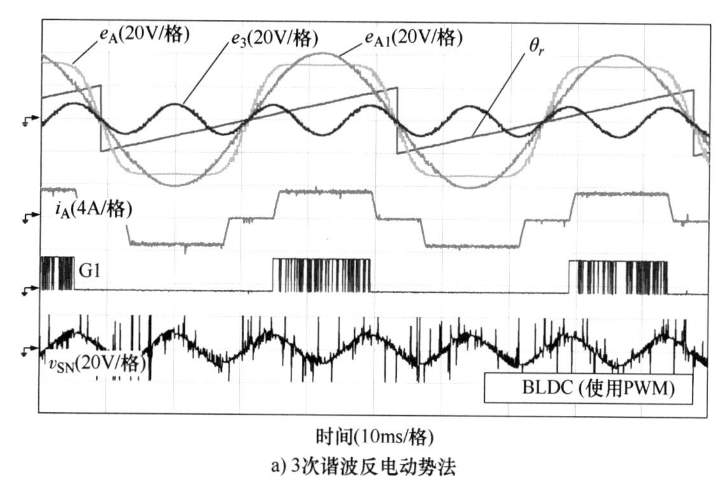

a) 3次谐波反电动势法

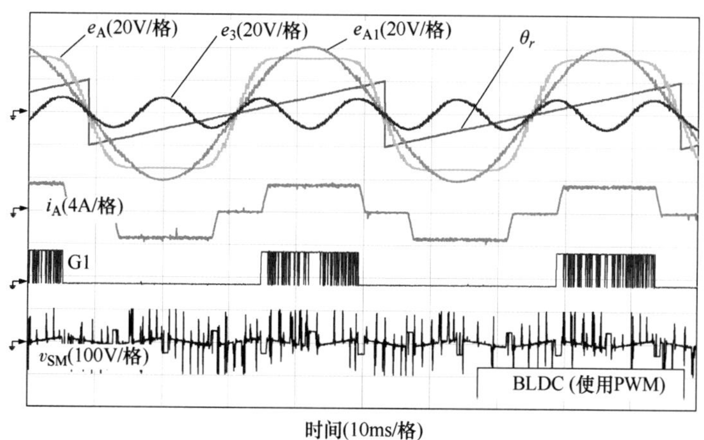

b) 虚拟3次谐波反电动势法

图 11.5　**PWM** 控制的 **BLDC** 运行模式下的实验波形[3]

11.3.2.1　低通滤波器

为了消除高频噪声，大多数现有文献中使用低通滤波器（LPF）或带通滤波器（BPF）[3,5-7]。然而，使用滤波器会引起换相延迟，从而严重降低控制性能。可以采用相位补偿方法来避免滤波器带来的负面影响。

11.3.2.2　包络线构造

包络构造法提供了一种替代方案[11]。借助模数转换器（ADC）的帮助，可以重构反电动势信号，然后在算法中检测过零点。该方法不使用模拟滤波器，可以避免相位滞后的问题。本节将介绍虚拟3次谐波的包络构造方法[8]，如图11.6所示。

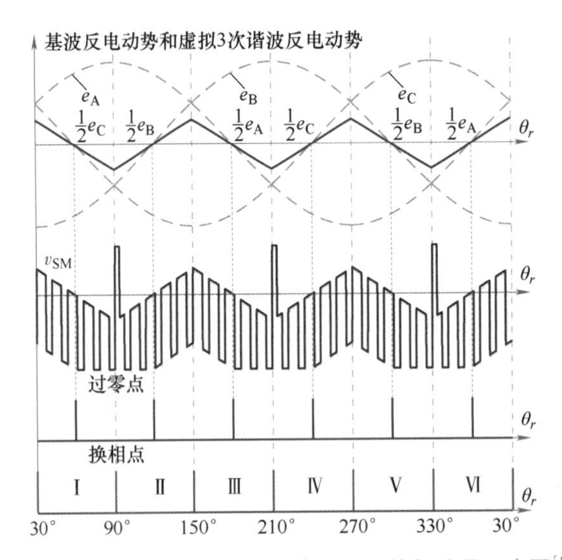

图11.6　虚拟3次谐波的过零点信号及换相信号示意图[8]

1. PWM调制方法

如第10章介绍，BLDC驱动器可以使用四种常见的PWM调制方法。本节以H-PWM-L-ON方法为例进行推导，即高侧功率器件由斩波信号控制，低侧功率器件在每个扇区保持开通或关断状态。

根据第11.2.2节，端电压v_{HG}和v_{LG}可以表示为

$$\begin{cases} v_{HG}=\Lambda\cdot V_{dc}=\begin{cases} V_{dc} & \text{PWM-on} \\ 0 & \text{PWM-off} \end{cases} \\ v_{LG}=0 \end{cases} \tag{11.17}$$

式中，Λ是PWM开关函数，定义如下：

$$\Lambda=\begin{cases} 1 & \text{PWM-on} \\ 0 & \text{PWM-off} \end{cases} \tag{11.18}$$

将式（11.40）和式（11.41）代入式（11.39）中，可以得到电压v_{SM}为

$$v_{SM}=\underbrace{\frac{1}{6}(2e_O-e_H-e_L)}_{\text{反电动势}}+\underbrace{\frac{1}{2}(\Lambda-1)V_{dc}}_{\text{PWM波动}} \tag{11.19}$$

从式（11.19）中可以看出，v_{SM}由两部分组成，即反电动势和由 PWM 引起的电压波动。只有第一部分（$2e_O-e_H-e_L$）/6 包含转子位置信息。如图 11.6 所示，尽管电压信号 v_{SM} 受到高频 PWM 波动的影响，但其包络线包含反电动势信息。换相位置可以从包络信号的过零点中估计得到，可以通过在斩波开通期间对电压 v_{SM}进行采样来实现。假设电机为正弦反电动势，将 $\Lambda=1$ 代入式（11.19）中可以得到上包络线 $\hat{v}_{SM}$为

$$\hat{v}_{SM}=v_{SM}\mid_{\Lambda=1}=\frac{1}{2}e_O \tag{11.20}$$

这里，符号^表示上包络线。在获得上包络线 $\hat{v}_{SM}$后，可以使用以下方法检测过零点：

$$\begin{cases}\hat{v}_{SM}[n-1]\leqslant 0\\ \hat{v}_{SM}[n]\geqslant 0\end{cases} \quad 或 \quad \begin{cases}\hat{v}_{SM}[n-1]\geqslant 0\\ \hat{v}_{SM}[n]\leqslant 0\end{cases} \tag{11.21}$$

式中，$\hat{v}_{SM}[n-1]$ 和 $\hat{v}_{SM}[n]$ 分别表示前一次和当前次的采样结果。

在获得包络线 $\hat{v}_{SM}$后，可以在算法中检测过零点，而不受 PWM 开关动作的影响。

2. 高速区的过采样技术

图 11.7 介绍了虚拟 3 次谐波的过零点检测。

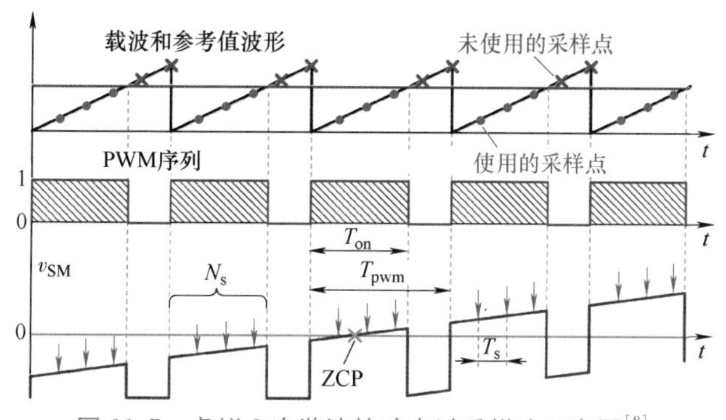

图 11.7　虚拟 3 次谐波的动态过采样法示意图[8]

由于 ADC 以离散方式工作，因此在过零点检测中无法完全避免采样延迟问题，特别是在高速区，采样延迟带来的影响更加严重。一种可行的方法是增加采样频率以减小采样延迟[8]。然而，采样窗口时长受斩波开通时长限制。为充分利用采样窗口时长，可以根据 PWM 占空比动态调整每个 PWM 周期的采样点数 N_s[8]。如图 11.7 所示，假设斩波开通持续时间为 T_{on}，最小采样间隔为 T_s，则采样点数 N_s 可以表示为

$$N_s=\text{floor}\left(\frac{T_{on}}{T_s}\right) \tag{11.22}$$

式中，floor(x) 表示不大于 x 的最大整数。

随着电机速度的增加，对过零点检测精度的要求也越来越高。该方案优势在于较大速度范围内可以保证过零点检测都有较高精度，原理如下：随着电机速度的增加，占空比变大，斩波开通时间 T_{on}变长，可以启用更多的采样点，从而降低采样延迟的影响。通过这种方式，采样点数 N_s 根据 PWM 占空比进行动态调整。可以在较大速度范围内保证过零点检测的精度。

3. 实验结果

图 11.8 显示了动态调整采样点的过程，包含了原始电压信号 v_{SM} 和其采样结果 $\hat{v}_{SM}$。原始电压 v_{SM} 受高频 PWM 波动的影响，与前面理论分析相符。其包络线 $\hat{v}_{SM}$ 包含虚拟 3 次谐波信号。通过在斩波开通时间上排列采样点，可以构建此包络线 $\hat{v}_{SM}$。右侧放大的子图中呈现了具体细节，包括采样触发信号。PWM 周期为 25μs，最小采样间隔为 5μs。表 11-2 展示了根据 PWM 占空比调整采样点数 N_s 的过程。

表 11-2　采样点的动态调整[8]

占　空　比	0~0.4	0.4~0.6	0.6~0.8	0.8~1.0	1.0
T_{on}/μs	0~10	10~15	15~20	20~25	25
N_s	1	2	3	4	5

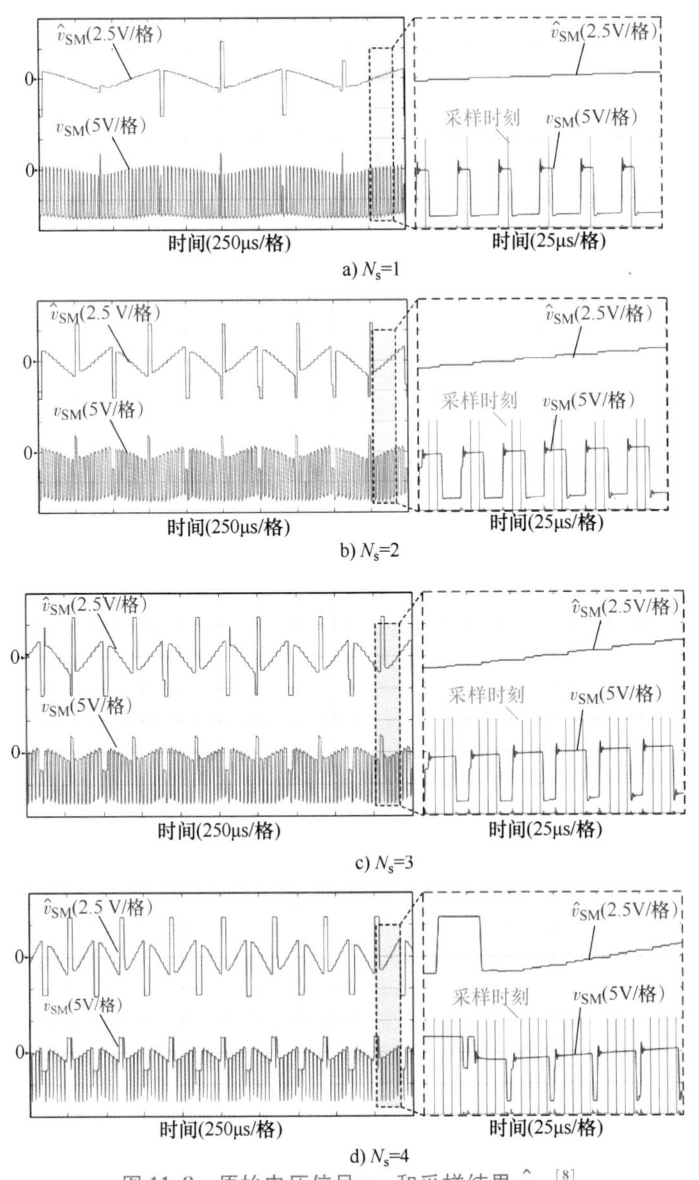

a) N_s=1

b) N_s=2

c) N_s=3

d) N_s=4

图 11.8　原始电压信号 v_{SM} 和采样结果 $\hat{v}_{SM}$[8]

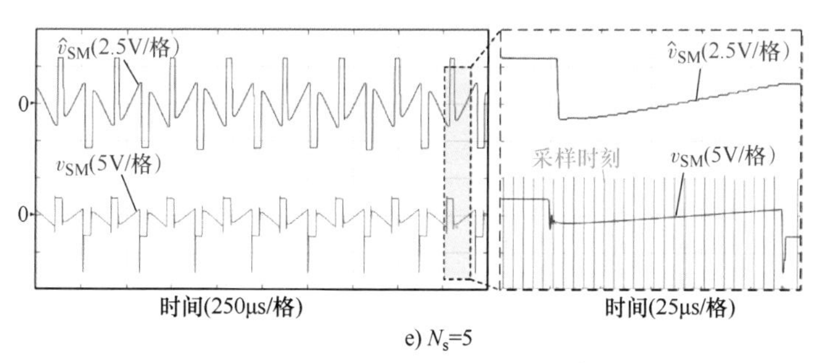

e) N_s=5

图 11.8　原始电压信号 v_{SM} 和采样结果 $\hat{v}_{SM}$[8]（续）

随着电机速度的增加，PWM 占空比变高，将有更长的斩波开通时间来排列更多的采样点。因此，在较大的 PWM 占空比范围，动态过采样方法是构建包络信号的有效方法。

11.4　永磁无刷交流电机（永磁同步电机）控制

如第 11.2 节所分析的，只有基于 3 次谐波反电动势的检测方法可用于 BLAC 驱动系统的无位置传感器控制，而采用虚拟 3 次谐波反电动势检测方法测量得到的电压由于不携带位置信息而无法得到应用。因此本节将介绍可应用于 BLAC 驱动系统的 3 次谐波反电动势无位置传感器控制技术的三种不同策略[3,9]。

11.4.1　基于积分法的转子位置估计方法

通过对速度简单的积分[3]即可获得高精度的转子位置 $\hat{\theta}_r$，即

$$\hat{\theta}_r = \theta_0 + \int_0^t \hat{\omega}_{ra} \mathrm{d}t \tag{11.23}$$

式中，$\hat{\omega}_{ra}$是通过如下公式估计得到的转子平均速度

$$\hat{\omega}_{ra} = \pi / 3t_d \tag{11.24}$$

式中，t_d 是 3 次谐波反电动势前半个周期的两个过零点之间的时间间隔。

在位置的估计过程中，通过式（11.24）计算得到的 $\hat{\omega}_{ra}$实际上是前两个过零点之间的平均速度而非瞬时速度，因此在理想恒速的稳态条件下可以得到非常精确的位置估计。即便是由于速度波动导致了一定的误差，估计得到的位置也会在下一个过零点时重置到对应的 θ_0，而不会出现误差的累积。

然而在变速控制中，估计得到的平均速度 $\hat{\omega}_{ra}$ 无法反映速度的实时变化，如果转子速度足够高且变化不大，则转子位置的估计误差可控且会在下一个过零点被置零，但如果是低速运行且速度变化剧烈，那么转子位置估计误差将会非常显著并会带来诸如电流扰动或转矩脉动等问题，从而大幅降低控制性能。通过采用如第 2 章中所介绍的基于锁相环（PLL）的速度观测器可以在一定程度上提升速度估计性能，但是较少的过零点依然会限制性能的提升[9]。

11.4.2 基于过零点校正的转子位置估计方法

如图 11.9 所示，基于过零点校正的转子位置估计方法可以有效地避免积分法中因过零点误差重置所带来的位置阶跃[9]。

与基于积分法的转子位置估计方法相似，在每一个过零点所对应的转子位置 θ_0 都是确定的并可以用作参考值，因此转子估计位置与参考位置 θ_0 之间差值即转子位置估计误差通过如下 PI 控制器即可计算得到所需的速度校正量 ω_{cor}

$$\omega_{cor}=-\left(K_p+\frac{K_i}{s}\right)\cdot\left[\Delta\theta\cdot\operatorname{sign}(\hat{\omega}_r)\right] \tag{11.25}$$

式中，符号函数 $\operatorname{sign}(\hat{\omega}_r)$ 用于表征旋转方向；K_p 和 K_i 分别代表 PI 控制器中的比例和积分增益。

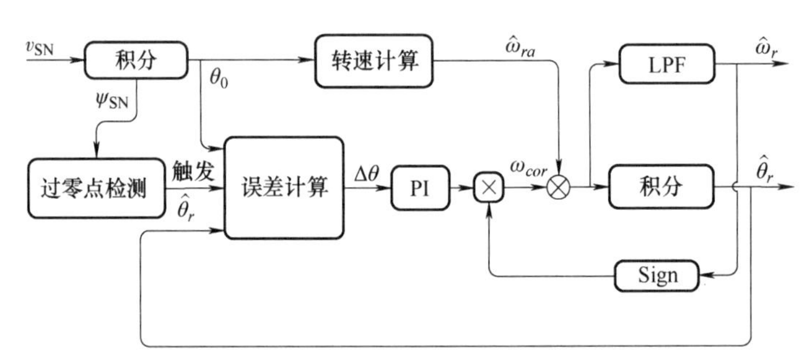

图 11.9 基于过零点校正的转子位置估计方法[9]

在式（11.25）中，速度校正量 ω_{cor} 直接体现了转子位置估计误差，因此可以用来修正基于 ψ_{SN} 过零点计算得到的平均速度 $\hat{\omega}_{ra}$，从而使其收敛至实际速度，再通过简单的积分即可以估计出高精度的转子位置。

同样，当转子速度足够高且变化不大时，速度估计误差的累积通常可控并可以在下一个过零点时重置，但这个误差在有高动态需求的低速应用中则无法被忽略。因此在速度变化可以预测的场景，速度的误差可以通过该估计算法进行补偿，但是由于速度校正量 ω_{cor} 只有在过零点的时候会被更新，导致了需要降低 PI 控制器的增益 K_p 和 K_i 以避免控制发散。因此在速度随机变化的低速场景下，由于仅有的 6 个准确参考位置分辨率过低使得 PI 控制器无法足够快地跟踪上速度变化，导致其动态性能较差[9]。

11.4.3 基于连续信号的转子位置估计方法

如上节所述，$\hat{\omega}_{ra}$ 是基于两个过零点估计得到的平均速度，因此在无任何补偿的情况下，稳态运行时可以得到准确的转子位置，而在变速运行时误差较大，如果平均速度的估计误差可以得到适当的补偿，那么即使在高动态运行条件下，基于补偿后的速度依然可以得到高精度的估计转子位置。

考虑到 3 次谐波反电动势远大于 3 的整数倍次谐波，则可以假定测量得到的电压 v_{SN} 仅

包含 3 次谐波分量，那么其积分 3 次谐波磁链 ψ_{SN}呈现为一个幅值恒定的连续正弦信号。如令 ψ_{SN}作为参考来补偿平均速度中的估计误差，那么在 BLAC 驱动系统的每一个控制周期中都可以估计得到高精度的转子位置[9]。

图 11.10 展示了基于 ψ_{SN}连续信号的改进型转子位置估计方法的框图，其中 $\hat{\psi}_{SN}$是基于估计的转子位置计算得到的虚拟 3 次谐波磁链。

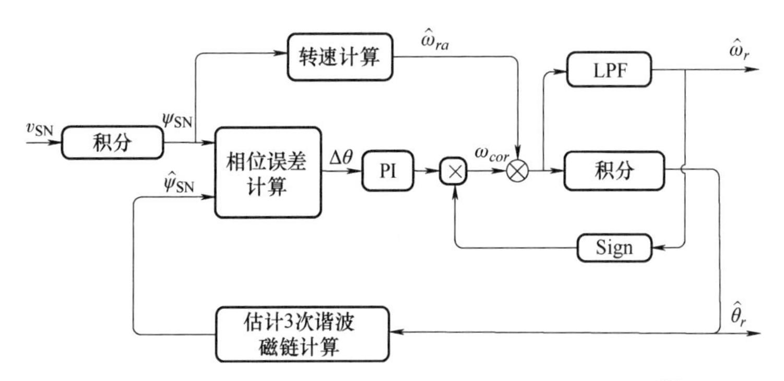

图 11.10 基于速度补偿的改进型转子位置估计方法[9]

当估计的转子位置和速度与其实际值相等时，ψ_{SN}和 $\hat{\psi}_{SN}$将完全重合，反之则会出现相位差，而这两个信号之间相位差可用于估计转子位置。

ψ_{SN}可以定义为

$$\psi_{SN} = -A_{mp}\cos(3\theta_r) \tag{11.26}$$

式中，A_{mp}是 ψ_{SN}的幅值，可以通过提取当其微分量接近于 0 的时候的绝对值得到。

为了估计转子位置，需要基于 v_{SN}构建一个与 ψ_{SN}正交的辅助信号，但由于 v_{SN}的幅值随速度的变化而变化，因此需要利用估计的速度反馈 $\hat{\omega}_r$ 将其幅值归一到与 ψ_{SN}的幅值 A_{mp}相同的水平。

$$v_{SN\_unified} = \frac{K_p}{\hat{\omega}_r}E_3\sin(3\theta_r) = A_{mp}\sin(3\theta_r) \tag{11.27}$$

式中，K_p 是 3 次谐波磁链和反电动势的幅值归一系数。

测量得到的 ψ_{SN}和经过幅值归一化的 $v_{SN_unified}$如图 11.11 所示。

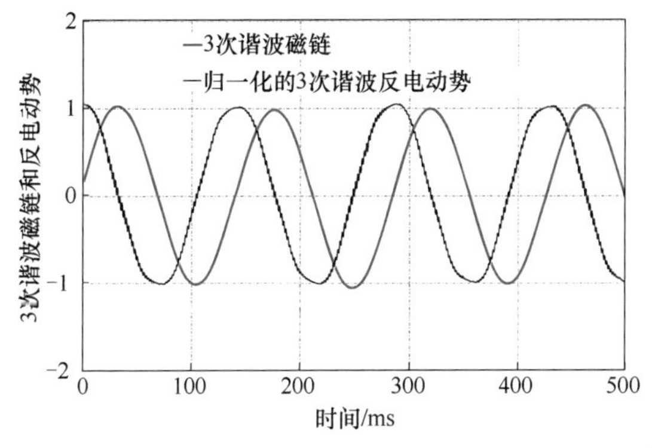

图 11.11 测量得到的 ψ_{SN}和经过幅值归一化的 $v_{SN\_unified}$[9]

这样，实际的和估计的3次谐波磁链之间的相角差 $\Delta\theta$ 可通过如下公式计算：

$$\Delta\theta=-A_{mp}\arcsin[\psi_{SN}\sin(3\hat{\theta}_r)+v_{SN\_unified}\cos(3\hat{\theta}_r)] \tag{11.28}$$

该相角差 $\Delta\theta$ 可等效于转子位置估计误差的三倍，当其经过式（11.25）所示PI控制器所构建的回路滤波器后，可以得到与速度估计误差直接相关的速度校正分量 ω_{cor}，再通过过零点检测或PLL速度观测器，转子速度中的固有误差和基于此估计的平均速度 $\hat{\omega}_{ra}$ 中的误差均可得到修正，而最终的估计速度 $\hat{\omega}_r$ 将收敛至实际值。最后对这个经过补偿的高精度估计速度进行积分，即可得到高精度的转子位置。此方法可以有效地抑制原信号中存在的噪声和诸如9次、15次等的高阶3次谐波序列分量等干扰对速度估计的影响。

另外，由于每个反电动势周波均包含了三个完全相同的3次谐波周期，估计的转子位置可能会与另外两个错误的周波对齐，因此需要引入A相反电动势来避免相位错误。通过一个简易的磁链观测器计算得到的A相反电动势的过零点应该位于估计转子位置的 $-\pi/3$ 和 $\pi/3$ 之间，如果超出这个范围，说明出现了3次谐波周波对齐错误。此时需要在估计的转子位置上添加一个 $-2\pi/3$ 或 $2\pi/3$ 的偏置进行修正，从而得到正确的转子位置估计。

11.4.4 实验结果

基于3次谐波反电动势无位置传感器控制在BLAC驱动系统上进行了一系列实验的验证，其整体控制框图如图11.12所示，其中样机为SPMSM-V（参数见附录B），电阻网络采用的是20kΩ功率电阻。

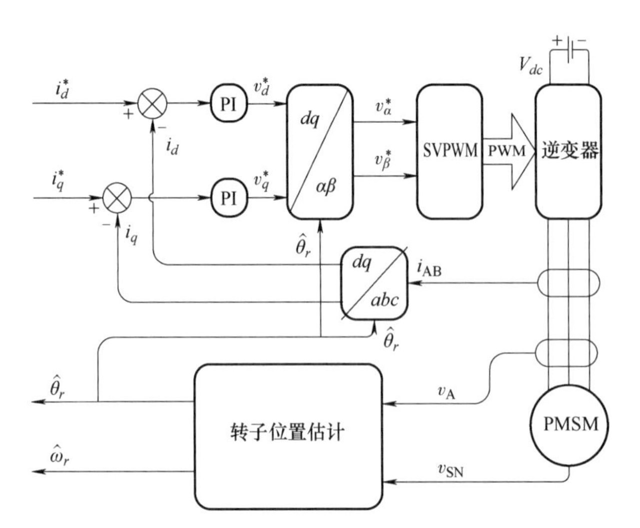

图11.12 基于3次谐波反电动势的转子位置估计方法的整体框图[9]

基于积分、过零点检测和 ψ_{SN} 连续信号的估计方法在相同的稳态条件下进行了测试，估计速度、实际速度和估计误差等测试结果如图11.13所示。从图中可以看出，基于 ψ_{SN} 连续

信号的估计方法相较于另外两种方法有着更小的误差和更好的稳态运行特性。

动态测试是在速度为 10r/min 时加入一个 1~3A 阶跃负载的条件下进行的，估计速度、实际速度和估计误差等测试结果如图 11.14 所示。从图中可以看出，在负载瞬态过程中，基于过零检测和基于 PLL 速度观测器的方法由于仅有的 6 个参考位置的限制，均有较为明显的速度误差，而基于 ψ_{SN} 连续信号的估计方法可以有效地补偿速度误差从而极大地提升了转子位置的估计精度。

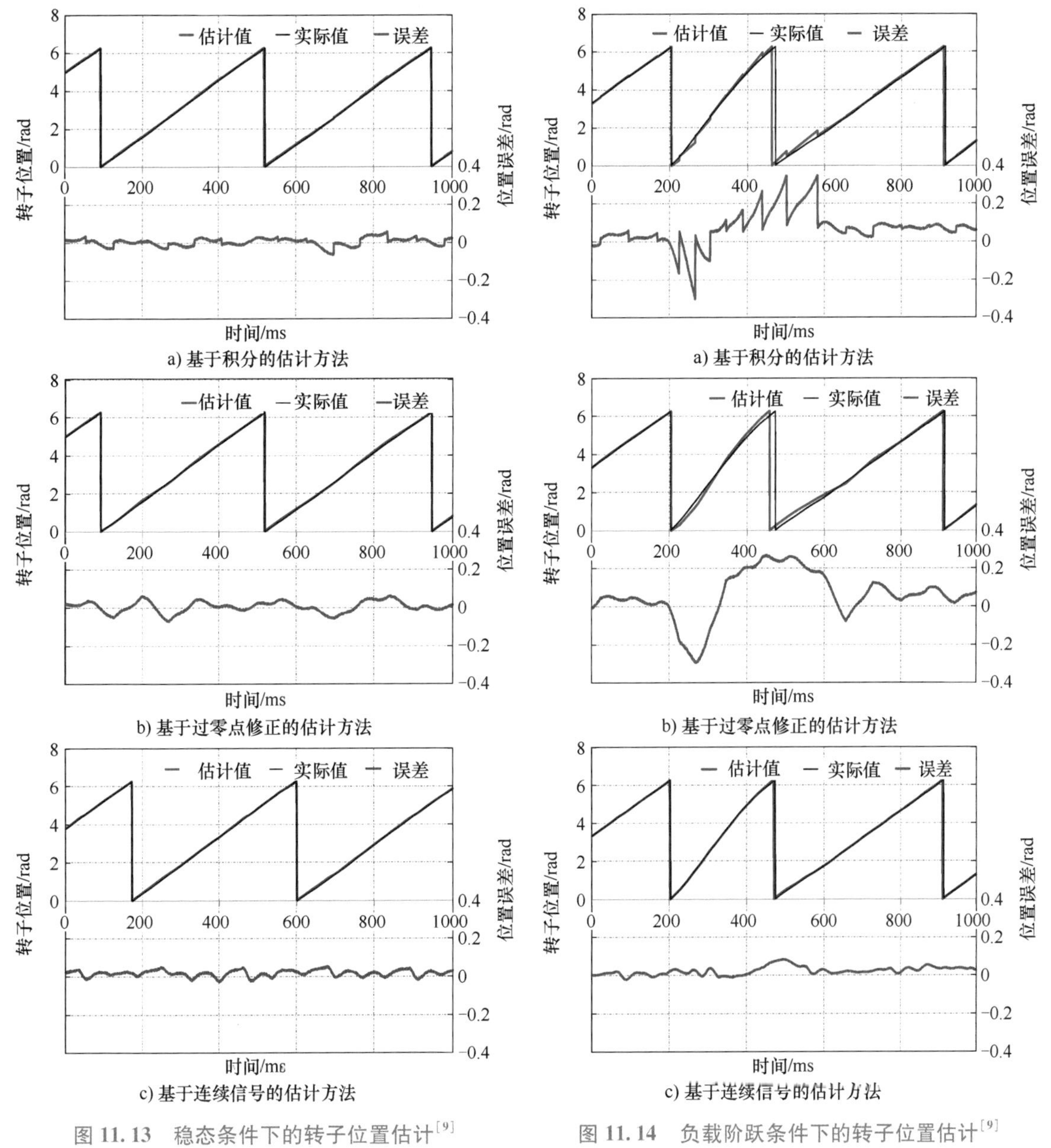

图 11.13　稳态条件下的转子位置估计[9]

图 11.14　负载阶跃条件下的转子位置估计[9]

11.5 双三相永磁同步电机的位置估计

11.5.1 基于3次谐波磁链的位置估计

在第 11.4.3 节中所介绍的方法也可以拓展到双三相永磁同步电机中[10]。图 11.15 所示的双三相永磁同步电机正如第 7 章所介绍的，其两个中性点通常是隔离的，因此两套绕组之间并没有任何电气连接。

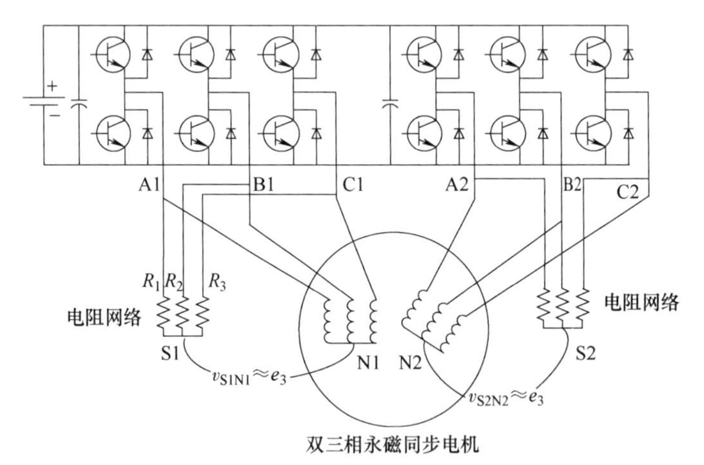

图 11.15 双三相 PMSM 的 3 次谐波反电动势的测量[10]

对于双三相永磁同步电机，如下式所示，S1 和 N1 之间的电压、以及 S2 和 N2 之间的电压可以分别等效于两套绕组的 3 次谐波反电动势。

$$\begin{cases}v_{S1N1}=e_{3\_set1}+e_{9\_set1}+e_{15\_set1}+\cdots\approx e_{3\_set1}\\v_{S2N2}=e_{3\_set2}+e_{9\_set2}+e_{15\_set2}+\cdots\approx e_{3\_set2}\end{cases}\tag{11.29}$$

而对于大多数双三相永磁同步电机，两套绕组之间通常有着 π/6 的空间电角度相角差，而 3 次谐波反电动势在基波坐标系下也一样：

$$\begin{cases}e_{3\_set1}=E_3\sin(3\theta_r)\\e_{3\_set2}=E_3\sin\big(3(\theta_r-\pi/6)\big)=-E_3\cos(3\theta_r)\end{cases}\tag{11.30}$$

对于单三相永磁同步电机，考虑到信号的信噪比，转子位置估计通常使用的是对 3 次谐波反电动势积分得到的 3 次谐波磁链 ψ_{SN}。同理，对于双三相永磁同步电机，可以用在 3 次谐波坐标系下正交的两套低截止频率的带通滤波器（BPF）获得两个 ψ_{SN}

$$\begin{cases}\psi_{3\_set1}=-\psi_{m3}\cos(3\theta_r)\\\psi_{3\_set2}=-\psi_{m3}\cos\big(3(\theta_r-\pi/6)\big)=-\psi_{m3}\cos(3\theta_r-\pi/2)=-\psi_{m3}\sin(3\theta_r)\end{cases}\tag{11.31}$$

通过在速度为 200r/min 且负载交轴电流为 1A 环境下的稳态测试结果可以看出，图 11.16 所示的测量到的两套绕组的 v_{SN} 有着较多的 3 次谐波序列分量，而图 11.17 所示的

通过 BPF 得到的两套绕组的 ψ_{SN} 则有着更加平滑的信号特性。但是 BPF 的引入不可避免地带来一定的相移和相对较差的频率动态响应，从而降低了转子位置估计在动态运行时的性能。

11.5.2　基于 3 次谐波反电动势的位置估计

从式（11.30）中可以看出，e_{3_set1} 和 e_{3_set2} 在基波坐标下有着 π/6 电角度相角差，等效于在 3 次谐波坐标系下正交即有着 π/2 电角度相角差，即

$$\begin{cases} e_{3\_set1} = E_3 \sin(3\theta_r) \\ e_{3\_set2} = E_3 \sin\left(3(\theta_r - \pi/6)\right) = -E_3 \cos(3\theta_r) \end{cases} \tag{11.32}$$

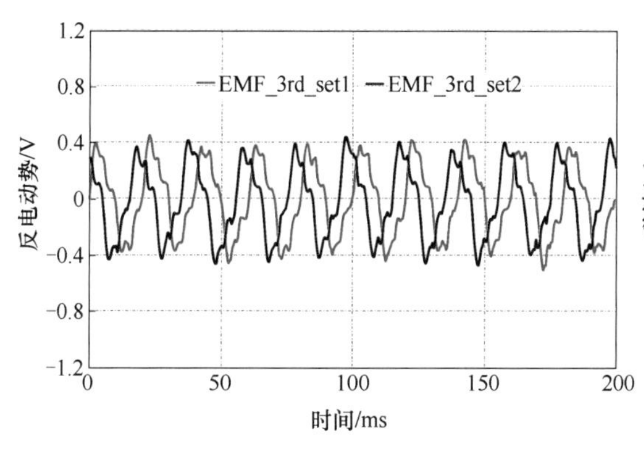

图 11.16　在 200r/min 条件下两套绕组的 v_{SN} [10]

EMF_3rd_set1—测量到的第一套绕组的三次谐波反电动势

EMF_3rd_set2—测量到的第二套绕组的三次谐波反电动势

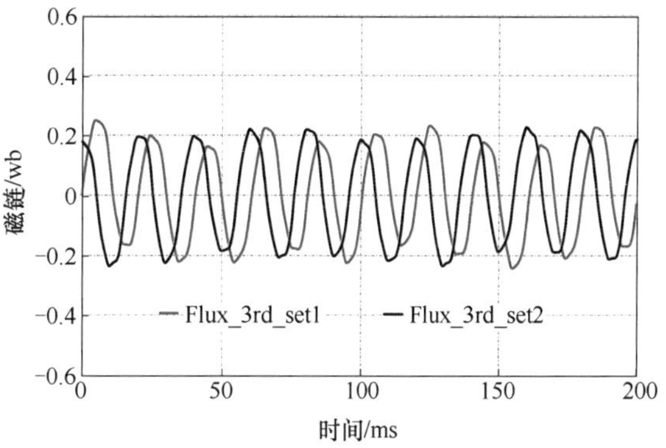

图 11.17　在 200r/min 条件下两套绕组的 ψ_{SN}

Flux_3rd_set1—第一套绕组的三次谐波磁链

Flux_3rd_set2—第二套绕组的三次谐波磁链

如第 2 章所介绍的，基于简化扩展卡尔曼滤波器的位置观测器可以有效抑制信号中包含的如 9 次、15 次等 3 的整数倍次谐波，因此可以直接应用式（11.32）所示的相互正交的两套绕组的 3 次谐波反电动势。双三相永磁同步电机驱动系统采用的基于简化卡尔曼滤波器的位置观测器的控制框图如图 11.18 所示，其无 BPF 滤波器的设计可以最小化相移，也可以大幅提升转子位置估计的频率响应特性。

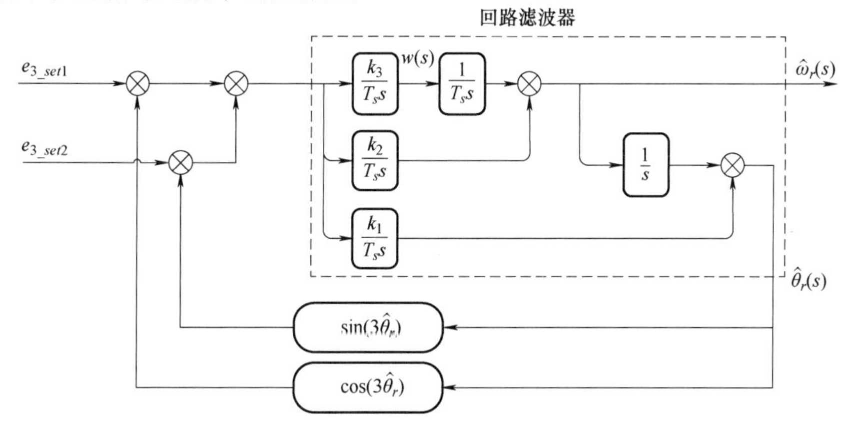

图 11.18　基于简化卡尔曼滤波器的位置观测器的控制框图[10]

11.5.3 实验结果

双三相 PMSM 的整体控制框图如图 11.19 所示，其中样机为 SPMSM-Ⅴ（参数见附录 B）。

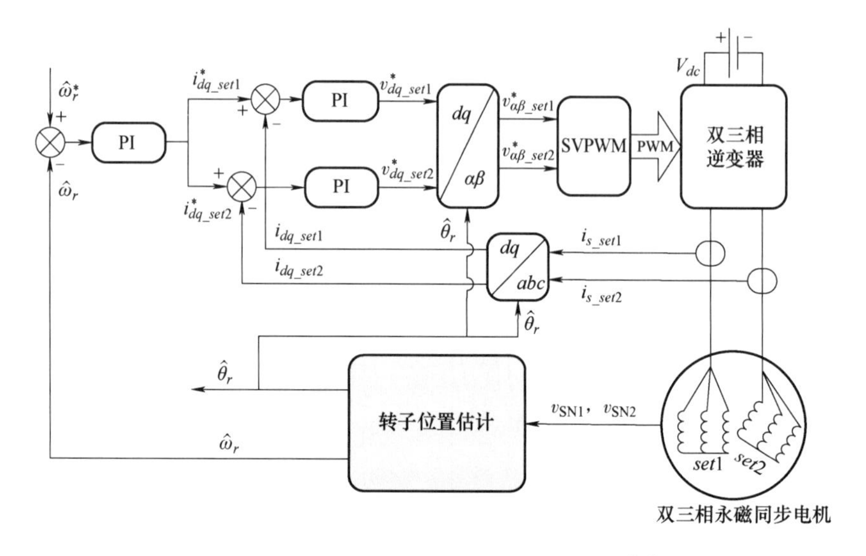

图 11.19　双三相 PMSM 的整体控制框图[10]

通过对比图 11.20 和图 11.21 所示的实验结果可以看出，两种方法的控制精度基本相同，尤其是如图 11.21 所示，高阶谐波如 9 次、15 次等干扰得到了基于简化卡尔曼滤波器的位置观测器的有效抑制，因而未对位置估计造成影响。

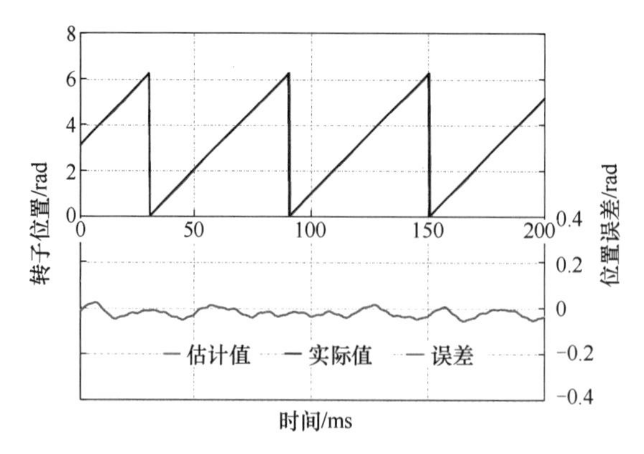

图 11.20　稳态条件下基于 3 次谐波磁链的位置估计性能[10]

动态测试是在如图 11.22 所示，负载交轴电流为 1A 时速度从 200r/min 阶跃到 320r/min 的条件下进行的，从测试结果图 11.23 和图 11.24 的对比中可以看出，直接采用 3 次谐波反电动势可以极大地提升系统的动态响应特性。

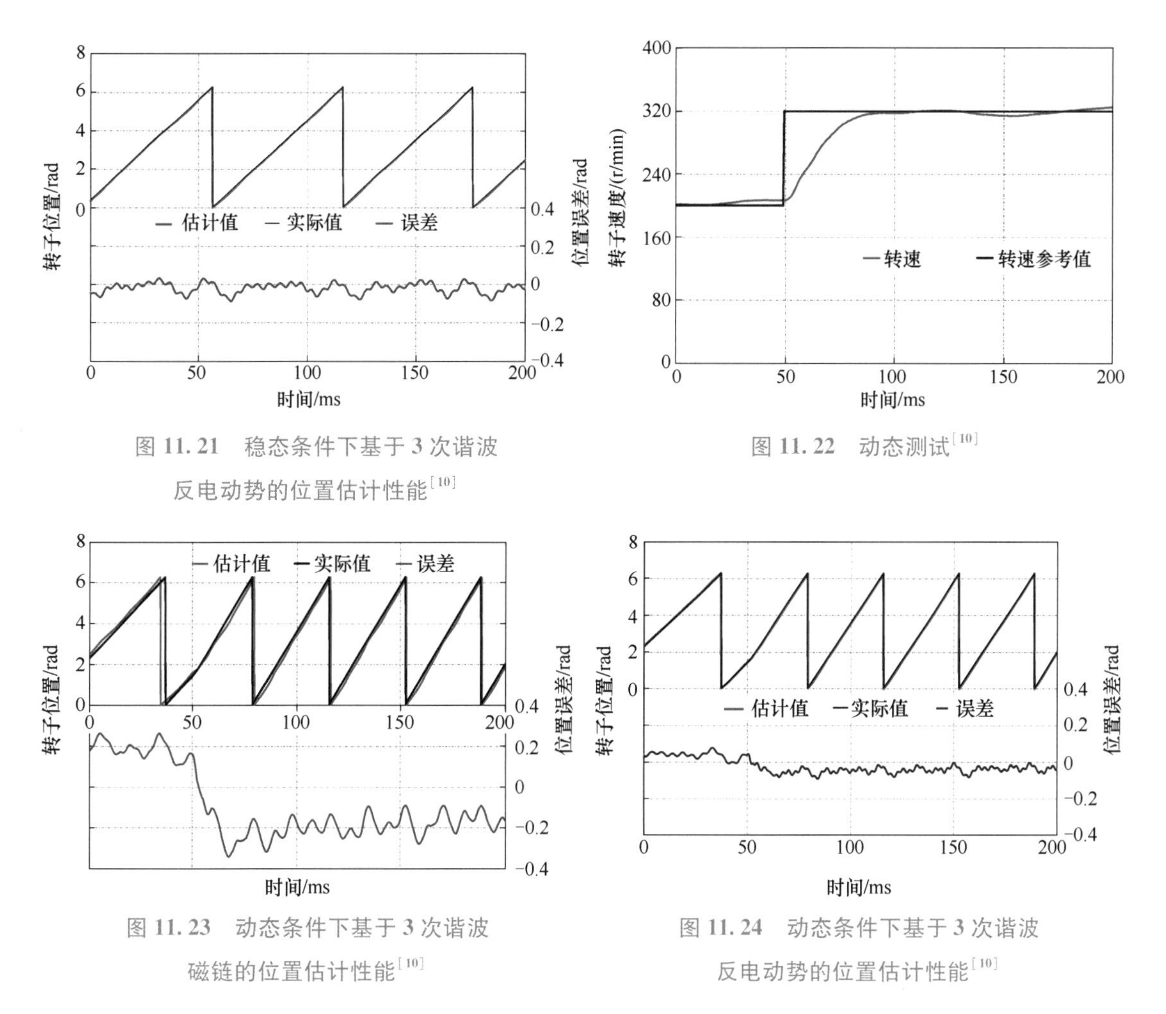

图 11.21　稳态条件下基于 3 次谐波反电动势的位置估计性能[10]

图 11.22　动态测试[10]

图 11.23　动态条件下基于 3 次谐波磁链的位置估计性能[10]

图 11.24　动态条件下基于 3 次谐波反电动势的位置估计性能[10]

11.6　3 次谐波反电动势检测法的常见问题

本节将介绍 3 次谐波反电动势在永磁电机的无位置传感器控制中的一些常见问题[12,13]。当出现如下情况时，基于 3 次谐波反电动势的无位置传感器控制将无法应用或有较大的误差：

1）中性点未引出。

2）励磁磁场的三次谐波分量为 0 或过小。

3）三次谐波绕组系数为 0 或过小。

4）由于转子凸极性或其他因素引起的绕组电感不恒定。

5）三相不对称。

11.6.1　中性线的要求

由于 3 次谐波反电动势需要通过测量Y形联结网络中点（图 11.1 的 S 点）和Y形联结

绕组中性点（图 11.1 的 N 点）之间的电压获得，因此电机中性点引出线是该方法必备的，否则将无法测量的 3 次谐波反电动势信号。

11.6.2　3 次谐波反电动势的缺失

3 次谐波反电动势（E_{m3}）的幅值为

$$E_{m3} \propto \omega_r B_3 k_{w3} \tag{11.33}$$

式中，ω_r 是电机转子速度；B_3 是励磁磁密的三次谐波分量的幅值；k_{w3}是可通过如下公式计算获得的 3 次谐波绕组系数：

$$k_{w3} = k_{p3} k_{d3} k_{s3} \tag{11.34}$$

式中，k_{p3}，k_{d3}和 k_{s3}分别是短距系数、分布系数和斜极系数。

如果 B_3，k_{p3}，k_{d3}或 k_{s3}为 0 或过小，3 次谐波反电动势也会为 0 或小到无法测量。另外从式（11.33）可以看出，在零速或低速运行时，会因无法测量到可用的信号而无法应用基于 3 次谐波反电动势的无位置传感器控制方法。

对于一些永磁无刷电机，3 次谐波励磁磁场非常弱：例如应用了平行充磁磁钢的两极电机，其气隙磁场即为标准的正弦分布[12]；有时为了减小转矩脉动而特意将极弧系数优化到约 2π/3 电角度的电机，其气隙磁场的 3 次谐波含量也非常小；对于在 BLDC 驱动中非常常见的槽极比为 3∶2 的非叠绕组电机，其 3 次谐波绕组系数为 0，因此即便是气隙磁场中存在 3 次谐波分量，且相反电动势呈现非正弦，其 3 次谐波反电动势也依然为 0。

11.6.3　转子凸极性

式（11.8）和式（11.9）中假定了绕组电感为恒定，然而如内置式永磁电机这类存在转子凸极性的电机，其绕组电感随转子变化而变化，因此 v_{SN}的表达式需要重新推导。

绕组电感可以表示为

$$\begin{cases} L_{\mathrm{AA}} = \sum_k L_{sk} \cos k\theta_r \\ L_{\mathrm{BB}} = \sum_k L_{sk} \cos k(\theta_r - 2\pi/3) \\ L_{\mathrm{CC}} = \sum_k L_{sk} \cos k(\theta_r + 2\pi/3) \end{cases}$$
$$\begin{cases} M_{\mathrm{BC}} = M_{\mathrm{CB}} = \sum_k M_{sk} \cos k\theta_r \\ M_{\mathrm{CA}} = M_{\mathrm{AC}} = \sum_k M_{sk} \cos k(\theta_r - 2\pi/3) \quad k = 0,2,4,6,8,10,\cdots \\ M_{\mathrm{AB}} = M_{\mathrm{BA}} = \sum_k M_{sk} \cos k(\theta_r + 2\pi/3) \end{cases} \tag{11.35}$$

电机的电压方程可以写作

$$\begin{bmatrix} v_{\mathrm{AN}} \\ v_{\mathrm{BN}} \\ v_{\mathrm{CN}} \end{bmatrix} = R \begin{bmatrix} i_{\mathrm{A}} \\ i_{\mathrm{B}} \\ i_{\mathrm{C}} \end{bmatrix} + p \left\{ \begin{bmatrix} L_{\mathrm{AA}} & M_{\mathrm{AB}} & M_{\mathrm{AC}} \\ M_{\mathrm{BA}} & L_{\mathrm{BB}} & M_{\mathrm{BC}} \\ M_{\mathrm{CA}} & M_{\mathrm{CB}} & L_{\mathrm{CC}} \end{bmatrix} \cdot \begin{bmatrix} i_{\mathrm{A}} \\ i_{\mathrm{B}} \\ i_{\mathrm{C}} \end{bmatrix} \right\} + \begin{bmatrix} e_{\mathrm{A}} \\ e_{\mathrm{B}} \\ e_{\mathrm{C}} \end{bmatrix} \tag{11.36}$$

从式（11.2）、式（11.4）、式（11.7）、式（11.35）和式（11.36）可以得到，v_{SN}的表达式为

$$v_{SN}=(e_3+e_9+e_{15}+\cdots)+$$
$$\frac{p}{3}\left\{\sum_j\left[(L_{sj}-M_{sj})\left(i_a\cos j\theta_r+i_b\cos j(\theta_r-2\pi/3)+i_c\cos j(\theta_r+2\pi/3)\right)\right]\right\}$$
$$j=2,4,8,10,14,\cdots \tag{11.37}$$

v_{SN}中的主要分量是零序反电动势且 3 次谐波分量占据主导，当转子凸极性存在时，$L_{sj}\neq 0$，$M_{sj}\neq 0$，且通常 $L_{sj}-M_{sj}\neq 0$，因此当电流流过绕组，式（11.37）中右侧的第二部分会对 v_{SN}的测量带来明显的干扰。

不同于表贴式永磁电机的绕组恒定电感，对于同样包含三次谐波反电动势的内置式永磁电机来说，其绕组电感随转子位置变化而变化。图 11.25 和图 11.26 分别展示的是内置式永磁电机和表贴式永磁电机两种电机的实测 v_{SN}波形（测试条件如标题所示）。从对比中可以看出，内置式永磁电机的 v_{SN}波形无论负载电流高低均受到了非常明显的干扰，而一旦断开驱动器，则变得非常干净且仅包含 3 次谐波反电动势分量。作为对比，表贴式永磁电机的 v_{SN}波形则包含了清晰且可测量的 3 次谐波反电动势分量。因此可以得出结论，转子凸极性会使基于 3 次谐波反电动势的无位置传感器控制策略无法应用或应用中误差过大。

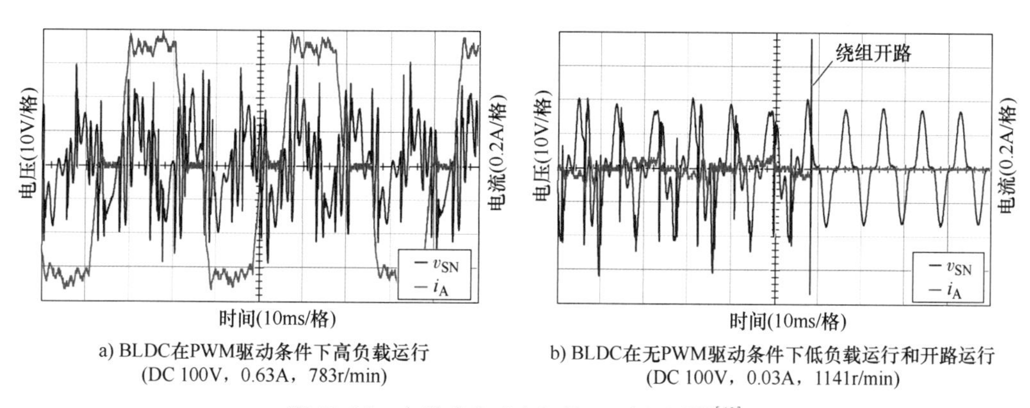

a) BLDC在PWM驱动条件下高负载运行 (DC 100V，0.63A，783r/min)

b) BLDC在无PWM驱动条件下低负载运行和开路运行 (DC 100V，0.03A，1141r/min)

图 11.25　内置式永磁电机的 v_{SN}电压测量[12]

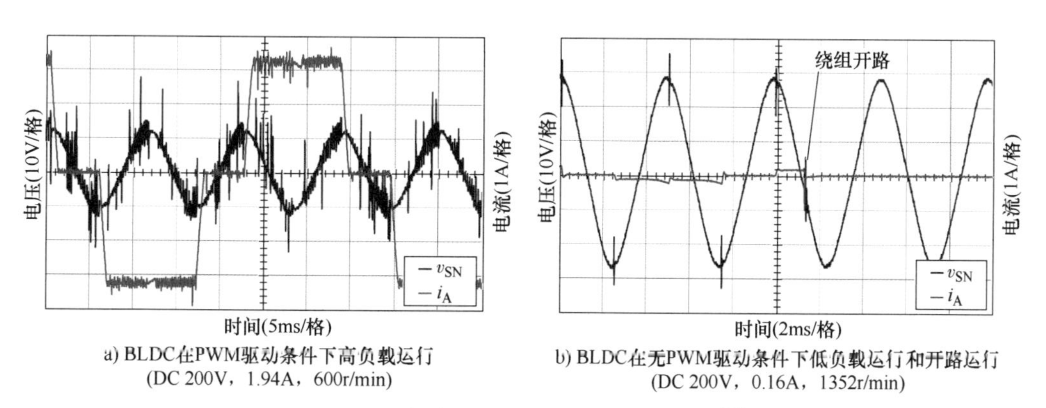

a) BLDC在PWM驱动条件下高负载运行 (DC 200V，1.94A，600r/min)

b) BLDC在无PWM驱动条件下低负载运行和开路运行 (DC 200V，0.16A，1352r/min)

图 11.26　表贴式永磁电机的 v_{SN}电压测量[12]

11.6.4 三相不平衡

对于一些表贴式永磁电机，三相之间会因为反电动势幅值、绕组电阻、电感等原因呈现不平衡[12]，尽管这些不平衡可能并不严重，但依然会对 v_{SN} 测量带来干扰。实际应用中，由于 v_{SN} 通常包含一定量的噪声，需要通过等效于积分器的低截止频率带通滤波器处理以获得可以用于转子位置估计的 3 次谐波磁链 ψ_{SN} 信号，该信号同样也会受到相间不平衡的影响。图 11.27 展示了 v_{SN} 和 ψ_{SN} 在不同电机负载电流下的测量结果，其中直流母线电压和负载电流如图标题所示。从测试结果中可以看出，v_{SN} 的干扰并不明显，但是在电机负载电流高时，ψ_{SN} 的干扰则非常显著。因此可以得出结论，电机的三相不平衡同样会使得基于 3 次谐波反电动势的无位置传感器控制策略无法应用或应用中误差过大。

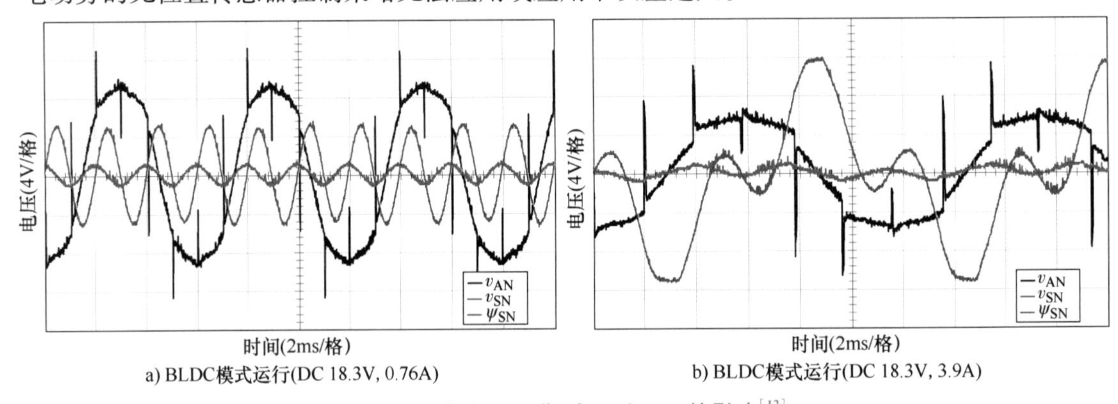

图 11.27 相间不平衡对 v_{SN} 和 ψ_{SN} 的影响[12]

需要注意的是，电机的参数诸如电阻、电感、反电动势等可能会因为温度的变化而变化，而当三相原本是平衡的，但这些变化同时出现在每一相里时，并不会引起三相不平衡。同时基于 3 次谐波反电动势的无位置传感器控制方法并不需要电机的精确参数，而是检测 3 次谐波反电动势过零点或者其相角，因此该方法对于电机的参数变化并不敏感。

11.7 虚拟 3 次谐波反电动势检测法的常见问题

如第 11.2.2 节介绍，基于虚拟三次谐波反电动势的无位置传感器 BLDC 驱动方法实际上是利用了悬空相的反电动势基波分量。该方法类似于第 10 章介绍的基于端电压采样的反电动势检测技术。因此，这两种方法存在共性问题：①两种方法都不适用于 BLAC 模式运行；②在 BLDC 模式运行时，续流角不应大于 30°电角度。以上问题在之前章节已经讨论，不再赘述。除此以外，文献［8］还关注到参数不对称所导致的虚拟 3 次谐波产生过零点偏差和换向误差问题。本节主要讨论这个问题，并给出相应的解决方案[8]。

11.7.1 参数不对称下的过零点检测

电机参数不对称是一个常见问题，特别是在匝数较少，电阻电感较小的高速电机中。此

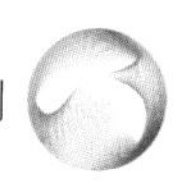

外，在电缆接线、逆变器布线、模块化制造等诸多环节中，或是转子偏心、绕组故障等过程中，都可能引起参数不对称问题。电机参数不对称可能引起过零点分布的不平衡，即过零点间隔出现周期性波动，引起换向位置误差[8]。因此，本节将分析参数不对称引起的位置误差。

首先不失一般性，假设三相绕组电阻和电感是不对称的。则高速 BLDC 电机的数学模型可以表示为

$$\begin{cases} v_{AG}=i_A(R_A+pL_A)+e_A+v_{NG} \\ v_{BG}=i_B(R_B+pL_B)+e_B+v_{NG} \\ v_{CG}=i_C(R_C+pL_C)+e_C+v_{NG} \end{cases} \tag{11.38}$$

式中，v_{XG}是端电压；i_X 是电流；e_X 是相反电动势；v_{NG}是中性点对地电压；p 是微分算子；R_X 和 L_X 分别是绕组电阻和电感；下标 X 表示 A、B 或 C 相。

v_{SM}可以表示为

$$v_{SM}=\frac{1}{3}(i_AZ_A+i_BZ_B+i_CZ_C)+\frac{1}{3}(e_A+e_B+e_C)-\frac{1}{2}V_{dc}+v_{NG} \tag{11.39}$$

式中，$Z_X=(R_X+pL_X)$ 是相阻抗。

根据第 11.2.2 节和式（11.39），中性点电压 v_{NG}可以表示为

$$v_{NG}=\frac{1}{2}(v_{HG}+v_{LG})-\frac{1}{2}(i_HZ_H+i_LZ_L)-\frac{1}{2}(e_H+e_L) \tag{11.40}$$

因此，三相电流可以表示为

$$\begin{cases} i_H=\dfrac{(v_{HG}-v_{LG})-(e_H-e_L)}{Z_H+Z_L} \\ i_L=-i_H \\ i_O=0 \end{cases} \tag{11.41}$$

将式（11.40）和式（11.41）代入式（11.39）中，可以得到电压 v_{SM}

$$v_{SM}=\underbrace{\frac{1}{6}(2e_O-e_H-e_L)}_{\text{反电动势}}+\underbrace{\frac{1}{2}(\Lambda-1)V_{dc}}_{\text{PWM波动}}\underbrace{-\frac{1}{6}\frac{Z_H-Z_L}{Z_H+Z_L}\left(\Lambda\cdot V_{dc}-(e_H-e_L)\right)}_{\text{参数不对称}} \tag{11.42}$$

从式（11.42）可以看出，v_{SM}包含三个部分，即反电动势、PWM 引起的电压波动以及不对称参数引入的电压漂移。将 $\Lambda=1$ 代入式（11.42）中，可以得到包络信号 $\hat{v}_{SM}$的表达式为

$$\hat{v}_{SM}=v_{SM}\big|_{\Lambda=1}=\frac{1}{2}e_O-\Delta v_{HL} \tag{11.43}$$

式中，Δv_{HL}是由不对称参数引起的电压误差。

显然，由式（11.43）可知包络线信号也包含了由不对称参数引起的电压误差为

$$\Delta v_{HL}=\frac{1}{6}\frac{Z_H-Z_L}{Z_H+Z_L}\left(\Lambda V_{dc}-(e_H-e_L)\right) \tag{11.44}$$

考虑到激励电压项包含 PWM 开关函数 Λ。PWM 周期远小于绕组电磁时间常数 L/R。在

这种情况下，当电路从斩波关断（$\Lambda=0$）切换到斩波开通（$\Lambda=1$）时的极短时间内，不对称阻抗项可以简化为

$$\frac{Z_{\mathrm{H}}-Z_{\mathrm{L}}}{Z_{\mathrm{H}}+Z_{\mathrm{L}}} \approx \frac{L_{\mathrm{H}}-L_{\mathrm{L}}}{L_{\mathrm{H}}+L_{\mathrm{L}}} \tag{11.45}$$

这意味着不对称电感在不对称阻抗中占主导作用。因此，假设相反电势幅值为 $\omega_r\psi_m$，其中 ψ_m 是永磁体磁链，ω_r 是电角速度，则在过零点附近的线-线反电势 $e_{\mathrm{H}}-e_{\mathrm{L}}$ 可以表示为

$$e_{\mathrm{H}}-e_{\mathrm{L}}=\begin{cases}\sqrt{3}\,\omega_r\psi_m & \text{正弦波反电动势}\\ 2\omega_r\psi_m & \text{梯形波反电动势}\end{cases} \tag{11.46}$$

最后，令 $V_{\mathrm{RL}}=V_{dc}-(e_{\mathrm{H}}-e_{\mathrm{L}})$ 表示绕组电阻和电感的电压压降，则式（11.44）可以表示为

$$\Delta v_{\mathrm{HL}}=\frac{1}{6}\times\frac{L_{\mathrm{H}}-L_{\mathrm{L}}}{L_{\mathrm{H}}+L_{\mathrm{L}}}\cdot V_{\mathrm{RL}} \tag{11.47}$$

11.7.2 参数不对称下的换向误差

在前面的部分中分析过，电机参数的不对称性会导致不平衡的过零点分布，零点间隔出现周期性波动，引起换向位置误差。本节以第Ⅲ和Ⅵ扇区为例来说明这种现象。在这两个扇区中，B相和C相导通，A相悬空。此外，这两个扇区的导通方向相反，可以描述如下。

在第Ⅲ扇区，电流从B相流向C相。B相和C相分别连接到正负直流母线。如图11.28a所示，不对称参数会导致包络产生电压误差 Δv_{HL} 为

$$\Delta v_{\mathrm{HL}}=\Delta v_{\mathrm{BC}}=\frac{1}{6}\times\frac{L_{\mathrm{B}}-L_{\mathrm{C}}}{L_{\mathrm{B}}+L_{\mathrm{C}}}\cdot V_{\mathrm{RL}} \tag{11.48}$$

与之相反，在第Ⅵ扇区，电流从C相流向B相。B相连接到负直流母线，而C相连接到正直流母线。如图11.28b所示，在这种情况下，电压误差可以表示为

$$\Delta v_{\mathrm{HL}}=\Delta v_{\mathrm{CB}}=\frac{1}{6}\times\frac{L_{\mathrm{C}}-L_{\mathrm{B}}}{L_{\mathrm{C}}+L_{\mathrm{B}}}\cdot V_{\mathrm{RL}} \tag{11.49}$$

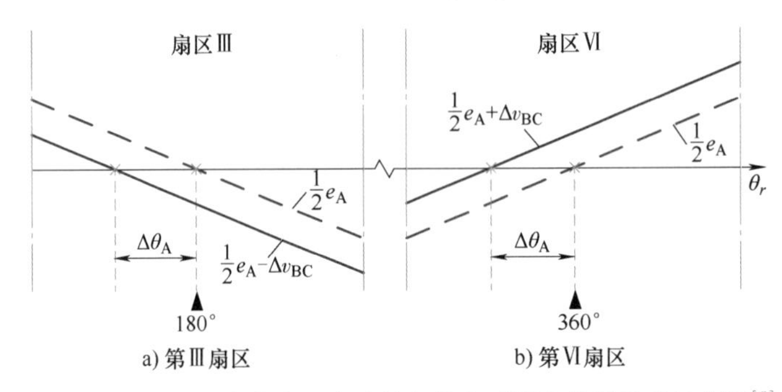

图 11.28 虚拟3次谐波反电动势包络和过零点位置误差示意图[8]

由以上推导可知 $\Delta v_{\mathrm{BC}}=-\Delta v_{\mathrm{CB}}$。如图11.28所示，第Ⅲ和Ⅵ扇区出现的电压包络移动方向相反，大小相等。同理，在所有六个扇区中都可以得出以下结论：

$$\begin{cases}\Delta v_{AB}+\Delta v_{BA}=0\\ \Delta v_{BC}+\Delta v_{CB}=0\\ \Delta v_{AC}+\Delta v_{CA}=0\end{cases} \tag{11.50}$$

由于不对称参数引起的电压误差将偏移反电动势过零点位置。如图 11.28 所示，反电动势包络的过零点附近的一小段曲线可以近似看作斜率为 K_ω 的直线。因此，过零点位置误差与电压误差可以看作线性关系：

$$[\Delta\theta_C \quad \Delta\theta_A \quad \Delta\theta_B]=K_\omega[\Delta v_{AB} \quad \Delta v_{BC} \quad \Delta v_{CA}] \tag{11.51}$$

式中

$$K_\omega=\begin{cases}2/(\omega_r\psi_m) & \text{正弦波反电动势}\\ \pi/(2\omega_r\psi_m) & \text{梯形波反电动势}\end{cases} \tag{11.52}$$

表 11-3 总结了过零点位置误差和虚拟三次谐波反电动势包络的关系。对于误差的方向，“滞后”被定义为正，“超前”被定义为负。图 11.29 显示了过零点位置误差的分析结果：过零点位置误差随着不平衡电感的增加而增加；误差与电机速度之间存在非线性关系。

表 11-3　由电机参数不对称引起的过零点位置误差[8]

扇　区	导通模式	包络线	位置误差	扇　区	导通模式	包络线	位置误差
Ⅰ	A+B-	$\frac{1}{2}e_C-\Delta v_{AB}$	$\Delta\theta_C$	Ⅳ	B+A-	$\frac{1}{2}e_C+\Delta v_{AB}$	$\Delta\theta_C$
Ⅱ	A+C-	$\frac{1}{2}e_B+\Delta v_{CA}$	$\Delta\theta_B$	Ⅴ	C+A-	$\frac{1}{2}e_B-\Delta v_{CA}$	$\Delta\theta_B$
Ⅲ	B+C-	$\frac{1}{2}e_A-\Delta v_{BC}$	$\Delta\theta_A$	Ⅵ	C+B-	$\frac{1}{2}e_A+\Delta v_{BC}$	$\Delta\theta_A$

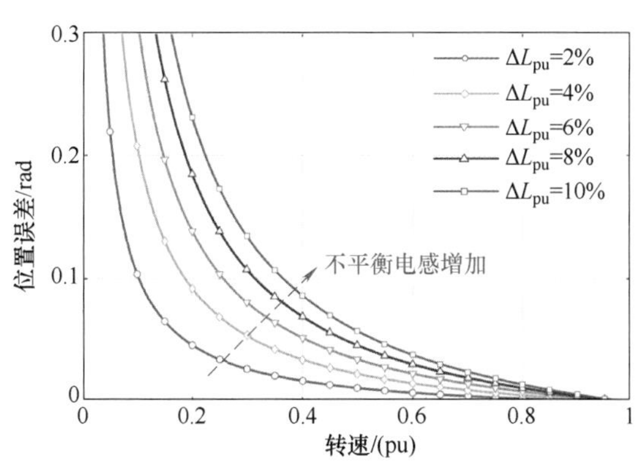

图 11.29　由电机参数不对称引起的过零点位置误差分析结果[8]

（其中 $\Delta L_{pu}=(L_X-L_Y)/(L_X+L_Y)$ 基于样机 BLDC-Ⅲ，附录 B）

对于传统的无位置传感器 BLDC 控制方法，过零点的偏差将影响换向精度。在没有过零点位置误差的理想情况下，每个过零点间隔应该等于 60°电角度，换相位置在过零点位置之后 30°。因此，在传统方法中，换相位置是以过零点位置为基准点，延迟半个过零点周期来

确定换相点位置的，即

$$\varphi[n]=\frac{\pi}{6}=\frac{1}{2}\hat{\theta}[n] \tag{11.53}$$

式中，$\hat{\theta}[n]$ 是第 n 个测量得到的过零点间隔；$\varphi[n]$ 是第 n 个从过零点到换相位置的延迟角度。

如果过零点的检测存在误差，首先意味着位置基准发生了偏移；其次由于过零点间隔出现周期性波动，导致式（11.53）中确定 30°延迟角度也是不正确的。这会严重影响 BLDC 无位置传感器控制性能。

11.7.3 换向误差的相位补偿

为了抑制电机参数不对称对无位置传感器控制的影响，本节提出了一种相位补偿方法。图 11.30 介绍了整个无位置传感器控制框图。

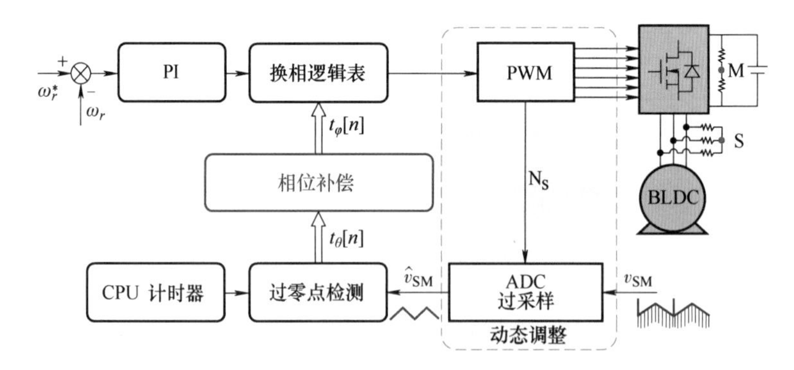

图 11.30 采用相位补偿的无位置传感器控制示意图[8]

该控制方法整体流程如下。首先，通过 11.3.2 节中介绍的过采样方法构建信号 $\hat{v}_{SM}$。然后测量相邻两个过零点之间的时间间隔。过零点间时间间隔并非固定值，而是与电机速度有关。可以通过高分辨率 CPU 定时器来实时测量相邻两个过零点之间的时间间隔。这种方式测量记录当前过零点时间间隔作为 $t_\theta[n]$，上一次过零点时间间隔为 $t_\theta[n-1]$。最后，可以使用式（11.62）计算和补偿位置误差，这将在本章后面讨论。

图 11.31 说明了理想情况和实际测量的过零点之间的关系。理想情况的过零点始终位于每个 60°扇区的中间位置；考虑电机参数不对称时，实际测量的过零点会发生偏移。下边推导过零点位置误差及其校正方法。

首先，过零点位置误差可以表示为

$$\begin{cases}\hat{\theta}_{12}(\hat{\theta}_{45})=\theta_{12}(\theta_{45})+\Delta\theta_B-\Delta\theta_C\\ \hat{\theta}_{23}(\hat{\theta}_{56})=\theta_{23}(\theta_{56})+\Delta\theta_A-\Delta\theta_B\\ \hat{\theta}_{34}(\hat{\theta}_{61})=\theta_{34}(\theta_{61})+\Delta\theta_C-\Delta\theta_A\end{cases} \tag{11.54}$$

式中，θ_{xy} 表示从扇区 x 到扇区 y 的过零点间隔，符号^表示测量结果；括号中的项代表它们具

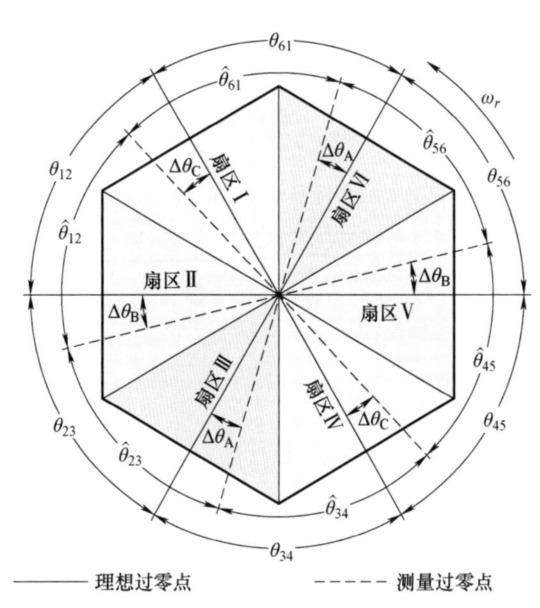

图 11.31 理想情况和实际测量的过零点之间的关系示意图[8]

有相同的值，例如 $\hat{\theta}_{12}=\hat{\theta}_{45}$；此外，理想情况的过零点间隔为 60°电角度，即 $\theta_{12},\cdots,\theta_{61}=\pi/3$。

三个电压误差的总和可以表示为

$$\Delta v_{AB}+\Delta v_{BC}+\Delta v_{CA}=-\frac{1}{6}V_{RL}\cdot\frac{L_A-L_B}{L_A+L_B}\cdot\frac{L_B-L_C}{L_B+L_C}\cdot\frac{L_C-L_A}{L_C+L_A} \tag{11.55}$$

由于式（11.55）中的每个电感项都非常小，它们的乘积近似等于零，所以

$$\Delta v_{AB}+\Delta v_{BC}+\Delta v_{CA}\approx 0 \tag{11.56}$$

然后，由于式（11.49）中的线性关系，三个过零点位置误差的总和也等于零

$$\Delta\theta_A+\Delta\theta_B+\Delta\theta_C\approx 0 \tag{11.57}$$

最后，通过求解式（11.54）和式（11.57），可以计算出过零点位置误差为

$$\begin{bmatrix}\Delta\theta_A\\ \Delta\theta_B\\ \Delta\theta_C\end{bmatrix}=\frac{1}{3}\begin{bmatrix}1&2&0\\2&0&1\\0&1&2\end{bmatrix}\begin{bmatrix}\hat{\theta}_{12}(\hat{\theta}_{45})\\ \hat{\theta}_{23}(\hat{\theta}_{56})\\ \hat{\theta}_{34}(\hat{\theta}_{61})\end{bmatrix}-\frac{\pi}{3}\begin{bmatrix}1\\1\\1\end{bmatrix} \tag{11.58}$$

尽管由于不对称参数导致过零点偏离理想位置，但根据式（11.57）仍然可以推断出三个连续过零点间隔的总和恒等于 180°电角度

$$\hat{\theta}[n]+\hat{\theta}[n-1]+\hat{\theta}[n-2]=\pi \tag{11.59}$$

图 11.32 显示了式（11.58）的计算过程，通过观察可以发现式（11.58）中的系数（2 和 1）总是对应当前次和上一次的过零点间隔。因此，式（11.58）可以简化为

$$\begin{aligned}\Delta\theta[n]&=\frac{1}{3}\left(2\hat{\theta}[n]+\hat{\theta}[n-1]\right)-\frac{1}{3}\left(\hat{\theta}[n]+\hat{\theta}[n-1]+\hat{\theta}[n-2]\right)\\&=\frac{1}{3}\left(\hat{\theta}[n]-\hat{\theta}(n-2]\right)\end{aligned} \tag{11.60}$$

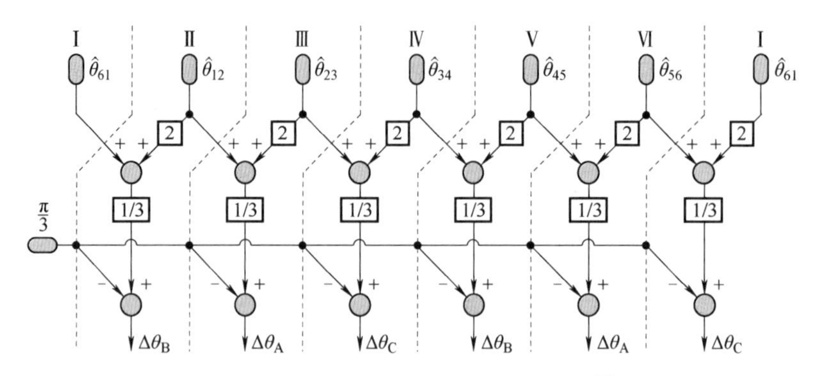

图 11.32　过零点误差计算过程示意图[8]

如图 11.33 所示，$\Delta\theta[n]$ 是第 n 个过零点位置误差。理想情况下，换相点是通过以过零点为基准设置 30°延迟角确定的。在考虑电机参数不对称引起的过零点位置误差时，可以修改延迟角以校正换相点位置。式（11.53）可以修改为

$$\varphi[n]=\frac{\pi}{6}-\Delta\theta[n]=\frac{1}{6}\left(\hat{\theta}[n]+\hat{\theta}[n-1]+\hat{\theta}[n-2]\right)-\frac{1}{3}\left(\hat{\theta}[n]-\hat{\theta}(n-2)\right)$$
$$=\frac{1}{6}\left(-\hat{\theta}[n]+\hat{\theta}(n-1)+3\hat{\theta}(n-2)\right) \tag{11.61}$$

在该方法的实现中，通常使用 CPU 定时器来测量过零点间隔并执行换相。因此，式（11.61）中的角度变量可以转换为时间变量

$$t_{\varphi}[n]=\frac{1}{6}\left(-t_{\theta}[n]+t_{\theta}[n-1]+3t_{\theta}[n-2]\right) \tag{11.62}$$

式中，$t_{\theta}[n]$ 是由 CPU 定时器测量得到的第 n 个过零点时间间隔；$t_{\varphi}[n]$ 是第 n 个换相点对应的时间延迟。

通过 CPU 定时器获得的最新的 3 个过零点时间间隔，可以对参数不对称性引起的换相误差进行补偿。

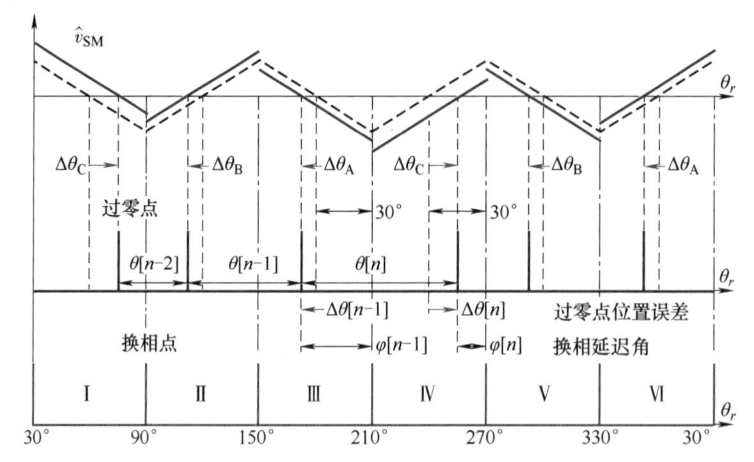

图 11.33　过零点间隔 $\hat{\theta}[n]$，过零点误差 $\Delta\theta[n]$，换相延迟角 $\varphi[n]$ 的关系示意图[8]

11.7.4　实验结果

该补偿算法在样机 BLDC-Ⅲ（附录 B）上进行了测试。直流母线电压为 15V，PWM 开关频率为 40kHz，最小过零点采样间隔为 5μs。为了模拟不对称条件，在 A 相串联了外置的 5μH 电感，相当于 $\Delta L_{pu}=10.2\%$，实验结果如图 11.34～图 11.36 所示。

图 11.34 和图 11.35 展示了在 20000r/min 和 60000r/min 下，在采用补偿方案之前和之后的对比结果。

在图 11.34 和图 11.35 中，从上到下依次呈现了电压 v_{SM} 以及其采样结果 $\hat{v}_{SM}$，换相间隔（由 CPU 定时器测量），换相中断信号和相电流。如图 11.34a 所示，在补偿前，当电机以转速 20000r/min 运行时，过零点间隔出现周期性波动。换相间隔在 45°～80°之间周期性波动，导致相电流剧烈震荡。可以看出不对称电感降低了无位置传感器控制的性能。当在图 11.34b 中启用补偿时，过零点间隔可以稳定地保持在 60°，相电流的峰峰值从 6.05A 降至 4.37A。图 11.35 显示了在 60000r/min 转速下进行补偿前后的对比结果。同样，在补偿前换相间隔无法稳定地保持在 60°，导致相电流剧烈波动。经过补偿后，换相间隔可以准确地保持在 60°，相电流峰峰值从 24.40A 降至 23.46A。因此，该方法对于补偿电机参数不对称引起的换相误差是有效的。

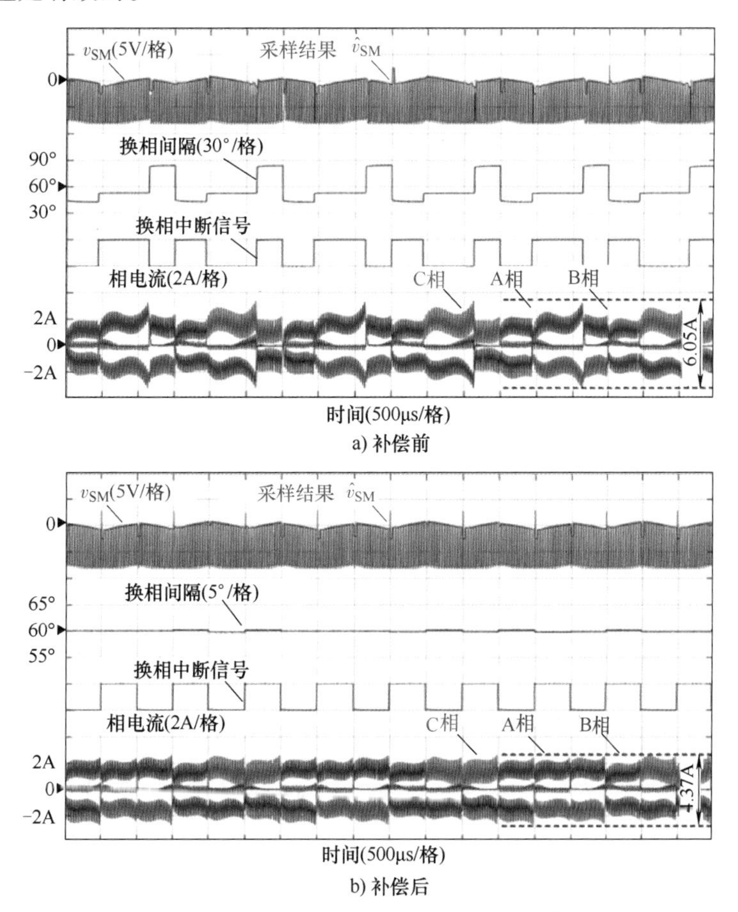

图 11.34　20000r/min 的稳态对比结果[8]

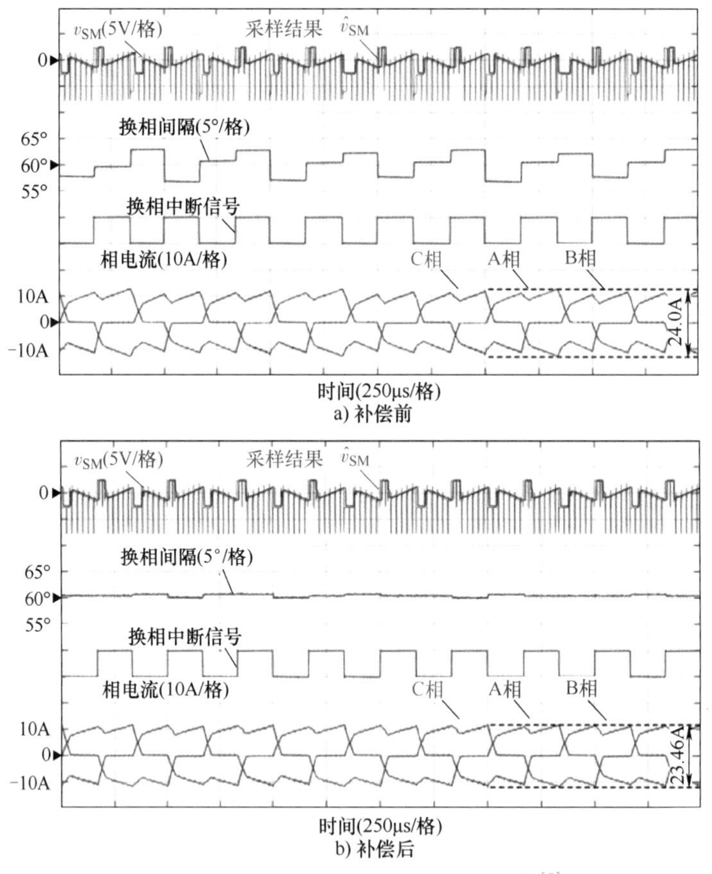

图 11.35 60000r/min 的稳态对比结果[8]

图 11.36 显示了串联 5μH 电感后动态实验的对比结果。电机从 20000r/min 加速到 60000r/min，然后再减速回到 20000r/min。如图 11.36a 所示，在采用补偿算法之前，在加速和减速过程中，换相间隔经历了明显的振荡。此外，可以观察到速度估算信号上的一些尖峰，反映出其动态性能不佳。另一方面，在图 11.36b 中使用相位补偿时，换相间隔的波动范围基本可以保持在 60°左右，仅在瞬态过程中有些许波动。因此，通过以上结果可知，相位补偿方法可以提高稳态和动态性能。

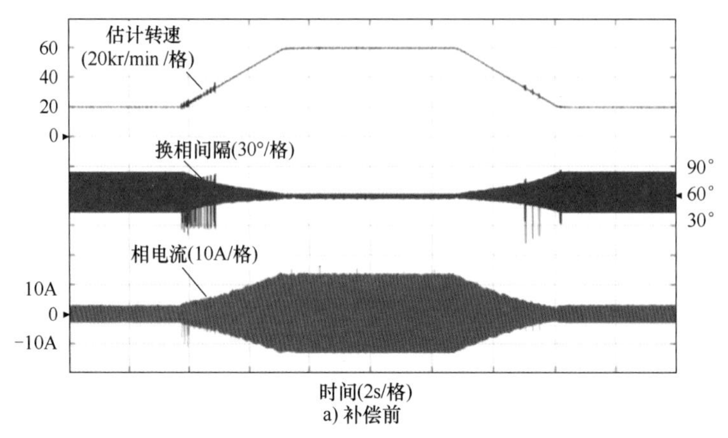

图 11.36 加减速过程的对比结果[8]

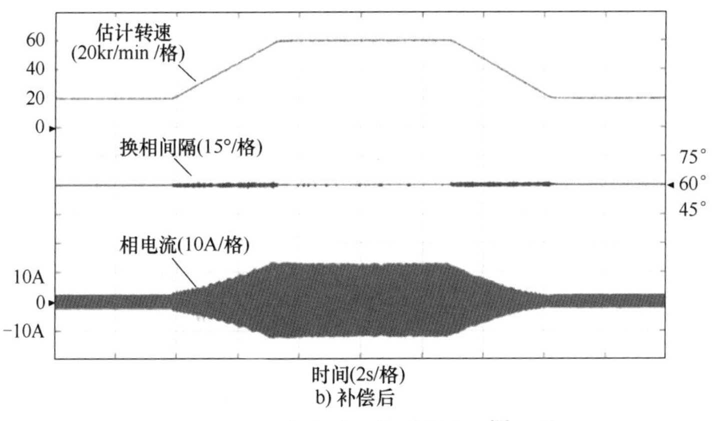

图 11.36　加减速过程的对比结果[8]（续）

11.8　总结

本章介绍了可用于 BLDC 和 BLAC 驱动系统的基于 3 次谐波反电动势无位置传感器控制技术，其中包括了两种常见的检测方法用于检测 3 次谐波反电动势和虚拟 3 次谐波反电动势。通过分析可以得到第一种方法检测到的电压几乎只包含 3 次谐波反电动势，而通过虚拟 3 次谐波反电动势检测方法所得到的信号则是基波信号。经过对两种检测方法在不同运行模式下的分析可得，基于 3 次谐波反电动势的方法可同时应用于 BLDC 和 BLAC 驱动系统中，而基于虚拟 3 次谐波反电动势的方法与第 10 章中介绍的基于端电压的方法类似，仅能用于 BLDC 驱动系统。除单三相电机外，基于 3 次谐波反电动势的方法也可以应用于双三相电机中，且得益于其两套绕组相互正交的 3 次谐波反电动势，该方法可以采用无滤波器方案从而有着更好的位置估计特性。最后分析了关于 3 次谐波反电动势检测的一些实际问题，并对基于虚拟 3 次谐波反电动势的方法中，由于参数不对称导致过零点偏移进行了讨论，并提供了相应的补偿策略从而有效降低了位置估计误差。

参考文献

[1] J. Moreira and T. A. Lipo, "Modeling saturated AC machines including air gap flux harmonic components," *IEEE Trans. Ind. Appl.*, vol. 28, no. 2, pp. 343-349, 1992.

[2] M. Jufer and R. Osseni, "Back EMF indirect detection for self-commutation of synchronous motors," *Proc. 1987 Eur. Conf. Power Elect. App.*, EPE 1987, pp. 1125-1129.

[3] J. X. Shen, Z. Q. Zhu, and D. Howe, "Sensorless flux-weakening control of permanent-magnet brushless machines using third harmonic back EMF," *IEEE Trans. Ind. Appl.*, vol. 40, no. 6, pp. 1629-1636, 2004.

[4] J. X. Shen and S. Iwasaki, "Sensorless control of ultrahigh-speed PM brushless motor using PLL and third harmonic back EMF," *IEEE Trans. Ind. Electron.*, vol. 53, no. 2, pp. 421-428, Apr. 2006.

[5] C. Cui, G. Liu, K. Wang, and X. Song, "Sensorless drive for high-speed brushless dc motor based on the

virtual neutral voltage," *IEEE Trans. Power Electron.*, vol. 30, no. 6, pp. 3275-3285, Jun. 2015.

[6] X. Song, B. Han, S. Zheng, and J. Fang, "High-precision sensorless drive for high-speed BLDC motors based on the virtual third harmonic back-EMF," *IEEE Trans. Power Electron.*, vol. 33, no. 2, pp. 1528-1540, Feb. 2018.

[7] X. Song, B. Han, and K. Wang, "Sensorless drive of high-speed BLDC motors based on virtual third-harmonic back EMF and high-precision compensation," *IEEE Trans. Power Electron.*, vol. 34, no. 9, pp. 8787-8796, Sep. 2019.

[8] L. Yang, Z. Q. Zhu, H. Bin, Z. Zhang, and L. Gong, "Virtual third harmonic back EMF-based sensorless drive for high-speed BLDC motors considering machine parameter asymmetries," *IEEE Trans. Ind. Appl.*, vol. 57, no. 1, pp. 306-315, 2021.

[9] J. M. Liu and Z. Q. Zhu, "Improved sensorless control of permanent-magnet synchronous machine based on third-harmonic back EMF," *IEEE Trans. Ind. Appl.*, vol. 50, no. 3, pp. 1861-1870, May 2014.

[10] J. M. Liu and Z. Q. Zhu, "Rotor position estimation for dual-three-phase permanent magnet synchronous machine based on third harmonic back-EMF," in *2015 IEEE Sym. Sensorless Control Elect. Drives (SLED)*, Jun. 2015, pp. 1-8.

[11] Y. S. Lai and Y. K. Lin, "A unified approach to zero-crossing point detection of back EMF for brushless dc motor drives without current and hall sensors," *IEEE Trans. Power Electron.*, vol. 26, no. 6, pp. 1704-1713, Jun. 2011.

[12] J. X. Shen, Z. Q. Zhu, and D. Howe, "Practical issues in sensorless control of PM brushless machines using third-harmonic back-EMF," in *2006 CES/IEEE 5th Int. Power Electron. Motion Control Conf.*, Aug. 2006, vol. 2, pp. 1-5.

[13] Z. Q. Zhu and J. M. Liu, "Influence of stator current and machine saliency on sensorless control performance based on third-harmonic back-EMF," in *7th IET Int. Conf. Power Electron., Mach. Drives (PEMD 2014)*, Manchester, UK, 2014, p. 2. 15. 01-2. 15. 01.

第 12 章　现代控制理论的应用

12.1　引言

从 20 世纪 60 年代开始，基于状态空间模型的现代控制理论得到了广泛的研究，这些理论具有鲁棒性强、高动态响应的优点，并且能够处理非线性系统。但是，庞大的计算量是限制他们在实时系统应用的一个主要因素。近年来，随着微处理器性能的大幅提升，基于现代控制理论的方法已经能够应用于实时计算。因此，从 20 世纪 90 年代开始，展开了许多基于现代控制理论的无位置传感器控制研究[1-20]。

本章将介绍现代控制理论在无位置传感器控制上的应用，主要包括：

1）模型参考自适应系统（Model Reference Adaptive System，MRAS）。

2）滑模观测器（Sliding Mode Observe，SMO）。

3）扩展卡尔曼滤波（Extended Kalman Filter，EKF）。

4）模型预测控制（Model Predictive Control，MPC）。

本章将用仿真和实验验证上述方法的基本原理以及相关的无位置传感器控制策略。

12.2　模型参考自适应系统

模型参考自适应技术理论较为简单，计算量较小，因此广泛应用在无位置传感器控制中[1-3]。本节将介绍其基本原理和三种典型的无位置传感器控制方法。

12.2.1　基本原理

模型参考自适应系统的框图如图 12.1 所示，其中参考模型代表真实系统，可调模型是基于基频数学模型的虚拟系统。在相同的激励下，两个模型输出的差值为估计误差 ε，将作为校正控制器的输入。利用校正控制器调节可调模型，使得估计误差 ε 最小。在稳态时，ε 非常小，表明可调模型和实际系统一致，因此包含转子位置信息的系统状态能从可调模型中获得。

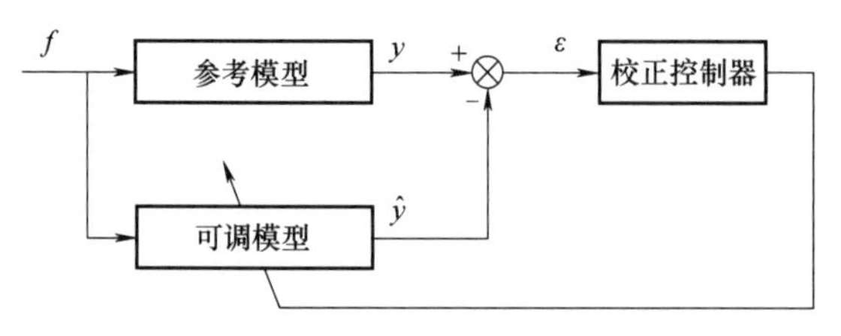

图 12.1　模型参考自适应系统框图

12.2.2　基于电流模型的观测器

文献［1］介绍了一种基于电流模型的方法。将实际电流和电流模型计算得到的电流之差视作位置误差。

电流模型计算得到的电流和反电动势可表示为

$$p\begin{bmatrix} i_{d,CM} \\ i_{q,CM} \end{bmatrix} = \frac{1}{L_s}\begin{bmatrix} -R_s & \omega_r L_s \\ -\omega_r L_s & -R_s \end{bmatrix}\begin{bmatrix} \hat{i}_d \\ \hat{i}_q \end{bmatrix} + \frac{1}{L_s}\begin{bmatrix} \hat{v}_d \\ \hat{v}_d \end{bmatrix} - \frac{1}{L_s}\begin{bmatrix} 0 \\ e_c \end{bmatrix} \tag{12.1}$$

$$e_c = \omega_r \psi_m \tag{12.2}$$

式中，$\hat{v}_d$，$\hat{v}_q$，$\hat{i}_d$，$\hat{i}_q$ 分别表示估计同步坐标系下的电压和电流；$i_{d,CM}$，$i_{q,CM}$ 为电流模型的电流；e_c 为电流模型的反电动势；ω_r 为电角速度；R_s 为相电阻；L_s 为同步电感；ψ_m 为永磁磁链；p 为微分算子，即 $p=\mathrm{d}/\mathrm{d}t$。

实际的电机电流在估计坐标系下可表示为

$$p\begin{bmatrix} \hat{i}_d \\ \hat{i}_q \end{bmatrix} = \frac{1}{L_s}\begin{bmatrix} -R_s & \omega_r L_s \\ -\omega_r L_s & -R_s \end{bmatrix}\begin{bmatrix} \hat{i}_d \\ \hat{i}_q \end{bmatrix} + \frac{1}{L_s}\begin{bmatrix} \hat{v}_d \\ \hat{v}_d \end{bmatrix} - \frac{1}{L_s}\begin{bmatrix} \hat{E}_d \\ \hat{E}_q \end{bmatrix} \tag{12.3}$$

$$\begin{bmatrix} \hat{E}_d \\ \hat{E}_q \end{bmatrix} = \omega_r \psi_m \begin{bmatrix} -\sin\Delta\theta \\ \cos\Delta\theta \end{bmatrix} \tag{12.4}$$

式中，$\hat{E}_d$ 和 $\hat{E}_q$ 为估计 dq 坐标系下的反电动势；$\Delta\theta$ 为实际和估计位置之间的位置误差。

将式（12.1）和式（12.3）离散化为

$$\begin{bmatrix} \hat{i}_{d,CM}(k) \\ \hat{i}_{q,CM}(k) \end{bmatrix} = \begin{bmatrix} \hat{i}_d(k-1) \\ \hat{i}_q(k-1) \end{bmatrix} + \frac{T_s}{L_s}\left\{\begin{bmatrix} -R_s & \omega_r L_s \\ -\omega_r L_s & -R_s \end{bmatrix}\begin{bmatrix} \hat{i}_d(k-1) \\ \hat{i}_q(k-1) \end{bmatrix} + \begin{bmatrix} \hat{v}_d(k-1) \\ \hat{v}_q(k-1) \end{bmatrix} - \begin{bmatrix} 0 \\ e_c \end{bmatrix}\right\} \tag{12.5}$$

$$\begin{bmatrix} \hat{i}_d(k) \\ \hat{i}_q(k) \end{bmatrix} = \begin{bmatrix} \hat{i}_d(k-1) \\ \hat{i}_q(k-1) \end{bmatrix} + \frac{T_s}{L_s}\left\{\begin{bmatrix} -R_s & \omega_r L_s \\ -\omega_r L_s & -R_s \end{bmatrix}\begin{bmatrix} \hat{i}_d(k-1) \\ \hat{i}_q(k-1) \end{bmatrix} + \begin{bmatrix} \hat{v}_d(k-1) \\ \hat{v}_q(k-1) \end{bmatrix} - \begin{bmatrix} \hat{E}_d \\ \hat{E}_q \end{bmatrix}\right\} \tag{12.6}$$

式中，k 表示采样时刻；T_s 为采样周期。

利用式（12.5）和式（12.6）之间的差值可得到估计的转子位置和速度为

$$\begin{bmatrix} \Delta\hat{i}_d \\ \Delta\hat{i}_q \end{bmatrix} = \begin{bmatrix} \hat{i}_d \\ \hat{i}_q \end{bmatrix} - \begin{bmatrix} \hat{i}_{d,CM} \\ \hat{i}_{q,CM} \end{bmatrix} = K_{CM}\begin{bmatrix} \sin\Delta\theta \\ 1-\cos\Delta\theta \end{bmatrix},\quad K_{CM} = \frac{T_s}{L_s}\omega_r \psi_m \tag{12.7}$$

可以看到，d 轴电流误差正比于位置误差。根据式（12.7），基于电流模型的控制方案如图 12.2 所示，图 12.2 中的可调模型可用式（12.5）表示。

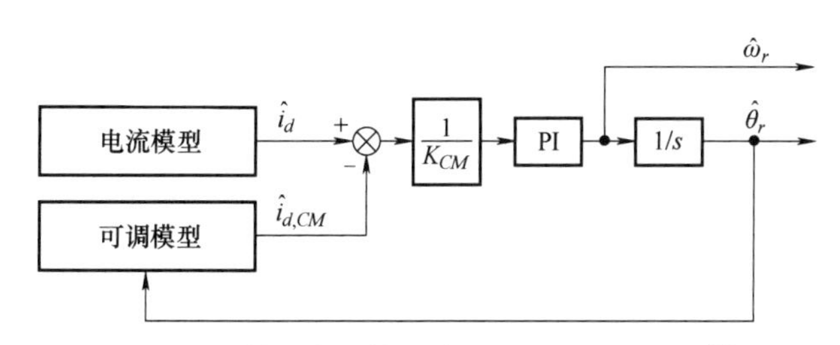

图 12.2　基于电流模型的位置和速度观测器[1]

基于样机 SPMSM-Ⅰ（见附录 B），仿真验证了基于电流模型的模型参考自适应观测器。在仿真中，控制电机转速为300r/min，分别验证了稳态和动态性能。稳态时，空载和满载状态下的估计位置分别如图 12.3 和图 12.12 所示。另外，在 0.5s 时突加阶跃负载，波形如图 12.13 所示。可以看到，在不同的仿真条件下，基于电流模型的模型参考自适应位置观测器具有较好的位置观测性能（见图 12.4 和图 12.5）。

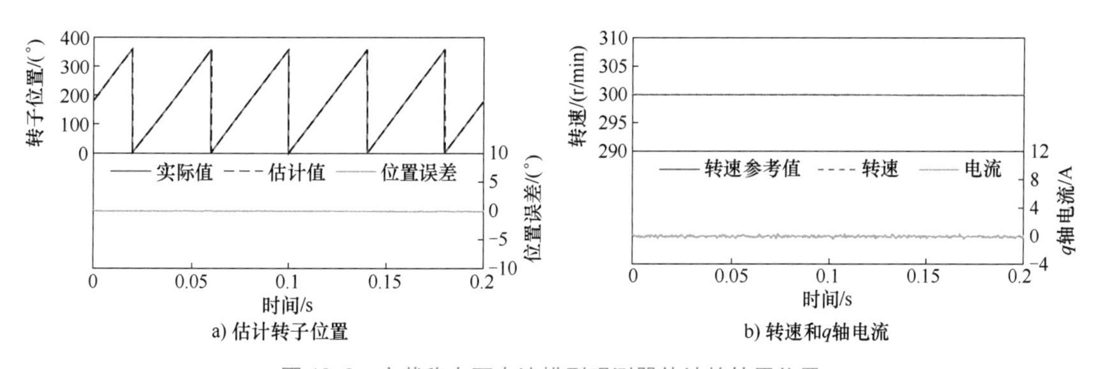

图 12.3　空载稳态下电流模型观测器估计的转子位置

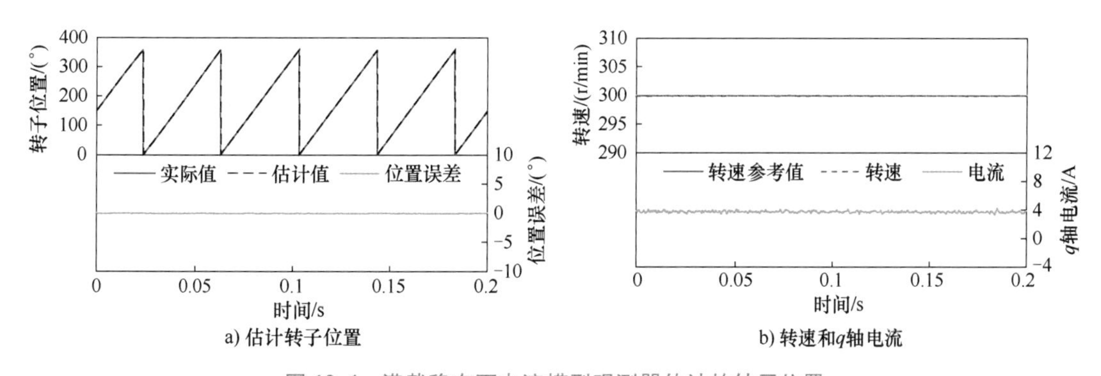

图 12.4　满载稳态下电流模型观测器估计的转子位置

12.2.3　基于电压模型的观测器

除了电流模型，也可根据电压模型设计观测器[1]。在这种情况下，使参考电压和估计电压的误差最小，进而得到估计的转子位置。

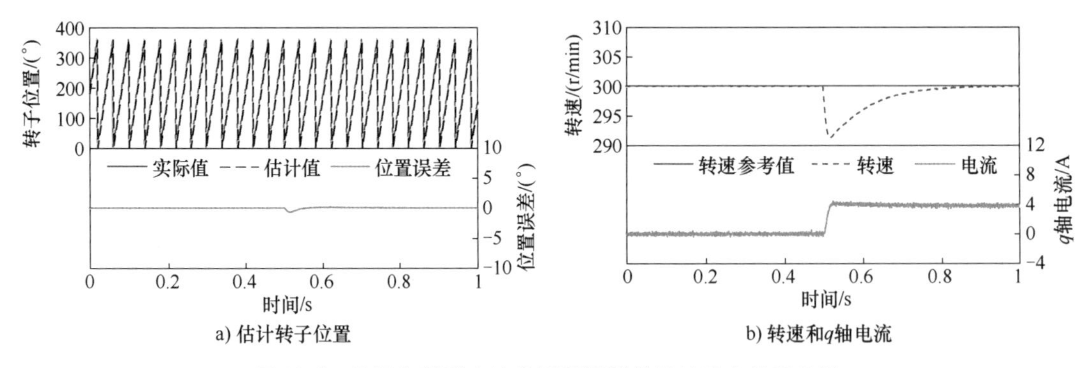

图 12.5　阶跃负载下电流模型观测器估计的动态转子位置

对于参考模型，PMSM 的实际电压方程可写为

$$\begin{bmatrix}\hat{v}_d\\ \hat{v}_q\end{bmatrix}=\begin{bmatrix}R_s+pL_s & -\omega_r L_s\\ \omega_r L_s & R_s+pL_s\end{bmatrix}\begin{bmatrix}\hat{i}_d\\ \hat{i}_q\end{bmatrix}+\omega_r\psi_m\begin{bmatrix}-\sin\Delta\theta\\ \cos\Delta\theta\end{bmatrix} \tag{12.8}$$

可调模型可表示为

$$\begin{bmatrix}\hat{v}_{d,VM}\\ \hat{v}_{q,VM}\end{bmatrix}=\begin{bmatrix}R_s+pL_s & -\omega_r L_s\\ \omega_r L_s & R_s+pL_s\end{bmatrix}\begin{bmatrix}\hat{i}_d\\ \hat{i}_q\end{bmatrix}+\begin{bmatrix}0\\ \omega_r\psi_m\end{bmatrix} \tag{12.9}$$

式中，$\hat{v}_{d,VM}$和 $\hat{v}_{q,VM}$是电压模型的电压。

进而可以从电压差值中估计得到反电动势为

$$\Delta\hat{v}_d=\hat{v}_{d,VM}-\hat{v}_d=K_{VM1}\sin\Delta\theta,\quad K_{VM1}=\omega_r\psi_m \tag{12.10}$$

根据式（12.10），无位置传感器控制方案如图 12.6 所示，图 12.6 中的可调模型可用式（12.9）表示。

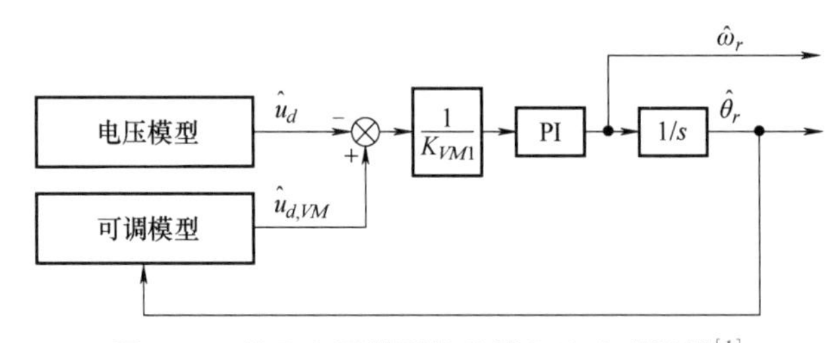

图 12.6　基于电压模型的位置和速度观测器[1]

基于样机 SPMSM-Ⅰ（见附录 B），仿真验证了基于电压模型的模型参考自适应观测器。在仿真中，控制电机转速为 300r/min，稳态时，空载和满载状态下的估计位置分别如图 12.7 和图 12.8 所示。另外，突加阶跃负载的波形如图 12.9 所示。可以看到，在不同的仿真条件下，基于电压模型的模型参考自适应位置观测器具有较好的位置观测性能。

12.2.4　简化电压模型观测器

文献［2］提出了一种基于简化电压模型的模型参考自适应观测器，如图 12.10 所示。d 轴电流控制器的输出作为观测器输入的估计误差信号。

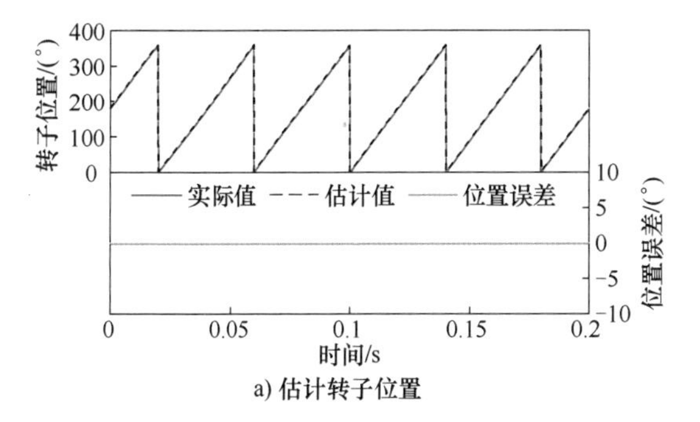

a) 估计转子位置

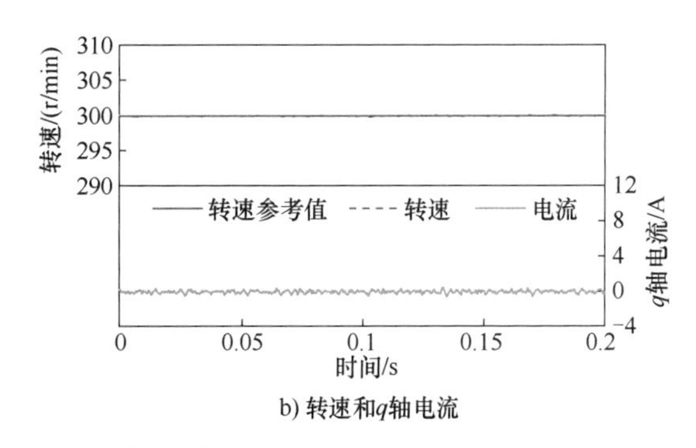

b) 转速和q轴电流

图 12.7　空载稳态下电压模型观测器估计的转子位置

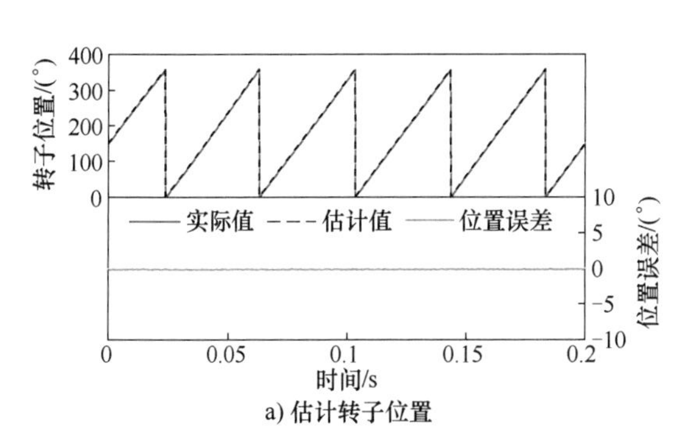

a) 估计转子位置

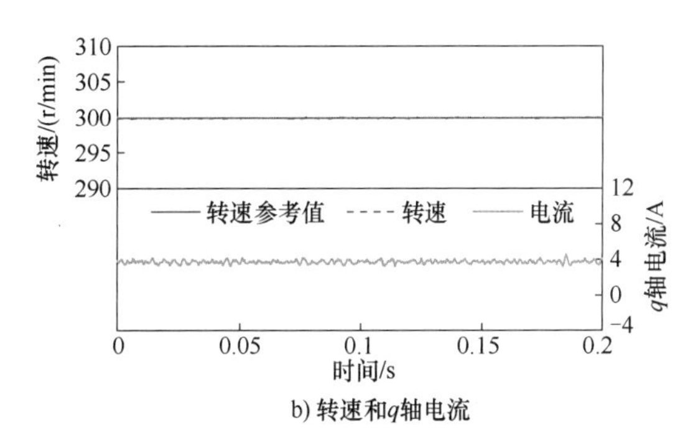

b) 转速和q轴电流

图 12.8　满载稳态下电压模型观测器估计的转子位置

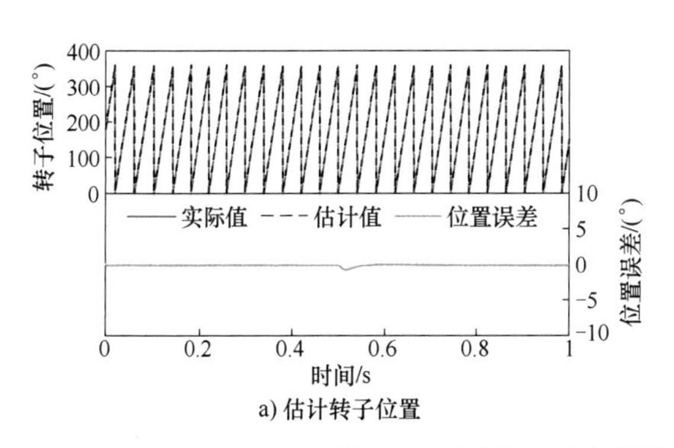

a) 估计转子位置

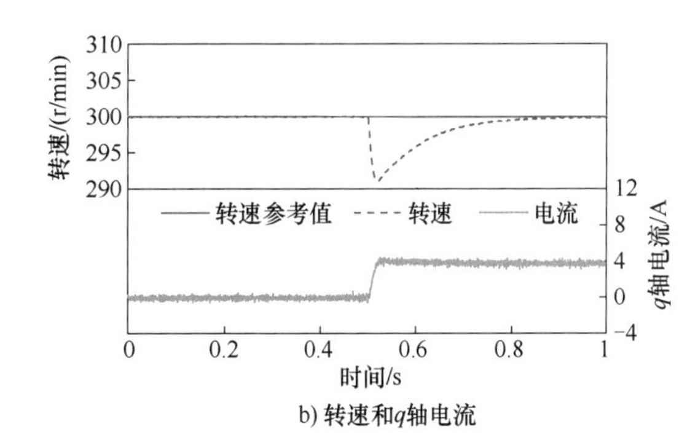

b) 转速和q轴电流

图 12.9　阶跃负载下电压模型观测器估计的动态转子位置

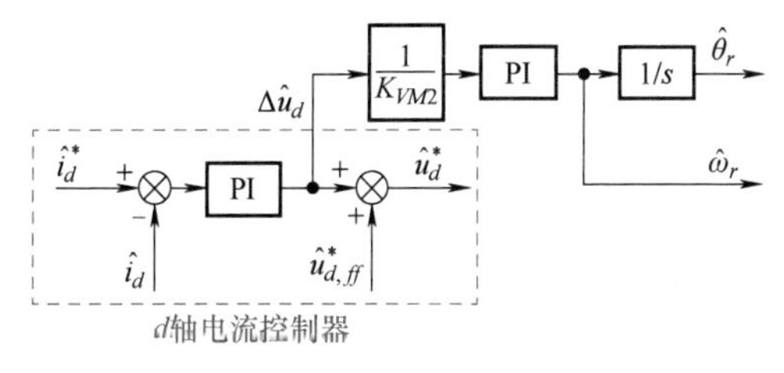

图 12.10　基于模型参考自适应的无传感器矢量控制[2]

图 12.10 中可调模型的前馈电压 $\hat{v}_{d_ff}$可表示为

$$\hat{v}_{d\_ff}=R_s\hat{i}_d-\omega_rL_s\hat{i}_q \tag{12.11}$$

参考模型中实际使用的电压，即 d 轴电压指令可表示为

$$\hat{v}_d=R_s\hat{i}_d-\omega_rL_s\hat{i}_q-\omega_r\psi_m\sin\Delta\theta \tag{12.12}$$

根据式（12.11）和式（12.12），两模型的估计误差可表示为

$$\Delta\hat{v}_d=K_{VM2}\sin\Delta\theta,\quad K_{VM2}=-\omega_r\psi_m \tag{12.13}$$

进而，利用图 12.10 中的位置观测器，便可以得到估计的转子位置和转速。

进一步，基于样机 SPMSM-Ⅰ，仿真验证了基于简化电压模型的模型参考自适应观测器，在仿真中，控制电机转速为 300r/min。稳态和动态的仿真波形分别如图 12.11 和图 12.13 所示。可以看到，这种观测器也具有较好的观测性能。

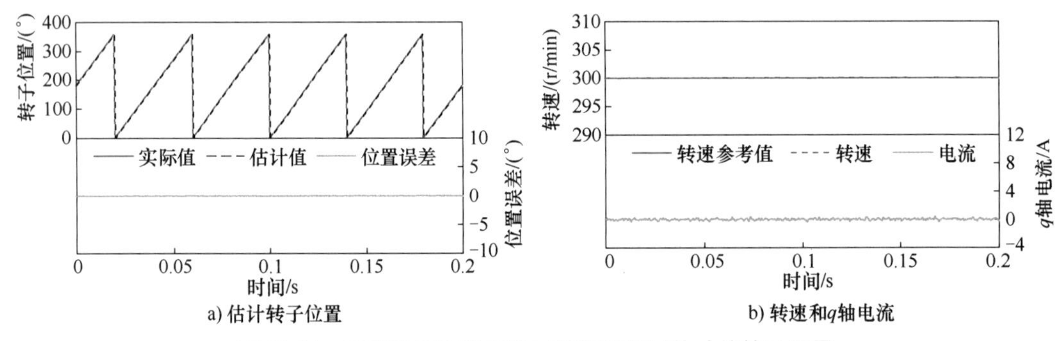

图 12.11　空载稳态下简化电压模型观测器估计的转子位置

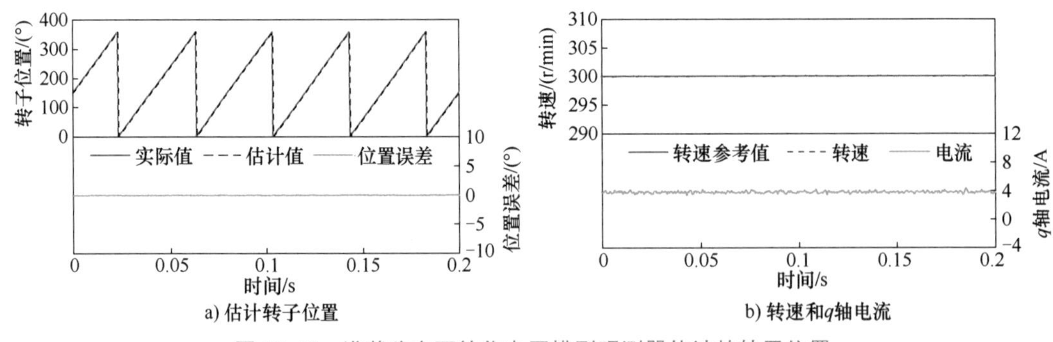

图 12.12　满载稳态下简化电压模型观测器估计的转子位置

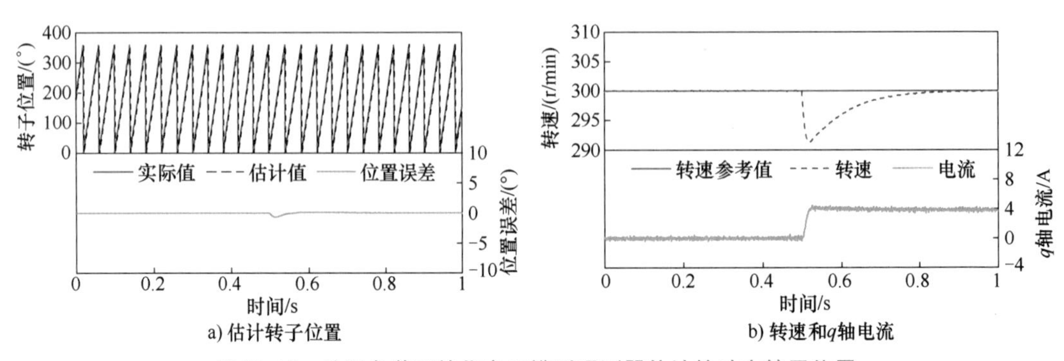

图 12.13　阶跃负载下简化电压模型观测器估计的动态转子位置

12.3　滑模观测器

滑模观测器具有较强的鲁棒性，实现较为简单，并且具备较好的动态性能。因此，利用滑模观测器观测反电动势的方法广泛应用于中高速的无位置传感器控制[4-12]。本节将介绍滑动模态控制的基本原理以及基于反电动势模型的滑模观测器。

12.3.1　基本原理

滑模控制是一种非线性控制方法，典型的滑模控制通常包含三种模态。第一种模态是趋近模态，如图 12.14 的 *AB* 段，首先迫使系统状态进入一个特定的平面，即滑模面。一旦到达滑模面，便进入第二种状态，称为“滑动模态”。在滑模面上，即 *BC* 段，系统的状态轨迹将围绕滑模面移动。最后，在稳定状态时，系统达到最终状态，即稳定点 *O*。

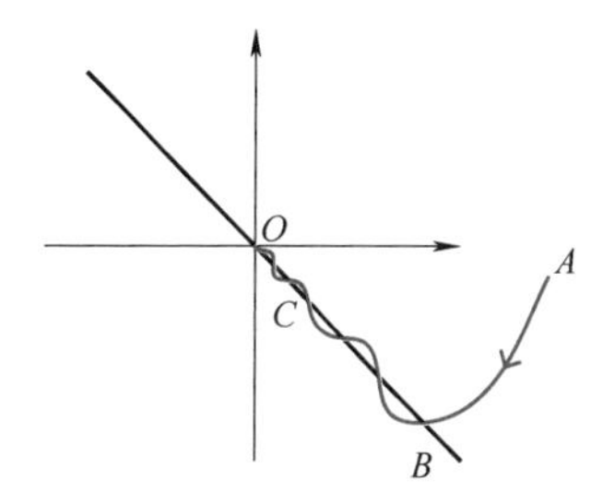

图 12.14　滑模控制系统示意图

12.3.2　传统滑模观测器

基于内置式永磁同步电机的扩展反电动势模型设计滑模观测器，如下所示：

$$\begin{bmatrix} v_\alpha \\ v_\beta \end{bmatrix} = \begin{bmatrix} R_s+pL_d & \omega_r(L_d-L_q) \\ -\omega_r(L_d-L_q) & R_s+pL_d \end{bmatrix} \begin{bmatrix} i_\alpha \\ i_\beta \end{bmatrix} + \begin{bmatrix} e_{ex,\alpha} \\ e_{ex,\beta} \end{bmatrix} \tag{12.14}$$

$$\begin{bmatrix} e_{ex,\alpha} \\ e_{ex,\beta} \end{bmatrix} = E_{ex} \begin{bmatrix} -\sin\theta_r \\ \cos\theta_r \end{bmatrix} \tag{12.15}$$

$$E_{ex} = \omega_r \psi_m + (L_d-L_q)(\omega_r i_d - p i_q) \tag{12.16}$$

式中，v_α，v_β，i_α，i_β 和 $e_{ex,\alpha}$，$e_{ex,\beta}$分别表示两相静止坐标系下的定子电压、电流和扩展反电动势；L_d 和 L_q 分别为直交轴电感；θ_r 为转子位置电角度。

值得注意的是，对于表贴式永磁同步电机，式（12.14）可通过（L_d-L_q）= 0 简化，PMSM 的状态方程可表示为

$$p\begin{bmatrix} i_\alpha \\ i_\beta \end{bmatrix} = \frac{1}{L_d} \begin{bmatrix} -R_s & -\omega_r(L_d-L_q) \\ \omega_r(L_d-L_q) & -R_s \end{bmatrix} \begin{bmatrix} i_\alpha \\ i_\beta \end{bmatrix} + \frac{1}{L_d} \begin{bmatrix} v_\alpha \\ v_\beta \end{bmatrix} - \frac{1}{L_d} \begin{bmatrix} e_{ex,\alpha} \\ e_{ex,\beta} \end{bmatrix} \tag{12.17}$$

进而滑模观测器的状态方程可写为

$$p\begin{bmatrix} \hat{i}_\alpha \\ \hat{i}_\beta \end{bmatrix} = \frac{1}{L_d} \begin{bmatrix} -R_s & -\omega_r(L_d-L_q) \\ \omega_r(L_d-L_q) & -R_s \end{bmatrix} \begin{bmatrix} \hat{i}_\alpha \\ \hat{i}_\beta \end{bmatrix} + \frac{1}{L_d} \begin{bmatrix} v_\alpha \\ v_\beta \end{bmatrix} - \frac{1}{L_d} \begin{bmatrix} z_\alpha \\ z_\beta \end{bmatrix} \tag{12.18}$$

$$\begin{bmatrix} z_\alpha \\ z_\beta \end{bmatrix} = k \begin{bmatrix} \mathrm{sign}(\Delta i_\alpha) \\ \mathrm{sign}(\Delta i_\beta) \end{bmatrix} \tag{12.19}$$

式（12.19）中，z 为滑模控制函数[5]；sign 为符号开关函数；$\Delta i_\alpha = \hat{i}_a - i_a$，$\Delta i_\beta = \hat{i}_\beta - i_\beta$；$k$ 为

观测器增益。

增益的选择需要在滑动模态的运行范围和观测量的脉动之间做一个折中。增益越大，观测器运行范围越宽，但是会导致观测量出现脉动，脉动过大或导致观测量不能用于闭环控制。

进一步，式（12.17）和式（12.18）做差可得

$$p\begin{bmatrix}\Delta i_\alpha\\ \Delta i_\beta\end{bmatrix}=\frac{1}{L_d}\begin{bmatrix}-R_s & -\omega_r(L_d-L_q)\\ \omega_r(L_d-L_q) & -R_s\end{bmatrix}\begin{bmatrix}\Delta i_\alpha\\ \Delta i_\beta\end{bmatrix}-\frac{1}{L_d}\begin{bmatrix}z_\alpha\\ z_\beta\end{bmatrix}+\frac{1}{L_d}\begin{bmatrix}e_{ex,\alpha}\\ e_{ex,\beta}\end{bmatrix} \tag{12.20}$$

定义滑模面 $\boldsymbol{S}$ 为估计电流和实际电流的误差函数为

$$\boldsymbol{S}=\begin{bmatrix}\Delta i_\alpha\\ \Delta i_\beta\end{bmatrix}=\begin{bmatrix}\hat{i}_\alpha-i_\alpha\\ \hat{i}_\beta-i_\beta\end{bmatrix} \tag{12.21}$$

当系统进入滑动模态后，估计电流和实际电流的误差为 0，即滑模面 $\boldsymbol{S}=0$，进而式（12.20）变为

$$\begin{bmatrix}z_\alpha\\ z_\beta\end{bmatrix}=\begin{bmatrix}e_{ex,\alpha}\\ e_{ex,\beta}\end{bmatrix} \tag{12.22}$$

可以看到，滑模函数 z 包含转子位置信息。转子位置可通过下式估计：

$$\hat{\theta}_r=\arctan\left(-\frac{z_\alpha}{z_\beta}\right) \tag{12.23}$$

在某些情况下，为了避免噪声对式（12.23）中位置估计的干扰，可采用锁相环从估计的反电动势中提取位置信息。传统滑模观测器的总体结构示意图如图 12.15 所示。

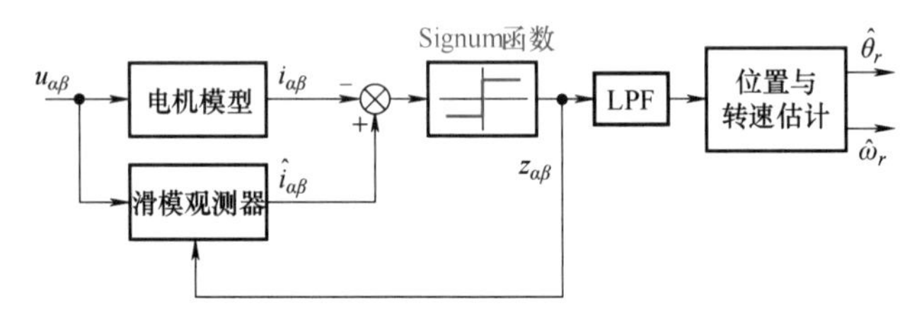

图 12.15　传统滑模观测器框图

12.3.3　抖动问题及解决方案

传统的滑模观测器基于符号开关函数，该函数的输出为一个离散的信号，因此具有严重的抖动问题。进而导致滑模观测器估计的反电动势中会存在高频震荡。仿真结果验证了这种抖动问题。仿真基于样机 SPMSM-Ⅰ（见附录 B），电机转速为 300r/min。如图 12.16 所示，由于开关函数的作用，滤波之前的原始估计的反电动势为离散的脉冲。为了解决这个问题，采用低通滤波器（LPF）抑制这种抖动。如图 12.16 和图 12.17 所示，滤波后的估计反电动势变为正弦波，能够用于位置估计。但是，低通滤波器的使用带来了相位延迟，进而导致估计位置出现了偏差，如图 12.18a 所示。因此，需要对相位延迟进行补偿，如图 12.18b 所示。

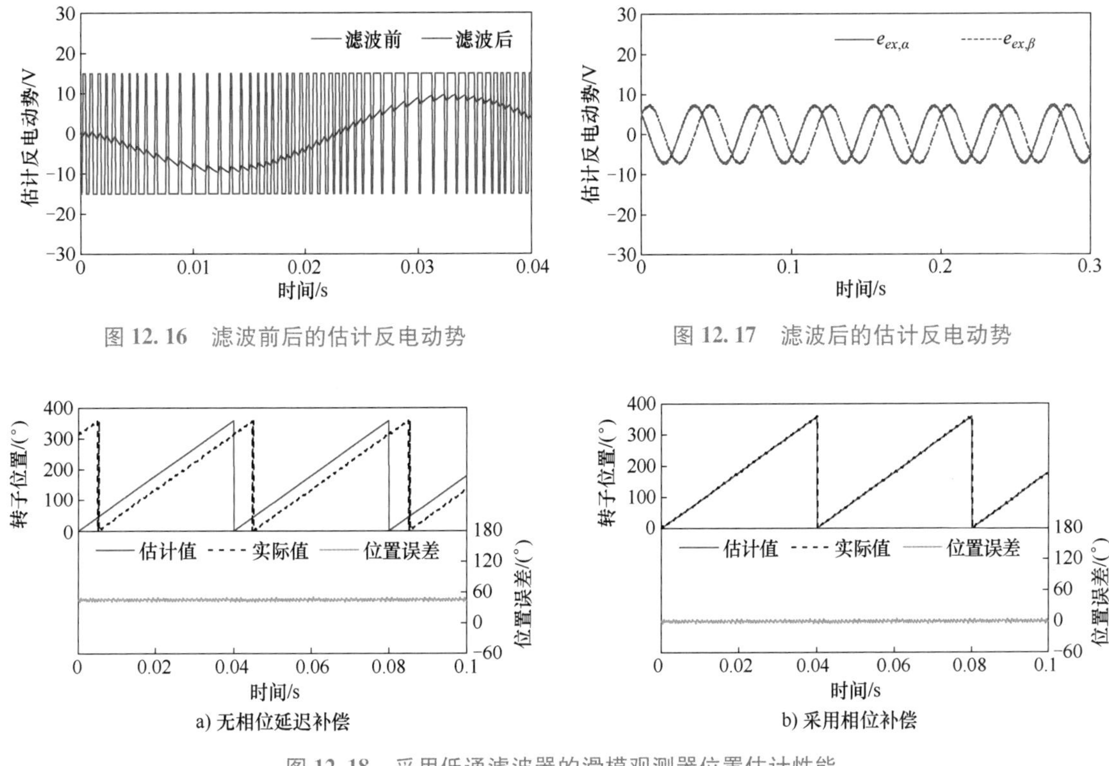

图 12.16 滤波前后的估计反电动势

图 12.17 滤波后的估计反电动势

图 12.18 采用低通滤波器的滑模观测器位置估计性能

但是引入低通滤波器不可避免地影响位置估计的动态性能。文献［6］和文献［7］采用了一种 sigmoid 开关函数取代符号开关函数来削弱抖动，并且不再需要低通滤波器以及相关的补偿。sigmoid 函数的表达式如下：

$$\begin{bmatrix} z_\alpha \\ z_\beta \end{bmatrix} = k \begin{bmatrix} \left(\dfrac{2}{1+\mathrm{e}^{(-a\Delta i_\alpha)}}\right)-1 \\ \left(\dfrac{2}{1+\mathrm{e}^{(-a\Delta i_\beta)}}\right)-1 \end{bmatrix} \tag{12.24}$$

式中，α 为正的常数，用来调节 sigmoid 函数的斜率；k 为增益系数。

sigmoid 函数的仿真结果如图 12.19 和图 12.20 所示。可以看到，估计反电动势中的抖动被大大削弱，因此位置估计可以不使用低通滤波器以及相关的补偿。

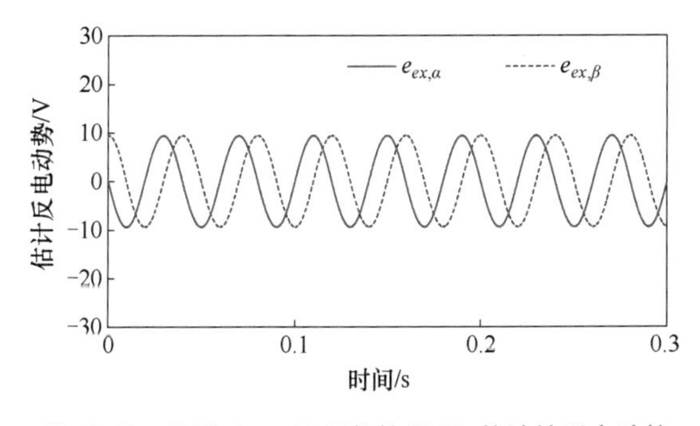

图 12.19 采用 sigmoid 函数的 SMO 估计的反电动势

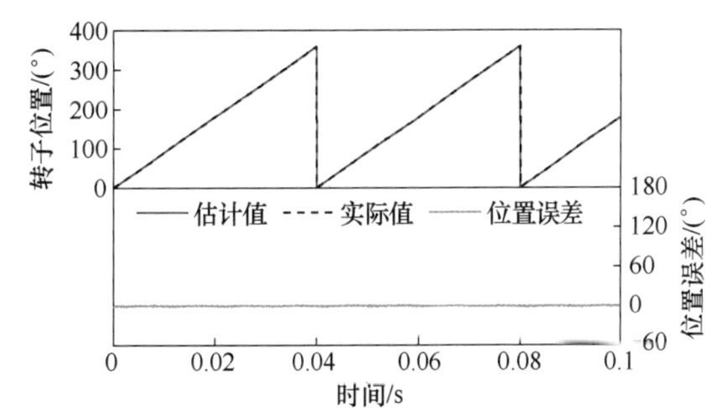

图 12.20 采用 sigmoid 函数的 SMO 估计的位置

针对抖动问题，学术界还提出了其他不同的方法。文献［8］和文献［9］提出了一种迭代滑模观测器，在一个电流控制周期内通过几次 SMO 计算迭代，位置误差波动将会大大减小。抑制抖动的另外一个方法是采用高阶滑模。文献［10-12］为此提出了一种二阶滑模观测器，该滑模函数为

$$\begin{bmatrix} z_\alpha \\ z_\beta \end{bmatrix} = -k_1 \begin{bmatrix} |\Delta i_\alpha|^{1/2}\mathrm{sign}(\Delta i_\alpha) \\ |\Delta i_\beta|^{1/2}\mathrm{sign}(\Delta i_\beta) \end{bmatrix} - k_2 \begin{bmatrix} \int \mathrm{sign}(\Delta i_\alpha)\mathrm{d}t \\ \int \mathrm{sign}(\Delta i_\beta)\mathrm{d}t \end{bmatrix} \tag{12.25}$$

式中，k_1 和 k_2 为滑模的系数。

总而言之，这两种方法虽然行之有效，但是增加了计算量，这在某些低成本应用中存在一些困难。

12.4　扩展卡尔曼滤波器

卡尔曼滤波器是一种针对线性系统，利用高斯白噪声测量和系统状态，基于最小方差估计的最优状态观测器。扩展卡尔曼滤波器是卡尔曼滤波器在非线性系统的延伸应用。相较于传统的基波估计方法，扩展卡尔曼滤波器受测量噪声影响更小，对参数准确性的依赖更小。最近几十年，扩展卡尔曼滤波器已经应用在永磁同步电机的无传感器控制领域并且取得了广泛关注[13-20]。本节首先介绍扩展卡尔曼滤波器的基本原理，仿真验证了基于全阶和降阶的 EKF 位置观测器，最后给出了扩展卡尔曼滤波器算法参数的整定方法。

12.4.1　基本原理

本节根据文献［13］给出了一般扩展卡尔曼滤波器算法的基本原理，卡尔曼滤波器估计的是动态系统的位置状态量 x 以及带有随机噪声的测量量 y

$$\begin{cases} \dfrac{\mathrm{d}x}{\mathrm{d}t} = f(x) + g(u) + w \\ y = h(x) + v \end{cases} \tag{12.26}$$

式中，$f(x)$，$g(u)$ 和 $h(x)$ 为系统矩阵；随机变量 w 和 v 分别代表系统噪声和测量噪声，假定它们是相互独立的，都是均值为零的白噪声并且具有常规的正态分布

$$\begin{cases} p(w) \sim N(0,\boldsymbol{Q}) \\ p(v) \sim N(0,\boldsymbol{R}) \end{cases} \tag{12.27}$$

式中，$\boldsymbol{Q}$ 和 $\boldsymbol{R}$ 分别为系统噪声和测量噪声的协方差矩阵。

非线性系统需要用到扩展卡尔曼滤波器算法，相关的雅可比矩阵可表示为

$$F\big(x(t)\big) = \left.\frac{\partial f\big(x(t)\big)}{\partial x(t)}\right|_{x=x(t)},\quad B(t) = \left.\frac{\partial g\big(u(t)\big)}{\partial u(t)}\right|_{u=u(t)},\quad H\big(x(t)\big) = \left.\frac{\partial h\big(x(t)\big)}{\partial x(t)}\right|_{x=x(t)} \tag{12.28}$$

在实际应用中，式（12.26）可离散化为

$$\begin{cases} x(k+1)=f_d\left(x(k)\right)+g_d\left(u(k)\right)+w(k) \\ y(k)=h_d\left(x(k)\right)+v(k) \end{cases} \tag{12.29}$$

$$\begin{cases} f_d\left(x(k)\right)=x(k)+f\left(x(k)\right)T_s \\ g_d\left(u(k)\right)=g\left(u(k)\right)T_s \\ h_d\left(x(k)\right)=h\left(x(k)\right) \end{cases} \tag{12.30}$$

定义完系统模型后，扩展卡尔曼滤波器算法估计最优状态 $\hat{x}(k)$ 和它的协方差矩阵 $\boldsymbol{P}(k)$ 需要以下两步：

步骤 1：预测

首先根据前一时刻的状态估计，来事先预测当前的状态 $\hat{x}^-(k)$ 和它的协方差矩阵 $\boldsymbol{P}^-(k)$，如式（12.31）所示：

$$\begin{cases} \hat{x}^-(k)=f_d\left(\hat{x}(k-1)\right)+g_d\left(u(k-1)\right) \\ \boldsymbol{P}^-(k)=\boldsymbol{\Phi}(k-1)\boldsymbol{P}(k-1)\boldsymbol{\Phi}(k-1)^{\mathrm{T}}+\boldsymbol{Q} \end{cases} \tag{12.31}$$

式中的上标“-”表示事先预测值，$\boldsymbol{\Phi}$ 是线性化系统的指数矩阵，可由下式估计得到

$$\boldsymbol{\Phi}(k) \cong I+F(k)T_s \tag{12.32}$$

步骤 2：修正

在修正阶段，利用测量值去校正第一步中的预测值。接着计算测量值和预测值的差的增益矩阵 $\boldsymbol{K}$ 用于校正。这个阶段可表示为：

$$\begin{cases} \boldsymbol{K}(k)=\dfrac{\boldsymbol{P}^-(k)\boldsymbol{H}(k)^{\mathrm{T}}}{[\boldsymbol{H}(k)\boldsymbol{P}^-(k)\boldsymbol{H}(k)^{\mathrm{T}}+R]^{-1}} \\ \hat{x}(k)=\hat{x}^-(k)+\boldsymbol{K}(k)[y(k)-\boldsymbol{H}(k)\hat{x}^-(k)] \\ \boldsymbol{P}(k)=[I-\boldsymbol{K}(k)\boldsymbol{H}(k)]\boldsymbol{P}^-(k) \end{cases} \tag{12.33}$$

12.4.2　永磁同步电机的简化模型

永磁同步电机在两相静止坐标系下的数学模型可表示为

$$\begin{bmatrix} v_\alpha \\ v_\beta \end{bmatrix}=\begin{bmatrix} R_s+pL_d & \omega_r(L_d-L_q) \\ -\omega_r(L_d-L_q) & R_s+pL_d \end{bmatrix}\begin{bmatrix} i_\alpha \\ i_\beta \end{bmatrix}+\begin{bmatrix} e_{ex,\alpha} \\ e_{ex,\beta} \end{bmatrix} \tag{12.34}$$

$$\begin{bmatrix} e_{ex,\alpha} \\ e_{ex,\beta} \end{bmatrix}=E_{ex}\begin{bmatrix} -\sin\theta_r \\ \cos\theta_r \end{bmatrix} \tag{12.35}$$

$$E_{ex}=\omega_r\psi_m+(L_d-L_q)(\omega_r i_d-pi_q) \tag{12.36}$$

全阶的机械方程可表示为

$$\begin{cases} T_e=J\dfrac{\mathrm{d}\omega_r}{\mathrm{d}t}+B\omega_r+T_L \\ \omega_r=\dfrac{\mathrm{d}\theta_r}{\mathrm{d}t} \end{cases} \tag{12.37}$$

式中，T_L 为负载转矩；J 为转动惯量；B 为黏滞系数。

为了简化模型，可以合理地假设转子速度在每个控制周期内保持不变。因此文献［13］通过假设 $\mathrm{d}\omega_r/\mathrm{d}t=0$ 来简化机械方程。

12.4.3 全阶扩展卡尔曼滤波器

文献［14-16］给出了扩展卡尔曼滤波器的全阶形式。首先设计状态变量为

$$\boldsymbol{x}=[i_\alpha \quad i_\beta \quad \omega_r \quad \theta_r]^{\mathrm{T}},\quad \boldsymbol{u}=[v_\alpha \quad v_\beta]^{\mathrm{T}},\quad \boldsymbol{y}=[i_\alpha \quad i_\beta]^{\mathrm{T}} \tag{12.38}$$

进一步，状态空间方程可表示为

$$\begin{cases} x(k+1)=f_d\left(x(k)\right)+g_d\left(u(k)\right)+w(k) \\ y(k)=h_d\left(x(k)\right)+v(k) \end{cases} \tag{12.39}$$

式中

$$f_d\left(x(k)\right)=x(k)+f\left(x(k)\right)T_s=\begin{bmatrix} \left(1-\dfrac{T_sR_s}{L_s}\right)i_\alpha(k)+\dfrac{T_s}{L_s}\omega_r\psi_m\sin\theta_r(k) \\ \left(1-\dfrac{T_sR_s}{L_s}\right)i_\beta(k)-\dfrac{T_s}{L_s}\omega_r\psi_m\cos\theta_r(k) \\ \omega_r \\ \theta_r(k)+\omega_rT_s \end{bmatrix} \tag{12.40}$$

$$\boldsymbol{g}_d\left(u(k)\right)=\begin{bmatrix} \dfrac{T_s}{L_s}v_\alpha(k) \\ \dfrac{T_s}{L_s}v_\beta(k) \\ 0 \\ 0 \end{bmatrix} \tag{12.41}$$

$$\boldsymbol{h}_d\left(x(k)\right)=\begin{bmatrix} i_\alpha(k) \\ i_\beta(k) \end{bmatrix} \tag{12.42}$$

为了使模型线性化，引入偏导

$$\boldsymbol{\Phi}(k)=I+F(k)T_s=\begin{bmatrix} 1-\dfrac{T_sR_s}{L_s} & 0 & \dfrac{T_s\psi_m}{L_s}\sin\theta_r & \dfrac{T_s\omega_r\psi_m}{L_s}\cos\theta_r \\ 0 & 1-\dfrac{T_sR_s}{L_s} & -\dfrac{T_s\psi_m}{L_s}\cos\theta_r & \dfrac{T_s\omega_r\psi_m}{L_s}\sin\theta_r \\ 0 & 0 & 1 & 0 \\ 0 & 0 & T_s & 1 \end{bmatrix} \tag{12.43}$$

$$\boldsymbol{H}(k)=\begin{bmatrix} 1 & 0 & 0 & 0 \\ 0 & 1 & 0 & 0 \end{bmatrix} \tag{12.44}$$

然后将式（12.43）代入式（12.31）和式（12.33）便可估计得到转子位置和转速。值得注意的是，估计转速 ω_r 存在两个收敛点[15]，真实值和其相反数，即$-\omega_r$。和位置的微分进行比较，可以解决这个问题。

基于样机 SPMSM-Ⅰ（见附录 B），对全阶扩展卡尔曼滤波器进行了仿真验证。在图 12.21 中，电机空载运行，0.5s 时突加 1N · m 的扰动。在图 12.22 中，转速在 0.5s 时从 200r/min 变为 300r/min。从仿真结果可以看出，全阶扩展卡尔曼滤波器在不同的条件下都具有良好的性能。

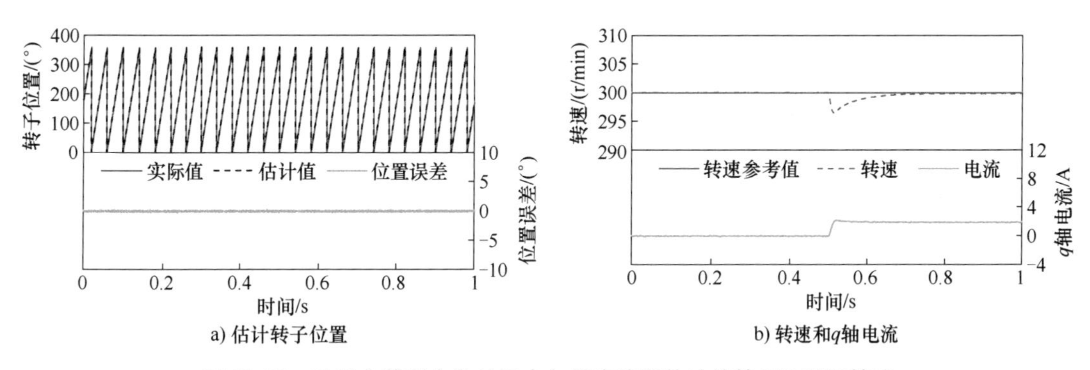

图 12.21　阶跃负载下全阶扩展卡尔曼滤波器估计的转子位置和转速

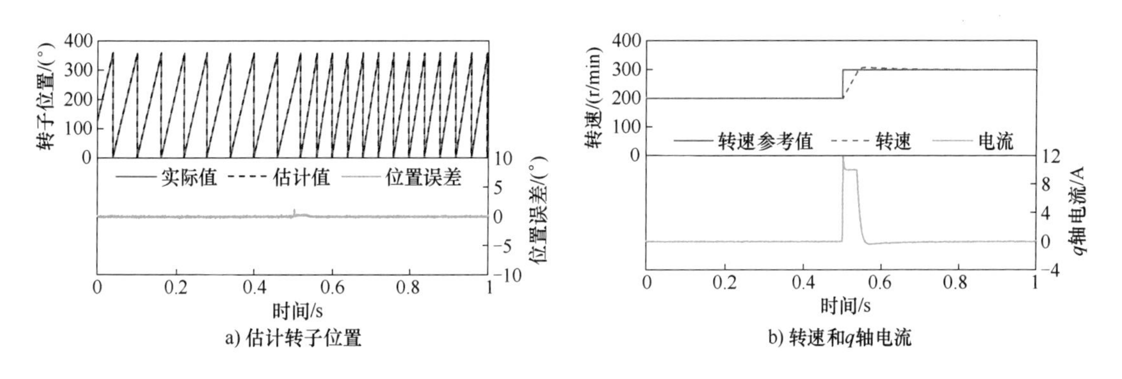

图 12.22　阶跃转速下全阶扩展卡尔曼滤波器估计的转子位置和转速

12.4.4　降阶扩展卡尔曼滤波器

如果系统的全部状态都需要根据测量值进行估计，那么必须采用全阶卡尔曼滤波器。可以看出，卡尔曼滤波器的递归函数都是高阶矩阵，特别是 4 阶矩阵求逆，对控制器来说计算量巨大，对计算时间和数据存储的要求也很高。而且，扩展卡尔曼滤波器涉及很多个变量，参数的整定也变得更加困难而且容易出错。考虑到部分状态可以从系统测量值中去掉，并且可以被直接采用而不需要包含在被估计的状态变量里，便可以降低状态空间的阶次。基于这个原则，文献［13］和［17］提出了一种降阶扩展卡尔曼滤波器算法，用来降低模型的复杂度和状态空间的阶次，进一步降低实时系统的计算量。

将反电动势、转速作为降阶扩展卡尔曼滤波器的状态变量[17]，而不再选用电流。系统模型重新设计为

$$\begin{cases}x(k+1)=f_d\left(x(k)\right)+w(k)\\ y(k)=h_d\left(x(k)\right)+v(k)\end{cases} \tag{12.45}$$

式中

$$\boldsymbol{x}_k=[e_\alpha(k) \quad e_\beta(k) \quad \omega_r(k)]^{\mathrm{T}} \tag{12.46}$$

$$\boldsymbol{y}_k=\begin{bmatrix} i_\alpha(k+1)-\left(1-\dfrac{T_sR_s}{L_s}\right)i_\alpha(k)-\dfrac{T_s}{L_s}v_\alpha(k)\\ i_\beta(k+1)-\left(1-\dfrac{T_sR_s}{L_s}\right)i_\beta(k)-\dfrac{T_s}{L_s}v_\beta(k)\end{bmatrix} \tag{12.47}$$

$$f_d\left(x(k)\right)=x(k)+f\left(x(k)\right)T_s=\begin{bmatrix} e_\alpha(k)-\omega_rT_se_\beta(k)\\ \omega_rT_se_\alpha(k)+e_\beta(k)\\ \omega_r(k)\end{bmatrix} \tag{12.48}$$

$$\boldsymbol{h}_d\left(x(k)\right)=\begin{bmatrix}-\dfrac{T_s}{L_s}e_\alpha(k)\\ -\dfrac{T_s}{L_s}e_\beta(k)\end{bmatrix} \tag{12.49}$$

引入偏导使模型线性化，然后将模型离散化得到

$$\boldsymbol{\Phi}(k)=I+F(k)T_s=\begin{bmatrix}1 & -\omega_rT_s & -e_\beta T_s\\ \omega_rT_s & 1 & e_\alpha T_s\\ 0 & 0 & 1\end{bmatrix} \tag{12.50}$$

$$\boldsymbol{H}(k)=\begin{bmatrix}-\dfrac{T_s}{L_s} & 0 & 0\\ 0 & -\dfrac{T_s}{L_s} & 0\end{bmatrix} \tag{12.51}$$

根据式（12.31）~式（12.33）可以得到估计的反电动势，得到反电动势后进一步得到转子位置

$$\hat{\theta}_r=\arctan\left(\frac{-\hat{e}_\alpha}{\hat{e}_\beta}\right) \tag{12.52}$$

同样地，基于样机 SPMSM-Ⅰ（见附录 B），对降阶扩展卡尔曼滤波器进行了仿真验证。图 12.23 为阶跃负载测试，电机空载运行，0.5s 时突加 1N・m 的扰动。图 12.24 为阶跃速度测试，转速在 0.5s 时从 200r/min 变为 300r/min。总体而言，降阶扩展卡尔曼滤波器性能良好。和图 12.21 和 12.22 中的全阶扩展卡尔曼滤波器相比，全阶的动态性能略好，但是计算量更大。

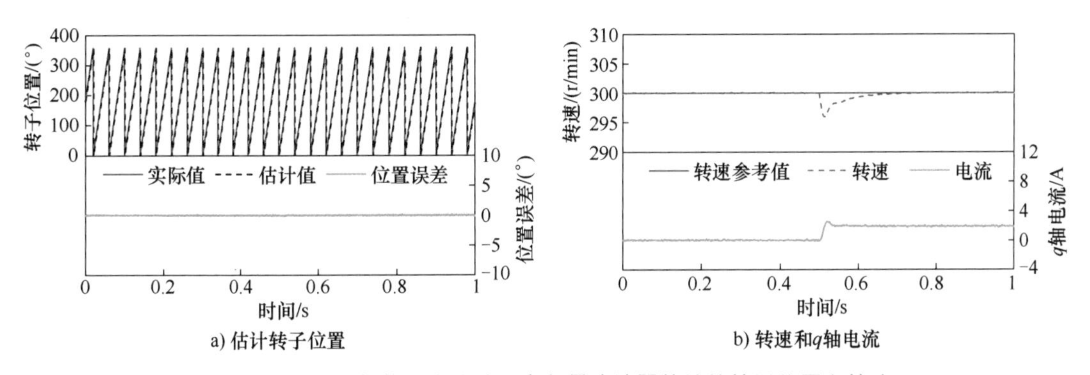

图 12.23　阶跃负载下降阶扩展卡尔曼滤波器估计的转子位置和转速

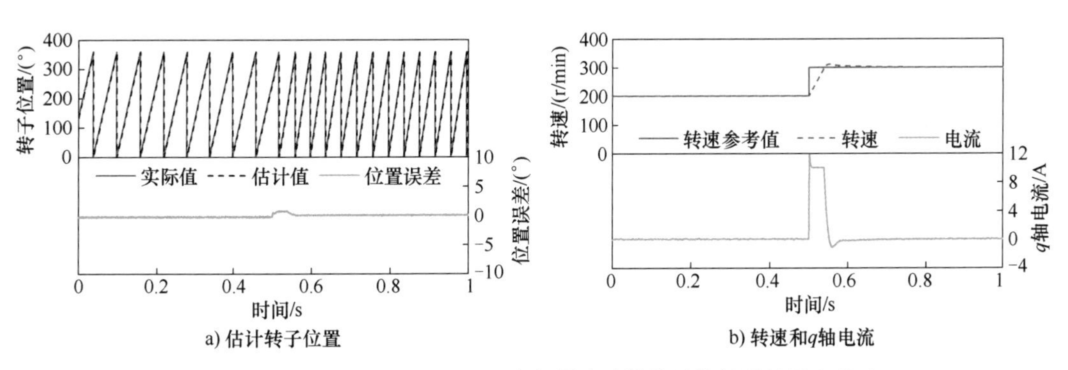

图 12.24　阶跃转速下降阶扩展卡尔曼滤波器估计的转子位置和转速

12.4.5　参数调节

实现扩展卡尔曼滤波器的一个关键步骤是参数调节[14,16,18-20]。12.4.1 节中提到过，要实现扩展卡尔曼滤波器需要调节三个矩阵，包括初始值 $\boldsymbol{P}_0$、测量噪声 $\boldsymbol{R}$ 和系统噪声 $\boldsymbol{Q}$ 的协方差矩阵。

文献［14］中提到，初始值 $\boldsymbol{P}_0$ 表示已知初始条件的方差或均方误差。不同的 $\boldsymbol{P}_0$ 只会影响暂态的幅值，暂态持续时间和稳态条件不受到影响。

根据式（12.53），扩展卡尔曼滤波器增益 $\boldsymbol{K}$ 的计算和矩阵 $\boldsymbol{R}$ 和 $\boldsymbol{Q}$ 有关。增益 $\boldsymbol{K}$ 较大时，扩展卡尔曼滤波器的动态响应越快。矩阵 $\boldsymbol{R}$ 和 $\boldsymbol{Q}$ 都会影响扩展卡尔曼滤波器的动态和稳态性能[14]。

$$\begin{aligned}\boldsymbol{P}^-(k)&=\boldsymbol{\Phi}(k)\boldsymbol{P}(k-1)\boldsymbol{\Phi}(k)^{\mathrm{T}}+\boldsymbol{Q}\\ \boldsymbol{K}(k)&=\frac{\boldsymbol{P}^-(k)\boldsymbol{H}(k)^{\mathrm{T}}}{\boldsymbol{H}(k)\boldsymbol{P}^-(k)\boldsymbol{H}(k)^{\mathrm{T}}+\boldsymbol{R}}\end{aligned}\tag{12.53}$$

矩阵 $\boldsymbol{R}$ 和 $\boldsymbol{Q}$ 是测量和模型估计的两个权重。矩阵 $\boldsymbol{R}$ 的值越小，表明测量噪声越小，测量值越准确。根据式（12.53），$\boldsymbol{R}$ 的值越小，$\boldsymbol{K}$ 的值越大，扩展卡尔曼滤波器的动态响应越快。另一方面，矩阵 $\boldsymbol{Q}$ 表示模型的不确定性，$\boldsymbol{Q}$ 的值越小，模型中的噪声越小，不确定性也更低，因此估计的模型也就越准确。$\boldsymbol{Q}$ 的值越大，增益 $\boldsymbol{K}$ 的值越小，扩展卡尔曼滤波器的动态响应越慢。

对于这些矩阵，通常的做法是使用对角矩阵[18]，然后以试错的方式对其进行调整[16]。为了使扩展卡尔曼滤波器的参数适用于不同的驱动系统，在参数调节之前电机参数和扩展卡尔曼滤波器算法需要进行归一化处理[18]，从而简化调节过程。文献［19］采用了一种实数编码遗传算法来优化扩展卡尔曼滤波器的协方差矩阵，文献［20］通过微分进化算法以及多目标微分进化算法来确定协方差矩阵。

12.5 模型预测控制

最近，随着处理器的发展，模型预测控制开始在电力电子和电机驱动领域得到应用[21-23]。模型预测控制的基本思路是根据系统的模型，通过评估系统将来的动作来选择最优的控制输入。相比传统的 PI 控制器，模型预测控制具有诸多优势，包括动态响应快，对系统中的非线性以及约束的控制能力更强等。因此在电机驱动领域，模型预测控制广泛用来代替传统的电流环 PI 控制器[23]。

一般模型预测控制可分为两类：连续控制集模型预测控制（Continuous-Control-Set MPC，CCS-MPC）和有限控制集模型预测控制（Finite-Control-Set MPC，FCS-MPC）。CCS-MPC 输出一个连续的参考电压，利用 PWM 模块生所需的逆变器输出电压。而 FCS-MPC 则考虑了逆变器的离散开关特性，不需要额外的调制模块。

在电机驱动领域，FCS-MPC 比 CCS-MPC 更受欢迎，这是因为 CCS-MPC 需要更多的计算资源来处理非线性系统的最优化问题[22]。FCS-MPC 考虑到了逆变器的离散特性，省去了调制模块，提高了动态性能并且简化了控制策略。但是，由于缺少调制模块，很难注入高频电压信号。因此，传统的高频注入无位置传感器控制方法和 FCS-MPC 不能兼容。本节介绍一种简单的 FCS-MPC 的高频注入无位置传感器控制。文献［23］提出了一种基于无差拍求解的 FCS-MPC，通过这种方法，传统的高频注入无位置传感器控制可以集成到 FCS-MPC。

12.5.1 电流预测控制

本节将介绍传统的有限控制集模型预测电流控制（FCS-MPCC），其整体框图如图 12.25 所示。

永磁同步电机在离散域的电压方程用欧拉近似可表示为

$$\begin{cases} v_d(k)=R_s i_d(k)+\dfrac{L_d}{T_s}[\,i_d(k+1)-i_d(k)\,]-\omega_r L_q i_q(k) \\ v_q(k)=R_s i_q(k)+\dfrac{L_q}{T_s}[\,i_q(k+1)-i_q(k)\,]+\omega_r L_d i_d(k)+\omega_r \psi_m \end{cases} \tag{12.54}$$

式中，v_d，v_q，i_d，i_q 分别为 dq 轴下的电压和电流；T_s 为采样周期；L_d 和 L_q 为 dq 轴电感；θ_r 为转子位置电角度；ω_r 为电角速度；ψ_m 为永磁体磁链；k 为电流采样时刻。

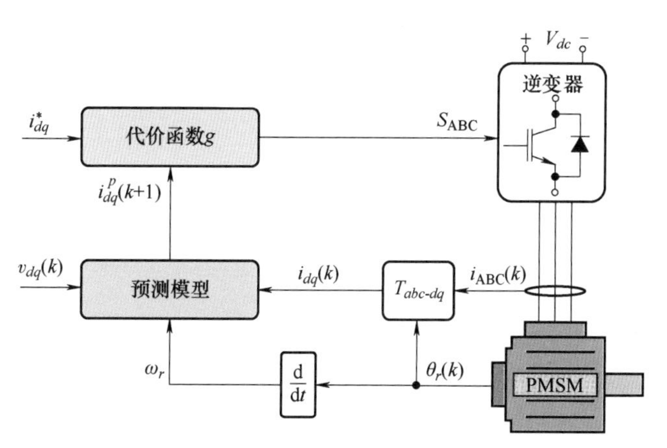

图 12.25　传统 FCS-MPCC 框图[23]

根据式（12.54），电流可通过式（12.55）预测，下式中 i_d^p 和 i_q^p 分别为 dq 轴下预测的电流。

$$\begin{cases} i_d^p(k+1)=i_d(k)+\dfrac{T_s}{L_d}[v_d(k)-R_si_d(k)+\omega_rL_qi_q(k)] \\ i_q^p(k+1)=i_q(k)+\dfrac{T_s}{L_q}[v_q(k)-R_si_q(k)-\omega_rL_di_d(k)-\omega_r\psi_m] \end{cases} \tag{12.55}$$

第 1 章中详述了电机驱动常采用电压源型逆变器，共有 8 个电压矢量，即 $\boldsymbol{v}_0,\cdots,\boldsymbol{v}_7$。式（12.55）对这八个电压矢量进行评估，然后计算下一个采样周期的电流。接着根据式（12.56）设计的代价函数选择最优的电压矢量，使得预测电流 i_{dq}^p 和参考电流 i_{dq}^* 差值最小。

$$g=[i_d^*-i_d^p(k+1)]^2+[i_q^*-i_q^p(k+1)]^2 \tag{12.56}$$

因为 FCS-MPCC 不包含 PWM 调制模块，所以很难通过注入高频电压的方式实现零低速的无位置传感器控制。

12.5.2　基于无差拍求解的电流预测控制

根据无差拍控制的原理可以对 FCS-MPCC 算法进行修改。基于无差拍控制，参考电流可以转化为参考电压，如下所示：

$$\begin{cases} v_d^*(k)=R_si_d(k)+\dfrac{L_d}{T_s}[i_d^*(k)-i_d(k)]-\omega_rL_qi_q(k) \\ v_q^*(k)=R_si_q(k)+\dfrac{L_q}{T_s}[i_q^*(k)-i_q(k)]+\omega_rL_di_d(k)+\omega_r\psi_m \end{cases} \tag{12.57}$$

文献［24］考虑了数字化实现的问题，增加了一拍的延时补偿。基于此，式（12.57）可修改为式（12.58），电流的预测值比式（12.55）提前一拍。

$$\begin{cases} v_d^*(k)=R_si_d(k+1)+\dfrac{L_d}{T_s}[i_d^*(k)-i_d(k+1)]\quad\omega_rL_qi_q(k+1) \\ v_q^*(k)=R_si_q(k+1)+\dfrac{L_q}{T_s}[i_q^*(k)-i_q(k+1)]+\omega_rL_di_d(k+1)+\omega_r\psi_m \end{cases} \tag{12.58}$$

进而最优化问题转变为如何选择出最接近参考电压的电压矢量的问题。相应的代价函数可用式（12.59）表示。

$$g_1 = |\boldsymbol{v}_i - \boldsymbol{v}_f^*| \tag{12.59}$$

式中，$\boldsymbol{v}_i$ 为候选电压矢量；$\boldsymbol{v}_f^*$ 为求解的基波参考电压。

基于 FCS-MPCC 算法的无差拍求解框图如图 12.26 所示，参考电压可通过式（12.58）计算得到。

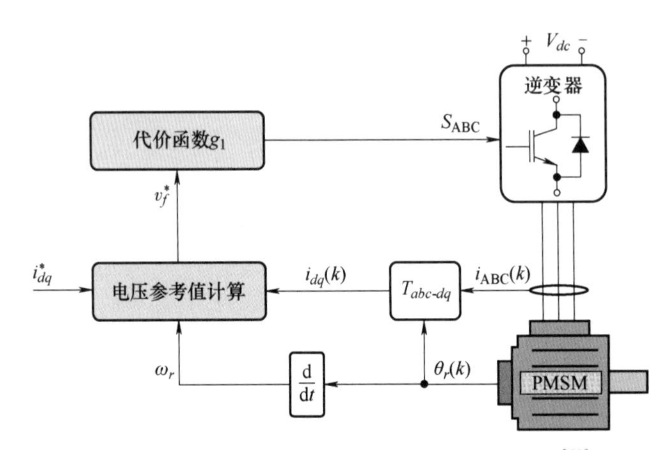

图 12.26　基于无差拍求解的 FCS-MPCC 框图[23]

下一节将基于式（12.59）的代价函数，介绍一种高频注入无位置传感器控制并进行验证。

12.5.3　高频注入无位置传感器控制

12.5.3.1　高频电压信号注入

前面的章节提到过，为了评估参考电压的跟踪误差，代价函数作了修改。基于此，可以把高频参考电压信号添加到新的代价函数中，如式（12.60）所示。

$$g_2 = |\boldsymbol{v}_i - (\boldsymbol{v}_f^* + \boldsymbol{v}_{hf}^*)| \tag{12.60}$$

式中，$\boldsymbol{v}_{hf}^*$ 为高频参考电压信号，可选脉振信号或者旋转信号。

本节选择脉振信号，因为它更容易实现。然后高频电压信号可定义为

$$\boldsymbol{v}_{hf}^* = \begin{cases} V_h \cos\omega_h t \\ 0 \end{cases} \tag{12.61}$$

式中，V_h 和 ω_h 为注入高频电压信号的幅值和频率；t 为时间。

式（12.60）中的候选电压矢量 $\boldsymbol{v}_i$ 在一个控制周期内和总的参考电压包括基波和高次电压进行比较，然后选择能够使误差最小的电压矢量。通过这种方式，输出电压将包含基波和高频部分。可以看出，利用式（12.60）的代价函数，不需要调制模块，高频电压信号可以注入到定子绕组，这样高频注入无位置传感器控制便可以和 FCS-MPCC 集成到一起。该方案的总体框图如图 12.27 所示。参考电压的计算按照式（12.58）。

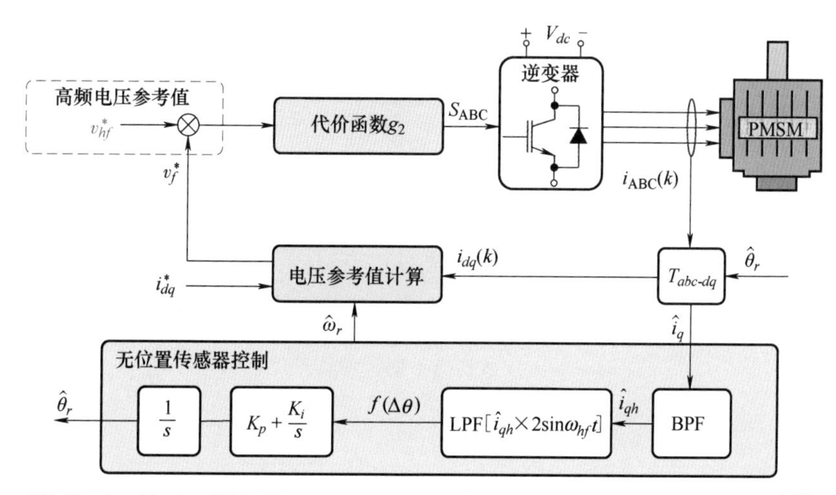

图 12.27　针对无差拍求解 FCS-MPCC 的高频注入无位置传感器控制框图[23]

12.5.3.2　信号解耦

注入信号之后，利用带通滤波器（BPF）提取 q 轴电流的高频成分，高频成分包含转子位置信息。q 轴高频电流响应可表示为

$$\hat{i}_{qh}=I_n\sin(2\Delta\theta)\sin(\omega_h t) \tag{12.62}$$

式中

$$I_n=\frac{V_h(L_{qh}-L_{dh})}{2\omega_h L_{dh}L_{qh}} \tag{12.63}$$

可以看出，q 轴电流的高频成分包含转子位置信息和注入信号分量。进一步对提取后的 q 轴高频电流响应进行解耦可得到

$$f(\Delta\theta)=\mathrm{LPF}[\hat{i}_{qh}\times 2\sin\omega_h t]=I_n\sin(2\Delta\theta) \tag{12.64}$$

式中，L_{dh}和 L_{qh}分别为 dq 轴增量电感；$\Delta\theta$ 为估计位置误差；$\hat{i}_{qh}$为 q 轴高频电流响应。

得到包含转子位置的信号 $f(\Delta\theta)$ 后，利用基于锁相环的位置观测器来估计转子位置和转速，如图 12.27 所示。同时，为了避免 FCS-MPCC 电流控制器对位置估计的影响，采用低通滤波器滤除电流反馈中的高频成分，只保留基波电流用于电流闭环控制。

12.5.3.3　实验结果

本节基于样机 IPMSM-Ⅰ（见附录 B），用实验结果验证了上述方案的有效性，主要针对零速和低速的位置估计性能进行了验证。实验中采用高频脉振电压信号注入 d 轴的方式来估计转子位置。注入高频电压的幅值和频率分别为 30V 和 500Hz，以此保证可靠的估计性能。

首先验证了该方案在稳态时的观测性能，如图 12.28 和图 12.29 所示。控制 IPMSM 转速为 60r/min，控制 d 轴电流为 0A，空载时的实验波形如图 12.28 所示，满载时的实验波形如图 12.29 所示。可以看出不同负载条件下均可以得到较好的观测性能。

然后验证了该方案在动态时的观测性能，如图 12.30 和图 12.31 所示。图 12.30 中转速变化为 30r/min→45r/min→60r/min，观测性能较好。图 12.31 中的 q 轴电流由空载变为满载（4A），位置跟踪性能较好。

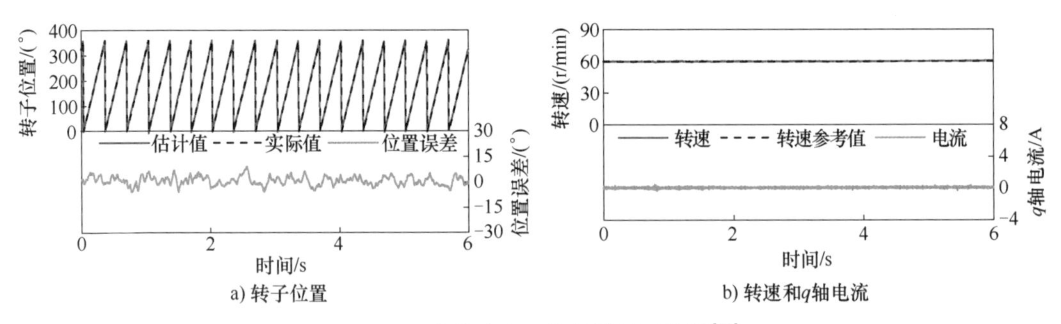

图 12.28　空载稳态下估计的转子位置[23]

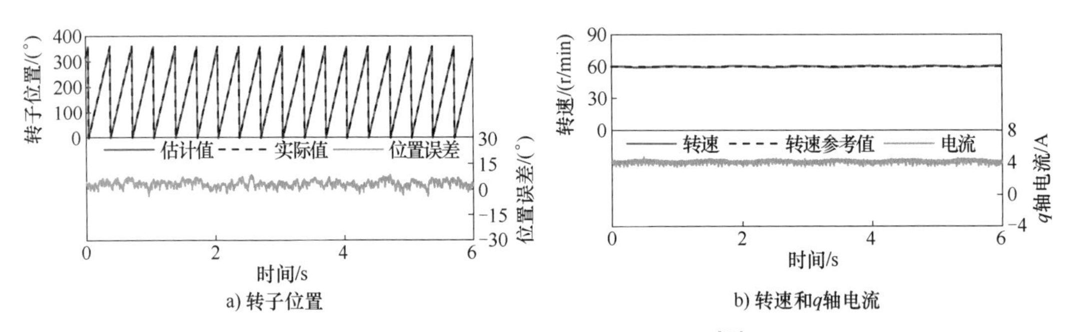

图 12.29　满载稳态下估计的转子位置[23]

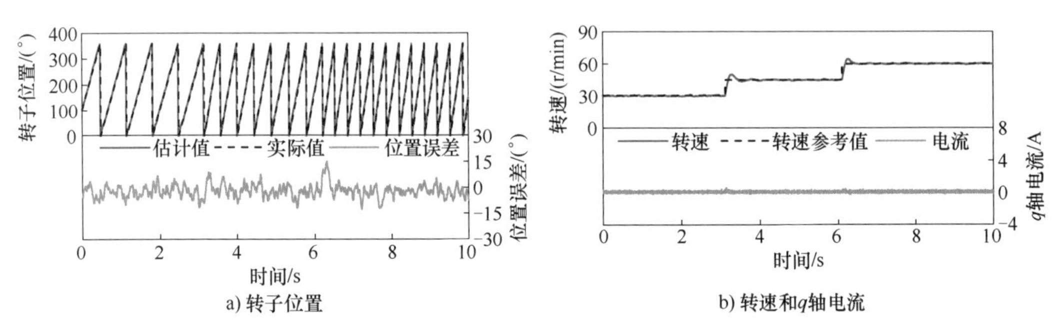

图 12.30　阶跃速度下估计的动态转子位置[23]

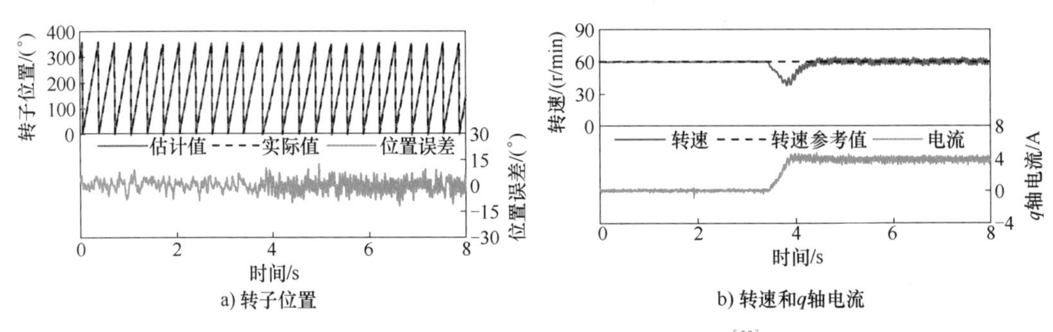

图 12.31　阶跃负载下估计的动态转子位置[23]

12.6 总结

本章介绍了几种基于现代控制理论的无位置传感器控制方法，包括模型参考自适应系统、滑模观测器、扩展卡尔曼滤波器和模型预测控制。基于模型参考自适应的方法介绍了三种不同的可调模型，均可有效运行。基于滑模观测器的无位置传感器控制中讨论了常见的抖动问题并且提供了一些解决方案。通过改变开关函数可以有效抑制抖动现象。扩展卡尔曼滤波器部分详细介绍了全阶和降阶 EKF，并且给出了参数调节过程。本章介绍的基于模型参考自适应系统、滑模观测器、扩展卡尔曼滤波器的方法更适用于中高速运行，因为它们都基于反电动势，而反电动势正比于转速。在零速和低速区域，因为反电动势变得难以观测，这些观测器的性能也会受到影响。

本章还讨论了基于模型预测控制的无位置传感器控制。由于模型预测控制算法缺少 PWM 调制，高频注入无位置传感器控制不能够直接应用。为此，本章介绍了一种利用无差拍求解的方式来注入高频电压信号的策略，进而使得高频注入无位置传感器控制在零低速区域能够和模型预测控制兼容。

参考文献

[1] N. Matsui, "Sensorless PM brushless dc motor drives," *IEEE Trans. Ind. Electron.*, vol. 43, no. 2, pp. 300-308, Apr. 1996.

[2] B. -H. Bae, S. -K. Sul, J. -H. Kwon, and J. -S. Byeon, "Implementation of sensorless vector control for super-high-speed PMSM of turbo-compressor," *IEEE Trans. Ind. Appl.*, vol. 39, no. 3, pp. 811-818, May 2003.

[3] S. M. Gadoue, D. Giaouris, and J. W. Finch, "MRAS sensorless vector control of an induction motor using new sliding-mode and fuzzy-logic adaptation mechanisms," *IEEE Trans. Energy Conver.*, vol. 25, no. 2, pp. 394-402, Jun. 2010.

[4] T. Furuhashi, S. Sangwongwanich, and S. Okuma, "A position-and-velocity sensorless control for brushless dc motors using an adaptive sliding mode observer," *IEEE Trans. Ind. Electron.*, vol. 39, no. 2, pp. 89-95, Apr. 1992.

[5] S. Chi, Z. Zhang, and L. Xu, "Sliding-mode sensorless control of direct-drive PM synchronous motors for washing machine applications," *IEEE Trans. Ind. Appl.*, vol. 45, no. 2, pp. 582-590, Mar. 2009.

[6] K. Paponpen and M. Konghirun, "An improved sliding mode observer for speed sensorless vector control drive of PMSM," in *2006 CES/IEEE 5th Int. Power Elect. Motion Control Conf.*, Aug. 2006, vol. 2, pp. 1-5.

[7] H. Kim, J. Son, and J. Lee, "A high-speed sliding-mode observer for the sensorless speed control of a PMSM," *IEEE Trans. Ind. Electron.*, vol. 58, no. 9, pp. 4069-4077, Sep. 2011.

[8] K. -L. Kang, J. -M. Kim, K. -B. Hwang, and K. -H. Kim, "Sensorless control of PMSM in high speed range with iterative sliding mode observer," in *19th Annu. IEEE Appl. Power Electron. Conf. Expo.*, 2004. *APEC '04.*, Feb. 2004, vol. 2, pp. 1111-1116.

[9] H. Lee and J. Lee, "Design of iterative sliding mode observer for sensorless PMSM control," *IEEE Trans. Control Syst. Tech.*, vol. 21, no. 4, pp. 1394-1399, Jul. 2013.

[10] S. Di Gennaro, J. Rivera, and B. Castillo-Toledo, "Super-twisting sensorless control of permanent magnet synchronous motors," in *49th IEEE Conf. Decis. Control (CDC)*, Dec. 2010, pp. 4018-4023.

[11] L. Zhao, J. Huang, H. Liu, B. Li, and W. Kong, "Second-order sliding-mode observer with online parameter identification for sensorless induction motor drives," *IEEE Trans. Ind. Electron.*, vol. 61, no. 10, pp. 5280-5289, Oct. 2014.

[12] D. Liang, J. Li, and R. Qu, "Sensorless control of permanent magnet synchronous machine based on second-order sliding-mode observer with online resistance estimation," *IEEE Trans. Ind. Appl.*, vol. 53, no. 4, pp. 3672-3682, Jul. 2017.

[13] Y. F. Shi, Z. Q. Zhu, and D. Howe, "Improved sensorless operation of interior PM brushless AC motor drive with reduced-order EKF," in *3rd IET Int. Conf. Power Electron., Mach. Drives (PEMD 2006)*, Dublin, Ireland, 2006, vol. 2006, pp. 336-340.

[14] R. Dhaouadi, N. Mohan, and L. Norum, "Design and implementation of an extended Kalman filter for the state estimation of a permanent magnet synchronous motor," *IEEE Trans. Power Electron.*, vol. 6, no. 3, pp. 491-497, Jul. 1991.

[15] S. Bolognani, L. Tubiana, and M. Zigliotto, "EKF-based sensorless IPM synchronous motor drive for flux-weakening applications," *IEEE Trans. Ind. Appl.*, vol. 39, no. 3, pp. 768-775, May 2003.

[16] P. Niedermayr, L. Alberti, S. Bolognani, and R. Abl, "Implementation and experimental validation of ultra-high-speed PMSM sensorless control by means of extended Kalman filter," *IEEE J. Emerg. Sel. Topics Power Electron.*, vol. 10, no. 3, pp. 3337-3344, Jun. 2022.

[17] Y. -H. Kim and Y. -S. Kook, "High performance IPMSM drives without rotational position sensors using reduced-order EKF," *IEEE Trans. Energy Convers.*, vol. 14, no. 4, pp. 868-873, Dec. 1999.

[18] S. Bolognani, L. Tubiana, and M. Zigliotto, "Extended Kalman filter tuning in sensorless PMSM drives," *IEEE Trans. Ind. Appl.*, vol. 39, no. 6, pp. 1741-1747, Nov. 2003.

[19] K. L. Shi, T. F. Chan, Y. K. Wong, and S. L. Ho, "Speed estimation of an induction motor drive using an optimized extended Kalman filter," *IEEE Trans. Ind. Electron.*, vol. 49, no. 1, pp. 124-133, Feb. 2002.

[20] E. Zerdali and M. Barut, "The comparisons of optimized extended Kalman filters for speed-sensorless control of induction motors," *IEEE Trans. Ind. Electron.*, vol. 64, no. 6, pp. 4340-4351, Jun. 2017.

[21] J. Rodriguez, J. Pontt, C. A. Silva, P. Correa, P. Lezana, P. Cortes and U. Ammann, "Predictive current control of a voltage source inverter," *IEEE Trans. Ind. Electron.*, vol. 54, no. 1, pp. 495-503, Feb. 2007.

[22] M. Preindl and S. Bolognani, "Comparison of direct and PWM model predictive control for power electronic and drive systems," in *Proc. 28th Annu. IEEE Appl. Power Electron. Conf. Expo.*, Long Beach, CA, USA, 2013, pp. 2526-2533.

[23] X. Wu, Z. Q. Zhu, and N. M. A. Freire, "High frequency signal injection sensorless control of finite-control-set model predictive control with deadbeat solution," *IEEE Trans. Ind. Appl.*, vol. 58, no. 3, pp. 3685-3695, May 2022.

[24] P. Cortes, J. Rodriguez, C. Silva, and A. Flores, "Delay compensation in model predictive current control of a three-phase inverter," *IEEE Trans. on Ind. Electron.*, vol. 59, no. 2, pp. 1323-1325, Feb. 2012.

附 录

附录 A 转速估计

在正文的章节中，介绍了无位置传感器控制的位置估计。在永磁电机驱动系统中，为了实现转速闭环控制，也需要进行转速的估计。因此，本附录描述无位置传感器控制的转速估计。通常有三种估计转子转速的方法：

1）根据估计得到的转子位置估计转速[1-5]。转速可由估计转子位置的微分得到，如图 A. 1a 所示，或者从控制器获得（例如 PI），其积分就是转子位置，如图 A. 1b 所示。

2）基于电机模型的永磁磁链与反电动势比值估计转速[6,8]，如图 A. 1c 所示。

3）结合 1）和 2）的混合转速估计[7,8]，如图 A. 1d 和 e 所示。

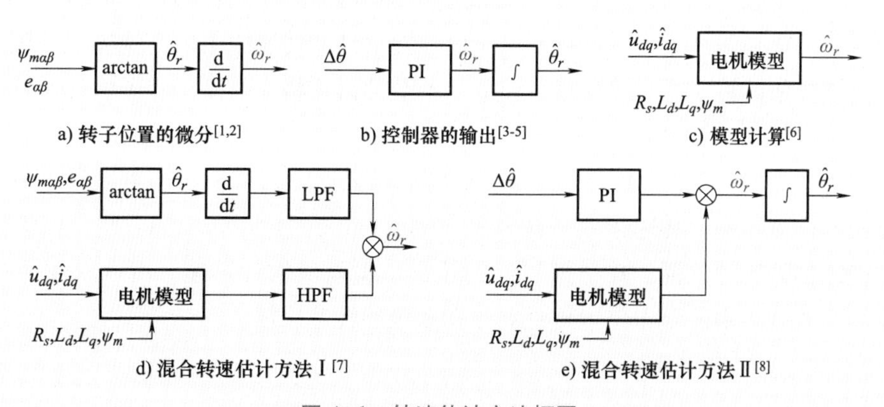

a) 转子位置的微分[1,2]　b) 控制器的输出[3-5]　c) 模型计算[6]

d) 混合转速估计方法 I [7]　e) 混合转速估计方法 II [8]

图 A. 1　转速估计方法框图

值得注意的是，对于基于基波模型的无位置传感器控制方法，这三种方法都可以使用。然而，对于基于凸极跟踪的无位置传感器控制方法，在零速和低速时，电机模型的转速估计精度较差。因此，通常只使用第一种转速估计方法。

对于第一种方法[1-5]（见图 A. 1a、b），估计的转速不能直接用于实际当中，因为估计的转速包含误差和噪声，这可能会影响整个控制系统。一种常用的方法是对估计的转速进行低通滤波来获得平均转速，这种方法能得到电机在稳态运行时的正确值，但其动态响应转速不够快。因此，可采用第二种方法[6]，如图 A. 1c 所示，根据电机模型来确定转速。虽然这种估计转速的方法具有快速响应特性，但它需要电机模型参数，这些参数可能会因温度和饱和的变化而变化，从而导致转速估计误差。因此可以采用同时具有上述方法优点的混合转速估计方法[7,8]，如图 A. 1d 和 e 所示。

A. 1 基于转子位置的转速估计

首先对于图 A. 1a 所示的通过转子位置微分的转速估计，转子估计转速 $\hat{\omega}_r$ 为

$$\hat{\omega}_r = \frac{\mathrm{d}\hat{\theta}_r}{\mathrm{d}t} \approx \frac{\hat{\theta}_r(k) - \hat{\theta}_r(k-1)}{T_s} \tag{A.1}$$

式中，$\hat{\theta}_r(k-1)$ 和 $\hat{\theta}_r(k)$ 分别是在第 k 次时间间隔 T_s 开始和结束时的估计转子电角度。

假设误差存在于 $\hat{\theta}_r(k-1)$ 和 $\hat{\theta}_r(k)$，则有

$$\begin{aligned}\hat{\omega}_r &= \frac{[\theta_r(k) - \Delta\theta(k)] - [\theta_r(k-1) - \Delta\theta(k-1)]}{T_s} \\ &= \frac{[\theta_r(k) - \theta_r(k-1)] - [\Delta\theta(k) - \Delta\theta(k-1)]}{T_s} \\ &= \omega_r - \frac{[\Delta\theta(k) - \Delta\theta(k-1)]}{T_s}\end{aligned} \tag{A.2}$$

由于 T_s 较小，$\Delta\theta$ 可能很大，从而导致估计转速的显著误差。

其次，对于如图 A. 1b 所示的转速估计方法，估计的位置误差为 PI 控制器的输入，估计的转速为输出。一般情况下，估计的位置误差可能包含噪声。为了保证位置估计的动态性能，控制器的带宽必须足够高，这将不可避免地在估计的转速中引入高频噪声。该现象与通过转子位置微分估计转速的情况接近。因此，本节的讨论将主要基于转子估计位置的微分来估计转速。

基于样机 SPMSM-Ⅵ（参数见附录 B）的实验结果如图 A. 2 所示，可以看出图 A. 1 中转速估计方法的性能较差。转速指令每两秒从 1500r/min 变为 3000r/min。此外，采用第 2 章所述的磁链法估计转子位置，并根据估计的转子位置差值估计转速。图 A. 2 显示估计的转速包含明显的波动，不适合无位置传感器驱动系统的转速反馈。

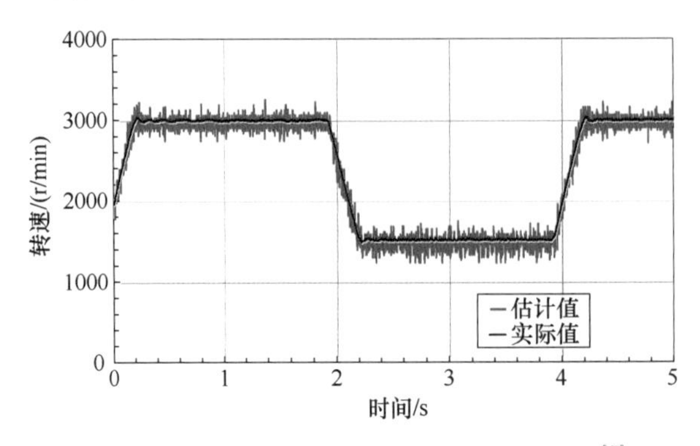

图 A. 2　通过转子位置估计的微分估计转速[7]

一个简单的解决方案是在估计转速 $\hat{\omega}_r$ 上使用时间常数为 T_c 的低通滤波器，以获得滤波后的平均转速 $\hat{\omega}_d$。

$$\hat{\omega}_d = \mathrm{LPF}(\hat{\omega}_r) = \frac{1}{T_c s+1}\hat{\omega}_r \tag{A.3}$$

如图 A.3 所示的实验示例是将低通滤波器应用于转子位置微分的转速估计。如图 A.3 所示，$\hat{\omega}_d$ 与稳态运行时的实际转速非常吻合。然而在图 A.3 的下半部分也可以观察到，在估计转速中存在明显的时间延迟。

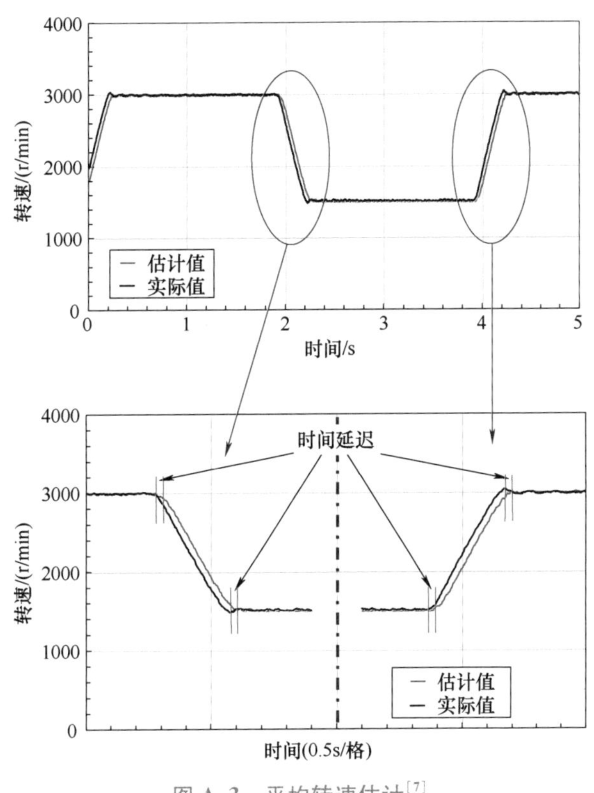

图 A.3　平均转速估计[7]

A.2　基于电机模型的转速估计

另一种转速估计方法基于电机模型[6]。转速可由永磁磁链与反电动势的比值计算出来。以非凸极永磁电机为例，q 轴电压可表示为

$$\hat{u}_q = R_s\hat{i}_q + L_s p\hat{i}_q + \hat{\omega}_r L_s \hat{i}_d + \hat{\omega}_r \psi_m \tag{A.4}$$

转速估计则为

$$\hat{\omega}_r = \frac{\hat{u}_q - R_s\hat{i}_q - L_s p\hat{i}_q}{\psi_m + L_s\hat{i}_d} \tag{A.5}$$

此方法主要优点是它的动态响应较快，但它有两个显著的弊端：①R_s，L_s 和 ψ_m 这些参数对温度的变化和磁饱和敏感；②转速的估计值仍然包含微分运算。微分运算在估计转速时

可能会导致很大的误差，图 A.4a 显示了当电机转速在 1500～3000r/min 之间变化时由测得的相电流计算得到 d、q 轴电流（i_d 和 i_q）。

由于基于电压模型的转速估计具有固有的不准确性，这里研究了一种对微分运算估计式（A.5）的进一步简化运算。虽然此方法增加了潜在估计转速误差，但保障了快速响应特性。而且由于 $L_s\hat{i}_d$ 通常远小于 ψ_m，尤其在 d 轴参考电流为 0 的矢量控制中，式（A.5）能简化为

$$\hat{\omega}_v \approx \frac{\hat{u}_q - R_s\hat{i}_q}{\psi_m} \tag{A.6}$$

图 A.4b 为电机转速每两秒在 1500～3000r/min 之间变化，通过估计转速与实际转速的比较，可以看出估计的转速变化响应较快。可见虽然估计并非很准确，但是估计变化转速的响应较快是此方法最重要的特点。

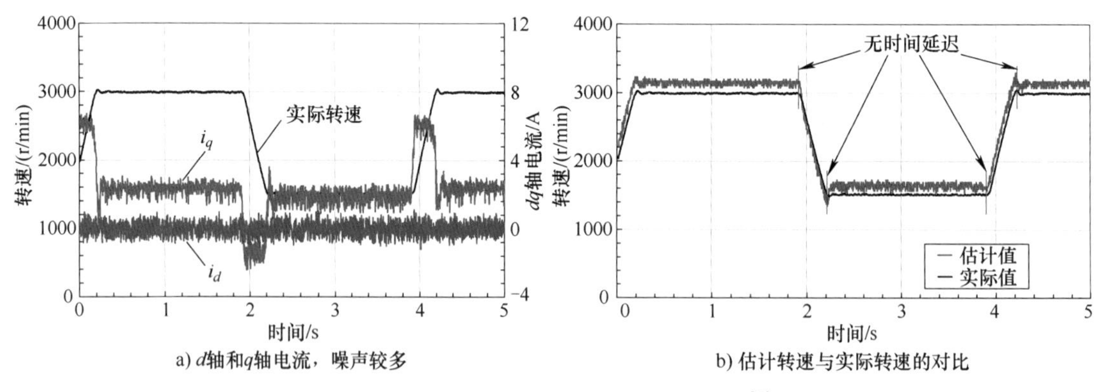

图 A.4　基于电动势和励磁磁通估计转速[7]

A.3　混合转速估计

由图 A.3 和 A.4 呈现的结果能得出以下结论：①由估计的转子位置的微分推导出的估计平均转速 $\hat{\omega}_d$ 与实际转速之间存在相位差；②由电压模型推导出的估计转速 $\hat{\omega}_v$ 与实际转速之间存在幅值差。因此，两个方法都不完全适用于转速反馈。但可以将两个方法结合来改进转速的估计[7,8]。本节将举例介绍文献［7］中的混合方法。

将以下的转子转速的改进估计值 $\hat{\omega}_h$ 构造为

$$\hat{\omega}_h = \hat{\omega}_d \frac{1}{T_c s+1} + \hat{\omega}_v \frac{T_c s}{T_c s+1} \tag{A.7}$$

当 $s \to 0$ 时，$\hat{\omega}_h \to \hat{\omega}_d$。因此，电机稳态运行时，$\hat{\omega}_d$ 在转速估计中占据主导地位。但是，当 $s \to \infty$ 时，$\hat{\omega}_h \to \hat{\omega}_v$。因此，电机暂态运行时，$\hat{\omega}_v$ 占据主导地位。式（A.7）可重新表达为

$$\hat{\omega}_h = \hat{\omega}_d + (\hat{\omega}_v - \hat{\omega}_d)\frac{T_c s}{T_c s+1} = \hat{\omega}_d + \Delta\omega \frac{T_c s}{T_c s+1} = \hat{\omega}_d + \omega_{comp} \tag{A.8}$$

因此，混合估计转速法通过增加 ω_{comp} 来补偿平均转速 $\hat{\omega}_d$。由式（A.8）可得，当电机处于

稳态条件下，转速补偿 ω_{comp} 为 0，当电机处于暂态条件下，转速补偿 ω_{comp} 接近 $\Delta\omega$。为此，必须为式（A.8）中的高通滤波器选择恰当的时间常数 T_c。由于很难解析地去计算 T_c，可以通过实验调试确定。

如图 A.5 所示通过实验对比了四种估计转速的方法。转速参考值每 2s 在 1500~3000r/min 之间变化。如图 A.5a 所示，当转速反馈由估计的转子位置的微分推导时，转速呈现出显著的高频振荡和低频纹波。而当估计平均转速用作反馈时，有明显的相位误差，如图 A.5b 所示。当转速反馈由电压模型推导而得，尽管动态响应良好，在静态运行时，存在转速误差和转速纹波（见图 A.5c）。而当混合转速估计法用于转速反馈时，静态转速误差非常小，动态响应也较为良好，如图 A.5d 所示。

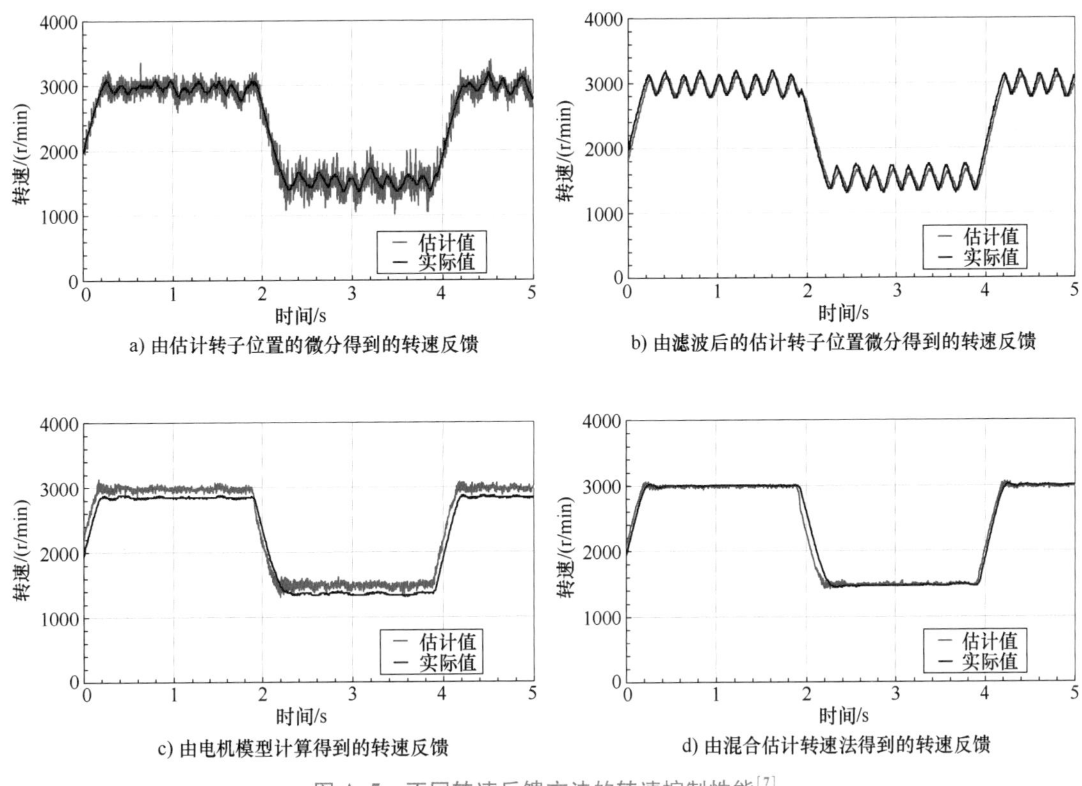

a) 由估计转子位置的微分得到的转速反馈

b) 由滤波后的估计转子位置微分得到的转速反馈

c) 由电机模型计算得到的转速反馈

d) 由混合估计转速法得到的转速反馈

图 A.5　不同转速反馈方法的转速控制性能[7]

参考文献

[1] R. Wu and G. R. Slemon, "A permanent magnet motor drive without a shaft sensor," *IEEE Trans. Ind. Appl.*, vol. 27, no. 5, pp. 1005-1011, Sep. 1991.

[2] S. Ogasawara and H. Akagi, "Implementation and position control performance of a position-sensorless IPM motor drive system based on magnetic saliency," *IEEE Trans. Ind. Appl.*, vol. 34, no. 4, pp. 806-812, Jul. 1998.

[3] S. Morimoto, K. Kawamoto, M. Sanada, and Y. Takeda, "Sensorless control strategy for salient-pole PMSM based on extended EMF in rotating reference frame," *IEEE Trans. Ind. Appl.*, vol. 38, no. 4, pp. 1054-1061, Jul. 2002.

[4] M. J. Corley and R. D. Lorenz, "Rotor position and velocity estimation for a salient-pole permanent magnet synchronous machine at standstill and high speeds," *IEEE Trans. Ind. Appl.*, vol. 34, no. 4, pp. 784-789, Jul. 1998.

[5] J. -H. Jang, S. -K. Sul, J. -I. Ha, K. Ide, and M. Sawamura, "Sensorless drive of surface-mounted permanent-magnet motor by high-frequency signal injection based on magnetic saliency," *IEEE Trans. Ind. Appl.*, vol. 39, no. 4, pp. 1031-1039, Jul. 2003.

[6] H. Watanabe, S. Miyazaki, and T. Fujii, "Improved variable speed sensorless servo system by disturbance observer," *IECON* ' 90: *16th Annu. Conf. IEEE Ind. l Electron. Soc.*, Nov. 1990, pp. 40-45 vol. 1.

[7] J. X. Shen, Z. Q. Zhu, and D. Howe, "Improved speed estimation in sensorless PM brushless ac drives," *IEEE Trans. Ind. Appl.*, vol. 38, no. 4, pp. 1072-1080, Jul. 2002.

[8] N. Matsui, "Sensorless PM brushless dc motor drives," *IEEE Trans. Ind. Electron.*, vol. 43, no. 2, pp. 300-308, 1996.

附录 B　样机与实验平台

本附录阐述了本书使用的包括无刷交流电机驱动系统和无刷直流电机驱动系统的样机与实验平台。

B.1　永磁无刷交流电机驱动系统

本书所采用的永磁无刷交流电机驱动系统的无位置传感器控制实验平台基于 dSPACE1006 控制系统，图 B.1 为实验平台。可以看出该实验平台包括一个直流电源、一个两电平电压源型逆变器、一个 dSPACE 控制系统、一个永磁同步电机样机与一个负载电机。永磁同步电机样机的三相定子电流和直流母线电压由霍尔传感器测得。样机的转子位置和转速由轴上安装的增量式编码器测得。负载电机可采用恒转矩模式控制来得到期望的负载。

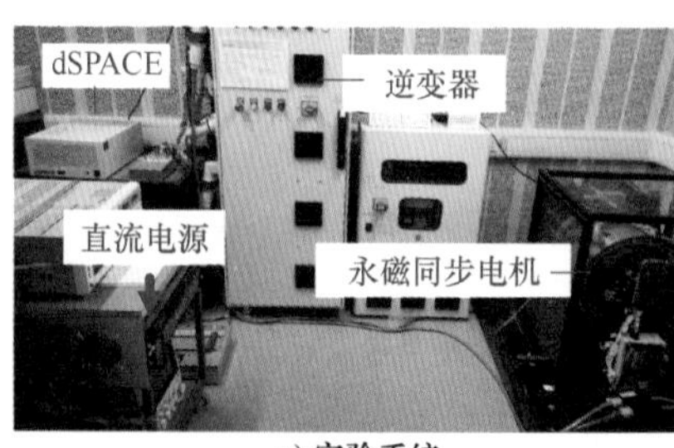

a) 实验系统

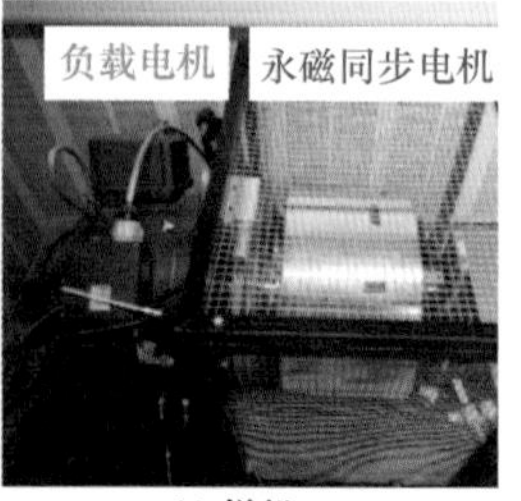

b) 样机

图 B.1　实验平台

此外，本书所使用的永磁同步电机样机的规格参数见表 B-1 和 B-2，其中表 B-1 为表贴式永磁同步电机，表 B-2 为内置式永磁同步电机。

表 B-1　表贴式永磁同步电机规格

	SPMSM-Ⅰ	SPMSM-Ⅱ	SPMSM-Ⅲ	SPMSM-Ⅳ	SPMSM-Ⅴ	SPMSM-Ⅵ
直流母线电压/V	36	70	600	600	600	100
开关频率/kHz	10	10	2.5	2.5	2.5	10
采样频率/kHz	10	10	2.5	2.5	2.5	10
额定转速/(r/min)	400	3000	170	170	170	3000
额定电流/A（峰值）	4	2	4	4	8.2	4.3
极对数	5	1	16	16	14	1
相电阻/Ω	1.1	0.9	3.9	3.76	1.75	0.466
d 轴电感/mH	2.142	4.2	19.21	17	13.04	4.5
q 轴电感/mH	2.142	4.2	19.21	17	13.04	4.5
永磁磁链/Wb	0.0734	0.093	1.03	0.9	1.1315	0.093

表 B-2　内置式永磁同步电机规格

	IPMSM-Ⅰ	IPMSM-Ⅱ
直流母线电压/V	158	36
开关频率/kHz	10	10
采样频率/kHz	10	10
额定转速/(r/min)	1000	400
额定电流/A（峰值）	4	10
极对数	3	5
相电阻/Ω	6	0.32
d 轴电感/mH	40	1.6
q 轴电感/mH	60	2.68
永磁磁链/Wb	0.23	0.0707

B.2　永磁无刷直流电机驱动系统

永磁无刷直流驱动系统的实验平台如图 B.2 所示，该平台包含 DSP 芯片(TMS320F28335)、高速无刷直流电机、高速电机驱动器以及直流电源。电机定子上安装三个霍尔传感器用于检测转子位置。同时对无刷直流电机无位置传感器驱动器的两相电流、直流侧电流以及所有电压信号进行采样。

此外，本文中使用的无刷直流电机的规格见表 B-3。

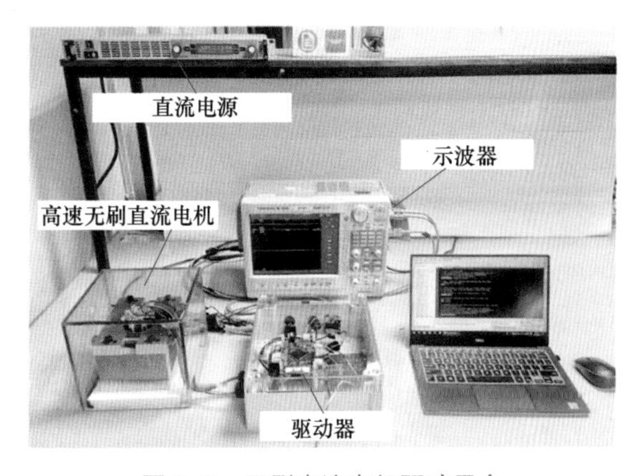

图 B.2　无刷直流电机驱动平台

表 B-3 永磁无刷直流电机规格

	BLDC-Ⅰ	BLDC-Ⅱ	BLDC-Ⅲ
直流母线电压/V	15	25	15
开关频率/kHz	40	40	40
采样频率/kHz	40	40	40
额定转速/(r/min)	54000	90000	60000
额定电流/A（峰值）	14	30	30
极对数	1	1	1
相电阻/Ω	0.0397*	0.021	0.021
d 轴电感/mH	0.032*	0.025	0.025
q 轴电感/mH	0.032*	0.025	0.025
永磁磁链/Wb	0.00127	0.00098	0.00098

由于无刷直流电机样机-Ⅰ有着不对称参数，所以表 B-3 中列出电机参数包含了上标星形符号“*”表示的平均值。具体的三相参数见表 B-4。

表 B-4 无刷直流电机样机-Ⅰ的三相参数

参　数	A　相	B　相	C　相
相电阻/Ω	0.0381	0.0375	0.0435
自感/mH	0.0275	0.0272	0.0286
互感/mH	0.04	0.04	0.04